第五届炼化企业创新发展大会论文集

本书编委会　编

U0264279

中国石化出版社
·北京·

图书在版编目（CIP）数据

第五届炼化企业创新发展大会论文集／本书编委会
编．—北京：中国石化出版社，2024.11.—ISBN
978-7-5114-7739-2

Ⅰ．F426.72-53

中国国家版本馆 CIP 数据核字第 20240D5A28 号

中国石化出版社出版发行

地址：北京市东城区安定门外大街 58 号
邮编：100011 电话：(010)57512500
发行部电话：(010)57512575
http://www.sinopec-press.com
E-mail：press@sinopec.com
北京鑫益晖印刷有限公司印刷
全国各地新华书店经销

*

880 毫米×1230 毫米 16 开本 32.75 印张 978 千字
2024 年 11 月第 1 版　2024 年 11 月第 1 次印刷
定价：398.00 元

《第五届炼化企业创新发展大会论文集》

编 委 会

前　言

炼油化工是国民经济最重要的基础产业之一，涉及社会生活的方方面面，炼化行业的创新发展是推动我国经济高质量发展的关键之一。

近年来，全球炼油化工行业处在低碳转型高质量发展关键期，突出表现在全球化布局、炼化一体化向纵深发展、转型生产生物燃料、发展绿氢绿电技术及塑料循环经济等。一方面我国炼化行业呈现成品油消费下降趋势。随着电动汽车和新能源技术的普及，传统燃油车的需求减少，这将直接导致成品油市场逐步萎缩，成品油市场供大于求。针对这种情况，不仅需要稳妥推进炼油和化工产能整合优化，突出创新引领，加大重点方向科技攻关力度，加快推进"油转化"解决差异化、高端化产品短缺问题。而且要持续发展新质生产力，稳健提升产业链供给能力和竞争力。因此，既需要重视以应用为导向的基础研究；又需要围绕战略性新兴产业和细分市场，形成高端化、差异化、绿色化全系列产品解决方案。另一方面，"双碳"目标下炼油化工企业面临巨大的减碳压力。企业需要持续优化生产流程，提高能源利用效率；促进绿氢绿电与炼化的耦合发展，减少化石燃料依赖；持续优化产品结构，增加化工品生产，开发低碳或无碳产品；坚持绿色工艺创新，研发和采用更环保的炼油和化工生产技术等。

根据党中央、国务院重大战略部署，实现高质量发展和"双碳"目标是当前炼油化工行业第二个百年奋斗目标。行业如何迎接产业发展新挑战、落实时代发展新要求、开创高质量发展新局面，将成为行业共同致力推动的时代课题。为此，由湖南、江西、上海、北京、新疆、天津、广东、浙江等省（市、区）石油学会联合中国石油和化学工业联合会石油炼制专业委员会、中国石油和化学工业联合会智能制造工作委员会于 2024 年 11 月 6—9 日在湖南省长沙市召开"第五届炼化企业创新发展大会暨新技术与解决方案交流会"。大会积极探索炼油化工关键核心技术，探讨智能与产业深度融合，推动产业高端化、绿色化、智能化发展。大会以"创新引领，科技赋能，助力炼化产业高质量发展"为主题，聚焦各省（市、区）炼油与化工企业在推动低碳转型与绿色发展过程中遇到的实际问题与需求展开交流，深入探讨行业最新研究成果与技术创新趋势。大会还致力于加速新技术、新解决方案及新产品的工业化开发进程，全面提升炼化企业在感知、分析优化、预测、协同等方面的综合能力，助力构建以高效供应链、精益化运营、安全化工控、互联化运维为特征的智能化工厂，从而提高炼化企业的整体竞争力，全力推动绿色低碳、智能化企业的建设与发展。

大会得到了中国石油、中国石化、中国海油等国内外大型炼油化工企业以及相关高等院校、科研机构、节能低碳和信息技术与装备企业等单位多个领域专家和科技工作者的大力支持，共征集论文153篇，择优收录101篇高质量论文公开出版论文集，主要涉及重劣质油加工、炼化一体化、特种油品、化工新材料、精细化学品、新能源、安全环保、设备管理和提质增效降本等方面，全面介绍了我国炼油化工行业最新研究成果与探索实践，将为行业绿色转型发展提供重要参考。

由于时间仓促，编者水平有限，若有疏漏，敬请谅解。

本书编委会

2024 年 11 月

目　录

```
┌─────────────────────────────────────┐
│  第一篇　炼化技术和装备篇  │
└─────────────────────────────────────┘
```

第二篇　节能低碳与安全环保篇

第一篇　炼化技术和装备篇

加氢裂化装置大数据技术的应用

吕建新

[中石化(天津)石油化工有限公司]

摘 要 以天津石化加氢裂化装置作为研究对象，应用大数据分析技术，搭建大数据平台，以实时数据库、LIMS数据、机泵监测数据为主要数据源，建立大数据"黑箱"模型，针对产品组成与质量分析、催化剂活性分析、设备预测性维修分析三个分析主题，开发主题应用，提升装置生产运行管理的精细化程度，加强装置数据的整合和应用，为节能增产提供支撑。

关键词 加氢裂化；大数据

1 前言

随着信息技术的发展，炼化生产装置信息化程度越来越高，大型石油化工企业建立的信息系统已经积累了海量数据，这些数据背后隐藏着大量重要的生产信息，但对数据的利用还远远不够深入，而大数据技术正是挖掘利用这些信息的最有效手段。它是通过对庞大的数据进行专业化处理，从而发现数据中内含的一些规律，从而支撑我们的生产决策。

2 大数据应用内容

加氢技术是在高温高压条件，通过催化剂的催化作用，使原料油与氢气进行反应进而提高油品质量或者得到目标产品的工艺技术。

天津石化加氢裂化装置大数据应用，引进国内外先进的管理理念，应用大数据技术，紧跟热点技术，建设具有自身特色的先进、实用的应用系统，提升装置运行管理的规范化、数字化和精细化。

优化应用平台建成后将实现以下功能。大数据分析主要包括：产品组成与质量分析、催化剂活性分析、设备预测性维修分析。

2.1 产品组成与质量分析

产品组成与质量分析是通过大数据技术，根据实时数据库数据和LIMS数据，建立操作参数的调整对产品的组成和质量产生影响的定量模型，从而达到对产品组成与质量指标的实时监控(图1)，对调整操作参数时产品组成和质量变化的模拟实验(图2)。

2.2 催化剂活性分析

催化剂活性分析是通过大数据分析技术，结合生产运行数据，对催化剂反应建立"黑箱"模型，在机理模型以外，从另一个角度对催化剂在工业生产运行中的失活情况进行模拟预测，实现不同操作参数情况下，失活曲线的绘制和失活时间的预测(图3)。

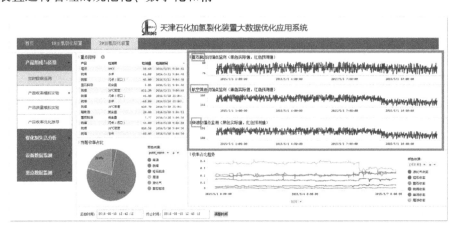

图1 产品组成与质量指标的实时监测功能

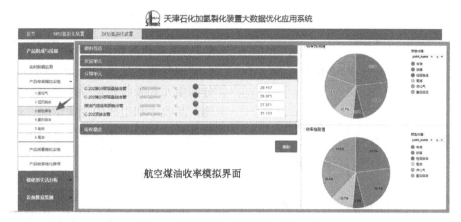

图 2 产品组成与质量模拟实验功能

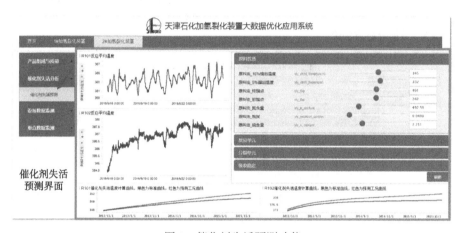

图 3 催化剂失活预测功能

2.3 设备故障监测

设备故障监测分析是基于现有设备数据和实时数据库数据等生产运行数据，通过大数据分析方法，建立生产运行情况对设备的影响模型，比较设备监测数据与模型预测数据的区别，从而对可能的异常状态进行监测和报警(图4)。

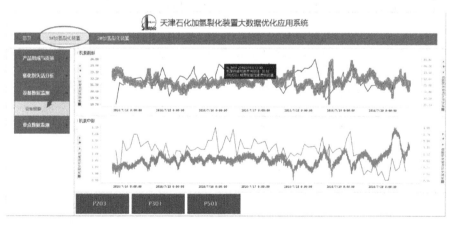

图 4 设备故障监测功能

3 数据采集

数据采集的源系统包括 LIMS 系统、MES 系统、ERP 系统、实时数据库、DCS 系统、大机组监控系统和非结构化数据。数据传输由各个源系统负责、网络连接打通由天津石化负责、数据获取由数据分析系统负责。

为保证数据分析的流程可控，采用业界标准数据挖掘项目方法论，方法论逻辑架构如图5所示。

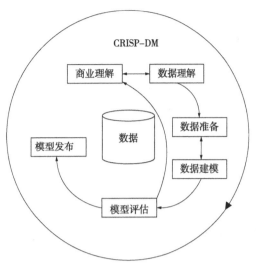

图 5　数据分析方法论

4　典型案例

4.1　航煤收率模拟实验

此功能通过模拟调整原料性质、反应单元、分馏单元和吸收稳定等几个单元的操作参数，预测产品收率和组成的变化情况，进行生产运行参数调整的实验工作，为装置的调整和管理提供参考，具体应用方法如下：

点击产品收率模拟实验下的"航空煤油"，右侧显示航空煤油收率模拟页面，如图 6 所示。

收率模拟页面左侧显示影响航空煤油收率的重要的原料和工艺参数，开始页面默认显示当前该参数实际值。

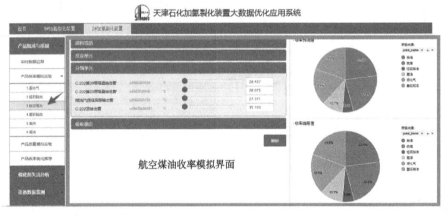

图 6　界面示意图

参数调整区域分为 4 部分，如图 7 所示，原料性质、反应单元、分馏单元和吸收稳定。

点击各个部分，可以得到每部分所包含参数的下拉列表。

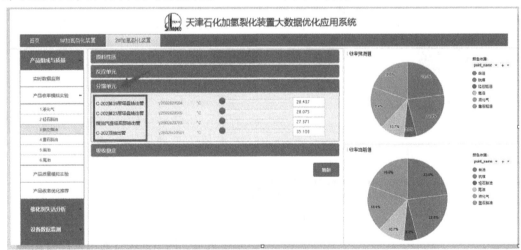

图 7　界面示意图

在参数下拉列表区域，依次为变量描述、系统变量名以及单位。如图 8 所示。

每个参数后面显示一个滑动条和输入框，滑动

滑动条或者在输入框内输入数值可以改变该参数值。

图 8　界面示意图

如图 9 所示，参数调整完毕后，点击下方的"刷新"按钮，模型会计算出在新的参数组合下六种产物的预测收率，以饼图的形式展现在页面右上方，工艺人员可以观察到参数变化与产品收率之间的关系，为实际生产提供参考。

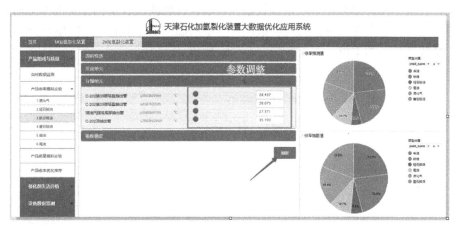

图 9　界面示意图

4.2　催化剂失活分析

该功能主要实现反应平均温度的监控，以及催化剂失活曲线的监控和预测，通过对催化剂实际情况的重要指征方式的反应平均温度的检测，与通过模拟调整操作参数后的催化剂模拟失活曲线相对比，对催化剂当前活性状态提供一种直观的表示方式，功能使用方式如下：

点击"催化剂失活分析"模块下的"催化剂失活预测"，右侧显示催化剂失活预测页面，如图10 所示。

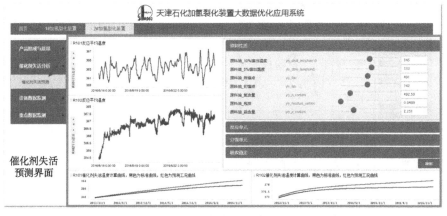

图 10　界面示意图

在催化剂失活预测页面中,两条红色曲线显示的是对 R101、R102 两个反应器温度的实时监控情况,横轴表示时间,纵轴表示反应器温度。如图 11 所示。

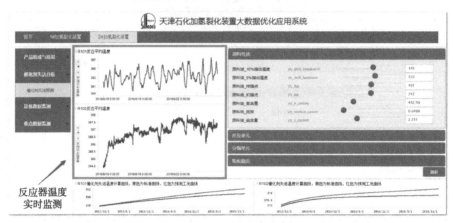

图 11　界面示意图

页面右侧为预测时参数调整区域,分为 4 部分:反应单元,分馏单元,原料性质以及吸收稳定,点击可得到每部分所含参数下拉列表,依次是变量描述、系统变量名和单位。

在下面的两个曲线图中,黑色曲线为标准曲线,红色曲线表示调整工况参数时,两个反应器平均温度的拟合曲线(模型预测曲线)。如图 12 所示。

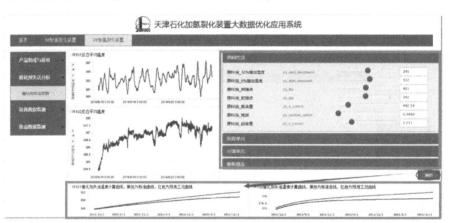

图 12　界面示意图

4.3　设备故障识别与监测

点击页面左侧"设备数据监测"模块下的"设备报警",页面右侧显示循氢机实时监测曲线,如图 13 所示。

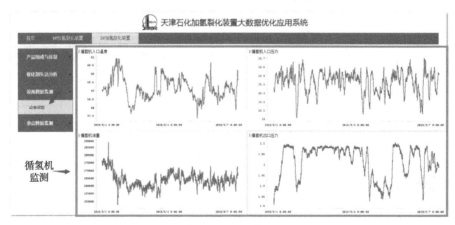

图 13　界面示意图

在图 13 页面右侧的四个曲线图，分别展示了对循氢机入口温度、循氢机入口压力、循氢机

流量、循氢机出口压力的实时监测情况。

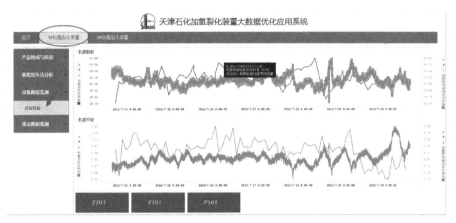

图 14　界面示意图

在图 14 中，通过折线图的形式，将机泵震动数据和通过流量、温度、压力等生产运行数据预测的设备震动状态联合显示，用于对实际震动状态和当前工况下的合理震动状态进行对比，为机泵故障监测提供新的观察手段。

5　大数据分析业务洞察

5.1　分馏单元最优变量组合探索

通过大数据分析方法，建立产品收率模型，发现在固定反应部分的情况下，当航煤汽提塔底温在一定范围内时，航煤收率随柴油侧线抽出温度的变化最明显，同时对柴油收率影响不大，下文称为最优区间。

因此，航煤汽提塔底温在最优区间时提升柴油侧线抽出温度，比不在最优区间时可以获得更多的经济效益。

本次优化方案基于以上想法，分为两步进行，第一步保持其他操作参数基本不变，将航煤汽提塔底温调整至最优区间；第二步在第一步的基础上，保持其他操作参数基本不变的情况下，提升柴油侧线抽出温度，达到增产航煤的目的。

为了计算大数据分析成果所得效益，在最优区间和非最优区间都做提升柴油侧线抽出温度的操作，以此对比两次不同条件下，提升相同柴油测线抽出温度得到的效益差值，即大数据分析找到的最优区间所能提升的实际收益。

最优区间的选取方法如图 15 所示。其中，每个框图表示不同的航煤汽提塔底温区间，散点表示不同的柴油侧线抽出温度和航煤收率的关系，虚线表示对柴油侧线抽出温度和航煤收率的

线性相关性的拟合。

如图 15 所示，不同的航煤汽提塔底温区间，柴油侧线抽出温度总体对航煤收率有正相关性，同时，在部分最优区间，其相关性最显著，即在此范围内，提升柴油侧线抽出温度，对航煤收率的提升影响最大。

5.2　设备故障提前发现

加氢裂化装置脱丁烷塔底泵（P203）发生异常，造成了起火停机，影响了装置的正常生产运行。同时，由于传感器设备故障原因，机泵监控系统数据缺失，错失了最佳的发现异常、处理问题和挽回损失的时机。

大数据设备监测使用海顿机泵系统和实时数据库作为数据源，通过直接和间接（模拟）两种手段对设备异常进行识别和判断。

本次设备异常通过大数据分析手段也可清晰识别，如图 16 所示。其中，绿色线条表示流经机泵的流量，红色和蓝色线条表示大数据方法对机泵震动素的和加速度的模拟。可以看到，流量的骤降发生在某年 10 月 29 日 20 点 50 分。数据值不为 0，且在 21 点 31 分又回到了 255t/h 的状态。不容易判断此时是否是机泵发生异常情况。而红线和蓝线则在 20 点 45 分进入了明显异常的状态，比通过流量可以至少提前 5 分钟发现异常状态。

继续深入分析数据可以发现，红色线条代表的速度预测数据，在 20 点 35 分已经出现跨级别变化，从正常状态的 0.2 左右，变化为 0.6 左右，增加了 3 倍，20 点 48 分开始变为 1.5 左右，增大了 7 倍多，并且有线性变化的趋势。

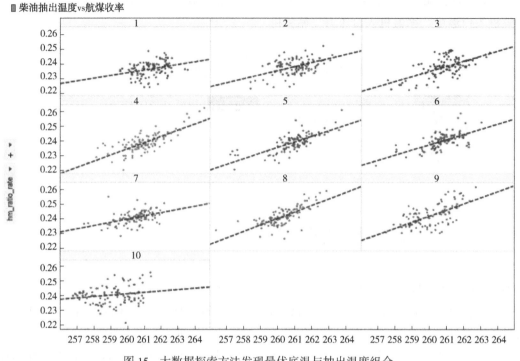

图15　大数据探索方法发现最优底温与抽出温度组合

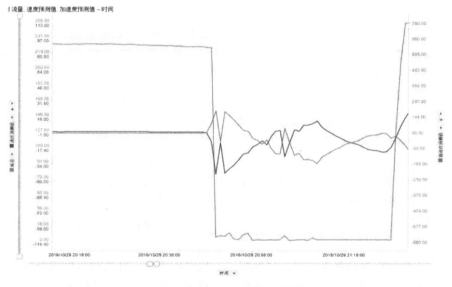

图16　大数据机泵异常识别图

综上所述，使用大数据的方法进行机泵异常状态的识别，可以给机泵监控手段增加新的维度，同时相较其他方法，可以做到一定时间的提前发现，可以帮助设备维护人员尽早发现设备异常，早发现、早处理，减少经济损失，降低设备维护成本，获得间接效益。

6　总结

使用的大数据平台集成的各种数据采集接口、数据预处理方法、海量生产运行数据源，可以方便用户获取数据和进行海量数据分析，让用户集中精力在数据分析上，为业务应用的创建打下了坚实的基础。

基于三大主题分析结果，建立了50多个模型，设计了多个场景应用，针对加氢裂化装置搭建了大数据优化应用系统，为装置生产运营管理的精细化提供帮助。大数据系统应用为实现日常运行、工艺优化的智能化打下良好基础。

参 考 文 献

[1]申浩等. 大数据、云计算价值转化[M]. 北京：东方出版社，2015，103–110.

天津石化 260 万吨/年上行式渣油加氢装置技术分析

赵晓宇　史俭　高林

[中石化(天津)石油化工有限公司]

摘　要　为适应原油劣质化和提高重质油品利用率，天津石化投资建设了中国首套具有自主知识产权的上行式渣油加氢装置，并于2020年顺利投产，年处理量260万吨是目前国内同类型装置单系列最大规模。上行式反应器尽管在压力降上优势明显，但大型化后对其内部气液分配提出更高的要求，且进料组成和性质频繁变化对装置稳定运行带来挑战。天津石化经过两个周期同大连院(FRIPP)和工程建设有限公司(SEI)的紧密协作，逐步优化工艺设备条件和催化剂级配体系，装置第三周期已运行6个月，催化剂性能发挥优异，各反应器压力降和床层径向温差均处于较低水平，为装置长周期运转打下良好基础。

关键词　上行式；渣油加氢；压力降；长周期

据不完全统计，截至2024年5月，中国大陆固定床渣油加氢装置已投产30套，年加工规模8030万吨，其中采用上行(流)式-固定床组合工艺技术的装置有5套，所属企业(装置规模系列数，首次开车时间)分别为齐鲁石化(150万吨/年双系列，1999改造)、四川石化(300万吨/年双系列，2013)、泉州石化(330万吨/年双系列，2014)、天津石化(260万吨/年单系列，2020)和扬子石化(260万吨/年单系列，2024)，上行(流)式渣油加氢装置总处理量合计为1300万吨/年。

上行式反应器技术特点是反应物流以下进料方式，气体鼓泡形式通过催化剂床层，反应器可分多个催化剂床层，床层间冷介质可以是冷油、亦或冷氢均可，一般情况下，为维持催化剂床层微膨胀状态，进料量应维持操作稳定。此外，上行式渣油加氢反应器所使用的催化剂主要是以加氢脱金属和加氢脱硫为主，同时对渣油进行加氢饱和、大分子和残碳转化，上行式催化剂体系通常有多种不同牌号，在反应器内，沿物流方向主催化剂颗粒度一般保持不变，在各床层的底部和顶部催化剂的颗粒度平稳过渡，保持床层微膨胀；孔径适度变小，比表面增大，催化剂活性逐步提高，优化的催化剂级配体系可使上流式催化剂趋于同步失活。

天津石化渣油加氢装置已运转至第三个周期，基于两个周期的运行经验，和两院共同努力，第三周期反应器内构件和催化剂级配体系更加贴合本上行式装置特点，目前已平稳高效运行超5个月，反应器压力降维持在较低水平且无上涨趋势，催化剂床层温度分布均匀，加氢常渣性质优异，为装置长周期运转打下坚实基础。

1　FRIPP 上行式催化剂及其级配体系

FRIPP开发的上行床/固定床渣油加氢催化剂级配技术在大陆和中国台湾5套上行(流)式渣油加氢装置进行了二十余次工业应用，不断优化催化剂级配等技术，取得满意的使用效果，为企业带来了较好的经济效益。FRIPP开发的新一代上行式催化剂具有较好的性能优势和价格竞争力，在与国内外技术同台竞技中表现了优良的性能。

天津石化上行式渣油加氢装置存在以下技术难点：高气速工况对催化剂级配技术要求更高，需防止催化剂床层膨胀过大，产生偏流的现象，同时需抑制催化剂磨损跑失，以免下游固定床反应器压力降升高；渣油原料密度大，黏度高，容易导致床层压降高及物流分配不均，要求催化剂物流分配均匀稳定；原料中硫和不饱和烃含量高，床层温升大，不易控制，需优化催化剂级配系统负荷分配；原料中沥青质含量高，要求催化剂系统残炭转化能力强；床层压降指标严格，需催化剂系统在粒径、外形、孔隙率等方面进行优化。

FRIPP 针对性开发了具有大孔容、大孔径和弱酸性特点的上行式渣油加氢系列保护剂。具体地:(1)催化剂的形状主要以球形和类球形颗粒为主,本技术使用五齿球形颗粒,可增大外表面积,缩短反应物扩散路径,有利维持物流的均匀、稳定流动,强化传质和反应的层均匀;(2)催化剂具有百纳米级扩散通道和几十纳米级反应孔道,实现多维扩散通道与反应孔道合理匹配;(3)活性金属径向逆分布的负载技术,金属呈外少内多的分布,有效抑制催化剂孔口堵塞失活,使反应物能够进入催化剂颗粒内部反应,在颗粒内部渐次沉积金属和积炭等杂质,催化剂利用率大幅提升。这些特点使得催化剂能够有效地脱除加氢原料中的有害金属杂质,如 S、Ni、V、Fe、Ca、Na 等,并且具有较高的容存金属垢物的能力,使得容金属空间提高 20% 以上,有效延长装置运行周期。

组合催化剂的级配装填方案优化是渣油固定床加氢的核心技术之一,是提高催化剂活性和使用寿命,延长装置运转周期的重要保证。天津石化渣油加氢装置催化剂级配首先考虑上行式保护反应器和固定床反应器部分的负荷分配,及反应过程协同,再进一步优化固定床加氢催化剂级配,催化剂粒度梯度过渡,空隙率性逐渐减小,催化活性逐渐提高,保护剂容垢、脱容金属保护下游高活性的主催化剂,延缓反应器床层压降的增高,从而兼顾装置长周期稳定运转和产品指标要求。

2 SEI 上行式反应器内构件特点及优势

上行式反应器内构件主要包括入口扩散锥、顺流管气液分布器、氢气中间分配管、催化剂压板和出口收集器等,如图 1 所示。在保证气液物流混合均匀、分布效果好的前提下要求内构件占用的空间小,以提高催化剂的装填率;结构要简单,以降低投资、提高可靠性及便于维护。受限于现有机加工能力,尽管天津石化渣油加氢装置上行式反应器(UGR)选取内径 Φ5600mm,但表观气速仍达到 12mm/s 以上。

为适应天津石化上行式渣油加氢装置高气速操作条件,SEI 提出整体解决方案,开发了新型上行式反应器内构件,并实现首次国产化应用。具体地:(1)根据大连院提出的催化剂级配方案和催化剂物理性质,CFD 模拟结果表明顺流管

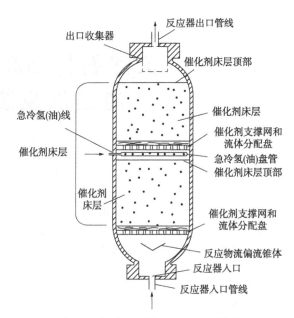

图 1 上行式反应器(UGR)主要结构

气液分布器在内构件中占主导作用,经多方案计算优化,采用的结构形式如图 2 和图 3 所示;(2)相对国外专利商,入口升气管间距和直径设计较小,来增加喷射密度,保证物流分配均匀;(3)每催化剂床层顶部均设压板,压板与催化剂床层顶部之间留有自由膨胀空间,抗操作波动、防催化剂跑损,利用催化剂自平衡实现物料分配均匀和防热点;(4)优化换热网络,利用上流式入口氢油比低的特点,循环氢不经过反应产物与混氢油换热器、加热炉和上行式加氢保护反应器,而是先与反应产物换热后直接与上行式加氢保护反应器流出的反应生成油混合,然后再送至下行式加氢处理反应器入口,该方案减少了循环氢在反应产物与混氢油换热器、加热炉和上行式加氢保护反应器中的压降,和循环氢系统的压差,解决两路进料加热炉炉管压力降大的问题,提高操作灵活性,相比于传统固定床,投资节约 10%。

图 2 顺流管结构示意图

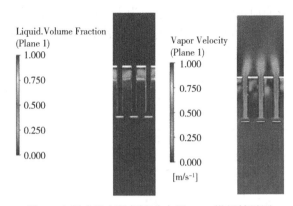

图 3　上行式反应器气液分布器 CFD 模拟结果图

3　装置运行情况分析

天津石化渣油加氢装置单系列设置，包括五台反应器，第一反应器为上行式两床层反应器，第一反应器和第三反应器间设有跨线，通过三通阀控制，可将第二反应器切除。本装置加工原料来源以高硫高金属中东油为主，进料组成为减压渣油、减压蜡油、减压过汽化油、焦化蜡油、脱

固油浆和催化柴油等，主要加氢产物加氢常渣除为下游催化裂化装置供料外，还根据全厂规划部分用于调和船用低硫燃料油。本装置第三周期于 2023 年 11 月 30 日完成催化剂预硫化过程并切入渣油，截至 2024 年 6 月 5 日已平稳高效运行 185 天。

3.1　装置进料

图 4 为装置进料量及减渣比例变化情况。如图 4 所示，渣油加氢装置进料量基本稳定在 325~335t/h（满负荷 325t/h），混合原料中减渣（>538℃）占比均值为 43vol.%，近期原料劣质化减渣（>538℃）占比达到 58vol.%。最新原料组成，2#常减压渣油（165t/h）、催化回炼油（24t/h）、3#过汽化油（25t/h）、3#减压蜡油（30t/h）、罐区渣油（44t/h）、催化柴油（35t/h）、脱固油浆（5t/h）和开工蜡油（5t/h）。避免混合原料性质大幅波动，有助于上行式反应器催化剂床层稳定和性能发挥，通过维持掺炼一定比例罐区渣油可有效控制混合原料性质。

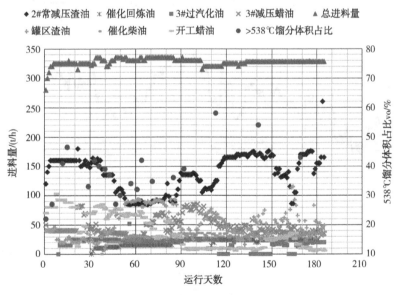

图 4　装置进料量及减渣比例变化情况

3.2　反应平均温度和温升

图 5 为装置反应器床层体积加权平均温度（CAT）以及各反应器床层平均温度（BAT）的变化情况。当前，CAT 为 377.5℃，BAT1~BAT5 依次为 368.20℃、373.2℃、378.9℃、380.5℃、383.7℃，近期为生产船用低硫燃料油调和组分，短期内加氢常渣硫含量控制在 0.40%（质量分数）以下，各反入口温度整体提高，导致 BAT 大幅增加。

图 6 为各反应器温升和装置总温升变化情况。装置总温升稳定在 60℃~70℃，反应器 R101 至 R105 温升依次为 19.0℃（11.3℃ 下 + 7.7℃ 上）、11.9℃、9.9℃、14.2℃、11.9℃，近期随着各反入口温度提高和原料劣质化，反应器 R101 下床层温升明显增加，这是不希望看到的。为充分利用催化剂活性，应严格控制反应器 R101 入口温度，逐步放开反应器 R103 入口温度使其承担更多负荷，来减缓反应器 R101 和反应

器 R102 催化剂失活速率。各反温升波动主要受原料性质和操作调整影响，未出现温升下降趋势，表明催化剂具有较高活性和稳定性。上行式

渣油加氢装置运行以平稳为主，如配合生产需大幅调整，应多次分步实施，每次调整稳定观察不少于 12h，再进行下一步操作。

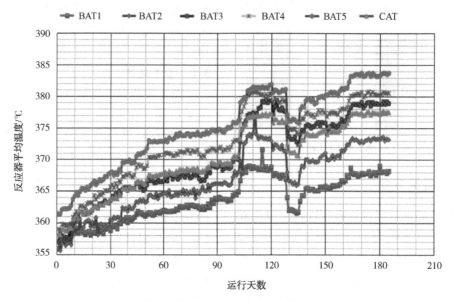

图 5　装置 CAT 和 BAT 变化情况

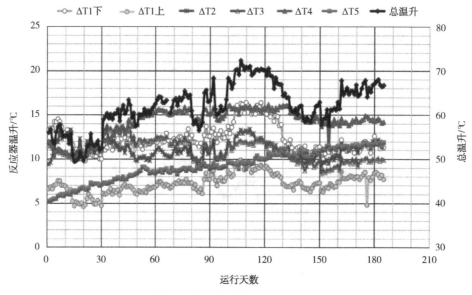

图 6　装置反应器温升变化情况

3.3　反应器压力降

图 7 为装置各反应器床层压力降变化情况。装置各反应器床层压力降整体较为平稳，尤其是反应器 R101 压力降长期处在较低水平且无上涨趋势，利于装置长周期运转。当前，反应器 R101 至 R105 压力降分别为 0.20MPa（下床层 0.12MPa/上 床 层　0.08MPa ）、0.16MPa、0.23MPa、0.31MPa、0.44MPa，反应器总压力降为 1.34MPa。

3.4　催化剂加氢脱杂质性能

图 8 为催化剂加氢脱杂质性能变化情况。如图 8 所示，加氢常渣性质优异，满足产品指标和实际生产要求，表明催化剂及其级配体系具备良好的加氢活性和稳定性，基于两个周期的运行经验，第三周期催化剂整体级配体系更加贴合装置特点。混合原料中硫含量平均为 2.51.%（质量分数），加氢常渣中硫含量平均为 0.43.%（质量分数），平均脱硫率为 82%；混合原料中残炭值平均为 8.66.%（质量分数），加氢常渣中残炭值

平均为 4.56.%（质量分数），平均残炭转化率为 48%混合原料中金属（Ni+V）含量平均为 61mg/ kg，加氢常渣中金属（Ni+V）含量平均为 10mg/ kg，平均脱金属（Ni+V）率为 83%。

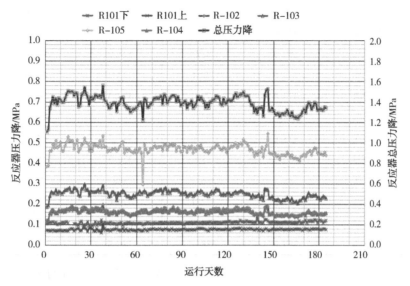

图 7　装置反应器压降变化情况

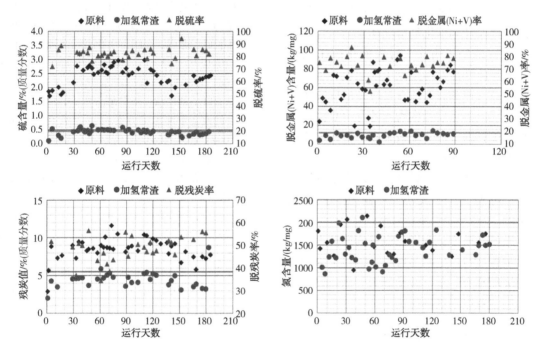

图 8　催化剂加氢脱杂质性能变化情况

3.5 催化剂床层温度分布情况

表 1 为反应器催化剂床层温度分布情况。如表 1 所示，各反床层温度分布均匀，径向温差均小于 3℃，这归功于内构件较好的气液分配效果和合理的催化剂梯级级配体系。

表 1　反应器催化剂床层温度分布情况

反应器	热偶位置	测温点 A/℃	测温点 B/℃	测温点 C/℃	测温点 D/℃	径向温差/℃
R101	下床层入口	360.8	361.2	362.7	361.7	1.9
	下床层出口	373.2	372.3	372.2	372.1	1.1
	上床层入口	366.2	365.2	365.3	363.8	2.4
	上床层出口	372.4	373.6	373.3	372.3	1.3

续表

反应器	热偶位置	测温点 A/℃	测温点 B/℃	测温点 C/℃	测温点 D/℃	径向温差/℃
R102	床层上部	366.5	367.1	366.6	366.8	0.6
	床层中部	374.9	373.7	372.4	374.4	2.5
	床层下部	380.3	377	378.2	380.1	3.3
R103	床层上部	373.5	372.6	373.2	374.9	2.3
	床层中部	378.6	379.4	379.3	379	0.8
	床层下部	383	383.2	384.2	383.9	1.2
R104	床层上部	373.6	373.6	373.2	373.6	0.4
	床层中部	380.9	380	379.3	379.1	1.8
	床层下部	388.1	386.9	388	388	1.2
R105	床层上部	377.5	377.1	376.6	377.1	0.9
	床层中部	383.5	384.4	383.3	384.3	1.1
	床层下部	389.6	388.2	386.9	389.7	2.8

4 结论

（1）上行式渣油加氢装置高效稳定运行依靠匹配的内构件设计和催化剂级配体系。

（2）运行结果表明，上行式催化剂床层稳定，催化剂整体性能发挥达到了级配设计预期。

（3）在高气速和原料硫含量较高的反应条件下，上行式反应器床层径向温差小于3℃，证明内构件具备优异的气液分配效果和上行式催化剂床层良好的理化性能过渡。

（4）各反应器压力降较低，且均未出现增长趋势，特别是上行式反应器压力降仅为0.20MPa。

（5）原料性质变化和操作调整幅度较大，并未发现对装置运行产生明显影响，得益于内构件和催化剂级配具有一定抗波动能力，仍建议上行式渣油加氢装置以平稳操作为主。

参 考 文 献

[1] 赵学法，蔡文军．渣油加氢装置1.5Mt/a的扩能改造及评价[J]．齐鲁石油化工，2001，（02）：121-124．

[2] 张斌．首套南疆渣油加氢装置长周期运行难点及对策[J]．当代化工，2017，46(09)：1866-1868．

[3] 于长旺，张强，张鹏．中化泉州渣油加氢上流式反应器应用总结[J]．炼油技术与工程，2019，49(06)：28-31．

[4] 张金旺，刘铁斌，张宝龙，等．中石化天津分公司升级改造重油加工方案[J]．当代化工，2018，47(06)：1251-1253．

[5] 刘铁斌，李旭贺，翁延博，等．上流式渣油加氢装置工艺技术分析[J]．石油化工，2023，52(06)：820-823．

[6] 袁胜华，李安琪，王志武，等．上流式反应器气-液-固三相床层气含率模型研究[J]．石油炼制与化工，2023，54(03)：66-74．

[7] 李安琪，王志武，袁胜华，等．渣油加氢处理上流式反应器应用进展[J]．当代化工，2022，51(02)：398-401．

非对称并行微通道中黏弹性流体液滴生成

董艳鹏

[中石化(天津)石油化工有限公司]

摘　要　本文使用高速摄像机研究了 T 型非对称并行微通道内黏弹液滴生成动力学，分析了流体黏弹性及两相流量变化对液滴尺寸均匀性、液滴生成稳定性、流体流量分布及液滴生成周期等的影响。结果表明流体黏弹性提前了挤压阶段向快速夹断阶段的转变，减缓了快速夹断阶段的颈缩过程，增长了细丝拉伸阶段的持续时间。此外，发现液滴生成稳定性随连续相流量增大显著提升，液滴尺寸均匀性受两相流量和流体弹性的影响。

关键词　微通道；液滴；多相流；数目放大；黏弹流体

1　实验部分

实验中使用的设备包括高速摄像机(Optronis CP80-25-M-72，Germany)、精密注射泵(Long-erpump，China)、平板冷光源(Philips 13629，Japan)、直径 32.14mm 的注射器以及微通道。微通道的结构示意图如图 1(a)所示，微通道的宽度 W_c 和高度 H 均为 400μm，其余尺寸已在图中标注，AA_1 和 B_1A_3 段命名为微通道 1，AA_2 和 B_1A_4 命名为微通道 2。连续相为添加 5%(质量分数)span85 的环己烷，分散相为不同浓度的聚丙烯酰胺水溶液(30ppm，60ppm，100ppm)。聚丙烯酰胺的分子量分布为 800-1200Da。为避免聚丙烯酰胺(PAM)分子间交联的影响，溶液中 PAM 的浓度均在临界胶束浓度 c^* 以下。PAM 溶液配置：将去离子水置于烧杯中，然后称取一定质量的 PAM，在室温下使用磁子缓慢搅拌 24h，使 PAM 充分溶解。流体物性参数如表 1 所示，溶液的密度由容积 10mL 的密度瓶测定，两相界面张力由界面张力仪(Kino SL200，America)测定。PAM 溶液的黏度由流变仪(MCR 302，Austria)测定，结果如图 1(b)所示，剪切速率的变化范围为 0-800s^{-1}，溶液黏度几乎不随剪切速率发生变化。在弹性毛细区，细丝宽度随时间指数减小，通过测定细丝直径随时间的变化可拟合得到有效松弛时间 λ_{eff}。连续相由 A 入口注入，分散相由 B 入口注入，两相在 T 型口处接触生成液滴而后由微通道出口 O 排出。高速相机拍摄微通道全局时，帧率设定为 200fps，照片像素大小为 1696×400。聚焦微通道局部拍摄时，帧率

设定为 4000fps，照片像素大小为 1184×300。不同操作条件下，管路 i 中分散相流量 $Q_i = f_i \times V_{droplet}$，i 为管路编号，$f_i$ 为液滴生成频率，V_d 为液滴体积。Ca 数 Ca_c($Ca_c = \mu_c u_c / \gamma$)为黏性力和界面张力的比值。μ 为流体黏度，u 为流体流速，γ 为两相界面张力，下标 c 和 d 分别表示连续相和分散相。雷诺数 Re 表示惯性力和黏性力的比值。液滴尺寸等数据通过 Image J 软件测量。魏森贝格数 Wi 表示弹性力和黏性力的比值，$Wi = \lambda_{eff} \cdot \dfrac{u_d}{W_c}$，$u_d$ 为通道中分散相的表观流速，变化范围为 $2.6 \times 10^{-3} \sim 0.00182$。

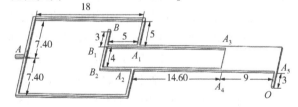

(a)微通道结构示意图

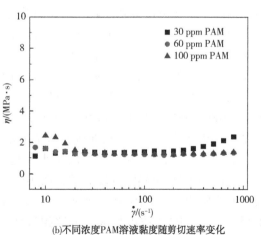

(b)不同浓度 PAM 溶液黏度随剪切速率变化

图 1

表1　流体物性参数

溶液	密度 $\rho/(\mathrm{kg \cdot m^{-3}})$	表面张力 $\gamma/(\mathrm{mN/m})$	剪切黏度 $\eta/(\mathrm{mPa \cdot s})$	有效松弛时间 $\lambda_{\mathrm{eff}}/\mathrm{s}$
30ppm PAM	1000	5.9±0.5	1.3±0.2	5.56×10⁻⁴
60ppm PAM	1000	6.0±0.5	1.2±0.2	8.12×10⁻⁴
100ppm PAM	1000	5.7±0.5	1.2±0.2	2.39×10⁻³
环己烷+5%(质量分数) span 85	778.6	—	0.98	—

2　结果与讨论

2.1　黏弹液滴生成过程

微通道中黏弹液滴生成过程如图2(a)所示，该过程包括膨胀阶段、挤压阶段、快速夹断阶段和细丝拉伸阶段。液滴生成过程受到惯性力、界面张力、黏性力、弹性力的共同作用，其中弹性力的大小与颈部局部形变速率密切相关，因而弹性力在液滴生成各阶段的作用强弱也不同。液滴生成过程中弹性力变化及其相对大小用局部无量纲数 Wi(弹性力与黏性力之比)随时间的变化描述，如图3(a)所示，局部无量纲数 $Wi = \lambda \cdot (\mathrm{d}w_{\min}/\mathrm{d}t)/w_{\min}$。在膨胀阶段($t = 0 \sim 0.33\mathrm{ms}$)，分散相不断向液滴头部填充，促使其向微通道下游发展，在T型口处由于不受微通道壁面限制，液滴头部宽度大于微通道宽度。受到连续相的挤压作用，液滴头部宽度逐渐变小，并形成液滴颈部，该过程中 Wi 数极小，表明弹性力的作用微弱。当液滴颈部形成并开始出现凹面时，液滴演化进入挤压阶段($t = 0.33 \sim 1.13\mathrm{ms}$)，该过程中 Wi 数也极小，这表明弹性力的作用也很微弱。之后液滴界面演化进入快速夹断阶段($t = 1.13 \sim 1.25\mathrm{ms}$)，液滴颈部的局部应变速率迅速增大，分散相内高分子链由松弛状态转变为拉直状态，流体的弹性增强，在该阶段 Wi 数的变化范围为 $0.1 \sim 1.3$，这表明弹性力在液滴演化过程中逐渐发挥作用，并成为一种不可忽视的力。在液滴颈部演化的细丝拉伸阶段($t = 1.25 \sim 1.34\mathrm{ms}$)，局部 Wi 数不随时间发生变化，如图3(a)所示。这主要是由于在该阶段细丝的拉伸应变速率恒定，如图3(b)所示。细丝在拉伸阶段的拉伸应变速率只与聚丙烯酰胺(PAM)浓度有关，而不受两相流量变化的影响，如图3(c)所示，这与文献中的报道一致。PAM浓度增大，分散相流体弹性增强，细丝长度及拉伸阶段的持续时间显著增

长，如图2(b)所示。通过上述分析，弹性力发挥作用的阶段是快速夹断阶段和细丝拉伸阶段。为避免非对称并行微通道中流体流量分布对不同弹性流体液滴生成时界面演化产生干扰，用橡皮泥封堵了微通道2，观测了微通道1中不同黏弹流体液滴生成时最小颈部宽度随时间的演化，如图3(d)所示。在挤压阶段，不同黏弹流体液滴最小颈部宽度 $w_{\min}$ 随时间的演化基本一致，表明弹性力对挤压阶段几乎没有影响，这与上述分析一致。在快速夹断阶段，液滴最小颈部宽度的变细速率随PAM浓度的增大而变小，这表明弹性力延缓了细丝的颈缩。Anupam Gupta 等模拟了十字聚焦微通道中黏弹液滴的生成，他们也发现弹性力具有延缓液滴颈缩的作用。液滴尺寸变化如图3(d)中所嵌小图所示，随着分散相流体弹性增强，液滴尺寸减小。流体弹性增强虽在一定程度上延缓了液滴颈部在快速夹断阶段的颈缩，但使液滴界面演化由挤压阶段向快速夹断的转折提前，而在快速夹断阶段液滴 $w_{\min}$ 较低弹性流体小，这导致填充至液滴头部的分散相变少，流入微通道的分散相更多地被填充在了下一个液滴头部。Zhao 等研究了聚焦微通道中黏弹液滴的生成，他们也发现流体的弹性延缓了液滴的颈缩，且弹性力增强使液滴体积减小。

2.2　并行微通道中黏弹液滴生成稳定性

在并行微通道中，各支路都能连续稳定生成液滴是并行放大成功的关键。液滴尺寸波动性较大通常导致液滴单分散性差。在本研究中，测量连续生成的15个液滴的长度，计算液滴长度变异系数 $CV(L)$ 以观测两微通道中液滴生成的稳定性。

$$CV(L) = \frac{\sqrt{\sum_{i=1}^{i=n} (L_i - \bar{L})^2/n}}{L} \times 100 \qquad (1)$$

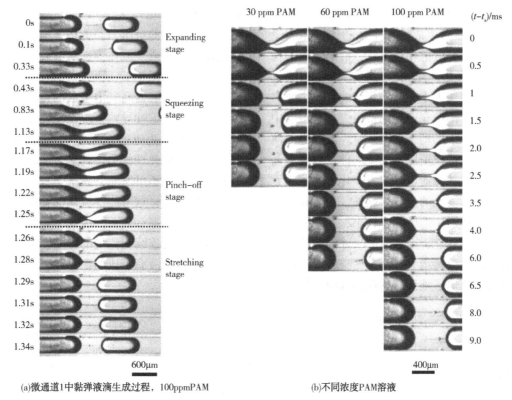

(a)微通道1中黏弹液滴生成过程，100ppmPAM

(b)不同浓度PAM溶液

图 2

$$Q_d = 150 \mu L/min，\ Q_c = 300 \mu L/min$$

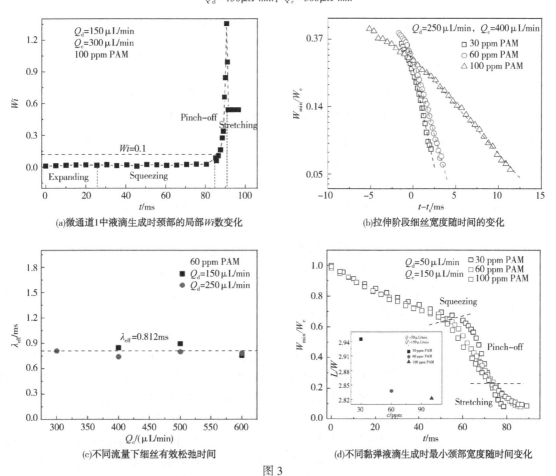

(a)微通道1中液滴生成时颈部的局部Wi数变化

(b)拉伸阶段细丝宽度随时间的变化

(c)不同流量下细丝有效松弛时间

(d)不同黏弹液滴生成时最小颈部宽度随时间变化

图 3

两相流量变化对液滴尺寸波动性的影响如图4(a)所示。液滴生成的稳定性随连续相流量增大变好；而调节分散相流量时，液滴生成的稳定性没有明显变化。在相对较低的连续相流量下，连续相的剪切力小，液滴颈部的断裂主要靠连续相在液滴头部填充产生的挤压力，且空腔中液滴群流动过程中的动态反馈效应，液滴界面演化过程中颈部拉普拉斯压差的波动性，以及液滴尺寸波动性引起的微通道内阻力变化，这些因素都会影响到后续液滴的生成。此外，连续相流量较小时整个微通道中的压降也较小，微系统对于波动源的抵抗性较差，因而液滴尺寸的波动性较大。随着连续相流量增大，一方面空腔中液滴群被及时排出，削弱了液滴群的反馈效应；另一方

面全程的压降也增大，对于波动的抵抗能力增强，且连续相的挤压力和剪切力增强，能更好地控制液滴的生成。流体弹性对液滴生成稳定性的影响不大，如图4(b)所示。然而，Wang等发现流体的弹性能够提高气泡生成的稳定性。这是由于气体的可压缩性导致系统稳定性差，液相的弹性引起的水动力电容对系统波动起到显著的抑制，使流体的弹性优势得到显著体现。然而，液液系统中液体不可压缩，系统本身的稳定性比气液体系好得多，这可能使流体的弹性对系统稳定性提升作用不那么显著。因此，黏弹液滴生成的稳定性主要受连续相流量的影响，可通过增大连续相流量提升液滴生成的稳定性。

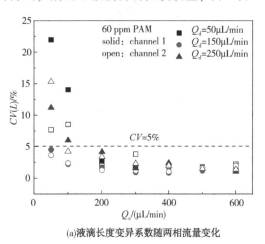

(a)液滴长度变异系数随两相流量变化

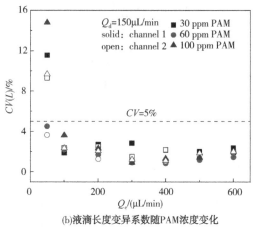

(b)液滴长度变异系数随PAM浓度变化

图4 非对称并行微通道中液滴生成稳定性

2.3 并行微通道中黏弹液滴界面演化规律

在实际生产过程中，为确保液滴的单分散性通常在稳定条件下制备，因而本节针对液滴连续生成较为稳定的情况展开研究$[CV(L)<5\%]$。与单管路微通道不同的是，双管路微通道中液滴界面演化与流体分布相耦合，而液滴颈部局部应变速率又影响到弹性力的强弱。因此，比较并行微通道中液滴颈部变化对于分析两通道中弹性力作用至关重要。不同浓度PAM溶液作分散相时，并行微通道中液滴最小颈部宽度随时间的演化如图5(a)所示，发现增大PAM浓度，两微通道中液滴最小颈部宽度随时间的演化趋于一致。两微通道内流体分布与多相流阻力差异相互耦合，流体弹性力增强引起液滴尺寸变化，减小了多相流部分的阻力差异，这使得流体分布趋于均匀，因而液滴颈部局部应变速率也趋于一致，如图5(c)所示。弹性力的大小及其产生的影响一致，

液滴尺寸均匀性$E(L)$变好，如图5(b)所示。

$$E(L) = \frac{|L_1 - L_2|}{L_1 + L_2} \times 100 \quad (2)$$

然而低黏弹流体液滴生成时，在快速夹断阶段，微通道2中液滴颈部的局部应变速率较微通道1中大($\dot{\varepsilon} = (dw_{min}/dt)/w_{min}$)，如图5(c)所示。因而，微通道2中液滴颈部受到的弹性力较大。由前述可知弹性力增大液滴尺寸趋于减小，这使得低黏弹流体作为分散相时两微通道中液滴尺寸差异较大。并行微通道中黏弹流体液滴生成周期如图5(d)所示。液滴膨胀阶段的持续时间随PAM浓度增大而减小，这是因为增大PAM浓度，细丝的弹性力增强，对下一个液滴头部的牵引作用增强，促进了液滴头部向微通道下游发展。分散相流体弹性力增强对挤压阶段的持续时间没有显著影响，而显著延长了快速夹断阶段和细丝拉伸阶段的持续时间。PAM浓度增大，弹

性力对液滴头部在快速夹断阶段的延缓作用更加显著，因而持续时间延长。PAM 浓度增大使弹性力及细丝拉伸过程中的拉伸黏度也越大，细丝

更加稳定，因而细丝拉伸阶段的持续时间也变长。

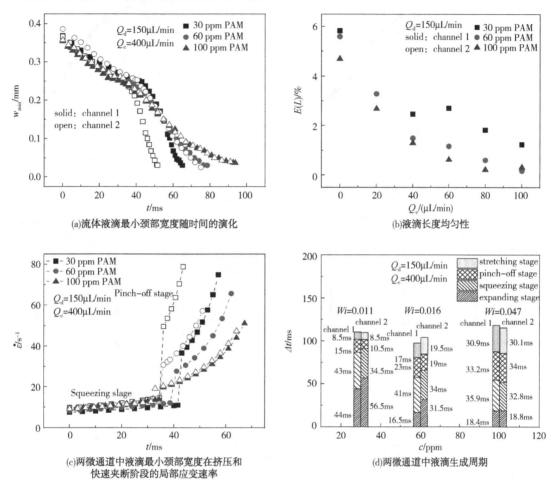

(a)流体液滴最小颈部宽度随时间的演化

(b)液滴长度均匀性

(c)两微通道中液滴最小颈部宽度在挤压和
快速夹断阶段的局部应变速率

(d)两微通道中液滴生成周期

图 5

液滴界面演化随连续相流量变化如图 6(a)所示。增大连续相流量，两微通道中液滴最小颈部宽度随时间的演化趋于一致。随着连续相流体流量增大，多相流微管路中分散相含率降低，多相流阻力差异趋于减小，连续相流经的微通道是几乎对称的，因而连续相的分布趋于均匀。连续相流量增大，多相流管路中的压降增大，分散相单相流管路中的压降占比减小，微通道的非对称性被削弱，因而分散相流体分布也趋于均匀，液滴界面演化趋于一致，液滴颈部局部应变速率一致，受到的弹性力作用也相同，液滴尺寸均匀性变好，如图 6(f)所示。在低连续相流量下，流体流量分布不均，两微通道中液滴颈部界面演化表现出显著差异，因而弹性力的作用也不同，液滴尺寸均匀性较差。增大连续相流量，挤压力和剪切力增强，液滴尺寸减小，如图 6(e)所示。

两微通道中液滴生成周期随连续相流量变化如图 6(c)所示。增大连续相流量，剪切力的增强使挤压和快速夹断阶段的持续时间减小，而细丝拉伸阶段的持续时间基本不变，这是因为细丝在拉伸阶段的变细过程只与 PAM 浓度有关。

分散相流量变化对两微通道中液滴界面演化的影响如图 6(b)所示。随着分散相流量增大，由于并行微通道中多相流阻力差异减小，流体分布同样趋于均匀，两微通道中液滴最小颈部宽度随时间的演化也趋于一致，因而液滴生成时弹性力的作用也是相同的，液滴尺寸的均匀性增强。并行微通道中液滴尺寸随分散相流量增大而增大，如图 6(e)所示。增大分散相流量，分散相内部压力增大，液滴头部可以在短时间内突破 T 口处的压力向微通道下游发展，因而膨胀阶段的持续时间显著减小，液滴生成周期也显著缩短。

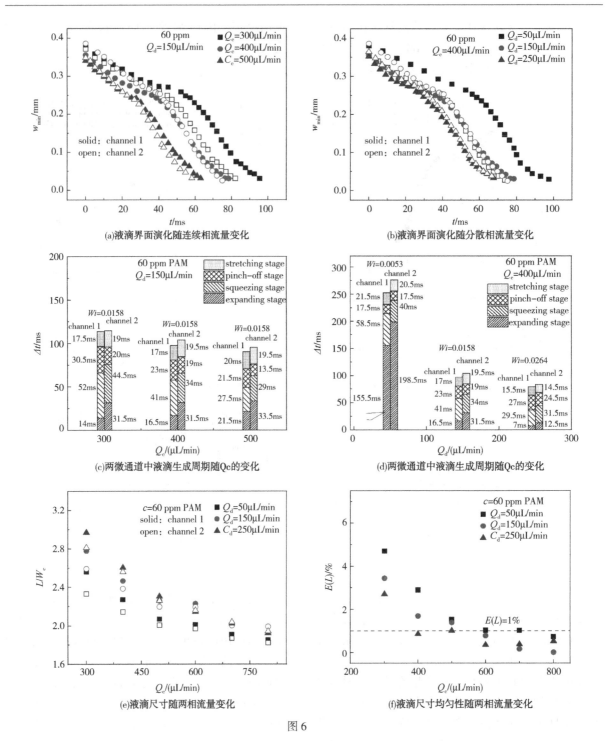

图 6

3　结论

本文揭示了流体弹性对非对称并行微通道中液滴生成过程及流体分布的影响。液滴在 T 型微通道垂直剪切方式下生成时，弹性力主要影响液滴生成的快速夹断阶段和细丝拉伸阶段，弹性力对快速夹断阶段具有延缓作用，同时使细丝拉伸阶段持续时间增长。双微通道中液滴生成稳定性主要受连续相流量影响，而基本不受分散相流体弹性和流量变化影响。增大分散相流体的弹性和两相流体流量促进了双微通道中液滴界面演化的一致性，有利于提升液滴的均匀性。

参 考 文 献

［1］Steinhaus B，Shen A Q，Sureshkumar R. Dynamics of viscoelastic fluid filaments in microfluidic devices ［J］. Physics of Fluids，2007，19（7）：073103.

［2］Tirtaatmadja V，McKinley G H，Cooper‑White J J. Drop formation and breakup of low viscosity elastic fluids: Effects of molecular weight and concentration [J]. Physics of Fluids, 2006, 18(4): 043101.

[3] Pingulkar H, Peixinho J, Crumeyrolle O. Drop dynamics of viscoelastic filaments [J]. Physical Review Fluids, 2020, 5: 011301.

[4] Cooper-White, J. J., etal., Drop formation dynamics of constant low - viscosity, elastic fluids. Journal of Non-Newtonian Fluid Mechanics, 2002. 106: 29-59.

[5] Liu, X. Y., et al., Formation of viscoelastic droplets in a step-emulsification microdevice. AIChE Journal, 2022. 68(10): e17770.

[6] Gupta, A. and Sbragaglia, M., A lattice Boltzmann study of the effects of viscoelasticity on droplet formation in microfluidic cross-junctions. European Physical Journal E, 2016. 39(1): 2.

[7] Zhao C-X, Miller E, Cooper-White J J, et al. Effects of fluid-fluid interfacial elasticity on droplet formation in microfluidic devices [J]. AIChE Journal, 2011, 57 (7): 1669-1677.

[8] Zeng, W., Li, S. J. and Fu, H. Precise control of the pressure-driven flows considering the pressure fluctuations induced by the process of droplet formation. Microfluidics and Nanofluidics, 2018. 22(11): 133.

[9] Raven, J. -P. and Marmottant, P. Periodic Microfluidic Bubbling Oscillator: Insight into the Stability of Two-Phase Microflows. Physical Review Letters, 2006. 97 (15): 154501.

[10] Wang, H., et al., Bubble formation in T-junctions within parallelized microchannels: Effect of viscoelasticity. Chemical Engineering Journal, 2021. 426: 131783.

利用金属钠实现高硫渣油的低成本脱硫

熊启强

[中石化(天津)石油化工有限公司]

摘　要　为了适应新的船用燃料油标准的变化，亟需开发一种能简单有效低成本的处理燃料油调合组分油渣油的工艺。本研究使用金属钠作为脱硫试剂对天津石化的减压渣油进行了研究，结果表明金属钠用于渣油脱硫是可行的，筛选出的较为合适反应条件为金属钠颗粒尺寸 0.03～0.5mm，反应温度370℃，反应压力6MPa，反应钠硫比为3：1，反应时间10min，反应的脱硫率可控制在90.4%，脱金属率85.7%，脱氮率40.4%以上，具有很好的效果。同时发现金属钠对于柴油等碳链较短的油品脱硫效果要远好于渣油等重组分，而且其反应条件更加温和。本研究确定了使用金属钠对渣油脱硫的可行性，这对炼厂炼制更加高硫的原油以及处理高硫的渣油提供了一种解决思路，提高了渣油的经济效益。

关键词　渣油脱硫；金属钠；船用燃料油

1　引言

2016 年 10 月，联合国航运机构国际海事组织(IMO)提出一项计划，将公海区域使用的船用燃料中硫和其他污染物的最大允许水平，从 3.5% 降低至 0.5%，2020 年开始，船用燃料硫含量限制在 0.5% 以下。目前生产低硫船燃的工艺路线主要包括：(1)更换低硫原油，采用低硫的直馏渣油调合生产残渣型船燃。但由于原料价格高且资源有限，提高了生产成本而不宜采用；(2)对高硫渣油、蜡油、减线油等进行脱硫处理，降低硫含量后与柴油、油浆等调合生产残渣型船燃，此路线资源丰富，但脱硫成本较高。因此，探索和开发低硫低成本燃料油生产技术，降低调合船用燃料油主要组分中的硫含量是目前生产低硫船用燃料油的主要任务。

油品脱硫技术目前主要分为加氢脱硫以及非加氢脱硫两种，目前广泛工业化应用的加氢脱硫需要高温、高压条件，装置投资较高，而且由于烷基取代基的立体效应，噻吩类以及噻吩类衍生物中的硫较难脱除。因此，非加氢脱硫技术得到广泛重视。非加氢脱硫技术主要包括氧化脱硫、萃取脱硫、吸附脱硫、生物脱硫和活性金属脱硫。萃取脱硫主要利用相似相溶原理，通常选择极性较强的有机溶剂来萃取油品中的硫化物，但是其萃取剂用量较大，再生困难。吸附脱硫利用吸附剂与有机硫化合物之间的弱化学作用脱硫，其操作简单，投资少，但是吸附剂无法处理硫含量较高的油品且吸附剂再生困难。生物脱硫使用细菌将碳硫键断裂，操作条件温和，设备简单且环境污染小，但是其反应时间较长，菌种筛选困难。活性金属脱硫使用还原性远大于氢气的碱金属以及碱土金属作为脱硫剂，脱硫效率高，成本较低但是金属的再生困难。氧化脱硫是将油品中的有机硫化物氧化为极性更强的亚砜或砜，然后再利用吸附、萃取等方法脱除，其步实验氢气，反应条件温和，对设备要求低，适用于将油品进行简单处理。当前炼厂对于渣油主要使用加氢脱硫，脱硫深度较高，若将其直接用于调合低硫船用燃料油生产成本较高，使用金属钠脱硫方法对其进行简单处理后再进行调合生产将能有效地降低生产成本。

2　实验部分

2.1　材料

渣油采用天津石化的减压渣油，其主要性质见表1，硫含量为 4.71%，使用的为纯度 99.5% 的金属钠(茂名雄大化工)。

表 1　减压渣油性质

项目	减压渣油
密度(20℃)/(kg/m³)	1040
黏度(100℃)/(mm²/s)	2981
CCR/%	22.15
碳含量/%(质量分数)	83.32
氢含量/%(质量分数)	10.07

续表

项目	减压渣油
硫含量/%（质量分数）	4.71
氮含量/（μg/g）	4937
镍含量/（μg/g）	47.1
钒含量/（μg/g）	153.1

2.2　实验方法

首先称取一定质量的金属钠放入破碎机中并加入柴油，使用机械破碎将其制备成小颗粒，然后放入反应釜中，使用氮气置换3次，充入氢气，打开加入夹套升温，开搅拌进行反应，反应结束后冷却，加入适量水溶解其中的盐组分，进行油水分离后使用黏度计、密度计、四元素分析仪以及ICP-MS测定反应后油样的性质与组成。

3　结果与讨论

金属钠脱硫过程是一个固液反应，由于反应温度一般为300℃左右，金属钠的熔点为98℃，此时金属钠以及渣油均为液态。随着金属钠与渣油反应生成了硫化钠，硫化钠的熔点为950℃且其无法溶解于油品中，硫化钠会形成硬壳包裹在未反应的金属钠外层，阻碍金属钠的进一步反应，因此为提高金属钠的利用率，需要考虑金属钠尺寸的影响。同时，由于温度对于金属钠的反应活性影响较大，还应考虑温度以及压力的影响。

3.1　钠颗粒尺寸影响

将固体破碎的最简单的工艺为机械破碎，为抑制金属钠的氧化，使用柴油作为保护溶剂，使用机械破碎方法制备钠颗粒，研究了不同颗粒尺寸对脱硫结果的影响，结果如图1、表2所示，此时反应温度340℃，压力3MPa，反应10min。

| 10~12mm | 1~2mm | 0.03~0.5mm |

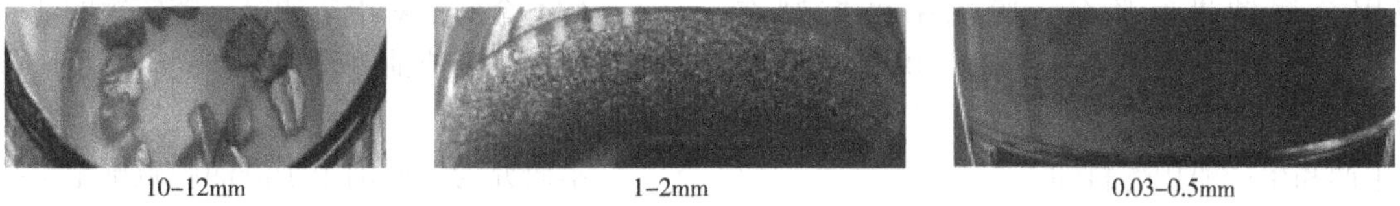

图1　不同钠颗粒尺寸的形态

表2　钠颗粒尺寸对脱硫率的影响

颗粒尺寸/mm	10~12	1~2	0.03~0.5
脱硫率/%	65.7	77.8	83.4

从图1可以看出，随着破碎转速的提高，钠颗粒尺寸也快速变小且分布的更为均匀。而从表2可以看出，随着颗粒尺寸的缩小，脱硫率不断提高，这是由于反应为固液反应，金属钠的颗粒越小，金属钠与渣油的混合将更为均匀，因此将会有更多的金属钠参与反应，从而提高金属钠的利用率，脱除更多的硫。

3.2　反应温度影响

反应温度会影响反应速率，同时反应温度也会影响渣油的黏度，从而影响液体钠与渣油的混合效果。研究探讨了反应温度在300-370℃，压力6MPa，反应10min时的渣油脱硫率，结果如图2所示。可以看出随着温度的提高，脱硫率逐渐升高，300℃时脱硫率为64.2%，370℃时为92.4%。同时可以发现一开始脱硫率随温度的变化速率较快，但是当温度超过340℃时，脱硫率受温度的影响变弱。这是由于温度在较低温度时，渣油的黏度较低，导致混合效果相较于高温时较差，因而导致脱硫率较低。

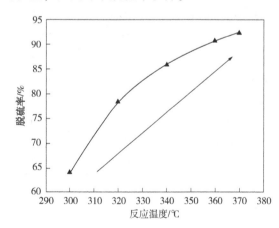

图2　反应温度对脱硫率的影响

3.3　钠硫比以及反应压力的影响

如表3所示，钠硫比在3∶1较好，这是由于金属钠与含硫渣油反应后生成硫化钠，理论上钠硫比应为2∶1，但是考虑到钠的损失以及渣油中的金属以及氮、氯等杂质的影响，实际应该需要更多的金属钠，此外由于金属钠反应后生成硫化钠包裹住金属钠阻碍了反应的进一步进行，也导致需要加入更多的钠。实验结果同时表明，氢气压力对于脱硫率的影响较小，反应通入氢气主要由于反应在370℃时反应，易于结焦，通入氢气可以抑制渣油的结焦。实验同时对比了含硫量更低以及碳链更短的常三柴油的脱硫效果，可

以发现在较低的温度下即可达到超过减压渣油的脱硫效果，这主要由于柴油的黏度较低，反应时混合更加充分，同时柴油中主要含有的硫为硫醇、硫醚、噻吩类物质，分子基团更短，更易于反应。

表3 不同反应条件对脱硫率的影响

原料	硫含量/%	Na∶S	反应温度/℃	反应压力/MPa	反应时间/min	脱硫率/%
减压渣油	4.7	3	370	6	10	90.4
	4.7	3	320	6	10	82.5
	4.7	3	370	8	10	90.7
	4.7	2	370	6	10	69.1
常三柴油	1.3	3	300	6	10	95.7

3.4 总结

综合以上试验，筛选出的较为合适反应条件为颗粒尺寸 0.03～0.5mm，370℃，6MPa，反应10min，反应前后物性变化如表4所示，可以看出使用金属钠进行脱硫，脱硫率可控制在90.4%，脱金属率85.7%，脱氮率40.4%，且黏度可从 2981mm^2/s 降低到 39.73mm^2/s，可以满足用于调和生产船用燃料油。

表4 减压渣油脱硫效果

项目	减压渣油	产品
密度(20℃)/(kg/m^3)	1040	0.95
粘度(100℃)/(mm^2/s)	2981	39.73
CCR/%	22.15	13.22
碳含量/%(质量分数)	83.32	85.69
氢含量/%(质量分数)	10.07	11.58
硫含量/%(质量分数)	4.71	0.46
氮含量/(μg/g)	4937	2941
镍含量/(μg/g)	47.1	15.3
钒含量/(μg/g)	153.1	13.3

4 结论

本文研究了金属钠用于高硫渣油的脱硫，确定了金属钠用于渣油脱硫的技术可行性，同时研究了颗粒尺寸、反应温度、原料配比以及反应压力对于脱硫效果的影响，为渣油脱硫提供了新思路。主要得到了以下结论：

（1）金属钠用于渣油脱硫是可行的，筛选出的较为合适反应条件为金属钠颗粒尺寸 0.03～0.5mm，反应温度370℃，反应压力6MPa，反

应钠硫比为 3∶1，反应时间 10min。

（2）金属钠用于渣油脱硫，脱硫率可控制在 90.4%，脱金属率 85.7%，脱氮率 40.4% 以上，具有很好的效果。

（3）金属钠对于柴油等碳链较短的油品脱硫效果要远好于渣油等重组分，同时其反应条件更加温和。

本研究为金属钠用于渣油脱硫确定了技术可行性，但是仍有一些工作需要继续研究。首先金属钠颗粒的生成方式，工业使用机械剪切方式会产生较多的热量导致危险性增加，需要进一步研究使用多孔膜的效果；其次，需要进一步细化颗粒尺寸与原料配比的关系，尽可能地减少钠的使用量；最后要解决金属钠的再生问题，由于脱硫后生成了硫化钠，需要使用电解来再生，因此要解决电解过程的安全性以及能耗问题，这有待于进一步的深入研究。

参 考 文 献

［1］袁明江，王志刚. 船用燃料油质量升级对炼油行业的影响［J］. 国际石油经济，2020，28（03）：65-69.

［2］郑丽君，朱庆云，鲜楠莹. 国内外船用燃料市场现状及展望［J］. 国际石油经济，2018，26（05）：65-72.

［3］薛倩，王晓霖，李遵照，等. 低硫船用燃料油脱硫技术展望［J］. 炼油技术与工程，2018，48（10）：1-4.

［4］王金兰. 低硫重质船用燃料油生产方案研究［J］. 炼油技术与工程，2021，51（02）：10-13.

［5］颜世闯，吴越，祁兴国，等. 低硫船用燃料油调合工艺和稳定性研究［J］. 炼油技术与工程，2021，51

（03）：5-8.

[6] 王天潇. 典型炼油企业低硫重质船用燃料油生产方案研究[J]. 当代石油石化, 2019, 27(12): 27-34.

[7] 闫昆. 渣油降黏及船用燃料油的调和[D]. 中国海洋大学, 2015.

[8] 孔令健. 低硫残渣型船用燃料油 RMG380 调和方案研究及实施[J]. 中外能源, 2020, 25(06): 69-72.

[9] 张龙星. 限硫令下的全球船用燃料油市场变局[J]. 中国远洋海运, 2021, (03): 32-35.

[10] 杨洪云, 赵德智, 毛微, 等. 柴油碱洗-络合萃取脱硫工艺[J]. 抚顺石油学院学报, 2003, (01): 45-48.

[11] MENG X, ZHOU P, LI L, et al. A study of the desulfurization selectivity of a reductive and extractive desulfurization process with sodium borohydride in polyethylene glycol[J]. Sci Rep, 2020, 10(1): 10450.

[12] 马海强, 李倩, 展宗瑞, 等. 新型微孔-介孔复合分子筛的合成及汽油吸附脱硫性能研究[J]. 安徽化工, 2020, 46(05): 33-35.

[13] 任海霞. 无模板剂法合成 ZSM-5/Y 复合分子筛及脱硫性能[D]. 河南大学, 2016.

[14] 杜长海, 马智, 贺岩峰等. 生物催化石油脱硫技术进展[J]. 化工进展, 2002, (08): 569-571+578.

[15] 江懿龙. 生物脱硫技术在石油领域的应用现状[J]. 化工管理, 2017, (12): 143.

[16] 梁斌. 脱硫细菌 H-412 固定化及脱硫性能研究[D]. 天津大学, 2007.

[17] 万涛. 戈登氏菌 Gordonia sp. WQ-01 对石油中二苯并噻吩 (DBT) 生物脱硫的研究 [D]. 天津大学, 2011.

[18] P·L·汉克斯. 炼油馏分的碱金属微调脱硫, CN110088235A [P/OL]. 2019-08-02.

[19] 吕树祥, 刘昊, 王超. 燃油氧化脱硫催化剂的研究进展[J]. 天津科技大学学报, 2022, 37(03): 1-11.

[20] 王勇, 申海平, 任磊, 等. 燃料油氧化脱硫机理的研究进展[J]. 化工进展, 2019, 38(S1): 95-103.

[21] 张红星. 模型油中噻吩类硫化物的氧化和吸附脱硫方法研究 [D]. 北京化工大学, 2012.

[22] 张永强. 燃油深度氧化脱硫绿色新体系的研究 [D]. 山东大学, 2019.

[23] 周仕鑫, 张静, 乔海燕, 等. 氧化-萃取法脱除减黏裂化柴油中硫化物[J]. 辽宁石油化工大学学报, 2020, 40(02): 6-10.

基于状态监测的故障智能预警技术研究

屈世栋

[中石化(天津)石油化工有限公司]

摘　要　本文介绍了离心式压缩机组状态监测及故障智能预警技术的现状，详细论述了故障智能预警关键技术实现方式；典型的故障智能预警方法及工程应用，实践证明将智能预警方法应用于离心式压缩机组故障诊断，可以为实现关键机组的预知性维修提供准确的决策依据，对保证机组安全可靠运行具有重要意义。

关键词　状态监测；故障；智能预警

随着现代工业技术的不断革新，现代机电系统发展趋于复杂化、智能化和自动化，在石化行业设备往往处于工况恶劣、功率大、负载重且连续运行状态，由早期故障发展导致的恶性事故时有发生，状态监测事后诊断分析已不能完全满足生产安全运行的需求，因此设备故障早期预警技术成为国内外研究热点。在国外，故障早期预警技术相关的研究开展较早，美国、日本、加拿大等国家的专家学者在机电系统服役监测预警及相关故障信息处理系统进行了研究，具有代表性的院校及企业有：美国机械故障预防技术学会（MFDT）和麻省理工学院、美国恩泰克公司、美国本特利公司（Bently Nevada）等。国内设备状态监测技术研究起步较晚，随着状态监测技术研究的逐步深入和成熟，近年来国内一些企业院校针对基于状态监测的预警技术也开展了研究。目前，国内故障智能预警技术在工程上有试探性应用，但还不够成熟，随着信息技术、人工智能技术的深入研究和推广，设备故障预警技术有望在设备维修管理中发挥重要作用。

1　预警技术理论研究

状态监测可以实时地监测设备的运行状态，并且可以根据系统存储的数据分析故障，但是这些都是事后分析，并不能对设备的潜在故障或者突发故障进行预测，因此预警技术的提出更加完善了状态监测，并且真正意义上达到了监测设备运行状态的目的。

自学习阈值是整个预警管理系统的基础，在准确获取自学习阈值后，预警管理系统才能根据当前的实时数据或者数据库中存取的历史数据进行报警判断。阈值学习的基本流程如图1所示。

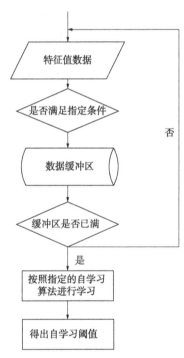

图1　自学习阈值流程

1.1　预警技术概述

随着大型设备状态监测技术的飞速发展，几乎所有的大型设备都安装有状态监测系统，虽然状态监测系统可以帮助我们随时了解系统的运行状态，但是对于一些突发性故障，比较典型的是风机的掉叶片故障，或者潜在的缓慢恶化的故障，比较典型的是机械的轴承磨损，以及其他一些未知的故障。通过状态监测系统是无法监测到这些故障的，当这些故障发生时会给企业生产带来巨大的损失，对人员的安全也带来了极大的危害，状态监测系统中判断报警的方式都是比较简单的,具体的流程如下:首先设定测点的常规报警线(报警线是经验值,可以根据设备的状态随时进行调整的),然后根据状态监测获取的实时数据与报警线进行比较,如果超过报警线,则判定为报警,否则设备处于正常运行状态(图2)。

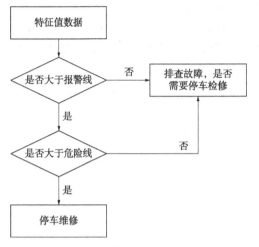

图2 常规报警流程

从图2中可以看出状态监测系统中的报警并不能对设备故障进行预测,对于大多数故障状态监测

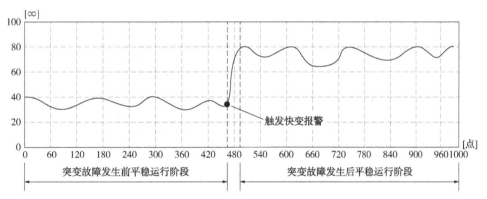

图3 快变报警示意图

快变报警主要包含两层含义:一是机器在平稳运行过程中其运行状态突然发生了快速变化(突发故障),例如电机在运行过程中突然发生了轴断裂,或者风机在运行过程中突然发生了掉叶片,此时机器运行状态会快速转变为非正常状态;二是在运行状态发生快速变化的同时,机器振动信号随机器运行状态的变化也发生了瞬间变化,主要表现在特征值幅值突然增大,例如风机掉叶片时,振动信号的倍频值,如通频值倍频,2倍频值等也会随之突然增大。

1.2.3 快变报警阈值学习

要准确地捕捉到快变报警,关键是要捕捉到信号突变的过程,设备在平稳运行过程中的信号

系统只能采取事后维护的策略,因此,对设备早期预警的研究就成为当前急需解决的问题。

1.2 快变预警技术

随着机器学习理论的飞速发展,基于监督学习的自学习技术也得到了进一步的认可。监督学习是机器学习的一个非常重要的分支,其主要目标是通过训练样本来完成估算的任务,下面提到的快变、趋势预警是机器学习的主要表现形式。

1.2.1 快变报警的预警原理

在现代的石化、风电等大型企业中,状态监测系统可以帮助我们查看设备运行状态,当设备出现故障时,巡检员也可以及时的观察到,但是对于一些突发性故障,我们很难预测,而且这些突发性故障的发生往往会给这些企业带来巨大的经济损失,更严重的是可能会造成人员伤亡,因此对这类突发性故障的预测是必不可少的。

1.2.2 快变报警机理

快变报警指的是当设备发生突发性故障时而引起的报警,当设备的发生快变报警时,其振动信号特征值会发生比较大的突变,如图3所示。

基本是出于稳定状态的,而且服从正态分布,本文就是利用高斯模型实现快变报警的门限学习,假设各倍频对应幅值为特征值且服从高斯分布,根据机组平稳运行一段时间后得到的 n 组特征值,计算得到各个特征值的均值和方差,可反映振动信号特征值在该段时间范围内平稳分布情况,快变报警门限学习的过程如下:

(1)计算一段时间内特征值的均值:

$$u(k) = \frac{1}{n}\sum_{i=1}^{n} S_i(k) \qquad (1)$$

(2)计算一段时间内特征值的方差:

$$\sigma(k) = \sqrt{\frac{1}{n}\sum_{i=1}^{n}\left[S_i(k) - \mu(l)\right]^1} \qquad (2)$$

（3）根据特征值的均值以及方差得出特征值的门限：

$$\text{Threshold}(k)=\mu(k)+3\sigma(k) \qquad (3)$$

式中，k 表示当前的特征值索引。

根据以上各式即可算出这段时间的阈值大小，且置信度达到 99% 以上，基本上可以真实的反应机组各个特征值在该时间范围内的分布趋势。

1.2.4 快变报警的判断

在上节得到了快变报警的阈值大小，即获取机组在正常运行状态下的特征值基准值，但是如何判定机组发生了快变报警以及如何合理的保存报警数据是快变报警进一步的工作。

一般情况下，在开机 24h 以后机组才能处于正常运行状态，此时才能开始进行阈值学习，在获取设备的阈值大小后，直接检验最近两次的信号的特征值的变化量是否超过阈值大小，如果超过，则认定为快变报警。快变报警的判定受突变因子 λ 的影响，λ 因子又受到机组实际运行状态（运行时间，环境等的影响）的制约，因此其可以根据实际情况调整。快变报警的判断公式如（4）式。

$$\text{Value}(k)=\lambda\times\text{Threshold}(k) \qquad (4)$$

当通过上述方式判断机组发生快变报警后，还要对报警数据进行保存。整个快变报警的流程如图 4 所示。

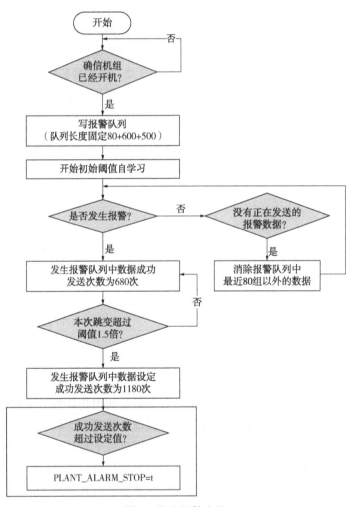

图 4　快变报警流程

由上可知，快变报警的判定是不依赖指定的报警线的，是根据机组正常运行时的特征值学习得出的报警线，并且这个报警线受突变因子的影响，可以根据机组的运行状态进行调整，这样就实现了阈值的自适应性，并且可以准确地判定快变报警以及进行报警数据的存储。

1.1.5 现场案例

以某公司设备为例说明快变报警的应用，如图 5 所示，报警点附近数据点高密度采集，离报警点越远数据密度则稀疏，密集保存点时间间隔可达到毫秒级。

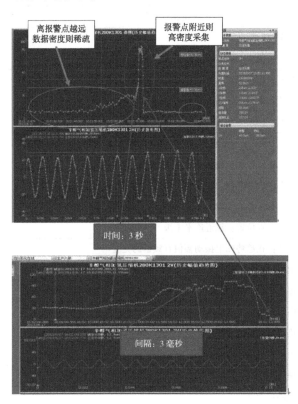

图 5　现场快变报警案例

1.3　防止反复穿越报警技术

防止反复穿越技术是在定值报警基础做出的优化。定值报警：通过系统设置报警方式后，正常未报警设备中任意一个测点超过报警线，设备报警，设备处于报警状态时，根据报警时间长短，开始 5 分钟内密集保存，5~20 分钟内间隔 30 秒保存一组，20 分钟后间隔 30 分钟保存一组数据（图 6）。只要设备处于报警状态，就会根据此保存规律保存报警数据。但是反复穿越报警但总体平稳时，设备报警只有一次（图 7）。反复报警的测点，只有报警值比上一次报警值大 15%以上时，设备才再次产生新的报警事件。

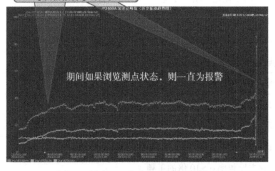

图 6　趋势上升多次报警示意图

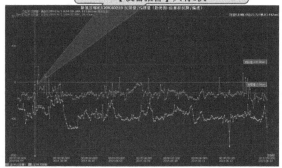

图 7　反复穿越一次报警示意图

2　离心式压缩机组智能预警技术研究

典型的智能预警可分为基于数据驱动的方法、基于机理知识规则的方法、基于数据驱动和知识规则相结合的方法三大类。基于数据驱动的方法，通过深度学习神经网络等技术以大量监测数据为基础建立二分类或多分类模型实现故障的多类识别；基于机理的方法则通过计算故障关键特征并归纳成计算机可以接收的规则。产生式规则的一般形式是：If<前提条件集>then<结论>（<规则置信度>）。其中前提条件集表示与数据匹配的任何模型，结论表示前提条件集成立时可以得出的结论。两者各有优缺点，两者结合的方法可能是效果更佳的实现途径。下面介绍基于大量故障案例数据学习及故障机理知识（关键故障特征）相结合的技术途径。首先介绍大型离心式压缩机组 15 种主要故障类型及各故障关键特征信号，如表 1 所示。

通过对大量大型透平压缩机组的故障案例数据形成的故障案例库，结合对抗神经网络方法以及典型故障机理形成的智能故障预警系统框架如图 8 所示。

以上智能预警框架具有以下特征：

（1）诊断模型采用深度信念网络（Deep Belief Network，DBN）模型，模型参数根据故障机理和故障案例综合学习设置；

（2）根据故障案例积累实现自学习；

（3）模型输入：机组特性参数、部件失效记录、累计运行时间、实时数据；

（4）模型动态化：参数动态化-自学习更新参数，结构动态化-故障类型和征兆的动态增加；采用对抗模型，提高自学习准确率。

表1　15种故障名称及特征列表

序号	故障名称	关键特征信号	
1	质量不平衡	主导频率：1倍频	
		常伴频率：无	
		相位特征：相位稳定	
		变化特征：幅值随转速升高而增大	
2	透平掉叶片导致不平衡	主导频率：1倍频	
		1倍频变化模式：幅值突然增长后不恢复到原来大小	
		相位变化模式：相位突然变化后不恢复到原来数值	
3	透平带液导致不平衡	主导频率：1倍频	
		1倍频变化模式：幅值突然增长后恢复到原来大小	
		振动异常测点位置：靠近透平末级	
		趋势特征：在趋势图上振动幅值有频繁的突变	
4	不对中	特征频率：2倍频	
		常伴频率：1、4倍频	
		轴向振动：明显	
		轴心轨迹：香蕉或8字	
5	磨碰、磨擦	主导频率：精确分频或同频	
		常伴频率：1/2、1/3、1/4、1X、2X、3X	
		轴心轨迹：杂乱	
		进动方向：反进动	
6	支撑松动	主导频率：精确倍频或同频	
		常伴频率：倍频多峰值	
		轴心轨迹：杂乱	
		进动方向：正进动	
7	旋转失速	主导频率：同频滞后或超低频	
		常伴频率：丰富低频、倍频	
		轴心轨迹：杂乱	
		随工艺流量的变化振动变化明显	
8	气流激振	主导频率：分频	
		常伴频率：1倍频、2倍频、3倍频	
		轴心轨迹图：杂乱	
9	喘振	主导频率：0Hz~0.1倍频	
		常伴频率：1倍频	
		随工艺流量的变化振动明显变化	
10	油膜振荡	主导频率：0.45~0.49倍频	
		转速：2倍一阶临界转速以上	
		振动主导频率不随转速变化而变化	
11	油膜涡动	主导频率：0.4~0.45倍频	
		转速：2倍1阶临界转速以下	
		常伴频率：1倍频、2倍频、3倍频	
12	齿轮啮合缺陷	测点位置：靠近齿轮	
		常伴频率/主导频率：>10倍的工频	

续表

序号	故障名称	关键特征信号
13	测量面缺陷	主导频率：同频或精确倍频
		常伴频率：2、3、4…. 倍频.
		同测点两相互垂直方向测量位置频率成分相似、其他相邻测点没有相应特征
		振动随负荷变化不明显
		振动随转速变化不明显
14	50Hz 交流干扰	常伴频率/主导频率：50Hz
		50Hz 成分不随转速变化而变化
		断电后 50Hz 振动随之消失
15	联轴节精度过低或损伤	主导频率：同频滞后或同频
		测点部位：联轴节两侧
		特征频率：2 倍、3 倍等高倍频
		联轴节两侧均出现同类特征频率
		轴心轨迹：杂乱
		振动随暖机时间增加无明显变化

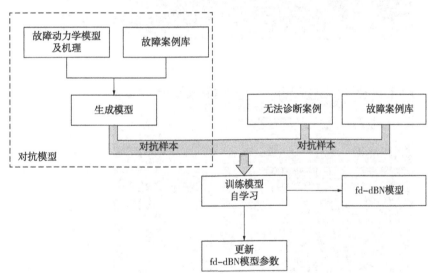

图8 基于大量案例数据驱动与故障机理结合的智能诊断系统框架

3 离心式压缩机组智能预警技术工程应用

预警技术在某公司关键机组远程诊断和检维修策略服务系统上进行了实际应用，效果良好。从系统中共选取113条报警数据，经过人工确认，其中有2条报警错误，具体原因如下：

（1）从振动值看，机组处于停机状态，振动值突变可能因系统或探头干扰导致；

（2）信号受干扰的可能性大。

综上所述，按照本次样本计算报警准确率达到98%。证明了预警技术的准确性和实用性。

以某公司烯烃部裂解气压缩机为例：2020年3月5日9：47：48发生智能三级报警，在关键机组远程诊断和检维修策略服务系统中工作台页面收到该机组测点，低压缸前端Y报警通知，并且系统自动给出诊断结论，测振表面机械或电气不平度大。经过诊断工程师分析图谱确认，该结论正确。平台中给出系统结论页面如图9所示，图谱分析页面见图10、图11。

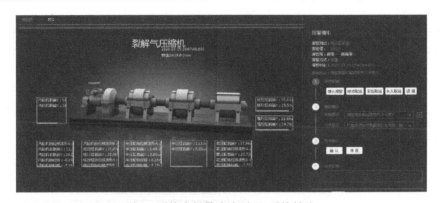

图 9 系统中报警确认页面-系统结论

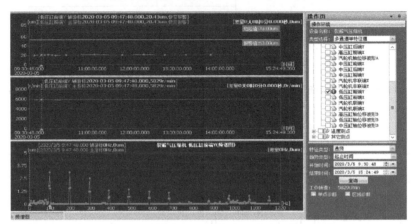

图 10 裂解气压缩机趋势和频谱分析

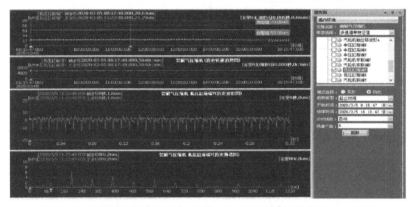

图 11 裂解气压缩机 趋势和波形分析

5 结论

随着人工智能技术的不断发展，将智能预警方法应用于大型透平压缩机组故障诊断，可以为实现大型离心式压缩机组的预知性维修提供准确的决策依据，对保证机组和生产装置的安全可靠运行具有重要意义。

参 考 文 献

［1］张明，冯坤，江志农．基于动态自学习阈值和趋势滤波的机械故障智能预警方法［J］．振动与冲击，2014，33（24）：8-14.

［2］王庆锋，卫炳坤，刘家赫，马文生，许述剑．一种数据驱动的旋转机械早期故障检测模型构建和应用研究［J］．机械工程学报，2020，56（16）：22-32.

［3］杨在江，李进，李政，熊振龙．海洋石油离心泵在线监测及智能快变预警技术研究与应用［J］．工业仪表与自动化装置，2020（05）：40-42+65.

［4］（美）Donald E. Bently．旋转机械诊断技术［M］．机械工业出版社，2014.

［5］王仲．燃气-蒸汽联合循环机组智能诊断与健康维护技术研究［D］．华北电力大学（北京），2021.

［6］杨国安．旋转机械故障诊断实用技术［M］．中国石化出版社，2012.

聚丙烯装置单釜产量低的原因分析及优化措施

石玉庆　王利勇　高春荣　王宗明

（中国石油青海油田公司）

摘　要　本文通过分析某厂聚丙烯装置单釜产量低的原因，提出了影响聚丙烯装置单釜产量的主要因素为聚合釜的撤热效果、反应过程控制、原料精丙烯纯度等，提出了采取降低循环水温度、优化反应过程控制、加强原料精制等优化措施，达到提高单釜产量的目的。

关键词　聚丙烯；聚丙烯装置；聚合釜撤热；单釜产量

1　前言

某厂聚丙烯装置采用的是间歇式液相本体法聚合工艺。在实际生产过程中，由于生产的间歇性、原料的不稳定性、催化剂与活化剂的加入量、反应温度、压力与电流的人为控制等因素，造成聚丙烯单釜产量有较大的波动，可控性较差，而单釜产量的高低，直接影响聚丙烯装置的丙烯单耗和公用工程的消耗。因此，本文针对聚丙烯装置实际运行状况对单釜产量低的情况进行了原因分析并提出相应的优化措施，以提高单釜产量，为炼厂增加经济效益。

2　聚丙烯装置运行概况

2.1　聚丙烯装置简介

某厂聚丙烯装置设计规模为 2 万吨/年，于1998 年 12 月建成投产，以气体分馏装置生产的丙烯经过精制后作为原料，采用间歇式液相本体法聚合工艺生产聚丙烯粉料。该装置的核心设备是聚合釜 8 台，容积分别为 6 台 12m³ 和 2 台20m³，工艺流程图如图 1 所示。

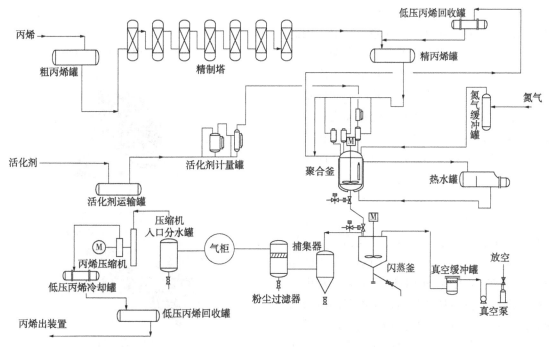

图 1　聚丙烯装置流程图

2.2 聚丙烯装置单釜产量分析

2022 年聚丙烯装置 1~9 月份单釜产量统计表，见表 1。

表 1　2022 年聚丙烯装置 1~9 月份单釜产量统计表

时间	1月	2月	3月	4月	5月	6月	7月	8月	9月
单釜产量/t	2.27	2.28	2.46	2.43	2.39	2.42	2.43	2.43	2.44
波动量/t	—	+0.01	+0.18	−0.03	−0.04	+0.03	+0.01	0	+0.01
对比上年度增长量/t	+0.04	+0.05	+0.23	+0.20	+0.16	+0.19	+0.20	+0.20	+0.21

聚丙烯装置 2021 年度实际单釜产量是 2.23t/釜，通过统计 2022 年 1-9 月单釜产量数据分析如下：1~3 月单釜产量呈持续上涨情况，原因是环境温度较低、循环水温度较低，低温有利于聚合反应撤热；4~5 月单釜产量下降的原因是丙烯库存较低，一直处于 100t 左右，生产负荷不足，聚丙烯减产，造成单釜产量降低。6~9 月，单釜产量呈缓慢上升状态，原因是车间联系厂部加大循环水供水压力及供水量并加强岗位对丙烯高压回收操作及工艺调整操作，因此单釜产量缓慢增长。

相比较 2021 年，2022 年的单釜产量总体呈上升趋势。

3　聚丙烯单釜产量低的原因分析

3.1 换热系统的影响

聚合反应本身为放热反应，聚合物的分子量及其分布对温度十分敏感，当传热速率和放热速率相等时，才能使聚合反应温度趋于恒定，因此传热是控制聚合过程的重要因素。正常聚合反应热是通过釜夹套中的冷却循环水和釜内内冷管的循环水带走的，整体换热系统随着冷却循环水的流况而定，而由于设备使用年限较长加之长周期运行，釜温较高，夹套内壁及内冷管内存在严重结垢现象，严重影响冷却循环水流况，从而影响聚合釜换热效果，影响聚合反应正常进行。

本装置聚合釜内冷管经 2003 年改造，由原指型内冷管改为双针型内冷，取热面积增加一倍，并通过加大与釜壁的距离，加强物料流通提高撤热效果。但至今为止，该厂内冷管已使用 19 年，在 2021 年大检修时对聚合釜夹套及内冷管进行清洗，清洗后从实际运行中发现内冷管清洗前后的运行效果没有明显区别，夹套内壁结垢现象稍有缓解，但仍不满足反应撤热需求。在实际生产中因换热系统的撤热效果差，一方面，反应不易受控制，需要靠多次回收来控制系统压力，部分原料及三剂被回收，造成单釜产量下降，另一方面，在聚合反应的前期或中后期因为不能及时撤热导致超压而不得不提前回收，发生过早终止反应的情况，从而造成单釜产量下降。

内冷管内部腐蚀情况见图 2，套管腐蚀情况见图 3。

图 2　内冷管内部腐蚀情况

图 3　内冷管套管腐蚀情况

3.2 反应过程控制的影响

采用间歇式生产工艺进行聚合反应会遇到反

应控制不平稳、稀汤、结块等问题，影响正常生产，必要时会采取拆球阀、开人孔等方式进行检修，这不但影响单釜产量也会增大原料丙烯消耗量，而其中对聚合反应温度、压力，"干锅"点

的判断，"三剂"加入量是目前反应控制过程中影响单釜产量的重要因素。

（1）反应温度、压力，聚合反应聚合釜底温度变化趋势，如图 4 所示。

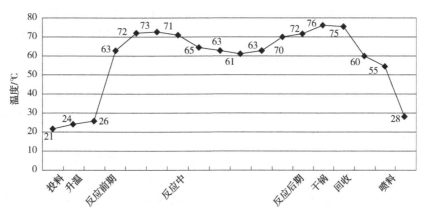

图 4 聚合反应聚合釜底温度变化趋势

通过图 4 聚合反应聚合釜底部温度变化趋势可见，在聚合反应中，温度分两种状态，分别是升温和恒温状态，升温状态处于反应的前后期，这就说明聚合反应在反应前期和后期有两个明显的放热高峰，如果在这两个阶段对反应过程控制不够平稳，就容易形成结块。为了防止聚合反应前期和后期反应过于激烈，造成局部温度过高，聚丙烯粉料塑化结块，影响产品质量和单釜产量，就应该对反应过程中的聚合速率进行及时调整，调整方式即控制反应的温度及压力。

（2）"干锅"点的判断。

聚合反应结束时，聚合釜内的液相丙烯基本已经消耗完，只剩下聚丙烯粉料和气相丙烯，当聚合釜底部温度开始迅速上升时，这个时间点称为"干锅"。在操作过程中应该在聚合釜底部温度开始加速上升之前，进行回收，结束反应，如果没有准确判断反应干锅时间，不能及时结束反应，就会在很短的时间内使聚合釜底温度过高而造成塑化结块，或者过早提前结束反应，会降低丙烯转化率，降低单釜产量，同时，在回收丙烯时液相丙烯会急剧蒸发导致聚合物粘结成块，结块的形成不但会降低单釜产量，还会影响投料釜数。

（3）"三剂"加入量，聚合釜"三剂"及氢气的常用加入量见表 2。

表 2　聚合釜"三剂"及氢气的常用加入量

三剂加入量	12m³/釜	20m³/釜
催化剂/g	50~56	80~86
活化剂/mL	500~700	900~1100

续表

三剂加入量	12m³/釜	20m³/釜
CMMS/mL	150	200
氢气/m³	1.65	2.55

催化剂、活化剂、CMMS 及氢气对聚合反应及产品质量具有不同的作用，在实际生产中根据反应强弱对"三剂"量作相应调整，目的是保证反应的正常进行。

催化剂是影响聚合反应的重要因素，当其他条件不变时，增加催化剂投入量，丙烯转化率会有所提高，但催化剂投入量过多会产生爆聚，严重时使聚合釜超温超压。相反，当催化剂量低于某一值时，由于丙烯原料杂质的影响，会使催化剂"中毒"，反应活性明显下降。

活化剂在聚合生产中起到与催化剂配位络合以消除丙烯中有害杂质的作用，本装置催化剂的活化剂是三乙基铝。

CMMS（给电子体）在反应中起到防止粘料的作用，实际作用为增加聚丙烯产品的分子量，其加入量对聚合反应没有实质影响。

氢气的加注量直接影响到聚丙烯产品的熔融指数，所以氢气的加注量是恒定的，并受到严格控制。

同时，合理的"三剂"加入方式是为了充分参与反应的进行并保证产品质量。

3.3 原料精丙烯质量的影响

不同丙烯纯度对应的单釜产量，如图 5 所示。

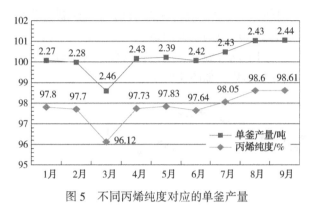

图 5　不同丙烯纯度对应的单釜产量

通过统计分析 2022 年 1~9 月不同精丙烯纯度对应的单釜产量可知，丙烯纯度越高对应的聚合反应越好，单釜产量也相应越高。因此，提高丙烯纯度也是提高单釜产量的有效措施之一。

4　优化措施

4.1　制定有效措施，优化换热系统

首先，由于更换或改造换热设备存在一定的困难性，因此通过降低循环水温度是目前改善聚丙烯装置反应撤热不及时、换热效果差的最有效的方法。在冬季，循环水温度受外界温度影响自身温度偏低，满足生产需要更易受控；在夏季，因外界气温升高，循环水温度会随之升高，因此建议可通过增加循环水厂风机投用数量以降低循环水温度，或通过增加循环水泵的投用数量以增加冷却循环水量来改善反应撤热效果。

其次，通过检修清洗聚合釜夹套及内壁和更换内冷管设备仍是提高聚合釜换热系统的重要措施。该厂 2021 年大检修时，对所有聚合釜的夹套及内壁做了清洗，取得了一定的效果，单釜产量也有所提升。因此，建议在下一期大检修中加大对聚合釜夹套及内壁的清洗力度，必要时建议采用化学清洗法。

最后，无论冬季还是夏季，在实际生产操作中操作人员应经过随时观察循环水温度，确保循环水温度在 18℃ 以下，若循环水温度过高应及时联系相关人员进行调整，以保证聚合反应正常进行，提高单釜产量。

4.2　优化反应过程控制，提高丙烯转化率

（1）反应温度和压力的控制

在聚合反应中，每一釜的设计反应温度是 59~78℃，实际反应温度在 60~79℃ 之间，设计反应压力是 3.2~3.8MPa，实际反应压力在 3.3~3.6MPa。

为了防止聚合反应前期和后期反应过于激烈，造成局部温度过高，聚丙烯粉料塑化结块，在反应前期和后期，及时调整控制反应过程中的聚合速率，通过调节冷却循环水的供给量，人为将反应前后期的反应温度、压力适当降低 2~3℃，0.2~0.5MPa 来抑制反应放热速度，控制反应平稳进行。

升温控制：热水温度控制在 60~80℃，当釜压达到 2.0MPa 时停热水，由夹套内剩余热量维持均匀升温，当釜压达 2.5MPa 时少量多次通入冷却循环水间断性撤热，控制升温速度为 1℃/min，釜压达到 2.8MPa 时持续撤热仪表投自动，从 2.2MPa 到正常操作压力 3.6MPa 升温时间要控制在 1.5~2.0h，防止快速激活造成的反应过猛。

恒温控制：在恒温期间通过间断投用内冷管控制反应平稳进行。

（2）"干锅"点的合理判断

在操作中根据反应情况选择合适的工艺条件，对反应升温和恒温时间合理控制，保证足够的反应时间，正确判断"干锅"的时间节点，减少反应过程中的过早回收、过迟回收及多次回收，提高单釜产量。

干锅点判断依据：

主要判断：恒温时间达 2.5~3h，电流明显上升（>80A），底温回升。

辅助判断：釜温不变釜压下降，釜压不变釜温上升。

（3）动态控制"三剂"加入量

在实际生产中，催化剂及活化剂加入量根据原料丙烯质量而定，原料杂质含量少且稳定则每釜催化剂及活化剂的加入量按照正常反应情况进行投放，催化剂加入量控制在大釜约 80g/釜，小釜 50g/釜，活化剂加入量控制在大釜 1000mL/釜，小釜 700mL/釜，若原料杂质含量较多、反应偏弱或偏强，则适当降低或提高两剂加入量。调整区间为催化剂±10g/釜，活化剂±100mL/釜。

催化剂投放过程优化：催化剂放入料斗后打开丙烯进料阀待料斗内充满液相丙烯，催化剂充分沉积后（约 25s）迅速打开下料球阀 5s 后关闭，反复三次将催化剂全部加入釜内，通过这种方法可以减少催化剂失活。

（4）精细操作，提高操作水平

由于聚合反应的撤热效果、釜体积等自身情况有所不同，加之原料质量的不稳定性，在相同的配比下，各釜的反应情况也不同。即使同一个釜，由于每一釜的投料操作(催化剂、活化剂量的误差不一样)和人为操作水平不一样，因此，聚合釜的生产、产量波动是不可避免的。在实际生产中应根据操作经验精细操作，提高操作人员操作水平。

第一，对于反应正常的釜，适当缩短升温时间、提高反应压力，以加快聚合反应速度，缩短达到干锅的时间，增加投料釜数。

第二，对于反应偏猛的釜，及时调整撤热冷却循环水量，适当延长反应时间，使反应热释放相对分散，使反应趋于平稳进行。

第三，在丙烯库存合理的情况下，还应及时调整投料釜数，适当延长恒温时间，以提高单釜产量。

通过优化聚合反应的过程控制，不仅有利于单釜产量的提高，还有利于聚丙烯装置公用工程的节能降耗。

4.3 加强精制单元的再生管控，提高原料丙烯纯度

(1) 对上游气分装置操作进行微调整，在不影响丙烯产量的前提下，提高丙烯纯度至98.8%以上，使聚合釜反应时间延长，以提高单釜产量。

(2) 聚合反应中，丙烯精制效果不好，杂质含量过高，会使聚合反应忽强忽弱，增加聚合反应时"三剂"消耗量，导致转化率降低而影响单釜产量。因此通过加强精制单元工艺管理，控制丙烯精制处理量($<10m^3$)，做好日常脱水、脱碱工作以保证丙烯精制效果，提高精丙烯纯度。此外，还可通过调整精制南、北组塔的使用频次，由原来的 4 个月/次提前至 2~3 个月/次，以提高丙烯精制效果，提高精丙烯纯度，保证聚合反应正常、平稳。

(3) 聚丙烯生产中因投料釜数的增加，聚丙烯生产所需的丙烯量也随之增加，精制循环量也相应增加，这就会造成丙烯在精制系统中停留的

时间变短，致使脱杂能力降低，因此，建议在生产中控制稳定好精制单元的循环量的大小，降低丙烯中的杂质含量，以保证聚合反应正常。

5 优化效果

5.1 优化前后效果对比

改进前(2021 年 1~9 月)聚丙烯装置单釜产量与改进后(2022 年 1~9 月)对比情况见表 3。

表 3　改进前后装置运行数据对比

项目	改进前	改进后
最高单釜产量/(t/釜)	2.30	2.46
日最高聚丙烯产量/t	101	115
月最高聚丙烯产量/t	2340	2939
总聚丙烯产量/t	21319	25176

由表 3 可以看出，经过优化措施实施后，聚丙烯装置单釜产量较改进前得到了明显提升。

6 结论

通过生产实践，发现聚合釜的取热效果是影响单釜产量和收率的主要因素，其次是反应过程控制和原料质量。首先，通过降低循环水温度来改善聚合釜的取热效果，避免反应过早回收影响单釜产量，其次，通过优化反应控制过程提高丙烯转化率和加强精制单元的再生管控提高丙烯原料的纯度。经过实施优化措施后，聚丙烯装置单釜产量得到了相应的提高，达到了为炼厂增加经济效益的目的。

参 考 文 献

[1] 陈秋云，蒋佳，颜婷婷．小本体聚丙烯单釜产量低原因分析及对策[J]．齐鲁石油化工，2018：37-40.

[2] 王鹏．影响间歇式液相本体法生产聚丙烯的因素[J]．中小企业管理与科技(下旬刊)，2010：314.

[3] 李佳，师春芳，张聪玲，郭峰．影响聚丙烯装置平稳运行的原因分析及对策[J]．山东化工，2015：92-94.

[4] 张浩文，马健，张芳民，郭桂琴．聚丙烯生产异常原因分析及对策[J]．齐鲁石油化工，2010：33-35.

关于提升离子液体烷基化装置产品辛烷值的研究

杨　斌　唐怀清　杨　瑛　陈　勇　桂　勇　姚天婷

（中国石油青海油田公司）

摘　要　碳四烷基化反应是异构烷烃分子与烯烃分子在酸性催化剂作用下，化学加成反应生成以三甲基戊烷为主要汽油馏分的工艺过程。某炼厂离子液烷基化装置在运行过程中出现原料预处理加氢反应不正常，烷基化反应温度偏高，离子液循环量小酸烃比偏低等问题，烷基化油产品辛烷值不高，虽然采取了一些措施进行改进和优化，辛烷值有所提高，但是仍然没有达到设计值，装置运行效益不高；本文结合装置运行现状，分析了装置存在的问题，讨论了采取的措施和下一步对策。

关键词　加氢异构反应；正丁烯；离子液体；烷基化；辛烷值

1　前言

某炼厂碳四烷基化装置采用国内高校自主研发的复合离子液体烷基化技术，以炼厂 MTBE 装置未反碳四、气分装置重碳四、重整装置液化气作为原料，异构烷烃与烯烃分子在离子液体催化剂作用下发生化学加成反应，生成以 2,2,4-三甲基戊烷、2,3,4-三甲基戊烷、2,3,3-三甲基戊烷（RON100～106）为主要成分的汽油馏分产品。装置工艺过程主要包括原料预处理、烷基化反应、压缩制冷、产品分馏精制、离子液再生五个部分。

烷基化油不含烯烃和芳烃，硫化物的含量很低，低蒸气压，研究法辛烷值和马达法辛烷值均较高，是理想的清洁汽油调和组分。

2　技术现状

出于原料组成及物料性质考虑，该装置目前主要采用 MTBE 装置醚后剩余碳四作为原料，装置原料预处理部分通过水洗、加氢异构、脱轻烃及干燥工艺，分别脱除原料碳四中携带的甲醇、1,3 丁二烯、二甲醚、水等杂质。

烷基化反应部分以复合离子液体作为催化剂，采用 2 台静态混合反应器串联方式操作，烃类与离子液催化剂在反应器内发生烷基化反应；反应流出物与离子液先后采用旋液分离、重力沉降、高效聚结方式进行分离。流出物经碱洗、水洗除去夹带的微量离子液，通过闪蒸脱除丙烷和

部分异丁烷，进入脱异丁烷塔脱除异丁烷，经脱正丁烷塔脱除正丁烷，塔底烷基化油脱氯后获得合格的烷基化油产品。

根据离子液特性和物料平衡考虑，装置设置离子液再生部分，加注以三氯化铝为主要成分的活性剂以维持离子液活性，同时将富余高含固渣离子液分离出系统。

在装置运行过程中，原料加氢反应参数频繁波动，加氢催化剂多次出现活性不稳定现象，加氢反应效果不佳，正丁烯异构化率低，含量偏高；烷基化反应副反应增加，离子液活性损耗较快，造成反应系统多次降负荷或切除进料，活性剂单耗偏高；烷基化油质量低，产品干点偏高，辛烷值偏低，不能满足全厂汽油调和的需求，装置运行效益不佳。

3　初步取得成果

3.1　控制加氢原料中部分污染物，保护加氢催化剂活性

要保证加氢催化剂活性稳定，首先要控制加氢反应原料中的污染物含量（具体污染物控制指标见表1），同时也要平稳控制加氢反应参数。通过对装置原料性质及工艺过程进行分析，结合掌握的化验分析数据，目前已知加氢反应原料中携带游离水、氯化物、二甲醚、胺等污染物。

表1 加氢催化剂污染物表

序号	杂质名称	最高含量	污染类型	去除方法
1	游离水	无	暂时毒物	原料脱水、催化剂热氢气提活化
2	总硫(除硫醇、H_2S、CS_2、COS、SO_2外)	20wppm	暂时毒物	原料脱硫、催化剂再生
3	H_2S	1wppm	永久毒物	原料脱H_2S、更换新剂
4	硫醇硫	10wppm	暂时毒物	原料脱硫醇、催化剂再生
5	COS	1wppm	暂时毒物	原料脱硫、催化剂再生
6	SO_2	1wppm	暂时毒物	原料脱硫、催化剂再生
7	CS_2	1wppm	永久毒物	原料脱硫、更换新剂
8	氧	5vppm	活性抑制剂	原料脱氧、催化剂无需处理
9	NH_3与胺	2wppm	暂时毒物	原料水洗、催化剂处理
10	总氮化物	5wppm	暂时毒物	原料水洗、催化剂处理
11	碱氮	1wppm	暂时毒物	原料水洗、催化剂处理
12	氯化物	1wppm	永久毒物	原料脱氯、更换新剂
13	砷化物	10ppb	永久毒物	原料脱砷、更换新剂
14	羰基(醛、酮)	100ppm	暂时毒物	原料净化、催化剂处理
15	总醇类	100wppm	暂时毒物	原料净化、催化剂处理
16	二甲醚	1000wppm	活性抑制剂	原料脱除、催化剂无需处理
17	MTBE	100wppm	活性抑制剂	原料脱除、催化剂无需处理
18	总金属	1wppm	永久毒物	原料水洗、更换新剂
19	烧碱	无	暂时毒物	原料水洗、催化剂处理
20	低聚物	1000ppm	暂时毒物	催化剂再生处理
21	原料酸碱性	中性	暂时毒物	如呈碱性需水洗等处理,催化剂处理
22	机械杂质(如炭粉)	无	暂时毒物	原料脱除,催化剂再生

通过分析研究确定装置污染物脱除方案,与设计院充分沟通后进行相关改造设计,在2021年大检修期间完成改造施工,避免目前已知污染物对加氢催化剂活性产生不利影响。

(1)控制原料中水分含量

装置设计采用水洗塔水洗脱除MTBE装置醚后剩余碳四中夹带的微量甲醇,水洗后原料不可避免夹带水分,在催化剂床层逐步积累会造成加氢催化剂暂时性失活;加氢反应器前虽然已设置聚结器脱水,但实际使用中过程中不能有效脱除全部游离水,原料水分基本都在20ppm以上(图1),个别位置低排还有明水;针对这种情况,在加氢反应器进口增设分子筛干燥罐,对加氢原料进行干燥脱水,经干燥后的原料水分含量可控制在10ppm以下,同时干燥剂床层也可对原料中机械杂质和低聚物进行拦截吸附,防止其进入加氢催化剂床层对催化剂孔洞造成堵塞影响其活性。

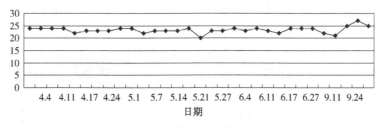

图1 加氢反应器进口水份含量(ppm)

(2)控制原料中氯化物含量

氯化物是加氢催化剂的永久性毒物,对其控制指标为<1wppm,干燥罐内的混合碳四氯化物含量约为8.0mg/m³,原设计干燥剂再生过程中

的含氯退料与原料混合后一起进入加氢反应器，氯化物逐步积累会造成加氢催化剂永久性失活。针对这种情况，对干燥系统再生退料流程进行改造，再生退料不再进入加氢反应器，避免氯化物造成催化剂中毒失活。

3.2 平稳控制加氢反应操作参数

加氢反应器运行受诸多动态因素的影响，入口温度、氢气流量等参数操作中经常出现波动，对加氢催化剂活性和使用寿命造成不利影响。

（1）稳定控制加氢反应温度

反应器进口温度需要岗位人员现场手动控制进出料换热器副线阀和进口阀进行调整，现场调节相对滞后且存在较大人为不确定因素，调节不当还会造成加氢反应器进料中断，影响装置安全平稳运行。通过改造对换热器付线调节阀进行扩径，同时增加出口调节阀，既能精确控制反应器进口温度，还能保证物料流量正常，实现加氢反应器进口温度远程精细调节，消除了操作瓶颈。

（2）平稳控制加氢反应氢烯比

氢气管网压力略高于反应器压力，压差较小，流量受管网压力影响较大，氢气流量调节阀调节精度不能满足生产要求，需人员现场手动调整，加氢反应氢烯比波动较大，加氢反应不稳定。为减轻氢气管网压力波动对流量的影响，对氢气调节阀进行设计核算，重新选型更换，满足对调节精度的要求，实现氢气流量精细调节，保证加氢反应氢烯比稳定。

原料预处理部分改造实施后，可避免原料中部分毒物和操作参数波动对加氢反应的影响，加氢反应器出口1,3丁二烯含量达到指要求标，正丁烯含量下降至2.5%左右，烷基化反应副反应减少，烷基化油RON逐步提升(图2)。

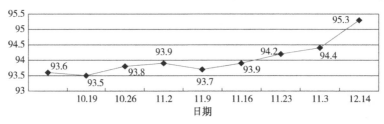

图2 烷基化油产品RON

3.3 离子液活性控制稳定，实现烷基化装置连续运行

装置运行期间，系统离子液活性多次出现不稳定现象，产品质量不合格。通过对离子液反应机理进行研究，离子液活性过高时，C5~C7含量升高，会导致辛烷值下降；活性过低时C9及以上重组分上升，重质叠合物酸溶油ASO增加，脱氯前烷基化油氯含量、干点升高，辛烷值和收率降低；当活性指数过低会导致烯烃反应不完全，烷基化油干点超过280℃，产品不合格。

根据其反应机理，在监控离子液活性的同时，可采用脱氯前烷基化油氯含量数据对其进行参照，氯含量40~60ppm，离子液活性在1.05~1.15合理区间，氯含量高于80ppm表明离子液活性过低，氯含量低于20ppm表明离子液活性偏高；同时监控循环异丁烷、循环冷剂中烯烃含量，结合反应器温差和温升变化情况，综合判断离子液活性是否在正常范围内，叔丁基氯加入量是否满足烷基化反应要求；根据相关数据及时对离子液活性剂和叔丁基氯加注量进行调整，多重举措保证烷基化反应正常进行，保证烷基化油产品质量合格。

4 存在的问题

4.1 原料加氢异构反应效果与同类型装置存在差距

（1）正丁烯含量偏高，产品辛烷值偏低

顺、反2-丁烯是离子液烷基化的理想组分，与异丁烷反应主要产物为三甲基戊烷，其RON为100~106，正丁烯与异丁烷反应主要生成二甲基己烷，其RON只有71.6，烷基化油中二甲基己烷占比较高影响产品辛烷值(图3)。

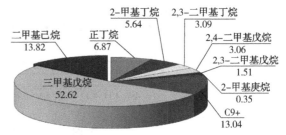

图3 烷基化油RON93.5时PONA组成

经过调整装置加氢反应器出口产品中正丁烯

含量降至 2.5% 左右(图 4),正丁烯占总烯烃比例能够降至 8.0% 左右;但是同类型装置正丁烯含量基本控制在 2.0% 以下,正丁烯占总烯烃比

例能够降至 6.0%,我厂烷基化装置加氢产品正丁烯含量偏高,质量明显偏低,产品辛烷值受到影响。

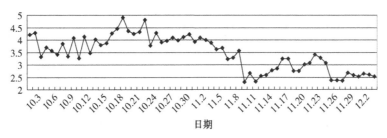

图 4　加氢反应器出口 1-丁烯含量(%)

(2)单烯烃收率偏低,烷基化油收率不高

为提高加氢异构反应产品质量,目前氢气流量控制较高,反应器进口温度 40℃ 时,出口温度能够达到 80℃,反应温升 40℃,虽然反应器出口 1,3-丁二烯含量非常低,正丁烯含量也能达到 2.5% 左右,但是烯烃收率下降,平均只有 92.72%(图 5),远低于 ≥99% 的指标,烷基化反应有效组分下降,烷基化油收率不高。

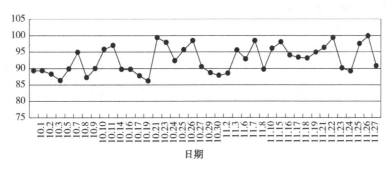

图 5　加氢反应单烯烃收率(%)

(3)部分污染物对加氢催化剂仍然存在不利影响

新增干燥罐与原有干燥罐共用再生系统流程,再生系统设备和管线内少量存料含氯化物,再生完成后加氢原料干燥罐内存留的少量含氯化物物料会对加氢催化剂造成一些影响。

装置原料水洗塔采用除盐水循环洗涤脱除原料中所含微量甲醇,通过对我厂除盐水处理过程进行排查,发现除盐水在处理过程中需加注中和胺,水洗后的原料将中和胺带入加氢反应器,胺对加氢催化剂活性造成不利影响。

加氢用氢气受上游 PSA 装置操作影响,部分时段氢气纯度下降,CO 和 CO_2 含量上升,进入加氢反应器抑制了加氢反应正常进行。

从装置目前运行情况判断,原料中可能仍然含有部分加氢反应和烷基化反应的污染物,尤其在上游装置调整或发生波动时,加氢反应伴随出现反应减弱现象。

4.2　烷基化反应系统参数与设计存在较大偏差

(1)反应系统运行温度高于设计值

碳四烷基化反应是低温放热反应,反应温度是装置的重要控制指标,装置采用流出物冷工艺控制反应温度。烷基化反应温度设计 19℃,装置目前控制 26-28℃,主要原因是低温下离子液黏度增加,系统循环量明显下降,为保证离子液循环量维持反应酸烃比,只能保持较高反应温度;另外在再生离子液送往反应系统过程中,由于再生离子液温度偏高,导致反应系统温度上升,在此过程中离子液分离效果变差,流出物夹带离子液量增加;反应温度偏高,C9 及以上重组分含量增加(图 6),目标产物三甲基戊烷含量降低,产品辛烷值下降。

(2)系统离子液循环量偏低

反应系统离子液一级循环泵出口流量从前期的 160-180t/h 下降至目前的 120t/h,离子液循环量严重偏低,反应酸烃比下降;高酸烃比对烷基化主反应正常进行、辛烷值的提高有利。酸烃比低易导致 C9 及以上重组分升高,辛烷值降低,酸溶油及固渣含量升高,产品收率降低,酸耗升高。

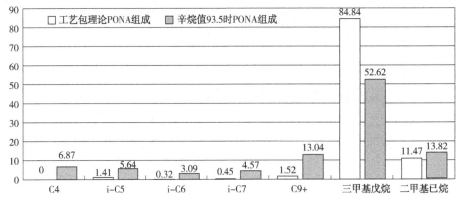

图 6　烷基化油 PONA 组成比对

5　下步对策建议

5.1　原料预处理部分下步思路与建议

（1）降低反应器出口正丁烯含量，提高单烯烃收率

为提高正丁烯异构化率，加氢反应氢气流量控制较高，出口正丁烯含量已降至 2.5% 左右，但是单烯烃收率偏低。说明由于氢气过量，造成反应过程中部分烯烃加氢饱和为烷烃，烯烃含量减少烷基化油收率也随之下降。

下一步调整中需兼顾正丁烯异构化率和单烯烃收率；在目前工况下，可摸索调整氢气流量和反应温度，找到一个最佳平衡点，既能提高正丁烯转化率，降低正丁烯含量，又可减少烯烃加氢饱和为烷烃，提高单烯烃收率，提升烷基化油产品质量的同时保证产品收率。

（2）全面分析掌握原料污染物，采取措施保护催化剂活性

加氢原料干燥罐与原有干燥罐共用再生系统流程，再生系统内少量含氯存料会对加氢催化剂造成影响。可对新增加氢原料干燥罐设置独立的再生系统，避免混用再生流程导致氯化物进入加氢反应器。鉴于新增再生系统受场地和投资的限制，同时干燥剂也可使用高温氮气进行再生的情况，可以考虑利用脱氯剂再生系统热氮气对加氢原料干燥剂进行再生，优点是投资小只需铺设管线即可，缺点是再生时需投用氮气压缩机和电加热器，耗电量较大，能耗较高。目前操作中可在再生加氢原料干燥剂时，尽可能退净再生系统物料，减轻氯化物的污染。

除盐水在水处理过程中需加注中和胺，为减轻其对加氢催化剂的影响，在目前装置运行工况下，可在保证水洗后原料中甲醇含量满足要求的情况下，减少水洗塔换水量，降低除盐水中和胺进入系统的量；下一步可考虑改变除盐水供水流程，采用未加注中和胺的除盐水用于装置原料水洗。

5.2　烷基化反应部分下步思路与建议

（1）烷基化反应温度控制

烷基化反应温度偏高 C9 及以上重组分增加，目标产物三甲基戊烷含量降低，产品辛烷值下降；温度偏低又会造成离子液粘度增加，反应系统循环量下降，静态混合反应器内酸烃分散效果变差，副反应增加；建议对反应温度进行摸索调整，在保证反应系统离子液循环量不发生较大变化的情况下，尽量降低反应温度。针对再生后离子液温度偏高造成烷基化反应温度上升的情况，可考虑对其进行降温冷却。

对于再生后离子液间歇进入反应系统造成分离工况变差情况，可对再生加药系统进行改造，实现离子液连续再生，活性剂少量持续加入，既有利于活性剂的溶解，降低系统固渣含量，还能改善对反应系统的影响。

（2）提高系统离子液循环量

反应系统运行过程中反应器压降上升，同时换热器通过量受限，离子液循环量下降，初步判断烷基化反应器填料层和换热器可能有固渣堵塞，存在流通不畅现象。针对这种工况，目前装置运行中可适当提高反应系统温度，对烷基化系统换热器和反应器进行冲洗溶解，改善系统流通不畅现象，从而提高烷基化反应酸烃比，提高产品质量。

6 结论

通过对该碳四离子液烷基化装置辛烷值偏低的原因进行分析总结，对装置原料预处理和烷基化反应系统进行了初步改造和优化，降低了烷基化反应原料不利组分含量，烷基化油辛烷值有所提高，但是还没有达到设计值，装置仍然存在一些问题没有解决，制约装置的高质量运行；本文通过深入分析，针对性地提出了下步攻关方向与对策建议，有助于提高烷基化油产品质量，提升装置运行水平；高质量烷基化油参与炼厂汽油调和，可进一步提升炼厂经济效益。

参 考 文 献

[1] 王迎春，高步良，陈国鹏，崔云梓. 硫酸法烷基化原料的净化[J]. 石油炼制与化工 2003.1，34(1)：15~18.

[2] 刘植昌，张睿，刘鹰，徐春明. 复合离子液体催化碳四烷基化反应性的研究[J]. 燃料化学学报，2006，34(3)：328-331.

[3] 刘鹰. 离子液体在催化过程中的应用[M]. 北京：化学工业出版社. 2008.2.

重整装置增设脱庚烷塔后的运行分析

谢清峰　陈国兴　邓　军　陈爱青　张瑞丰　李　林

（中石化湖南石油化工有限公司）

摘　要　【目的】某炼化公司 0.70Mt/a 连续重整装置由 0.50Mt/a 压组合床重整改扩建而来，芳烃抽提装置的规模因按"苯和部分甲苯抽提的汽油方案"生产仍为 0.25Mt/a。实际生产中芳烃分离装置按"三苯方案"运行，由于装置规模偏小，限制了重整装置创效能力的发挥。【方法】增设重整生成油脱庚烷塔措施后，消除芳烃抽提装置负荷低的瓶颈。【结果】重整进料的初馏点均值由 73.8℃提高至 78.1℃，抽提原料的初馏点由 71.8℃降至 62.6℃。【结论】重整进料中的 C5 含量由降低了 1.63%（质量分数），C5+iC6 的含量降低了 3.31%（质量分数），优化了重整进料的 PONA 组成；，同时增加了石脑油加工量约 5.64t/h，增产石油醚 II 约 1.87t/h、石油醚 III 约 0.42t/h，增加 C7 高辛烷值汽油 3.8t/h，增产苯 0.93t/h，取得了较好的经济效益。

关键词　连续重整；脱庚烷塔；初馏点；加工能力

2009 年为配套全厂 8Mt/a 一次加工炼油能力，某炼化公司重整装置由 0.50Mt/a 压组合床改扩建 0.70Mt/a 连续重整，芳烃分离装置分离按"苯和部分甲苯抽提的汽油方案"考虑未进行相应的扩能改造，规模为 0.25Mt/a。实际生产中芳烃分离装置按"三苯方案"运行，为了确保二甲苯的质量，芳烃抽提装置必须按苯、甲苯、少量二甲苯三苯抽提的模式运行，从而导致了抽提原料量大于芳烃抽提装置的最大处理能力。国 VI 汽油升级前可通过脱戊烷油组分少量交汽油来减少抽提原料量，国 VI 汽油升级以后脱戊烷油组分因苯含量高（苯含量 8%）不能交汽油。当重整原料芳烃潜含量高时，尤其在加工 100 万柴油加氢转化轻石脑油、以及常减压增产航煤后直馏石脑油干点由 165℃降至 145℃的情况下，脱戊烷油中 $C_6 \sim C_8$ 组分多、抽提装置严重超负荷，抽提汽提塔易出现冲塔现象。生产中采取降低重整进料初馏点、提高抽提原料初馏点等措施满足重整装置和芳烃分离装置的大负荷生产。低沸点组分不利于重整，降低重整进料初馏点就是降低了重整的有效加工量、提高抽提原料初馏点就是损失部分 C_6、C_7 烃烷（石油醚类产品原料）及部分苯、甲苯等高附加值组分，造成效益的流失，限制了重整装置整体效益的发挥。

1　问题分析

1.1　芳烃分离装置能力偏小，制约了重整装置的负荷

重整生成油经脱戊烷塔（T1201）后，塔顶戊烷油组分去生产发泡剂和乙烯料，塔底组分进入脱重塔（T1202）。T1202 塔顶含 $C_6 \sim C_8$ 芳烃的组分做抽提原料，T1202 塔底组分做二甲苯塔的原料。为了保证二甲苯的质量，T1202 塔底组分不能含有甲苯，导致少量的二甲苯进入塔顶组分（即抽提原料）。芳烃抽提装置是按 $C_6 \sim C_8$ 芳烃抽提设计的，采用四乙二醇做溶剂的液液抽提工艺，富溶剂系统设有非芳汽提塔（T303/1）和芳烃汽提塔（T303）。当抽提原料中的芳烃总量大于 20.5t/h 时，T303/1 容易发生冲塔现象、造成操作大幅度波动和芳烃质量不合格。限制了抽提装置的进料量，进而限制了重整装置的负荷。

1.2　重整进料初馏点低，降低了重整的有效加工量

在重整反应条件下，C_5 烃类进入重整反应系统中发生裂化、积碳反应、不会发生产生芳烃和氢气的反应，异构 C_6 烃类不能转化为芳烃，正构 C_6 烃类（正已烷）难以转化为芳烃，正已烷发生环化脱氢生成苯的反应的速度是环已烷脱氢生产苯的反应速度的百分之一，且在重整反应过程中异构 C6 烃类的浓度是逐步增加的。降低重整进料中不能转化成芳烃的 C_5 和异构 C_6 烃类含量，能提高催化重整装置的有效加工能力。2021 年 5 月 ~2021 年 9 月重整料的初馏点如图 1 所示。2020 年 9 月至 2021 年 9 月重整进料中 C_5、C_5+iC_6 的含量，如图 2 所示。

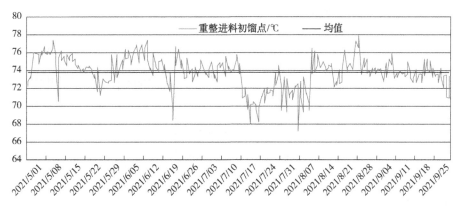

图 1　2021 年 5 月~2021 年 9 月重整进料初馏点

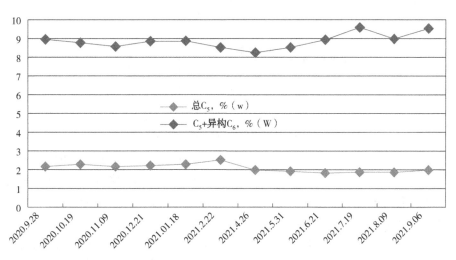

图 2　重整进料中 C5、C5+iC6 的含量趋势图

从图 1 看出，2021 年 5 月~2021 年 9 月重整进料初馏点在恩氏蒸馏 68~78℃，平均为 73.8℃。从图 2 看出，重整进料中 C_5 的含量达到 2.12%，C_5+iC_6 的含量达到 8.85%。重整进料按 84t/h 计算，即有约 7t/h 从理论上不能转化为芳烃及进行脱氢反应的无效原料进入了重整反应系统，挤占了重整装置的加工负荷。

1.3　戊烷油组分中 C_6 烷烃和苯含量高

为保证重整大负荷运行同时兼顾抽提的满负荷平稳生产，只能提高重整脱戊烷塔顶温度，抽提进料的初馏点提高至 73℃，部分石油醚组分（C_6 烷烃、C_7 烷烃）、苯、甲苯从脱戊烷油塔顶拔出进入戊烷油组分中。戊烷塔（T1201）塔顶戊烷油组分 PONA 分析组成，见表 1。

表 1　塔顶戊烷油组分 PONA 分析组成

%（质量分数）

碳原子数	P%（烷烃）	N%（环烷烃）	A%（芳烃）	合计
3	5.31	0	0	5.31
4	13.63	0	0	13.6

续表

碳原子数	P%（烷烃）	N%（环烷烃）	A%（芳烃）	合计
5	26.51	1.16	0	27.67
6	31.87	0.56	10.51	42.94
7	6.12	0.44	3.87	10.43
合计	83.54	2.16	14.38	99.95

从表 1 中看出，抽提进料的初馏点提高至 73℃ 后，戊烷油组分中 C_6 烷烃 31.87%、C_7 烷烃 6.12%、苯含量 10.51%、甲苯含量 3.87%，造成高附加值组分未回收，做了乙烯料组分。

2　增设脱庚烷塔

在重整生成油脱重塔（T1202）后增设脱庚烷塔，流程设置示意图，如图 3 所示。

如图 3 所示，脱重塔将 C_6 和大部分 C_7 组分拔出做抽提原料，以满足抽提装置的运行，芳烃抽提由苯、甲苯、二甲苯三苯抽提改为苯和甲苯两苯抽提。C_7^+ 组分进脱庚烷塔，C_7 及少量的 C_8 从脱庚烷塔顶拔出做汽油调和组分，以保证二甲苯的质量，塔底组分做二甲苯塔的原料。

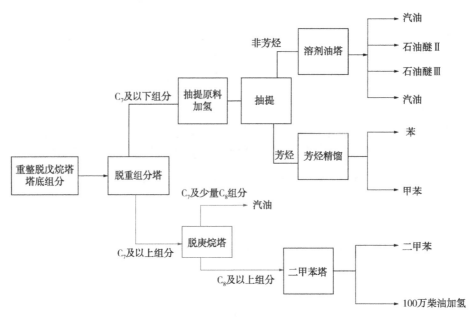

图 3   脱庚烷塔流程设置示意图

3   效果分析

3.1   *脱庚烷塔的运行情况*

2021 年 10 月 18 日脱庚烷塔投入运行后，操作参数、质量控制与设计值对比情况见表 2，达到了设计要求。

表 2   脱庚烷塔操作参数和质量控制与
设计值对比情况表

项目	设计值	运行值※
脱重塔 T-1202	塔顶组分二甲苯含量/%（质量分数）	<0.01	0.004
脱庚烷塔 T-1302	塔顶温度/℃	135	128
	塔顶压力/MPa（G）	0.08	0.03
	塔底温度/℃	178	173
	塔底组分甲苯含量/%（质量分数）	<0.03	0.002
	塔顶组分二甲苯含量/%（质量分数）	<5	27
	塔顶组分流量/（t·h⁻¹）	5	4

注：※为 2021 年 10 月 19 日~11 月 17 日化验分析数据

3.2   *重整进料初馏点提高至 78℃，C_5+iC_6 的含量下降了 2.48%*

增设脱庚烷塔后，消除了抽提瓶颈对重整进料初馏点的限制，重整进料的初馏点均值由 73.8℃提高至 78.1℃，重整进料中的 C_5 含量由 2.12%（质量分数）降至 0.48%（质量分数），降低了 1.63%（质量分数），C_5 + iC_6 的含量由 8.85%（质量分数）降至 5.54%（质量分数），降低了 3.31%（质量分数），优化了重整进料的 PONA 组成。重整进料初馏点的变化趋势图，如图 4 所示，C_5 及 C_5+iC_6 的含量变化趋势图，如图 5 所示。

3.3   *抽提进料初馏点降低至 62℃，为增产石油醚产品提供了原料*

重整脱戊烷塔（T1201）塔顶的戊烷油组分经 T1205 分离出发泡剂后，T1205 塔底 C_5^+ 组均交乙烯料。增设脱庚烷塔后，为优化了脱戊烷塔（T1201）的操作创条件，T1201 的顶温由 120℃降至 92℃，塔顶外排量由 16.0t/h 降至 11.5t/h，大幅度降低了戊烷油组分中的 C_6、C_7 烷烃及苯、甲苯含量（C_6、C_7 烷烃是生产石油醚产品的原料）。脱戊烷塔 T1201 顶温降低后，抽提原料的初馏点由 71.8℃，降至 62.6℃，芳烃含量由 64.14%（质量分数）降低至 57.04%（质量分数），非芳烃含量由 35.86%（质量分数）上升至 42.96%（质量分数），为增产石油醚产品，提供了更多原料。T1201 塔顶戊烷油 PONA 分析组成对比情况见表 3，抽提进料初馏点变化趋势如图 6 所示。

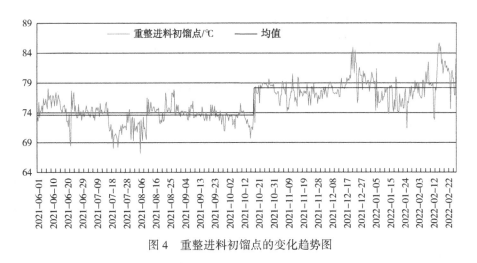

图 4　重整进料初馏点的变化趋势图

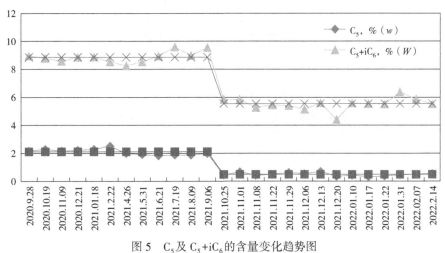

图 5　C_5 及 C_5+iC_6 的含量变化趋势图

表 3　增设脱庚烷塔后，T1201 顶戊烷油的性质变化情况

项目	无脱庚烷塔（1）	有脱庚烷塔（2）	（1）-（2）/（t/h）
脱戊烷塔顶温度/℃	120	92	28℃
脱戊烷塔顶外排流量/（t/h）	16.03	10.52	5.51
C_3 含量/%（质量分数）	5.31	8.87	-0.08
C_4 含量/%（质量分数）	13.63	27.06	-0.66
C_5 含量/%（质量分数）	27.67	41.81	0.04
C_6 烷烃含量/%（质量分数）	31.87	15.75	3.45
C_7 烷烃含量/%（质量分数）	6.12	1.54	0.82
苯含量/%（质量分数）	10.51	3.54	1.31
甲苯含量/%（质量分数）	3.87	0.17	0.60

从表 3 中看出，增设脱庚烷塔后，（1）脱戊烷塔顶温度降低了 28℃，戊烷油组分外排量下降了 5.51t/h，C_3+C_4 的产量提高了 0.74t/h；（2）C_6 烷烃下降了 3.45t/h、C_7 烷烃下降了 0.82t/h；（3）苯下降了 1.31t/h、甲苯下降了 0.60t/h。

3.4　产品分布情况

增设脱庚烷塔后，提高了芳烃分离的能力，重整进料的初馏点提高了 4℃、抽提原料的初馏点降低了 9℃，在同等的重整进料量（100%负

荷)下,提高了重整有效进料量约5t/h,石脑油处理量提高了7.23t/h,三苯、石油醚、汽油等

产品分布变化见表4。

图 6 抽提进料初馏点变化趋势

表 4 增设脱庚烷塔前后重整主要产品的对比情况　　　　　　　　　　　　　　t/h

项目	无脱庚烷塔工况 (2021 年 7 月~9 月)				有脱庚烷塔工况 (2021 年 11 月~2022 年 1 月)				对比 情况
时间	7 月	8 月	9 月	均值	11 月	12 月	1 月	均值	差值
预加氢进料	101.18	99.41	100.99	100.53	106.23	106.55	105.74	106.17	5.64
重整进料	83.28	83.2	84.17	83.48	84.03	83.97	84.09	83.96	0.48
重整产氢	2.74	2.64	2.64	2.68	3.15	3.07	3.07	3.09	0.41
苯	4.69	4.26	4.73	4.56	5.65	5.11	5.72	5.49	0.93
石油醚Ⅱ	2.83	2.44	2.79	2.69	4.68	4.56	4.45	4.56	1.87
石油醚Ⅲ	4.06	4.94	4.64	4.55	4.68	4.93	5.3	4.97	0.42
甲苯	10.92	10.89	11.06	10.96	10.53	11.13	11.09	10.92	-0.04
二甲苯	11.84	12.61	12.29	12.25	11.62	10.78	11.92	11.44	-0.18
重芳烃	12.85	12.93	12.36	12.71	13.83	13.96	13.28	13.69	0.98
C_7汽油	0	0	0	0	3.48	4.39	3.66	3.84	3.84

从表4中看出,增设脱庚烷塔后,在重整进料量100%负荷下:(1)、预加氢的处理量增加了5.64t/h、重整产氢增加约0.41t/h;(2)苯产量增加约0.93t/h、石油醚Ⅱ增加约1.87t/h、石油醚Ⅲ增加约0.4t/h;(3)甲苯产量持平、二甲苯产量略有降低;(4)重芳烃产量增加0.98t/h、C_7高辛烷值汽油组分约3.84t/h。

4 结论

重整装置增设脱庚烷塔后,消除了因芳烃抽提装置负荷低对重整装置优化运行的瓶颈,优化

重整进料组成、提高苯、石油醚类产品的产量,同时增产少量的 C_7 汽油组分。

(1)重整进料的初馏点均值由 73.8℃ 提高至 78.1℃,重整进料中的 C_5 含量下降 1.64%(质量分数),C_5+iC_6 的含量下降了 3.31%(质量分数),增加了石脑油加工量约 5.64t/h、增产苯0.93t/h;

(2)抽提原料的初馏点由 71.8℃,降至 62.6℃,石油醚Ⅱ增加约 1.87t/h、石油醚Ⅲ增加约 0.42t/h。

(3)增加 C_7 高辛烷值汽油组分约 3.8t/h。

近红外光谱技术即时测定聚丙烯物性参数研究

彭舒敏[1]　刘佳宇[1]　曹永民[1]　袁洪福[2]

（1. 中石化湖南石油化工有限公司；2. 北京化工大学）

摘　要　本文针对聚丙烯产品质量检测周期长，不能及时指导生产、优化操作、产生大量不合格品以及传统近红外光谱分析技术测定聚丙烯产品物性参数建模难、不准确的问题，采用傅里叶近红外光谱和 Sunny Lib 定标新技术，对即时测定纤维类聚丙烯产品多项关键质量参数的可行性进行了研究，其熔体质量流动速率、拉伸屈服应力、拉伸断裂应力、拉伸断裂标称应变的测定值标准偏差均小于标准分析方法的再现性要求，表明新技术能够实现聚丙烯产品多项关键质量参数的即时准确测定，对提高分析效率及产品质量控制、生产控制自动化和智能化具有重要意义。

关键词　近红外光谱；聚丙烯；熔体质量流动速率；拉伸屈服应力；拉伸断裂应力；拉伸断裂标称应变

1　前言

熔体质量流动速率、拉伸屈服应力、拉伸断裂应力、拉伸断裂标称应变是纤维类聚丙烯产品的关键质量参数，是产品质量控制过程必检参数。目前这些参数仍依靠从产品储罐采样后送化验室制样检测，使用现行国标分析方法检测涉及多项国家标准检测方法，多种大型制样、检测仪器，能耗高、检测工作量大、耗时长。其中，对生产影响最大的是，现行国标分析方法测定聚丙烯拉伸性能使用的试样需要在规定的标准环境中调整 40h 以上，才能进行测定，每批产品需要 2 天时间才能出具检测报告，检测周期长，难以满足产品质量控制、生产工艺调整优化对检测数据的即时要求。同时，由于产品储罐数量有限，只要产品熔体质量流动速率、等规指数检测合格，就送成品包装线包装入库，一旦拉伸性能测试结果不合格，需要重新更改牌号，又需要重新倒袋，浪费人力、物力。因此研究聚丙烯物性参数的快速准确分析方法具有重要意义。

近红外光谱是一种快速分析技术，已经广泛用于油品多项质量参数的检测以及在线监测。也有用于聚丙烯产品的熔融指数、等规度和平均相对分子质量检测的研究报道，对于拉伸屈服应力、拉伸断裂应力、拉伸断裂标称应变的测定，还未实际应用。与油品为液体相比，近红外光谱

检测聚丙烯产品更为困难，一是其形态为粉末或粒料状态，难以获得高精度光谱；二是光谱与物性参数之间存在着较强的非线性，使用现有的近红外光谱建模方法，其分析结果与标准分析方法结果的偏差大于再现性误差要求，也是近红外光谱分析领域中尚未解决的一项技术难题。本文采用傅里叶近红外光谱 Sunny Lib 定标新技术，解决了这些问题，测定值偏差均小于标准分析方法的再现性要求，实现了聚丙烯产品多项关键质量参数的即时准确测定，达到提高分析效率、控制产品质量和实现生产控制自动化和智能化的目的。

2　技术简介

2.1　技术原理

使用现代光谱仪器，通过漫反射光谱采集模式，可以快速方便地采集聚丙烯（粒料或粉料）产品近红外光谱。近红外光谱产生于分子振动，可从分子水平反映聚丙烯产品的组成与结构信息。当组成确定，其光谱和物性参数也随之确定，当其组成发生改变，其光谱和物性参数也随之改变，即其近红外光谱与物性参数间存在着函数关系。通过建立聚丙烯近红外光谱与物性参数的函数关系，通过被测样品的光谱就可以预测其物性参数。

2.2　传统近红外光谱定标方法及问题

目前世界范围内商业近红外光谱仪定标方法

大多是偏最小二乘法(PLS)，通常需要收集大批量样品，分别采集其近红外光谱和标准分析方法测定值作为定标样品，然后再对各性质分别建立近红外光谱分析模型。存在问题如下：

(1) 建立一个可靠的模型，所需定标样品数量很大，通常在上千个以上，工作量巨大，建模周期很长；

(2) PLS算法使用了多元线性回归方法，不适应近红外光谱变化与物性参数变化的非线性，难以获得准确模型，即测不准；

(3) 使用PLS方法，需要对每种性质单独建立模型，建模与维护的工作量很大，而且，建模人员需要掌握复杂的化学计量学知识，一般操作人员难以掌握；

(4) 采集粉末或粒料光谱的误差比较大，目前还缺少有效消除方法，对建模性能具有严重不利影响。因此，使用传统近红外光谱定标方法，不能准确测定聚丙烯产品的物性参数。

2.3　Sunny Lib定标新技术

Sunny Lib是西派特(北京)科技在2020年推出的一种近红外光谱分析定标数据库新方法，具有定标数据库建立和预测模块。Sunny Lib从理论和技术上解决了上述传统定标方法PLS的缺点，具有如下优点：

(1) 具有多种光谱预处理方法，可以同时即时测定物质的多项质量参数，其检测结果严格溯源到标准分析方法，保证结果的准确性；

(2) 与PLS方法相比，使用更少数量的定标样品；无需对各个性质分别建模，容易为一般操作人员所掌握。

(3) 特有的边界识别功能，可以实现特异性样品识别。该技术已经在我国多个聚烯烃生产企业进行了成功应用，该技术也成功地用于粒料产品(如煤粉)的在线分析。

3　实验部分

3.1　试验样品

样品取自中石化长岭分公司聚丙烯装置900单元产品储罐D901A/D901B/D901C/D901D。取样时排出采样口管线余料后，将混合均匀的样品从采样口取出，取样品量为10kg，用于测试多个参数。

3.2　物性参数测定

熔体质量流动速率用熔指仪按照GB/T

3682.1进行测定。

拉伸性能测定包括拉伸屈服应力、拉伸断裂应力、拉伸断裂标称应变。首先将采集的粒料样品用注塑机按GB/T 17037.1、GB/T 2546.2要求制备试验样条，样条按GB/T 2918要求，在标准环境中放置40h以上，然后用万能试验机按GB/T 1040.2进行测定。每个样品取5个试验样条进行测定，取测定结果的平均值报告。

3.3　光谱采集

傅里叶变换近红外光谱仪，波数范围($4000 \sim 10000cm^{-1}$)、分辨率($8cm^{-1}$)、扫描次数(32次)、装样次数(6次)、参比增益(0.5)、样品增益(0.5)。

采集参比，采集样品光谱，重复3次。3张光谱的标准偏差均不超过0.005A，如超过0.005A，则重新进行光谱采集。聚丙烯近红外光谱见图1。

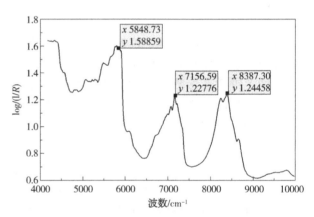

图1　聚丙烯近红外光谱图

如图1所示，$4000 \sim 4800cm^{-1}$为C—H的第一组合频区，$5500 \sim 6500cm^{-1}$为CH一级倍频区(2v)；$6500-7500cm^{-1}$为C—H的第二组合频区，$8000-9000cm^{-1}$为CH二级倍频区(3v)，表明聚丙烯近红外光谱含有丰富的组成与结构信息。根据组成决定其物质性质的原理，近红外光谱是分析聚丙烯性质的理想信号。

3.4　定标数据库建立

在近一年的时间内，对多批次聚丙烯纤维料进行了收集，共收集了120个样品，其熔体质量流动速率和多种力学参数统计如表1所示。将试样的近红外光谱数据和其物性参数的国标测定值输入Sunny Lib软件，对试样数据逐一审核，建立分析模型。

表1　聚丙烯拉伸性能各指标标准分析方法数据统计

项目	最小值	最大值	平均值	标准偏差	变异系数/%
拉伸屈服应力/MPa	26.1	35.7	34.1	0.43	1.26
拉伸断裂应力/MPa	13.3	27.3	18.5	7.13	38.54
拉伸断裂标称应变/%	230.2	592.1	485.9	303.20	62.40
熔体质量流动速率/(g·10min^{-1})	36.0	38.9	38.2	0.53	1.39

4　结果与讨论

4.1　光谱测量精密度

对测试样品重复采集6张光谱,使用 Sunny Lib 软件,依据建立的定标数据库进行测定,其结果如表2、表3、表4、表5所示。

表2　近红外分析熔体质量流动速率方法精密度

| 样品编号 | 熔体质量流动速率测定结果/(g·10min^{-1}) | | | | | | 平均值 | 相对标准偏差/% |
	1	2	3	4	5	6		
1#	42.9	43.9	42.8	42.5	43.4	43.3	43.1	1.16
2#	46.2	45.9	46.2	46.7	45.6	46.2	46.1	0.80
3#	43.4	43.6	43.4	42.5	43.7	44.5	43.5	1.48
4#	40.9	41.5	42.3	42.3	41.5	41.9	41.7	1.30
5#	38.9	39.0	38.9	39.0	38.5	39.5	39.0	0.82
6#	40.6	40.9	40.7	40.5	40.9	39.8	40.6	1.01

表3　近红外分析拉伸屈服应力方法精密度

| 样品编号 | 拉伸屈服应力测定结果/MPa | | | | | | 平均值 | 相对标准偏差/% |
	1	2	3	4	5	6		
1#	35.2	34.5	34.5	34.3	34.7	35.0	34.7	0.98
2#	34.8	35.2	34.8	35.3	34.8	35.1	35.0	0.65
3#	34.7	34.8	34.5	34.3	34.6	35.2	34.7	0.88
4#	36.5	36.6	36.8	37.0	36.9	36.8	36.8	0.51
5#	35.3	35.3	35.2	35.2	35.1	35.4	35.3	0.30
6#	35.5	35.3	35.4	35.3	35.4	34.8	35.3	0.70

表4　近红外分析拉伸断裂应力方法精密度

| 样品编号 | 拉伸断裂应力测定结果/MPa | | | | | | 平均值 | 相对标准偏差/% |
	1	2	3	4	5	6		
1#	31.3	31.8	32.1	31.3	32.3	32.0	31.8	1.32
2#	35.2	35.5	36.6	36.1	34.6	35.3	35.6	1.99
3#	28.9	30.3	29.7	29.0	28.9	30.7	29.6	2.64
4#	30.6	31.2	33.2	31.7	31.7	32.0	31.7	2.74
5#	24.9	25.1	25.8	26.4	24.5	24.7	25.2	2.88
6#	24.5	26.4	25.1	24.7	26.1	24.6	25.2	3.25

表5　近红外分析拉伸断裂标称应变方法精密度

| 样品编号 | 拉伸断裂标称应变测定结果/% | | | | | | 平均值 | 相对标准偏差/% |
	1	2	3	4	5	6		
1#	532	560	540	532	521	551	539.3	2.63
2#	598	596	606	591	577	586	592.3	1.70
3#	552	557	562	548	565	576	560.0	1.79

续表

样品编号	拉伸断裂标称应变测定结果/%						平均值	相对标准偏差/%
	1	2	3	4	5	6		
4#	463	459	467	472	472	477	468.3	1.41
5#	479	471	444	460	462	477	465.5	2.80
6#	497	506	506	504	499	512	504.0	1.07

从表2、表3、表4、表5可以看出,近红外光谱分析技术对熔体质量流动速率测定的相对标准偏差在0.80%~1.48%之间,对拉伸屈服应力测定的相对标准偏差在0.30%~0.98%,拉伸断裂应力测定的相对标准偏差在1.32%~3.25%之间,拉伸断裂标称应变测定的相对标准偏差在1.07%~2.80%。

4.2 光谱测量准确度

任取10个批次的样品,采集其光谱,使用Sunny Lib软件,依据上述定标数据库对其物性参数进行预测,与传统国标方法测定的结果比较,其结果见表6。

表6　近红外分析聚丙烯物性参数方法准确性

样品编号	熔体质量流动速率/$(g \cdot 10min^{-1})$			拉伸屈服应力/MPa			拉伸断裂应力/MPa			拉伸断裂标称应变/%		
	国标测定值	近红外测定值	相对误差/%	国标测定值	近红外测定值	相对误差/%	国标测定值	近红外测定值	相对误差/%	国标测定值	近红外测定值	相对误差/%
1#	38.6	37.9	-1.81	35.2	35.5	0.85	18.9	19.6	3.70	545	534	-2.02
2#	37.1	37.8	1.89	35.1	35.1	0.00	17.5	18.8	7.43	534	549	2.81
3#	38.6	38.2	-1.04	34.7	34.3	-1.15	19.1	19.3	1.05	559	542	-3.04
4#	38.2	38.3	0.26	34.6	34.8	0.58	18.8	17.9	-4.79	578	553	-4.33
5#	37.7	38.4	1.86	35.2	34.9	-0.85	21.3	20.2	-5.16	581	577	-0.69
6#	38.9	38.6	-0.77	34.9	34.9	0.00	20.3	18.9	-6.90	538	502	-6.69
7#	38.1	38.0	-0.26	33.7	33.9	0.59	20.7	20.9	0.97	548	525	-4.20
8#	38.0	38.1	0.26	33.5	33.9	1.19	18.7	18.0	-3.74	498	531	6.63
9#	38.4	38.3	-0.26	34.0	34.2	0.59	20.1	20.2	0.50	501	507	1.20
10#	38.6	38.6	0.00	34.9	34.8	-0.29	20.7	19.5	-5.80	473	452	-4.44

从表6可以看出,近红外测定值与国标测定值熔体质量流动速率测定的相对误差在-1.81%~1.89%,拉伸屈服应力测定的相对误差在-1.15%~1.19%,拉伸断裂应力测定的相对误差在-6.90%~7.43%,拉伸断裂标称应变测定的相对误差在-6.69%~6.63%。

5　结语

(1)采用傅里叶近红外光谱仪器和Sunny Lib定标新技术,克服了传统近红外定标方法(PLS)建模难和结果误差大的问题,建立了聚丙烯纤维料的熔体质量流动速率、拉伸屈服应力、拉伸断裂应力、拉伸断裂标称应变的定标数据库;使用近红外光谱,依据所建立的定标数据库,其所有指标测定结果重复性和准确性均达到现行国标方法的要求;该方法可对粒料或粉料样品直接测量,不破坏样品,不需要使用化学试剂、分析过程中无废液、废气产生,单个样品所有性质的分析总时间小于5min,是一种低耗、绿色环保的分析技术,可快速、高效、及时为生产控制提供指导,并且通过系统集成的统计软件,为生产控制提供优化方案,实现生产控制自动化智能化。

(2)该方法已经成功应用于万华化学聚丙烯实验室,检测项目扩展到等规指数、灰分、黄色指数、拉伸弹性模量、热变形温度等;另外,该方法已经中标中石油兰州石化聚丙烯在线检测项目,目前正在实施中。

3 种轮胎用改性溶聚丁苯的混炼胶性能研究

方　雄　陈移姣　燕富成　谢锋历

（中石化湖南石油化工有限公司）

摘　要　合成了末端改性和在此基础上链中引入极性基团的链中及末端改性的两组溶聚丁苯橡胶（SSBR）试样，和具有相似结构的双端基改性 SSBR 5251H，通过混炼胶的性能对比，探究不同改性方式对 SSBR 产品应用于轮胎胎面胶的硫变性能、物理性能、动态性能的影响。结果表明：双端基改性混炼胶门尼偏高，焦烧时间偏短，硫化速率慢，加工安全性及效率偏低；硫化胶的物理性能可以看出，链中及末端改性和双端基改性断裂伸长率变低，耐磨性能变差。硫化胶的动态性能分析可以看出末端改性 SSBR 的 $\tan\delta$（T_g）和 $\tan\delta$（$-20℃$）值都偏低，说明双改性的 SSBR 确实增强了胶与白炭黑等填料之间的相互作用力；$\tan\delta$（$60℃$）值表明链中及末端改性 SSBR 的抗湿滑性能最好；$\tan\delta$（$60℃$）值表明双端基改性 SSBR 的滚动阻力最低。对比末端改性以及在此基础上链中引入基团的两组改性 SSBR 样，链中引入极性基团后，抗湿滑性能提高 3%，滚动阻力降低 8%，节油的同时提高了行驶的安全性。

关键词　双端基改性；溶聚丁苯橡胶；链中改性；轮胎胎面胶；抗湿滑性；滚动阻力

随着国家"碳达峰、碳中和"战略的不断深化推进，汽车行业不断发展，轮胎产品消费趋势也逐渐向高品质、高性能、绿色环保轮胎升级。高性能轮胎胎面胶使用的生胶包括丁苯橡胶（SBR）、顺丁橡胶（BR）和天然橡胶（NR）等，其中 BR 的滞后损失小，耐磨性能好，但抗湿滑性能很差；NR 的强度高，加工性能好，但抗湿滑性能差，二者均无法满足高性能轮胎的性能要求。丁苯橡胶中溶聚丁苯橡胶（SSBR）具有凝胶少、线性度高、非橡胶组分少以及相对分子质量分布可调等特点，可以通过微观结构的调整获得优异的性能，因此受到轮胎行业的广泛关注。

随着 21 世纪欧盟轮胎标签法的实施，为了进一步改进轮胎的抗湿滑性，提高白炭黑的分散性，改性 SSBR 的研究逐渐成为丁苯橡胶的热点。随着集成橡胶理论的提出，SSBR 的合成研究进入分子链的微观调控层次。目前，SSBR 新产品开发的主要方向是苯乙烯和乙烯基含量调节、偶联改性、端基/链中化学改性、双官能团改性、相对分子质量及其分布调整以及苯乙烯受控嵌段等技术，从而调节胎面胶的玻璃化温度（T_g），以达到湿地抓着力、滚动阻力和耐磨等性能优异或者寻求性能的平衡，以适应不同使用条件。

本工作选取了首端末端双改性、链中及末端双改性、单末端改性的 3 种改性 SSBR 作为橡胶基体之一，白炭黑配方为基础，研究不同改性方式的改性 SSBR 对轮胎胎面胶的硫变性能、物理性能、动态性能的影响，发现不同的改性方式对混炼胶性能有着不同的影响。

其中首端末端双改性的 SSBR 来源于韩国锦湖石油化学株式会社的 SSBR5251H，链中及末端改性和末端改性的 SSBR 来源于湖南石化 5L 釜合成的小试样。

1　实验

1.1　原料与试剂

炼制混炼胶所用基础胶及配料的种类和规格见表 1。

表 1　实验所用原料及规格

原料	规格	生产厂商
SSBR5251H	工业级	韩国锦湖石油化学株式会社
改性 SSBR	—	湖南石化公司
BR9000	工业级	燕山石化公司
促进剂 CZ	工业级	艾克姆新材料有限公司
促进剂 D	工业级	艾克姆新材料有限公司
硫黄 S	工业级	蔚林新材料股份有限公司
氧化锌	工业级	星苑锌业科技有限公司
硬脂酸	工业级	益正旺化工科技有限公司

续表

原料	规格	生产厂商
芳烃油	工业级	青岛泰洋圣化工有限公司
Si-69	工业级	曙光精细化工有限公司
7000GR	工业级	德固赛(上海)有限公司
防老剂 4020	工业级	圣奥化工有限公司
炭黑 N330	工业级	黑猫炭黑股份有限公司

1.2　设备与仪器

小试聚合装置：自备。Ascend TM400 型核磁共振谱仪：德国 BRUKER 公司制。RID-10A 型液相色谱仪：日本岛津公司制；LRMR-S-150/E 型开放式炼胶机：泰国 Labtech 公司制；QLB-50D/Q 平板硫化机：上海双翼橡塑机械有限公司制；MVO-3000A 门尼测试仪：台湾高铁检测仪器；M-3000FAU 型硫化仪：台湾高铁检测仪器；AG-1 型拉力测试机：日本岛津公司制；3710-1200/203-1438 型高力值动态热力学谱仪：美国 TA 公司制；DSC 25 型差示扫描量热仪：美国 TA 公司制；DIN 磨耗测试机：东莞豪恩检测仪器。

1.3　实验方法

1.3.1　官能化 SSBR 基础胶的合成

此次试验中共有 3 个样品，其中 1# 为 SSBR5251H，2# 和 3# 为小试装置试验品。

合成方式：在小试聚合釜中加入 2.5L 环己烷，升温到 65℃ 左右，加入计算量的丁基锂和调节剂，再向釜内连续加入苯乙烯和丁二烯单体，2# 试样为聚合反应达到高温后，停留 1h，然后在釜内加入末端改性剂合成得到的样品，3# 试样为在苯乙烯和丁二烯的混合单体中加入少量的带有极性基团的第三单体，聚合反应达到高温后，停留 1h 后加入末端改性剂后，合成得到的样品。

合成样品的具体结构信息如表 2 所示。

表2　不同改性方式 SSBR 生胶技术参数

项目	1#	2#	3#
Mn	16.3 万	18.0 万	15.6 万
偶联效率/%	70.3	65.7	68.8
Mw/Mn	1.20	1.26	1.36
苯乙烯/%(质量分数)	21.0	20.2	20.1
乙烯基/%(质量分数)	56.2	60.2	58.6
Tg/℃	-32.6	-29.5	-30.4
门尼黏度[$ML_{(1+4)}$ 100℃]	78	82	76
改性方式	双端基	末端	链中及末端

生胶中 1# 的乙烯基含量略低，导致的 Tg(玻璃化温度)偏低，除改性方式不同，其他参数基本相同。

1.3.2　混炼胶和硫化胶的准备

参照小轿车胎面胶配方，采用半有效硫化体系，混炼胶配方按照质量分数计见表 3。

表3　硫化混炼胶配方

混炼胶组分	质量份数
SSBR	100
BR9000	25
PSi7000GR	75
Si-69	7
炭黑 N330	5
氧化锌	3.0
硬脂酸	1.5
促进剂 CZ	1.7
促进剂 D	1.5
硫化剂 S	1.4
防老剂 4020	2
TDAE	20

按照配方准确称量 200g 生胶和相应份数对应的质量的各种助剂，试验胶料的配料、混炼和硫化设备及操作程序按 GB/T 6038—2006 执行，开炼机升温至 100℃，转速为 30r/min。加入生胶，塑炼 1.0min，加入硬脂酸，混炼 0.5min，加入 1/2 白炭黑，全部炭黑，混炼 1.5min，加入 1/2 白炭黑、Si-69、TDAE(环保型芳烃油)、氧化锌，145℃ 开炼 2.0min，开炼机辊距为 0.8mm，下片，静置过夜。开炼机辊距为 0.5mm，加入终炼胶，形成光滑无隙的包辊胶，加入硫黄、促进剂，左右 3/4 割刀各 3 次，将辊距调整到 0.2mm，加入胶料，打三角包 6 次，薄通 5 遍，将辊距调整到 1.2mm，下片。

用门尼黏度仪测试混炼胶的门尼黏度，采用 GB/T 1232.1—2000 标准，将制备好的样品裁剪成 2 个直径约 50mm，厚度约 6mm 的圆形胶片，胶片叠加放置，上面的胶片质量约 10g，下面的胶片质量约 9g，确保试样充满模腔。门尼测试应在 100±0.5℃ 的温度下进行，试验先预热 1min，再测试 4min。用不少于两个试验结果的算术平均值表示样品的门尼值。用无转子硫变测试仪在 160℃ 下测试 30min，测试标准采用 GB/T 16584—1996 标准，焦烧时间(t_{s1})、t_{10}、最佳硫

化时间 t_{90}、最小转矩 M_L、最大转矩 M_H，整个测试过程振动频率为 $1.7\pm0.1Hz$，振幅为 $\pm3°$，每个试样的质量约为 5.0g。硫化速率指数（CRI）按式（1）计算：

$$CRI = 100/(t_{90}-t_{s1}) \qquad (1)$$

混炼胶用平板硫化仪在 165℃、10.0MPa 条件下按 $t_{90}+2min$ 硫化可得混炼硫化胶片。

硫化胶的动态热力学性能在高力值热力学谱仪上拉伸模式测得，测试条件 Frequency5Hz，Force Track125%，Dynamic Amp0.5%，测试温域，$-60\sim100℃$。

混炼硫化胶的拉伸性能参考标准 GB/T 528—2008，如拉伸强度、断裂伸长率、300% 定伸应力等通过电子拉力机在室温下以 500mm/min 拉伸至断裂测得。

回弹值测量采取 GB/T 2941 标准制样，GB/T 1681—2009 标准测量，取三次结果平均值。

硫化胶的 DIN 磨耗采取 GB/T 9867 标准，让试样与砂轮在一定倾斜角度和一定的负荷下进行摩擦，测量试样在一定里程内的磨耗量。试样的密度检测采取 GB/T 533 标准测定，每个试样测量 3 次，测量结果取平均值。

1.4　分析与测试

1.4.1　硫化特性

混炼胶门尼黏度是表示加工性能的一个重要的指标，混炼胶硫化测试门尼黏度 [$ML_{(1+4)}$ 100℃]、M_L、M_H、t_{s1}、t_{90}、CIR 如表 4 所示。

表 4　混炼胶的硫变性能（160℃）

项目	1#	2#	3#
门尼黏度 [$ML_{(1+4)}$ 100℃]	50.1	45.7	37.8
M_L	0.772	0.527	0.436
M_H	16.548	17.376	17.598
t_{s1}	2.205	2.435	2.385
t_{90}	14.572	13.870	14.010
CIR	8.086	8.602	8.745

虽然生胶门尼黏度接近，但是混炼胶的门尼黏度 1#>2#>3#，这可能和白炭黑在 2# 和 3# 中分散性更好有关，分散水平高，白炭黑吸附促进剂水平下降，因此胶料硫化速度较快[5]，CIR 值 2#、3#>1#，说明湖南石化合成的单末端改性 SSBR 和链中及末端改性 SSBR 相比于双末端改性 SSBR5251H，加工安全性高，硫化速率快。

1.4.2　物理性能

硫化胶的物理性能硬度、100% 定伸应力、300% 定伸应力、拉伸强度、断裂伸长率、永久变形、回弹值、DIN 磨耗指数如表 5 所示。

表 5　硫化胶物理性能

项目	1#	2#	3#
硬度/HA	67	69	70
100% 定伸应力/MPa	2.89	2.82	3.12
300% 定伸应力/MPa	12.49	10.11	10.16
拉伸强度/MPa	15.08	15.50	14.60
断裂伸长率/%	333	413	392
永久变形/%	0	0	0
回弹值/%	33.2	36.4	32.5
DIN 磨耗指数	142	146	143

三个样片的硬度基本接近，拉伸强度 3# 略低，这可能和 3# 的 Mn 偏小有关。而 1# 相对于 2# 和 3#，拉伸强度接近，而扯断伸长率偏低，1# 和白炭黑的相互作用力更强，模量更大。回弹值及 DIN 耐磨指数可以看出单末端改性的 2# 相对于双末端改性及链中末端改性的 1# 和 3#，耐磨性能要更好，抗银纹增长效果更强。

1.4.3　动态力学性能

硫化胶的动态力学性能如表 6 所示。

表 6　混炼胶的动态性能

项目	1#	2#	3#
Tg/℃	-27.5	-25.4	-25.5
$tan\delta(Tg)$	0.773	0.687	0.768
$tan\delta(-20℃)$	0.629	0.613	0.649
$tan\delta(0℃)$	0.257	0.292	0.301
$tan\delta(60℃)$	0.102	0.137	0.133

1# 的乙烯基结构含量最低，Tg 最低；2# 的 $tan\delta(-20℃)$ 和 $tan\delta(Tg)$ 值最小，说明 2# 的与炭黑的分散性相比于 3# 和 1# 更差。根据时温等效原理，$tan\delta(-20℃)$ 值可以看出制品的低温性能，$tan\delta(-20℃)$ 是单末端改性的 2# 最小，表明双改性的 1# 和 3# 分子链上极性基团变多，和填料间的相互作用力相比单末端改性 SSBR 增强；$tan\delta(0℃)$ 值可以看出胎面胶的抗湿滑性能，$tan\delta(0℃)$ 值 2# 及 3# 大于 1#，表明末端和链中及末端的 SSBR 抗湿滑性更好；$tan\delta(60℃)$ 可以看出胎面胶的滚动阻力的大小，可以看出双端基改性

的1#在滚动阻力更低。

2#与3#的抗湿滑性相比于1#提高了13%以上；而1#<2#、3#，1#的滚动阻力提高了23%以上，而链中改性的3#相比于单末端改性2#，抗湿滑性能提高了3%，滚动阻力降低了8%。

2 结果与讨论

（1）双末端改性的SSBR5251H（1#）的混炼胶门尼黏度符合车企实际加工的需求，焦烧t_{s1}短，硫化速率慢，加工安全性和生产效率低。1#的300%定伸应力明显更高，扯断伸长率偏低，$\tan\delta(Tg)$最大，和白炭黑的作用力最大，模量最大。同时DMA分析1#抗湿滑性最差，滚动阻力最小。

（2）单末端改性2#的门尼黏度值适中，焦烧t_{s1}长，硫化速率快，加工安全性高，同时生产效率也快。2#的断裂伸长率最大，300%定伸应力最小，$\tan\delta(Tg)$最小，表明单末端改性SSBR和白炭黑的相互作用力最差，模量最小。同时DMA分析2#抗湿滑性比1#好，但是比3#差，滚动阻力最大。

（3）链中及末端改性的3#的门尼黏度最小，焦烧t_{s1}和硫化速率都适中，加工安全性和生产效率为三个试氧中值。3#的300%定伸应力明、扯断伸长率偏低和$\tan\delta(Tg)$都是三个样片的中值，表明白炭黑的作用力大于2#，但是小于1#。同时DMA分析1#抗湿滑性最好，滚动阻力相比于2#更低。

（4）综合来看，链中及末端改性相比于双末端改性，提高了加工性能，相比于单末端改性，提高了抗湿滑及耐磨性能，是综合性能很优秀的一种提高SSBR性能的研究方向。

参 考 文 献

[1] 王梦蛟. 绿色轮胎的发展及其推广应用[J]. 橡胶工业, 2018, 65(1): 105-111.

[2] 齐玉霞. 溶聚丁苯橡胶改性技术研究进展[J]. 轮胎工业, 2015, 35(6): 323-327.

[3] 王越, 张锡熙, 黄义钢, 等. 混炼工艺对绿色轮胎胎面胶性能的影响[J]. 轮胎工业, 2021, 41(1): 40-43.

[4] 陈松, 李红卫, 兰金华, 等. 两种溶聚丁苯橡胶在轮胎胎面胶中的应用[J]. 橡胶科技, 2023, 21(2): 74-78.

[5] 孙连文. 大分子表面改性剂改性白炭黑对绿色轮胎胎面胶性能的影响研究[D]. 青岛: 青岛科技大学, 2016.

[6] LIANG H, FUKAHORI Y, THOMAS AG. Rubber abrasion at steady state [J]. Wear, 2009, 266(2): 288-296.

[7] 马建华, 张立群, 吴友平. 轮胎胎面胶料性能及其机理研究进展[J]. 高分子通报, 2014, (5): 1-9.

[8] WANG MJ[J]. Rubber Chem Technol, 1999, 72(2): 430-438.

[9] PAYNE AR. JAPPLPOLYM S UDIPIK. Epoxidation of styrene-butadiene block polymers I [J]. J Appl Polym Sci, 1979, 23(11): 3301-3309.

乙烯裂解炉炉墙、衬里改造及能效提升研究

赵　磊　郑　强　白涛涛　王明明　黄　超

（中国石油独山子石化公司）

摘　要　某石化公司乙烯装置9台乙烯裂解炉热效率最高93.5%、最低91.78%，均不满足国内先进水平94%的达标要求，辐射段炉墙外壁、底部位置温度部分超过SH/T 3179—2016《石油化工管式炉炉衬设计规范》要求的82℃、90℃，裂解炉能效达标多为二级达标，不满足乙烯装置能效提升要求。为解决裂解炉能效较低问题，分析原裂解炉衬里失效原因，研究新型衬里应用效果，探索优化施工过程，总结衬里日常维护经验，力争通过新型节能衬里优化措施降低裂解炉表面温度、减少散热损失，将裂解炉能效提升到国内先进水平94%以上。

关键词　裂解炉衬里；热效率；全纤维衬里；新型观火孔

国家五部委于2021年发布《石化化工重点行业严格能效约束推动节能降碳行动方案》，对化工企业节能降耗、减排提出了更高的要求，乙烯装置作为石油化工能源消耗大户将面临更大的压力与挑战；乙烯裂解炉作为乙烯装置的耗能大户，能源消耗约占乙烯装置的60%-70%，因此乙烯裂解炉的能效提升就显得尤为重要。

乙烯裂解炉节能降碳主要从降低排烟温度、降低氧含量、减少炉壁热损失、空气预热等方面着手，其中减少炉壁热损失自2009年开工投产以来未进行大的升级改造，其余项目均已进行对应改造，为应对日益严峻的节能降碳措施，乙烯装置计划对裂解炉新型节能衬里进行研究，探究改造的可行性，对改造后效果进行预估，以便后期进行针对性改造，并推而广之。

1　乙烯裂解炉衬里情况介绍、失效原因分析

1.1　1#-8#裂解炉辐射段衬里概况

乙烯装置1#-8#裂解炉采用德国．林德（Linde）公司专利技术，由8台PROCRACK1-1型裂解炉构成，生产负荷15×10^4 t/a，热负荷152.41MW，热效率94.15%。辐射段炉膛尺寸18.36m×4m×13.83m，炉膛最高工作温度1154℃。辐射段炉膛10.95m以下由陶瓷纤维毯+陶纤背衬板+耐火砖构成，保温层厚度为345mm；10.95m以上辐射段炉墙、辐射段顶部及横跨段由陶瓷纤维模块砌筑而成，保温层厚度为325mm。

1.2　乙烯裂解炉炉墙及衬里失效原因分析

1.2.1　裂解炉炉墙及衬里运行情况

裂解炉炉墙外壁在托砖板和倾斜炉墙位置温度在85~90℃，局部超温100℃以上；看火孔、侧烧周边100mm范围内裂解炉壁部分温度在130℃左右，面漆开裂剥落，观火门下部耐火砖下沉，出现贯通缝；看火孔上部耐火砖局部断裂、塌陷，观火孔砖开裂及炉壁高温腐蚀严重。

1.2.2　裂解炉炉墙及衬里失效原因分析

（1）陶瓷纤维衬里粉化，收缩脱落现象

陶瓷纤维在高温工况下发生高温如蠕变及内部结构由无序排列过渡为有序排列，发生到一定程度后发生莫来石析晶现象，莫来石含量增多，晶粒逐渐粗大伴随SiO_2不断富集，形成方石英石晶体。方石英石开始析出结晶使玻璃相消失，纤维变脆失去弹性，纤维在高温下断裂粉化，保温效果变差，在烟气冲刷及自身重力下发生脱落。

（2）裂解炉炉墙开裂、倾斜坍塌现象

烧焦蒸汽返炉膛影响：原料裂解过程加注DMDS来防止裂解炉炉管结焦，造成急冷水呈酸性，为将急冷水pH值控制在7~9、工艺水pH值控制在7.5~9.5，加注工艺水中和胺和20%碱液进行调节PH值，碱液中NaOH随之进入稀释蒸汽中经高温会分解为Na_2O和H_2O，Na_2O在高温条件下会形成玻璃相，且在富钠区域产生化学反应生成铝酸盐等碱性化合物，从而导致耐火砖出现熔损，并产生开裂、剥落现象。

蒸汽喷枪的影响：为降低裂解炉烟气NO_x的

含量，除采用低氮烧嘴外，在非正常工况采用投蒸汽喷枪的形式，蒸汽喷枪使用前排凝不彻底，造成部分冷凝水随中压蒸汽进入辐射段炉膛，直接喷到高温的耐火砖表面，导致耐火砖淬火开裂。

吹灰器的影响：为降低裂解炉排烟温度，提升对流段热效率，采用超声波吹灰器清楚对流段管束表面积灰，吹灰过程炉膛负压波动在-120~0Pa之间，对炉墙产生一定吸力和扰动，造成炉墙松动，加剧炉墙倾斜。

（3）横跨段陶瓷纤维衬里模块脱落

陶瓷纤维模块收缩、老化，夹缝毯脱落后火焰直烧炉顶板，使得锚固件烧损，顶部模块脱落，安装过程锚固钉未焊接牢固或锚固钉紧固件未按要求上紧（图1、图2）。

图1　炉墙倾斜、膨胀缝塞缝棉脱落

图2　观火孔衬里开裂、坍塌

2　乙烯裂解炉炉墙、衬里改造研究

2.1　新型衬里研究预期目标

无风、环境温度27℃条件下辐射室炉墙外壁温度：≤70℃；看火孔、作业门外延100mm、托砖板上下各50mm范围内计算表面温度：≤90℃；炉底及横跨段炉底表面计划温度≤85℃。

2.2　新型材料研究优化

2.2.1　纳米微孔绝热板+阻气铝箔复合结构代替陶纤背衬板

纳米微孔绝热板大多数气孔尺寸在50nm以下，由于气孔尺寸小于空气分子运动的平均自由程70nm，使空气分子相互之间无碰撞，处于相对静止状态，从而阻断了空气的对流传热。另外，添加的红外不透明材料-红外遮光剂均匀分散在纳米绝热板之中，通过辐射传递的热量被遮光剂反射、散射和吸收。从而使纳米绝热板具有极低的导热系数，优良的热稳定性，超强的耐急冷急热性能，可较好地提升裂解炉隔热效率（图3~图5）。

图3　介质热传导抑制

图4　对流传热被抑制

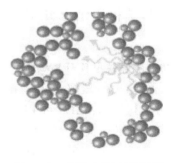

图5　加入添加剂阻断热辐射

阻气铝箔对热量起到屏蔽作用，也可降低损伤、增加强度、防止水分破坏。热量通过铝箔削弱了对流传热，铝箔呈不透明、具有镜面效果，利用镜面反射机理，能够形成反射，降低辐射传热。

纳米微孔绝热板性能参数表，见表1。

表1　纳米微孔绝热板性能参数表

项目	指标	项目		指标
体积密度/ (kg/m^3)	280	导热系数 $[W/(m \cdot k)]$	平均温度100℃	0.022
			平均温度300℃	0.025
使用温度/℃	900		平均温度300℃	0.025
耐压强度	≥0.30		平均温度500℃	0.031

2.2.2　威盾整体模块代替传统耐火砖和陶瓷纤维折叠块结构

威盾整体模块作为新型筑炉材料具有多项优点：①6向可压缩、可膨胀，适于异型部位炉管密封件、烧嘴砖、炉墙拐角等异型部位；②体积密度灵活可控，最高达240kg/m³，高于传统折叠模块10%~25%，可减缓高温（1300℃）下纤维的收缩，避免模块间缝隙的产生；③导热系数小，绝热均匀，导热系数比折叠模块降低10%~15%；④抗风蚀性能强，高温下抗粉化，最高气流速度可达40-45m/s；⑤高温下化学稳定性好，无结晶粉化，不掉渣，煅烧变硬的特性，煅烧后可提高模块的力学强度，模块结合缝隙密封严密，无需额外进行产品维护，产品使用寿命更长（图6、图7）。

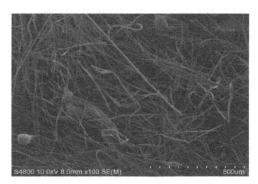

图6　纤维中渣球含量低（×100）

图7　纤维分布均匀，无折叠（×1000）

纳米微孔绝热板性能参数表，见表2。

表2　纳米微孔绝热板性能参数表

产品名称		威盾28级纤维整体模块		
		Ⅰ型	Ⅱ型	Ⅲ型
建议长期使用温度区间/℃		1250~1300	1300~1350	1350~1400
化学成分 ZrO_2 含量/%		≥15		
加热线收缩 1400℃×24h/%		≤-3.0		
导热系数 $[W/(m \cdot k)]$	平均800℃	≤0.20		
	平均1000℃	≤0.28		
氧化铝纤维厚度/mm		30	50	70
26级纤维整体模块厚度/mm		270	50	230
总厚度/mm		300	300	300

2.3　炉墙衬里结构优化

2.3.1　辐射段炉底结构优化

辐射段炉底考虑实际使用承重性能，常选用耐压强度高、整体性好的重质耐火浇注料结构，浇注料耐温等级越高，导热系数越大，可根据辐射段底部温度变化趋势选用多种材质组成的复合结构，降低传热系数。

2.3.2　横跨段衬里结构优化

横跨段2个辐射室烟气汇聚在一起进入1个对流段，烟气流向改变、流速增大，冲刷效果增强，陶瓷纤维折叠模块耐风速约25m/s，不耐冲刷相对有剥落的可能，高温工况易热收缩，塞缝棉易脱落，容易造成模块缝隙蹿火现象。可选用派罗块整体结构，提高抗烟气冲刷效果，减少折叠模块缝隙，提高保温效果。

辐射段炉底结构优化图，如图8所示。横跨段衬里结构优化图，如图9所示。

2.3.3　观火门及门盖材料结构优化

观火门开关期间温度变化剧烈、伴有一定振动，传统的观火门及门盖采用硅酸铝纤维材料，耐振性及热稳定性较差，易开裂、脱落。可采用和炉墙材质相似的陶瓷纤维整体模块，具有容重小、强度高、耐振性好、抗风蚀性强，长期在温度变化剧烈位置使用无裂纹的特点。

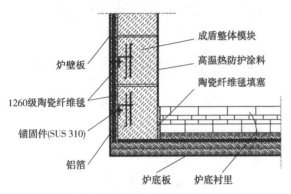

图 8　辐射段炉底结构优化图

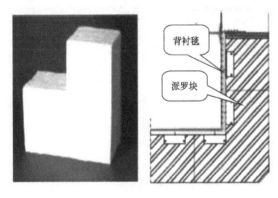

图 9　横跨段衬里结构优化图

传统观火门采用单连轴结构，不易开合，容易损坏看火门砖，易出现超温现象，新型节能观火门三连轴结构，可自由伸缩开合，开合简便，同时减少单次观火的打开时间，密封效果好，不易漏风，有效提高观火孔处热量损失(图 10、图 11)。

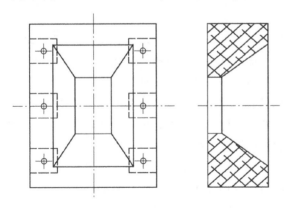

图 10　整体式观火门构优化图

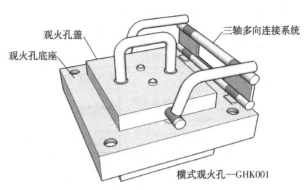

图 11　三连轴式新型看火门

2.4　在线维修优化

2.4.1　夹层毯压缩比例优化

夹层毯是将 2 层 25mm 的 GR.1430 级的含锆纤维毯压缩至 30mm，在长期使用过程中发现随着高温下纤维收缩，发生夹层毯脱落，产生收缩缝的情况，可改变为将 2 层 30mm 的 GR.1430 级的含锆纤维毯压缩至 30mm，压缩后体积密度达到约 250kg/m³，略大于纤维模块，可解决纤维模块收缩的问题。

2.4.2　拉砖钩、托砖板位置优化

拉砖钩需要在陶纤背衬板开孔进行安装，容易留下空洞，和托砖板产生热桥，造成托砖板处散热较多，可在安装时用陶瓷纤维棉进行空洞填充，保证填充体积密度不小于 192kg/m³，同时用 2mm 的 1430 级陶瓷纤维纸包裹托砖板，这样可以有效阻断托砖板、拉砖钩形成的热桥效应。

2.4.3　高温热防护修补涂料应用

高温热防护修补涂料是以氧化铝纤维和耐火填料为主要成分的料浆状涂抹料，具有耐高温、抗风蚀、防开裂性能，高温长期使用无裂纹，高温线收缩率小，可热修补，无需降温即可热面修补的特点，可以满足在线不停炉观火孔的修复及停炉工况快速修复的需求(表 3)。

3　结语

(1) 新建乙烯裂解炉优先考虑采用纳米微孔绝热板+阻气铝箔+全纤维衬里整体模块的结构，采用先进的材料有利于提高裂解炉热效率及获得较长的使用寿命。

(2) 升级改造的裂解炉优先考虑在炉膛下方 3~4m 采用纳米微孔绝热板+阻气铝箔+耐火隔热砖，在上方采用全纤维衬里结构，可在考虑施工成本及改造收益方面取得较好的综合效益。

表 3　高温热防护修补涂料特性

产品名称		1200 型	1400 型	1600 型
加热永久线收缩/%		≤1(1100℃×24h)	≤1(1250℃×24h)	≤1(1400℃×24h)
长期使用温度/℃		≤1100	≤1250	≤1400
抗风速/(m/s)		≤80	≤80	≤80
导热系数/[W/(m·k)]	热面 800℃	0.15	0.15	0.16
	热面 1000℃	0.17	0.17	0.18

（3）在线修补裂解炉除按图纸施工，严把施工质量外，可采用高温热防护修补涂料进行快速、小范围修补，保证炉墙、衬里处于较完好状态。

（4）裂解炉炉墙、衬里改造施工重点难点在拐角处、横跨段、托砖板、观火孔处，考虑整体成型结构，减少热膨胀缝隙的存在，阻断高导热率材质的热桥效应。

参 考 文 献

[1] 薛磊. 乙烯裂解炉辐射段节能衬里研究[J]. 石化技术，2021，28(05)：16-18.

[2] 刘曼. 裂解炉辐射段衬里设计与失效原因分析[J]. 乙烯工业，2020，32(03)：42-45+6.

[3] 张恩贵，马绍委，南军军. 派罗块衬里在乙烯装置裂解炉上的应用[J]. 乙烯工业，2016，28(01)：39-42+6.

[4] 李广水，闫玉坤. 乙烯装置裂解炉衬里节能改造[J]. 乙烯工业，2015，27(01)：53-56+6.

无线监测系统在动设备数智化全生命周期管理上的应用

古红星　宿伟毅　赵万庆　朱　郎　艾　伟

（中国石油独山子石化公司）

摘　要　乙烯装置转动设备因种类繁多，结构复杂，维护成本高。此外高危泵、危险介质泵占比大，对转动设备数智化全生命周期健康管理要求更高。本文主要以无线状态监测技术为切入点，进一步完善转动设备管理体系，建立具备故障智能诊断、密封状态监控、检修策略 PDCA 循环、健康能效寿命管理、管理指标评价及业务线上闭环流程、机泵监测系统。实现业务流程便捷、管理评价直观，以及转动设备全生命周期专业化、平台化、数智化管理上的应用管理。

关键词　智能诊断；状态监控；全生命周期；数智化；转动设备

以往主要通过传统人工点检仪逐一测量转动设备温度、振动等运行参数，管理上存在点检工作量大，人力维护成本高。专业管理缺少具备故障智能诊断、机泵能效管理、密封状态监控、检修策略 PDCA 循环、机泵健康寿命管理、移动应用（APP）管理，以及管理指标评价及管理业务线上闭环流程的数智化平台。为了高转动设备全生命周期管理的智能化、专业化、平台化、数智化建设，直属单位在公司统筹安排下，建立机泵群无线状态监测系统，实现转动设备预测性维护，远程看护与诊断，避免非计划停机，提升设备管理效率。进一步完善转动设备管理体系，使"资金流、业务流、信息流"三流合一，实现业务流程便捷、管理评价直观。

1　无线状态监测技术介绍

无线状态监测系统主要包括 3 个部分：信息感知、预测性维护系统、云智能诊断中心，见图 1。无线状态监测系统通过在转动设备轴承部位布置传感器和数据采集器，数据采集器、传感器等硬件植入边缘算法，使其具备边缘智能加采数据和故障指标计算能力。采集到的水平（H）、垂直（V）、轴向振动（A）、温度等物理信号，通过无线 WIFI、4G、5G 等无线数据传输方式上传至设备预测性维护系统 RONDS EPM，通过高集成智能电路完成物理量信号到模拟量信号再到数字量信号转换、并储存，由云智能诊断中心平台 CIDC 利用智能算法分析设备的状态劣化趋势，出具看护诊断的结论及建议，统计设备运行情况并给出健康状况等级。通过数据积累存储，建立机泵故障案例库、轴承大数据库、泵群大数据库，多次循环往复，形成更加优化的智能报警策略和智能故障诊断策略，进而实现转动设备预测性维护。

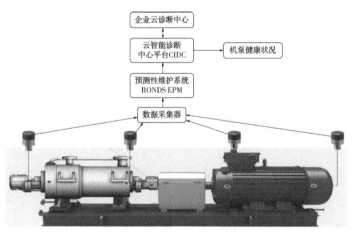

图 1　无线状态监测系统构架示意图

2　安装质量控制

为保证有效、真实的采集到设备运行数据，将传感器安装在轴承对应点处，并要求安装时磁力座与设备本体胶粘接处、传感器与磁力座螺丝连接处安装牢固、无松动脱落，传感器磁座的两个螺栓孔形成的直线要垂直与设备的轴心线，两条线形成异面垂直，能有效保证 Y 方向是轴向振动。为避免对电机散热造成影响，要求传感器安装时不得安装在轴承箱风冷翅片、泵风扇罩、电机风扇罩、电机翅片上，采取在电机护罩上精准开孔的方式安装传感器。见图2。

图2　传感器安装位置示意图

3　实践效果

3.1　管理指标评价

涉及直属单位、个人、维护单位、备件供应商管理指标在系统中根据算法自动形成指标评价电子报表。达到及时、客观、准确、有效地评价公司设备管理状况，为企业管理人员对各直属单位设备管理水平提供直观的数据，同时针对性的提升直属单位设备管理水平。系统内形成动设备绩效指标电子报表、设备运行管理评比（直属单位）、设备运行管理评比（个人）、设备运行管理评比（维护单位）、设备运行管理评比（备件供应商）等5项数据统计功能，实现数据自动、手动提取、排名及可视化展示。见图3。

3.2　资料管理

设定资料管理模块，将设备台账导入模块，实现设备资料数据可视化展示，同时设置资料修改、上传审批流程。设备资料包含设备基本技术参数、检修情况、切换时间、故障时间等信息，方便人员快速查看设备信息。

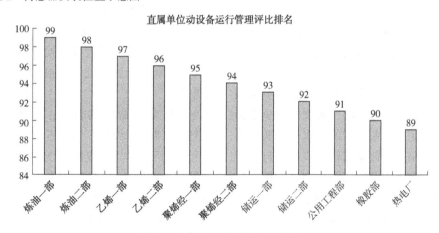

图3　设备运行管理评比示意图

3.3　基础管理业务

将转动设备涉及的设施设备零部件拆卸审批、设备盘车管理、设备定期切换、设备定期试运、设备定期换油、隐患与缺陷管理、体系审核等基础业务流程在系统中运转，并实现PDCA循环。将业务流程平台化后，可以实现无纸化办公、减少基层员工的负担、直属单位业务能力评价、数据统计分析自动化等功能，实现管理流程简洁、高效。

3.4　机泵能效管理

将机泵能效管理业务引入机泵监测系统，通过提取 DCS、ERP 数据，实时计算设备能效，在每台设备总貌图上显示能效值、系统主界面显示各直属单位设备能效达标率并排序。见图4。

3.5　机泵密封运行监测

建立机泵密封运行监测模块，模块中包含密封运行寿命监测、密封运行安全监测、密封泄漏率统计和密封备品备件管理。通过提取 DCS 数据、ERP 数据评价密封健康状态，出现液位异常上涨及时推送报警信息，并设置闭环流程。当密封累计运行寿命不足 25000h 更换密封需生成故障流程，包含整改具体措施、整改负责人、整改时间录入功能。增加对密封厂家采取线上评分制或者密封运行可靠性排序手动录入功能。显示设备密封健康状态、密封泄漏率以及直属单位管理情况排序。

图 4　设备能效管理示意图

3.6　检修策略 PDCA 循环流转

完善设备可靠性检修维护模块，通过导入转动设备 ACA 分级和 RCM 维护策略，实现检修策略执行情况自动化统计，统计分析预知检修、预防检修、故障检修、重复检修、抢修比率，通过统计数据分析优化修正设备合理的检维修策略，实现科学合理配置检维修，降低配件成本及施工量。

3.7　运行管理

建立设备数据标准，实现设备状态的全面数智化，建立多元设备管理中心，实现设备全生命周期管理，大幅度提升系统智能化水平，实现真正的少人、无人和高度智能化转。该系统自带智能报警功能，参数超过设定门限后会自动推送提醒管理人员处理。工程师可以依据系统中波形图、频谱图等工具对数据进行分析，完成设备状态评估和故障诊断，为设备检修提供决策依据和检修指导，实现预测性维修。此外，在运行管理方面还可帮助管理人员实现：

① 启、停机数据统计分析：启、停机切换周期提醒，最后一次启、停时长统计，周期内启机时长，启机状态评估；

② 运行数据管理：报警闭环数据及列表，固定门限报警率，启机后、大修后以及总运行时长的管理，机泵平均无故障时间间隔，预警维护闭环统计及列表；

③ 设备员、操作员管理：报警/预警响应、闭环数据统计，异常机组检维护闭环统计，设备切换周期执行到位统计，报警闭环响应时长排序统计；

④ 全生命周期管理：设备在启机、运行、维护、维修、停机、备机全生命周期中（图 5），可实现机泵平均修复时间 MTBR、高危泵平均修复时间 MTBR、机泵密封平均故障间隔时间 MTBF、机泵机械密封千套消耗量、机泵轴承平均运行时间、设备健康状况分布、机泵检修密封消耗数量、机泵检修轴承消耗数量、机泵检修率、机泵重复检修次数、机泵检修密封消耗金额、机泵检修轴承消耗金额、机泵完好率、故障检修率等全生命周期管理指标统计。

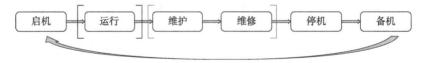

图 5　转动设备全生命周期中的运行状态示意图

3.8　机泵智能报警

通过对容知系统升级智能报警功能，提升设备预知检修率。智能报警主要从指标的变化幅度以及速度维度来监测数据异常变化，综合数据长趋势报警，加入报警的智能算法。在振动值未触发门限报警时就推送异常报警信息，对推送的报警信息进行 1、2、3、4 级报警分级，区分处理的优先级，报警分级综合考虑指标权重、趋势形态、指标幅值水平、超级指标、多指标融合、多测点融合，有效捕捉设备异常合理安排异常处理计划，最紧急的异常被最优先处理。

3.9 智能诊断

故障诊断技术是通过状态监测，一旦发现设备采集的信号异常，需要识别采集到的各种信号及特征参数，通过各种信号处理技术以及专家的知识和经验，从而诊断出设备存在的故障类型及故障原因。

转动设备投运后，先后经历正常运行、早期损伤、中期损伤、晚期损伤 4 个阶段，见图 6。该系统基于连续的测量和分析，在早、中期损伤的潜在故障点时期，通过对诸如设备零件、各种故障等相关指标、关键的运行参数的监控，尽早地发现设备的异常，判断设备的运行状态、优化设备的维护时机，使得机组状态恢复到正常状态运行，实现预测性维护。

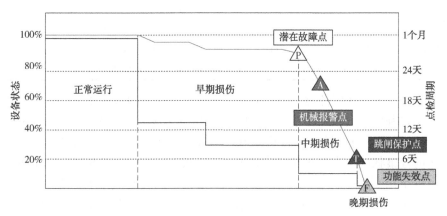

图 6 转动设备投运后全生命周期示意图

故障诊断案例：

2022 年 3 月 14 日监测系统智能报警推送某转动设备非驱动端振动 3.6mm/s，到达 C 区运行。通过查询运行趋势，该转动设备非驱动端加速度有效值在 33.5m/s²，加速度冲击值在 86.5m/s²，对该时域波形频谱分析情况如下：

该转动设备为 18.5kW 电动机，转速 1470r/min，驱动端和非驱动端轴承型号均为 6310 轴承。轴承保持架故障频率为 9.3Hz、内圈故障频率为 121.336Hz。在加速度频率频谱中均存在轴承内圈和保持架的故障频率，且有轴承内圈频率的多次谐波。结合现场诊听电动机的声音和非驱动端水平、垂直加速度频率谱图中出现的轴承内圈和保持架的故障频率等特征，判断非驱动端轴承内圈有坑蚀。

现场拆卸检修发现：非驱动端拆下的旧轴承内圈与滚珠接触部位有明显机械损伤。对非驱动端轴承解体，发现内圈有明显的机械磨损痕迹，有大量气泡状坑蚀损伤，部分滚珠上也有磨损划痕，驱动端轴承也有轻微磨损，内环滚道上肉眼可见光泽性变差，见图 7。现场故障情况与利用监测系统故障诊断结论基本一致。基于无线状态监测系统其他故障诊断实践案例，见表 1。

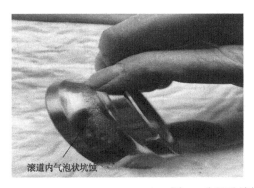

滚道内气泡状坑蚀

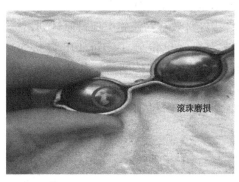

滚珠磨损

图 7 非驱动端轴承磨损示意图

表 1   基于无线状态监测系统部分故障诊断实践案例

序号	设备名称	设备分类	诊断结论	处理措施
1	裂解燃油泵	离心泵	工艺系统/过滤器/堵塞	设备存在吸入不连续类故障。清理泵入口滤网。
2	脱硫液循环泵	离心泵	泵/基础支撑/刚度不足	机泵驱动端增加临时支撑
3	焦柴转输泵	离心泵	泵/轴承/定位异	对泵轴承箱支撑进行调整
4	解析塔进料泵	离心泵	电机/基础支撑/变形	调整电机地脚螺栓、联轴器找正
5	蒸发塔底回流泵	离心泵	泵/基础支撑/共振	图谱分析三倍频占主频，结合出口流量核算为工况偏离造成的流体激振导致机泵振动升高甚至产生报警。调节机泵进出口回流线增大机泵实际负荷，消减流体激振
6	干溶剂泵	离心泵	泵/轴承/滚动体/磨损	该泵 3H 轴承故障，更换轴承
7	3#炉乙侧送风机	离心通风机	电机/基础支撑/刚度不足/共振	紧固电机空冷器螺栓
8	汽油回流泵	离心泵	主传动链/工频/结构松动	3 倍频较高，结合现场实际，初步判断基础结构性松动。对基础进行重新处理
9	碳三加氢循环泵	离心泵	气蚀	对泵体进行排汽操作
10	复水泵电机	离心泵电机	旋转松动/动平衡不良	现场电机地脚螺栓进行调整

通过在转动设备上安装无线监测系统，大幅度减轻员工点检劳动强度、巡检工作量，此外便于员工直观看到机泵的运行参数，运行机泵在 A、B、C、D 区的健康状况。直属单位已完成 9 台风机、182 台机泵（包括螺杆泵、屏蔽泵、高速泵、液环泵）、185 台电机切割护罩安装传感器 736 个，以及 185 台电机组态。传感器测振数据可以真实反映现场机泵振动变化情况，抽样对比测振数据偏差可以控制在 20% 以内，符合要求。4G 网络信号均在-100db 以上，数据上传正常，延迟在 1 小时以内，符合监测数据传输要求。目前已监测到机泵运行异常并处理故障 1353 台次，长期运行数据趋势、智能报警、故障诊断技术便于工程师分析判断机泵运行状况，从故障检修提升到预知检修管理。

4   结语

（1）目前本单位振动小于 2.8mm/S 的机泵占比 92.95%，A 区运行机泵占比 85%，B 区运行机泵占比 15%，无 C、D 区机泵运行。

（2）直接经济效益：该施工项目原计划招标施工，后改为保运单位施工；对 191 台机泵、185 台电机切割护罩安装传感器，共计 736 个传感器，铺设电缆 6430 米，安装 37 个采集站。按无线状态监测系统每个点比有线系统便宜约 2 万元，直接节约费用 1472 万元，同时节约施工费用 34 万元，共计节约费用 1506 万元。间接经济效益：通过泵群状态监测系统，实时掌握机泵运行状态，发现异常及时在线处理，大大提高了机泵设备的运行可靠性，延长了易损件的使用寿命，减少了突发故障停泵检修次数，大大降低了装置生产波动及非计划停工次数，经济效益可观。

（3）通过将无线状态监测与故障诊断技术应用在转动设备运行管理过程中，能够及时监测到设备运行状态，找寻到设备故障发生部位，推送故障特征信息，对故障进行早期预警，实现设备本质安全运行和预知维修，从根本上提高设备运维水平。配合使用泵能效管理、密封状态监控、检修策略 PDCA 循环、机泵健康寿命管理、移动应用（APP）管理，进一步完善转动设备管理体系，实现业务流程便捷、管理评价直观，实现转动设备全生命周期专业化、平台化、数智化应用管理。

参 考 文 献

[1] 刘文才，关国伟，王德建. 炼化动设备状态监测与故障诊断技术应用究[J]. 设备管理与维修，2021（6）.

反应器用搅拌器机械密封失效分析与对策措施

吴　熙

（中国石化镇海炼化分公司）

摘　要　本文针对某炼化公司 30 万吨/年高密度淤浆法聚乙烯装置自 2022 年 1 月投产运行后，反应器搅拌器机械密封频繁出现泄漏情况，分析失效原因，通过对机械密封结构优化、检维修、操作、维护保养等方面提出改进措施，延长密封使用寿命，降低检维修成本，为反应器连续性生产保驾护航，保证装置安全有效运行。

关键词　搅拌器；机械密封；泄漏；改进措施

1　前言

某炼化公司 30 万吨/年高密度淤浆法聚乙烯装置共有三台反应器搅拌器 A1201/A1202/A1203 由德国某公司设计和生产，均出现过机械密封泄漏的情况，由于反应器是整个聚合单元的动力心脏和关键设备，机械密封一旦失效如果处理不及时将直接引发介质泄漏、火灾等安全隐患，威胁着装置安全。且每次更换机械密封都要进行装置负荷和工艺参数的大幅度调整，处理不及时甚至会使反应器内部物料结块"爆聚"，给后续检修带来极大困难，给设备平稳运行和公司生产计划和物料平衡带来很大的波动和不稳定性。为此，结合该装置反应器运行工况、搅拌器结构特点、机械密封型式结构，分析制约搅拌器机械密封长周期运行的薄弱环节，联合设备厂家和检维修单位，开展技术攻关，对出现的各类问题逐一进行"会诊"，定措施和方案落实整改，确保设备在一个大修周期内故障为零。

2　搅拌器结构原理简介

2.1　搅拌器的主要作用

本装置三台反应器搅拌器主要作用是使在反应器内的悬浮液均匀混合接触，充分反应，由于反应器工作温度为 84℃，防止浆料在反应器内部聚合沉淀，产生片状料，造成搅拌器堵转，确保达到工艺所需要的要求。使两种或多种互溶的液体分散，不互溶的液体之间的分散与混合，气体与液体的混合，使固体颗粒悬浮于液体之中，加速化学反应、传热、传质等过程的进行。

2.2　搅拌器的结构

本装置内聚合单元搅拌器总共有 9 台套，其中应用反应器搅拌器有 3 台，其主要构造如图 1、图 2 所示：

（1）传动部分包括：电机、减速箱、联轴器、机架、中间轴承、底轴承等；

（2）支撑部分包括：搅拌轴，桨叶及其螺栓连接件等；

（3）辅助系统：减速箱和机械密封的冷却、润滑系统。

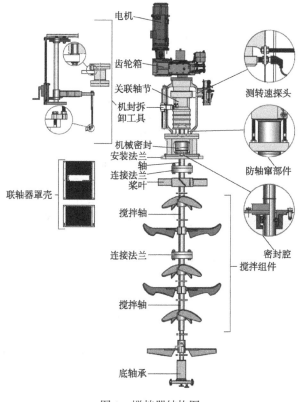

图 1　搅拌器结构图

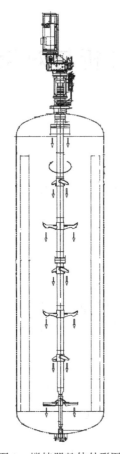

图 2　搅拌器整体外形图

2.3　搅拌器机械密封 PID 流程简介

搅拌器机械密封工艺流程简图，如图 3 所示。

如图 3 所示，来自系统管网的夹套水进水和回水管线分为二路作闭式循环，一路进入搅拌器减速箱夹套，降低齿轮箱润滑油温度，给轴承润滑；另一路进入机械密封夹套，降低机械密封轴承温度，保证轴承有良好的润滑效果。

密封系统按照 API682 中的 PLAN 53C 方案设计，为高压油系统，包括压力活塞组件、密封油罐、隔离阀门、安全阀等部件。压力活塞是一立式的罐体加活塞杆组合（图 4），与活塞杆并立设有刻度标尺和高低油位报警开关装置。压力由手动增压泵作为动力，密封油加压后经止回阀由密封油管线进入双端面机械密封密封腔作为隔离液，从密封腔到压力活塞提供压力给循环系统，整个密封系统管线充满油后形成闭式循环。

2.4　反应器搅拌器机械密封主要参数

反应器搅拌器机械密封主要参数见表。

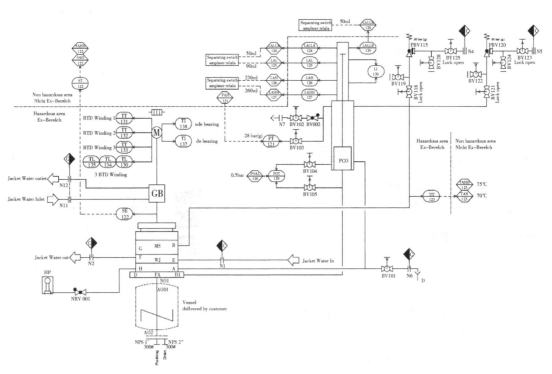

图 3　搅拌器机械密封工艺流程简图

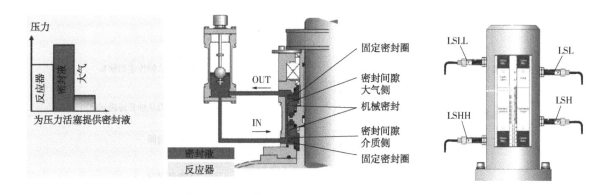

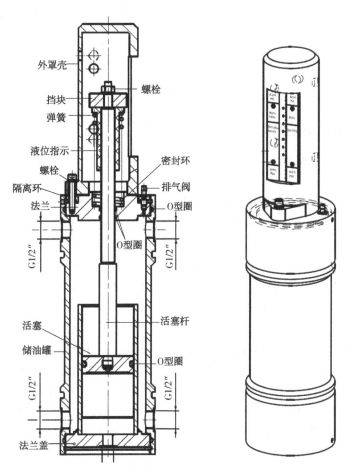

图4　密封系统和压力活塞结构图

表1　反应器搅拌器机械密封主要参数

位 号	A1201/A1202/A1203	外形尺寸/mm	φ4500×13800
容器内径	4500 mm	介质	HDPE 悬浮液
容器容积	243m³	主体材质	Q345R
工作压力	0.2~1.4 MPa	工作温度	75~90℃
电机功率	315kW	电机转速	1491r/min
搅拌转速	133.6r/min	密封系统	PLAN 53C

2.5　搅拌器机械密封结构

本装置反应器搅拌器机械密封为集装式双端面机械密封，如图5所示，在密封的端面，通过

电机带动减速箱的旋转形成可防止输送介质泄漏的液膜，机械密封的主要部件中，弹簧可以起到缓冲以及补偿的作用，对摩擦副端面，保证它处在一个合适的比压下，这也要求具有一定的弹性，弹性不能失效。动静环的材质，采用耐摩擦的碳化硅与石墨材质，因为它要通过摩擦形成副端面，防止输送介质的泄漏。动静环是相互之间紧密接触的，动环为了能够保持与静环的紧密接触状态，是活动的。动环作为传动部件，动静环之间的辅助密封圈，保持着紧密接触，起到一定的缓冲作用。

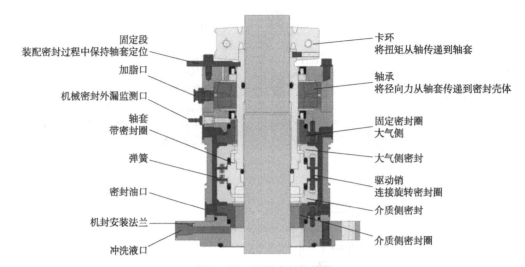

图 5   进口机械密封结构图

3 搅拌器机械密封常见的失效原因

3.1 排气不彻底，导致密封损坏

因机械密封检修过程中密封系统管线与空气接触，在检修交回后对密封系统加油过程中未从多处排气点充分排气，导致密封油在循环冷却过程中效果差，影响机械密封使用寿命。双端面机械密封隔离液的循环主要依靠泵送环及附属系统虹吸效应，当排气不充分形成气阻，影响虹吸效用，隔离液循环不畅。从拆检机封发现大气侧密封环外缘有"断齿"情况，分析判断机械密封隔离液系统存在气体集聚产生的气阻问题，影响隔离液在系统中的循环效果，对机械密封的损坏加剧恶化。

以第二反应器搅拌器 A1202 机械密封故障为例，刚开始运行时发现机械密封有外漏现象（从密封泄漏监测口有油流出），运行一段时间后发现机械密封不再外漏。2024 年 3 月 15 日，压力活塞液位低报，现场补油罐可补进密封油但是密封油侧无法建立压力。初步怀疑机械密封泄漏，停搅拌器后反应器泄压再次尝试补油加压，压力活塞压力、液位仍无变化，最终判断为机械密封泄漏，随后反应器交出对搅拌器密封进行更换。

该故障机械密封为进口机封，拆检前首先进行静压试验，打压 2MPa，15min 内压力下降 0.08MPa，后进行拆检，介质侧静环有一处贯穿裂纹，介质侧动环有一凹坑，正好在销子部位（此为泄漏主原因）；第二道密封动环内侧有缺陷，与刚开车时有外漏的现象吻合，第二道密封静环无问题。

从拆检情况可判断出存在的故障原因：一是压力活塞油位低时未及时补油，反应器压力反作用于密封导致反压；二是启动前未盘车、或动环与轴套配合间隙过小，导致搅拌器启动运行瞬间扭矩大，动环在销子部位存在裂纹，当反压出现后，出现贯穿裂纹，加密封油后，密封油泄漏至介质侧，导致密封压力无法升压（图 6）。

3.2 密封端面存在摩擦磨损、使用寿命短问题

由于介质侧密封摩擦副之间存在着与物料直接接触，且介质中含一定量固体颗粒，导致介质侧动静环磨损，密封失效。另外，因介质内的固体颗粒嵌入 O 形圈，由于 O 形圈与轴套之间有相对运动，致使轴套磨损及 O 形圈损坏。

3.3 密封件产生热变形、热裂、热涨而失致

机械密封运行时摩擦副端面受摩擦热及介质温度的影响而产生端面温升，当端面温度高于介质的饱和蒸汽压且热量不能有效排除时，端面的液膜及周围的介质会闪蒸汽化，导致密封发生干运转。当密封端面产生较大热变形，摩擦磨损严重或摩擦不均，使密封材料的机械性能降低，容易使密封环（主要指硬环）产生径向裂纹、辅助密封圈产生热涨等而使密封失效。密封端面磨损剧烈，即会过度磨损，密封泄漏量大，同时严重影响密封的使用寿命，现象表现形式与泵运转出现抽空类似，机械密封失效案例中有相当比例是由于密封端面温升过高造成的。

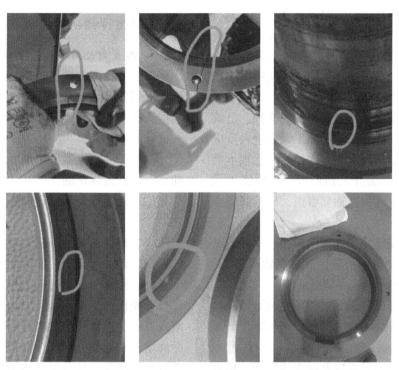

图 6　机械密封动静环拆检情况

3.4　密封适应变工况能力差

当机械密封处于反应器变工况(变压力、变温度、搅拌器频繁开停等)下，密封始终处于不稳定的运行状态，对于密封的使用性能是致命的，极易出现密封的早期失效。当搅拌器频繁启停的情况下，动环传动螺钉与传动套之间产生摩擦扭矩损坏，致使弹性元件失去弹性补偿作用甚至密封面不能紧密贴合而失效。图 7、图 8、图 9 为第一反应器 R1201 在装置总进料 40t/h 运行期间，生产 2911、7260、7750 不同牌号反应器压力 PI12101、密封压力 PI12189、密封压力与反应器压力之间压差 PDI12188 波动 PI 趋势图。从图中可得出结论，反应器工况参数随装置负荷、熔指牌号不同而变化较大，但只要关注好压力活塞压差 PDI12188 这一关键参数，避免出现低报和低低报警值情况，及时补充密封油，杜绝搅拌器机械密封发生反压现象。

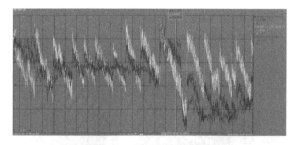

图 8　R1201 反应器生产 7260 牌号

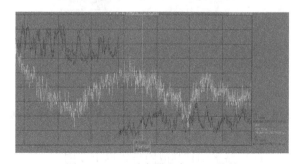

图 9　R1201 反应器生产 7750 牌号

3.5　搅拌器底轴承磨损，运行振动大，间接导致机械密封不平衡失效

因搅拌器底轴承结构为不锈钢轴套+四氟轴套材质配合使用，若出现磨损，轴套配合间隙变大，搅拌器运行期间出现整体晃动，间接引起机械密封轴套和轴之间不对中，机械密封受应力导致不平衡泄漏。影响因素主要有以下几点：

（1）因反应器设备总高度为 16.4m，设备在

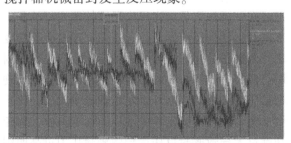

图 7　R1201 反应器生产 2911 牌号

设计制造和现场安装阶段，对设备垂直度、和与搅拌器相连接的法兰水平度有严格的数据要求，若超出控制值安装期间未及时整改，搅拌器投入运行后会产生不平衡振动，长期运行间接影响搅拌器机械密封使用寿命。

（2）反应器在原始开工前，气密吹扫、己烷油运阶段，管道和设备产生的施工杂质进入反应器内和搅拌器底轴承配合间隙内，导致底轴承磨损。如图10所示，为开工初期后，拆检底轴承发现内部有杂质进入加速轴套磨损，导致间隙变大轴承失效。

预防措施：反应器在气密吹扫、己烷油运结束后，进行退料交出，预防性拆检底轴承检查，清除在底轴承死角处存留的杂质。

（3）确保搅拌器底轴承冲洗有足够的流量。若流量不足，底轴承冲洗、润滑、冷却效果不好，影响底轴承运行寿命。DCS 显示冲洗量不得低于报警值，发现异常应及时查找原因，检查流量计和管道过滤器是否堵塞情况，确保流量处于连续稳定状态。

图10　底轴承磨损情况

3.6　搅拌器滚动轴承故障或异常，各润滑点润滑不良，存在缺油、缺脂现象

搅拌器滚动轴承故障多为以下原因：

（1）电机轴承缺润滑脂，润滑不良；

（2）齿轮箱油位偏低，齿轮轴承润滑不充分，导致轴承过热磨损；

（3）齿轮箱支撑轴承缺润滑脂，润滑不良；

（4）机封轴承缺润滑脂，润滑不良。

以上各润滑点部位因缺少润滑或发现不及时，轴承长时间未充分润滑，造成轴承磨损振动，间接导致轴不平衡，影响机械密封使用寿命。

4　解决搅拌器机械密封失效的对策

4.1　机械密封检修交回后条件确认

因设备投用前操作较为复杂，避免因启动前确认不到位，导致操作问题造成设备故障，下面根据历次开停机操作，总结以下注意事项供班组人员参照执行。

（1）确认搅拌器齿轮箱冷却水和机械密封冷却水投用，流程正确；

（2）确认检修后仪表探头及压力变送器投用完好；

（3）确认密封油排放安全阀投用；

（4）确认润滑脂、润滑油加注投用正常；

（5）密封油加油排气过程要严格按照操作规程进行操作，主要通过压力活塞顶部堵头、密封液入口底部排油阀门、密封油回油管线安全阀前导淋堵头几处充分排气，整个排气过程中需不断进行盘车配合，并重复上述加油、盘车、排气操作直至无任何气泡出现为止；

（6）启动前确认反应器液位至少在 20%以上；

（7）启动前投用搅拌器底部轴承冲洗，流量在正常范围内。

4.2　合理控制好反应器液位

反应器开工和正常运行过程中，避免反应器出现液位接近高报值 80%的情况，否则含颗粒的浆料会夹带进入机械密封介质侧，导致摩擦端面磨损失效。反应器气密置换过程中，避免压力大幅度波动，要关注密封油压力，正常情况下会随反应器压力同升同降。所以在搅拌器启动前加油时，不要将油位加至高报以上，否则会造成因密封油压力过高导致密封回油温度上升幅度较大，现场需排油处理，若处理不及时，将会发生设备故障。在初次加油时要留有操作弹性，确保压力活塞油位处于中间位置。

一般情况下，投用反应器运行时，为缩短开工时间，操作人员会在反应器搅拌器运行的状态下进料，期间反应器液位、压力、温度会不断变化，内操要关注好密封压力的变化、当出现密封压力低报时应及时补油，避免密封反压；当出现密封压力高报时应略开现场排油导淋阀门，排出微量密封油，期间密切关注压力活塞液位，避免开度过大导致密封反压。导致密封压力过高原因是搅拌器密封在反应器压力处于低压的状态下加油过多，当反应器进料过程中反应器压力不断上升，密封压力也随之上升，压力活塞弹簧相应被压缩后会出现密封压力高报或高高报，此时密封油在机械密封端面温度不断上升，如果处理不及时，将会导致摩擦副端面密封油汽化热胀裂损坏。

4.3 合理控制好压力活塞油位

首次加注密封油时，密封油液位不宜过高或过低，要加油至压力活塞在"operating range"中部操作位置最佳，当内操发现压力活塞密封油压差报警时，要尽快通知外操补油，确保有足够的密封油压力保持密封端面的润滑。

压力活塞投用前，反应器压力不得高于密封油压力，否则密封反压存在泄漏风险。压力活塞投用应在反应器进料前完成静态试压和保压，确认机械密封无泄漏后，方可投用反应器进行进料操作。

4.4 正确加注密封油

搅拌器机械密封油选择不当，会造成密封端面温度升高，润滑不良，长期运行导致摩擦副表面结焦，机械密封出现损坏现象。要按照设备说明书里面推荐的密封油牌号进行加注密封油。当搅拌器机械密封泄漏量为轴径 $\varphi mL/24h$ 时，需对机械密封进行更换，日常设备运行过程中，当需要在线补加润滑油时，要求当班班组记录好压力活塞前、后油位线刻度读数，加油量做好台账记录，便于分析搅拌器密封一段时间内的泄漏状况，对检修更换提前做好预判。

4.5 做好设备运行全过程维护

运行期间要关注底轴承振动、声音情况，定期做好振动值数据记录；启动搅拌器前需先投用底轴承冲洗，利用每次停工期间对底轴承进行预防性检查，间隙配合过大时需及时更换。充分利用无线泵群监测系统对搅拌器的电机、齿轮箱轴承，做好实时振动、温度监测，发现异常及时处理，避免因各部件润滑不良导致设备故障和对机械密封的使用寿命带来的影响。

5 取得的效果

5.1 机械密封国产化改造优化

因进口集装式机械密封价格约为 83 万元，装置自 2022 年 1 月开工以来，反应器搅拌器机械密封总计检修 7 台次，每次检修都需要停反应器交出，给工艺生产带来波动，且备件供货周期长、成本消耗较高，因此机械密封国产化是必然趋势。根据反应器的运行工况和进口搅拌器的整体安装尺寸，2024 年 2 月 6 日，试用国产机械密封，但首次更换密封后静压保压期间就需要频繁补油，密封压力不能维持正常，随后交出检修拆检发现以下问题：

密封在更换后试运转就存在内漏，开始时漏量偏小，运行一段时间后泄漏量变大，且补液频繁，最后停止运转，密封停止运转后泄漏反而更大并且无法保压。更换机械密封并解体，结合上述拆解图片（图 11、12、13、14）来看，介质侧动环与弹簧座摩擦造成密封动环卡滞，使密封动环无法正常补偿造成密封泄漏。针对上述情况，密封返厂维修，进行了间隙调整，加大了动环与弹簧座之间的配合间隙，避免密封再次卡滞造成密封面歪斜变形，密封安装后，运行效果良好。除间歇性进行密封油补油，未发生严重泄漏现象，较进口机械密封相比，预计单台节约机械密封采购费用 61 万元/台套。材质选用方面，进口机械密封动静环材质为石墨+碳化硅配套使用；而国产机械密封动静环材质为碳化硅+碳化硅配套使用，相对于石墨，碳化硅导热系数高、硬度大、耐磨性好，使用方面有良好的稳定性。

图 11 大气侧静环

图 12 介质侧静环

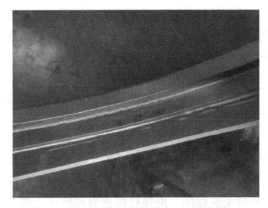

图 13　介质侧动环内侧配合面有磨损痕迹

图 14　弹簧座滑移直径位置有磨损痕迹

从上述说明，机械密封国产化替代取得了显著的成效，不仅节省备件采购成本，缩短采购周期，并在推广国产化技术方面起到了积极的作用。

5.2　密封系统扩容改造

现进口密封系统存在问题：原密封系统如图 4 所示，加油量设计容积为 0.3L，当压力活塞油位降低，则需要立即补油，系统缓冲裕量较小，如果补油不及时则会出现反压情况，导致机械密封损坏。决定将密封系统国产化改造，容积扩大至 16L，如图 15 所示，改造后有利于机械密封密封油压力运行稳定，对于压力活塞密封油液位出现的短时波动不会带来较大影响，保证机械密封稳定运行。

5.3　机械密封密封油国产化替代

密封油原设计选用福斯加适达 CASSIDA \ \ FLUID HF15 食品级液压油，根据其性能指标，对标选用长城牌号卓力 \ \ L-HV 15 低温液压油作为同型号替代，试用后效果良好，密封油温度和机械密封运行情况未出现异常。因搅拌器在运行中会出现微泄漏需定期补油情况，在密封油使用成本上比进口油节省费用约 5.12 万元/200L 桶。

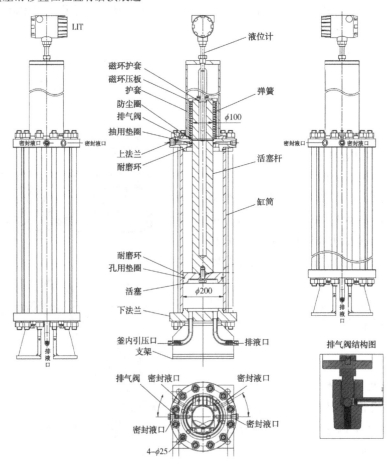

图 15　拟扩容积改造的国产化密封系统

经过历次搅拌器机械密封的检修，在操作维护、国产化等方面经验积累和实际运用优化，彻底解决了搅拌器在运转过程中存在的安全隐患，既降低人力和物力的消耗、提升密封的使用寿命，又稳定了生产，可靠程度明显得到改善。

6　结束语

综上所述，通过对反应器搅拌器机械密封失效的故障表现，综合分析泄漏原因并制定相应的解决策略，就如何降低成本，提升密封的使用寿命，既保证装置安全、可靠、长周期稳定运行，又降低操作、检维修劳动强度，是我们每个装置工程师需要攻关的目标。密封泄漏不是单方面的，而是多方面的，只有各专业人员相互合作，共同努力，才能使设备处于安全有效的运行状态。通过以上经验分享，希望能够为同类 HDPE 装置提供经验支撑，为以后相关进口设备的国产化提供参考意见，并且具有值得推广的意义。

参 考 文 献

[1] 郎丰珲，刘超，闻磊，等. 搅拌器机械密封损坏的原因及对策 [J]. 化工管理，2017，11（7）：192-94.

[2] 美国石油协会标准《离心泵及回转轴封系统》API682-2012.

[3] 何艾. 浅析化工设备搅拌器设计问题. 化工管理，2018.

[4] 祁咏泉. 泵用机械密封失效原因分析与预防措施 [J]. 石化技术，2017，24(7)：253.

[5] 李军. 机械密封失效机理分析与效能延长策略 [J]. 工业技术创新，2017，4(3)：199-201.

数字化转型在聚烯烃高质量发展中的探讨和实践

魏晓娟

（中国石化镇海炼化分公司）

摘　要　聚烯烃装置在公司数字化工厂基础上，利用物联网、人工智能、大数据等新技术不断加强产品全流程自动化、数字化、智能化优化，成功应用三维数字化模型、实操培训模型、APC技术、流程模拟、自动装车设备、AI识别等新技术持续推动聚烯烃全生命周期高质量发展，成功打造180万吨级聚烯烃智慧包装仓储数字化车间。

关键词　数字化转型；聚烯烃；AI识别；自动化；数字化

当前，数字技术正处于创新变革活跃期，创新成果赋能作用日益显现。公司立足新发展阶段、积极贯彻新发展理念，新区大建设均实现数字化交付，"产业大脑+未来工厂"模式初见雏形。聚烯烃装置在公司数字化工厂基础上，利用物联网、人工智能、大数据等新技术不断加强产品全流程自动化、数字化、智能化优化，持续推动聚烯烃全生命周期高质量发展，打造180万吨级聚烯烃智慧包装仓储数字化车间。

1　背景

数字化转型是在应用数字技术的基础上，推动企业组织架构、业务模式、生产方式的整体转变。在以人工智能为核心的第四次工业革命浪潮的冲击和席卷下，数字化转型对于现代企业而言已经不再是一道选择题，而是必答题。从聚烯烃生产而言，通过用好人工智能、数字化、模型化手段，持续开展数字化改造，打造数字孪生工厂模型，汇聚聚烯烃装置设备大数据、封装聚烯烃工业生产知识、优化简化生产环节，打造能感知、会分析、善研判的数字化车间，推动企业未来工厂建设。

2　内涵及做法

2023年公司智能工厂3.0建设全面升级，无人化数智化应用不断拓展，聚烯烃生产紧跟公司数智化转型要求，不断深化精益管理，持续提升装置智能化、自动化水平，在新装置建设模型审查、老装置运行降本增效、聚烯烃立体库无人化各项工作中团结奋斗，实现多点突破。

2.1　数字孪生释放"智造"新动能

2.1.1　用虚拟建设未来

在新区大建设的进程中，数字化技术为装置带来了一个虚拟孪生兄弟，三维数字化工厂模型可以细化到管线、设备、机泵的每一个法兰和螺栓，覆盖地面、地下、管线内部介质，精准呈现每一台设备的高度、位置及载荷等信息。因三维数字化模型先于装置实体交付，这为虚拟模型助力新装置源头设计优化提供了可能。其中单套聚丙烯装置通过模型审查，提前整改设备检修维护不便问题187项、工艺流程管线路径问题256项，极大优化了工艺流程及检修、操作的便利性，降低投产后运行维护成本。

例：聚丙烯装置循环气压缩机厂家资料中显示两台机组一段低压侧与二段高压侧排液分开设置，而通过模型审查发现排油管最高点达7.2m（图1）。经计算，一段低压侧排液无法克服7.2m的静压力，实际无法排出。按此设计实施开机后压缩机会因低压侧分液罐液位高跳停导致无法开机，造成大量丙烯排火炬。团队与厂家沟通，最终确定单个机组一段、二段合并排液，利用二段排液压力将一段排液一并送出至废油罐。若前期未发现该问题，等到装置建成投用后再单独切出改造，单丙烯排火炬损失就达100万左右。

2.1.2　数字化转型助力安全生产

三维数字化工厂不仅可以指导装置建设期，在装置建成后也对安全生产大有裨益。聚烯烃风送系统现场噪声超标治理一直以来是聚烯烃装置职业卫生治理的难点和痛点。针对现场流程跨度大、噪声点位置分散等问题，聚烯烃技术团队对装置现场进行全覆盖式检查，重点检查装置内风机出口、疏水口、管道弯头等点位，测量不同工况时现场噪声数据的变化，进行详细记录和对比。并借助三维数字化模型再现现场噪声实际分布情况，结合工况深入探讨噪声频发的位置，做到现场和模型结合、精准定点、多维度推进噪声治理工作，助力绿色工厂建设。此外，三维数字化模型在装置投用及检修改造中，还可用于定位吹扫、爆破，制定检修方案，进行风险分析等环节，助力设备检修更加安全高效。

图1　4#聚丙烯装置循环气压缩机部分模型图

2.1.3　培训里的自主"科技范"

为进一步提高"导师带徒"实际效果，以"三基"建设为抓手，开展针对性培训套餐，持续提升新兵岗位履职能力。面对核心、关键操作新兵不敢动手，老兵不敢让新兵动手的难题，组织教练员团队开创性制作系列化聚烯烃关键核心部位实操培训模型（图2），将聚烯烃催化剂预接触系统、反应器核心动力设备、自动控制程序等日常不可实操练习的模块，按比例还原，并实现迭代升级，打造动静电仪一体化的实操培训模型3.0版本，涵盖PK101（聚丙烯环管反应器的核心控制单元）及PDS（气相法聚乙烯关键核心部位）。目前，该聚烯烃关键核心部位实操培训模型标准化教学视频已成功申请获得国家版权保护

2.2　数字应用赋能生产智慧提升

2.2.1　APC投用攻关助力基层减负

聚烯烃装置产品牌号种类多，单个装置生产牌号最多可达113种，运行部聚焦聚烯烃装置切牌操作参数多、步骤冗杂、班员操作强度高的现状，积极开展装置APC投用攻关，总结历年切牌经验，将经验数据转化到智能系统。仅单套聚乙烯就开发了10余种APC牌号切换配方，操作人员只需在APC系统事先预设好相应的目标值，即可取代人工操作，自行实现牌号切换。除此之外，运行部还将流化床反应器各原料进料及关键性产品控制参数如装置产量、产品熔指、密度等悉数纳入APC系统自动控制，APC可通过对参数上下限进行约束，稳定原料进料，可将能耗、单耗和反应器参数等控制在最佳状态，有效降低操作人员操作强度，提高装置稳定运行水平，持续推进聚烯烃装置"数字化、智能化"水平。

图2　实操培训模型3.0

目前，公司继续开发聚烯烃价值链项目，以期实现各聚烯烃装置自主根据下游客户需求进行智慧排产。该项目基于大数据应用，可实现从公司实验室管理、进出厂物流、生产执行等各类系统自动取数。通过前期收集不同牌号产品生产和切换过程中的运行数据和生产条件，给出各牌号

生产物耗、能耗、剂耗、库存、加工负荷、库存上下限、库存成本、过渡时间、切换成本、切换条件约束（切换组合、切换时间）等条件，限定新牌号产品初始生产条件、融合牌号切换专家经验，实现系统自主排产，最终达到工作量最小化、效益最大化目标。

2.2.2　自主分析让"反应"更及时

聚烯烃装置牌号众多，不同牌号间指标跨度大，往往牌号切换过程持续时间长，且需通过样品分析结果及时指导调整反应参数。为实现生产过程产品数据实时掌控，运行部与质管中心通过党建共建平台，以聚乙烯装置为试点，积极培养运行部班组员工现场熔指仪的分析操作。一年以来装置自主分析熔指的准确率高达90%以上，其熔指分析数据可直接用于指导产品参数调节以及切仓等操作。通过现场实时分析、精心操作、内操密切监控，及时调整，有效减少牌号切换过程产生的非目标产品，并大幅提高化验效率。据统计，装置单次切牌过程可有效避免约150t正品料降级为非目标产品，单次产品切牌创效可达6万元。

2.2.3　流程模拟让新产品开发方案优化有据可依

全力打造青工 ASPEN 流程模拟团队，利用流程模拟软件，可以孪生装置局部管线和设备，生成数字化小试模型，为解决装置生产难点提供思路验证。

高熔体强度发泡聚丙烯产品 E02ES 是聚丙烯装置增效王牌产品。但是该产品生产加氢量高，难度大，尤其在夏季反应后组分残存氢含量高，导致装置难以生产。青工创新团队锚定氢含量这个关键，通过对装置流程各阶段组分进行摸索，最终计划在反应后改动流程，引入一道脱氢流程，经流程模拟反复测算可行，团队编制详实报告争取到试生产机会。经引入脱氢塔后，成功在夏季切入排产，单次产出 E02ES 产品近3500t，全年产销量突破1万t大关，较2022年提升约137%，仅此一个牌号将差异化增效1200万元。

2.3　智能仓储打造未来工厂窗口

立体库系统作为聚烯烃智能仓储建设代表，总体设计紧密结合聚烯烃产品的产、供、销业务流程，满足生产安全、存储容量、作业能力的要求。系统集成计算机控制、网络、数据通信、现场总线、物资信息自动识别等先进技术，实现收发作业机械化、存储单元立体化、信息传输网络化、仓库物流自动化、仓储管理数字化、安全监控可视化等功能。

2.3.1　自动装车打通无人立体库建设"最后一公里"

立体库智能仓储系统依托于包装全流程自动化，共享托盘＋RFID 读取技术赋予每一托产品独一无二的身份证，结合 AGV 小车进而实现产品入库、储存、出库全流程数字化流转，打造无人立体库。出库端优化码垛摆放设计，可实现30t/车出库，对比原设计27t/车可节省10%物流费，据统计，2023年仅平板车出库27t/车升级为30t/车，累计已节约物流费用400多万元。

立体库出库端装车方式主要为人工机械叉车装车，人、叉车、货车交互，存在车辆伤害和机械伤害风险，为进一步管控现场作业风险，实现打造全流程智能出入库系统，实现"货与车"的全自动连接，立体库引入3台平板车自动装车和2台集装箱自动装车系统，打通无人立体库建设"最后一公里"。自动装车设备如图3所示。

图3　自动装车设备

立体库自动装车系统基于"互联网＋智慧操作"，是国内聚烯烃包装仓库最先进的技术之一，对提高行业内聚烯烃产品装车自动化具有先导、示范作用。由于自动装车系统对于车辆要求高，只有符合尺寸要求的"标准"车辆才可以使用自动装车系统，最初自动装车系统日出库仅4车。后续结合装卸生产实际，坚持以我为主，在自动装车系统投用后持续攻关，对现场操作柱、货叉、护栏等位置进行调整，提升装车设备与现场实际匹配度。其中6#科研平板车自动装车项目设备已实现单车30t装货，并顺利投入使用，每日出库量在400t左右，单日最高达到510t，单月台投用以来累计已实现物流降本40余万元。

2.3.2　让 AI 来检测

聚烯烃挤压造粒环节中，产品中因生产过程波动或切粒影响会产生一些拉丝、拖尾、絮状、大粒、小粒等异常粒子，影响产品外观质量。通过对异常粒子模型采集、检测中误识别样例的补充、系统异常比例显示的优化，可以不断完善 AI 识别模型，实际应用中，在对随机产品的测试中，达到异常类型检出率大于 95%，准确率大于 90%，正常粒子/异常粒子综合检出率>96%，综合准确率>92%的指标，验证了该国产 AI 技术在聚烯烃颗粒外观检测方案的可行性，进一步拓展聚烯烃质量检测方法(图 4)。据悉国产 AI 技术成本约为进口技术的 10%，降本显著，也为该技术的工业化应用奠定基础。

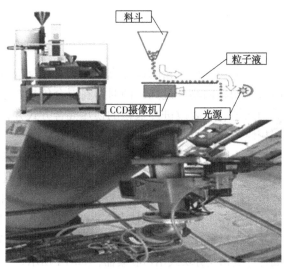

图 4　聚烯烃颗粒外观检测

2.3.3　50 次变 0 次

公司聚烯烃产品利用平板车装车出厂环节，投用自动盖雨布设备，捆扎区由以往至少登高作业 50 次/天变为零登高，现场盖雨布操作人员也从 6 人减少至 3 人，综合可减少人力成本近 15 万/年，作业时间缩短至 15min 内，效率提升66%，广受好评。

自动盖雨布设备操作指南，如图 5 所示。

2.3.4　4g 大进步

聚烯烃产品主要以小包装的形式出厂，单包产品净重控制指标为 25kg±0.05kg。为落实落细每一个增效创效点，多家单位攻坚克难、通力合作，坚持"计量精准、质优量足"原则，通过"计量设备精益化+操作管理精细化"双管齐下，更新升级包装计量称，将波动范围从±45g 降至±25g，称重精度由±1.8‰提升至±1‰。同时将上

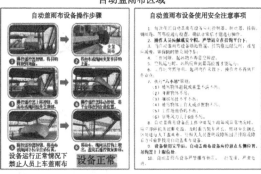

图 5　自动盖雨布设备操作指南

位机相关数据接入计量管理系统，实现各包装线运行情况的有效监控、管理及追溯。持续强化外包业务管理，提高包装线控制要求，在满足每包聚烯烃产品 25kg 足量的基础上，将每月单包平均净重严格控制在 25.008kg，成功实现单包产品平均净重比去年降低 4g 的目标。据统计，小小的 4g 的降量为公司增效近 114 万元。

3　结论

数字化转型对聚烯烃装置设计建设、行业生产过程、产品质量管控以及各运营环节提出更高要求，公司强力部署，落实关键设备设施数智化改造、聚烯烃各产线实现智慧化升级，有效实现运行部聚烯烃产业高质量发展，大大提升产品质量效益和竞争力。通过应用"5G+工业互联网"技术，深度融合聚烯烃生产实际需求，与多部门及数字技术应用厂家联合打造 AI 检测、AGV（立体库环穿系统）、数据采集应用三大场景，实时采集、分析、应用聚烯烃生产和包装储存数据，提升聚烯烃产品全生命周期安全管控水平，实现各环节少人化、信息集成化、过程可视化操作，180 万吨级聚烯烃智慧包装仓储数字化车间通过 2023 年市级数字化车间智能工厂项目认定。

接下来，装置将紧紧抓住新一轮科技革命和产业变革机遇，推动 5G、AI、工业互联网等数字技术与生产深度融合，继续加快在聚烯烃产业内探索利用新技术、新科技、新模式等新型技术赋能业务创新应用，牢牢把握主动权，持续开发好新产品，做好聚烯烃差异化增效，提升新专比，全力以赴助力公司高质量发展，为美好生活加油。

参 考 文 献

[1] 梁鸿宇整理. 提升仓库数字化综合能力迫在眉睫[J]. 中国储运，2023(7)：49-49.

大型固定床加氢反应过程强化工程技术开发及应用

陈　强　　盛维武　　李小婷

[中石化炼化工程(集团)股份有限公司]

摘　要　为适应加氢反应器大型化的发展趋势，保障固定床加氢装置的长周期平稳运行，中石化炼化工程(集团)股份有限公司洛阳技术研发中心和中石化广州工程有限公司以过程强化基本理论为指导，合作开发了大型固定床加氢反应过程强化技术，该技术主要包括双锥形入口扩散器、双层过滤盘、高效管式气液分配器、对撞混合冷氢箱及分块式出口收集器。目前该技术已成功应用于某企业催柴加氢改制单元，并取得良好的实施效果：装置在 60%~110% 负荷内，两台反应器的各催化剂床层入口径向温差均<3℃，反应器压降均<0.1MPa，分配盘和冷氢箱应用效果良好，能够延缓床层的压降增长，延长催化剂寿命，为装置安全长周期运行提供了保障。

关键词　加氢反应器；过程强化；内构件；分配器；径向温差；压降

1　前言

随着我国经济的发展及环保标准的提高，对于轻质、清洁燃料油的需求逐渐增大，而原油品质却逐年下降，炼化企业面临加工重质原油和高硫原油的挑战，加氢技术是应对这一挑战的有效方法。

为了达到油品质量升级，增产石油化工原料和中间馏分油，以及适应高硫原油、劣质原油深加工的需要和改善环境等目的，石油化工流程中加氢装置的规模逐渐增大。固定床加氢反应器的尺寸也随着炼油产业的集约化和规模化发展而逐渐增大，目前固定床加氢反应器直径基本都达到 4~5.8m，封头高度超过 2m，其中可利用空间高度超过 1m。影响固定床加氢裂化/精制装置运行的问题基本集中在以下两方面：

（1）反应器压降

反应器压降直接影响装置的运行周期。其关键因素是第一床层的垢物堵塞和催化剂板结现象，其中垢物堵塞的因素占 80% 以上。

（2）径向温差

反应器内床层温差过高，会导致局部飞温，造成催化剂烧结失活，进而影响长周期运行。引起反应器径向温差的因素包括物料分布状态和催化剂床层表面堵塞程度。

同时随着反应器大型化的发展，又对反应器内整体空间利用率及内构件实施效果方面提出更高的要求：

（1）充分利用封头空间，提高反应器的空间利用率；

（2）传统冷氢箱的设计方法在大直径反应器内占用的轴向高度过高，同时存在混合传热效率低的问题，需要改进冷氢箱的换热混合方式并得到相应的设计方法。

基于以上背景，中石化炼化工程(集团)股份有限公司洛阳技术研发中心和中石化广州工程有限公司合作开发了适应大型化反应器要求的固定床加氢反应过程强化技术。该技术主要包括双锥形入口扩散器、双层过滤盘、高效管式气液分配器、对撞混合冷氢箱及分块式出口收集器，如图1所示。

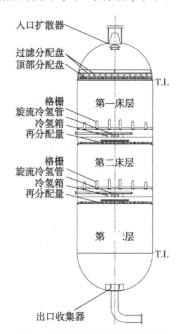

图1　加氢反应器结构示意图

2 大型固定床加氢反应过程强化工程技术介绍

2.1 双锥形入口扩散器

入口扩散器是物流进入固定床反应器接触的第一个内构件，对于大型加氢反应器（直径≥5m）来说，入口扩散器性能的优劣，直接影响初始分布的状态，对于整个反应器内流体的均匀分布至关重要。开发的双锥形入口扩散器的结构形式如图2所示。

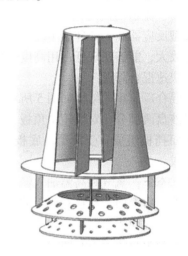

图2　双锥形入口扩散器结构示意图

该入口扩散器由上部空心锥形体、双侧纠偏挡板、连接腿、下部的两层伞板组成，伞板的开孔及角度可根据工艺条件进行调整。

气液进料进入入口扩散器的筒体后，由于来流方向垂直于双侧纠偏挡板，在双侧纠偏挡板的拦截下，在空心锥形体内绕流后向下流动，在这个过程中，气液相的偏流得以矫正；经初步整形后，由底板开孔流下：一部分物流直接喷洒至上层伞板上，一部分通过上层伞板的顶部开孔喷洒至下层伞板上。在此过程中，气液物流冲击两层伞板溅射、经其上小孔喷射以及伞板边缘的散射的共同作用下，气液进料均匀地分散至入口扩散器下方的反应器截面上。同时，上述的操作过程也使气液进料得到充分混合和缓冲。

2.2 双层过滤盘

随着反应器尺寸的逐渐增大，封头内的体积也逐步增大，为实现对原料中垢污的拦截，同时充分利用封头空间，提出在反应器封头空间内设置两层或多层过滤盘，通过盘框的分块和布局，实现反应物流的过滤。双层过滤盘的结构形式及安装位置如图3所示。

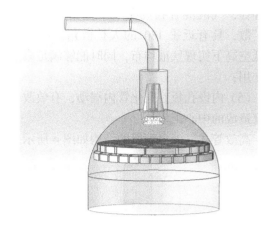

图3　双层过滤盘结构及安装位置示意图

双层过滤盘根据反应器的封头尺寸进行分块，共设置上下两层过滤槽，呈相互错开90度布置，过滤槽底部及侧面为约翰逊网，能够实现在径向截面上的全过滤。盘框之间的缝隙尺寸需满足流通面积是反应器入口管道截面积25～30倍之间，保证其不产生太大压降，通过数值模拟计算，正常工况下双层过滤盘产生的压降<100Pa。

2.3 高效管式气液分配器

气液分配器是为气液两相流体提供混合和相互作用的场所，使液体破碎成液滴分散到气流中，并随着气体一起落到下床层，形成液体在催化剂床层上的初始分布。液体分布的均匀性会直接影响下游催化剂的润湿程度和使用效率，如果分配器结构设计不合理，反应原料分配效果差，会造成加氢反应在催化剂床层的不均匀，导致径向温差过大，降低催化剂的使用效率和寿命，甚至造成产品质量的不达标。

随着反应器大型化和原料的劣质化，对于分配器分配性能的要求进一步提高，因此开发了带有180°撞击板的高效管式气液分配器，其优势在于：

（1）中心管为直管结构，采用商用标准管径，便于采购和加工，节省制造成本；

（2）顶部设盖板，避免上部来流液体分布对分配器的分布性能产生影响；中心管顶部开槽孔，作为气相通道；

（3）三层溢流孔，当液相负荷较大或者液面较高时，溢流通道逐渐增大，溢流速度加快，通过气液分配器对于分配盘上液位高度的控制，实现较大的操作弹性；

（4）180°撞击板结构，撞击板直径大于中心管外径，气液混合物流在 180°撞击板上进行折流扩散，具有近乎 180°的大扩散角，能够保证在低空高下实现气液均布，同时能够满足多点相互作用；

（5）内设孔板，强化管内湍动，有效改善贴壁流造成的中心汇流。

高效管式气液分配器的结构如图 4 所示。

图 4　高效管式气液分配器结构示意图

中心管直径较小，能够实现在分配盘上尽可能多的排布，同时利于流体流速的控制；顶部设盖板，避免上部来流液相未与气相混合而直接流入主体圆管内；上端部开口作为气相通道，主体圆管不同高度位置开三层孔作为液相溢流孔，不同高度位置开孔可满足不同液量条件下液相溢流的需求，结合工艺数据和开孔直径对管内液速进行有效调控，保证其混合和撞击湍动程度满足均布需求；在主体圆管内部下端设置孔板，孔板的作用一方面增强气液相扰动，强化传质，另一方面避免液相在主体圆管内壁贴壁流动；底部撞击板由三条支腿和主体圆管连接，撞击板直径大于中心管直径，对气液进行撞击分散，扩散角大，分配盘上进行多管组合后具有大的操作弹性。

2.4　对撞混合冷氢箱

冷氢箱对于固定床加氢反应器的稳定运行极为重要。传统的冷氢箱多数以箱体结构为主，通过为气液两相提供接触面来实现换热，改进多数集中在通过在箱体内部增设挡板、扰流板等，通过延长流道和强化湍动来提高换热效率。目前研究较多的旋流冷氢箱，也依然存在气液间接触面积有限和相互作用不强的缺点，从而限制了其混合传热性能的进一步提高。另外这类冷氢箱的设计准则决定了在大型反应器内轴向高度和径向直

径的同步增大，应用在大型反应器当中，势必要占用大量反应器空间，不符合目前要求提高反应器空间利用率的发展要求。

因此所提出的对撞混合冷氢箱结构设计从气液两相的作用方式入手，通过扇形流道设计，引导流体分为若干股，进行两两相撞。通过流道控制，两股相对流体的速度均可达到 10～30m/s，通过高速撞击，形成一个高度湍动、相对速度成倍增加的撞击区，在该区域内，两相间的换热系数增大，极大地强化了相间传热。

同时由于流道的流通面积可通过直径控制，在适应大型反应器和大处理量工况下，无需在轴向上进行放大，能够实现低占用高度条件下冷氢和油气的快速混合降温。

对撞混合冷氢箱的结构如图 5 所示，包括对撞箱和受液盘两部分。对撞箱由顶板、底板、流道板及曲面挡板组成；受液盘由底板、溢流堰、降液孔组成。

工作状态下：氢气和高温油气经过一次换热后与高温油相由上而下落在对撞箱的底板上，气液混合沿着流通面积逐渐减小的流道板进行加速流动，由两个半封闭流道和两个全开流道的出口流出，两两相对撞击，在圆柱形撞击区域内发生快速的混合和换热，对热油进行降温。之后混合流体折流向下，在受液盘上进行二次快速撞击，受液盘会将大量液体反弹回对撞箱的底板，在底板和受液盘上进行多次往复后流向下一层分配盘。

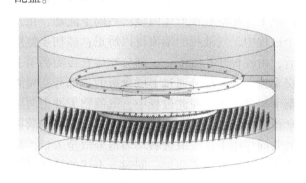

图 5　对撞混合冷氢箱结构示意图

2.5　分块式出口收集器

出口收集器要有足够的支持强度和过滤精度，对催化剂起到支撑作用，同时对反应物进行过滤，将催化剂固体截留在反应器内，允许气液相反应产品由底部通过。

为解决反应器大型化后出口收集器尺寸变大

导致的安装困难问题，需对出口收集器进行分块设置，以便吊装到反应器内后进行组合安装。

所开发的分块式出口收集器的结构如图 6 所示。

图 6　分块式出口收集器示意图

3　工业应用情况

将所开发的大型固定床加氢反应过程强化工程技术应用于某企业催柴加氢改制单元(以下简称 2#柴油加氢装置)，该装置包括两台反应器（R101 和 R102），其中 R101 为三床层反应器，R102 为两床层反应器，两台反应器由上到下内构件分别设置：入口扩散器、过滤分配盘、管式气液分配器及分配盘、旋流冷氢管、冷氢箱、出口收集器、格栅等。

该套装置设计处理新鲜进料 65×10^4 t/a，循环油进料 40×10^4 t/a，总进料量为 105×10^4 t/a，操作弹性为 60% ～ 110%，设计开工时数为 8400g/a，设计催化剂体积空速为 $0.6h^{-1}$（对新鲜进料），氢油体积比 500/1(对总进料)。

该套装置以混合催化柴油为原料，通过多环芳烃加氢饱和、脱硫、脱氮等反应，主要生产满足催化单元要求的加氢柴油组分，最终再经催化将加氢柴油转化为高辛烷值汽油或轻质芳烃等，设计为两台串联加氢反应器。装置于 2021 年 4 月 30 日建成中交，6 月 8 日装置进行催化剂预硫化，6 月 11 日装置正式进料，6 月 12 日产品检测合格，装置一次开车成功投产。

对装置进行为期 3 天的全面标定。标定期间测得反应器温度分布情况如表 1 所示。

表 1　反应器温度分布情况

反应器	床层	位置	测温点			水平面平均温度/℃	床层平均温度/℃
			T1	T2	T3		
R101	一床层	上	278.5	279.8	279.2	279.17	294.75
		下	304.6	315.2	311.2	310.33	
	二床层	上	300.9	303.8	302.8	302.50	315.25
		下	327.1	331.3	325.6	328.00	
	三床层	上	323.5	324.3	325.3	324.37	335.57
		下	343.6	348.2	348.5	346.77	
R102	一床层	上	306.6	307.7	307.6	307.30	312.10
		下	317.1	316.5	317.1	316.90	
	二床层	上	308.5	308.8	308.5	308.60	311.53
		下	313.9	315.2	314.3	314.47	

操作负荷为设计值 60% 工况下的运行情况如图 7 所示；操作负荷为设计值 110% 工况条件下的运行情况如图 8 所示：

可以看出，随调装置操作负荷 60% ～ 110% 调整，各催化剂床层入口径向温差均<3℃，大部分床层入口径向温差<2℃，证明分配盘和冷氢箱应用效果好；装置操作负荷为 110% 时，R101 反应器压降 0.09MPa，R102 反应器压降 0.05MPa，随装置操作负荷的调整，在 60% ～ 110% 负荷条件下，反应器压降均<0.1MPa，反应器压降较低，内构件的过滤性能、混合及分布性能均比较优秀，能够延缓床层的压降增长，延长催化剂寿命。

4　结论

固定床加氢反应器新型内构件技术在某企业催柴加氢改制单元的成功工业应用产生良好的预期效果：降低了反应器压降，减少了装置运行能耗，节省了设备投资费用，为装置安全长周期运行提供了保障，为现有加氢装置反应器内构件改造及延长装置生产运行周期提供了技术支持，对推动大型固定床加氢反应器内构件技术的改进及应用具有重要意义。

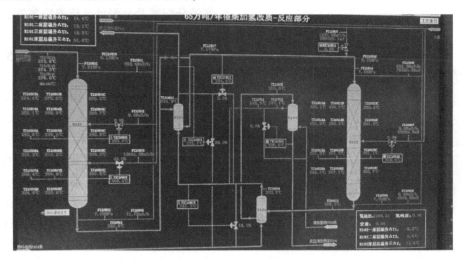

图 7   60%负荷条件下两台反应器的运行情况

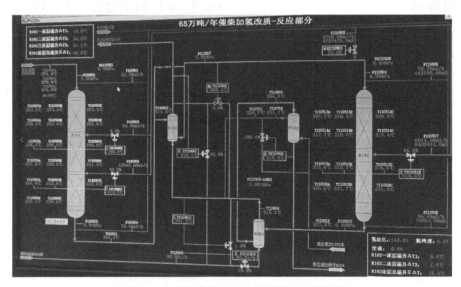

图 8   110%负荷条件下两台反应器的运行情况

参 考 文 献

[1] 龙庆兴，许思维. 重油加氢技术特点和发展趋势研究[J]. 中国石油和化工标准与质量，2020，40（14）：247-248.

[2] 张甫，任颖，杨明，易金华，宋怀俊，任保增. 劣质重油加氢技术的工业应用及发展趋势[J]. 现代化工，2019，39（06）：15-20.

[3] 史昕，邹劲松，厉荣. 炼油发展趋势对加氢能力及加氢技术的影响[J]. 当代石油石化，2014，22（09）：1-5.

[4] 任文坡，李雪静. 渣油加氢技术应用现状及发展前景[J]. 化工进展，2013，32（05）：1006-1013+1144.

[5] 江波. 渣油加氢技术进展[J]. 中外能源，2012，17（09）：64-68.

[6] 王少兵，毛俊义，王璐璐. 应对原料劣质化的新型高效加氢反应器内构件技术[J]. 石油炼制与化工，2016，47（06）：99-102.

[7] 杨秀娜，彭德强，金平，关明华. 加氢反应器空间利用率分析及提升技术开发[J]. 炼油技术与工程，2021，51（03）：41-43+56.

高活性载体裂化催化剂设计与应用推广

朱小顺　伍小驹　文　彬　包建国

（湖南长炼新材料科技股份公司）

摘　要　为满足炼厂对催化剂性能的需求，湖南长炼新材料科技股份公司采用原位合成法开发了一种高活性载体裂化催化剂制备技术，该催化剂在中石化、中石油、延长石油及民营炼厂的多套催化装置工业应用，满足了不同装置需求。本文介绍了高活性载体裂化催化剂的设计思路与催化剂特点，重点介绍了该催化剂在中石化湖南石化一区两套催化装置、中石化荆门 1#催化装置、中石油呼和浩特催化装置及玉门催化装置的应用情况。

关键词　催化裂化；催化剂；秩序裂解；产品分布；应用

1　前言

催化裂化（FCC）是重要的原油二次加工手段，对炼厂效益有着举足轻重的意义。随着原油重质化趋势加剧，环保法规对碳排放的要求日益严格，及装置对长周期和节能降耗的持续追求，对 FCC 催化剂提出了更高的要求。为应对市场需求，湖南长炼新材料科技股份公司采用原位合成法开发了一种高活性载体裂化催化剂制备技术。该催化剂（牌号为 DFC-1）具有孔体积大，中大孔分布比例高，重油转化能力强，焦炭选择性好的特点。催化剂 2013 年开始在中石化湖南石化一区两套催化装置应用，并逐步推广到中石化、中石油、延长石油及民营炼厂等多套催化裂化装置，满足了不同装置的需求。

2　高活性载体催化剂介绍

2.1　设计思路

重油大分子的分子直径一般为 25~150Å，作为 FCC 催化剂的主要活性组元的 Y 分子筛的孔径相对较小，自由孔道直径为 7.5Å。为提高催化剂活性中心可接近性，高活性载体催化剂设计采用了"秩序裂解模型"，即重油大分子首先通过载体表面酸中心进行预裂解，生成中等大小碎片，并迅速进入分子筛孔道进一步裂解生成有价值产品，且产物分子可以通过畅通的孔道快速脱离催化剂，减少干气及焦炭的生产，提高目的产物收率，如图 1 所示。同时，畅通的催化剂孔道可提高催化剂的汽提效果，减少油气分子在待生催化剂上的吸附，进一步降低生焦。

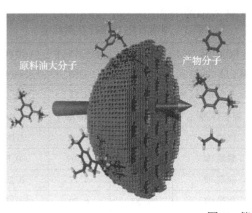
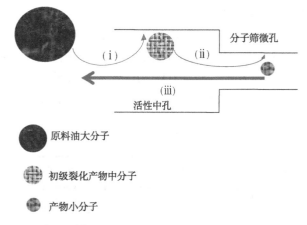

图 1　催化裂化秩序裂解模型

为实现催化剂孔道及酸中心分布可控可调，与常规 FCC 催化剂不同，高活性载体裂化催化剂在成胶过程中对高岭土、铝石等原材料进行改性处理，通过化学反应在载体原位合成了丰富的中大孔结构,并通过控制反应条件实现孔道和酸性的调节。提高了载体的预裂解能力,增强重油裂化能力。

2.2 高活性载体催化剂特点

2.2.1 催化剂孔结构

与常规 FCC 催化剂相比,高活性载体催化剂孔体积大,中大孔比例高,见图 2、图 3。

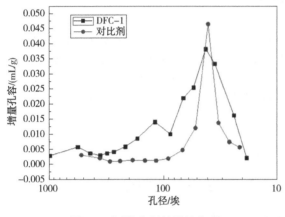

图 2 不同催化剂的增量孔容

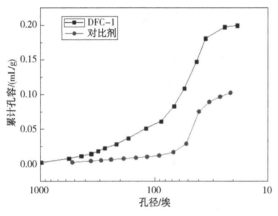

图 3 不同催化剂的累计孔容

2.2.2 催化剂酸性

采用吡啶-红外法对催化剂的酸量进行分析,结果见表 1。与对比剂相比,DFC-1 新鲜剂总酸量基本相当,经 800℃、100% 水蒸汽处理 17h 后,DFC-1 新鲜剂总酸量高于对比剂,且主要为弱 B 酸。

表 1 不同催化剂的酸性分布

催化剂名称	总酸量/(mmol/g)	强 L 酸/(mmol/g)	强 B 酸/(mmol/g)	弱 L 酸/(mmol/g)	弱 B 酸/(mmol/g)
对比剂	7.042	1.144	1.152	2.472	2.274
DFC-1 新鲜剂	6.935	0.884	0.709	3.423	1.919
对比老化剂 *	2.089	0.853	0.170	0.922	0.144
DFC-1 老化剂	2.316	0.852	0.171	0.979	0.314

* 老化剂为新鲜催化剂经 800℃,100% 水蒸汽老化 17h。

2.2.3 催化剂质量指标

DFC-1 催化剂质量指标及典型质量数据见表 2。

表 2 高活性载体催化剂质量指标及典型质量数据

分析项目	质量指标	对比剂	高活性载体催化剂
MAT(800℃/17h)/%	≥58	61.5	63.8
SA/(m²/g)	≥240	271	265
PV(BET 法)/(mL/g)	≥0.20	0.178	0.231
磨损指数/%·h⁻¹	≤3.0	1.8	2.4
堆比/(g/mL)	0.65~0.82	0.76	0.75
Na_2O/%	≤0.30	0.21	0.23
SO_4^{2-}/%	≤1.50	0.89	0.68
Al_2O_3/%	≥46.0	51.32	49.11
粒度分布			
0~20μm/%(体积分数)	≤3.0	0.8	0.9
0~40μm/%(体积分数)	≤18	16.7	17.2
0~149μm/%(体积分数)	≥90.0	90.3	90.9
D(V, 50)/μm	65.0~80.0	68.3	71.4

与对比剂相比,高活性载体催化剂孔体积高于对比剂,其他物化性质基本相当。

3 工业应用

3.1 湖南石化一区两套催化应用

湖南石化一区(原中石化长岭分公司)1#催化装置自 2013 年 3 月开始使用高活性载体催化剂,经试用标定结果见表 3。同年 6 月,3#催化装置也开始使用高活性载体催化剂,且沿用至今。两套催化装置运行平稳,产品质量达标,产品分布变化见图 4、图 5。

表 3 湖南石化 1#催化装置标定

物料组成	应用前标定	应用后标定	增减
加工量/(t/d)	2811	3216	+405
干气(不含非烃)/%	5.15	4.71	-0.44
液态烃/%	16.45	16.73	0.28
汽油/%	44.31	45.31	1.00
柴油/%	22.67	22.09	-0.58
油浆/%	3.88	4.17	0.29
焦炭/%	7.53	6.79	-0.74
损失/%	0.10	0.20	0.20
轻收/%	66.98	67.40	0.42
总液收/%	83.42	84.13	0.70

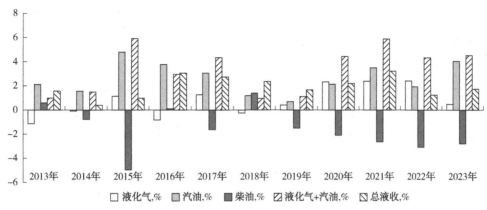

图 4　湖南石化 1#催化应用 DFC-1 催化剂后主要产品变化趋势

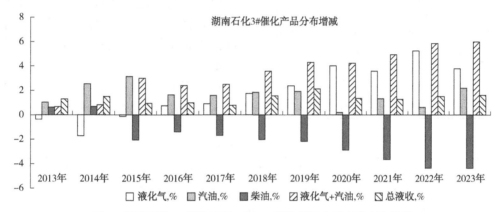

图 5　湖南石化 3#催化应用 DFC-1 催化剂后主要产品变化趋势

从标定结果看，与应用前相比，应用高活性载体催化剂后 1#催化装置汽油收率增加 1 个百分点，总液收提高 0.7 个百分点，焦炭产率降低 0.74 个百分点。两套催化的应用结果表明，使用高活性载体催化剂后，装置运行稳定，总液收提高，自 2015 年开始使用执行降柴汽比方案后，汽油+液化气收率增加明显。

3.2　中石化荆门 1#催化应用

中石化荆门分公司 1#催化装置处理能力为 80 万 t/a，设计掺渣比为 15%，实际掺渣比为 20% 左右，采用高低并列式两器结构。由于该装置加工了较大比例的焦化蜡油 20%~30%，导致催化装置油浆产率高，为提高装置效益，于 2017 年 5 月 2 日开始使用高活性载体催化剂。为对比试用前后装置产品分布情况，采用 4 月平均值为对比，6 月平均值为试用情况，截至 6 月 30 日，高 活 性 载 体 催 化 剂 占 系 统 藏 量 的 50.49%。

3.2.1　原料油性质

荆门 1#催化试用高活性载体催化剂前后原料油性质见表 4。

表 4　试用前后原料油性质

	试用前 4 月平均	试用后 6 月平均
密度（20℃）/（kg/m³）	916	921
残炭/%	2.55	2.51
碱性氮/ppm	1021	1511
硫含量/%	0.879	1.01
Ni/（μg/g）	10.47	9.15
V/（μg/g）	2.42	1.13
Fe/（μg/g）	45.60	40.3
饱和烃/%	54.33	53.13
芳烃/%	26.47	27.47
350℃含量/mL	17.1	14.9
500℃含量/mL	77.5	76.0

表 4 结果表明，与试用前相比，试用高活性载体催化剂期间原料油密度高，碱氮含量高，其他性质基本相当，说明试用期间原料油性质较差。

3.2.2　产品分布

4 月份和 6 月份装置重组分的加工量、掺渣的比例基本相同，处理焦化蜡油的量比计划少 4.57%，主要是蜡油加氢停工，催化直接加工焦化蜡油，掺炼的比例适当进行了调整。试用前后装置物料平衡见表5。

表5　试用前后装置物料平衡

	试用前4月平均	试用后6月平均	差值
日加工量/(t/d)	2171	2184	13
蜡油比例/%	81.3	80.35	-0.95
渣油比例/%	18.7	19.65	0.95
净掺渣/%	6.61	10.6	3.99
焦蜡比例/%	32.18	27.61	-4.57
干气/%	2.82	3.48	0.66
液化气/%	19.48	20.69	1.21
汽油/%	39.92	41.22	1.30
柴油/%	19.11	18.84	-0.27
油浆/%	12.09	9.05	-3.04
焦炭/%	6.22	6.36	0.14
损失/%	0.36	0.35	-0.01
总液收/%	78.51	80.75	2.24
催化剂单耗/(kg/t)	1.15	0.71	-0.44

表5结果表明，与试用前相比，试用高活性载体催化剂期间日加工量增加13t，掺渣量基本相当，由于焦化蜡油未经加氢处理，其加工比例略有降低。从产品分布看，使用高活性载体催化剂后，液化气和汽油产率分别提高1.21%和1.30%，油浆减少3.04%，总液收增加2.24%，且催化剂单耗降低，说明高活性载体催化剂性能优于原催化剂。

3.3　中石油呼和浩特催化装置应用

中石油呼和浩特催化装置采用MIP工艺。为优化装置产品分布，2017年12月20日装置开始试用高活性载体催化剂。应用结果表明，应用高活性载体催化剂后，装置汽油收率上升，柴油收率降低，汽油烯烃及辛烷值维持相当水平。

3.3.1　原料性质

应用前后原料性质见表6。

表6　原料油性质

时间	2017.10	2017.11	2018.1	2018.2	2018.3	2018.4	2018.5	2018.6
催化剂	常规剂		高活性载体催化剂					
密度/(g/m³)	900.9	901.7	901.8	900.9	899.7	901.2	902.7	902.3
残碳/%	4.81	5.11	4.78	4.72	4.77	4.69	4.97	4.86
Ni/ppm	13.25	12.30	12.00	11.55	13.75	8.90	10.8	11.5
Fe/ppm	4.85	4.85	6.90	6.70	6.60	3.60	13.1	10.1
S/ppm	2675	2097	1974	1970	1912	1680	1812	1743

从表6结果看，应用高活性载体催化剂前后原料密度、残碳基本相当，4、5月份镍含量略低，硫含量降低，其他性质基本相当。

3.3.2　产品分布

应用高活性载体催化剂前后装置产品分布见表7。

表7　产品分布

时间	2017.10	2017.11	2018.1	2018.2	2018.3	2018.4	2018.5	2018.6
催化剂	常规剂		高活性载体催化剂					
酸性气/%	0.12	0.14	0.09	0.10	0.11	0.09	0.11	0.11
干气/%	2.68	2.46	2.66	2.41	3.05	2.93	1.81	2.24
液化气/%	17.40	17.76	18.10	17.92	16.92	17.38	17.15	17.23
汽油/%	40.26	41.83	43.25	43.79	43.17	42.89	43.65	44.37
柴油/%	26.63	25.20	23.91	24.21	25.14	24.76	23.91	23.79
油浆/%	3.74	3.09	2.42	2.24	2.34	2.57	3.83	2.86
焦炭/%	9.04	9.41	9.43	9.20	9.15	9.26	9.40	9.27
损失/%	0.14	0.11	0.13	0.13	0.13	0.12	0.13	0.13
轻收/%	66.89	67.03	67.16	68.00	68.31	67.65	67.56	68.16
总轻液收/%	84.29	84.79	85.27	85.93	85.23	85.03	84.72	85.39
丙烯/常渣/%	5.05	5.09	5.31	5.39	5.20	5.21	5.09	4.81

表7结果表明，与2017年11月相比，使用高活性载体催化剂后，装置产品分布明显改善，在焦炭产率基本相当的情况下，汽油收率增加，柴油产率降低，总液收增加。

3.4 中石油玉门催化装置应用

中石油玉门炼油厂催化装置长期存在剂耗高，催化剂跑损量大，烟机结垢等问题，为降低装置剂耗，优化产品分布，该装置于2019年5月开始使用高活性载体催化剂，经持续优化后，装置剂耗由1.72kg/t降低至0.98kg/t，与应用前相比，装置总液收增加1.02个百分点。

3.4.1 原料性质

玉门催化装置应用高活性载体催化剂前后原料油性质见表8。

表8 高活性载体催化剂应用前后原料油性质

项目		试用前 2019.4	MAC应用后 2019.7	MAC应用后 2020.10
密度/(kg/m³)		912.2	910.8	901.2
残炭/%(质量分数)		2.32	2.13	1.59
馏程/℃	初馏点	286	257	260
	2%	343	330	280
	10%	371	369	325
	30%	398	404	364
	50%	421	418	397
	70%	442	447	428
	90%	461	476	476
	97%	470	486	494

表8结果表明，与应用前（2019年4月）相比，高活性载体催化剂应用后，2019年7月原料油密度、残碳基本相当。自2020年5月开始，原料密度、残碳开始降低，2020年10月原料密度、残碳均低于应用前，原料性质变好。

3.4.2 产品分布

应用前后装置产品分布见表9。

表9 高活性载体催化剂应用前后产品分布

时间	试用前 2019.4	应用后 2019.7	应用后 2020.10
加工量/(t/d)	2404	2452	2268
掺渣比/%	15.29	15.31	13.21
干气/%	4.12	3.95	3.37
液化气/%	13.53	14.19	17.62
汽油/%	44.31	44.99	42.33
柴油/%	28.38	27.64	27.29
油浆/%	0.61	0.15	0.92
焦炭/%	8.85	8.93	8.33
损失/%	0.2	0.15	0.13
总液收/%	86.22	86.82	87.24

续表

表9结果表明，高活性载体催化剂应用后，在掺渣比及加工量基本相当的情况下，汽油与液化气产率分别提高0.68和0.66个百分点，柴油及油浆产率降低，总液收提高0.6个百分点。在原料性质变好的情况下，总液收增加1.02个百分点。

3.4.3 装置剂耗与烟机运行情况

DFC-1催化剂应用前后，催化剂单耗与烟机运行情况见表10。与应用前相比，使用高活性载体催化剂后装置剂耗明显降低，由应用前的1.72kg/t最低降至0.98kg/t，平衡剂活性保持在60以上，催化剂跑损量降低，油浆固含量、烟机入口粉尘浓度明显降低，有利于装置长周期运行。

表10 催化剂单耗与烟机运行情况

项目	试用前 2019.4	应用后 2019.7	应用后 2020.10
新剂加入量/t	124.04	109.7	68.9
平衡剂卸出量/t	67.63	69.9	38.7
催化剂单耗/(kg/t)	1.72	1.44	0.98
催化剂跑损单耗/(kg/t)	0.78	0.54	0.43
催化剂平均活性/%	62.3	60.0	63.0
烟机入口粉尘浓度/(mg/m³)	200	150	107
油浆固含量/(g/L)	5.99	4.93	1.44

4 结论

高活性载体催化剂具有孔体积大、中大孔分布比例高、酸中心保留率高的特点。催化剂在多家炼厂的不同装置上的应用结果表明，该催化剂在降低催化剂跑损、保证装置长周期运行的前提下，改善了装置产品分布，提高有价值产品收率。

参 考 文 献

[1] 侯波，曹志涛. 催化裂化工艺及催化剂的技术进展[J]. 化学工业与工程技术，2009，30(6)，39-44.
[2] 王斌，田辉平，唐立文，等. 系列新型重油催化裂

化催化剂的工业开发与应用[J]. 石油炼制与化工，2002，33(8)：30-33.

[3] 刘洪海. 载体特性对催化裂化催化剂性能的影响[J]. 兰州大学学报(自然科学版)，2007，43(3)：86-89.

[4] 陈俊武. 催化裂化工艺与工程[M]. 北京：中国石化出版社. 2005：205-234.

[5] 王斌，高雄厚，李春义，山红红. 基质与分子筛的协同作用及重油分子裂化历程研究[J]. 石油炼制与化工，2014，45(7)：7-12.

[6] 于善青，刘雨晴，郭硕，等. 半合成催化裂化催化

剂主要组分对其孔结构的影响[J]. 石油学报(石油加工). 2023，12(5)：1-12.

[7] 谢恒，张振莉，陈军，等. 催化裂化催化剂 LPC-65 的工业应用[J]. 工业催化，2024，32(8)：64-67.

[8] 赵连鸿，任梓尧，刘涛，等. 喷雾干燥成型法制备催化裂化催化剂的球形度影响因素分析[J]. 石化技术与应用，2022，40(6)：393-397.

[9] Nurudeen Salahudeen. Effect of ZSM5 in the catalytic activity of a fluid catalytic cracking catalyst[J]. Journal of Inclusion Phenomena and Macrocyclic Chemistry, 2018, 11(23).

S-Zorb 原料汽油选择性加氢降烯烃工业应用

匡洪生[1]　王　慧[1]　黄喜阳[2]　罗雄威[1]　曾志煜[1]

(1. 湖南长炼新材料科技股份公司；2. 中石化湖南石油化工有限公司)

摘　要　本文针对湖南石化面临汽油池烯烃含量高、催化汽油调和比例受限以及汽油质量升级要求等问题，开发了 S-Zorb 原料汽油选择性加氢降烯烃技术并成功实现工业应用。工业应用情况表明，加氢汽油烯烃含量 14.9%~17.8%，辛烷值损失小于 0.5 个单位，稳定汽油烯烃含量保持在 10.9%~15.0%，满足国 VIB 汽油质量升级烯烃含量要求，减少汽油调合成本，使稳定汽油烯烃含量的调整更为灵活；同时延缓了 S-Zorb 吸附脱硫装置换热器、加热炉器壁高温部位的结焦，提高了换热效率，节约加热炉瓦斯用量 300Nm³·h⁻¹；降低了待生吸附剂积碳量，由 3% 降至 1.23%，延缓了催化体系生焦趋势，有利于催化剂脱硫性能发挥，延长了催化剂单程使用周期。

关键词　S-Zorb 原料汽油；加氢；催化剂；烯烃；二烯烃；辛烷值

1　前言

湖南石化一区（原中石化长岭分公司）1#S-Zorb 装置处理能力为 150 万吨/年，加工原料主要为 3#催化汽油、1#FCC 汽油及少量重整戊烷油。随着汽油国 VIB 标准的执行，对汽油烯烃含量限值提出了更高的要求，烯烃含量下降至 15.0%。对于长岭炼化而言，汽油池中 S-Zorb 装置汽油占比为 78.38%，面临汽油池烯烃含量高、催化汽油调和比例受限的问题，进而影响全厂国 VI 汽油生产及销售。

S-Zorb 汽油吸附脱硫工艺技术的优点是获得超低硫汽油的同时辛烷值损失较小，但湖南石化在运行过程发现存在汽油产品干点上升、换热设备器壁（如原料换热器、预热炉）结焦，降低设备换热效率，增大加工能耗等问题。通过查阅相关文献资料以及物料分析发现，催化汽油中含有少量二烯烃，在高温环境下易发生聚合，同时会作为引发剂，诱导烯烃进一步聚合，最终导致装置高温部件结焦、汽油干点上升等问题。

为解决汽油产品质量升级、产率、销售、上游催化装置的加工苛刻度及装置长周期等问题。湖南长炼新材料科技股份公司与湖南石化联合开展了 S-Zorb 原料汽油选择性加氢降烯烃技术研究，开发了 S-Zorb 原料汽油 FITS（Flexible and innovative tube reactor with selective liquid-phase hydrogenation technology）预加氢技术。该技术于 2022 年 9 月在湖南石化一区 1#S-Zorb 装置成功实施工业应用，规模为 150t/h，平稳运行至今，原料汽油烯烃含量 19%~25%，加氢汽油烯烃含量 14.9%~17.8%，稳定汽油烯烃含量保持在 10.9%~15.0%，满足国 VIB 汽油质量升级烯烃含量要求。加氢降烯烃工业装置投用后，有利于 S-Zorb 吸附脱硫装置长周期稳定运行，延缓了换热器、加热炉器壁高温部位的结焦，提高换热及加热炉热效率，节约瓦斯用量 90Nm³·h⁻¹；汽油干点未发生明显上升趋势；S-Zorb 装置待生吸附剂积碳量 3% 降至 1.72%，延缓了催化体系生焦趋势，有利于催化剂脱硫性能发挥及延长催化剂单程使用周期，提高 S-Zorb 装置脱硫效果（稳定汽油平均硫含量由 5.5μg.g⁻¹ 降至 3.5μg.g⁻¹）及处理负荷。

2　工业应用

2.1　加氢降烯烃工业装置原则流程

加氢降烯烃工业装置工艺原则流程见图 1。催化汽油自 1#S-Zorb 装置反应进料泵 P101 出口来，先通过进料蒸汽加热器 E-115 进行预热，后在换热器 E-114A/B 与自吸附进料换热器来的脱硫反应产物（200~230℃）换热；自循环氢压缩机来的氢气通过蒸汽加热器 E116 进行升温，后与换热后的原料油在反应器底部混合段内进行高效混合，混合物料自下向上流经管式反应器内催化剂床层，在催化剂的作用下发生加氢反应。加氢反应产物通过 E-101A~F 吸附进料换热器换热升温后去吸附进料加热炉 F-101，脱硫反应产物在 E-114A/B 与原料油换热后去热产物气液分　　离罐。

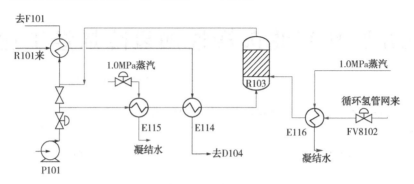

图 1　加氢降烯烃工业装置原则流程图

2.2　工业应用效果

2.2.1　烯烃脱除效果

装置运行期间，汽油烯烃含量见图 2。汽油原料烯烃含量在 19.0%~24.0%（质量分数）之间波动。FITS 加氢汽油的烯烃含量为 14.9%~17.0%（质量分数），S-Zorb 稳定汽油烯烃含量为 10.9%~15.0%，满足国 VIB 汽油烯烃含量质量标准。

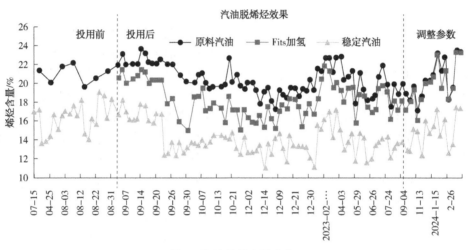

图 2　汽油烯烃含量变化

原料及加氢汽油烃族组成分析见表 1，原料汽油、加氢汽油的部分单体烃组成变化见表 2。从表 1、表 2 可以看出，原料汽油经 FITS 加氢后，加氢产物烯烃含量为 15.9%（质量分数），选择性脱除原料中 C4、C5、C6 的异构烯烃，脱除量达到 4.94%（质量分数），该部分烯烃转变为异构烷烃，辛烷值损失较小，降低了 0.5 个单位，达到降烯烃同时尽量保留辛烷值的目的。

表 1　汽油加氢烃族组成变化

组成/%（质量分数）	原料汽油	加氢反应器出口
nP	5.84	10.28
iP	40.96	41.53
O	20.84	15.9
N	8.11	8.09
A	24.25	24.20
RON	91.9	91.4

表 2　汽油中部分单体烃分析数据

碳数	单体烯烃	烯烃含量/%（质量分数）			
		汽油原料	加氢反应器出口	脱除量	脱除率/%
C4	丁烯	0.171	0.095	0.076	44.44
	反丁烯-2	0.419	0.121	0.298	71.12
	顺丁烯-2	0.443	0.182	0.261	58.92
	小计	1.033	0.398	0.635	61.47

续表

碳数	单体烯烃	烯烃含量/%（质量分数）			
		汽油原料	加氢反应器出口	脱除量	脱除率/%
C5	3-甲基丁烯-1	0.209	0.11	0.099	47.37
	戊烯-1	0.74	0.296	0.444	60.00
	2-甲基丁烯-1	1.688	1.000	0.688	40.76
	反戊烯-2	1.444	0.975	0.469	32.48
	顺戊烯-2	1.01	0.682	0.328	32.48
	环戊烯	0.48	0.136	0.344	71.67
	小计	5.571	3.199	2.372	42.58
C6	反-3-甲基戊烯-2	0.664	0.522	0.142	21.39
	4-甲基戊烯-1	0.188	0.083	0.105	55.85
	3-甲基戊烯-1	0.228	0.02	0.208	91.23
	顺-4-甲基戊烯-2	0.192	0.082	0.11	57.29
	2-甲基戊烯-1	0.437	0.301	0.136	31.12
	己烯-1	0.22	0.22	0	0.00
	2-乙基丁烯-1	0.117	0.117	0	0.00
	反己烯-3	0.297	0.085	0.212	71.38
	顺己烯-3	0.147	0.08	0.067	45.58
	反己烯-2	0.391	0.08	0.311	79.54
	2-甲基戊烯-2	0.668	0.314	0.354	52.99
	3-甲基环戊烯	0.553	0.492	0.061	11.03
	顺己烯-2	0.221	0.176	0.045	20.36
	碳六烯烃	0.084	0.084	0	0.00
	反-3-甲基戊烯-2	0.66	0.525	0.135	20.45
	1-甲基环戊烯	0.465	0.422	0.043	9.25
	环己烯	0.05	0.046	0.004	8.00
	碳六环烯	0.004	0.004	0	0.00
小计		5.586	3.653	1.933	34.60
总计		12.19	7.25	4.94	40.53

2.2.2　二烯烃脱除效果

经分析 S-Zorb 催化汽油原料中二烯烃含量为 0.268%~0.332%（质量分数），二烯烃较为活泼，极易在换热器或加热炉器壁的高温部位聚合生焦（图3）。

二烯烃变化情况见表3。由表3可知，原料汽油经过降烯烃加氢反应器后，二烯烃脱除率大于75%，加氢汽油二烯烃大部分被脱除，汽油中二烯烃的脱除可延缓装置换热器、加热炉等高温部位结焦，可提高换热器换热效率，有利于S-Zorb 装置长周期运行。

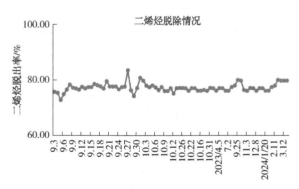

图3　加氢汽油二烯烃含量变化

表3　二烯烃变化情况

碳数	单体烯烃	二烯烃含量/%（质量分数）			
		汽油原料	加氢反应器出口	脱除量	脱除率/%
C5	碳五二烯	0.038	0	0.038	100
	1,3-戊二烯	0.086	0	0.086	100
	1,3-环戊二烯	0.024	0	0.024	100
C6	2,3-二甲基-1,4-戊二烯	0.031	0.01	0.020	67.74
	1,3-环己二烯	0.027	0	0.027	100
C7	2,3-二甲基-1,4-戊二烯	0.028	0.013	0.015	53.57
合计		0.234	0.023	0.211	90.17

2.2.3　辛烷值影响

汽油辛烷值变化如图4所示。由图4可知，原料汽油辛烷值在91.0~93.5之间波动，原料汽油辛烷值平均值约为92.1，加氢汽油的辛烷值亦呈波动趋势。加氢汽油辛烷值最低为90.8，最高为93，加氢汽油辛烷值平均值91.8，辛烷值损失平均值为0.3（辛烷值损失≯1.25个单位）。

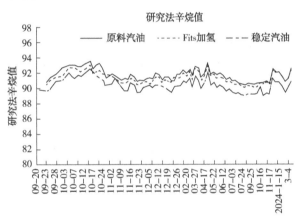

图4　汽油辛烷值变化

2.2.4　原料及产品性质

S-Zorb装置典型汽油原料、加氢汽油、稳定汽油外观，部分性质分析结果见表4，汽油原料经加氢后，加氢产物澄清透明，密度及干点下降，烯烃从20.8%降低至15.9%，脱除量4.9%（质量分数），辛烷值损失小于0.5。

表4　汽油性质

项目	原料汽油	加氢汽油	稳定汽油
密度/（kg·m⁻³）	736.6	734.7	730.6
馏程/℃			
初馏点	37	39	37
10%~20%	54-62	53.5-61	51-57
30%~40%	72-80	70-82	66-79.5

续表

项目	原料汽油	加氢汽油	稳定汽油
50%~60%	101-120.5	98.5-118	96-115
70%~80%	141-158.5	139-158.5	137-157
90%~95%	178.5-196.5	178.5-197	177-196
终馏点	217.5	216.5	217.0
硫含量/（ug·g⁻¹）	348.9	353.4	2.3
烯烃/%（体积分数）	20.8	15.9	13.2
芳烃/%（体积分数）	24.25	24.2	23.8
苯/%（体积分数）	0.64	0.63	0.65
RON	91.9	91.4	90.9

2.2.5　稳定汽油烯烃变化情况

加氢降烯烃装置投用前，稳定汽油烯烃含量最高值达19.9%（体积分数），平均值约15.9%（体积分数）。加氢降烯烃装置投用并稳定运行后，稳定汽油烯烃平均含量稳定在14.0%（体积分数），满足国ⅥB汽油质量升级要求。表明加氢降烯烃装置投用后，使稳定汽油烯烃含量的调整更为灵活（图5）。

2.2.6　稳定汽油硫和干点变化情况

对S-Zorb装置2022年稳定汽油硫含量进行分析（图6）。加氢降烯烃装置投用前，S-Zorb吸附脱硫装置硫含量平均值为5.4μg·g⁻¹，稳定汽油硫含量存在波动。加氢降烯烃装置投用并稳定后稳定汽油硫含量较为稳定，未出现大幅度波动，平均值为3.6μg·g⁻¹，最低为1μg·g⁻¹。带来此有益效果的原因，表明加氢降烯烃装置可脱除原料汽油中的部分二烯烃及烯烃，避免其在S-Zorb装置中与H_2S进一步反应生成硫醇，同时烯烃的减少也可减缓S-Zorb脱硫剂生焦的趋势，更有利于催化剂脱硫性能的发挥。

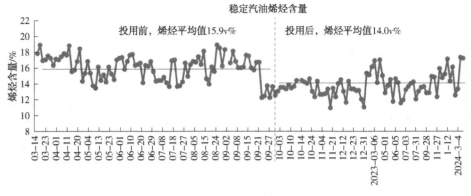

图5　稳定汽油烯烃含量变化

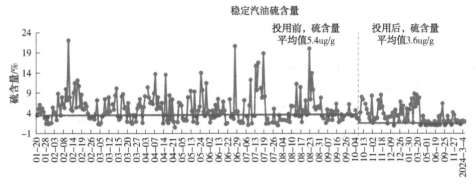

图6　稳定汽油硫含量变化

加氢降烯烃装置投用前，稳定汽油干点相较原料会上升1~3℃，平均上升1.84℃，从而影响S-Zorb装置汽油收率；投用后，二烯烃及部分烯烃脱除，降低了其在高温条件下缩聚产生高分子烃类，使稳定汽油干点上升平均值有所下降，稳定汽油干点较汽油原料干点上升仅为0.41℃，干点降低有利于提高稳定汽油产率。

2.2.7　对换热设备影响

加氢降烯烃装置投用后，反应物料出口温度提高，E101换热器出口温度上升，加热炉进料温度提高，从投用前355℃提高至364℃，可降低加热炉F-101负荷，F101瓦斯用量由开工前650Nm³·h⁻¹左右下降至当前350Nm³·h⁻¹左右下降300Nm³·h⁻¹，可节省500万元/年，且炉膛温度较之前下降20~30℃，可延缓炉管高温结焦。

S-Zorb反应器平均温升18℃，加氢降烯烃装置投用后，平均温升下降3℃，稳定汽油硫含量、烯烃含量未出现不合格，表明预加氢脱除部分烯烃，可降低S-Zorb装置运行苛刻度，有利于装置长周期运行。

2.2.8　吸附剂变化

加氢降烯烃装置投用后，S-Zorb装置待生吸附剂碳含量明显下降，从3%下降至1.23%（图7），由此可推测，加氢降烯烃装置投用后可延缓S-Zorb催化体系的生焦速率、增加催化剂单程使用周期，提高S-Zorb装置脱硫效果及处理负荷。

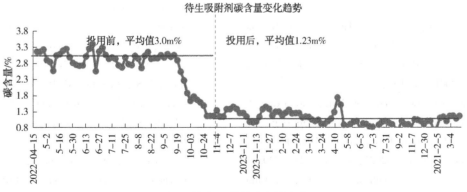

图7　待生吸附剂碳含量变化

3 结论

（1）本技术于 2022 年 9 月实施工业应用，加氢降烯烃工业装置平稳运行至今，原料汽油中烯烃含量 19%～24%（体积分数），加氢汽油 14.9%～17.0%，稳定汽油烯烃含量低于 15%（体积分数），满足国 VIB 汽油质量升级烯烃含量要求，减少汽油调合成本，使稳定汽油烯烃含量的调整更为灵活。

（2）加氢降烯烃工业装置投用后，脱除了催化汽油原料中大部分二烯烃（二烯烃脱除率 > 75%），可延缓换热器或加热炉器壁的高温部位结焦，提高换热效率，有利于 S-Zorb 装置长周期运行；节约瓦斯用量 $300Nm^3 \cdot h^{-1}$；S-Zorb 装置待生吸附剂积碳量 3% 降至 1.23%，可延缓 S-Zorb 催化体系的生焦趋势，有利于催化剂脱硫性能发挥及延长催化剂单程使用周期，提高 S-Zorb 装置脱硫效果（稳定汽油平均硫含量由 $5.4\mu g \cdot g^{-1}$ 降至 $3.6\mu g \cdot g^{-1}$）及处理负荷。

参 考 文 献

[1] Hou Xianglin. China Refining Technology [M]. Beijing: China Petrochemical Press, 1991: 25-32.

[2] Liu Lei, Song Caicai, Huang Huijiang, et al. Research progress on hydrogenation catalyst sulfurization [J]. Modern Chemical Industry, 2016, 36(3): 42-45.

[3] Zhao Leping, Li Yang, Liu Jihua, et al. Research on aromatization and olefin reduction technology for full run FCC gasoline [J]. Clean fuel production technology. 2005, 3 (1): 18-22.

[4] Gao Buliang. Production technology for high octane gasoline components [M]. Beijing: China Petrochemical Press, 2005: 160-181.

[5] Li Dadong. Hydrogenation Process and Engineering [M]. Beijing: China Petrochemical Press, 2004: 93-94.

[6] Ma Yongle, Wang Junfeng, Yu Hui, et al. Analysis of Propylene Production Technology by Fluid Catalytic Cracking [J]. Petroleum Refining and Chemical Industry, 2001, 42(10): 13-17.

[7] Lv Penggang, Liu Tao, Ye Xing, etc Research Progress on Improving the Performance of Propylene Additives for Increasing Production in FCC Processes [J]. Chemical Progress, 2022, 41(01): 210-220.

[8] Yang Yongxing, Zhang Yuliang, Wang Lu, etc Ultra deep adsorption desulfurization of solvent oil on Ni/ZnO adsorbent [J]. Petrochemical, 2008, 37 (03): 243-246.

[9] Fan Jingxin, Wang Gang, Zhang Wenhui, etc Research on the deep desulfurization performance of catalytic cracking gasoline reaction adsorption on Ni based adsorbents [J]. Modern Chemical, 2009, 29 (51): 207-209.

[10] Qi Yanmei Research progress on S-Zorb clean gasoline production technology [J]. Petrochemical Technology, 2015, 22(04): 104-106.

[11] Xu Guangtong, Diao Yuxia, Zou Kang, etc Analysis of the deactivation reasons of adsorbents during gasoline desulfurization process in S-Zorb unit [J]. Petroleum Refining and Chemical Industry, 2011, 42 (12): 1-6.

[12] Zheng Jingzhi, Xi Qiang. Research progress on catalysts for selective hydrogenation of alkynes and dienes [J]. Hubei Chemical Industry, 2003, (1): 4-5.

[13] Liu Yongcai, Liu Chuanqin Analysis and Measures for the Excessive Loss of Gasoline Octane Number in S-Zorb Unit [J]. Qilu Petrochemical, 2012, 40(3): 230-236.

[14] Nie Hong, Li Huifeng, Yang Qinghe, etal. Effect of structure andstability of active phase on catalytic performance of hydroteating catalysts [J]. Catalysis Today, 2018, 316: 13-20.

[15] Gao Y, Han W, Long X, etal. Preparation of hydrodesulfurization catalysts us - ing MoS_3 nanoparticles as a precursor[J]. Applied Catalysis B: Environmental, 2018, 224: 330-340.

[16] Zhang Y, Han W, Long X, etal. Redispersion effects of citric acid on CoMo/γ1Al$_2$O$_3$ hydrodesulfurization catalysts [J]. Catalysis Communications, 2016, 82: 20-23.

[17] TopsØe H, Clausen B S, Massoth F E. Hydrotreating catalysis: Science and technology [J]. Catalysis Today, 1996, 21(2).

[18] TopsØe H, Bjerne S, Clausen B S. Activesites and support effects in hrdrode sulfurization catalysts [J]. Applied Catalysis, 1986, 25(1/2): 273-293.

[19] Brorson M, Carlsson A, TopsØe H. The morphology of MoS_2, WS_2, Co-Mo, Ni-Mo-S and Ni-W-S nanoclusters in hydrode sulfurization catalysts revealed by HAADF-STEM[J]. Catalysis Today, 2007, 123(1/2/3/4): 31-36.

[20] Sun Wantang, Wang Guangjian, Wang Tangbo, et al. The effect of chelating agents on hydrogenation refining catalysts [J]. Refining Technology and Engineer-

ing, 2016, 46(3)：1-5.

[21] Zhang Shaojin, Zhou Yasong, Ma Haifeng, et al Preparation and properties of Y-CTS composite carrier [J]. Journal of Petroleum：Petroleum Processing, 2007, 23(2)：83-87.

[22] Liu Xinmei, Yan Zifeng. Chemical modification of USY molecular sieve with citric acid [J]. Journal of Chemistry, 2000, 58(8)：1009-1014.

[23] Zhao Yan. Study on the pore structure of alumina (pseudo boehmite) [J]. Industrial Catalysis, 2002, 10(1)：55-6.

[24] Chai Yongming, An Gaojun, Liu Yunqi, et al. Mechanism of catalytic hydrogenation of transition metal sulfide catalysts [J]. Chemical Progress, 2007, 19(2)：234-242.

[25] Ding Ning, Zeng Shanghong, Zhang Xiaohong, et al. The effect of carrier calcination temperature on the catalytic performance of Co/Al$_2$O$_3$ catalyst for F-T synthesis reaction [J]. Industrial Catalysis, 2012, 20 (4)：11-16.

[26] Li Chenxi, et al. Understanding and research progress on the morphology and structure of active phases in hydrogenation catalysts [J]. Petroleum Refining and Chemical Industry, 2023, 54(2)：118-124.

[27] Jiang Fenghua, Wang Anjie, Hu Yongkang, et al. The influence of carrier acidity and sodium content on the hydrogenation desulfurization performance of Ni Mo catalysts [J]. Petroleum Refining and Chemical, 2011, 42(1)：20-27.

浅谈机组轴系仪表抗干扰原因及改进措施

刘桂兰　瞿景云

（岳阳长炼机电工程技术有限公司）

摘　要　振动、位移等轴系仪表是炼油化工企业机泵/机组正常运行的眼睛，直接反应现场设备的运行状态。本文根据某炼化企业在机组设备轴系仪表在实际运行过程中出现的故障现象，结合轴系仪表的测量原理，分析影响轴系仪表及其附件正常工作的内在因素、运行环境的外在因素，浅谈影响轴系仪表正常测量的原因及长期平稳运行的要求，判断测量数据的真实性并为机组设备专业提供有利的参考判断，严格要求现场轴系仪表本体探头的安装、传输信号电缆的选型、金属防爆挠性管及防爆密封接头的正确安装，从根源确保特护机组/机泵的长周期运行，以满足生产平稳运行的需求。

关键词　机组/机泵；振动；位移；轴系仪表；原因；措施

1　引言

在炼油化工生产装置中，特护机组/机泵在工艺生产流程中占据主导地位，在设备的状态分析中主要是获取转轴的运行参数表征设备运行状态的重要指标，例如轴承温度、轴振动、轴位移、转子振动与转速等。某装置特护机组、机泵共计17台，每台设备上均设置有轴系仪表，特护机组/机泵的长周期运行有不可替代的作用。从投产至今，机组轴系监测系统已运行约13年，近些年，虽利用装置大修机会同步进行相关的检查、校验、调试工作，部分轴系仪表测量元件的更换，但轴系仪表故障相对较高，本文通过对轴系仪表的测试、分析研究，提出防范措施，进行改造，使机组/机泵长周期运行更加可靠。

2　轴系仪表简介

2.1　基本介绍

轴系仪表主要为振动、位移、转速等，某厂区机组使用的均为电涡流传感器测量再加以匹配的轴系监测系统。由探头、延伸电缆、前置放大器、监测仪等部分组成，成套提供。

探头通常选用电涡流探头，延伸电缆主要用来连接探头和前置放大器，前置放大器是电子信号处理器，它不仅为探头提供高频交流电压，还可以感受探头前端的金属导体引起的探头参数变化，输出信号。

连接实物图如图1所示。

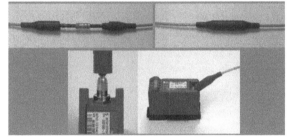

图1

2.2　基本原理

轴振动、轴位移、转速传感器等轴系仪表的工作原理基本相同，传感器探头均为电涡流式探头，电涡流探头由平绕在支架上的铂金属线圈组成，外壳为不锈钢套，套管内填充绝缘材料密封，引线从壳体内引出接同轴电缆，工作时，传感器通入高频电流，线圈周围产生高频磁场，接近探头端面的金属表面在高频磁场的感应下产生感应电涡流（图2）。

电涡流对其周边产生电涡流磁场，该磁场方向和与探头磁场方向相反，两个磁场叠加改变探头线圈的阻抗，探头与被测轴表面间距越小，电涡流越大，探头线圈的阻抗越小，探头线圈两端的电压下降，阻抗在激励电流、频率和材质磁导率不变的条件下，仅与探头端面与金属表面的间隙有关，当探头与被测金属物体表面间隙最小时，线圈阻抗则最小，反之则最大。

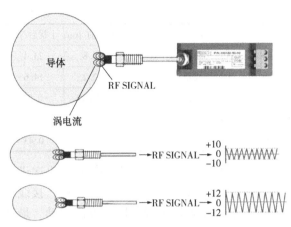

图 2　轴子仪表工作原理

与探头配套的前置放大器是一种内部装有振荡电流何调制解调器测量电路的密闭金属盒，接收电涡流传感器和延伸电缆的信号，将其放大、转换为所需要的电信号，轴位移取其信号的直流分量，经处理后反应轴向位移状况。

2.3　某生产厂区轴系仪表存在问题简介

2021 年 12 月 28 日，某装置操作人员联系仪表专业处理循环氢压缩机干气密封进气流量，因该流量仪表所处位置靠近机组轴系仪表接线箱，在现场监护人使用对讲机与控制室内操作人员联系并问询进气流量情况时，控制室内操作人

员反馈汽轮机驱动端轴振动 VT11271A/B 数值波动较大（VT11271A 由 8μm 波动到 63μm，VT11271B 由 6μm 波动到 26μm），据统计，同样的情况也曾出现在其他装置轻烃压缩机、空压机。

2.4　机组轴系测试分析

针对此类现象，为了保证机组的安全运行，防止故障现象的再次发生以及原因分析，在保证安全生产的前提条件下，对厂区各片区具备测试条件的机组进行了防爆对讲机对轴系仪表数值波动的测试。测试工具使用摩托罗拉防爆对讲机，对讲机参数：①功率 5W；②频段 400~470MHz，（该频段为固定使用频段，不能更改）；③该频段具有频率高，穿透力强的特点。2020 年厂区各装置对讲机系统改造后，信号基站由原来的厂区外移至厂区内，信号功能增强。

（1）测试方法。作业前一天与片区装置进行沟通，在生产条件允许的情况下，办理合格作业票，切除机组相关的联锁。

（2）测试部位。分别在轴系仪表探头处、中间接线箱处进行测试，测试时使用防爆对讲机的天线指向被测部位，每个测点的测试距离约为 0.5m 以内、1m 以内。

（3）测试记录、结果(表 1)。

表 1　机组轴系仪表干扰情况统计表

序号	装置	机组	位号	描述	测试部位	测试距离/m	干扰前/μm	干扰后/μm
1	装置 1	进料泵 P102	VT10352B	加氢进料泵驱动侧轴振动	现场接线箱	1	0	48
2	装置 1	循环氢压缩机 C101	VT11271A	C101 汽轮机轴振动	现场接线箱	0.5	10	20
3	装置 1	循环氢压缩机 C102	VT11271B	C101 汽轮机轴振动	现场接线箱	0.5	10	90
4	装置 2	主风机 B101A	VT40542X	主风机电机轴自由侧振动	现场接线箱	0.5	70	120
5	装置 2	主风机 B101A	VT40511X	主风机组风机排气侧轴振动	现场接线箱	0.5	20	30
6	装置 2	主风机 B101A	VT40511Y	主风机组风机排气侧轴振动	现场接线箱	1	20	25
7	装置 2	气压机 C301	VT50603X	压缩机高压侧轴振动 X	轴系探头	0.5	25	32
8	装置 2	气压机 C301	VT50603Y	压缩机高压侧轴振动 Y	现场接线箱	0.5	25	50
9	装置 2	气压机 C301	VT50604X	压缩机低压侧轴振动 X	现场接线箱	0.5	12	80
10	装置 2	气压机 C301	VT50604Y	压缩机低压侧轴振动 Y	现场接线箱	1	12	31
11	装置 3	尾气压缩机 C202	VT78001	压缩机机身振动	轴系探头	0.5	−1.81	−1.36
12	装置 3	尾气压缩机 C202	VT78002	压缩机机身振动	现场接线箱	0.5	1.2	23
13	装置 4	循环氢压缩机 C1201	VT1522	汽轮机后轴承振动	现场接线箱	0.5	29	100
14	装置 5	循环氢压缩机 C102	VT11443X	C102 压缩机振动	现场接线箱	0.5	11	32.6
15	装置 5	循环氢压缩机 C102	VT11443Y	C102 压缩机振动	现场接线箱	0.5	11.6	44.3
16	装置 5	循环氢压缩机 C102	VT11461X	C102 汽轮机前径向轴振动	现场接线箱	0.5	20	100
17	装置 5	循环氢压缩机 C102	VT11461Y	C102 汽轮机前径向轴振动	现场接线箱	0.5	14	23.7

续表

序号	装置	机组	位号	描述	测试部位	测试距离/m	干扰前/μm	干扰后/μm
18	装置5	循环氢压缩机 C102	VT11462X	C102 汽轮机后径向轴振动	现场接线箱	0.5	17.8	23.4
19	装置5	循环氢压缩机 C102	VT11462Y	C102 汽轮机后径向轴振动	现场接线箱	0.5	12.2	14.6
20	装置5	循环氢压缩机 C102	ZT11461A	C102 汽轮机轴位移	现场接线箱	0.5	−0.049	−0.222
21	装置5	进料泵 P101	ZT10252A	进料泵轴向位移	现场接线箱	0.5	0.94	1.907
22	装置5	进料泵 P101	ZT10254A	进料泵液力透平位移	现场接线箱	0.5	0.27	0.43

2.5　原因分析

(1) 从上面的测试结果中看出，在满足测试条件下对 9 台机组共计 158 个回路的 316 个测试点进行测试，发现有 22 个测试点的数值出现了不同程度的波动变化，其中 3 个点数值变化波动大的在机组轴系探头处，其余 19 个点在现场接线箱处。表明现场中间接线箱处对轴系仪表的干扰比在探头处大，中间接线环节的抗干扰能力较弱。

(2) 本次测试的轴系仪表均为电涡流传感器，前置放大器将阻抗变化调制成对应的电压信号通过电缆至本特利轴系系统 3500 框架中的 3500/42M 卡。前置放大器由本特利 3500 框架卡件供电，电压为 −24VDC 供电，与现场信号接地不为同一个接地点。接地点不同，绝缘电阻亦不相同，导致抗干扰能力有强弱区别。

(3) 2022 年 4 月 26 日对某装置处于备用状态的进料泵 P102B 的轴系仪表接线箱处再次进行测试(同样是将对讲机天线指向接线箱)，接线箱内的所有轴系仪表均出现不同程度的波动，最高波动值可达 32μm，从表 1 的数据记录来分析，用对讲机在接线箱处测试的波动均较大，最大的可能原因还是在总电缆的分支部位。分支部位的电缆防护不严密，抗干扰能力弱，对讲机电磁波信号通过电缆分支处渗入进而干扰整个回路。

(4) 信号电缆检查。4 月 26 日，检查轴系仪表电缆；现场至机柜间内为一根多芯(6*2*2*1.5mm²)分屏电缆，现场将电缆根据实际需求走向后，分别进入接线箱的不同进线口，电缆屏蔽层对地电阻都在 1Ω 及以下(万用表测量)，电缆在进线格兰头的绝缘情况良好、无毛刺刮伤情况出现，信号电缆无两端接地情况、现场侧电缆屏蔽绝缘包扎较好。现场图如图 3 所示。

图 3　现场图

在实际应用中，如果从振动探头至接线箱、接线箱至机柜间信号传输部分有信号电缆裸露或者接地不良，则会造成对讲机在探头附近近距离使用中，对讲机发射或者接收的电磁场强度会渗入振动信号传输中，不仅会对电荷施加力，改变电荷的运动轨迹和速度，还会影响电荷周围的环境，导致电荷变化，进而影响电压变化，致使振动显示值产生变化，磁场强度越强，影响越大。

(5) 探头检查。抽查并测量机组数据波动较大、波动频繁的几个轴系仪表的探头和延伸电缆的电阻值，均在轴系仪表使用手册提供正常的直流电阻值(见表 3)。通过分别测量探头、延伸电缆的中心体到外层导体电阻的电阻值，未出现电阻值超限、零电阻等情况，即可排除探头可能存在一个破裂的或腐蚀的接头，同时亦可排除电缆被很多油污覆盖的现象，若一根电缆被油污覆盖，则它的电阻值可能会低于正常水平，但仍然会大于零。如果测量从中心导体到外层导体电阻的电阻值非常高，则有可能会存在接头破裂、松动或腐蚀。根据本次测量检查，此种现象不存在，可排除此原因。

表2　几个轴系仪表的探头和延伸电缆的电阻值

探头长度/m	从中心导体到外层导体电阻/Ω	延伸电缆长度/m	从中心导体到外层导体电阻/Ω
0.5	7.45±0.50	3.0	0.66±0.10
1.0	7.59±0.50	3.5	0.77±0.12
1.5	7.73±0.50	4.0	0.88±0.13
2.0	7.88±0.50	4.5	0.99±0.15
5.0	8.73±0.50	7.0	1.54±0.23
9.0	9.87±0.50	7.5	1.65±0.25
		8.0	1.76±0.26
		8.5	1.87±0.28

（6）某厂区使用的对讲机频率高、穿透力强的数字式对讲机，其发射部分产生发射的射频载波信号经过缓冲放大，产生额定的射频功率，经过天线抑制滤波成分，通过天线发射出去；接收部分则接收来自射频放大信号与第一、第二中频信号被放大和鉴频，产生音频信号。在对讲机使用过程中，设备或系统在一个电磁环境中正常运行过程对所在的环境的电磁干扰具有一定程度的抗扰度。对讲机亦属于功率、频段比较高，功率越大、频段越高，穿透能力越强，则电磁干扰也会越大。

对讲接收基站天线 RSSI 值，现场 RSSI 值跟发射设备和接收设备距离有关，距离越近则 RSSI 越大（RSSI 单位为-dBM，所以数值越小说明 RSSI 值越大），装置3与基站距离较近，则 RSSI 强度越大。用两个同型号的对讲机互相发送信号进行测试，两个对讲机距离越近，则 RSSI 强度越大。根据行业标准，防爆版对讲机的发功功率是固定值，发送功率应在 2.5W 以内方可符合要求。测试中的对讲机均符合此要求（表3）。

表3　RSSI 值测试

装置	对讲机接 RSSI 值测试		距离/m	对讲机天线发送 RSSI 值测试	
	对讲机 338D	对讲机 338D+		对讲机 338D	对讲机 338D+
	接收（-dBM）	接收（-dBM）		发送（-dBM）	发送（-dBM）
装置1	80-90	80-90	0	11-12	11-12
装置2	60-80	60-70	7	17-18	13-14
装置3	40-50	50-70	15	22-23	17-19

排除整套探头本身的问题，可能的原因主要为对讲机的电磁干扰、仪表设备本身的抗干扰能力。炼油二部机组运行至今13年，测试表格中轴系仪表均未成套更换探头及其相关附件，电子元件抗干扰能力下降，依据《某炼化企业仪控预防性工作策略》，机组振动、位移探头及前置放大器的关键回路寿命为10年。

3　防范措施

通过检查，仪表电缆的施工质量，接线情况没有出现影响测量的情况，要解决对讲机电磁信号对仪表设备的不良影响，建议如下：

3.1　信号接地

在仪表专业中，仪表接地时通过把装置中的两点或多点接地点用低阻抗的导体连接在一起，为控制系统提供一个基准点位，尽量减少共模干扰，如果共模信号在传感器和仪器上不同，测得的信号会与所产生的信号不同，也就是信号将会产生噪声。不良连接或接地回路通常是由一个不合适的安装导致，不合适的安装产生噪声的特征之一是存在一个50或60HZ的信号分量[4]。噪声的频率与交流电源的频率相同。为了避免这种现象，共模信号和地连接在一起形成等点位，同时避免不必要的地线环路，也可以减少外磁场的空间干扰的耦合。

等点位接地能有效地保证系统的稳定性，避免由于同一回路的两点点位不等造成系统出现的故障报警。良好的接地能够抑制绝大多数的干扰，检查现场接地电阻应小于4Ω，当室内仪表机柜内使用齐纳式安全栅时，需要设置仪表安全地汇流排，该接地系统电阻需小于1Ω。现场保护装置外壳以及电缆的屏蔽层接地，以防止外部电磁干扰及从输入回路窜入的干扰，造成仪表的测量失真。接地安装示意图见图4。

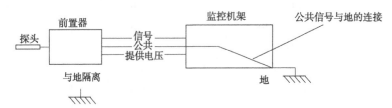

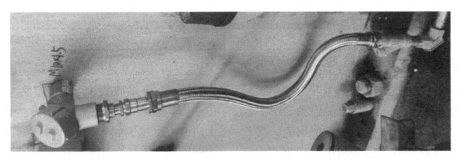

图4　接地安装示意图

电缆规范敷设进入防爆金属挠性管，使用规范合适的防爆密封电缆接头，镀锌钢管单端接地，现场整改完成后，防干扰措施实效凸显。现场的轴系仪表通过电缆接线至室内3500轴系监测系统，可以做到：3500侧的公共端COM用于连接接地系统中工作地，3500侧的屏蔽端SHLD与3500框架外壳联通，电源I/O模块上的接地端子GND与接地系统中的安全地汇流排进行连接。

3.2　屏蔽接地

所谓屏蔽就是用金属（屏蔽体）把电场或磁场等外界干扰阻止在受扰物之外，通常的屏蔽方法是采用电缆的屏蔽层，将进入控制室内的信号电缆应采用单点接地的方式，在现场侧应对屏蔽层进行绝缘处理，防止其与接地的金属体接触产生干扰电流[5]。对于多芯对绞屏蔽电缆，每对对绞线外应有单独的屏蔽层，以防止对绞线之间产生感性耦合，对绞线的屏蔽应是彼此绝缘的，电缆外还应有总屏蔽层和绝缘层，这是对于多芯电缆的接线方式上的要求。

但在2022年4月某备用机组的电缆检查中发现，多芯电缆在施工敷设中比较便捷、室内接线便利，但在现场接线箱侧，出现不同程度的因进线格兰头不匹配，多芯电缆的总屏、电缆的绝缘屏蔽线等裸露在外，轴系仪表信号均为高频信号，此种情况会导致信号的传输失真。2023年4月，另一装置机泵轴振动频繁波动，检查发现振动信号电缆屏蔽层的绝缘胶布老化失效，导致信号波动，重新接好屏蔽层并用密封带密封绝缘，则信号稳定正常。在《某炼化企业仪控专业管理规定》中，明确要求为降低对讲机等大功率通信设备电磁干扰，大机组转速、振动和位移等电涡流或频率信号的分支电缆不应使用多对电缆，且应采用铜丝编织屏蔽铠装电缆。

3.3　现场安装

测量机组轴承径向振动时，每个测点应在同一平面垂直安装两个传感器探头，常用的方法是将两个探头分别安装在垂直中心线的水平方向即X探头、垂直方向Y探头，探头安装在传感器的线性范围中点，即对应的前置放大器的输出电压为正常范围的中间值$-(9\pm0.25)$ VDC左右为宜。而测量轴向位移时，测量面时以探头的中心线为中心。安装时保证机械静止，探头完好，安装孔螺纹无损伤、无异物。保证探头、延伸电缆、前置放大器之间的金属连接头均牢固且防尘防油处理，必须注意防止交叉干扰及边缘效应，一般要求两个临近安装的探头中心线相距不得少于40mm。前置放大器的接线中，优先选用1~1.5mm²线径的电缆进行接线，不推荐使用压线鼻子接线。因为前置放大器时弹簧压接的方式，如果使用压线鼻子接线线径会比较粗，使用螺丝刀往里塞的时候会导致弹簧端子损坏，反而导致接线接触不良导致信号波动大。

3.4　现场管理

在特护机组的可控有效范围内，加强对讲机设备的使用管理，在机组 2m 以内范围内增加警示标示如"禁止仪表设备附近使用对讲机"，在距机组本体 2m 的四周划设警示线，在警示线内不得使用对讲机。

4　结论

轴系仪表系统在大型机组/机泵运行中的重要意义，亦使得保证电涡流传感器的平稳运行尤为突出，电涡流传感器广泛应用于大型特护机组上，因其技术的成熟可靠，运行平稳，对于精密仪表设备，以专业角度为出发点，从项目设计开始，在施工中，严格按照标准实施接地规范、安装金属防挠性软管及电缆密封接头、信号控制电缆选用，再运行维护中预知性做好设备更新，确保设备完整可靠使用，保证装置安稳长满优运行。

参　考　文　献

[1]《仪表工作业指导书》，岳阳长炼机电工程技术有限公司．
[2]《某炼化企业仪控专业管理规定》，中国石油化工股份有限公司．
[3]《仪表维修工》，中国石油天然气集团有限公司．
[4]《T00042_Proximitor_Operation》说明书，本专利。
[5]《仪表蓝宝书》，仪表圈，2023 版。

柴油加氢 RTS 技术升级改造应用

杨金良

（中国石化上海高桥石油化工有限公司）

摘 要 根据某柴油装置生产实际需要，石油化工科学研究院对 RTS 技术进行升级改造，研发了 RTS +技术并于 2021 年大检修期间完成项目升级改造。本生产周期该柴油加氢装置生产运行状态良好，在开工过程及正常运行过程中第二反应器 R802 温度提升明显，热高压分离器 D802 温度调控余地大幅增加，反应放热得到充分利用使装置月度能耗完成情况较上周期大幅下降，说明 RTS+技术升级改造达到预期目标，满足装置安稳长满优生产需求。

关键词 RTS 技术；柴油加氢；长周期

某柴油加氢装置采用石油化工科学研究院开发的柴油加氢精制（RTS）技术和 RS 系列催化剂，生产硫含量 $10\mu g/g$ 的超低硫柴油（ULSD），满足国 V/Ⅵ柴油的要求。RTS 技术特点是采用一种或两种非贵金属加氢精制催化剂，将柴油的超深度加氢脱硫通过两个反应器完成，其中第一反应器（R801）为高温、高空速反应区，完成大部分易脱硫硫化物的脱硫和几乎全部氮化物的脱除；第二反应器（R802）为低温、高空速反应区，主要完成剩余硫化物的彻底脱除和多环芳烃的加氢饱和，并改善油品颜色。两个反应器串联，R802 的入口温度主要通过混氢原料油与 R801 出口的高温反应物换热来控制。随着装置运行时间增加，在正常生产运行、开工以及停工过程中均遇到二反 R802 提温困难的问题，严重影响装置安全平稳长周期运行。为此，根据装置生产实际需要石科院对 RTS 技术进行升级改造，研发了 RTS+技术。主要是对反应系统换热网络进行优化，并于 2021 年大检修期间成功完成改造。本文主要对 2021 年 12 月开工以来某柴油加氢装置的生产运行情况进行研究，包括对装置开工阶段、正常运行阶段反应系统、热高压分离器 D802 温度控制等运行情况的分析，并本周期装置月度能耗完成情况与上周期进行对比分析，进而对本周期 RTS+技术实际运行情况进行分析，为装置后续安全平稳生产提供支持。

1 RTS+技术优化内容

RTS+技术主要对反应系统换热流程进行优化，具体改造方案是原某柴油加氢反应系统换热流程第一反应器（R801）和第二反应器（R802）间设有 E-803（一反产物/循环氢换热器）和 E-802A/B（一反产物/混氢油换热器）两组换热器，为了降低第一反应器和第二反应器间的温差，提高第二反应器入口温度，采取保留原 E-803（一反产物/循环氢换热器）和 E-802A（一反产物/混氢油换热器），将 E-802B（一反产物/混氢油换热器）改为二反产物/混氢油换热器，一反产物经 E-802A 出口直接进入第二反应器，二反产物先进 E-802B（二反产物/混氢油换热器），再进原有 E-801A/B（二反产物/原料油换热器），考虑催化剂硫化时第一反应器和第二反应器温度尽可能保持一致，所以保留原换热器 E-802A/B 的混氢油旁路跨线。另外，由于将原 E-802A/B（一反产物/混氢油换热器）中的 E-802B 改为二反产物/混氢油换热器，使得第一反应器出口至第二反应器入口的温度调节范围缩小，为了增加调节余地和装置的操作灵活性，考虑在第二反应器入口再增加一条注入冷氢线，由循环氢和新氢的混氢总管接出，以增加第二反应器入口温度的调节措施，冷氢的最大流量按照 $15000Nm^3/h$ 设计，对应到温度能够降低 $8\sim10℃$。优化后反应系统换热流程见图见图 1。

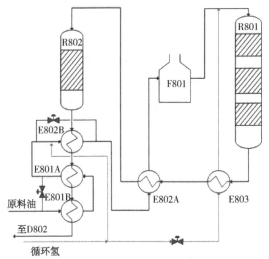

图 1　RTS+技术反应换热网络流程简图

2　RTS+技术运行情况

自 2021 年 12 月开工以来，本周期该柴油加氢装置已累计运行 30 个月，装置生产运行状态良好。对比改造前第二反应器 R802 温度大幅提升，热高压分离器 D802 温度明显下降。本生产周期装置部分系统的详细运行情况如下。

2.1　装置开工过程情况

某柴油加氢装置于 2021 年 11 月 27 日开始气密试压，至 12 月 7 日 20：00 柴油质量合格，开工全部结束。2021 年开工阶段反应系统 R801、R802 入口温度变化趋势见图 2。

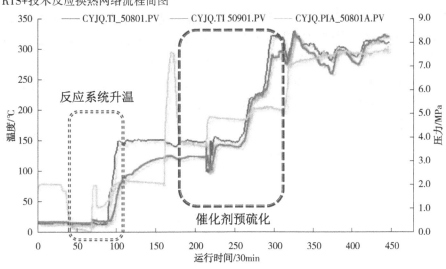

图 2　2021 年开工阶段 R801 \ R802 入口温度趋势图

（1）反应系统升温阶段

由图 2 可知，在反应系统升温阶段 R802 入口提温速率基本与 R801 入口一致，使得 R802 入口温度较快提升至 100℃以上；R801 入口维持在 150℃情况下，R802 入口温度可以达到在 120℃以上，较快达到设备所要求的最低升压温度（93℃），确保设备安全运行。同时 R802 温度的提升也有利于器内催化剂的干燥，提高脱水效果。

（2）催化剂预硫化阶段

在 2018 年开工催化剂预硫化末期 R801 入口温度提升至 310～330℃ 时，R802 入口温度在 260℃左右，需适当延长预硫化时间以确保 R802 内催化剂预硫化效果。而从图 1 可以看出在催化剂预硫化阶段 R802 温度变化趋势基本与 R801 保持一致，升温过程中两个反应器入口最大温差

在 30℃，在预硫化末期 R802 入口温度基本与 R801 入口温度持平。说明开工阶段催化剂预硫化时 R802 温度偏低的问题得到有效解决，在改善 R802 内催化剂预硫化效果的同时也减少催化剂预硫化所需时间。

2.2　装置生产运行情况

某柴油加氢装置在第三运行期间发现随着 R802 入口温度的提高，R802 出口产物经 E801A/B 与原料油换热后温度偏高，导致热高压分离器 D802 温度一直处于指标上限（235～245℃）运行，对设备安全及装置平稳运行带来一定的风险。同时由于 R802 出口产物冷后温度偏高，进一步限制了 R802 入口温度的提升空间导致 R802 整体反应温度偏低。尤其是在催化剂运行末期，因 R802 反应温度提温有限使得器内催化剂的作用未充分发挥，导致装置第一反应器

R801 反应温度提升较快，而反应温度升高会增大器内催化剂积碳速率进而加剧催化剂失活速度；为保证产品质量又需不断提升反应温度进行补偿，从而形成恶性循环，严重影响装置的长周期运行。

（1）反应系统运行情况

图3和图4分别为某柴油加氢装置本生产周期反应系统 R801 平均反应温度、R802 平均反应温度变化趋势与上一周期 R801、R802 平均反应温度变化趋势对比图。

从图3可以看出，R801 平均反应温度变化趋势整体一致，但随着运行时间至 650d 左右，第三周期 R801 平均反应温度提升速率明显加快；而本周期 R801 平均反应温度变化则相对平缓；同时从图3可以发现，本周期 R801 平均反应温度较第三周期同比偏低约 15～20℃，说明 R801 内催化剂仍有很大的提温空间，实际使用寿命远高于第三周期。

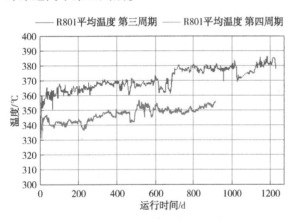

图3　第三、四周期反应器 R801
平均反应温度变化趋势对比图

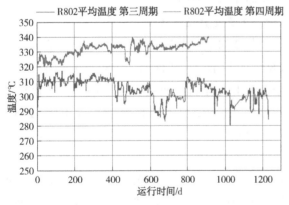

图4　第三、四周期反应器 R802 平均
反应温度变化趋势图

从图4可以看出，本周期 R802 平均反应温度变化趋势明显与第三周期不同，随着运行时间的增加 R802 平均反应温度为逐渐上升趋势，而第三周则逐渐呈下降趋势；同时可以发现，本周期 R802 平均反应温度较第三周期同比提高约 15～30℃，尤其是在运行时间 650d 以后两者差距明显加大。说明通过 RTS+技术升级优化，R802 反应温度明显提升，器内催化剂作用得到充分发挥，有效降低了 R801 生产提温压力，这一点可以从图3中得到证实。

（2）热高压分离器 D802 运行情况

图5为本生产周期热高压分离器 D802 温度变化趋势图，由图中可以看出本周期 D802 温度基本在 220℃ 以下，平均控制在 210℃ 左右，远低于控制指标上限 245℃。说明 R802 出口反应物冷后温度可以有效调控，确保设备 D802 及 E804 的运行安全。

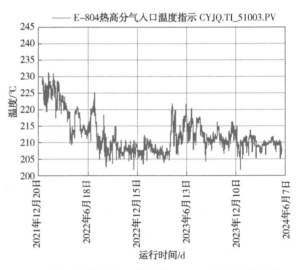

图5　第四周期热高压分离器 D802 温度变化趋势图

热高压分离 D802 温度偏低控制后，相应罐顶部热高分气气相温度也同步下降，在空冷冷后温度一定的情况下使高压空冷 A801 的运行负荷大幅下降，这一点可由图6高压空冷 A801 出口温度及空冷变频输出变化趋势图得到证明。从图6中可以看出，除夏季极端高温时间段外，高压空冷 A801 只需开4台变频空冷即可，且空冷变频输出负荷一般在 60% 以下，节约用电降低装置能耗。

（3）硫化氢汽提塔 C802 运行情况

受热高压分离器 D802 温度下降影响，硫化氢汽提塔 C802 进料温度同比降低，为确保汽提塔汽提效果，使得汽提蒸汽用量有所上升。由图 7 可以看出汽提蒸汽流量随进料温度下降而上升；本周期汽提蒸汽流量平均在 2.4t/h 左右，较第三周期同比用量增加 0.4t/h 左右，不利于装置节能降耗。

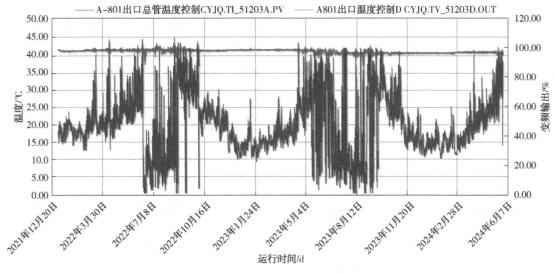

图 6　第四周期高压空冷 A801 出口温度及变频输出变化趋势图

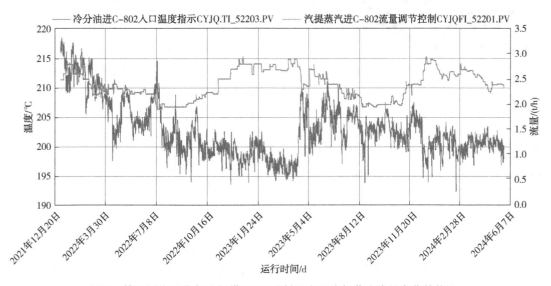

图 7　第四周期硫化氢汽提塔 C802 进料温度及汽提蒸汽流量变化趋势图

2.3　装置月度能耗完成情况

　　对本生产周期该柴油加氢装置处理量和二次加工油占比进行统计，并分别与第三周同期数据相比，结果见图 8 和图 9。

　　由图 8 装置处理量变化趋势对比可以发现，本生产周期装置处理量与第三周期基本一致，绝大多数情况下处理量均在 190t/h 左右。由图 9 装置二次油占比趋势对比可以发现，两个生产周期装置的平均二次油加工占比均在 35% 左右，第三周数据波动幅度相对大一些，本周期则相对平稳。

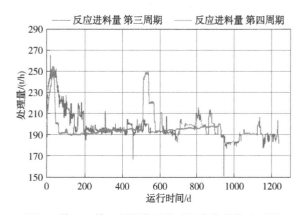

图 8　第三、第四周期装置处理量变化趋势对比图

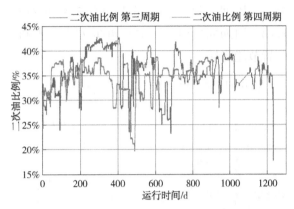

图9　第三、四周期装置二次油加工占比趋势对比图

在装置处理量和二次油比例相对一致的情况下，对两个生产周期某柴油加氢装置的月度能耗完成情况进行统计并做趋势对比，结果见图10。

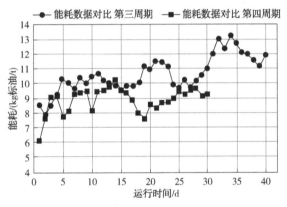

图10　第三、四周期装置月度能耗完成情况对比图

由装置月度能耗完成情况对比图可以发现，本周期装置各月度能耗完成情况相对稳定，整体完成值较第三周期同比下降约10%左右，且数据趋势比较平缓；而第三周期数据波动幅度相对较大，尤其是后期数据明显上升较快。

造成以上情况的主要原因是催化剂运行至末期活性下降，为保证产品质量需不断提升反应温度进行补偿，瓦斯耗量增加导致装置月度能耗上升。而本周期因反应热得到充分利用，混合原料换热后温度提高降低了反应炉F801的热负荷，减少瓦斯耗量；同时因第二反应器R802反应温度大幅提升(图3)，R802内催化剂活性得到有效发挥，降低了第一反应R801的提温速率，R801内催化剂活性相对较高(同期相比反应温度更低，见图2)；综合以上因素，本周期装置月度能耗完成情况明显好于第三周期。

3　总结

（1）在2021年开工过程中，第二反应器R802提温速率明显增加，与R801温度基本保持一致，可以快速达到设备所要求的最低升压温度（93℃），确保设备安全运行。同时R802温度的提升也有利于提高器内催化剂的干燥和预硫化效果。

（2）在装置正常生产运行过程中，R802平均反应温度较第三周期同比提高约15～30℃，R802内催化剂作用充分发挥，分担了R801的生产压力，提高催化剂使用寿命；同时R802出口反应物换热效果提升，使得高压分离器D802温度大幅下降，确保设备D802及E804安全运行。

（3）热高压分离器D802温度下降，降低了高压空冷A801冷负荷，空冷变频负荷大幅降低利于装置节电；但受此影响硫化氢汽提塔C802进料温度同比降低，使得汽提蒸汽用量较第三周期同比增加0.4t/h左右。

（4）本周期因反应热得到充分利用，混合原料换热后温度提高降低了反应炉F801的热负荷，减少瓦斯耗量使得本周期装置月度能耗完成情况明显好于第三周期，整体完成值较第三周期同比下降约10%左右。

基于 DSR 法检测 SBS 改性沥青储存稳定性的应用

彭　煜　从艳丽　杨克红　吕文姝

（中石油克拉玛依石化有限责任公司）

摘　要　在 SBS 改性沥青工艺优化、工业生产、性质检测中，详细验证了《SBS 改性沥青储存稳定性试验方法（动态剪切流变仪法）》的应用效果。结果表明：该方法能有效缩短检测时间，快速判定 SBS 改性沥青的储存稳定性能，可为工艺优化、工业生产、性质检测提供技术支撑。

关键词　DSR；SBS；改性沥青；储存稳定性；应用；性质检测

鉴于 SBS 改性沥青兼顾优良的高温抗车辙和低温抗开裂性能，在公路建设中得以广泛应用。但是要生产出既耐老化，又能长期热储存的 SBS 改性沥青并非易事。在实际生产过程中，往往要么 SBS 改性剂在基质沥青中未充分熔融导致其储存稳定性能差，要么 SBS 改性剂在基质沥青中过度反应致使其老化后 5℃ 延度大幅度衰减。因此，SBS 改性沥青生产企业需要精准控制其工艺条件以平衡离析与老化后 5℃ 延度指标，迫切需要一种能快速检测 SBS 改性沥青储存稳定性的评价方法，及时掌握 SBS 改性剂在基质沥青中的熔融程度，快速分析其离析指标是否合格，进而判定产品是否可以出厂或需要对工艺条件进行调整。

针对《公路工程沥青及沥青混合料试验规程》（JTG E20）T 0661 试验耗时长，检测结果滞后，彭煜等人开发出了一种基于动态剪切流变（DSR）试验的 SBS 改性沥青储存稳定性试验方法。本文采用该方法在 SBS 改性沥青工业生产中进行了应用研究，以验证其实用性和有效性。

1　试验

1.1　试验器材

基质沥青，KM-70 为 A 公司的 70 号道路沥青；

增溶剂，为 B 公司市售的减四线糠醛抽出油；

改性剂，T6302L 型 SBS 改性剂由 C 公司生产；

稳定剂，PS-1 型稳定剂由 D 公司生产。

DHR-1 型 DSR 动态剪切流变仪由美国 TA instruments-waters，LLC 公司生产。RKA5 型自动石油沥青软化点测试仪由安东帕德国 Petrotest 公司生产。

1.2　样品制备

实验室将 95% 的基质沥青、5% 的增溶剂分别预热至 150～160℃、90～120℃，混合、搅拌均匀后，升温至 180℃，在 5000r/min 条件下剪切研磨，分批、缓慢地加入 5% 的 SBS 改性剂，剪切 20min。剪切后以转速为 120r/min 搅拌反应，加入 1.5‰ 的稳定剂，反应 7h，制备 SBS 改性沥青，其中反应温度为 190℃。

生产装置上，按照实验室推荐的原料配比和工艺条件，生产 SBS 改性沥青，推荐工艺参数详见表 1。

表 1　推荐工艺参数

项目	工艺参数	
原料配比	基质沥青用量/%	95±1
	增溶剂/%	5±1
	改性剂/%	5±0.1（外加）
	稳定剂/‰	1.5±0.1（外加）
工艺条件	剪切温度/℃	180±5
	反应温度/℃	190±5
	反应时间/h	7±1
	储存温度/℃	140～150
关键控制指标	针入度/0.1mm	70±5
	软化点（R&B）/℃	60～65
	老化前延度（5℃），不小于/cm	38
	老化后延度（5℃），不小于/cm	22
	离析，不大于/℃	2.5
	稳定因子 S_f/不小于	24.5

1.3 试验方法

中国公路学会团体标准《SBS 改性沥青储存稳定性试验方法（动态剪切流变仪法）》（T/CHTS 10164—2024），是在应变控制模式下，选用 25mm 平行金属板夹具，在应变为 12%，角频率为 10rad/s，试验温度为 64℃、67℃、70℃、73℃、76℃、79℃、82℃、85℃条件下进行动态剪切流变试验，测得 SBS 改性沥青的复数剪切模量 G^* 和相位角 δ。通过式（1）、式（2）计算 SBS 改性沥青的修正复数剪切模量 $G^*{}'$，再以试验温度为横坐标，以修正复数剪切模量的对数值 $\lg(G^*{}')$ 为纵坐标，绘制 $\lg(G^*{}')$—T 曲线，通过线性回归，获得回归直线的斜率 $K_{\lg}(G*{}')$；最后按式（3）计算其稳定因子 S_f，并以稳定因子 S_f 指标评价 SBS 改性沥青的储存稳定性。

$$K_{vc}(\delta) = \cos\frac{\delta}{3} \times \sin^{-4}\delta \qquad (1)$$

$$G^*{}' = G^* \times K_{vc}(\delta) \qquad (2)$$

$$S_f = \left| \frac{1}{K\lg(G*{}')} \right| \qquad (3)$$

式中，$K_{vc}(\delta)$ 为黏弹性系数，kPa，数值保留三位小数；G^* 为复数剪切模量，kPa，数值保留三位小数；$G^*{}'$ 为修正复数剪切模量，kPa，数值保留三位小数；δ 为相位角，弧度，数值保留一位小数；$K_{\lg}(G*{}')$ 为 $\lg(G^*{}')$ 为 T 曲线的斜率，数值保留四位小数。

2 结果与讨论

2.1 实验室工艺优化

在实验室确定好原料配方与工艺条件后，由于工业生产装置和实验室设备存在一定差异，往往需要根据产品性质对工艺条件进行优化调整，但在优化调整过程中，因涉及参数条件多、离析试验耗时长，影响试验效率。将《SBS 改性沥青储存稳定性试验方法（动态剪切流变仪法）》应用到工艺优化上能快速确定最优工艺条件。在原料与配方一定的条件下，为精确确定 SBS 改性沥青的反应温度、反应时间，以 190℃ 为基准反应温度，以 2℃ 为间隔，上、下微调 4℃；以 7h 为基准反应时间，以 1h 为间隔，上、下微调 4h。在实验室制备 SBS 改性沥青，通过控制其关键指标（稳定因子 S_f、离析及老化后 5℃ 延度）以确定最优工艺条件。试验结果如图 1、图 2、图 3、图 4 所示。

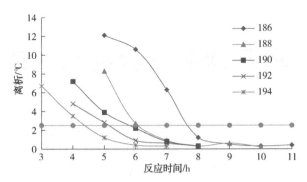

图 1 反应温度与反应时间对离析的影响

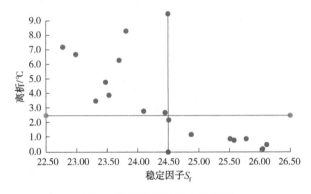

图 2 临界稳定因子 S_f 的确定

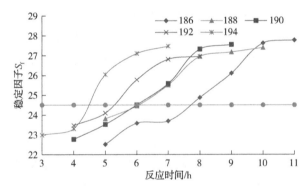

图 3 反应温度与反应时间对稳定因子 S_f 的影响

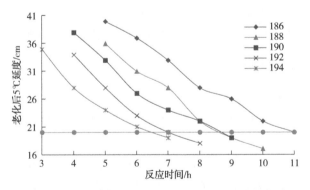

图 4 反应温度与反应时间对老化后 5℃ 延度的影响

从图 1 可以看出，在反应温度一定的条件下，随着反应时间的延长，SBS 改性沥青的离析值逐渐减小，稳定因子 S_f 逐渐增大，老化后 5℃

延度逐渐降低。当反应到某一时间后，SBS 改性沥青的离析值将达到 2.5℃，此时，SBS 改性沥青必将有某一特定稳定因子 S_f（即临界稳定因子 S_f）与之对应，并且当这样的统计数据越多，其临界稳定因子 S_f 就越准确。从图 2 可以看出，该临界稳定因子 S_f 为 24.5。当 SBS 改性沥青离析合格后继续反应，其离析值将继续减小，再反应一段时间后，离析减小幅度明显趋缓，并逐渐接近于零。与此同时，稳定因子 S_f 也不再出现明显增加，逐渐趋于平缓。而老化后 5℃ 延度则开始大幅度衰减，甚至出现卡边不合格现象。由此可称从离析刚合格到老化后 5℃ 延度不合格这段反应时间为可操作时间。

随着反应温度的提高，SBS 改性沥青从开始反应到离析合格所需的反应时间将逐渐缩短。与此同时，SBS 改性沥青从离析刚合格再到老化后 5℃ 延度不合格的可操作时间就越短。从图 3、图 4 可以看出，在反应温度为 186℃、188℃、190℃、192℃、194℃ 的条件下，其可操作时间分别约为 3.0h、2.0h、2.0h、1.5h、1.5h。由此可见，反应温度越低，其可操作时间就越长，但 SBS 改性沥青从开始反应到离析合格所需的反应时间也就越长。反应温度越高，SBS 改性沥青从开始反应到离析合格所需的反应时间就越短，但同时其可操作时间也就相应越短，容易导致其老化后 5℃ 延度偏低甚至不合格。故推荐最优反应温度为 188℃ ~ 190℃，最优反应时间为 6h ~ 8h。

2.2 解决生产中的问题

采用《公路工程沥青及沥青混合料试验规程》（JTG E20）T 0661 和《SBS 改性沥青储存稳定性试验方法（动态剪切流变仪法）》对 A 公司生产车间加工的 SBS 改性沥青进行跟踪检测，结果见表 2。

表 2　SBS 改性沥青生产跟踪结果

项目		第 K 批		第 M 批		第 P 批		指标要求
		D109-1	D109-2	D109-1	D109-3	D109-1	D109-3	
处理前	针入度/0.1mm	78	78	69	68	75	78	60~80
	软化点(R&B)/℃	65	62.8	62.4	69.5	62.3	63.3	≥55
	老化前延度(5℃)/cm	56	34.5	39	30	47.0	65.0	≥30
	离析/℃	3.8	0.5	0.8	0.3	3.5	6.6	≤2.5
	老化后延度(5℃)/cm	42	19	18	16.3	36	37	≥20
	稳定因子 S_f	23.20	25.64	24.57	25.25	23.31	23.53	≥24.5
处理后	针入度/0.1mm	78	77	76	74	76	76	60~80
	软化点(R&B)/℃	63.9	66	63.5	65.8	63.5	63.8	≥55
	老化前延度(5℃)/cm	43	38	38.5	41	44	40	≥30
	离析/℃	1.7	0.4	0.3	0.6	1.8	2	≤2.5
	老化后延度(5℃)/cm	23.5	22	21	25	37	24	≥20
	稳定因子 S_f	25	25.97	25.06	25.84	24.57	24.91	24.5

结果表明：在第 K 批次的 D109-1 罐、第 P 批次的 D109-1、D109-3 罐，SBS 改性沥青的稳定因子分别为 23.20、23.31、23.53，未达到临界稳定因子 S_f（即离析 2.5℃ 所对应的稳定因子 S_f 值）的技术要求。说明这三罐 SBS 改性沥青未充分反应，具有离析不合格的风险，需要及时进一步加工处理。在第 K 批次的 D109-2 罐、第 M 批次的 D109-1、D109-3 罐，SBS 改性沥青的稳定因子分别为 25.64、24.57、25.25，已超过临界稳定因子 S_f 的技术要求，说明其离析指标已经合格。结合 SBS 改性沥青老化后 5℃ 延度指标，分别为 19cm、18cm、16.3cm，低于 JTG F40《公路沥青路面施工技术规范》对 SBS 改性沥青（I-C 类）的技术要求，说明 SBS 改性沥青已过度反应，需要对老化后 5℃ 延度指标进行改善。后续离析验证表明：《SBS 改性沥青储存稳定性试验方法（DSR 法）》快速预判的储存稳定性具有较高的准确性与可靠性。生产车间通过及时调整工艺保证了后续产品的质量，同时还快速对不合格产品进行了改善处理，既保障了产品合格出厂，又

避免了因等待离析检测而停工，确保了生产装置连续生产，显著提高了生产效率。

2.3　性质检测

为进一步验证《SBS 改性沥青储存稳定性试验方法（动态剪切流变仪法）》的准确性与可靠性，针对不同批次、不同部位（反应釜馏出口、发育罐、成品罐），对 A 公司生产装置的 SBS 改性沥青的离析和稳定因子 S_f 进行跟踪分析，试验结果见图 5。

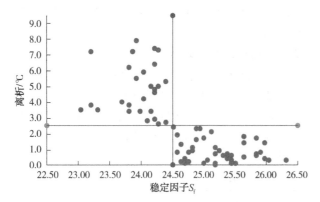

图 5　稳定因子 S_f 与离析指标的对应关系

结果表明：在原料、配方、工艺一定的条件下，离析与稳定因子 S_f 指标具有较高的统计对应关系。且集中分布于以离析值 2.5℃和稳定因子 S_f 值 24.5 为交叉轴的二、四象限区域内。当离析值为 2.5℃时，其稳定因子 S_f 趋于临界值 24.5，与上述 2.1、2.2 节所确定的临界稳定因子 S_f 相吻合。当离析值大于 2.5℃时，集中分布于第二象限，当离析值小于 2.5℃时，则集中分布于第四象限。

3　应用效果评价

采用《SBS 改性沥青储存稳定性试验方法（动态剪切流变仪法）》评价 SBS 改性沥青的储存稳定性，试验时间缩短至 2 小时以内，不仅提高了检测效率，还提高了分析的准确性。可为 SBS 改性沥青的工业生产、工艺优化，性质检测提供

技术支持。从仪器精密度来看，动态剪切流变仪的控温精度可以达到 0.1℃，加载频率精确到 0.1rad/s，周期扭矩准确到 10mN·m 或 100μrad，具有较高的精密度。从试验过程来看，该方法试验步骤少，受人为因素影响少，具有较高的可靠性。从试验结果来看，稳定因子 S_f 指标与离析指标具有较好的对应性，能准确评价 SBS 改性沥青的储存稳定性。

4　结论

（1）鉴于原料、配方、工艺一定的 SBS 改性沥青，其临界稳定因子 S_f 是确定的。故《SBS 改性沥青储存稳定性试验方法（DSR 法）》可应用于工业生产、工艺优化、性质检测等，不仅提高了检测效率，还提高了分析的准确性。

（2）《SBS 改性沥青储存稳定性试验方法（动态剪切流变仪法）》仍需针对不同油源的沥青、不同类型的 SBS 改性剂和稳定剂、不同配方与工艺的 SBS 改性沥青产品进行室内验证和工程应用，以便更加全面地评估该方法的适用性和有效性。

参　考　文　献

[1] 周振君，王俊岩，丛培良．SBS 改性沥青热储存及运输过程中的降解研究[J]．建筑材料学报 2020，23(2)：430-437．

[2] 彭煜，丛艳丽，吕文姝，杨克红，等．基于 DSR 试验方法检测 SBS 改性沥青热储存稳定性的影响因素研究[J]．石油沥青，2023，37(4)：19-23．

[3] 李福普，严二虎，黄颂昌，等．JTG E20-2011 公路工程沥青及沥青混合料试验规程[S]．北京：人民交通出版社，2011，173-175．

[4] 彭煜，丛艳丽，张艳莉，等．SBS 改性沥青热储存稳定性快速检测方法研究[J]．石油沥青，2022，34(3)：53-61．

[5] AASHTO T315 Determining the Rheological Properties of Asphalt Binder Using a Dynamic Shear Rheometer (DSR) [S].

石油焦性质对人造石墨负极加工与
电性能的影响研究及对策

田凌燕　李　荣　王　华　魏　军　董跃辉

（中石油克拉玛依石化有限责任公司）

摘　要　随着锂电池负极材料竞争的日益激烈，降本已成为负极企业竞争的核心竞争力，人造石墨占据锂电池负极材料市场的主流地位，其原料优质低硫石油焦未来将面临极度紧缺的局面，因此应用于负极的优质低硫石油焦开发极为紧迫。本文分析了石油焦的硫含量、灰分、挥发分等基础物理性质对负极材料加工过程的影响，石油焦的微观结构对负极电性能的影响，进而分析焦化原料与焦化工艺对石油焦的宏观物性及微观物性的影响并提出了开发负极专用石油焦的相应对策：调整焦化原料组成，优化焦化工艺条件，建立负极石油焦评测指标，石油焦实行分储、分销的管理策略，建议石油焦企业更加关注石油焦内部微观结构的控制，打破行业界限，构建起产业链合作的高效开发模式，实现负极专用石油焦的"定制化"，既缓解了人造石墨负极市场上高性价比石油焦的供应不足问题，又为炼化企业开拓了提升石油焦附加值的应用新领域。

关键词　石油焦；延迟焦化；微观结构；人造石墨；负极材料

1　前言

近年来，随着"双碳"目标的实施及新能源应用的推广，带动了锂电池市场的兴起，作为锂电池四大关键材料之一的负极在过去一年面临着国内高价库存消滞较慢的挑战，同时受终端需求增速放缓、行业供求关系阶段性失衡等多因素影响，2023年负极行业产品价格显著下滑。

在负极材料中仍以天然/人造石墨为主，目前占据了近98%的市场份额，其中人造石墨凭借其优良的倍率、较高的首效及较好的循环性能成为负极材料市场的主流，稳占市场份额80%以上。在该行业发展的早期，由于人造石墨负极材料的供需不平衡带动了负极行业的爆发式增长，较多的外围企业纷纷投资负极产业，使得产能迅速扩张，随着新增产能的持续落地，产量严重过剩，供求关系失衡，2023年以来，人造石墨负极价格出现断崖式下滑，直至2024年初价格持续探底，利润空间不断压缩，大部分企业的利润空间已经压缩至成本线附近。受负极材料价格的影响，作为人造石墨负极的原材料石油焦和针状焦的市场也受到了前所未有的冲击，低硫石油焦价格由2022年的7000元/吨下跌至1800元/吨，针状焦价格也跌至5000元/吨，致使部分针状焦生产企业处于停产状态。

2023年虽然受到需求端去库存造成的供求环境阶段性失衡的影响，但出货量仍达到了167万吨，较2022年同比增长21.9%，扔保持了较高的增长率。根据高工产研锂电研究所（GGII）统计，尽管产能结构过剩、行业进入洗牌期，但负极材料市场仍具增长空间，预计2030年我国负极材料出货量有望达到580万吨，随着2023年国内负极材料产能逐步出清及上游原材料、石墨化加工价格止跌企稳，降本增效将成为行业内产业链企业持续不断努力的方向，未来，负极材料企业将继续围绕"低成本、高性能、连续化、一体化、产业融合、新工艺"，不断提升企业竞争力。

尽管目前针状焦与低硫石油焦的价格已造焦的生产企业处于严重亏损状态，但对于负极生产企业并未对其带来降本的效果，原因是高性价比的低硫石油焦仍然严重短缺，导致降低原材料成本的压力增大。目前高端人造石墨负极材料的主流原料是针状焦，但针状焦的降价空间依然有限，使得生产厂家在高端人造石墨负极的生产成本上仍承受巨大压力，急需低价格、性能高、供应稳定及品质稳定的高性价比低硫石油焦，而传统的石油焦生产企业里，延迟焦化装置一直以提高液收为目标，作为副产品的石油焦质量标准仍停留在传统的碳素行业指标要求中，在负极材料中的质量要求没有统一的指标，造成市场上高性价比低硫石油焦严重紧缺。由于石油焦的特性取决于石油焦的生产企业，与其所采用的焦化原料及焦化工艺等因素密切相关，所以高性价比的低硫石油焦离不开焦生产企业在高性能的负极专用石油焦上的研发。因此，本文分别从石油焦的硫含量、灰分、挥发分等基础物理性质分析了对负极材料加工过程的影响，从石油焦的微观结构分析了对负极电性能的影响，进而分析焦化原料与焦化工艺对石油焦的宏观物性及微观物性的影响并提出了提高石油焦负极电性能并开发负极专用石油焦的相应对策。

2 石油焦基础物理性质对人造石墨负极加工的影响

石油焦来自原油渣油，原油经蒸馏后剩余的重油馏分在延迟焦化塔中发生分解缩合反应后得到的固体残留物。焦炭塔中直接出来的焦成为生焦。生焦中会残存一些未炭化完全的的烃化合物，作为焦炭的挥发分存在于生焦中，通常作为燃料在发电、水泥等行业使用，具有附加值低、价格低廉、资源浪费的缺点；生焦经在焦化厂经煅烧热处理后可应用于石墨电极领域，通常煅烧温度为1300℃左右，经煅烧后的石油焦去除了挥发分，提高了真密度，同时一些杂质也会发出来，性能明显改善，因此可广泛用于生产电解制铝、制镁工业的电极（阳极糊）以及炼钢工业的石墨电极。石油焦是石油加工过程中的副产品，国内石油焦生产总量约28Mt/a，根据硫含量的不同，可以分为低、中、高硫三类，通常把硫含量≤0.5%的焦称为低硫焦、硫含量≤3%的焦称为中硫焦和硫含量>3%的焦称为高硫焦。我国原油具有较高的进口依存度，且国外原油以大都为中高硫原油，因此低硫石油焦产量较低，仅占我国石油焦总产量的10%左右，约2800kt。

在传统的碳素行业标准中石油焦（生焦）的基础物性主要有硫含量、灰分、挥发分、水分等，而在人造石墨负极加工过程中影响因素不仅仅是这几个物性指标，还与焦的强度、孔结构、真密度、杂质元素的含量、焦化程度等密切相关。人造石墨负极加工流程需经过四个大工序：破碎、造粒、石墨化、筛分而制成，这四个工序

又大致可分为两类即：粉体加工和热处理加工。焦原料的硬度、孔结构、真密度、水分、挥发分等在粉体加工过程中影响着破碎、造粒等粉体加工工艺参数的控制，而灰分、挥发分、杂质元素的种类及含量及焦化程度等性质影响着热加工处理过程的控制。在破碎过程中，石油焦的硬度是最大的影响因素，直接决定了破碎的难度，针状焦的破碎难度大于普焦；造粒一般在低于750℃下进行沥青包覆改性，该过程中有大量的油气逸出，包括沥青烟气和石油焦中未焦化的有机油气，因此要求焦的挥发分尽可能低，在炭化石墨化过程中，石油焦中的有机物继续不同程度的逸出，包括硫氧化物、氮氧化物及金属氧化物，在石墨化2500~3000度下可能会集中释放，极易引发'喷炉'安全事故，因此石墨化工艺对硫含量有着严格的限定。另外，石油焦中的硫含量、灰分、挥发分除了引发石墨化过程中的"喷炉"安全问题外，过多的硫、氮及金属含量的逸出可造成材料中大量裂纹、空洞等缺陷结构的增加，还会面临开工中的环保压力，导致负极材料首次充放电效率降低，影响负极材料容量发挥。

3 石油焦微观结构性质对人造石墨负极电性能的影响

石油焦之所以在碳系石墨负极领域占主导地位，与其优异的电性能是分不开的，除了常规的物性指标外其还具有独特的各向异性的微观特性，各向异性结构的存在使得石油焦具有优异的石墨化性能，从而其石墨化后能形成适合锂离子脱嵌、有序的片层结构。这种微观结构在偏光下具有光学晶体特征，通常按表1所示的光学织构标准来划分，包括镶嵌结构、纤维结构、广域结构等。镶嵌结构呈现无序性，石墨化难度大，石墨化程度低，纤维、广域等结构具有较高的取向性，易于石墨化且石墨化度高，因此，石油焦的光学织构决定了石墨化后负极材料的内部片层晶体结构，而人造石墨负极材料的电性能与其内部晶格碳层结构的有序度密切相关，有序规整的石墨片层一般具有较高的比容量和较高的可逆容量，因为石墨微晶中更加有序的碳层排列，能够增大储锂空间，从而减小锂离子在碳层间脱嵌的阻力。王邓军课题组对针状焦在700~2800℃热处理范围内考察了石墨微晶结构以及排布状态的变化规律及其电化学性能，发现低温炭化不利于

得到较好的的炭层结构，高温石墨化处理后才能得到较高的石墨化度、规整的石墨层排列，具有较低的充放电电位及稳定的充放电平台。牛鹏星等对针状焦进行了2800℃的石墨化处理，发现石墨化后表现出了优良的电极性能，这充分说明了石墨层的排列结构影响着负极材料的电极性能。陆佳欣等对低硫石油焦碳化、石墨化前后的电化学性能进行了研究发现，石油焦本身虽然含碳量高，但由于其微观结构杂乱而无法直接应用于锂离子电池中，碳化、石墨化后得到的人造石墨在锂离子电池负极材料中有较好的表现。由此可见，以价格低廉、产量丰富的石油焦作为锂电极材料具有更为广阔的市场前景。

表1　石油焦各向异性光学显微组织分类方法

大类	小类	特征尺寸/μm
镶嵌型	细镶嵌	<10
	粗镶嵌	10~30
粗型	小域	30~50
	大域	>50
流线型	短纤维	条带状等色区长<100
	中纤维	条带状等色区长100~500
	长纤维	长直条带状等色区长>500

人造石墨的炭层结构除了与石墨化工艺条件有关外，更重要的取决于其原料石油焦或针状焦的微观结构的特性。微观结构中的镶嵌结构、纤维结构和大小域结构具有不同的石墨化性能，石墨化度及石墨化后的炭层排列，晶格结构、尺寸各不相同，因此锂离子在其内部脱嵌效果也不同，进而决定了负极的容量、首效、倍率及循环性能。因此，负极材料质量高低很大程度上取决于石油焦的品质，这种原料本身具有的微观结构差异决定的人造石墨的性能，仅仅通过负极材料的改性或工艺条件的优化提高其性能有限，可以说原料石油焦的微观结构决定了其石墨化后负极性能的天花板。但在原料微观结构对电极性能影响的构效关系上，目前行业内缺少系统深层次的研究，由于人造石墨负极领域是新能源新兴产业，焦原料的采购方式为'广撒网，细评价'，最初关注的是石油焦的负极生产工艺流程的改进，远未将电性能表现与石油焦内在微观结构区分之间建立起关联，加之负极材料企业对石油焦产品评测周期长、上游对下游应用反馈的响应速度慢，加之行业跨度较大，石油焦企业与负极企业之间沟通不畅、不对称，无法快速有效地满足负极生产厂家的需求。综上因素分析，石油焦资源总量丰富，表面上看，供应充足，但从产品结构细分来看，可用于人造石墨负极材料的低硫优质石油焦产量严重不足，主要受制于炼油企业加工的原油性质和装置工艺条件的影响。

4　焦化原料对石油焦性质的影响

石油焦的原料一般为渣油、沥青或其他重质馏分油，由于是原油的重组分，一般硫、氮含量较高，金属含量高，具有较高的胶质、沥青质含量，但因原油产地的不同也各有差异，原油中硫含量的高低决定了石油焦的硫含量，原料中烃组分的构成影响了焦化反应的过程进而得到不同微观结构的石油焦。一般来说，石油焦的硫含量，灰分、金属含量等性质直接来源于焦化原料的影响，在工艺条件确定的情况下，石油焦的微观结构主要来自焦化原料的烃组成结构的影响。

石油渣油、沥青等重质馏分中含有大量的芳烃、胶质及沥青质，在焦化反应过程中遵循液相炭化反应机理，重油馏分体系在350℃以上时，多环芳烃分子脱氢缩合反应生成片状稠环分子，这种片状稠环分子在范德华力作用下发生堆积、在表面张力作用下形成小球体，小球体间进一步发生碰撞、融并、长大、最后解体形成碳质中间相，这种碳质中间相在偏光显微镜下呈现各种不同的形态和尺寸的具有光学异性特征的微观结构，即镶嵌结构、纤维结构和广域结构等，随着反应温度的继续升高，中间相经过进一步裂解、缩合脱氢反应固化生成石油焦。若原料中的胶质、沥青质含量较高，缩合反应活性高，生焦快，在反应初期，大量中间相小球体生成，受反应体系黏度的影响，来不及长大、融并即缩合生焦，难以形成各向异性的平面广域结构，易形成细镶嵌结构的石油焦。若原料中胶质、沥青质含量较少，芳烃含量较高，缩合反应活性适中，则利于中间相的生成、长大及融并，容易得到各向异性含量高，尺寸和形态较好的石油焦。另外原料中钒、镍等金属杂质会在体系中作为晶核加速碳质中间相的形成过程，导致中间相小球来不及长大就提前融并、炭化生成镶嵌结构，原料中的硫、氮等杂原子会增加分子的偶极矩，降低渣油体系的胶体稳定性，使分子在极化作用下快速聚集。阻碍了平面分子之间的平行堆砌，容易形成镶嵌结构，另外，有研究，发现硫在反应中扮演脱氢剂和交联剂的角色，加速了芳烃分子的缩合反应，无法形成平面结构大芳烃分子，不利于中间相的发育，最终形成镶嵌结构。马文斌对比分析了多种石油系重质原料的焦化性能，认为降低原料中原生沥青质的含量可以提高石油焦质量。隆建等在实验室延迟焦化装置上考察了减压渣油掺炼煤焦油的焦化性能，认为掺炼煤焦油能够促进渣油的热裂解。阳光军等将催化裂化油浆掺炼于焦化装置中，发现一定比例的油浆掺入后能够提高焦炭的质量同时降低焦炭收率。杨万强等研究了延迟焦化装置上掺炼催化裂化油浆，认为掺炼油浆后轻油收率增加，总体效益提高。刘袁旭研究了三种焦化原料对石油焦微观结构的影响，发现催化裂化油浆制得的焦炭微观结构最好，乙烯焦油和减压渣油为原料制备的焦炭质量均较差，说明焦炭结构差异主要来源于原料性质不同，并且原料组分烃结构是影响焦炭结构的重要因素，其中芳烃组分的含量影响最为显著，芳烃组分对焦炭组织结构的形成非常重要，如果原料的芳烃含量较低，脂肪烃含量较高，焦化过程中裂解生成较多的轻组分，气体的逸出容易导致焦炭气孔增多 S. Eser；沥青质含量过高 J. Ayche，导致缩合反应活性增大，大量的中间相小球快速生成，使得体系的黏度快速增加，中间相球体来不及生长融并就炭化生焦，易形成大量的镶嵌结构。有研究学者对中间相小球进行结构分析发现，中间相小球主要以芳烃为骨架，通过苯基或者亚甲基相互连接成为大分子平面结构。中间相分子的结构与原料中的芳烃含量和结构具有一定的关系：焦化原料的芳烃越高，焦化过程中的中间相结构上的支链越短，得到的焦炭微观结构具有更为规整的排序和更高的平面度。

由此可见，焦化原料的组成对焦化过程中的反应影响甚大，原料的性质影响着焦化反应中裂解缩合的速率，表现在对中间相的发育的控制及影响，最终影响石油焦的微观结构。因此，通过对焦化原料的改善优化可以改变焦炭微观结构提高其负极性能，进而满足下游负极材料市场的需求，另一方面对于炼油企业也可大大提高石油焦的附加值。

5　焦化工艺条件对石油焦性质的影响

延迟焦化之所以称为"延迟"是指焦化原料快速通过加热炉管升温至 490~500℃左右，然后延迟到焦炭塔中发生焦化反应，生成的焦炭附着在焦炭塔内，裂解生成的油气由焦炭塔顶进入分馏塔分离出干气、液化气、焦化汽油、焦化柴油、焦化蜡油及塔底循环油。延迟焦化中工艺条件主要包括加热炉出口温度，焦炭塔压力及焦化循环比，加热炉出口温度通常决定了焦化塔内的生焦温度，焦炭塔的压力影响着塔内气流速率及焦炭的收率，焦化的循环比影响着塔内焦化原料的组成。下文在液相碳化理论基础上分别分析延迟焦化三大工艺条件对石油焦性质及微观结构的影响。

5.1　温度

不同的工艺条件中，焦化温度是热转化过程中最重要的因素。一般认为在 350℃ 上时，多环芳烃分子即发生脱氢缩合，中间相小球开始生成，如果温度过低，达不到反应所需的热量，即使热转化时间延长也难以生成中间相；如果温度过高，体系中大量的自由基迅速生成，加速了芳烃分子之间的聚合，体系黏度迅速降低，中间相小球难以融并，导致不易形成广域流线结构。因此反应温度对焦炭的组织结构影响较大，选择合适的反应温度才能制得优质的生焦。

延迟焦化焦化塔内焦化温度是不均匀的，焦炭塔本身没有热源提供，塔内热量来自由加热炉出口物料，由焦炭塔底部进入，在塔内进行裂解缩合反应，由于原料进料是连续的，塔内生焦由底部开始，因此最先进入焦炭塔的原料反应时间最长，切换塔时进入焦炭塔的原料反应时间最短，其他原料的反应时间介于这两者之间。这就使得焦炭塔上、中、下不同部位的焦化温度也存在差异，塔底是高温原料最先进入的部位，该部位温度最高，生焦时间最长，因此塔底的焦挥发分较低，硬度较大，也具有较高的镶嵌结构。塔中部位在生焦过程中温度、物料流速均比较平稳，利于中间相结构的发育，因此塔中部位的焦炭微观结构具有较高含量纤维结构。塔上部由于大量的泡沫层，生成的焦炭气孔较多，孔隙率较大，气流的不稳定，不利于中间相的稳定发育，也具有较高含量的镶嵌结构，另外由于切塔前最后进料的生焦时间较短，温度较低，易形成挥发分较高的软焦或沥青焦或。图 1~图 3 为中石油克拉玛依石化有限责任公司 100 万吨/年延迟焦化塔内上中下三个部位的石油焦的偏光结构。

图1　塔上部石油焦显微结构

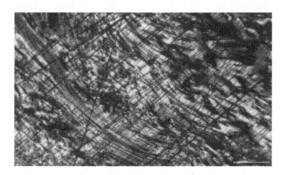

图2　塔中部石油焦显微结构

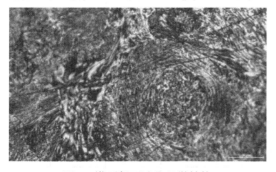

图3　塔下部石油焦显微结构

由图1-图3明显可见，塔底的焦中含有较多的镶嵌结构，塔顶的焦中间相结构发育较差，出现细镶嵌结构，纤维结构尺寸也较小。因此塔内不同部位的焦具有不同的显微结构，焦化温度通过控制加热炉出口温度来调节。

5.2　压力

在液相炭化反应中，一定的压力可以抑制反应生成的轻组分的逸出，更多的轻组分留在体系中继续参与反应，降低体系的黏度，有利于中间相结构的发育，得到更多的纤维结构，同时焦炭收率也增加。较低的压力则会使轻组分逸出速率变大，增加体系黏度，阻碍中间相的发育，易得到镶嵌结构，同时气孔率也增加。因此，通过调整焦化压力可以改变焦炭收率，降低气孔率，影响着焦炭的微观结构，但是过高的压力会使降低焦炭的取向性，张怀平等研究发现在中间相形成

的中后期适当降低压力可以提高焦炭取向性，改善石油焦的微观结构。有研究发现，降低焦化压力有利于降低石油焦的挥发分，侯继承等试验发现，当操作压力由0.195MPa降到0.115MPa时，焦炭的挥发分降低了2.05%，这主要是因为操作压力降低后，缩短了高温油气在焦炭塔内的停留时间，部分重油馏分随着油气逸出焦炭塔，降低了焦炭的挥发分。从反应动力学看，焦化反应过程是体积增大的过程，因此采用低压操作对裂解反应有促进作用，而对缩合反应有一定的抑制作用。因此低压操作有利于提高液体产品收率，降低焦炭收率，但是低压操作对于中间相的发育具有阻碍作用，因此，炼油企业对焦化一般追求高液收的目标，忽视了焦炭显微结构的提高。国外公司开发的延迟焦化技术基本采用低压操作，以美国康菲公司（Conoco Phillips）为例，操作压力最低仅为0.105MPa，而目前国内设计的延迟焦化装置操作压力较高，一般为0.17MPa。

5.3　循环比

延迟焦化的循环比是指循环油与新鲜进料的比值，一般在0.1~0.5，国外也实现了零循环比操作，国内焦化循环比普遍偏高，与延迟焦化运行周期有关。低循环比下容易引发炉管结焦加快，缩短装置的开工周期，因此在保证一定开工周期的前提下，需要一定的循环比。循环油是焦化生成油气中较蜡油还要重的馏分，性质较差，不易二次加工，但相比焦化新鲜进料的减渣，其胶质、沥青质较少，性质优于减渣，因此，循环比增加优化了焦化原料，有利于提高石油焦中的纤维结构。但对于焦化装置整体效益而言，循环比的增加会降低液体收率，提高焦炭收率，从而降低焦化总体效益。

6　提高石油焦负极加工及电性能的相应对策及建议

（1）优化原料组成

石油焦的一般原料为减压渣油或重油沥青，其含有较高的胶质及沥青质，易生成高含量镶嵌结构的石油焦，可以掺入高芳烃含量的催化油浆改善焦化原料的性质，但催化油浆中的催化剂粉末要去除，否则增加石油焦的灰分，还影响中间相的发育。但对于高硫原油的渣油，如果进行脱硫处理则会大大增加加工成本，无法实现效益最大化。

（2）降低炉出口温度

焦化加热炉炉出口温度决定了焦化塔内的反应温度，过低的炉出口温度会使焦炭塔内温度过低，焦化不完全，出现部分的软焦，因此炉出口温度根据装置的实际情况可在较小的范围内进行调整。

（3）增大循环比

延迟焦化循环比的调节受焦化装置设计的限制，对于设计循环比不可调的装置仅能小范围内调节循环比，适当增大循环比可改善焦的微观结构，但同时也会增加焦炭收率，应考虑焦化装置的整体效益采取合适的循环比。

（4）延长生焦时间

生焦时间的长短影响着石油焦挥发分的含量。生焦时间延长，挥发分降低，汪五四研究

中，焦化塔改为48小时生焦后，焦炭质量提高，挥发分降低。因此，可通过适当延长生焦时间来降低石油焦的挥发分。

（5）建立适用于负极石油焦评价标准

炼油企业按石油焦（生焦）标准（NB/SH/T 0527—2019）进行产品出厂检验，而负极材料对石油焦的硫含量、挥发分波动范围及铁、镍等金属含量有较高要求，且注重各项指标的稳定性，供需双方技术需求存在不对称。该标准中主要从石油焦的硫含量、挥发分、灰分等方面进行划分为三个等级7个牌号，见表6。国家标准GB/T 37308—2019对油系针状焦进行了指标限定，分别制定了锂离子电池负极材料用煅前、煅后油系针状焦技术指标及石墨电极用煅后油系针状焦技术指标，见表7、表8和表9。

表6 石油焦（生焦）技术指标

项目		质量指标						
		1号	2A	2B	2C	3A	3B	3C
硫含量（质量分数）/%	≤	0.5	1.0	1.5	1.5	2.0	2.5	3.0
挥发分（质量分数）/%	≤	12.0	12.0	12.0	12.0	12.0	12.0	12.0
灰分（质量分数）/%	≤	0.3	0.35	0.4	0.45	0.5	0.5	0.5
总水分（质量分数）/%		报告						
真密度（煅烧1300℃，5h）/（g/cm³）	≥	2.05	—	—	—	—	—	—
粉焦量（质量分数）/%	≤	35	报告	报告	报告	—	—	—
微量元素含量/（μg/g）	硅	300	300	报告	—	—	—	—
	钒	150	300	报告	—	—	—	—
	铁	250	300	报告	—	—	—	—
	钙	200	300	报告	—	—	—	—
	镍	150	250	报告	—	—	—	—
	钠	100	200	报告	—	—	—	—
氮含量（质量分数）/%		报告	—	—	—	—	—	—

表7 锂离子电池负极材料用煅前油系针状焦技术指标

项目		指标	
		I	II
真密度/（g/cm³）	≥	1.35	1.35
硫含量（质量分数）/%	≤	0.40	0.50
氮含量（质量分数）/%	≤	0.50	0.60
挥发分（质量分数）/%	≤	5~12	5~12
灰分（质量分数）/%	≤	0.10	0.40
干燥基水分（质量分数）/%	≤	5.0	5.0

表8 锂离子电池负极材料用煅后油系针状焦技术指标

项目		指标	
		I	II
真密度/（g/cm³）	≥	2.12	2.10
硫含量（质量分数）/%	≤	0.40	0.50
氮含量（质量分数）/%	≤	0.40	0.50
挥发分（质量分数）/%	≤	0.30	0.40
灰分（质量分数）/%	≤	0.20	0.50
干燥基水分（质量分数）/%	≤	0.15	
振实密度（1~2mm）/（g/cm³）	≥	0.88	0.85

表9　石墨电极用煅后油系针状焦技术指标

项目	指标	
	I	II
真密度/(g/cm³) ≥	2.13	2.12
硫含量(质量分数)/% ≤	0.40	0.50
氮含量(质量分数)/% ≤	0.40	0.50
挥发分(质量分数)/% ≤	0.30	0.40
灰分(质量分数)/% ≤	0.15	0.30
干燥基水分(质量分数)/% ≤	0.15	
热膨胀系数(室温 ~ 600℃)(CTE)/(10⁻⁶/℃)	1.0	1.3
振实密度(1~2mm)(g/cm³) ≥	0.88	0.85

表7~表9中对针状焦的指标要求仅仅是一些物理性能指标，这些指标无法反应负极性能，针状焦作为生产大容量负极的原料，但从负极性能的要求来看，针状焦用在负极属于"大材小用"，针状焦以其优异的低热膨胀系数、优良的机械强度、真密度、低电阻率等性能用于高功率石墨电极。而锂电池容量、倍率、首效及循环性却与石墨化后的碳层结构密切相关，所以现行标准对负极行业的生产指导有限，按照标准采购的不同厂家的焦原料，生产出的负极材料性能却有着较大的差异，给原料采购方带来了极大的困扰，负极厂家只能对每批原料进行大量的工艺评选试验确定每批原料焦的适宜工艺参数及产品性能，因此急需建立适用于负极石油焦的评价标准来指导负极企业的采购及加工。

（6）石油焦分类存储、分类销售

由于焦炭塔不同部位的生焦情况不同，导致焦的结构有所变化，建议把塔底和塔上部石油焦单独切焦，将优质的中部石油焦单独存储、销售，按照结构进一步细分石油焦产品类型。

7　结束语

人造石墨负极的研究经历了近20年的导入期，目前正处于技术的成长期，在这个阶段，生产技术基本完善，参加竞争的企业迅速增加，市场与管理风险加大，企业的核心竞争力由技术开发转向降低生产成本能力，因此，持续降低生产成本能力成为企业发展的机遇。对于石油焦企业来说，石油焦一直作为炼厂的副产品，原料为平衡全厂生产结构，工艺以降低焦炭收率为目标，

对于石油焦的质量控制仅限于灰分、硫含量、水分、挥发分等指标，而在负极领域，影响负极性能的是石油焦微观结构，因此石油焦企业需更加关注石油焦内部微观结构的控制，急需炼油企业打破行业界限，响应行业需求，构建起产业链合作的高效开发模式，共同研究石油焦—负极材料构效关系，将优质的低硫石油焦定位于高端负极原料的开发，发挥现有优势，补充质量短板，将原来延迟焦化的"粗犷"加工路线转变为"精细"的路线，包括原料精细化，工艺精细化、分储分销等策略的调整，将石油焦赋予材料的特性，解决目前的负极原料的成本问题，以此为指导开发具有负极材料需求的微观结构的石油焦，实现负极专用石油焦的"定制化"，既缓解了人造石墨负极市场上高性价比石油焦的供应不足问题，又为炼化企业开拓了提升石油焦附加值的应用新领域。

参 考 文 献

[1] 罗望群，王永邦，姚思涵. 浅议石油焦对锂电池负极材料发展的重要作用. 当代石油石化，2023，31（1）：25-30.

[2] 戎泽，李子坤，杨书展，等. 锂离子电池用碳负极材料综述[J]. 广东化工，2018，45（2）：117-119.

[3] 周军华，褚赓，陆浩，等. 锂离子电池负极材料标准解读[J]. 储能科学与技术，2019，8（1）：223-231.

[4] 刘盼，谢秋生，陈然，等. 人造石墨材料，复合材料及其制备方法：中国，201910467031[P]. 2019-05-31.

[5] 刘春洋，李素丽. 一种锂离子电池用的高容量快充负极材料及锂离子电池：中国，201910697241[P]. 2019-06-13.

[6] 杨小飞. 长岭石油焦用作锂离子电池负极材料的可行性研究[D]. 湖南：湖南大学，2003.

[7] 叶冉，詹亮，张秀云，等. 酚醛树脂包覆石墨化针状焦用作锂离子电池负极材料的研究[J]. 华东理工大学学报(自然科学版)，2010(4)：518-522.

[8] 陆佳欣，杨璐彬，王际童，等. 低硫石油焦锂离子电池负极材料的电化学性能研究[J]. 化学反应工程与工艺，2021，37(5)：457-465.

[9] 相湛昌，田发亮. 石油焦燃烧过程中多环芳烃生成特性研究[D]. 检验检疫学刊，2018，28(3).

[10] 刘建锟，杨涛，郭蓉，等. 解决高硫石油焦出路的措施分析[J]. 化工进展，2017，36(7)：2417-2427.

［11］乔永民，徐卿卿，吴仙斌，等．石墨化方式对锂离子电池人造石墨负极材料性能的影响［J］..炭素技术，2020.39（4）：50-52.

［12］齐仲辉，徐有红，刘洪波，等．整形和表面改性对人造石墨负极材料性能的影响［J］.碳素技术，2012，31（1）：1-5.

［13］王九洲，刘雪省，钱锋，等．碳包覆天然石墨用于负极材料的研究［J］.电源技术，2014，38（6）：1034-1037，1054.

［14］张晓波，叶学海．包覆处理对提高人造石墨负极材料性能的研究．无机盐工业.2015，47（8）：80-82.

［15］Brooks J D, Taylor G H. The formation of graphitizing carbons from the liquid phase［J］. Carbon, 1965, 3（2）：185-193.

［16］单长春，刘春法，张秀云，等．针状焦光学显微结构分析研究［J］.燃料与化工，2008，39（10）：35-38.

［17］赵晓，刘若琦，李子坤，等．焦原料种类对人造石墨快充性能的影响［J］.电源技术，2022，46（9）：962-965.

［18］王邓军，王艳莉，詹亮，等．锂离子电池负极材料用针状焦的石墨化机理及其储锂行为［J］.无机材料学报，2011，26（6）：619-624.

［19］牛鹏星，王艳莉，詹亮，等．针状焦和沥青焦用作锂离子电池负极材料的电极性能［J］.材料科学与工程学报.2011，29（2）：204-209.

［20］卢良油．超高功率石墨电极生产工艺技术探讨［J］.建筑工程技术与设计，2015（6）.19-23.

［21］ZHUF, SONG W L, GE J, et al. High - Purity Graphitic Carbon for Energy Storage：Sustainable Electrochemical Conversion from Petroleum Coke［J］. Advanced Science, 2023：220-239.

［22］YUAN G, JIN Z, ZUO X, et al. Effect of carbonaceous precursors on the structure of mesophase pitches and their derived cokes［J］. Energy & fuels, 2018, 32（8）：8329-8339.

［23］钱树安．试论可溶性中间相的分子结构本性及其形成途径［J］.新型炭材料，1994，20（2）：1-3.

［24］马文斌.FCC油浆组成结构特征对延迟焦化及后续加工的影响［J］，炼油技术与工程，2014，44（1）：7-11.

［25］隆建，沈本贤，刘慧，等．减压渣油掺炼煤焦油的共焦化性能研究［J］.石化技术与应用，2012，30（2）：119-122.

［26］阳光军，肖革江．焦化装置掺炼催化裂化油浆技术的应用［J］.石油炼制与化工，2002，33（5）：10-13.

［27］杨万强．掺炼FCC油浆对延迟焦化装置的影响［J］.石油技术与工程，2012，42（11）：14-17.

［28］张金先．延迟焦化装置掺炼催化裂化油浆概况及效益［J］.炼油技术与工程，2010，40（10）：10-13.

［29］李君龙，龙伟灿．催化裂化油浆进焦化掺炼流向优化及经济效益分析［J］.当代石油石化，2012，20（5）：31-33.

［30］刘袁旭．原料组成及焦化工艺对石油焦结构性质的影响规律研究．中国石油大学（北京）硕士专业论文学位论文，2023.6

［31］KIM J H, KIM J G, LEE K B, et al. Effects of pressure - controlled reaction and blending of PFO and FCC-DO for mesophase pitch［J］. Carbon Letters, 2019, 29：203-212.

［32］ESER S. Mesophase and pyrolytic carbon formation in aircraft fuel lines［J］. Carbon, 1996, 34（4）：539-547.

［33］AYACHE J, OBERLIN A, INAGAKI M. Mechanism of carbonization under pressure, part II：influence of impurities［J］. Carbon, 1990, 28（2-3）：353-362.

［34］CHENG J, XIANG L, LI Z. Road asphalt prepared by high softening point de - oiled asphalt from residuum solvent deasphalting［J］. Petroleum science and technology, 2014, 32（21）：2575-2583.

［35］ZAMBRANO N P, DUARTE L J, POVEDA-JARAMILLO J C, et al. Delayed coker coke characterization：correlation between process conditions, coke composition, and morphology［J］. Energy & Fuels, 2017, 32（3）：2722-2732.

［36］YUAN G, JIN Z, ZUO X, et al. Effect of carbonaceous precursors on the structure of mesophase pitches and their derived cokes［J］. Energy & fuels, 2018, 32（8）：8329-8339.

［37］王玉章，陈清怡，李锐．延迟焦化成焦周期对焦炭收率和质量的影响，炼油设计，2002，32（8）：6-8.

［38］WANG F, JIAO S, LIU W, et al. Preparation of mesophase carbon microbeads from fluidized catalytic cracking residue oil：The effect of active structures on theircoalescence［J］. Journal of Analytical and Applied Pyrolysis, 2021, 156：105-108.

［39］FANJUL F, GRANDA M, SANTAMARI A R, et al. On the chemistry of the oxidative stabilization and carbonization of carbonaceous mesophase［J］. Fuel, 2002, 81（16）：2061-2070.

［40］YUAN G, CUI Z. Preparation, characterization, and applications of carbonaceous mesophase：a review［J］. Liquid Crystals and Display Technology, 2020：101.

［41］MOCHIDA I，OYAMA T，KORAI Y. Improvements to needle-coke quality by pressure reductions froma tube reactor［J］. Carbon，1988，26（1）：57-60.

［42］张怀平. 煤焦油和石油渣油共炭化制备针状焦［J］. 石油炼制与化工，2005，36（2）：21-26.

［43］侯继承，卢浩，刘健. 延迟焦化含硫污水高效除油技术的工业应用［J］. 石油炼制与化工，2018，49（8）：94-97.

［44］杨军，王乐毅. 延迟焦化装置接触冷却系统存在的问题及优化［J］. 石油炼制与化工，2018，49（1）：99-102.

［45］黄新龙，王宝石，李晋楼，等. 降低焦炭塔操作压力对焦化过程的影响［J］. 石油炼制与化工，2019，50（4）：16-18.

［46］张锡泉，梁文彬，周雨泽，等. 延迟焦化装置工艺技术特点及其应用［J］. 炼油技术与工程，2010，40（5）：21-24.

［47］王洪彬，王宝石，岑友良，等. 低压操作对延迟焦化产品分布和性质的影响［J］. 现代化工，2019，39（12）：216-219.

［48］汪五四. 延长生焦时间对延迟焦化装置的影响［J］. 安徽化工，2003，123（3）：29-30.

［49］石油焦（生焦）. 中华人民共和国石油化工行业标准. NB/SH/T 0527—2019

［50］油系针状焦. 中华人民共和国国家标准 GB/T37308-2019.

新型沥青材料的研发与应用前景探讨

吕文姝　杨克红　张艳莉

（中石油克拉玛依石化有限责任公司）

摘　要　随着城市化进程的加快和交通网络的不断扩展，道路建设与维护成为了一个日益重要的议题。传统沥青材料在长期使用过程中，面临着耐久性差、易老化、维修成本高等诸多挑战。因此，新型沥青材料的研发与应用成为了道路工程领域的研究热点。基于此，本文旨在探讨新型沥青材料的最新研发进展及其广阔的应用前景。

关键词　新型沥青材料；沥青研发；沥青应用前景

道路作为城市交通的动脉，其性能直接关系到城市交通的顺畅与安全。沥青作为道路建设的主要材料之一，其性能直接影响着道路的使用寿命和维修成本。因此，研发性能更加优越、成本更加合理的新型沥青材料，对于提升道路质量、降低维护成本具有重要意义。

1　新型沥青材料的研发进展

近年来，随着材料科学和化学工程技术的飞跃式发展，新型沥青材料的研发如同璀璨星辰，照亮了道路工程领域的未来。这些创新材料不仅在性能上实现了对传统沥青的颠覆性超越，更在环保、可持续性等方面展现出了巨大潜力。

首先，高性能改性沥青无疑是材料科学领域的一颗璀璨明珠。通过精密的配方设计和先进的生产工艺，高分子聚合物、纳米材料等高科技改性剂被巧妙地融入沥青之中，实现了对其物理和化学性质的深刻改造。这种改性不仅显著提升了沥青的高温稳定性，使其在炎炎夏日下依然能够保持坚实的路面结构，有效抵抗车辙和推移等病害；同时，也极大地增强了其低温抗裂性，即便是在严寒的冬季，也能防止路面因温度骤降而开裂，确保了道路的畅通无阻。此外，改性沥青的耐久性也得到了显著提升，能够经受住时间的考验，有效延长了道路的使用寿命。

其次，生物基沥青作为环保材料的代表，正逐渐走进人们的视野。这种沥青以植物油、废弃物等生物质资源为原料，通过特定的加工工艺精制而成。它不仅具有传统石油基沥青所不具备的环保、可再生等优点，而且在某些性能上甚至更胜一筹。例如，某些生物基沥青在低温下表现出

更好的柔韧性和抗裂性，能够更好地适应寒冷地区的气候条件。同时，生物基沥青的生产过程也减少了对化石能源的依赖和碳排放，有助于缓解全球气候变暖问题。随着环保意识的不断提高和技术的不断进步，生物基沥青有望在道路工程领域得到更广泛的应用和推广。

最后，废旧材料再生沥青则是循环经济理念在道路工程领域的生动实践。通过将废旧轮胎、废旧塑料等废弃物进行回收再利用，经过破碎、熔融等工艺处理后与沥青混合制成再生沥青，不仅实现了废弃物的资源化利用和减量化处理，降低了生产成本和环境污染风险；而且其性能也能满足道路工程的要求甚至在某些方面超越传统沥青。例如，废旧轮胎中的橡胶颗粒能够增加沥青的弹性和抗磨损性，使得再生沥青路面更加耐用和舒适。这种"变废为宝"的创新模式不仅为道路工程领域带来了新的发展机遇也为推动社会经济的绿色转型和可持续发展做出了积极贡献。

2　新型沥青材料的应用前景

2.1　新型沥青材料在高速公路建设中的应用前景

随着高速公路网的逐步完善和交通流量的急剧增加，对高速公路路面材料的要求也日益提高。新型沥青材料以其卓越的性能和环保优势，在高速公路建设中展现出广阔的应用前景。首先，高性能改性沥青的高温稳定性和耐久性能够确保高速公路在极端气候条件下依然保持平整、坚实，有效减少因车辙、推移等病害导致的路面损坏和维修成本。同时，其优异的抗裂性也保障了高速公路在冬季严寒条件下的通行安全。其

次，生物基沥青的环保特性和可再生性使得它在高速公路建设中成为绿色、低碳的选择。使用生物基沥青不仅能够减少对环境的污染，还能降低对石油等化石能源的依赖，符合可持续发展的理念。最后，废旧材料再生沥青在高速公路建设中的应用，不仅实现了废弃物的资源化利用，还降低了生产成本和环境污染风险。这种循环经济模式将推动高速公路建设向更加绿色、环保的方向发展。

2.2 新型沥青材料在城市道路改造中的应用

随着城市化进程的深入，城市道路作为城市基础设施的重要组成部分，其改造与升级日益受到重视。新型沥青材料以其独特的性能优势，在城市道路改造中展现出了巨大的应用潜力。首先，针对城市交通流量大、重载车辆多的特点，高性能改性沥青能够有效提升城市道路的承载能力和耐久性。通过增强沥青的高温稳定性和抗磨损性，可以显著减少路面车辙和坑洼的形成，提高道路的平整度和行车舒适度。这对于缓解城市交通拥堵、提升市民出行体验具有重要意义。其次，生物基沥青的环保特性使其在城市道路改造中更具吸引力。在城市这个人口密集、环境敏感的区域，使用生物基沥青可以减少对环境的污染，提升城市空气质量，为市民创造更加宜居的生活环境。同时，生物基沥青的可再生性也符合城市可持续发展的需求。最后，废旧材料再生沥青在城市道路改造中的应用，不仅体现了循环经济的理念，还实现了废弃物的资源化利用。通过将废旧轮胎、废旧塑料等废弃物转化为道路建设材料，既降低了生产成本和环境污染风险，又提高了资源的利用效率。这种创新模式为城市道路改造提供了新的思路和方法。此外，新型沥青材料在城市道路改造中还可以结合智能化技术进行应用。例如，利用物联网、大数据等现代信息技术对道路进行实时监测和数据分析，可以及时发现道路病害并进行预警和维护。同时，还可以根据道路使用情况和交通流量变化，对新型沥青材料的配方和施工工艺进行动态调整和优化，以进一步提高道路的性能和使用寿命。这种智能化与新型沥青材料的结合应用，将推动城市道路改造向更加智能、高效、环保的方向发展。

2.3 新型沥青材料在特殊环境条件下的应用

除了高速公路和城市道路，新型沥青材料在特殊环境条件下的应用同样值得关注。这些特殊环境可能包括极端气候区域、重载交通路段或是需要特殊保护的自然环境区域。在极端气候区域，如沙漠、高原和极地等地，道路面临着极端温度变化和恶劣天气条件的双重挑战。高性能改性沥青的耐高温和低温性能在这些区域显得尤为重要。其卓越的稳定性可以确保道路在高温下不软化、不流淌，在低温下不脆裂、不断裂，从而保障交通的顺畅和安全。同时，生物基沥青由于其良好的环保性能和可再生性，也适合在这些地区推广应用，减少对传统能源的依赖和环境污染。对于重载交通路段，如矿山、港口和工业区等地，道路需要承受重型车辆和设备的频繁碾压。这种高强度的使用对道路材料的性能提出了极高的要求。废旧材料再生沥青因其独特的组成成分，如废旧轮胎中的橡胶颗粒，能够增加沥青的弹性和抗磨损性，使路面更加耐用。同时，通过优化再生沥青的配方和生产工艺，还可以进一步提升其承载能力和耐久性，满足重载交通的需求。在需要特殊保护的自然环境区域，如生态保护区、风景名胜区等地，道路建设需要更加注重环保和生态影响。新型沥青材料在这方面同样展现出了巨大的潜力。例如，某些生物基沥青在生产过程中采用了可降解的添加剂和环保的生产工艺，使得其在使用过程中对环境的影响降到最低。同时，废旧材料再生沥青的应用也减少了废弃物对自然环境的污染，实现了资源的循环利用和可持续发展。

3 结语

综上所述，新型沥青材料的研发与应用不仅为道路工程领域带来了新的发展机遇和挑战，也为提升道路质量、降低维护成本、推动社会经济的绿色转型和可持续发展做出了积极贡献。随着技术的不断进步和环保意识的不断提高，新型沥青材料的应用前景将更加广阔。

参 考 文 献

[1] 王传强. 改性沥青新材料在公路道路中的应用[J]. 绿色环保建材, 2019, (07): 6+9.

[2] 石磊. 市政道路施工中新材料的应用探讨[J]. 工程建设与设计, 2019, (10): 65-66.

信息化创新在危险作业履职管理中的应用

江晨曦　胡爱民　李　欣

（中石油克拉玛依石化有限责任公司）

摘　要　利用信息化实现对石油石化企业危险作业过程中各项制度不落实、人员不履职等违章情况进行细节化和创新管理，实现现场监督与网络数据月度分析相结合的"监督-分析-评价"的新型循环工作法，不仅使危险作业现场管理提升效果显著，而且实现作业安全信息化管理。

关键词　信息化；创新管理；危险作业；人员履职；履职评价

在石油化工企业开展的危险作业具有数量多、管理难度大、高风险等特点，是为企业安全生产带来不确定因素最多、最容易发生人员伤亡的工作环节，而且由于石油石化企业危险作业签票人员岗位责任落实不到位、承包商管理不严格、紧急抢修非计划检修等因素导致的危险作业事故屡屡发生。通过对石油石化行业内多项事故的原因分析，发现在检维修和工程施工作业全过程管理当中，存在如工艺、设备、安全等多个技术岗位人员未履行各自职责，导致最终事故的多发。因此做好检维修和工程施工作业过程受控管理工作，保证相关人员履职到位，能有效降低石油化工行业事故发生率。

危险作业由于作业人员和作业行为是持续并保持变化的不确定状态，所有现场安全生产风险最高、开展频次最多、不确定因素最多、管理难度最大，要做到强化源头治理、系统治理、精准治理和综合治理，并落实作业管理责任体系，强化作业现场监督监管，必须进行现场履职管理革新，挖掘效率更高、更科学先进的管理办法。

1　"监督-分析-评价"的新型循环工作法

某炼化企业通过信息化应用实现危险作业履职创新管理，并通过近3年的实践与应用，建立了"作业履职管理评价"的方法，暨结合石化行业全过程安全管理（PSM）的工作方式对作业现场开展全过程的监督检查，通过调动属地全员查处不同类型的违章问题，并定期对查处的违章问题开展分析，寻找属地单位在作业管理上存在的短板问题，制定针对性的提升措施，抓执行、抓落实实现管理提升，再通过对属地单位的作业管理开展定期量化评价验证管理提升的效果，并以评价和嘉奖与考核方式促管理，形成"监督-分析-评价"的新型循环工作法，以下简称"作业履职管理评价"。通过合理使用"作业履职管理评价"，循环开展作业管理和人员履职情况评价、制定管理措施或计划、落实签票人员履职管理提升的工作模式定义为"危险作业过程管理及人员履职评价"管理模式。

1.1　月度管理综合评价

作业履职管理评价就是评价某个属地单位一定时期内各"保护层"的有效情况，即某个属地单位各作业管理岗位人员的履职情况。以属地单位当月开具的作业票证数量和被其他部门检查作业现场的频次反映属地单位的作业管理难度，以属地单位当月各作业管理岗位人员在作业现场检查各项违章的总数反映属地单位的各作业管理岗位人员履职情况，以被公司各专业部门检查暴露出的违章问题及严重成都反映属地单位的违章值，计算属地单位的月度违章率，则可以得出一个计算公式：月度违章率=月度违章值/（月度被检查频次×月度自查违章数×月度作业票证数）×100%。

通过计算公式对各属地单位危险作业过程管理情况得出一个量化值，借助数值开展对各属地单位的综合评价，评价方式以"面"代"点"，是职业安全管理迈向全过程安全管理的一个创新尝试，通过对危险作业的多项管理要素：自查违章数、违章值、被查频次和票证数形成的数值开展综合评价，代替原职业安全管理中，用每日通报的违章问题来点评属地单位的作业管理情况。用月度"面"的评价方式代替了原有月度"点"的通报方式，在原有杜绝作业现场违章行为的基础上，增加了对本单位自主管理的要求，通过人员的履职尽责可以在一定程度上降低现场违章对本单位管理评价带来的影响，起到了"抓"管理人员职责落实的作用。

1.2　各属地单位主动开展管理评价

月度违章率是反映属地单位的管理结果，属于既定事实。但属地单位人员履职尽责是主观因素，仍需要属地单位抓人员职责履行和事后责任的落实，即对属地单位的主动管理情况开展评价，详情见表1。

表1　主动管理分类表

评价要素	要素分类	执行办法	执行结果
主动管理	督促各岗位人员履职	属地单位加强监督，督促人员现场履行各岗位职责	自查违章：属地单位督促各岗位人员现场查处并上报登记违章
		现场各岗位人员主动履行各自职责	
	查找管理短板	各岗位人员针对被查处暴露的问题，积极主动分析各自职责履行不到位的主观原因	个人违章原因分析：违章问题涉及个人岗位职责履行不到位的原因分析
		属地单位管理层面，如：作业批准人、副主任、安全总监等。针对被查处暴露的问题分析各岗位职责履行不到位的主观原因，结合各岗位的个人分析，总结出属地单位在管理层面存在的漏洞或短板	管理短板：属地单位在对现场作业的管理上存在的漏洞或管理不合理、有缺失的部分
		公司安全管理部门，应根据各属地单位履职分析得出的管理短板，统计得出最为突出的短板问题作为公司作业管理痛点问题，对痛点问题提出具体的管理要求	管理痛点的整改要求：对公司现场作业管理最突出、最迫切需要解决的问题提出的整改要求。需要融入各属地单位的管理提升计划中
	落实管理提升	各属地单位根据分析结果和公司管理痛点问题的管理要求，结合本单位管理现状，针对短板制定管理提升计划，计划具备可执行性，明确执行责任人或责任划分，明确监督管理办法，对管理提升效果持续评估追踪，直至问题闭环消除	属地单位制定和落实执行管理提升计划，跟踪管理提升的效果优化调整或关闭管理提升计划
		公司安全管理部门通过监督检查，验证各单位管理提升计划的落实执行情况和提升效果，对管理提升效果差、短板痛点问题治理不到位的单位开展专项帮扶工作	公司安全管理部门检查监督各属地单位管理提升计划落实执行情况，评估管理提升效果

主观因素反映在属地单位的主动管理，主动管理涉及三个维度，分别为：督促各岗位人员履职、治理管理短板、实现管理提升。将主动管理中已经参与月度违章率计算的岗位人员履职结果排除，即避开自查违章数，对属地单位的剩下两个管理要素在全公司范围内进行横向对比排名，对比排名不宜设置更多的计算公式，主要目的仍是促进属地单位落实执行和自主抓落实，通过日常监督检查的结果看重复性问题的暴露频次即可作出评比。评价方法：月度属地单位的主动管理情况＝下个月重复性问题发生频次是否有明显的降低，举例如表2所示。

表2　月度各单位作业履职管理情况复查部分情况验证表

属地单位	较上月重复性问题的发生频次	管理提升验证结果	评价结果
炼油一部	重复性问题大幅降低或完全消除	计划有效，管理提升显著，可关闭计划	优
炼油二部	重复性问题小幅降低	需要持续开展管理提升或优化调整管理提升计划	良
炼油三部	重复性问题发生频次没有降低，管理无提升	需要整改管理提升计划，抓好计划落实	差

重复性问题暴露频次大幅降低或完全消除则管理提升显著；小幅的降低则考虑持续开展管理提升或优化调整管理提升计划；重复性问题发生频次没有降低管理无提升，根据重复性问题的发生频次逐渐降低排名，对排名末位的若干单位按管理情况落实考核督促其管理提升，对排名靠前的若干单位按管理情况落实嘉奖督促各单位学习提升，达到公司整体危险作业管理水平的提升。

2 应用情况和阶段性目标

2.1 阶段一目标

阶段一是作业履职管理的起步阶段，需要所有技术人员参与并通过人员职责履行的角度开展分析和评价，能够有效地应用分析结果。通过阶段一实现分析违章问题暴露的主要原因，对问题原因进行分析找出属地单位技术管理人员在职责履行上的漏洞或属地单位综合管理层面的短板，对人员职责履行的漏洞或管理短板制定措施，落实管理提升。

2.2 阶段二目标

阶段二是应用分析结果消除重复性问题，是作业履职管理的初期阶段，需要各属地单位的管理人员，如安全总监、副经理、经理、书记等，能够做好对所有技术人员主动现场履职的监督，督促人员做好现场的动态管理，属地单位的管理体系能够持续有效地运行，以人员查处现场问题为人员履职效果的依据。以大量暴露的问题为基础数据，制定管理提升计划治理造成最多重复性问题的管理短板，建立对管理提升计划的PDCA循环，对治理效果进行追踪、必要时调整和优化管理提升计划以确保对重复性问题的治理有效。已经实现专业管理与技术人员能够主动履职，各属地单位能够对人员履职进行有效的监督，确保现场持续检查受控，暴露较多的现场问题。

各属地单位的领导，如安全总监、副经理、经理、书记等，能够精准找出重复性问题的管理短板并制定具体的、有实践意义的措施。各单位做好管理提升计划执行的监督和效果验证，通过效果验证对计划进行优化和调整，确保管理提升工作有效果，减少重复性问题的反复暴露。

3 实施效果

目前通过三年的履职工作，某炼化企业作业履职管理已经已完全达成阶段二的实践要求，以下是2021年至2024年的数据对比和效果分析。

3.1 2021—2024年度平均作业违章率对比

某炼化企业2021—2024年度平均作业违章率对比情况如表3、图1所示。

表3 某炼化企业2021—2024年度平均作业违章率

时间	2021.6—2022.5	2022.6—2023.5	2023.6—2024.5
违章率	4.04%	11.77%	1.55%

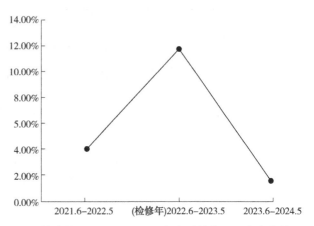

图1 某炼化企业2021—2024年度平均作业违章率趋势图

3.2 2021—2024年度公司监督检查作业数量对比情况

某炼化企业2021—2024年度各专业管理部门作业监督检查，作业违章查处数量情况如表4、图2所示。

表4 某炼化企业2021—2024年查处作业违章总数统计表

时间	2021.6—2022.5	2022.6—2023.5	2023.6—2024.5
属地单位作业违章数	191	364	531
承包商作业违章数	44	344	366
查处作业违章总数	235	708	897

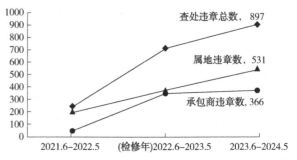

图2 炼化企业2021—2024年度公司级作业监督检查作业违章数趋势图

3.3　2021—2024 年度各属地单位作业违章自查数量对比情况

某炼化企业 2021—2024 年度各属地单位作业主动管理，作业违章自查数量情况如表 5、图 3 所示。

表 5　炼化企业 2021—2024 年各属地单位
作业违章自查数量统计表

时间	2021.6—2022.5	2022.6—2023.5	2023.6—2024.5
自查属地作业违章数	72	469	691
自查承包商作业违章数	853	2477	2364
自查作业违章总数	925	2946	3055

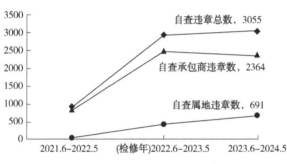

图 3　炼化企业 2021—2024 年度各属地
单位自查作业违章数趋势图

3.4　作业履职管理效果

作业违章率反映各属地单位作业管理的综合情况，第一年反映公司监管和属地自主管理都不够严格；第二年公司监管严格，由于检修年作业基数大幅上涨，属地自主管理还不够严格；第三年公司监管严格，属地单位自主管理严格，因此作业违章率有了显著的降低。

公司级作业违章查处数量反映公司各专业部门对作业现场的监管力度，从数据对比可以看出，从作业履职管理推行后，某炼化企业安全管理部门首先找出了公司作业监督存在的管理短板并落实管理提升，加强了对专业部门作业管理人员履职的监督，公司各专业部门对主管作业现场的监督力度得到了快速提升，并做到了在 2023—2024 的非检修年度仍能保持持续提升。

各属地单位自查作业违章数反映了各属地单位对属地作业现场的自主管理力度，从数据对比可以看出，各属地单位对承包商现场安全问题管理做到了严抓严管；对本单位签票人员的履职情况的监督也较为严格，并呈现逐年上升的趋势，管理提升效果显著，完全达到了作业履职管理阶段二的实践要求。

3.5　量化实施效果

某炼化企业推行"危险作业过程管理及人员履职评价"的管理模式后 3 年运行期间，自 2021 年 6 月正式实施新型"危险作业过程管理及人员履职评价"管理模式后至今，某炼化企业监管更加严格，反映公司作业管理力度提升的公司作业违章查处数同比上升约 281.7%；公司下属各属地单位的自主管理也更加严格，反映公司各属地单位作业管理力度提升的各属地单位作业违章自查数同比上升约 230.3%；作业现场更加安全受控，反映公司下属各属地单位的作业现场管理状态的各属地单位月度作业违章率同比提升约 61.6%。有效地解决了某炼化企业专业部门监管不严、属地单位自主管理宽松、作业现场标准化程度低的问题，管理成效显著。

4　结论

炼化企业检维修和工程施工作业过程受控及人员履职管理是一种新型的管理模式，是建立在传统职业安全管理迈向过程安全管理（PSM）工作方式的一种应用方法升级，与传统职业安全管理不同点在于对常规的安全检查融入了"大数据"的概念，是践行党中央关于构建国企安全管理"数智化"升级要求的阶段性成果，将传统职业安全管理中监督检查、问题通报、追责考核等方式所获得的基础信息转化为计算数据，通过计算得出一个量化的、具备结果导向的作业管理客观结果，即违章率数值。同时融入了石化行业全过程安全管理（PSM）的工作方式，重职责抓落实，定期开展问题追溯和分析评价，通过建立一种新型的量化职责履行的评价方式对作业管理客观结果的分析评价，来找出属地单位在现场管理和人员履职上存在的短板问题，通过分析、评价和落实的循环工作方式来确保管理提升持续有效的开展，既做到了属地单位作业管理人员履职情况的量化反馈，也为属地单位作业管理提升的效果验证提供了量化依据。

项目本身兼容性较强，除前期明确各岗位人员的职责是必要条件，作业过程中的人员履责管理、后期的分析评价和管理提升，都可根据阶段性的实践要求、投入成本和企业环境的不同，进行个性化修订，甚至可以设立信息化升级，利用信息化优势改变评价深度和广度，以客观数据分析结果为导向促进企业管理改进提升，在石油化工行业内具有广泛的推广意义。

参 考 文 献

[1] 胡爱民，何秀英，江晨曦. 石油化工装置检维修作业风险辨识及措施[J]. 石油安全，2022，(04)：51-54.

延迟焦化原料生焦趋势的研究及炉管结焦风险评价

田凌燕　甄新平　王　华　魏　军　董跃辉

（中石油克拉玛依石化有限责任公司）

摘　要　本文以中石油克拉玛依石化有限责任公司风城超稠油减渣为原料进行焦化生焦趋势的研究，以 100 万吨/年延迟焦化原料为基准，研究焦化原料的组成和基本性质对受热初期生焦特性的影响规律，在此基础上探究了超稠油减渣对焦化装置长周期安全运行的影响。结果表明，3 号减渣相对生焦诱导期低于 50%，作为焦化原料时存在严重的加热炉管结焦风险，焦化装置安全运行周期大大缩短。1 号和 2 号减渣的相对生焦诱导期介于 50% 和 100% 之间，作为焦化原料时一定程度上有增大加热炉管结焦的风险。

关键词　延迟焦化；生焦趋势；炉管结焦；生焦诱导期

轻质原油采出率越来越低，重质原油乃至超重稠油越来越受到炼油工业重视。我国的原油偏重，渣油含量一般超过 50%，稠油中的渣油含量更高，风城超稠油 >520℃ 减渣达到 57%。为了获得更高轻质油收率，一般需要将这部分渣油加热到较高的反应温度，进行加氢或脱碳方式的轻质化转化。近年来高金属、高残炭含量的劣质渣油焦化已经成为首选的渣油轻质化工艺，其中 85% 以上的形式是延迟焦化。在渣油加热升温过程中，尤其是在劣质渣油的延迟焦化加热炉管中升温时，渣油分子发生热裂化生成轻油馏分，进料流动性变好，但是胶体稳定性变差；当反应到一定程度时生焦速率显著加快，生焦诱导期结束，生成的焦炭在加热炉管内壁沉积结垢，传热阻力和流动阻力势均增大，焦化装置运行周期亦缩短，危机焦化装置长周期运行安全。因此研究受热初期焦化原料渣油生焦特性对于焦化装置的长周期、高效安全运行具有重要意义。由于焦化原料的组成对其热反应特性有重要影响，本文着重研究了几种焦化原料的组成和基本性质对受热初期生焦特性的影响规律，在此基础上探究了焦化原料对焦化装置长周期安全运行的影响。

1　实验部分

1.1　原料

本文以克石化超稠油减渣焦化原料为原料，开展焦化原料生焦趋势的测定研究，分析焦化原料对焦化装置长周期安全运行的影响。在对超稠油减渣焦化原料基本性质，包括测试原料的密度、黏度、残炭、沥青质含量、灰分、分子量、化学族组成（四组分）等基础上，剖析超稠油减渣焦化原料受热生焦趋势，确定不同原料的生焦诱导期，总结分析出了焦化原料对焦化装置长周期安全运行的影响。几种焦化原料性质分析如表 1 所示。

表 1　焦化原料油性质分析

项目		1 号减渣	2 号减渣	3 号减渣	100 万吨/年焦化原料
密度20℃/（kg/m³）		0.9794	0.9836	0.9869	0.9671
黏度，100℃/（Pa·s）		11.60	40.65	50.82	10.43
残炭/%		12.27	14.85	18.00	11.56
灰分/%		0.16	0.23	0.27	0.22
组成/%	饱和烃	25.33	17.59	15.17	35.21
	芳香烃	22.92	28.14	29.31	17.41
	胶质	47.19	48.95	48.96	43.82
	沥青质	4.56	5.32	6.56	3.56
碳/%		86.53	86.53	86.53	86.88
氢/%		11.92	11.77	11.68	12.38
H/C 原子比		1.642	1.621	1.609	1.698

1.2 生焦趋势测定方法

实验前，分别将盛有各种不同待测原料油的烧杯放在烘箱内，在125℃的温度下烘2~4h，取样前用玻璃棒搅拌将油样混匀，一边搅拌一边取样，然后分别精确称取几种不同焦化原料油样6~8g(精确至0.01g)，置于精确称重标号的试管中，然后油样试管放进不锈钢微型反应釜的反应容器中，通氮气至一定压力试漏，一段时间后压力保持不变即可正式进行实验。用氮气吹扫釜内3次后，将反应釜放入锡浴中加热，考虑到油样多为稠油和超稠油的减渣，在较苛刻的受热温度条件下的生焦诱导期较短，因此选定在400℃的较缓和反应温度和2.0MPa的氮气气氛下反应，到达反应时间后将釜提出放入水中急冷，然后将釜放在通风处放空釜体中的气体，卸开反应釜拿出石英试管进行下一步实验分析，在特定反应时间下进行重复实验以减小实验误差。

热反应后的油样精确称重后放到抽提器中，置于盛有在150mL甲苯溶剂的锥形瓶上，在130℃的温度下，抽提2h，之后将所有反应后油样转移到锥形瓶中。抽提完成冷却至室温后，用经过甲苯溶液浸泡24h，经干燥和已称重标号的滤纸置于玻璃漏斗中过滤，并用甲苯试剂洗涤将锥形瓶中不溶物全部转移到滤纸内，并将溶液过滤至锥形瓶；过滤完成后取出滤纸，放在索式抽提器中，置于刚才过滤所得的滤液锥形瓶上，在130℃的温度下抽提24h，直至索式抽提器中的溶液变澄清，且用玻璃棒蘸一滴溶液于干净滤纸上自然干燥后没有痕迹为止。之后取下抽提器，取出滤纸(抽提所剩溶液经蒸除溶剂后回收利用)，滤纸经过真空烘箱加热，并放入干燥器中经过彻底干燥冷却至室温后称重，并与之前滤纸的质量相减，即得到生焦的质量，焦的质量除以各油样的原始抽提油样质量，即得到初步的相应反应时间和温度下的生焦率。做出各油样的受热生焦趋势曲线找到生焦率为0.1%的时间点，即为该油样在该温度下的生焦诱导期，并在此点处再重复进行实验确保实验数据的准确性。

2 结果与讨论

2.1 超稠油减渣焦化原料受热生焦趋势

超稠油减压渣油及100万吨/年焦化原料在400℃和不同反应时间条件下测定到的生焦率汇总于表2，进而绘制出各个油样的受热生焦趋势线，如图1~图4所示。

表2 几种渣焦化原料400℃生焦趋势数据表

油样名称	反应时间/min					
	生焦率/%(质量分数)					
1号减渣	50	60	70	80	90	100
	0.012	0.015	0.026	0.097	0.181	0.240
2号减渣	50	60	70	80	90	100
	0.034	0.068	0.085	0.151	0.272	0.350
3号减渣	10	20	30	40	50	60
	0.027	0.057	0.092	0.241	0.420	0.593
100万吨/年焦化原料	70	85	90	105	110	120
	0.071	0.095	0.112	0.260	0.373	0.942

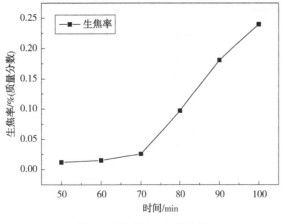

图1 1号减渣生焦趋势图

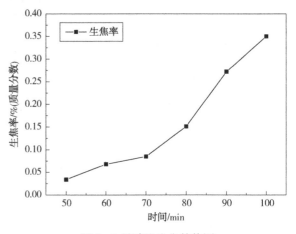

图2 2号减渣生焦趋势图

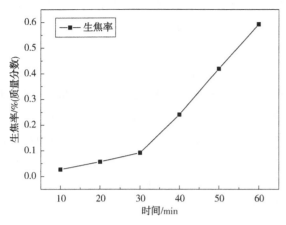

图3　3号减渣生焦趋势图

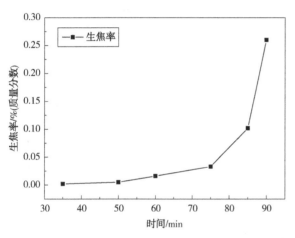

图4　100万吨/年焦化原料生焦趋势图

由图可见，随着反应时间延长，生焦率缓慢增大，但是当生焦率越过生焦诱导期(生焦率为0.1%对应的反应时间)之后，生焦率迅速升高。1号减渣、2号减渣、3号减渣及100万吨/年焦化原料的生焦诱导期分别为81min、73min、34min及89min。以100万吨/年焦化原料为基准，其相对生焦诱导期定为100%，则1号减渣、2号减渣、3号减渣的相对诱导期为91%、82%和38%，其相对生焦诱导期对比如图5所示。

由图5可知，1号减渣相对诱导期较高，达到91%，2号减渣相对诱导期为82%，而3号减渣相对诱导期仅为38%，低于50%。当相对生焦诱导期低于50%，作为焦化原料时存在严重的加热炉管结焦风险，焦化装置安全运行周期大大缩短；油样的相对生焦诱导期介于50%和100%，如1号、2号减渣，作为焦化原料时也可在一定程度上增大加热炉管结焦风险。

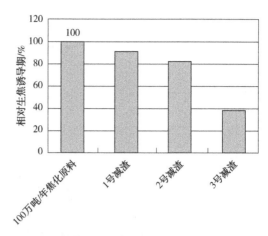

图5　相对生焦诱导期对比图

2.2　超稠油减渣焦化原料性质对生焦特性的影响

为考察各焦化原料的生焦特性，考察同一系列减渣原料的密度、黏度、灰分、残炭对生焦趋势的影响规律。

2.2.1　密度对生焦特性的影响

超稠油减渣焦化原料油密度(20℃)与原料受热生焦诱导期关系如图6所示。由图6可见，生焦诱导期大致随着原料油密度的增大而逐渐缩短，呈减函数关系。

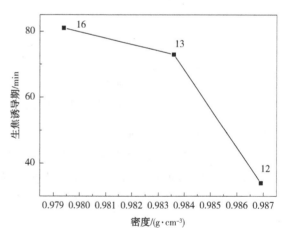

图6　超稠油减渣焦化原料密度(20℃)
与生焦诱导期关系图

2.2.2　黏度对生焦特性的影响

超稠油减渣焦化原料油黏度与原料受热生焦诱导期关系如图7所示。由图7可见，生焦诱导期大致随着油样黏度的增大而逐渐缩短，呈减函数关系。

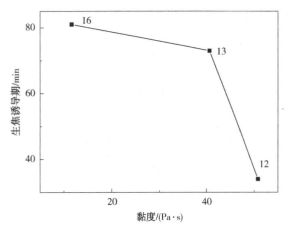

图 7 超稠油减渣焦化原料黏度与生焦诱导期关系图

2.2.3 灰分对生焦特性的影响

超稠油减渣焦化原料油灰分与原料受热生焦诱导期关系如图 8 所示。由图 8 可见，生焦诱导期大致随着油样灰分的增大而逐渐缩短，呈减函数关系。

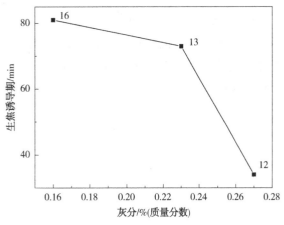

图 8 超稠油减渣焦化原料灰分与生焦诱导期关系图

2.2.4 残炭对生焦特性的影响

超稠油减渣焦化原料油残炭与原料受热生焦诱导期关系如图 9 所示。由图 9 可见，生焦诱导期大致随着油样残炭的增大而逐渐缩短，呈减函数关系。

2.3 焦化原料对焦化装置长周期安全运行的影响分析

焦化原料性质是影响焦化装置长周期安全运行的重要影响因素，研究和分析焦化原料性质与其生焦诱导期之间的关系对于延迟焦化工业装置高效运转显得尤为重要。

在超稠油减渣焦化原料油样中，焦化原料的生焦诱导期与其密度、粘度、灰分、残炭大致呈

减函数关系，而焦化原料的生焦诱导期并非单个基本性质所决定的，而是所有基本性质共同作用的结果。

相对于基准焦化原料 100 万吨/年焦化原料，3 号减渣相对生焦诱导期低于 50%，作为焦化原料时存在严重的加热炉管结焦风险，焦化装置安全运行周期大大缩短。而 1 号减渣和 2 号减渣的相对生焦诱导期介于 50% 和 100%，作为焦化原料时也可在一定程度上增大加热炉管结焦风险。

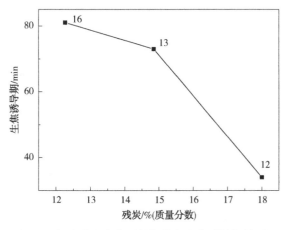

图 9 超稠油减渣焦化原料灰分与生焦诱导期关系图

3 结论

（1）四种油样在相同反应温度和反应压力条件下，每种油的生焦趋势均是在反应初期一段时间内生焦量基本没有显著增加，在达到生焦点后生焦量急剧增加。

（2）1 号减渣、2 号减渣、3 号减渣及 100 万吨/年焦化原料的生焦诱导期分别为 81min、73min、34min 及 89min。

（3）相对于基准焦化原料 100 万吨/年焦化原料，3 号减渣相对生焦诱导期低于 50%，作为焦化原料时存在严重的加热炉管结焦风险，焦化装置安全运行周期大大缩短。而 1 号减渣和 2 号减渣的相对生焦诱导期介于 50% 和 100%，作为焦化原料时也可在一定程度上增大加热炉管结焦风险。

（4）焦化原料的生焦诱导期与其密度、黏度、灰分、残炭大致呈减函数关系，而焦化原料的生焦诱导期并非单个基本性质所决定的，而是

所有基本性质共同作用的结果。

参 考 文 献

［1］徐辉，赵振新，赵锁奇，等．委内瑞拉减压渣油热反应及生焦研究．精细石油化工，2012，29（4）：51-53.

［2］邓文安，阙国和．胜利减压渣油胶质热反应生焦特性的研究．石油学报（石油加工）Acta Petroleisinica（Petroleum Processing Section），1997，13（1）：1-6.

［3］赵德智，穆文俊．减压渣油重胶质热反应生焦机理的研究．石油化工高等学校学报，1999，12（4）：56-59.

［4］王宗贤，张宏玉，郭爱军，等．渣油中沥青质的缔合状况与热生焦趋势研究．石油学报（石油加工），2000，16（4）：60-64.

［5］郭爱军，张艳绮．重金属对重油热转化过程生焦特性的影响．燃料化学学报，2013，41（6）：686-6900.

［6］王宗贤，何岩，郭爱军，等．辽河和孤岛渣油供氢能力与生焦趋势．燃料化学学报，1999，27（3）：251-255.

"操作驾驶舱"在延迟焦化装置中的应用

张水令   罗赞宇

（中国石化青岛炼油化工有限责任公司）

摘 要 聚焦于炼化企业自动化与智能化转型的方向，在延迟焦化装置中引入操作驾驶舱系统，该系统集成大数据分析、人工智能算法等前沿技术，旨在解决传统人工操作和监控手段难以满足现代化工企业严苛标准的问题，特别是针对焦化装置在精细化操作和安全操作方面存在的挑战，实现生产过程的全方位、精准把控和实时响应，从而提升生产效率、降低操作成本。

关键词 自动化；智能化；炼化；驾驶舱；延迟焦化

某公司延迟焦化装置采用两炉四塔，加工减压渣油，产出焦化汽油、液化气、石油焦、焦化柴油及焦化干气等产品。由于焦化装置焦炭塔的间歇操作，对生产平稳性带来较大影响，使用常规方法难以满足要求，因此研发了先进控制技术，减轻劳动强度，降低运行成本，提高装置的平稳运行。

1 系统背景

1.1 行业背景

延迟焦化装置在炼油厂中占据举足轻重的地位，作为将重质油品转化为轻质油和其他高价值产品的重要工艺过程，对提升炼厂产品附加值和经济效益具有至关重要的作用。然而，该工艺是一种既连续又间歇的工艺，对整个装置来说是连续操作，对焦炭塔系统来说则是间断操作，且涉及高温、复杂化学反应以及大量的物料流动和能量转换。因此操作人员需密切监控温度、压力、流量和液位等生产参数，以确保生产过程的稳定性和安全性。在此背景下，如何优化延迟焦化装置的操作，提高生产效率和产品质量，成为炼油厂急需解决的重要课题。

1.2 系统架构设计

操作驾驶舱系统是一个集成物料监控、操作监控、自动操作升级等功能的信息中心系统。系统架构设计包括数据采集层、数据处理层、应用层和用户界面层。数据采集层负责采集生产过程中的各种数据；数据处理层对数据进行清洗、整合和分析；应用层实现各种自动化和智能化功能；用户界面层为用户提供直观的操作界面和监控功能。

2 存在的问题

焦化装置的精细化操作和安全操作方面存在如下诸多待解决的问题：

① 传统的人工操作和监控手段已难以满足现代化工企业的严苛标准，尤其在面对复杂生产环境时，人工操作的准确性和及时性往往难以保证。

② 焦化装置在操作过程中涉及大量数据和信息，如何有效挖掘和利用这些数据，实现生产过程的全方位、精准把控和实时响应，也是当前面临的一大挑战。

③ 焦化先进控制的经济效益主要来源于对分馏塔操作的改善和优化上，传统操作方式下，焦炭塔给水与预热过程繁琐且复杂，人工操作对分馏系统平稳运行以及设备寿命构成挑战，同时加热炉的提降量操作也极易导致误操作或操作不及时，影响装置的安全稳定运行。

针对上述问题，引入先进的自动化和智能化技术成为解决之道。通过深度应用自动化和智能化技术，提升生产效率、确保生产安全，已成为当前炼化行业的重要发展趋势。

3 问题解决措施

针对焦化装置运行过程中所遇到的一系列问题，本研究引入了先进的"操作驾驶舱系统"，并实施了一系列针对性措施以有效应对。以下是对所采取措施的详细阐述：

3.1 物料监控系统的优化与实施

物料监控系统的核心功能在于对生产过程中的关键参数，如液位与流量，进行实时的趋势分析与监控。该系统通过内置算法计算出各参数的趋势目标，并据此设定合理的监控参数范围。相较于传统的数值监控方法，趋势监控能够更为精准地捕捉生产参数的变化动态，从而为操作人员提供更为及时有效的预警信息。

在液位控制阀的监控方面，系统支持根据实际需求设定多元化的监控指标，包括但不限于单位液位变化量、累计时间平均值以及控制阀单位时间输出平均值等。具体实施细节如下：

① 小时液位变化值：系统对关键液位点（例如注剂液位、原料缓冲罐液位）进行持续监控，并将实时数据反馈至 DCS 系统（分布式控制系统）。通过组态集成展示，操作人员可以直观地

观察到液位的变化情况，并可根据预设的预警阈值及时采取相应的应对措施。

② 控制阀单位时间输出平均值诊断：系统利用数据库存储的长短期数据，通过对比计算来诊断控制阀或液位系统可能存在的故障。这种方法有助于提高设备维护的及时性和准确性，降低因故障导致的生产中断风险。

此外，该系统还具备实时统计与预测焦炭塔进料情况的能力。通过自动计算空高，系统能够实现对焦炭塔生焦高度的精确预测与监控。这一功能对于确保设备的安全运行以及防止生焦过高所带来的风险具有重要意义（如图 1 所示）。

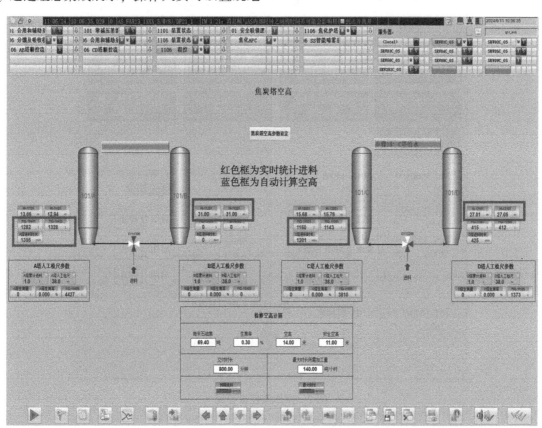

图 1　焦炭塔空高实时监测页面

3.2　操作监控

操作监控功能主要对高频操作进行持续监控和提醒。该系统依托于先进的 PCS7（过程控制系统）平台，开发了高效顺控子系统。该子系统不仅能够精准统计高频操作频次，还具备强大的数据分析能力，可实时计算操作数据，并将处理结果无缝对接至 DCS（分布式控制系统）中。如图 2 所示，未完成的操作项将在监控平台上以闪烁形式持续提示，直至相应操作圆满达成。此机制的

有效实施，显著降低了操作遗漏的风险，极大地提升了生产操作的精确性与可靠性。

3.3　自动操作升级

3.3.1　自动给水、预热程序

在传统生产模式下，焦炭塔需由常温预热至超过 320℃ 以启动生焦过程，随后冷却至 ≤110℃，其中给水与预热环节占据总处理时间的一半以上。给水冷焦操作的关键是给水流量的控制，给水流量的上限约束是进给水受热汽化后的

蒸汽压，该蒸汽压不能超过塔顶的许可操作压力，否则塔体应力会超出安全范围；给水流量的下限约束是进给水经过炽热的焦炭层到达塔壁时其水温应能达到规定的汽化温度，否则大量的焦炭热量就会在进给水到达塔壁前被汽化蒸汽从塔顶带走，因此给水冷焦操作的约束较为苛刻，现有的给水冷焦操作由人工完成，导致给水冷焦操作的强度大，精度低，如图3所示。尽管分布式控制系统与先进控制系统已初步缓解了这些问题，但其控制模式仍局限于阀位随时间线性变化

的策略，如图4所示。

为进一步优化此流程，本研究通过深度应用自动化技术，研发出一种能够根据实时生产参数动态调整的控制程序。该程序显著降低了参数波动，提升了控制系统的自适应性和自动化程度，更好地适应了生产需求的变化，如图5所示。此程序不仅实现了焦炭塔给水与预热流程的自动化，还成功扩展到装置内液位的周期性控制、焦化加热炉流量及注汽的自动调节，有效提升了整体生产效率与设备稳定性。

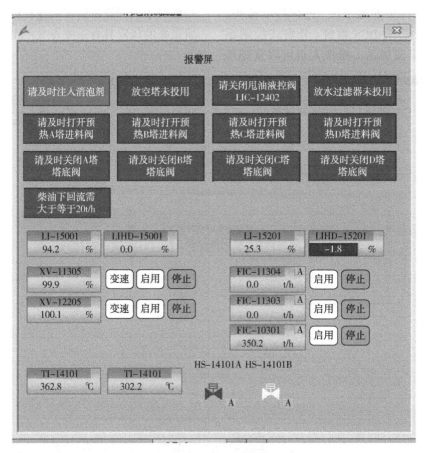

图2　操作监控报警屏

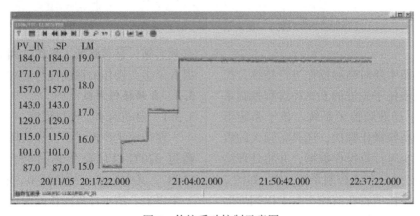

图3　传统手动控制示意图

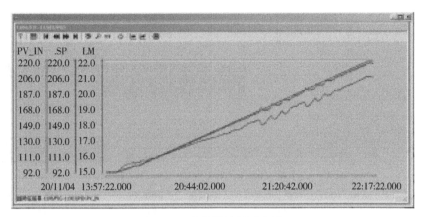

图 4　程序线性控制示意图

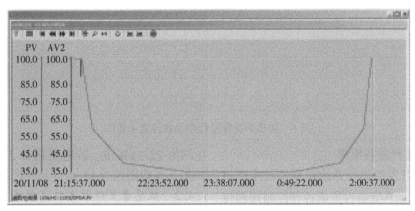

图 5　程序自适应控制示意图

3.3.2　加热炉自动提降量

在焦化装置的实际运行中，其加工负荷需根据渣油平衡和瓦斯管网的变化灵活调整。然而，传统的加热炉提降量操作面临多重挑战。具体而言，每次焦化装置的提降量调整都需同步调节两台加热炉的 8 路进料流量及每路的 3 点注汽流量，总计涉及 32 个控制阀的精确操控。这极易导致误操作或响应不及时，进而引发炉管壁温的异常升高，进而致使管壁结焦加剧，减少设备使用寿命。特别是在机械清焦停、并炉操作期间，当加工负荷在 50t/h 至 26t/h 范围内快速调整时，该问题尤为显著。

此外，手动提降量操作还存在阶跃性调整导致的加热炉出口温度波动问题。在手动操控下，流量变化明显，造成炉出口温度显著波动，特别是在紧急降量时，这种波动更为剧烈，对装置的安全稳定运行构成严重威胁。

为解决上述问题，本研究设计并实施了全自动加热炉组指令集控制策略，主要包括以下两个核心方面：

① 实现进料量与注汽流量的联动控制：当其中一个参数调整时，另一个参数能自动进行相应调整，确保加热炉的稳定运行。

② 设定提降量范围和时间，实现自动化等差调整：通过程序自动化控制，实现进料和注汽的等差调整，使操作目标值的输出变得均匀且缓慢，避免了无序的阶跃式调整可能带来的温度波动问题。此外，程序还设置有安全逻辑：当设定值与实际值偏差过大时，程序自动报警；当加热炉单路流量低于 20t/h，程序不仅报警，还自动全开单路流量的第一点注汽，以确保装置的安全运行。程序参数设置如图 6 所示。

3.4　关键技术实现

3.4.1　大数据分析与人工智能算法

驾驶舱系统采用大数据分析和人工智能算法对生产数据进行深度挖掘和有效利用。通过智能分析工具对数据进行快速处理和分析，系统能够提前预测潜在的生产风险，并制定相应的应对措施。这种数据分析和算法与传统的 DCS 相比，可以综合多个条件对当前工况进行判断，并完成相应的操作或给出操作提示。

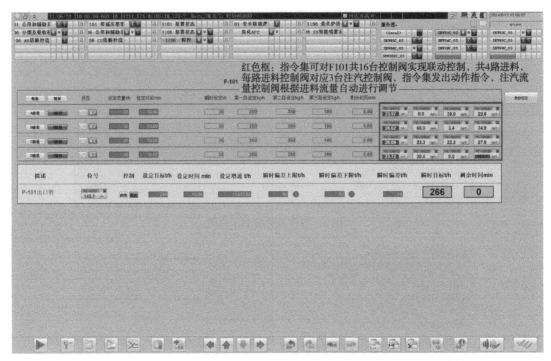

图 6 加热炉提降量程序参数设置示意图

3.4.2 顺控系统开发与集成

基于 PCS7 开发的顺控系统实现了对生产过程的自动化控制。系统通过集成各种控制阀和传感器，实现了对生产参数的实时监测和调节。同时，顺控系统还提供了丰富的操作接口和报警功能，方便操作人员对生产过程进行监控和管理。

3.4.3 程序自动化控制设计

程序自动化控制设计是系统实现自动化操作的关键。系统通过设计各种自动化程序模块，实现了对焦炭塔给水、预热、加热炉调节等关键操作的自动化控制。这些程序模块能够根据实际生产参数变化自行调整，提高控制系统的自动化程度。

4 系统应用经济效益核算

4.1 减少火炬排放量与电量消耗

在给水阶段，通过优化自动给水程序，实现了对给水过程的更为平稳的控制，这一改进有效减轻了放空塔的负荷，进而降低了火炬的排放量。基于以下参数进行计算：两炉四塔的生产周期设定为 20h，全年每塔开工 219 次，每次给水时长为 6.5h，且每塔在给水期间能减少约 300Nm³/h 的火炬排放量（此为估算值），减少排放的时间为 5 小时/塔。考虑到气柜压机的功率为 355kW，经计算，此举措每年可节省的电量

约为 22.8kW/h。若电费按 0.5 元 kW/h 计，则年节省费用约为 11.4 万元人民币。

4.2 提高装置液收与经济效益

在预热阶段，通过精确调控环阀的开启程度，成功将生产塔的压力降低了 10~20kPa，这一调整显著提高了装置的液收率。以压力降低时间 4 小时/塔、装置液收率提升约 0.14% 为基础进行经济效益分析，按液收与石油焦的差价 2000 元/吨计算，折合每小时增加的经济效益为 420 元。据此推算，最高年经济效益可达 147.17 万元人民币。

4.3 减少设备运行时间与维护成本

针对冷焦水罐的浮油问题，通过优化管理，将浮油频次减少至每月 2 次；同时，对冷焦水倒水泵和冷焦水污油泵的运行时长进行了合理调整，分别减少了每月 10h 和 30h 的运行时间。考虑到冷焦水倒水泵的额定功率为 110kW，冷焦水污油泵的额定功率为 30kW，通过实施上述优化措施，每年可节约的电能总量计算如下：10 小时/月×12 月×110kW + 30 小时/月×12 月× 30kW = 24000kW/h。若电能成本按 0.5 元 kW/h 估算，则此节能措施每年可节省约 12000 元人民币的维护成本。

5 结论

通过应用延迟焦化装置的"操作驾驶舱"系

统，效果非常好。该系统集成了大数据分析、人工智能算法等前沿技术，显著提升了生产过程的自动化与智能化水平，实现了对焦炭塔给水、预热以及加热炉调节等关键操作的精准控制，有效提高了生产效率。解决了传统人工操作和监控手段难以满足现代化工企业严苛标准的问题。特别是在面对复杂生产环境时，该系统能够实时、准确地捕捉生产参数的变化动态，为操作人员提供及时有效的预警信息，降低了人工操作的难度和误操作风险。实现了显著的经济效益。通过优化自动给水程序，减少了火炬排放量与电量消耗；通过精确调控环阀的开启程度，提高了装置的液收率，从而增加了企业的经济效益。此外，该系统还通过减少设备运行时间与维护成本，进一步降低了企业的运营成本。确保了生产的安全与环保问题。操作驾驶舱系统的引入，使得生产过程更加稳定、可控，有效避免了安全事故的发生。

尽管延迟焦化装置"操作驾驶舱"系统取得了显著的应用成效，但仍存在进一步提升的空间。例如，在系统的智能化程度、数据分析的精准性以及用户界面的友好性等方面，仍有待进一步优化和完善。未来，我们将继续加强技术研发与创新，不断提升系统的性能与功能，为炼化企业的可持续发展贡献更多力量。

参 考 文 献

[1] 赵启升. 先进控制系统在延迟焦化装置的应用现状[J]. 现代工业经济和信息化，2024，14（07）：132-134+137.

[2] 朱天福. 延迟焦化装置顺序控制程序的深度应用[J]. 化工管理，2021，（33）：39-40+57.

[3] 魏忠赫. RMPCT 先进控制在延迟焦化装置的应用[J]. 石化技术，2017，24（11）：51+64.

[4] 傅钢强，章鹏. 先进控制技术在延迟焦化装置焦碳塔给水操作中的应用[J]. 自动化博览，2012，29（01）：70-72.

[5] 王伟，周佳昕. 应用 RSIM 模型优化焦化加热炉运行工况[J]. 工业炉，2023，45（04）：44-47.

重整生成油辛烷值影响因素分析及提升策略

王　添　孙宗伟　李　泽

（中国石化青岛炼油化工有限责任公司）

摘　要　针对某炼化企业连续重整装置在大检修之后生成油辛烷值偏低的情况，结合该装置历史数据，从催化剂性能、反应条件、原料油性质等方面进行数据对比分析，发现主要影响因素在于，更换重整进料换热器后，第一反应器温降升高导致第二反应加热炉负荷过高、炉膛温度过高，导致反应温度提升受限、反应苛刻度较低，同时原料的芳烃、环烷烃含量降低导致生成油芳烃含量减少。并针对原因制定相应措施，优化重整反应温度梯度分布提高反应温度1℃，提高原料油芳潜、将加裂重石进料比例提高7.8wt%、提高催化剂循环速率2%、降低碳含量1wt%优化催化剂再生系统运行，提高生成油辛烷值0.5个单位。

关键词　连续重整装置；生成油；辛烷值；积碳长周期运行

某炼化公司连续重整装置设计加工负荷150万吨/年，2011年扩能改造为180万吨/年，2023年大检修期间整体更换重整进料换热器为国产缠绕管换热器。自2023年大检修开工以来，重整装置平稳正常运转，装置产品质量产量均保持稳定水平，但重整生成油研究法辛烷值（RON）偏低，维持在100～100.5左右，达不到设计水平（RON值102），曾在2018年达到最高101.7左右，现进行对比分析，并提出辛烷值控制提升策略。

1　影响重整生成油辛烷值的因素

1.1　重整催化剂相关影响因素

重整催化剂在重整反应过程中占据重要地位。重整反应主要包含六元环烷烃脱氢、五元环烷异构脱氢、烷烃脱氢环化、烷烃异构化以及加氢裂化反应等过程，其中六元环烷烃脱氢反应、五元环烷烃异构脱氢以及烷烃脱氢环化反应能为重整生成油贡献较多的芳烃产物，进而提高重整生成油的辛烷值；重整催化剂保持较高活性可有力催化此类反应进行，因此监控催化剂运转状态、稳定保持催化剂水氯平衡对于保持长周期高水平催化性能、提高重整生成油辛烷值具有重要意义。

本次大检修重整催化剂进行整体更换，全部装填国产PS-Ⅵ型催化剂，自检修开工以来催化剂运转良好，催化性能稳定。自2024年开年以来，催化剂采样分析结果显示，待生催化剂积碳含量稳定在5.3～5.4wt%之间，经再生器烧焦再生后催化剂氯含量维持在1.1～1.3wt%的范围内，满足正常运转需求。运行部依据原油加工方案的变化及时调整催化剂再生注氯量，使催化剂达到较为理想的水氯平衡状态。

如图1所示显示为2018年与2024年催化剂积碳含量与氯含量分析结果，催化剂性能处于相近水平。

1.2　重整反应相关影响因素

① 重整进料量的影响

本套连续重整装置设计加工进料量为214t/h，自检修开工以来长期稳定进料量为218t/h，在实际生产过程中处理量略有浮动，但基本全部处于满负荷运转状态，2024年与2018年一致。

② 重整反应温度的影响

催化重整反应系统的反应稳定性直接关系到重整生成油产物的分布，生成油中具有较高的芳烃含量可有效提升辛烷值。重整反应为吸热反应，按照反应热力学和动力学规律，在一定范围内提高重整反应温度，一方面可促使重整原料油中的非芳烃转化为低沸点芳烃进入生成油中，并且提高重整反应温度可有效抑制氢解反应进行，降低低辛烷值烯烃组分的含量；另一方面可提升重整反应速率，增加芳烃生成的速度，对于提高生成油辛烷值有重要意义。

自本次检修开工以来，装置高负荷下，四合一炉炉膛温度接近高限800℃，重整反应温度稳定在520～521℃之间，继续提高的难度较大。

2018 年重整反应温度稳定在 522～523℃ 之间，相比之下目前的重整反应温度较低，是导致苛刻度稍低、生成油辛烷值降低的因素之一，主要是因为原料组分变化导致。

重整反应温度主要受限于第二反应器加热炉 F-202 炉膛温度，在 2023 年大检修更换重整进料换热器 E-201 后，重整反应压力降低 0.05MPa，有利于重整反应进行，第一反应器 R-201 温降提高至 105～110℃ 较 2018 年 95～100℃ 提高了近 10℃，导致 F-202 热负荷大幅增加。

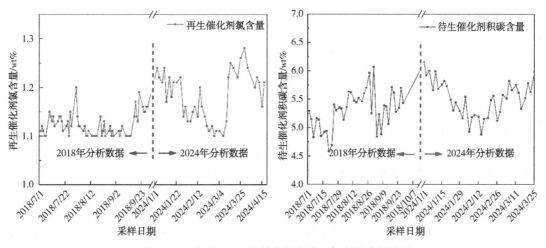

图 1　2018 年与 2024 年催化剂积碳和氯含量分析结果

1.3　重整原料油性质的影响

重整原料性质的变化对于重整生成油辛烷值的影响是决定性的。重整进料由两部分组成，一是预加氢系统生产的精制油，二是加氢裂化重石脑油。重整反应通过对原料油中的 C_6^+ 组分进行芳构化反应得到高辛烷值组分，如图 2 所示。

重整进料初馏点的变化直接影响进入重整反应系统物料轻质组分的含量，轻质组分多，无益于多产芳烃反应的进行，2018 年与 2024 年基本保持一致，如表 1、表 2 所示。

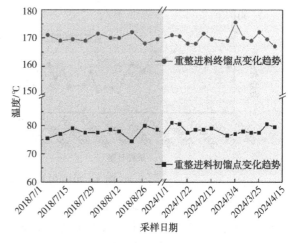

图 2　2018 年与 2024 年重整原料初馏点

表 1　重整原料 PONA 分析结果（2018 年）

碳数	正构烷烃/%	异构烷烃/%	烯烃/%	环烷烃/%	芳烃/%	合计
5	0.11	0.01	0	0.22	0	0.34
6	6.36	4.8	0	4.22	0.82	16.2
7	7.3	6.88	0	7.32	3	24.5
8	5.79	8.52	0	7.89	5.71	27.91
9	4.18	5.77	0	7.15	3.21	20.31
10	1.56	5.53	0	1.65	0.43	9.17
11	0.12	1.02	0	0.03	0.02	1.19
12	0.01	0.03	0	0	0	0.04
合计	25.43	32.56	0	28.48	13.19	99.66

表 2　重整原料 PONA 分析结果(2024 年)

碳数	正构烷烃/%	异构烷烃/%	烯烃/%	环烷烃/%	芳烃/%	合计
5	0.42	0.03	0	0.2	0	0.65
6	5.99	4.65	0	2.81	0.68	14.13
7	8.54	7.65	0	6.33	2.89	25.41
8	6.79	10.17	0	7.52	3.08	27.56
9	4.59	8.79	0	6.8	2.65	22.83
10	1.62	4.79	0	1.1	0.34	7.85
11	0.1	0.83	0	0.03	0	0.96
12	0	0	0	0	0	0
合计	28.05	36.91	0	24.78	9.64	99.39

表 1 和表 2 为 2018 年和 2024 年重整进料分析结果。结果显示:2024 年的重整原料与 2018 年相比较:芳烃含量降低 26.91%,也就是说 2018 年的原料辛烷值较 2024 年高出许多;同时易于反应的环烷烃含量降低 12.99%,在相同的反应温度下,2018 年的原料更易于转化为高辛烷值组分。

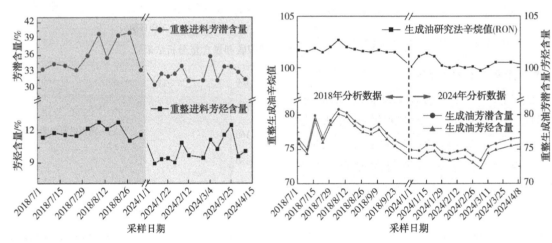

图 3　2018 年与 2024 年重整进料芳潜变化趋势图

原料油芳潜含量直接影响重整生成油中高辛烷值组分含量。适宜条件下,芳潜越高,重整装置产品中芳烃越多、辛烷值越高。表 1、表 2 所示 2018 年重整进料芳潜、原料油中芳烃明显高于 2024 年。

2　重整生成油辛烷值提升策略

基于上述分析,运行部从提高催化剂活性、降低催化剂积碳速率、稳定重整进料性质、加强重整进料性质监控等各方面进行优化,始终坚持目标导向,逐渐优化各项参数指标。一方面稳定重整各出装置产品质量,另一方面监控生成油辛烷值变化趋势并实时进行生产调整。

2.1　优化加热炉炉膛温度分布

① 在反应加热四合一炉设备负荷受限情况下,制定作业指导优化炉膛温度分布,控制加热炉炉膛温度分布各测点温差不大于 50℃;

② 优化重整反应温度梯度分布,按照重整反应物料走向制定合理温度梯度范围,适时提高重整三反、四反温度,促进生成高辛烷值组分反应正向快速进行。

优化调整后,重整反应入口加权平均温度由 520～521℃逐渐提高至 521～522℃,提高了反应苛刻度。

2.2　稳定重整进料性质

稳定重整进料性质,加强加裂重石和重整精制油产品质量监控。针对重整进料各组分变化趋势调整预加氢系统操作,重点关注预加氢原料油性质变化。

在掺炼高芳潜原油过程中,一方面稳定预加

氢分馏系统操作，保持精制油初馏点稳定；另一方面加强重整分馏系统操作，提高脱戊烷塔分馏效果，减少生成油中辛烷值较低的轻组分。

同时增加高芳潜、高芳烃含量的加裂重石进料比例，逐渐由 9.17wt% 提高至 16.97wt%，进一步优化重整原料。

2.3 加强催化剂再生系统监控，提高再生循环速率

在重整反应阶段，关注催化剂性能变化，加强监控及样品分析频次。通过下述举措监控催化剂再生系统长周期运行。

① 提高催化剂循环速率，逐渐由 100% 提高至 102%；

② 尽量降低催化剂碳含量，逐渐由 6wt% 降低至 5wt%。

保持并提高催化剂催化性能，长周期稳定为催化高辛烷值组分发挥作用。

3 结论

某重整装置辛烷值降低的原因主要在于：①重整反应进料加热炉负荷过高，导致反应温度提升受限、反应苛刻度较低。②原料的组分变化，芳烃、环烷烃含量降低。

针对原因制定相应措施：①优化重整反应温度梯度分布提高反应温度。②提高原料油芳潜，提高加裂重石进料比例。③优化催化剂再生系统运行，提高催化剂循环速率、降低催化剂碳含量，保持并提高催化剂性能。

多项措施并举，持续优化提升，该连续重整装置辛烷值由 100.3 逐渐提高至 100.8。

参 考 文 献

[1] 张乐. 催化重整汽油辛烷值的影响因素[J]. 化工管理，2017，（30）：30-31.

[2] 孙策. 提高催化重整汽油辛烷值措施的探讨[J]. 炼油技术与工程，2017，47（08）：24-28.

[3] 陈振武. 影响催化重整汽油辛烷值的因素分析[J]. 中小企业管理与科技（下旬刊），2017，（03）：174-175.

[4] 陈刚，王永成，秦卫龙. 连续重整装置生成油辛烷值低的原因分析及对策[J]. 石化技术与应用，2017，35（05）：375-378.

[5] 熊献金. 连续重整焦炭、纯氢和 $C_5{\sim}+$ 液体产品产率随各因素影响的变化规律研究[J]. 广东化工，2019，46（02）：108-110+101.

[6] 程清明. 提高汽油辛烷值方法及措施[J]. 化工管理，2015，（05）：128-129.

催化裂化汽油降烯烃的理论研究和应用

单紫薇　曹俊杰　韩吉飞

(中国石油化工股份有限公司九江分公司)

摘　要　本文以中国石化九江分公司 120×10^4 t/a 的催化裂化装置为研究对象，主要通过控制变量法与实验法相结合，分别对催化剂性质、反应原料、反应温度、反应时间以及工艺操作条件等相关重要参数进行优化调整，探究不同操作条件对反应产品及分布的影响。通过优化催化裂化装置的工艺操作条件，探究降低催化裂化汽油中烯烃含量的最适宜操作参数，期望为公司生产出符合国ⅥB汽油质量升级的要求的产品和提供相应的技术支持。

关键词　催化裂化；汽油；烯烃；理论研究；应用

1　前言

汽油，是一种从石油原油里分馏、裂解出来的具有挥发性、可燃性的透明烃类混合物液体，可用作燃料。馏程为30℃～220℃，其主要成分为 $C_5 \sim C12$ 的脂肪烃和环烷烃，此外还含有部分芳香烃，具有较高的辛烷值(抗爆震燃烧性能)。

催化裂化是炼油工业中重要的二次加工过程，是重油轻质化的重要手段，是使原料油在适宜的温度、压力和催化剂存在的条件下，进行分解、异构化、氢转移、芳构化、缩合等一系列化学反应，将原料油转化成气体、汽油、柴油等主要产品及油浆、焦炭的生产过程。催化裂化过程具有轻质油收率高、汽油辛烷值较高、气体产品中烯烃含量高等特点。

近些年来，国家对于环保技术标准的要求持续提升，催化裂化汽油生产过程中低烯烃含量和高辛烷值的控制标准逐渐成为国内石油生产企业普遍面临的问题。特别是随着日益严格国家相关技术标准的发布，炼油工业也将迎来巨大的挑战和生产要求。

催化裂化汽油降烯烃技术是现代石油化工生产中实现汽油产品质量合理控制的关键技术类型。目前国外在这个领域主要通过配方设计的方式来解决。重整汽油的比例占到30%以上，此时可以通过异构化、醚化等技术来达到生产标准与技术要求，解决汽油中高烯烃含量问题，同时产品的辛烷值较高。当前我国的炼油工业不足以完全模仿国外的相关技术类型与加工路线。一方面与国内的生产环境与成本投入有关，另外一方面重整原材料的获取难度也是影响因素之一。除此之外，采用不完全模仿的生产工艺还可能会导致产品的辛烷值异常下降，冒着无法达到设计标准的风险。国内的催化裂化汽油降烯烃技术主要借助具有不同特性的催化剂、化工助剂，搭配配方技术来确保降烯烃的同时，不折损产品的辛烷值。通过探究恰当的催化裂化汽油降烯烃技术，可以解决我国清洁汽油生产的效率与效益问题，也有助于开发适应于我国能源发展需求的新技术，降低企业生产成本，进一步满足生产实际需求。

2　当前装置生产运行现状

中国石化九江分公司 100×10^4 t/a 重油催化裂化(2#催化)装置采用反应-再生并列式布置的两器形式，设内提升管反应器，再生器为烧焦罐+第二密相床两段再生的结构，设置了可调式外取热器，装置设计减渣掺炼比为40%，反再系统使用 MIP-CGP 工艺技术。装置同时设有配套的产品精制系统和再生烟气除尘脱硫脱硝装置。

2.1　主要反应原理

整个催化过程中，裂化反应是最重要的首位反应。无论是烷烃、环烷还是芳烃都是先通过裂化反应将 C-C 键断裂产生烯烃，然后在此基础上发生各种二次反应，主要有烯烃的裂化、异构化、氢转移、芳构化、叠合和烷基化等，都是通过烯烃或烯烃参与而进行的。

2#催化装置采用 MIP (Maximizing Iso-Paraffins) 机理，分为两段反应区。在第一反应区中，烃类混合物能快速和较为彻底地裂化生成烯烃，故一反区应控制高温、短接触时间和高剂油比条件，这样可以在短时间内将重质油催化裂化成大分子的烯烃，从而缩短其进一步裂解成为小分子烯烃的时间，这有利于提高汽油的辛烷值。由于烯烃可通过平行反应和串联反应两种方式转化成异构烷烃，且低反应温度和长反应时间有利于异

构烷烃的生成，从而降低汽油中的烯烃含量，故在第二反应区内，可通过注入低温介质来降低烯烃含量，来提高异构烷烃和芳烃含量，如图1所示。

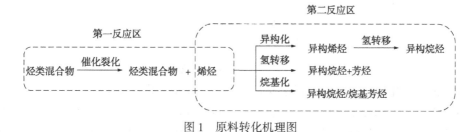

图1　原料转化机理图

2.2　装置生产参数

催化裂化催化剂一般分为无定形硅酸铝和分子筛两大类。目前使用的大多为Y形分子筛。通常，随着催化剂中分子筛含量的增高，氢转移反应活性也不断增加，产品中的烯烃含量随之减少，但烯烃含量降低到一定值时，会使汽油的辛烷值降低，如图2所示。

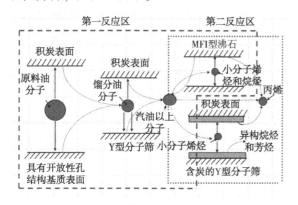

图2　催化剂作用机理图

2.2.1　原料油特性

2催化裂化装置的混合原料主要是常减压的热蜡油、渣油加氢重油、加氢裂化尾油及部分罐区冷蜡油。

在同一种类型的原油下，如果原料偏重，密度增大，其中烷烃含量减少，芳烃含量增多，则原料的 K 值会降低，在生产操作中将导致烧焦罐底部温度升高，剂油比减少，汽油中烯烃含量增加。

3　催化裂化汽油降烯烃的措施

3.1　催化剂性质的影响

结合低生焦大孔高活性铝基质技术、高稳定性Y型分子筛技术和高活性稳定性的多孔催

材料，调整催化剂配方，开发出适用于渣油原料、多产高辛烷值汽油兼顾丙烯产率的催化裂化催化剂。

自2023年5月17日起，运行部加注新配方催化剂，如图3所示，原料残炭和密度下降，如表1所示，原料 K_{uop} 值上升，综合判断7月原料的裂化性能更优。

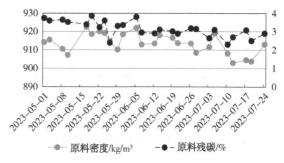

图3　原料密度和残炭趋势图

表1　原料馏程分析数据表

分析项目	5月17日	7月19日
初馏点/℃	328	346
10%回收温度/℃	408	415
50%回收温度/℃	514	518
90%回收温度/℃	667	660
终馏点/℃	736	734
密度/kg/m³	922.6	903.8
K_{UOP} 值	12.17	12.43

随着催化剂藏量的增加，催化剂活性提高，汽油烯烃含量逐渐下降，氢转移指数由1.1涨至2.25，同时汽油收率得到改善，由43%上涨至47%如图4所示，汽油辛烷值维持在90左右。但当原料密度增加后，油浆收率增加，液化气收率下降，整体反应转化率下降，未达到预期的指标要求。故催化剂的配方种类还存在优化空间。

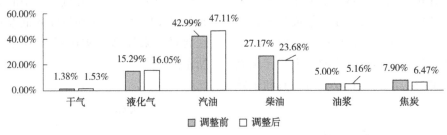

图4 主要产品收率比对图

3.2 剂油比的影响

一般认为，催化裂化原料的反应过程主要是正碳离子反应。而汽油中烯烃主要来自原料油中烷烃的裂化，原料油中链烷烃的含量高、分子量大时，汽油中烯烃含量较高。有关实验表明，氢含量高、K值大的原料油，裂化转化率高、汽油产率高，汽油中烯烃含量也较高。

反应温度不变时，较低的原料预热温度和高的剂油比，有利于增加原料与催化剂活性位点的接触面积，提高反应速率，使汽油收率上升、烯烃含量降低。剂油比提高1个单位，汽油烯烃含量降低1.5～3.0个单位。但随着原料预热温度降至210℃时，汽油辛烷值不再上升，故原料预热温度应控制在适宜温度。

此外，剂油比太高，也会加强聚合反应，产生大量的剂油比焦，使焦炭产率升高。

3.3 反应温度的影响

有实验数据证明，随反应温度的提高，汽油烯烃含量增加。

催化裂化过程中，原料油主要发生热裂化和催化裂化反应。催化反应主要种类分为裂化、氢转移、异构化、芳构化等。其中裂化和芳构化反应需要吸收热量，烯烃从裂化反应中生成，通过芳构化反应消耗。此外，烯烃也会进行氢转移和异构化反应，放出热量。

提高反应温度，反应速率加快，有利于裂化和芳构化反应，不利于氢转移和异构化反应。随反应温度的提高，热裂化反应速率提高的幅度大于催化裂化反应速率的提升速度，故汽油中烯烃含量上升；同时，当反应温度提高时，汽油裂解成气体的速率提升最快，汽油的生成速率提高程度次之，焦炭生成的速率提高最次。因此，在同一转化率的情况下，升高反应温度，气体的产率会增加，汽油产率会降低，焦炭的产率不变或者有所下降，烯烃含量增加。

3.4 反应时间的影响

催化裂化汽油中的烯烃组分需要给予一定时间来进行二次反应，所以延长第二反应区的时间是汽油中的烯烃组分发生氢转移反应的必要条件。因此，通过向第二反应区入口加入粗气油或稳定汽油，来试图适当延长二反时间，降低汽油中的烯烃含量。

3.5 生产工艺条件

本装置生产炼制的稳定汽油中的烯烃主要存在于C_4组分中，在$C_5 \sim C_9$以上的油品组分中的含量近乎没有，因此可通过提高稳定汽油的终馏点和降低稳定汽油的蒸气压来间接降低催化汽油中的烯烃含量。在实际生产操作中，通常通过调节分馏塔塔顶的回流量、冷回流量、中部回流量和油浆回流量，来控制关键塔板上的温度，从而提高汽油终馏点；而在吸收稳定系统部分，可通过调节稳定塔底的热源量和塔顶回流量，控制塔底温度，降低汽油中的C_4组分的量，来降低催化汽油中的烯烃含量。

4 结论

本文主要通过控制变量法与实验法相结合，探究催化剂性质、反应原料、反应温度、生产工艺条件等参数对催化裂化汽油烯烃的影响，所得结论如下：

① 适当的提升催化剂活性，有利于降低催化汽油中的烯烃含量。此外，高反应活性催化剂，也应该同时具备对不同性质的原料油品的强稳定性和高效性。

② 适当提高剂油比，反应速度增快，有利于原料发生裂化、氢转移和异构化反应，转化率高，从而提高汽油收率和降低催化汽油的烯烃含量。优化原料特性，当原料油中的直链大分子烷烃多时，汽油中的烯烃含量较高。

③ 适当降低反应温度，烯烃产率会降低。当反应温度由528℃调整为525℃时，较低的反

应温度增加了氢转移和异构化反应的程度，有利于降低催化汽油中的烯烃含量。

④ 适当延长第二反应区时间，有利于烯烃进行氢转移反应，从而降低催化汽油的烯烃含量。

⑤ 高控稳定汽油的终馏点和低控稳定汽油的蒸气压，来尽量除去催化汽油中 C_4 组分，从而达到降低催化汽油中的烯烃含量的目的。

综上，通过调整催化剂的活性、剂油比、优化原料配比、控制适宜的反应温度，延长第二反应区时间，操作稳定汽油的终馏点按上限控制、蒸汽压按下限控制，均有利于降低催化汽油中的烯烃含量。但当前装置最佳的生产操作参数还需根据市场需求进行更深入的探索，从而实现最优的经济效益。

参 考 文 献

[1] 李林，王树利. 降低催化裂化汽油烯烃含量的技术措施［J］. 石油与天然气化工，2019，48（04）：34-37.

[2] 赵航，曹祖斌，韩冬云等. 催化裂化汽油加氢脱硫降烯烃技术［J］. 当代化工，2015，44（05）：1090-1093.

[3] 刘健. 催化裂化汽油生产中降烯烃技术的应用［J］. 中国石油和化工标准与质量，2021，41（07）：25-26.

[4] 张盼，李强，王丁. 优化操作降低汽油烯烃方法探究及应用［J］. 中国化工贸易，2019，08（24）：72-73.

[5] 符兴耀，降低催化裂解汽油烯烃含量措施［J］. 山东化工，2018，47（11）：121-124.

[6] 高杰，刘雯. 降低催化稳定汽油烯烃含量的分析与对策［J］. 新型工业化，2022，12（1）：237-240.

[7] 张晓国. 降低催化裂化汽油烯烃含量的措施探讨［J］. 石油石化绿色低碳，2021，6（5）：5.

[8] 黄富. 调整工艺参数降低催化裂化汽油的烯烃含量［J］. 炼油与化工，2015，26（1）：13-15.

催化裂化原料适应性研究与探索

旷俊杰

（中国石油化工股份有限公司九江分公司）

摘　要　本文以中国石化九江分公司催化裂化装置各蜡油进料为研究对象，在固定流化床装置上进行中试催化裂化反应，考察了直馏蜡油、加裂尾油、加氢重油对产品分布和汽油性质的影响。结果表明：加裂尾油裂化性能最好，汽油收率和总液收最高；减压蜡油裂化性能次之，柴油收率最高；加氢重油的裂化性能较差，焦炭收率高且对汽油辛烷值影响较大。

关键词　加裂尾油；加氢重油；汽油

催化裂化是炼油工业中重要的二次加工过程，是重油轻质化的重要手段，该工艺能有效增加轻质油品收率、改善产品质量，同时对提高炼厂经济效益起着举足轻重的作用。传统的催化裂化装置进料为减压蜡油（VGO）、常压渣油（AR）、减压渣油（VR）为主，近些年随着原油资源的枯竭及加氢技术的广泛应用，为提高催化裂化装置经济效益并改善装置产品结构，多以加氢重油（HHO）、减压蜡油、加裂尾油（HTO）作为装置进料。其中加氢重油芳烃含量较高，多为多环芳烃和稠环芳烃，是反应缩合生焦的前倾物，影响装置整体的轻质油收率。加裂尾油中富含饱和烃且汽油选择性较高，是良好的催化裂化原料。

九江分公司催化裂化装置原设计进料主要为减压蜡油、焦化蜡油、减压渣油，随着2015年公司渣油加氢、加氢裂化装置的相继建成投产，催化装置主要原料变为加氢重油、减压蜡油和部分加裂尾油。本文比较了上述三种原料在中试实验装置下的裂化性能，考察了相同实验条件下上述三种原料裂化后主要产品分布和汽油主要性质影响，为公司实现精准优化装置进料配比，满足最优排产计划目标提供良好的理论和数据支撑。

1　实验内容

1.1　原料和催化剂

实验采用 ABC-1 型平衡剂作为催化剂，该催化剂取自九江分公司催化裂化装置反应系统，其具有较好的抗碱氮能力且重油转化能力强，其物性参数详见表1。

表1　ABC-1 催化剂特性表

项　目	数　据
充气密度/（g×ml^{-1}）	0.908
孔体积/（ml×g^{-1}）	0.28
氧化铝（Al$_2$O$_3$）/%（m/m）	45.3
微反活性指数/%	65
金属质量分数/（mg×kg^{-1}）	
Ni	4062
V	5100
Na	1217
Fe	4140
Ca	1556
粒径分布/%（体积分数）	
0~40μm	23.1
40~80μm	45.8
80~149μm	27.7

实验原料为九江分公司催化裂化装置进料，包括常减压装置减压蜡油、渣油加氢装置加氢后重油、加氢裂化装置裂化尾油，其基础理化性质见表2。

表2　原料油主要性质

名称	减压蜡油	加裂尾油	加氢重油1	加氢重油2
密度（20℃）/kg×m^{-3}	899.3	835.7	931.9	941.5
特性因子 K 值（UOP）	12.25	12.81	12.16	12.15
运动黏度/（mm^2×s^{-1}）				

续表

名称	减压蜡油	加裂尾油	加氢重油 1	加氢重油 2
40℃	31.9	19.3		
100℃			15.1	38.4
康氏残炭/%	0.12	0.02	3.5	5.5
四组分质量分数/%				
饱和烃	66.75	93.59	62.60	61.32
芳烃	32.80	6.40	36.00	36.73
沥青质	0	0	0.35	0.48
胶质	0.45	0.01	1.05	1.47
油品馏出温度/℃				
10%	391	362	426	439
50%	481	413	532	569
90%	571	485	685	707
C/H 质量比	6.70	6.02	7.17	7.32

1.2　实验装置

催化裂化各原料油反应实验在固定流化床装置上进行，具体流程如图 1 所示。原料油先预热到 120℃，然后由油泵送出与蒸汽发生炉产生的蒸汽汇合后进入已预热至 280℃ 的加热炉，混合物进入反应器与处于流化状态的高温催化剂接触并发生催化裂化反应。反应后产物经过多级冷凝成为液体和气体，其中液体产物通过玻璃瓶收集，气体产物通过排水法收集。催化剂上沉积的焦炭经过汽提后在线烧焦并通过定碳仪自动计算出焦炭本分含量。

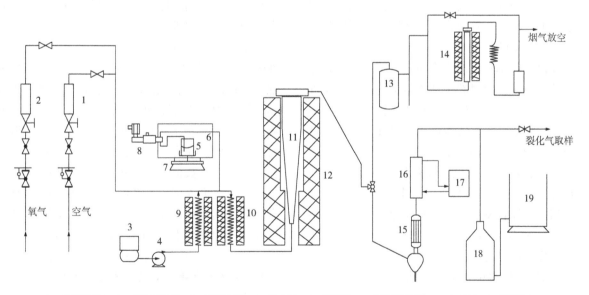

1—空气流量计；2—氧气流量计；3—蒸馏水罐；4—进水泵；5—原料罐；6—原料预热器；7—电子秤；8—进料泵；
9—蒸汽发生器；10—反应器加热炉；11—反应器；12—反应加热器；13—脱水罐；14—CO转化炉；15——级冷凝器；
16—二级冷凝器；17—制冷剂；18—收气瓶；19—排水罐

图 1　固定流化床装置流程示意图

1.3　产品分析

液体和气体产物均在气相色谱仪上进行。液体产物运用模拟蒸馏方式分析，其中 <205℃ 的馏分划归汽油，205~350℃ 的馏分划归柴油，>350℃ 的部分划归油浆。气体及裂化气分析主要是针对 H_2、C1~C4 等十几个组分，其中 C_2 及以下组分划归干气，C_3 及以上组分划归为液化气。为准确描述实验结果，相关专业术语定义如下：

轻油收率＝汽油收率＋柴油收率

轻液收率＝汽油收率＋液化气收率

总液收＝液化气收率＋汽油收率＋柴油收率

剂油比＝反应器中催化剂藏量/反应器进料量

2　结果与讨论

2.1　各催化原料的裂化性能

反应器催化剂装填量225g，反应进料45g，剂油比为5，反应温度505℃，4种不同性质催化裂化原料的实验产品分布见表3。

表3　不同性质催化裂化原料产品分布

产品及收率	减压蜡油	加裂尾油	加氢重油1	加氢重油2
干气/m%	1.63	1.48	1.76	2.22
液化气/m%	19.76	24.93	20.63	18.63
汽油/m%	39.45	44.32	38.02	38.08
柴油/m%	28.41	19.90	26.79	27.42
油浆/m%	7.12	6.37	6.50	7.15
焦炭/m%	3.68	3.04	6.34	6.55
轻油收率/%	67.86	64.22	64.78	65.50
轻液化率/%	59.21	69.25	58.65	56.71
总液收/%	87.62	89.15	85.44	84.13

催化裂化反应遵循正碳离子平行顺序反应原则，在催化剂的作用下对重油进行碳链重排的过程，随着重油性质的不同，对应的各反应产物的收率也不尽相同。由表3可以看出，在相同的操作条件下，用实验轻液收率表征原料相对应目标产物裂化性能的强弱可以看出，加裂尾油裂化产物中液化气收率和汽油收率明显高于其他三种原料，是对应4种原料裂化性能最优的；加氢重油油浆收率和焦炭收率较高，整体目标产品收率最低，裂化性能较差。常减压直馏蜡油整体裂化性能处于加裂尾油和加氢重油之间。

催化裂化原料密度、特性因素K值、原料C/H比这些关键原料数据与原料的可裂化性能密切相关。原料密度越大，对应原料的分子结构中环烷烃和芳烃的比例增加，烷烃含量相对较低，裂化性能则越差；各原料分子结构对应特性因素K值从大到小排列依次是烷烃、环烷烃、芳烃，特性因素的K值高低同样是表征原料裂

化性能的重要参数，原料的K值越高，就越容易进行裂化反应，同时原料生焦倾向越低；原料的C/H比越高，说明原料饱和度偏低，烷烃占比相对较少，同时环烷烃、芳烃多以多环形式存在，裂化相对困难。

由表1可以看出，加裂尾油的密度最低，特性因子K值最大，同时C/H比最小，整体原料饱和度最高，可裂化性能最强；加氢重油密度最高，特性因子K值最小，同时C/H比最大，整体裂化性能最差，同时由于加氢重油残炭、胶质＋沥青质含量均较高，在催化裂化反应过程中，原料中的大多数稠环芳烃物质由于平均分子直径偏大，无法进入催化剂孔洞与酸性中心接触而缩合生焦，同时由于加氢重油整体馏程和C/H比均较高，原料整体裂化产物多富集在柴油、油浆、焦炭组分中，向目标产物裂化倾向低。

2.2　各催化原料的裂化产物性质分析

不同原料对应产品汽油的相关性质见表4。

表4　各原料对应产品汽油主要性质

名称	减压蜡油	加裂尾油	加氢重油1	加氢重油2
油品馏出温度/℃				
初馏点	41	33	40	44
10%	51	49	52	52
50%	84	83	98	93

续表

名称	减压蜡油	加裂尾油	加氢重油 1	加氢重油 2
90%	174	168	184	179
终馏点	204	205	205	204
研究法辛烷值	90.5	89.5	91.0	91.5
饱和烃体积含量/v%	51.00	60.10	47.31	46.93
芳烃体积含量/v%	28.16	19.87	28.38	27.97
苯/v%	0.56	0.32	0.70	0.72
烯烃体积含量/v%	20.28	19.71	23.61	24.39

原料中不用组分的裂化产物对汽油辛烷值的贡献不尽相同，烃类的辛烷值一般按照以下序列依次增加，其中正构烷烃<异构烷烃<烯烃<芳烃，可根据 n-d-M 法计算各种烃类的碳原子百分率，从原料烃类碳原子组成关联汽油的辛烷值。从表 2 中可以看出，四种原料蜡油的 C/H 比按从小到大排列依次是：加裂尾油<减压蜡油<加氢重油 1<加氢重油 2，可判断这四种油品的 C_N（环烷烃碳原子数占总碳原子百分率）和 C_A（芳烃碳原子数占总碳原子百分率）加和与 C/H 正相关，根据经验公式 C_N 和 C_A 加和越大，对应产品汽油的辛烷值越高，汽油收率整体呈下降趋势。

3 结论

（1）针对加裂尾油、减压蜡油、加氢重油（低残炭）、加氢重油（高残炭）这四种原料，加裂尾油的裂化性能最好，轻液收率最高；加氢重油（高残炭）裂化性能最差，轻液收率最低。

（2）对应汽油产物中，加裂尾油对应汽油产品的辛烷值低，烯烃含量低；随着原料 C/H 的增加，加氢重油（高残炭）对应汽油产品的辛烷值高，同时烯烃含量偏高。

（3）后期企业生产需结合公司汽油配置计划，和催化汽油占汽油池比例，合理优化催化裂化装置原料，实现公司整体效益的最大化。

参 考 文 献

[1] 刘熠斌，丁雪，常泽军等. 不同原料的催化裂化性能研究[J]. 化学工程，2016，44(01)：49-52.

[2] 程从礼. 催化裂化原料特性因子的计算[J]. 石油炼制与化工，2013，44(09)：34-37.

[3] 陈俊武，许友好. 催化裂化工艺与工程[M]. 3版. 北京：中国石化出版社，2015：616-625.

催化装置双动滑阀故障原因分析

温建斌　　谢雪刚

（中国石油化工股份有限公司九江分公司）

摘　要　催化裂化装置再生烟气由于其高温、含颗粒物等特殊性质，导致其对设备的磨损及腐蚀现象广泛出现。本文以某催化装置双动滑阀导轨固定螺栓断裂为例，进一步分析装置运行过程中由于复杂载荷及复杂工况下，双动滑阀导轨螺栓断裂机理。并通过有限元分析方法，利用 ANSYS 软件构建双动滑阀三维模型，并对螺栓正常情况及异常情况下的受力分析，并根据分析结果推算不同工况下寿命情况。

关键词　催化裂化；双动滑阀；断裂；有限元；ANSYS

1　绪论

在催化裂化装置中，其工艺原理是将渣油或者蜡油等重油组分在高温催化剂的作用下转化为更有价值的轻烃组分，同时会产生部分焦炭，其附着在催化剂表面上导致催化剂暂时失活。为了使催化剂恢复活性，催化剂在再生器中通过燃烧进行再生，所产生的烟气一路进入烟机进行发电，一路通过双动滑阀控制再生器所要求的压力。若双动滑阀出现故障，再生器压力无法控制将导致整个催化裂化装置停工，因此，保证双动滑阀的安全平稳运行非常重要。而在正常生产过程中，双动滑阀处于高温状态下，且需不断调节，故其存在相对较高故障率，目前为止，行业内双动滑阀主要故障原因为滑阀导轨与底座圈连接螺栓断裂导致滑阀同导轨一同脱落从而引发停工事件。目前针对螺栓断裂原因的分析，主要有两种看法：一是认为是高温下的蠕变、疲劳及冲刷腐蚀共同作用导致螺栓疲劳断裂；二是由于材料本身缺陷以及安装过程与设计存在偏差导致螺栓运行载荷偏离设计载荷造成断裂。

1.1　双动滑阀导轨螺栓受疲劳−蠕变−高温腐蚀综合作用断裂

针对催化装置再生双动滑阀导轨螺栓断裂问题，大部分研究认为与双动滑阀导轨螺栓生产过程中长期处于高温冲刷环境有关。研究认为，双动滑阀导轨螺栓断裂的主要原因有三点：一是双动滑阀导轨螺栓断裂长期持续在高温下工作，螺栓经受周期性冲击拉伸，导致螺栓疲劳脆性断裂；二是螺栓长期在高温下服役，产生高温蠕变现象，同时受到应力腐蚀和腐蚀疲劳，螺栓不断出现微裂纹，然后裂纹不断扩展，最后导致大部分螺栓先后出现脆性断裂；三是反再系统高线速、含催化剂环境对螺栓存在冲刷磨损，导致其寿命降低。

1.2　因材料及安装过程与设计存在偏差导致断裂

此外，有部分研究认为与双动滑阀导轨螺栓断裂是由于安装过程与生产设计出现偏差导致。其偏差主要包括部分螺栓未按设计要求而选择材料与设计不一致螺栓，耐高温性能不足，导致提前断裂；因螺栓未按设计要求进行定期更换导致螺栓寿命不足断裂；因安装过程不合理的倒角、不合适的装配工艺、不合适的安装扭矩、以及未充分考虑不同材料之间的线胀系数差异导致螺栓受力情况与设计不一致。

综上所述，可见催化装置再生双动滑阀导轨螺栓断裂较为常见，但其断裂机理仍有争议，本文将根据现实案例，利用有限元模型对再生双动滑阀导轨螺栓在不同工况下的受力进行分析，并对比不同情况下的疲劳寿命情况，借此进一步判断不同工况下螺栓断裂的最主要原因。

2　双动滑阀结构和基本参数

2022 年 4 月，中石化某炼厂催化装置因双动滑阀弯曲导致再生压力瞬间降低，两器差压联锁停工。该装置于 2021 年 4 月大检修对双动滑阀固定螺栓进行了统一更换，螺栓更换至断裂总时长不足 9000h。

2.1　结构图

双动滑阀结构如图 1 所示，单侧阀板尺寸 700×450×95mm，阀杆为实心圆柱杆，直径 50mm。南北两侧阀板对称布置。

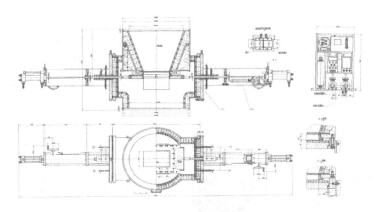

图 1　双动滑阀结构图

2.2　设施损坏情况

装置停工后，现场检查装置双动滑阀，发现双动滑阀南组西侧导轨的 4 根螺栓全部断裂，导轨脱落；双动滑阀阀板受力过大导致阀杆弯曲，双动滑阀北组西侧 1 根导轨螺栓断裂，如图 2~图 4 所示。

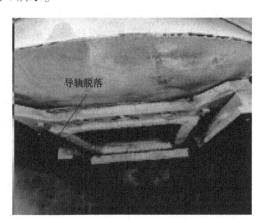

图 2　双动滑阀导轨脱落

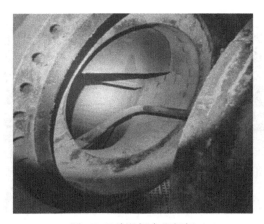

图 3　双动滑阀南组阀杆

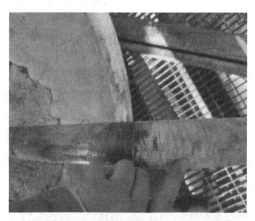

图 4　双动滑阀阀杆弯曲

3　双动滑阀故障分析

3.1　故障原因分析

查阅本周期双动滑阀运行工况，温度、压力、开度等参数均在正常范围以内，可排除操作原因造成滑阀导轨螺栓断裂。对断裂螺栓进行光谱检测，结果显示螺栓材质 Ti 含量>3%，与标准 2.4%~2.8% 相比均偏高。而 Ti 元素超标会导致螺栓脆性增大，降低螺栓的塑性、韧性和抗疲劳性。由于螺栓材质为镍基合金钢 GH4033，线胀系数 17.76×10^{-6} m·(K·m)−1；而导轨材质为 1Cr18Ni9Ti，线胀系数 18.6×10^{-6} m·(K·m)−1；经过计算，因螺栓与导轨材质的膨胀系数不同，热态下螺栓预紧力增加约 77.076kN；上次检修时采用重型扳手紧固的扭矩较大（约 200N·m），由此产生的预紧力约为 62.5kN；以上两项为工作状态下螺栓受力的主要来源。

3.2 螺栓断裂机理

如图5所示，从螺栓断裂截面看，发现中间螺栓截面无明显颈缩也无明显塑性变形，故可以判断螺栓断裂非强度破坏，进一步分析边缘螺栓断面可以发现断面呈现明显的分界线，即最初时由于材料及疲劳损伤导致出现裂纹，随后裂纹逐步扩展，承受载荷逐步增加，导致最终瞬间断裂。

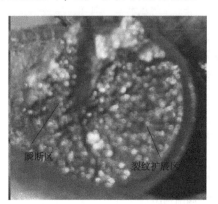 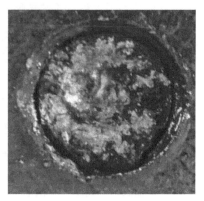

图5　现场螺栓断面(左侧图片为最边缘螺栓，右侧图片为中间螺栓)

4 双动滑阀受力分析及寿命预测

4.1 双动滑阀阀板及螺栓受力分析

根据现场工况，可以得知处于正常工作状态下的阀门主要受力面为阀板正面，主要约束来自于导轨及阀杆，而导轨的约束依赖于固定螺栓，故阀门受力及约束情况如图6所示。其中螺栓仅提供Z轴方向约束，阀杆提供全约束。

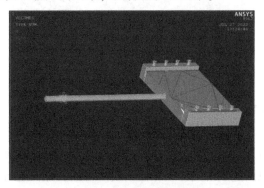

图6　阀门受力及约束情况图

当不考虑热力场导致的形变应力及螺栓预紧力时，其计算结果如图7所示。通过图8可以得出，当仅考虑压强产生的力，阀门所受最大应力仅为145MPa，最大应力出现在螺栓与导轨连接处，但螺栓材料(镍基合金钢 GH4033)在高温下仍具备较好力学性能，高温持久应力约为294MPa，可见正常情况下，螺栓所受最大应力还未达到许用应力，此时螺栓出现损伤较小。

但由于螺栓与导轨选用材质不一致，且螺栓存在预紧力，故进一步考虑温度场和螺栓预紧力后，阀门的应力云图如图8所示。从图8可以看出，当考虑热力场影响及预紧力作用时，螺栓处最大应力计算值达到333.5MPa，已超过材料高温下的持久应力，此时材料内部会出现较大损伤，该损伤也是导致螺栓断裂的重要原因之一。

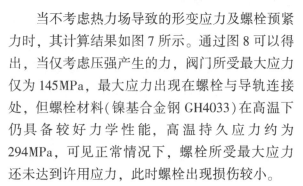

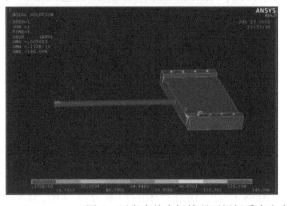 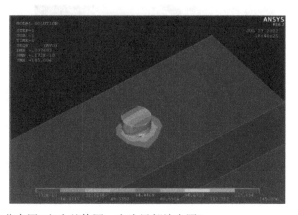

图7　不考虑热力场情况下阀门受力应力分布图(左为整体图，右为局部放大图)

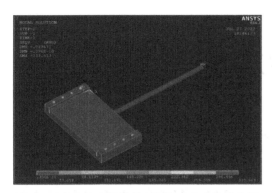

图8 不考虑热力场情况下阀门受力应力分布图

进一步分析螺栓断裂之后，阀杆的变形情况，如图9所示，当螺栓断裂失去约束后，阀杆承受应力已远远超过自生屈服强度，材料出现明显变形。该计算模拟结果与现场实际情况图3吻合。

4.2 基于有限元分析结果的寿命分析

根据 Basquin 疲劳寿命预测模型(式1)，其中 σ 为最大应力，N_f 为寿命，a 为疲劳强度系数，b 为疲劳强度指数。查阅文献，得到三种不

同高温用钢的劳强度系数和疲劳强度指数数值，以此为依据，可以计算得到不考虑热力场及预紧力条件下螺栓所受最大应力 σ_1 与考虑热力场及预紧力条件下螺栓所受最大应力 σ_2 对应的寿命预测情况，如表1所示。通过表1，可以看出，考虑热力场及预紧力条件下螺栓的寿命大大降低。这与装置检修仅一年出现螺栓断裂这一现实情况相吻合。

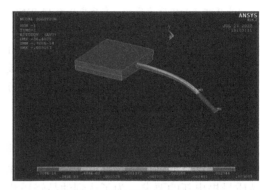

图9 螺栓断裂后应变图

$$\sigma = a \times (2 \times N_f)^b \qquad (1)$$

表4-1 不同情况下螺栓疲劳寿命预测结果对比

序号	a	b	σ_1 情况下寿命/(cycle)	σ_2 情况下寿命/(cycle)	寿命相差百分比
1	835.66	-0.124	1362598	1649	寿命下降99.88%
2	1221.45	-0.152	1227062	5118	寿命下降99.58%
3	1458.63	-0.163	1415077	8543	寿命下降99.40%

5 结论

基于对双动滑阀受力分析及有限元模拟结果，可得出以下结论：

（1）双动滑阀导轨螺栓断裂直接原因为高温下螺栓与导轨材料线胀系数不一致导致热应力较大而出现初始损伤，后因为其热载荷及机械载荷波动致使其出现热机械疲劳脆断。

（2）通过有限元模拟，发现正常情况下，螺栓处为应力最高点，约为145MPa，但考虑安装预紧力作用及温度场作用条件下，螺栓所受应力会大幅增加，数值达到333.5MPa，已超出材料的高温持久应力，这也是导致螺栓使用不到一年就发生断裂的主要原因。

（3）当导轨螺栓断裂后，阀杆因缺少导轨支撑，故远不能承受阀板因受压产生的力矩，故出现大幅变形。

参 考 文 献

[1] 周海宾. 双动滑阀固定螺栓断裂现象及分析[J]. 石油化工安全环保技术, 2013, v.29; No.167(02): 34-36+68-69.

[2] 杨友, 张喜华. 双动滑阀固定螺栓断裂原因分析[J]. 石油化工设备技术, 1995, (03): 52+66.

[3] 张俊猛, 肖扬, 孟令栋, 等. 浅析渣油催化裂化装置腐蚀与防护[J]. 装备环境工程, 2020, v.17(11): 44-51.

[4] 赵姝婧. 催化装置双动滑阀故障原因及检修措施[J]. 中国石油和化工标准与质量, 2020, v.40; No.510(04): 56-57.

[5] 黄强. 催化裂化装置双动滑阀故障原因分析[J]. 中国设备工程, 2021, No.481(S2): 67-69.

[6] 刘孟德. 催化裂化装置滑阀故障分析[J]. 石油化工设备, 2010, v.39; No.253(04): 95-99.

[7] 赵恒. 催化裂化反再系统设备技术改造研究[D]. 大连理工大学, 2003.

[8] 冯学锋. DYLS1800双动滑阀导轨螺栓断裂故障原因分析[J]. 通用机械, 2007, No.56(05): 46-49.

[9] 柳祖恩. φ1070双动滑阀高温螺栓断裂原因研究[J]. 上海钢研, 1988, (03): 31-35.

[10] 高燕清, 王天全, 郑忠强. 催化装置双动滑阀检修及操作注意事项[J]. 设备管理与维修, 2020, No.463(01): 60-62.

2.4Mt/a 加氢裂化装置增产重石脑油标定分析

史长友　干　宇

（中国石油化工股份有限公司九江分公司）

摘　要　对中国石化九江石化公司加氢裂化装置2021年检修换剂后开工运行情况进行标定。结果表明：以减压蜡油和催柴为原料，在反应压力14.2MPa、精制反应温度372.6℃、裂化反应温度391.7℃的操作条件下，主要产品重石脑油硫（氮）含量小于0.5μg/g，航煤冰点（-70℃）、闪点（41℃）均合格，柴油馏程满足要求。在汽提塔塔顶温度124℃、塔顶压力0.95MPa，分馏塔塔顶压力0.06MPa、塔顶温度128℃、塔底温度321℃的操作条件下，装置产品各项指标均满足要求。标定期间，重石脑油收率28.06%，达到换剂后设计收率28%。在装置85%负荷标定期间，操作装置的标定能耗871.7MJ/t，低于设计值（941.6MJ/t）。

关键词　加氢裂化；催化剂；标定；能耗

随着全球石油化工产品结构的改变和原油劣质化的趋势日益加强，以及环境保护对石油化工产品质量提出新的要求，为了达到油品轻质化的目的，加氢裂化工艺逐渐得到重视。作为油品轻质化的重要手段之一，该工艺是炼油厂和各石化企业利用重质馏分油生产清洁燃料、润滑油基础油及裂解制乙烯等化工原料的重要途径。

1　装置概况

2.4Mt/a 加氢裂化装置是中国石化九江石化公司800万吨/年油品质量升级改造工程项目中的一套重要装置，设计主工况为一段串联全循环流程，以直馏轻蜡油为原料，生产重石脑油、航煤和柴油，副产干气，低分气、液化气和轻石脑油；兼顾一次通过流程，以直馏轻蜡油和焦化蜡油为原料，生产重石脑油、航煤、柴油和尾油，副产干气，低分气、液化气和轻石脑油。2021年，为配合公司芳烃装置投产，加氢裂化装置更换部分轻油型催化剂，以提高装置重石脑油收率。同年5月，装置检修换剂后开车成功，11月配合全厂进行大负荷标定，可为同类装置的换剂开工运行提供借鉴。

装置由反应、分馏、脱硫3部分组成，部分工艺流程如图1所示。

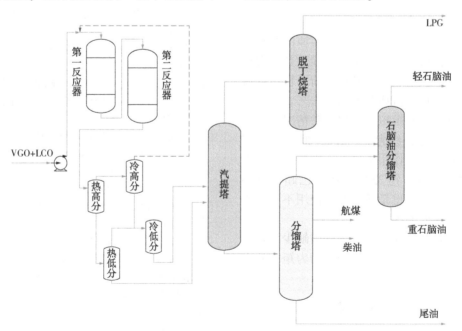

图1　加氢裂化装置流程示意图

反应部分采用单段一次通过、炉后混氢、热高分等工艺流程：原料混合后与分馏塔中段流程换热，换热后经过原料油过滤器进入原料罐，升压后与部分混合氢混合，与反应流出物换热，然后与经氢气加热炉加热后的混合氢混合后进入精制反应器、裂化反应器，反应流出物与原料换热后进入热高压分离器（简称热高分），热高分气换热冷却后经胺液脱硫处理后进入循环氢压缩机循环，热高分油经透平回收能量后减压至热低压分离器（简称热低分），轻组分经空冷器冷却后进入冷低压分离器（简称冷低分），冷低分气进入脱硫系统。

冷低分油经换热后与热低分油分别进入分馏单元汽提塔不同位置，塔底通入过热蒸汽汽提，塔顶轻组分进入脱丁烷塔，塔底重组分自压与反应流出物换热后，经分馏加热炉升温，进入分馏塔分离，塔顶轻组分与脱丁烷塔塔底油分别进入石脑油分馏塔不同位置，分馏塔第1侧线抽出航煤，第2侧线抽出柴油，第3侧线设置中段循环，塔底尾油经换热冷却后作为原料直供催化裂化装置。

脱硫系统采用贫胺液（MDEA）脱硫，包括循环氢脱硫塔、低分气脱硫塔，主要处理循环氢、自反应部分来的冷低分气和自渣油加氢装置来的冷低分气。

2　装置开工

2.1　催化剂装填

此次大检修换剂所用催化剂由大连石油化工研究院（FRIPP）开发，共5种类型：预精制催化剂FF-56/FF-66、脱硫氮以及芳烃饱和催化剂FTX、轻油型裂化剂FC-76、中油型裂化剂FC-60A。

2021年4月27日开始装填加氢裂化装置催化剂，于5月5日结束。装置共2台反应器，精制反应器R101主要装填精制剂，设有3个床层，内径4400mm；裂化反应器R102主要装填裂化剂，设有4个床层，内径4400mm。本次催化剂装填采用精制反应器第二床层下部和第三床层下部采用密相装填，其它部分采用普通装填，共装填催化剂471.83t。

表1　催化剂装填数据

床层	催化剂	装填方法	高度/mm	重量/t	堆比/(t·m⁻³)
	R101				
一床层	再生FF-56	普通	2280	32.47	0.94
	FF-56	普通	560	7.8	0.92
	FF-66	普通	2430	26.41	0.72
二床层	FF-66	普通	1140	12	0.69
	FF-66	密相	5670	69.6	0.81
三床层	FTX	普通	3050	44.7	0.96
	FF-66	密相	5870	73.5	0.82
	R102				
一床层	FC-76	普通	3420	38.41	0.74
二床层	FC-76	普通	3330	38.25	0.76
三床层	FC-60A	普通	3290	39.92	0.8
四床层	FC-60A	普通	3710	44	0.78
	FF-66	普通	1470	16.8	0.75

2.2　催化剂硫化

根据FRIPP的设计，催化剂采用湿法硫化，硫化剂为二甲基二硫化物（DMDS），硫化油采用低氮油。反应系统干燥、气密合格后开始注入硫化剂，硫化22h后，开始注无水液氨钝化27h。

2.3　开工运行

加氢裂化装置自2021年5月11日蒸汽贯通到5月23日产品质量合格，共12d。期间各单元开工有序进行，较快达到正常运行工况。

由于运行初期催化剂活性高，床层温度较低，装置根据总部统一部署及全厂物料平衡，开工初期大负荷运行，一段时间后提至满负荷，后续跟随物料平衡降至80%负荷运行至标定开始。期间处理原料约173635t/月，生产重石脑油约34680t/月、航煤约38114t/月、柴油约49876t/月，产品质量合格。

3 装置标定

自开工以来，装置各产品性质良好稳定合格，总体运行负荷根据总部统一部署及分公司安排，基本保持在 80% 以上。2021 年 11 月 23 日至 11 月 25 对装置进行 72h 全面标定，标定期间严格按照设计参数进行操作，装置运行平稳，产品稳定质量合格，催化剂性能表现良好，基本达到预期目的。

3.1 原料油

装置新鲜进料按照 5760 吨/天进行生产，装置原料为 1#、2# 常减压热蜡（220~230t/h）、罐区冷蜡（0~5t/h）和 15t/h 催化柴油，反应进料为 240t/h。尾油外甩量 30t/h，尾油循环量 0t/h。如表 2 所示，原料馏程略高于设计值，金属含量高于设计值，硫氮含量低于设计值，芳烃含量远高于设计值。

表 2 加氢裂化装置标定期间原料油基本性质

项　目	设计原料	标定原料
	轻蜡油+催化柴油	轻蜡油+催化柴油
比例/wt%	91.95：8.05	93.62：6.38
密度（20℃）/(g·cm⁻³)	0.9093	0.9007
运动粘度（80℃）/(mm²·s⁻¹)	35.42	—
馏程/℃		
IBP/5%	240/—	238.67/—
10%/30%	332/—	321.33/384
50%/70%	435/—	426/460.33
90%/95%	511/—	509/—
98%/EBP	—/560	—/568.33

表 2 加氢裂化装置标定期间原料油基本性质

项　目	设计原料	标定原料
	轻蜡油+催化柴油	轻蜡油+催化柴油
凝点/℃	35	29
残炭，m%	0.1	0.21
Ni/(μg·g⁻¹)	0.1	0.4
V/(μg·g⁻¹)	0.1	0.3
Na/(μg·g⁻¹)	0.2	0.9
Fe/(μg·g⁻¹)	0.4	0.6
Ca/(μg·g⁻¹)	0.2	0.4
S/m%	1.0674	0.75
N/(μg·g⁻¹)	1810	1091.5
C/%	86.25	87.91（估算值）
H/%	12.48	12.09（估算值）
四组分/m%		
饱和烃	80.3	59.01
芳烃	16.4	39.18
胶质	3.3	1.81
沥青质（C₇ 不溶物）	0.1	0

3.2 操作参数

标定期间装置主要操作参数如表 3 所示，反应操作参数基本控制在设计指标上下，脱硫化氢汽提塔温度参数冷低分油进塔温度（186.2℃）、热低分油进塔温度（234℃）、塔顶温度（124℃）均低于设计值，主要原因是开工初期反应部分反应流出物/原料换热器换热效率较高，反应热利用率高，导致低分油温度偏低，需分馏加热炉提温才能满足产品分离要求。

表 3 标定期间主要操作参数

项目	设计	标定	项目	设计	标定
精制催化剂体积空速/h⁻¹	1.01	0.82	脱硫化氢汽提塔		
裂化催化剂体积空速/h⁻¹	1.52	1.2	塔顶压力/MPa	1	0.95
后催化剂体积空速/h⁻¹	15.2	11.6	冷低分油进塔温度/℃	202	186.2
反应器入口氢油体积比	750	1100	热低分油进塔温度/℃	260	234
一反入口氢分压/MPa	14.5	14.1	塔顶温度/℃	129	124
精制催化剂的平均反应温度/℃	376	372.6	汽提蒸汽量/(t/h)	3	2.6
裂化催化剂的平均反应温度/℃	387	391.7	分馏塔		
一反第一床层入口温度/℃	353	347.5	塔顶压力/MPa	0.08	0.06
一反总温升/℃	53	57	进料温度/℃	380	366
二反第一床层入口温度/℃	384	384	中段抽出温度/℃	290	260
二反总温升/℃	33	39.6	塔底温度/℃	337	321
			汽提蒸汽量/(t/h)	3	2.2

3.3 产品性质

装置主要产品有轻重石脑油、航煤、柴油、尾油。如表4所示，在装置84.6%负荷运行状态下，各产品密度均与设计值相接近，硫氮含量均在设计值范围内。性质偏差较大的主要是产品馏程，其中航煤、柴油、尾油初馏点均低于设计值，说明分馏塔分离精度未达到设计工况，原因除开原料性质劣质化以外，为节能降耗，在满足产品质量的前提下，分馏加热炉温度未达到设计值也会影响分馏塔分离精度，从而导致产品重叠度偏高。

表4　标定期间主要产品性质

产品	轻石脑油		重石脑油		航煤		柴油		尾油	
项目	设计	标定	设计	标定	设计	标定	设计	标定	设计	标定
密度(20℃)/(kg·m^{-3})	637.5	633.8	746.6	732.63	805.7	803	822.6	814.8	833.5	838.8
硫含量/(μg·g^{-1})	<0.5	23.6	<0.5	0.23	<1.0	—	<2.0	0.3	<10.0	3.1
氮含量/(μg·g^{-1})	<0.5	0.73	<0.5	0.43	<1.0	0.5	<1.0	—	<2.0	0.83
闪点/℃		—	—	—		41.1	140	75.4	—	—
烟点/mm		—	—	—	26	25.8	—	—	—	—
十六烷指数		—	—	—	—	—	66	64.7	—	—
馏程(D86)/℃		—	—	—	—	—	—	—	—	—
IBP	26	—	75	63.7	176	148.8	252	235.5	355	309
10%	29	—	94	86	186	177.7	266	264.6	372	359.3
50%	35	—	118	115	207	197.6	284	300.1	405	403.3
90%	54	—	149	146.7	232	213.3	327	345.6	473	463
FBP	63	—	170	163.7	249	226.1	346	373	514	510

3.4 物料平衡

如表5所示，标定期间装置主要产品重石脑油收率28.06%，基本达到设计收率(28.42%)；航煤、柴油收率之和为50.69%，略高于设计收率(48.28%)；干气、液化气、轻石收率之和为6.84%，远低于设计收率(12.01%)，主要原因是裂化反应器中的FC-60A催化剂具有活性适宜、选择性高、稳定性好等特点，通过调变裂化功能来减少过度裂解，具有孔径更大、孔分布更集中的大比表面积和孔容，可以有效避免二次裂解，干气、液化气及轻石脑油产率低。

表5　标定期间物料平衡数据

物料名称	数量/(t/h)		收率/wt%	
	设计值	标定值	设计值	标定值
入方				
1#、2#常减压热蜡	262.7	216.93	91.95	89.91
冷蜡	0	8.93	0	3.7
催化柴油	23	15.4	8.05	6.38
自渣加来低分气	1.86	1.56	0.65	0.65
氢气	7.29	6.38	2.55	2.65
出方				
塔顶干气	1.43	3.19	0.5	1.32
脱硫低分气	4.11	2.79	1.44	1.16
粗液化气	13.77	7.86	4.82	3.26

物料名称	数量/(t/h)		收率/wt%	
	设计值	标定值	设计值	标定值
轻石脑油	19.11	5.46	6.69	2.26
重石脑油	81.2	67.69	28.42	28.06
航煤	72.2	40.47	25.27	16.77
柴油	65.74	81.83	23.01	33.92
尾油	37.28	39.58	13.05	16.41

3.5 氢平衡

对于加氢裂化装置，化学氢耗占据了不可或缺的地位。根据查阅资料及标定数据，同时借助 Aspen-HYSYS 软件模型计算装置化学氢耗，具体过程如下：

根据化学氢耗公式，化学耗氢 = (∑产品 H - 原料油 H)/原料油流量，需计算产品和原料油的氢含量。

其中轻、重石脑油 H 含量计算过程如表 6 所示：

轻石脑油 H 质量流量 = 5.46 × 16.68% = 0.91t/h；

重石脑油 H 质量流量 = 67.69 × 14.86% = 7.37t/h。

表 6 轻、重石脑油 H 含量

	质量分数/%	H 含量	H 质量比/%
轻石			
iC_5	77.02	0.1667	12.84
nC_5	21.89	0.1667	3.65
C_5	0.11	0.1667	0.02
C_4	0.96	0.1724	0.17
C_6	0.01	0.1628	0
合计	100		16.68
重石			
环烷烃	50.73	0.1429	7.2488
烯烃	0.08	0.15	0.012
芳烃	3.82	0.09	0.3421
烷烃	45.37	0.16	7.2597
合计	100		14.86

根据同样方法计算新氢、干气、液化气 H 含量：

新氢 H 质量流量 = 6.38 × 96.0% = 6.13t/h；

干气 H 质量流量 = 3.19 × 17.25% = 0.55t/h；

液化气 H 质量流量 = 7.86 × 17.11% = 1.35t/h；

然后根据质管中心分析数据，利用 Aspen-HYSYS 软件油气分析数据模拟航煤、柴油、尾油、原料油三股物料，计算 H 含量：

航煤中 H 质量流量 = 40.47 × 13.67% = 5.53t/h；

柴油中 H 质量流量 = 81.83 × 14.03% = 11.48t/h；

尾油中 H 质量流量 = 39.58 × 13.63% = 5.40t/h；

原料油 H 质量流量 = 241.27 × 12.28% = 29.63t/h。

装置氢平衡如表 7 所示，

化学氢耗 = (∑产品 H - 原料油 H)/原料油 = (35.28 - 29.63)/241.27 = 2.53%。

与设计值 2.55% 比较接近，计算结果较好。

表 7 加氢裂化装置氢平衡表

组成	质量流量/(t/h)	H 质量比/%	H 质量流量/(t/h)
原料油	241.27	12.09	29.63
新氢	6.38	96.00	6.13
合计	247.65		35.30
干气	3.19	17.25	0.55
液化气	7.86	17.11	1.35
轻石脑油	5.46	16.68	0.91
重石脑油	67.69	14.86	10.06
航煤	40.47	13.67	5.53
柴油	81.83	14.03	11.48
尾油	39.58	13.63	5.40
损失	0.32	0	0.00
合计	247.65		35.28

3.6 装置能耗

由表 6 可知：标定期间装置综合能耗为

20.82kgoe/t 折算 871.7MJ/t，低于设计能耗（22.49kgoe/t，折算 941.6MJ/t）。主要是热高分液力透平、新氢压缩机无极气量调节、空冷变频器等节能设备全部投用，可节省大量电耗；同时装置开工初期，反应热利用率较高，氢气加热炉燃料气消耗低，而能耗计算中，燃料气比重大，单耗低于设计值较多；另一方面，装置尾油设计产 1.0MPa 蒸汽，标定期间尾油产汽量大，单耗低。

表 8 标定期间装置能耗

项目	单位	2021 年 11 月 24 日~26 日		设计值
		实物量	单耗	
处理量	t	17360.054	—	—
综合能耗	kgoe/t	—	20.82	22.49
除氧水	t	2479	0.93	0.51
除盐水	t	3	0.00	—
循环水	t	246345	0.85	0.97
电	kW·h	599846	7.95	5.83
3.5MPa 蒸汽	t	2713	13.75	13.68
1.0MPa 蒸汽-	t	-2473	-10.83	-7.57
0.45MPa 蒸汽-	t	-257	-0.98	-1.25
燃料气	t	157.18	8.60	13.82
热输出	kgoe	9380	0.54	-3.58

4 结论

本次标定装置在 85% 负荷下进行，在反应氢分压 14.1MPa、反应温度 372.6/391.7℃ 的操作条件下，新更换的精制剂 FF-66/FTX、裂化剂 FC-76/FC-60A 活性及稳定性较好，加氢裂化装置主要产品满足生产要求。

通过调整装置操作参数，在氢油比 1100、汽提塔塔顶温度 124℃、分馏加热炉出口温度 366℃、分馏塔塔底温度 321℃ 的条件下，产品各项指标均满足要求。

重石脑油收率 28.06%，基本满足设计要求（28.42%），轻石以上组分收率为 6.84%，远低于设计收率（12.01%）；装置能耗为 871.7MJ/t，低于设计值。

参 考 文 献

[1] 谢雪治. 对比探讨加氢裂化技术的发展[J]. 广州化工，2014，42(18)：25.

[2] 陈梦君，崔登科等. 柴油加氢裂化装置开工运行标定[J]. 石化技术与应用，2021，39(5)：330.

[3] 李大东. 加氢处理工艺与工程[M]. 北京：中国石化出版社，2004：1107-1130.

[4] 孙建怀，王敬东，周能冬. 加氢裂化装置技术问答[M]. 北京：中国石化出版社，2014：112.

[5] 孙建怀. 分子筛型加氢裂化催化剂不同预硫化技术分析[J]. 炼油技术与工程，2018，48(3)：54-59.

[6] 石培华，王继锋等. FC-60 催化剂在天津分公司 1# 加氢裂化装置的工业应用[J]. 当代化工，2018，47(9)：1895.

芳烃联合装置能耗优化分析

邹 恺 付小苏 罗 明

(中国石油化工股份有限公司九江分公司)

摘 要 某芳烃联合装置采用中国石化自主开发的第三代高效环保成套技术，在节能降耗方面实现新的突破。通过热媒水系统改造、分馏系统优化调整、加热炉调整等措施，有效降低装置综合能耗，能耗比同类先进装置低28.3%至40.8%，达到国际领先水平，有力提升了装置竞争力。

关键词 芳烃联合装置；能耗；优化分析；最优回流比；加热炉热效率

某石化芳烃联合装置以连续重整装置生产的重整生成油和外购混合二甲苯为原料，主要产品为对二甲苯，包括芳烃抽提、歧化、二甲苯分馏、吸附分离、异构化五套装置，以及低温热回收系统及与之配套公用工程，装置综合能耗在行业内处于领先地位。

1 芳烃联合装置流程简介

如图1所示为某芳烃联合装置二甲苯单元简图，二甲苯塔接收自歧化和异构化装置的C_{8+}，塔顶分离出C_8A进入吸附分离装置分离出对二甲苯产品。二甲苯塔底C_{9+}经重芳烃塔分离出C_9组分至歧化装置作反应原料，歧化产出C_{8+}进入二甲苯塔分离C_8A。吸附分离装置分离对二甲苯后的贫对二甲苯C_8进入异构化装置，生成平衡浓度的C_8A进入二甲苯塔分离C_{8+}。

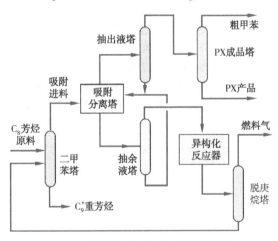

图1 芳烃联合装置二甲苯单元简图

2 芳烃联合装置能耗分析

设计考虑了优化换热、合理使用高温位热、充分利用低温位热，以提高热能利用率，降低装置综合能耗。

如表1所示为96%负荷时装置能耗与设计能耗对比。能耗较设计值高2.61个单位。原因有：（1）现场蒸汽放空20t/h未计入装置产汽；（2）1.0MPa蒸汽用于轴封蒸汽，设计未考虑此股用量；（3）歧化循环氢压缩机K-501凝结水未并入凝结水系统；（4）装置对二甲苯产量未达到设计值。对比国产技术某装置（279.0kgoe/t）和国外技术某装置（306.0kgoe/t），本装置能耗下降了28.3%和40.8%，如图2所示。

表1 某芳烃联合装置运行能耗（96%负荷）
与设计能耗对比

物料	设计单耗/(kgoe/t)	运行单耗/(kgoe/t)
对二甲苯产量	119.5	114.9
综合能耗	217.41	220.02
循环水	1.33	1.61
除盐水	1.55	1.59
电	24.94	22.98
瓦斯消耗	194.6	192.83
3.5MPa蒸汽	0.00	0.00
1.0MPa蒸汽	0.00	1.99
0.45MPa蒸汽	-4.35	0.00
凝结水	-2.92	-3.01
中压除氧水	0.54	0.02
冷媒水	0.04	0.04
净化风	0.32	0.40
氮气	1.36	1.57

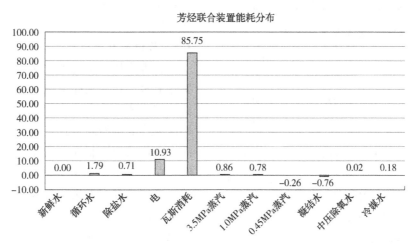

图 2   芳烃联合装置能耗分布

装置能耗占比分析显示瓦斯消耗占比最大为85.75%，主因为芳烃联合装置高度使用热联合，全装置热源核心为两个二甲苯塔重沸炉，瓦斯消耗较大。次之为电，占比 10.93%。装置自产0.45MPa 过热蒸汽富余，未外送管网。

3 装置优化

为提高装置产品竞争力，进一步降低装置能耗，提出以下优化措施。

3.1 蒸汽系统平衡

装置设计外送 0.45MPa 过热蒸汽至系统管网，但因全厂 0.45MPa 蒸汽过剩，富余蒸汽只能现场放空，为解决富余蒸汽无法利用的问题，从生产操作和装置流程上进行优化。

3.1.1 热媒水流程优化

联合装置通过设置热媒水系统回收歧化反应产物、歧化汽提塔顶、成品塔底、成品塔顶、脱庚烷塔顶等多个位置的低温余热，通过采用ORC 余热发电技术进行回收利用。利用装置现有流程，对开工加热器进行改造，增加 0.45MPa过热蒸汽作热源，装置自产多余 0.45MPa 过热蒸汽用于加热热媒水，提高热媒水温度以增加发电量。进发电机组热媒水温度由平均 108℃升高至 124℃，每小时发电量增加 700kWh，回收

16t/h 放空蒸汽及 16t/h 除盐水，降低装置能耗1.6kgoe/t。

3.1.2 操作优化

优化异构化循环氢压缩机工况，稳定汽轮机驱动蒸汽用量：

（1）调节循环氢压缩机转速。

（2）通过变频调节及停开空冷调整压缩机乏汽空冷冷后温度。

（3）通过热媒水加热器消耗蒸汽。

（4）利用热联合平衡蒸汽用量，平衡困难时适当打开放空阀。

3.2 优化分馏塔回流

抽余液塔塔底热负荷设计工况下高达110MW，是全装置最大的耗能单位，抽余液塔侧线抽出 C_8，塔底分离出 PDEB，在操作上既要考虑侧线不带 PDEB，也要考虑塔底不带 C_8，分离精度要求高。在操作上容易存在高回流比和高热负荷的情况。

考虑到装置的实际工况，通过降低分馏塔顶回流降低瓦斯消耗。利用 ASPEN 软件模拟抽余液塔，设定抽余液塔侧线控制 PDEB 在 50ppm以内、塔底 C_8 控制在 50ppm 以内，探索最优回流，降低瓦斯消耗，如表2、表3所示。

表 2   ASPEN 模型中回流与产品变化情况

	实际工况一	模拟工况二	模拟工况三	模拟工况四	模拟工况五
回流/(t/h)	1200	1100	1000	990	980
塔底 C_8 含量/%	0.002	0.002	0.002	0.002	0.002
侧线 PDEB 含量/%	0.0007	0.0007	0.0007	0.0010	0.0050

根据计算数据，优化抽余液塔塔顶回流。

表 3　调整后产品质量变化情况

产品质量	调节前	调节后
塔底 C_8 含量/%	0.002	0.002
侧线 PDEB 含量/%	0.0007	0.0007
回流量/(t/h)	1200	970

在产品质量未发生变化的情况下，降低抽余液塔顶回流，瓦斯消耗下降 0.8t/h。调整抽出液塔、二甲苯塔、甲苯塔及苯塔，降低瓦斯消耗共计 1.3t/h，装置能耗下降 12.8kgoe/t。

3.3　提高加热炉热效率

排烟热损失在加热炉的热损失中占有较大比例。加热炉排烟温度每降低 20℃，相应的热效率可以提高约 1%。以 1# 二甲苯塔重沸炉 F-801 为例，在冬季工况下，加热炉排烟温度可降至 90℃，加热炉热效率高达 94.1%，但在夏季工况下，排烟温度在 106℃左右，加热炉热效率降低至 93.4%。F-801 设计排烟温度 100℃，造成排烟温度高原因有：一是加热炉辐射室出口压力波动大，为避免触发正压联锁，人为高控负压值，造成排烟温度高；二是两相流空气预热器系统存在泄漏，吸入空气后破坏两相流系统水循环，换热效果差；三是余热回收系统烟道旁路挡板无法完全关闭造成漏风，引起流场变化，换热效果差。

降低加热炉过剩空气系数。加热炉氧含量控制由 4% 降低至 1%，加热炉热效率由 93.2% 提高 0.4% 至 93.6%，节约瓦斯约 0.06t/h，降低装置能耗 0.58kgoe/t。

3.4　降低除盐水消耗

装置除盐水主要用于湿式空冷水箱补水和除氧器上水，除盐水耗量频繁波动加剧，排污管线持续有湿式空冷水箱除盐水溢流。水箱补水阀采用浮球式液位控制方式，利用液面高低影响浮球浮力变化从而控制补水阀开度。开度较大的补水阀存在浮球被掀翻和浮球固定螺纹扣松动的现象，导致补水阀无法监测水箱液位，造成额外的除盐水消耗。调整水箱补水阀开度和浮球位置，溢流除盐水量降为零。

4　结语

某石化芳烃联合装置综合能耗运行情况良好，为了进一步降低装置能耗，通过热媒水系统改造、分馏系统优化调整、加热炉调整、节约水耗等措施，有效降低了芳烃联合装置综合能耗，提高了其市场竞争力。相比能耗先进的国产技术装置和国外技术装置，本装置能耗下降了 28.3% 和 40.8%，达到国际领先水平。

参　考　文　献

[1] 李强. 二甲苯塔顶 C_9 重芳烃对 PX 装置能耗的影响 [J]. 炼油技术与工程 2016，(46)05，1-5.

[2] 刘永芳. 中国石化高效环保芳烃成套技术的开发及其应用[J]. 石油化工设计 2016，(33)01，1-6.

[3] 张绍良. 石油化工管式加热炉经济排烟温度探讨 [J]. 科学与技术 2020，(49)04，66-70.

芳烃联合装置停开歧化反应工况对比及调整

张俊逸

（中国石油化工股份有限公司九江分公司）

摘　要　通过对某石化厂芳烃联合装置停开歧化工况进行对比，分析了相关产品分布、能耗及操作调整等情况，企业可以此为参考，根据成品油及化工品市场价格变化情况，通过及时停开歧化反应系统来灵活调整装置产品分布并实现装置效益最大化。

关键词　芳烃联合装置；停开歧化；工况对比；操作调整

1　前言

某炼化一体化石化厂芳烃联合装置以重整装置来 C_6+ 重整生成油及外购混合 C_8 芳烃为原料，通过芳烃抽提、歧化、吸附分离、异构化、二甲苯分馏等相互关联的单元，将原料转化为苯、对二甲苯等化工产品，同时副产甲苯、非芳、C_{9+} 芳烃等汽油调和组分。其中歧化单元以甲苯和 C_{9+} 芳烃为原料，在临氢和催化剂存在的条件下，将汽油调和组分甲苯、C_{9+} 通过歧化及烷基转移反应转化为苯和混合二甲苯产品，起到了油品与化工产品"转化器"的作用。

该石化厂以化工产品与成品油市场需求为导向，紧盯成品油、化工产品市场价格变化，在成品油需求上升，成品油、化工产品价差增大时，通过停运芳烃联合装置歧化反应，可实现"增油减化"；反之在化工产品需求旺盛时，可以通过开歧化反应，实现"减油增化"。通过停开歧化反应及调变歧化反应负荷，该炼化一体化炼厂可以灵活在成品油与化工品增产之间进行调节，根据市场利润情况及时进行产品转换，增加经济效益。本文跟踪记录了该炼厂芳烃联合装置停开歧化反应工况下的装置数据及优化调整措施，并进行分析和横向对比，可为同类型装置进行停开歧化决策及调整作指导参考。

2　芳烃联合装置概况

该石化厂芳烃联合装置设计规模为 89 万吨/年，包含 90 万吨/年芳烃抽提、572 万吨/年二甲苯分馏、131 万吨/年歧化及烷基化转移、511 万吨/年吸附分离、409 万吨/年异构化等 5 套主体单元。其中芳烃抽提单元以二甲苯分馏单元重整油塔顶馏出物 C_6-C_7 馏分为原料，分离出非芳烃抽余油和混合芳烃（苯、甲苯），非芳抽余油送至罐区调和汽油，混合芳烃送至歧化单元。歧化单元以芳烃抽提产出混合芳烃和二甲苯分馏单元分离出的 C_{9+} 为原料，分离出苯产品，并将甲苯和 C_{9+} 转化为 C_8 芳烃，送至二甲苯分馏单元。二甲苯单元将来料通过精馏分离为 C_6-C_7 馏分、C_8 芳烃、C_{9+} 芳烃分别送至芳烃抽提、吸附分离、歧化单元；吸附分离单元将二甲苯单元送来的 C_8 芳烃进行同分异构体中分离，产出对二甲苯产品，其余非对二甲苯 C_8 芳烃（邻、间二甲苯及乙苯）送至异构化，使各种同分异构体 C_8 芳烃达到新的近热力学平衡组成，生产对二甲苯组分后，送至二甲苯单元最终至吸附单元分离出对二甲苯产品，芳烃联合装置各单元关联情况见图 1。

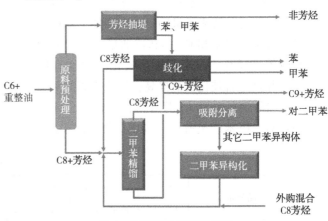

图 1　芳烃联合装置示意图

3　停开歧化反应工况对比

芳烃联合装置中歧化反应生成的 C_8 芳烃占吸附单元 C_8 芳烃进料总量约 1/3 左右，停运歧化反应期间，实际物料平衡调整为通过提高外购混合 C_8 芳烃量，来弥补这吸附进料这部分歧化 C_8 芳烃进料的缺失，从而保持吸附负荷不变。故在本文工况对比中，选取吸附负荷相同时停开歧化情况进行对比如下：

3.1 装置产品分布、能耗对比

芳烃联合装置通过调整外购混合 C_8 芳烃量，维持吸附单元 85% 负荷不变下，停歧化反应工况与开反应歧化工况（及不同歧化负荷）产品分布及能耗如表 1 所示：

表 1 装置停开歧化反应产品分布及能耗对比

产品分布		停歧化反应		开歧化反应（歧化 65%负荷）		开歧化反应（歧化 100%负荷）	
		流量/(t/h)	占比/(%)	流量/(t/h)	占比/(%)	流量/(t/h)	占比/(%)
装置投入	C_6+重整油	149.28	67.01	149.21	77.55	150.51	85.26
	补充氢	1.90	0.85	3.20	1.66	3.80	2.17
	外购 C_8 芳烃	71.60	32.14	40.01	20.79	21.05	12.57
	进料总计	222.78		192.42		175.36	
装置产出	对二甲苯产品	92.08	41.36	92.58	48.32	94.60	49.38
	苯产品	9.05	4.07	18.43	9.62	20.86	10.89
	甲苯至汽油	30.23	13.58	11.57	6.04	0.37	0.19
	非芳至汽油	37.69	16.93	37.47	19.56	37.07	19.35
	重芳烃	3.06	1.37	2.63	1.37	3.05	1.59
	歧化外排氢	0.66	0.30	2.42	1.26	2.75	1.44
	自产瓦斯	4.46	2.00	6.84	3.57	9.25	4.83
	自产液化气	2.59	1.16	2.60	1.36	3.20	1.67
	至偏三原料	4.40	1.98	4.40	2.30	4.40	2.30
	C_{9+} 调和汽油	38.40	17.25	12.65	6.60	0.00	0.00
	出料总计	222.62		191.59		175.55	
装置能耗/(kgoe/t PX)		227.22		232.6		226.33	

从上表数据可以看出，开歧化反应后，甲苯和 C_9 芳烃因改至歧化，进行歧化和烷基转移反应，对联合装置来说最明显的是增加了苯产品产量，减少了甲苯和 C_{9+} 调和汽油量，同时因伴有裂解等副反应，自产瓦斯、液化气量也有所增加，并且随着歧化负荷提高，歧化生成的对二甲苯含量较高的歧化 C_8 芳烃占比增加，总体表现为：对二甲苯产量有所提高，维持吸附 C_8 进料负荷不变下，外购混合芳烃需求量相应减少。

3.2 经济效益对比

根据产品分布及能耗情况，套入原料产品市场价格体系，即可测算同吸附单元负荷下，装置经济效益情况，以 2024 年 6 月原料产品价格为例，可以计算出开停歧化反应系统及歧化提高负荷装置经济效益情况，对比如表 2 所示：

表 2 装置停开歧化反应经济效益对比

产品分布		单价/(元/t)	停歧化反应		开歧化反应（歧化 65%负荷）		开歧化反应（歧化 100%负荷）	
			流量/(t/h)	价值/(万元/h)	流量/(t/h)	价值/(万元/h)	流量/(t/h)	价值/(万元/h)
装置投入	C_6+重整油	5,565	149.28	83.07	149.21	83.03	150.51	83.76
	补充氢	8,471	1.90	1.61	3.20	2.71	3.8	3.22
	外购 C_8 芳烃	6,852	71.60	49.06	40.01	27.42	21.05	14.42
	总计		222.78	133.74	192.42	113.16	175.36	101.40

产品分布		单价/ （元/t）	停歧化反应		开歧化反应（歧化65%负荷）		开歧化反应（歧化100%负荷）	
			流量/（t/h）	价值/（万元/h）	流量/（t/h）	价值/（万元/h）	流量/（t/h）	价值/（万元/h）
装置产出	对二甲苯产品	7，326	92.08	67.45	92.58	67.82	94.60	69.30
	苯产品	8，006	9.05	7.25	18.43	14.76	20.86	16.70
	甲苯至汽油	6，988	30.23	21.13	11.57	8.09	0.37	0.26
	非芳至汽油	5，920	37.69	22.31	37.47	22.18	37.07	19.35
	重芳烃	5，576	3.06	1.71	2.63	1.47	3.05	1.59
	歧化外排氢	8，100	0.66	0.53	2.42	1.96	2.75	1.44
	自产瓦斯	4，000	4.46	1.78	6.84	2.74	9.25	4.83
	自产液化气	4，702	2.59	1.22	2.60	1.22	3.20	1.67
	至偏三原料	5，597	4.40	2.46	4.40	2.46	4.40	2.30
	C$_{9+}$调和汽油	6，988	38.40	26.84	12.65	8.84	0.00	0.00
	总计		222.62	152.68	191.59	131.53	175.55	117.43
产品分布效益/（万元/h）				18.94		18.37		16.03
燃动费用/（万元/h）				8.3		8.54		8.49
总效益/（万元/h）				10.637		9.834		7.542
总效益/（万元/月）				7659.0		7080.4		5430.3

从上表数据可以看出，在测算价格体系下，开歧化反应65%负荷相比停歧化反应，效益损失579万元/月，同时歧化负荷提高至满负荷后，效益损失进一步增加至2228万元/月。因此，在测算价格体系下，从增加经济效益上面，企业可考虑降低歧化单元负荷运行或进一步停运歧化反应系统。

4　停开歧化反应操作调整措施

4.1　吸附分离单元

吸附进料C$_8$芳烃主要由重整来料中C$_8$芳烃、外购混合C$_8$芳烃和歧化生成C$_8$芳烃构成，三股C$_8$芳烃物料具体组成如表3所示。对吸附进料中有效组分C$_8$芳烃而言，其四种异构体相对含量也会对对二甲苯产品纯度造成影响：因吸附剂对乙苯（EB）的选择性仅次于对二甲苯（PX），如吸附进料中乙苯上升，在吸附参数不调整时，对二甲苯产品中乙苯杂质含量将同步上升，造成对二甲苯产品纯度下降。如表3所示，不同来源的物料C$_8$芳烃中乙苯含量差别较大，其中歧化装置来C$_8$芳烃中乙苯含量最低，对二甲苯含量最高，是最理想的吸附分离进料，而重整来料及外购料中乙苯含量均较高。芳烃装置维持吸附单元负荷不变下，停歧化反应系统，相应

会增加外购料加工量，当外购料占比升高时，进一步会造成吸附进料乙苯含量升高较多，如不进行相应提高吸附二区回流比（强化吸附精制区置换杂质乙苯），提高异构化反应压力（促进异构化乙苯转化）等操作调整，对二甲苯产品纯度则会受到影响。

表3　吸附C$_8$进料来源及组成

物料来源	EB/%	PX/%	MX/%	OX/%
重整来料C$_8$芳烃	15.63	18.13	40.02	26.22
歧化来料C$_8$芳烃	1.71	24.54	51.73	22.02
异构化来料C$_8$芳烃	9.66	20.38	47.9	22.06
外购混合C$_8$芳烃	15.77	19.51	41.14	23.07

对前述停歧化反应工况、开歧化反应65%负荷工况、开歧化反应100%负荷工况对比，其中吸附进料对二甲苯含量分别为18.9%、19.3%、19.5%；吸附进料中乙苯含量分别为10.5%、9.5%、8.9%。可以看出，歧化反应负荷越高，吸附进料组成改善越明显。开歧化工况下，吸附进料改善对吸附装置产品纯度及产量有正向作用，可适当降低吸附二区回流比及异构化反应压力，适当下调因吸附进料改善而提高的PX产品纯度，并降低异构化芳烃损失，从而增

加对二甲苯产品产量。

4.2 异构化单元

芳烃联合装置关联紧密，单元之间互相影响，对停歧化反应系统工况，通过歧化反应生成的二甲苯中断，从物料平衡来说，异构化单元必须补充外购混合 C_8 芳烃来满足二甲苯回路 C_8 芳烃平衡。此时需要注意提高外购料期间控制好外购 C8A 芳烃进白土塔温度不低于 145℃，以满足白土塔脱除烯烃要求，保证后路吸附进料溴指数平稳，同时外购 C_8 芳烃乙苯含量较高，需要同步提高异构化反应苛刻度，同时关注反应温升，匹配反应温度、反应压力，达到既有足够的乙苯转化率，又有可接受的 C_8 芳烃损失率。

4.3 二甲苯分馏单元

对停歧化反应系统工况，歧化甲苯塔底来 C_{8+} 中断后，因其 C_{8+} 组成中 C_8 含量约占 65%，C_{9+} 含量约占 34%，所以此股物料至二甲苯分馏单元中断后，除其中的 C_8 芳烃由外购混合二甲苯补充外，其余 C_{9+} 至二甲苯分馏单元物料未进行补充，所以二甲苯分馏单元负荷减少，需做好 C_{9+} 以上物料的平衡，并同步减少二甲苯塔底 C_{9+} 到重芳烃塔进料，同时同步开展节能优化调整，减少二甲苯塔、重芳烃塔，塔底热负荷和回流量，防止热源过剩造成"分离精度过剩"，增加装置能耗。

4.4 燃料、蒸汽系统

停歧化反应工况相比开歧化反应工况，歧化单元会少产 4t/h 左右燃料气，对此需及时补充天然气或液化气量，维持瓦斯系统稳定；同时歧化循环氢压缩机停机后，驱动蒸汽消耗减少，还应同步做好蒸汽平衡工作。

5 总结

通过对芳烃联合装置开停歧化反应系统工况进行对比，可以发现芳烃联合装置在开歧化工况下可实现增产苯、对二甲苯等化工品；反之在停歧化工况下可实现增产汽油产品目的。企业可以停开歧化工况为参考，根据成品油、化工品价格建立长效滚动优化测算机制，及时抓住成品油、化工品市场行情变化，遵循好停开歧化相关调整措施，通过及时停开歧化反应系统来灵活调整装置产品分布，实现装置效益最大化。

参 考 文 献

[1] 张成意. 新形势下炼化企业产品结构转型升级发展策略分析[J]. 化工管理，2024，(19)：13-16.

[2] 韩文华. 吸附分离装置 PX 收率低的原因浅析及对策[J]. 广东化工，2019，46(14)：244-246.

[3] 柏成钢. C_8 芳烃异构化反应温升分析[J]. 广东化工，2011，(07)：28-29.

抽余油综合利用生产食品级正己烷工业技术应用

何　东　　张武冰

（中国石油乌鲁木齐石化公司）

摘　要　本文针对乌鲁木齐石化重整抽余油的生产现状，利用"预分馏+苯加氢+分馏"的方式对重整抽余油进行分馏、脱苯、降烯烃处理，以重整抽余油和氢气为原料生产食品级正己烷。项目试车、投产及标定结果表明，各项指标满足工程设计要求；物料中苯含量由 0.16%（m/m）降低至 0.01%（m/m）以下，溴指数由 15000~20000mgBr/100g 降低至 50mgBr/100g 以下，产品满足 GB 1886.258—2016《食品添加剂正己烷》标准。食品级正己烷生产工艺技术的投产，为企业在抽余油加工流程方面提供了新的路径，开发了企业炼油产业链新产品。

关键词　抽余油；苯加氢；食品级正己烷；溴指数；技术应用

1 前言

1.1 背景及生产意义

正己烷是工业上用途最广的烃类溶剂之一，是最具有代表性的非极性溶剂。正己烷作为重要的化工原料和溶剂，已经被广泛用于医药、化工、高分子材料、橡胶工业以及食品分析等行业，可用作精油的稀释剂、己内酰胺生产中冷却剂以及食品生产中的植物油萃取剂等。正己烷产品分类通常按正己烷浓度划分，如 60%、70%、80%基本用在油脂、橡胶、聚合方面，90%以上（高纯度正己烷）需求方向多在精细化工，如医药萃取剂、医药中间体、色谱试剂等。目前我国正己烷产品生产厂家数量约在 15 家左右，正己烷国内产能约在 27 万吨/年。国内正己烷产能分布较为广泛，除西南地区无较大正己烷生产厂家外，国内其他地区均有正己烷装置，正己烷装置仍是以沿海分布为主，西北地区对正己烷产品的需求仍处于上升态势，产品大多也是通过沿海生产厂商供应。

乌鲁木齐石化公司目前重整抽余油约 25 万吨/年，重整装置抽余油物料中含有戊烷、正己烷、异构己烷，少量烯烃和苯，由于抽余油物料综合辛烷值 RON 只有 60~65，其不能作为产品单独出厂，少量调和到汽油产品中，剩余部分只能调和成低附加值的石脑油作为乙烯裂解料外卖销售，物料整体经济效益不佳。为增加乌鲁木齐

市石化公司高效产品数量，提升企业应对市场风险的能力，利用乌鲁木齐石化公司低附加值的抽余油物料生产高附加值的 60%工业、食品级正己烷产品，提升企业效益。相关产品质量标准执行 GB 17602—2018《工业己烷》和 GB 1886.258—2016《食品添加剂正己烷》。

1.2 工艺技术方案

目前，国内外正己烷生产装置的工艺技术方案都是围绕精馏提纯和精制两个方向展开的。

精馏提纯，就是指通过精馏串联操作来逐步分离无关组分最终得到纯的正己烷工艺。提纯工艺一般轻端组分分离开始，例如从异戊烷→正戊烷→异己烷→获得正己烷，也可以根据原料组成灵活调整分离顺序。不同的正己烷生产装置可能分离顺序不一致，但是核心目的都是从易分离组分开始切割，最后通过高塔板数、高回流比的方法分离难以从正己烷中分离的组分。由于苯与正己烷能形成共沸物，普通精馏难以分离，且三甲基戊烷、甲基环戊烷等组分与正己烷沸点十分接近，仅采用多塔精馏提纯工艺难以得到高纯度低苯的正己烷产品。

所谓精制，就是指对正己烷产品进行脱苯、脱硫处理等，以满足未来正己烷低苯、低硫的环保要求。在精制工艺中，脱苯是精制过程中的关键步骤，正己烷脱苯技术主要有加氢法、磺化法、芳烃抽提和萃取精馏法等，4 种常见脱苯技术的特点如表 1 所示。

表1　正己烷精制脱苯技术特点

项目	加氢法	磺化法	芳烃抽提法	萃取精馏法
介质	氢气	发烟硫酸	环丁砜、四甘醇	环丁砜、二甲基亚砜
苯含量	1ppm	400~1000ppm	2000~3000ppm	200ppm
优缺点	流程复杂、投资高、操作费中。脱苯效果好，并可脱除产品中的烯烃，产品可达到食用级标准。	流程简单，投资低，操作费用低。脱苯效果一般，酸渣难处理，溶剂油收率低，不具备脱烯烃能力。	流程简单，投资低，操作费用低。脱苯效果差，不具备脱烯烃能力。	流程简单，投资低，操作费用适中。脱苯效果好，但不具备脱烯烃能力。

综合考虑能耗、产品质量、技术可靠性、催化剂应用业绩，中国石油乌鲁木齐石化公司结合产品苯含量控制，主体采用加氢方式，以"预分馏+苯加氢+分馏"的流程对重整抽余油中的正己烷进行分离、精制，建成2.5万吨/年正己烷装置，装置开工时间按8400小时计，操作弹性为60%~110%；正己烷装置采用加氢法对脱戊烷塔的重整抽余油进行脱苯精制处理。开工后，装置按要求运行标定，各运行指标满足工程设计要求。

2 工业应用装置概况

2.1 装置组成

重整抽余油生产食品级正己烷产业链主要由

重整抽余油预分馏塔、戊烷油装置、2.5万吨/年正己烷装置构成。2.5万吨/年正己烷装置主要由原料单元、反应单元、分馏单元和公用工程单元几个部分组成。主要设备为苯加氢反应器、分离塔、导热油重沸器，仪表系统采用SUPCON（浙大中控）集散控制系统（DCS）。

2.2 原料性质

装置原料主要有重整抽余油和氢气。原料性质如表2~4所示。抽余油原料经过与分离单元和戊烷油装置进行预分馏，得到的产物和氢气混合经预脱苯反应器和正己烷分离塔高效精馏分离而得到正己烷产品。

表2　原料重整抽余油性质表

物料组分	单位	检测值	物料组分	单位	检测值
异戊烷	%（m/m）	0.04	正己烷	%（m/m）	16.67
正戊烷	%（m/m）	0.06	苯	%（m/m）	0.05
2.2-二甲基丁烷	%（m/m）	0.33	其它碳六及以上组分的和	%（m/m）	55.16
2.3-二甲基丁烷+环戊烷	%（m/m）	2.19	溴指数	mgBr/100g	25794
异己烷	%（m/m）	12.32	氯含量	mg/kg	0.5
3-甲基戊烷	%（m/m）	13.18	硫含量	mg/kg	0.5

表3　戊烷油装置预分馏后物料性质表

物料组分	单位	检测值	物料组分	单位	检测值
2.3-二甲基丁烷+环戊烷	%（m/m）	0.02	正己烷	%（m/m）	75.19
异己烷	%（m/m）	0.53	苯	%（m/m）	0.16
3-甲基戊烷	%（m/m）	8.18	其它碳六及以上组分的和	%（m/m）	15.92

表4　氢气性质表

物料组分	单位	检测值	物料组分	单位	检测值
氢气	%（V/V）	92.62	氮气	%（V/V）	2.06
甲烷	%（V/V）	4.57	丙烷	%（V/V）	0.23
乙烷	%（V/V）	0.52	氯化氢	mg/m³	未检出

由表2可以看出，抽余油原料主要由C_5~C_7的烃类组成,,其中其他碳六及以上组成占到了

55.16%，抽余油中的正己烷含量平均在16.67%；由于分析精度问题，关于物料中的各

类烯烃检测缺少具体检测值，但从溴指数分析结果来看，物料的溴指数含量高达 25000mgBr/100g 以上，苯含量平均在 0.05%，另外，在预分馏提纯后，物料中的苯含量增加至 0.16%，因此，要从物料中处理得到食品级正己烷，脱苯和降低烯烃含量是过程的关键。

2.3　催化剂

正己烷装置催化剂选用壳牌催化剂技术公司的镍系 KL6565-TL1.2 型苯加氢催化剂。在苯加氢反应器内采用无氧密相装填。催化剂 KL-6565 在生产过程中已经完全被还原，还原后的催化剂需要在严格控制氧含量的条件下进行稳定处理，以抑制 Ni 金属的自燃特性。在催化剂装填过程中，任何的反应器底部的开口都应该被密封以避免空气由于烟囱效应而流过催化剂床层引起自热，损坏催化剂。本项目催化剂装填量约 8.0t，催化剂在使用前应进行干燥、活化处理，停止使用后进行钝化处理。催化剂性质如表 5 所示。

表 5　苯加氢催化剂性质表

项目	单位	检测值	项目	单位	检测值
形状	—	挤条三叶草	装填密度(布袋装填)	kg/m³	≈750
尺寸	mm	直径约1.2	压碎强度	N/mm	>12
镍含量	wt%	≈29%	寿命	a	>4

2.4　主要操作条件

正己烷装置的主要操作条件如表 6 所示。

表 6　正己烷装置主要操作条件

项目	单位	控制范围	标定值	项目	单位	控制范围	标定值
氢气压力	MPa	1.8~2.6	2.27	C-8101顶部压力	MPa	0.1~0.25	0.15
R-8101入口温度	℃	60~150	106.37	C-8101顶部温度	℃	90~105	97.70
R-8101入口压力	MPa	1.8~2.45	2.08	C-8101气相返塔温度	℃	95~130	103.53
R-8101上部温度	℃	60~150	113.57	C-8101回流量	t/h	——	17.97
R-8101下部温度	℃	60~150	114	高分循环量	t/h	——	12.4

标定结果显示，苯加氢反应器 R-8101 入口温度主要通过导热油加热器和高分循环物料比控制，由于导热油炉出口温度平均在 170~180℃，导致预热器 E-8102 在升温过程中容易出现超温现象，在投用过程中，主要通过限制管程导热油手阀开度控制反应器入口温度。标定期间，反应器和分馏塔操作参数均在控制范围，由于粗己烷物料中苯含量和不饱和烃含量较低，反应器床层平均温升低于 15℃，催化剂性能较好。C-8101 顶部压力设计值 0.12MPa，实际压力高于设计值 0.03MPa，主要由于设计进料组分中重组份高于实际运行，且未充分考虑到物料中的溶解氢，因此实际运行过程中塔压高于设计值；塔底温度低于设计值，因塔底重组分较少，塔底物料采用间歇外送形式；由物料性质表和操作条件表对比来看，粗己烷中 3-甲基戊烷含量直接影响最终产

品纯度，因此在预分馏阶段，控制粗己烷中 3-甲基戊烷的含量较为关键。

3　食品级正己烷生产工艺技术

3.1　工艺原理

重整抽余油经两级预分馏单元，得到的粗己烷物料与蜡油加氢装置的氢气混合经预脱苯反应器和正己烷分离塔高效精馏分离而得到正己烷产品送至产品罐区，副产品 C_6 重组分送至大芳烃。

在脱苯反应器中主要包含以下两种主反应：

烯烃饱和成烷烃：$C_nH_{2n}+H_2 \longrightarrow C_nH_{2n+2}$

芳烃饱和成环烷烃，如：

苯加氢反应：$C_6H_6+3H_2 \longrightarrow C_6H_{12}$

甲苯加氢：

所得产物在开工初期可通过跨线流程进入汽油调和池，合格后可以作为食品级正己烷单罐储存、销售。重组分产物也可以作为汽油调和组分来增加汽油产量。

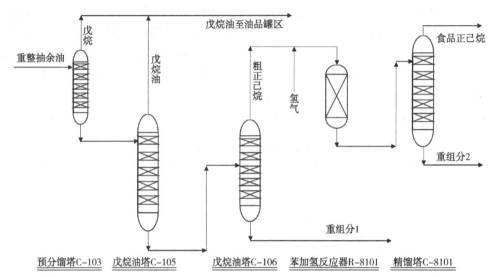

图 1   生产食品级正己烷工艺流程简图

3.2   工艺流程

抽余油生产食品级正己烷工艺流程简图如图1所示。

3.3   主要操作单元及其特点

3.3.1   预分馏单元

抽余油预分馏单元主要由重整 C-103、戊烷油 C-105/106 组成，根据抽余油中各组分的沸点不同，将混合物中的轻质组分和重质组分分离，提高正己烷精制系统原料的稳性和加工效率；预分馏系统精馏塔均采用高效填料塔，塔底重沸器均采用 1.0MPa 蒸汽作为热源，具有高效、节能特点。预分馏单元将抽余油中的正己烷提纯至 60% 以上，馏程 65～72℃ 范围，精准控制粗正己烷的物料性质。

3.3.2   原料单元

采用特殊混合器将粗正己烷物料与氢气混合，氢气采用一次通过形式，剩余废氢通过反应后在高分顶部排出至火炬，预留氢气回收甩头；原料系统设施导热油加热器，主要对混合原料进行升温，控制反应器入口温度维持稳定；新鲜氢气与正己烷原料充分预混，由于氢气具有较高的热容和传热系数，在导热油加热器前形成较为合适的氢油比，油气混合更均匀，可以有效提高反应器的反应效率和热稳定性。

3.3.3   苯加氢及精馏单元

加氢反应催化剂使用期经过润湿、循环脱水、活化等步骤，目的主要是提高催化剂的反应活性，催化剂活化反应机理：$NiO + H_2 \longrightarrow Ni + H_2$O。原料单元汇合后的原料经换热器、导热油加热器升温后送至脱苯反应器中进行苯加氢反应。加氢反应器内发生苯加氢、烯烃饱和等反应，通过反应入口温度、反应温升、反应器出口氢分压、反应器最低液体流速等参数控制调整反应状况。该型号催化剂推荐反应器出口氢气分压不低于 9bar，最低氢分压主要是抑制反应器内的结焦；反应器内最低的液体流速为 25m/h，可以通过循环产品来实现，最低流速的要求是要确保反应器床层内的液体分布好；另外，在初次投料过程中，关注分馏系统压力变化情况，防止反应物料中溶解氢在低压塔内释放，造成超压情况。经过加氢反应的物料进入精馏塔，亦为填料塔，由 4 层整装填料组成，塔底采用导热油重沸器，实现反应产物高效、稳定的分离。

3.3.4   导热油单元

装置原料加热器和分馏塔重沸器热源采用导热油闭路循环加热，另一端由导热油加热炉提供热源补充，以导热油为热媒介，供热稳定，蒸汽消耗量减少，装置的总能耗降低。由于食品级正己烷产品馏程范围控制较窄，故分馏塔底重沸器的稳定性显得尤为重要，而导热油性质稳定，可为重沸器提供稳定热源，减少了因系统波动导致的产品质量波动。

3.4   产品质量

正己烷装置标定过程中，食品级正己烷产品

组成分析数据如表7所示；食品级正己烷质量数　　据如表8所示。

表7　食品级正己烷产品组成分析数据表

物料组分	单位	检测值	物料组分	单位	检测值
异戊烷	%（m/m）	0.02	正己烷	%（m/m）	77.97
正戊烷	%（m/m）	0.01	苯	%（m/m）	0
2.2-二甲基丁烷	%（m/m）	0	其它碳六及以上组分的和	%（m/m）	8.34
2.3-二甲基丁烷+环戊烷	%（m/m）	0.5	碳三+碳四	%（m/m）	0.01
异己烷	%（m/m）	2.01	3-甲基戊烷	%（m/m）	11.14

表8　食品级正己烷产品质量数据表

项目	单位	指标	标定检测值	样品判定
色泽	—	无色	无色	合格
状态	—	澄清液体	澄清液体	合格
正己烷含量	%（m/m）	≥60	77.97	合格
初馏点	℃	≥64	66	合格
干点	℃	≤70	69	合格
赛波特颜色号	—	≥28	30	合格
硫含量	mg/kg	≤2	0.5	合格
溴指数	mgBr/100g	≤50	5	合格
蒸发残留量	mg/100mL	≤0.5	0.1	合格
铅（Pb）含量	mg/kg	≤1.0	0.5	合格
多环芳烃	—	通过试验	通过	合格

从原料、产品组成分析表中可以看出，原料中正己烷含量直接影响产品正己烷含量，经过加氢精制单元后，在反应入口温度106℃，反应压力2.27MPa，进料量2.26t/h工况条件下，物料中苯含量由0.16%（m/m）降低至0%（m/m），溴指数降低至5mgBr/100g，其余质量指标均能满足GB1886.258-2016《食品添加剂正己烷》要求，产品合格。

3.5　物料平衡及技术经济分析

抽余油生产食品级正己烷标定期间物料平衡表如表9所示。标定期间加工成本如表10所示。

表9　物料平衡及动力消耗表

序号	项目	计量单位	数量	原料来源/产品去向
1	原料	吨		
	抽余油	t/h	15	芳烃抽提装置
	自产氢气	Nm³/h	180	150万蜡油加氢装置
2	产品	吨		
	抽余油碳五	t/h	2.5	重整至油品石脑油罐
	异构己烷	t/h	2.6	与重组份合走至抽余油罐区
	重组分1	t/h	7.8	化工至油品抽余油罐区
	食品级正己烷	t/h	2.0	油品正己烷产品罐区
	重组分2	t/h	0.1	至芳烃抽提装置
3	损失			
	低压瓦斯	Nm³/h	50	公用二车间
4	动力消耗			

续表

序号	项目	计量单位	数量	原料来源/产品去向
	电	kW·h/h	497.8	热电生产部
	循环水	t/h	139	公用一车间
	净化风	Nm³/h	43	公用二车间
	氮气	Nm³/h	10	公用二车间
	燃料气(导热油)	t/h	0.25	轻烃分离装置
	1.0MPa 蒸汽	t/h	12.8	公用一车间

表10 食品级正己烷标定加工物耗成本表

序号	工质名称	单位	小时消耗量	物料单价	总价(元)
1	电	t	497.8	0.37	184.19
2	循环水	kW·h	139	0.48	66.72
3	净化风	Nm³	43	0.15	6.45
4	氮气	Nm³	10	0.8	8
5	燃料气(导热油)	t	0.25	1185	296.25
6	1.0MPa 蒸汽	t	12.8	110	1408

通过标定,得到正己烷产品单位加工费用为984.5元/t,食品级正己烷产品的经济效益主要体现在其与抽余油物料的差值,当差值扣除单位加工成本为正时,产品具备市场盈利能力;可以通过经济效益核算来确定装置运行周期。

4 总结

中国石油乌鲁木齐石化利用重整抽余油生产正己烷产品提升了抽余油的经济价值,为企业整体盈利提供了有效保障,技术可在同类型炼厂内广泛应用。与抽余油直接加氢+分馏的形式对比,采用预分馏+苯加氢+精馏的组合工艺技术,将重整抽余油按照正己烷组分含量精准加氢精制,降低正己烷产品生产能耗链条的能耗;另外,装置苯加氢进料加热器以及分馏塔底热源采用炼油厂富余导热油,实现对能量进行梯级利用,有效降低整体能耗,节省投资。从工艺操作角度,获得了苯加氢催化剂在无高压分离器后冷器工况下的活化方式和催化剂活化数据,为催化剂的性能评价提供了新的思路和方案。从经济效益角度,采用同一装置调整生产两种及以上正己烷产物的技术,产物作为60%食品级正己烷、工业己烷分批次销售,结合市场行情变化,形成产业链效益最大化。

参 考 文 献

[1] 董海军,杨立光. 抽余油加氢脱烯烃工艺技术研究[J]. 石化技术与应用,2017,35(4):296-299.

[2] 李章平,孙秋荣. 芳烃抽余油的综合利用[J]. 精细石油化工,2009,26(04):51-54.

[3] 田晓良,周敏,冯宝林. 重整抽余油全组分加氢-分馏工艺制己烷和溶剂油[J]. 石油炼制与化工,2004,(11):25-28.

[4] 金学坤,马凤云等. 以加氢抽余油为原料生产工业级正己烷过程节能模拟研究[J]. 石油炼制与化工,2011,42(06):77-83.

[5] 朱迪珠. 重整生成油及抽余油加氢脱烯烃生产溶剂油的新技术[J]. 石油炼制与化工,2000,(09):20-23.

1.8Mt/a 柴油改质装置生产低凝柴油的优化控制方案及总结

郭林超

（中国石油乌鲁木齐石化公司）

摘　要　乌鲁木齐石化公司炼油厂往年生产低凝柴油油时，600 万吨/年常减压装置常一线与常二线按照 1：1.5 的比例进行混合后，再进建北柴油加氢装置进行脱硫精制，生产出合格的 -35 号柴油。2020 年由于需要兼顾生产石脑油及建北柴油加氢装置停工的原因，需要 180 万吨/年柴油改质装置生产低凝柴油，同时兼顾增产石脑油。在生产初期，因原料及反应裂化深度等原因，-35 号柴油密度偏低，凝点偏高，无法满足出厂调和指标要求。通过采取各项措施，包括重芳烃改进 180 万吨/年柴油改质装置、优化常一线和常二线配比、优化裂化反应器反应深度、优化分馏精度等，-35 号柴油密度和凝点均达到和调和指标要求。经过罐区调和，2020 年 12 月生产了 5.6 万吨 -35 号柴油，远高于计划产量。

关键词　柴油加氢；柴油改质；低凝柴油

1　前言

乌鲁木齐石化公司炼油厂 180 万吨/年柴油改质装置由中国寰球工程设计公司辽宁分公司设计，初设计能力 180 万吨/年，装置占地面积约为 18930 平方米。主要设备（包括压缩机、反应器、加热炉、塔、机泵、容器等），该装置由中石油第七建设公司负责建设，于 2015 年建成，2016 年 8 月试车成功。该装置生产操作单元可分为反应和分馏和公用工程三部分，装置生产的柴油能满足国 V 要求。

180 万吨/年柴油改质装置的原料油为来自一套常减压常一线油的柴油、二套常减压的柴油组分、三套常减压的柴油组分、重油催化装置的催化柴油、蜡油催化装置的催化柴油和焦化装置的焦化汽油。

180 万吨/年柴油改质装置原设计生产 0 号柴油，副产品是石脑油、低分气及酸性气。原设计不生产 -35 号柴油。

2　柴油改质装置的工艺原理

2.1　加氢精制

在一定的温度、压力条件下，在催化剂及氢气的作用下，使原料油中含硫、氮、氧等化合物转化成易除去的硫化氢、氨和水，将不稳定的烯烃和某些稠环芳香烃饱和，将金属杂质除掉，从而改善油品的安定性、腐蚀性、燃烧性能。

2.2　加氢改质

采用芳烃加氢和环烷烃选择性开环过程大幅度提高柴油的十六烷值，选择性开环反应在增加馏分油中高十六烷值产物的同时，不会导致反应物分子量的损失。该反应过程可以在大幅度提高十六烷值的同时，保证较高的柴油收率，并有效的降低密度、硫、氮含量，生产优质柴油，生产满足国 V 标准的柴油。

3　柴油改质装置生产 -35 号柴油存在的问题

乌鲁木齐石化公司炼油厂往年生产低凝柴油油时，600 万吨/年常减压装置常一线与常二线按照 1：1.5 的比例进行混合后，再进建北柴油加氢装置进行脱硫精制，生产出合格的 -35 号柴油。2020 年由于需要兼顾生产石脑油及建北柴油加氢装置停工的原因，需要 180 万吨/年柴油改质装置生产低凝柴油，同时兼顾增产石脑油。在生产初期，因原料及反应裂化深度等原因，-35 号柴油密度偏低，凝点偏高，无法满足出厂调和指标要求。具体见表 1：

表 1　产品柴油化验分析表

	密度/(kg/m³)	十六烷值	凝点/℃
10 月 21 日	785.8	52.3	
10 月 25 日	788		-34
10 月 26 日	791		-33

从表中可以看出，生产初期密度小于790kg/m^3，小于出厂内控指标，凝点小于-35℃，无法满足调和指标要求，出厂内控指标为-37℃，若180万吨/年柴油改质装置产品柴油高于-34℃时，将破内控指标，质量不合格无法出厂。同时从上表可以看出，180万吨/年柴油改质装置密度较高时、凝点低，两项指标存在反向关系。

4 优化控制方案

4.1 优化原料各组分比例

高压加氢改质技术以不同比例的催化裂化柴油、直馏柴油为原料，通过加氢改质处理，脱除原料中的硫、氮、氧同时实现芳烃饱和开环提高柴油的十六烷值。催化柴油相对于直馏柴油，十六烷值较低，烯烃、芳烃含量较高，硫、氮含量高。混合进料中随着催化柴油比例增加，原料密度变大，硫、氮含量增加，新氢耗量增加。催化柴油比例增加，在相同的加氢精制和加氢改质温度下，凝点会增加，因此需对催化柴油比例进行控制。

180万吨/年柴油改质装置的原料为：600万吨/年常减压装置常一线与常二线柴油、250万吨/年常减压装置常一线柴油、重催柴油及部分建北加氢塔底尾油和重芳烃，原料油密度在808kg/m^3左右，经过柴油改质后，柴油的密度变小，凝点降低。在生产-35号柴油阶段初期，制定了两种低凝柴油生产方案。从两个方案的对比可以看出，催化柴油不掺炼后，重芳烃和80万柴油加氢装置塔底油的比例相对增加，方案二的产品柴油质量优于方案一的产品柴油质量，见表2。

表2 进料方案表

项目		方案一进料量/(t/h)	方案二进料量/(t/h)
直供量	三常一线	42	40
	三常二线	32	35
	重催柴油	7	0
罐区供料	二常一线	18	20
	三常二线	30	30
	80万柴油加氢装置塔底油	3	5
	重芳烃	3	5
大循环柴油		10	10
进料合计		145	145
凝点℃		788	789.5
密度 kg/m^3		-33	-34

2020年11月10日炼油厂开始生产航煤，二常一线柴油改出180万吨/年柴油改质装置，形成的第三个原料配比方案，建北加氢和重芳烃的比例进一步增加，精制反应温升增加，产品柴油的凝点降低，密度增加，十六烷值由52.5降至51，说明80万吨/年柴油加氢装置塔底油和重芳烃比例增加对凝点和密度增加有帮助。

2020年12月3日炼油厂增加航煤生产产量计划，三常改为航煤方案，三常一线部分进180万吨/年柴油改质装置，部分进60万吨/年航煤加氢装置。三常常一线柴油生产航煤之后，罐区原料进一步降低，180万通过提高改质深度，其次增加少量罐区供应料，来降低柴油的凝点，并保证产品的密度。

从方案三和方案四可以看出，自从三常常一线柴油生产航煤之后，三常直供料进一步降低，对180万吨/年柴油改质装置的石脑油收率有明显影响，石脑油收率从35.3%降低至30.6%，同时密度也有降低的情况，不利于罐区调和，见表3。

表3 进料方案表

项目		方案三进料量/(t/h)	方案四进料量/(t/h)
直供量	三常一线	41	28
	三常二线	34	36
	重催柴油	0	0
罐区供料	二常一线	0	0
	三常二线	26	26
	80万柴油加氢装置塔底油	4	6
	重芳烃	7	8
大循环柴油		10	36
进料合计		145	140
凝点/℃		789.5	789
密度/(kg/m^3)		-34	-34

4.2 重芳烃直供180万吨/年柴油改质装置

重芳烃是指分子量大于二甲苯的混合芳烃。主要来源于重整重芳烃、裂解汽油重芳烃和煤焦油。是一种以碳九芳烃为主要成分的混合芳烃。重芳烃的理化特性：外观与形状为无色透明液体，芳香烃气味，凝点-45℃，密度为950kg/m^3。若增加180万吨/年柴油改质装置的供料量，既可以降低凝点，又可以提高密度。通过增加直供线，重芳烃跨蜡催柴油线进180万吨/年柴油改质，因重芳烃和蜡催柴油线管线内有介质，通过 DN25 的放空将两条管线连接，具体见图 1。流程投用后，直供量为 4t/h，剩余重芳烃进建北罐区，利用 80 万吨/年柴油加氢装置塔底油将重芳烃混合均匀后，作为 180 万吨/年柴油改质装置原料，供料量合计 18t/h，其中 80 万吨/年柴油加氢装置塔底油 12.6t/h，重芳烃 5.4t/h。具体见图 2

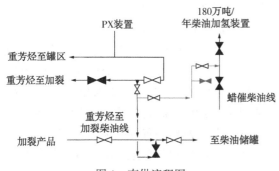

图 1   直供流程图

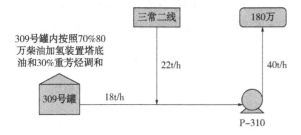

图 2   罐区供料图

重芳烃跨蜡催柴油线直供 180 万吨/年柴油改质装置后，形成了最终的原料供应比例，其中：三常一线油比例提高到 25%，三常二线油比例提高到 55.31%，重芳烃比例 8.42%，80 万吨/年柴油加氢装置塔底油 11.25%，见表 4。

表 4   进料方案表

项目		12月2日量/ (t/h)	比例/%
直供量	三常一线	28	25
	三常二线	36	32.1
	重芳烃	4	3.6
	重催柴油	0	0
罐区供料	二常一线	0	0
	三常二线	26	23.21
	80 万吨/年柴油加氢装置塔底油	12.6	11.25
	重芳烃	5.4	4.82
大循环柴油		28	25
进料合计		140	125

4.3   优化反应及分馏系统操作

180 万吨/年柴油改质装置生产 -35 号低凝柴油为试车后首次生产，与催化剂厂家沟通后，通过调整原料，不断摸索数据，提高直馏柴油比例，通过攻关及精细操作，实现稳定生产低凝柴油，具体优化包括反应系统和分馏系统两方面调整催化剂的温度，发挥催化剂的级配效果，改质一床层催化剂 Z-FX11 共计 27.3t，改质二床层催化剂 Z-FX11 共计 22.1t，改质三床层催化剂 Z-FX11 共计 20.8t，充分利用床层温升进行调整，提高反应深度，防止过度裂化，维持耗氢不变。通过调整反应温度，进而控制 D106 轻油收率。通过优化，形成最优控制比例，冷低分油收率 34.75%，低分油量 47.8~48.8t/h，根据低分油量来精确调整改质温度。

在分馏系统进行优化，重点是调整石脑油干点，根据根据柴油密度降低石脑油干点，降低柴油闪点，可实现降低柴油凝点。调整后对分馏系统指标进行固化，包括：C202 顶温度 147±1℃、C202 塔顶压力 0.15±0.05MPa、C202 塔底温度 250~251℃，见表 5。

表 5   操作参数表

项目	调整前	调整后
R101 入口温度/℃	317.5	317.1
R101 温升/℃	8.6	11.4
R102 一床入口温度/℃	332.5	332.4
R102 一床温升/℃	6.6	6.9
R102 二床入口温度/℃	330.5	330.2
R102 二床温升/℃	7.4	6.9
R102 三床入口温度/℃	330.3	330.2
R102 三床温升/℃	11.5	11.9
冷低分油/(t/h)	48.6	49
石脑油量/(t/h)	34.9	34.35
新氢耗量/(NM³/h)	26011.5	26459.7
冷低分油收率/%	32.23	34.75
柴油密度/(kg/m³)	790.3	789.5
柴油凝点/℃	-33	-34
石脑油终馏点/℃	164℃	162℃

4.4   优化油品调和方案

180 万吨/年柴油改质装置经过调整后，产品柴油的凝点为 -34 以下，密度为 789.5kg/m³ 以上，为保证产品的合格出厂，需进行罐区调和。

　　具体调和方案为：加氢裂化装置航煤方案改为低凝柴油方案，加氢裂化装置生产-35号柴油的凝点较低，为-48℃，密度为793.5kg/m³，将180万吨/年柴油改质装置柴油和加氢裂化装置低凝柴油按自然调和比例进行调和，可满足出厂指标要求。具体调和表见表6。

表6　柴油调和表

	加氢裂化低凝	180万低凝	调和柴油	指标
产量	20t/h	62.3t/h	1150	
调和比例	24.30%	75.70%	100	
密度 kg/m³	794	789.5	790.6	790.5~839.5
凝固点/℃	-48	-34	-37.4	小于-37
十六烷值	44	51	49.3	大于47.5

5　总结

　　2020年180万吨/年柴油改质装置首次生产-35号低凝柴油，同时兼顾增产石脑油。通过采取各项措施，包括：

　　（1）重芳烃跨蜡催柴油线直供180万吨/年柴油改质装置，直供量为4t/h，剩余重芳烃进建北罐区，利用80万吨/年柴油加氢装置塔底油将重芳烃混合均匀后，作为180万吨/年柴油改质装置原料，供料量合计18t/h，其中80万吨/年柴油加氢装置塔底油12.6t/h，重芳烃5.4t/h。

　　（2）优化原料配比，最终形成的比例为：三常一线油比例提高到25%，三常二线油比例提高到55.31%，重芳烃比例8.42%，80万吨/年柴油加氢装置塔底油11.25%。

　　（3）对180万吨/年柴油改质装置反应系统优化，通过优化，形成最优控制比例，冷低分油收率34.75%，低分油量47.8~48.8t/h。对分馏系统进行调整，C202顶温度控制在147±1℃、C202塔顶压力控制在0.15±0.05MPa、C202塔底温度控制在250~251℃。通过调整柴油密度789.5kg/m³，凝点-34℃。

　　（4）优化柴油调和方案，将加氢裂化装置航煤方案改为低凝柴油方案，180万吨/年柴油改质装置柴油和加氢裂化装置低凝柴油按自然调和比例进行调和，加氢裂化装置低凝柴油为24.30%，柴油改质装置低凝柴油为75.70%。

　　通过以上措施的实施，出厂-35号低凝柴油密度为790.6kg/m³，凝固点37.4℃，十六烷值49.3，满足出厂的指标要求。2020年12月生产了5.6万吨-35号柴油，远高于计划产量。

参　考　文　献

[1] 方向晨.炼油工业技术知识丛书-加氢精制.中国石化出版社，2006.26-27

[2] 侯芙生.中国炼油技术[M].北京：中国石化出版社，2011：355-356.

[3] 韩崇仁.加氢裂化工艺与工程[M].北京：中国石化出版社，2001：429-430.

[4] 董大清.国外清洁柴油加氢催化剂技术进展[J].化工科技市场，2010.7：01-05.

3号喷气燃料增产瓶颈及解决措施

张武冰

（中国石油乌鲁木齐石化公司）

摘 要 本文对乌鲁木齐石化公司3号喷气燃料气的瓶颈问题进行详细技术分析，通过持续进行航煤增产攻关，通过采取各项措施：提高二常、三常航煤干点及收率；提高80万吨/年柴油加氢装置加工负荷；加氢航煤和加裂航煤自然比例混合等，80万吨/年柴油加氢装置日产量从1660t提高至1850t，7月乌鲁木齐石化公司3号喷气燃料气生产销售完成69566t，创历史新高。

关键词 3号喷气燃料；航煤；航煤加氢

1 航煤生产加工流程

600万吨/年常减压装置和250万吨/年常减压装置生产出的直馏煤油送至60万吨/年航煤加氢装置（或80万吨/年柴油加氢装置），进行加氢脱硫、脱氮等加氢精制反应，生成精制航煤，送至一常进行脱盐脱水后送入罐区，罐区加入抗氧化剂、抗磨剂、抗静电剂后进入航煤储罐。

600万吨/年常减压装置和250万吨/年常减压装置生产出的减一、减二、减三线直馏蜡油送至100万吨/年加氢裂化装置，进行加氢精制和加氢裂化反应，生成加裂航煤，经过出装置前过滤器、聚结器，加入抗氧化剂后送至航煤罐区。

航煤罐区包含建北和建南两个罐区，罐区内设有8台5000m³的内浮顶储罐以及相关配套加剂、调和以及销售设施，总容量为40000m³。

航煤储罐外销时，有两条渠道，①经装车前过滤器，然后装车；②在建南罐区首站经过管输线在末站经过滤后进入民航罐。

250万吨/年常减压装置、600万吨/年常减压装置、60万吨/年航煤加氢装置、80万吨/年柴油加氢装置未使用二次加工油生产3号喷气燃料；100万吨/年蜡油加氢裂化装置的掺炼重油催化的催化柴油比例不大于30%。

加工流程见图1：

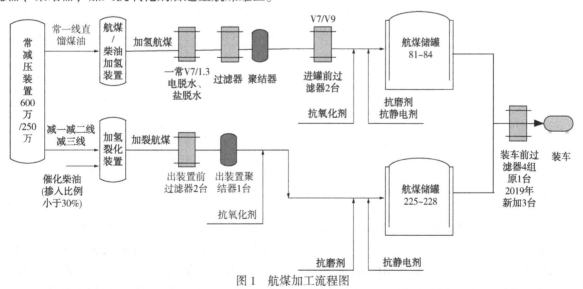

图1 航煤加工流程图

2 航煤生产及储运分析

2.1 航煤密度差分析

加氢裂化装置航煤与加氢航煤质量性质差别大，需进行调和后才出厂。管输航煤要求：航煤密度差不得大于3kg/m³，加氢裂化装置航煤的密度高为796kg/m³左右，加氢航煤的密度为780kg/m³左右。单独输送加裂航煤和加氢航煤存在密度差，因此在罐区 226、227、228、81～84 号罐需进行调和后，才能满足管输航煤的要求。如表 1～表 3 所示为加氢裂化航煤和加氢航煤的密度分析情况：

表 1　100 万吨/年加氢裂化装置航煤密度分析

采样时间	单位	密度（20℃）
6 月 1 日	kg/m³	796
6 月 2 日	kg/m³	796.7
6 月 3 日	kg/m³	798.1
6 月 4 日	kg/m³	797.6
6 月 5 日	kg/m³	797.9
6 月 6 日	kg/m³	797.2
6 月 7 日	kg/m³	797.3
6 月 8 日	kg/m³	797.4
6 月 9 日	kg/m³	785.9
6 月 10 日	kg/m³	796.3
6 月 11 日	kg/m³	797.2
6 月 12 日	kg/m³	795.6
6 月 13 日	kg/m³	797.3
6 月 14 日	kg/m³	798.1
6 月 15 日	kg/m³	797.2

续表

采样时间	单位	密度（20℃）
6 月 16 日	kg/m³	798
6 月 17 日	kg/m³	797.3
6 月 18 日	kg/m³	795.8
6 月 19 日	kg/m³	796.1
6 月 20 日	kg/m³	796.5
6 月 21 日	kg/m³	795.5
6 月 22 日	kg/m³	796.5
6 月 23 日	kg/m³	796.1
平均值	kg/m³	796.4

表 2　80 万吨/年柴油加氢装置航煤密度分析

采样时间	样品名称	密度（20℃）
2024-06-20 20：00：00	kg/m³	782.2
2024-06-21 19：00：00	kg/m³	778.3
2024-06-21 21：00：00	kg/m³	778.6
2024-06-22 00：00：00	kg/m³	778
2024-06-22 04：00：00	kg/m³	779.7
2024-06-22 08：00：00	kg/m³	779.4
平均值		779

表 3　3 号喷气燃料航煤化验分析

采样时间		加氢精制组分（体积分数）/%	加氢裂化组分（体积分数）/%	芳烃	密度（20℃）	净热值	烟点	电导率
指标	采样点/罐号			≤17.0	775.5～820.0	≥43	≥25	200～570
单位				/%	（kg/m³）	（MJ/kg）	mm	（pS/m）
2024-06-02	228 号罐	50	50	10.8	789.4	43.1	27.4	312
2024-06-03	226 号罐	85	15	7.8	785.8	43.1	30.2	397
2024-06-07	227 号罐	50	50	9.5	788.2	43.1	28.4	403
2024-06-13	228 号罐	50	50	10.1	789	43.1	28.2	386
2024-06-15	226 号罐	80	20	8.3	786.2	43.2	29.6	405
2024-06-19	227 号罐	50	50	9.6	787.8	43.1	28.8	413
2024-06-20	226 号罐	80	20	8.5	785	43.1	30.2	371

加裂航煤和加氢航煤调和占用时间，影响航煤出厂效率。

具体调和方式为：建北罐区 81～84 号罐接收建北加氢航煤（加氢航煤密度为 780kg/m³），建南罐区 225 号罐接收加裂航煤（加裂航煤密度为 796kg/m³），81～84、226、227、228 号罐为调和罐。建南建北航煤转油、压油、管输均使用南 28-A 号线，建北罐区启 P-37、P-37/1 双泵向建南罐区转航煤 140t/h，226 号罐接收 2080t（80% 液面）加氢航煤需要 15h，建南罐区 225 号罐加裂航煤自压向建北罐区压油 110t/h。

2.2　航煤芳烃分析

军航要求产品航煤芳烃含量不得小于 8%，建南 225 号罐成为军航专用罐（225 号罐是加氢裂化航煤组分的专罐)。2021年1月,根据国产航空油料鉴定委员会的要求:加氢裂化工艺生产军用3号喷气燃料,出厂芳烃含量不小于8%。芳烃指标达不到要求的,可与其他工艺生产的合格3号喷气燃料混合达到,同时保证混合均匀。

存在的瓶颈问题为:80万吨/年柴油加氢装置(或60万吨/年航煤加氢装置)产品航煤的芳烃含量长期低于6%。

表4　80万吨/年柴油加氢装置航煤芳烃分析

采样时间	计量单位	芳烃含量
2024-06-03	(体积分数)/%	5.1
2024-06-10	(体积分数)/%	3.8
2024-06-12	(体积分数)/%	5.2
2024-06-17	(体积分数)/%	2.4
2024-06-19	(体积分数)/%	5.7
2024-06-21	(体积分数)/%	3.2

为满足军航要求,做以下调整:加氢裂化装置在保证烟点合格(或萘系烃合格)的情况下,控制芳烃含量在10%(V/V)以上。下表为加氢裂化装置航煤的质量分析情况。

表5　100万吨/年柴油加氢装置航煤芳烃分析

采样时间	计量单位	芳烃含量
2024-05-01	(体积分数)/%	13.2
2024-05-08	(体积分数)/%	14.7
2024-05-15	(体积分数)/%	13.2
2024-05-22	(体积分数)/%	12.6
2024-05-29	(体积分数)/%	15.6
2024-06-05	(体积分数)/%	15.6
2024-06-12	(体积分数)/%	16.3
2024-06-19	(体积分数)/%	16.6

表6　225号罐军航的质量分析

罐号	芳烃	加氢精制组分	加氢裂化组分	初馏点	终馏点	闪点(闭口)	密度(20℃)	冰点	净热值	烟点	或烟点最小为20mm时,萘系烃含量
指标	8~17				≤270	39~48	775.5~820.0	≤-48	≥43.0	≥25.0	≤3.0
单位	%	%	%	℃	℃	℃	(kg/m³)	℃	(MJ/kg)	mm	%
225号罐	11.8	0	100	152	242	41	790.1	-60	43.02	26.1	0.05

注:225号罐进加氢裂化装置航煤,作为军航罐,占用建南航煤罐区库存。

2.3 加氢航煤瓶颈分析

2.3.1 加氢航煤带水

加氢航煤馏出口带微量水及颗粒物,且提量困难。80万吨/年柴油加氢装置(或60万吨/年航煤加氢装置)采用蒸汽汽提工艺,且装置未设聚结器及过滤器,馏出口带微量水,具体如表7、表8所示。

表7　加氢航煤水含量分析

采样时间	样品名称	计量单位	水含量
2024-03-21	加氢航煤	mg/kg	196
2024-04-26	加氢航煤	mg/kg	132

表8　V7/1、3脱水后航煤水含量分析

采样时间	样品名称	计量单位	水含量
2024-06-01	脱水后航煤	mg/kg	60
2024-06-02	脱水后航煤	mg/kg	52
2024-06-03	脱水后航煤	mg/kg	48

续表

采样时间	样品名称	计量单位	水含量
2024-06-04	脱水后航煤	mg/kg	43
2024-06-11	脱水后航煤	mg/kg	75
2024-06-12	脱水后航煤	mg/kg	59
2024-06-13	脱水后航煤	mg/kg	51
2024-06-14	脱水后航煤	mg/kg	60
2024-06-15	脱水后航煤	mg/kg	47
2024-06-16	脱水后航煤	mg/kg	53
2024-06-17	脱水后航煤	mg/kg	68
2024-06-18	脱水后航煤	mg/kg	62

为降低加氢航煤馏出口的微量水,加氢航煤进预处理V7/1.3进行处理,下图为预处理电脱水、盐脱水、聚结器的工艺流程,如图2所示。

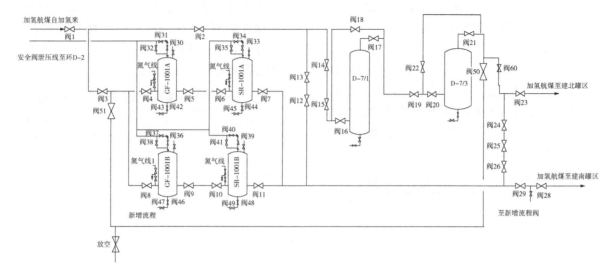

图 2　预处理 V7/1、3 工艺流程

预处理处理后微量水仍未脱除，夏季在罐区 81-84 号罐有明水脱除，冬季在罐区有冰晶出现，直接影响罐区航煤质量。

2024 年 80 万柴油加氢装置利用装置改循环的机会尝试进行停塔底汽提蒸汽实验，停用汽提蒸汽后改变操作条件，但是在调整完操作后因无塔底重沸系统航煤产品银片腐蚀达到 3 级（指标 ≤1 级）。

2.3.2　加氢航煤存在提量受限

80 万吨/年柴油加氢装置至预处理管线为 DN150，预处理装置内缩径变为 DN100，2024 年 3 月通过提量试验，受一常后路背压影响最大外送量为 65t/h。

2.4　化验分析时间要求

成品航煤质量检验方面：航煤电导率分析要求大于 24h。3 号喷气燃料主要由烃类化合物组成，本身的电导率很低。（2 月 25 日对加氢裂化馏出口航煤、重质脱水后航煤进行电导率测定，加裂航煤组分电导率 0pS/m，加氢航煤组分电导率 2pS/m）。

在流动、晃动等情况下，容易产生静电荷，尤其是在输送过程中，通过泵、过滤器和阀门等金属部件时，更是容易产生大量的静电。如果静电荷的产生速度大于静电荷的移除速度度，静电荷就会不断积聚增多，导致安全事故发生。如果电导率相当高，电荷逸散就快，足能防止电荷的聚集，就能避免接受罐产生危险的高电位。因此需要在航煤中加注抗静电剂

3 号喷气燃料国家标准（GB 6537—2018）规定电导率（20℃）应控制在 50 ~ 600pS/m 之间，

乌石化公司的内控指标是 200 ~ 570pS/m。

由于抗静电剂为有机物，分子间的相互作用较慢，样品需充分混合均匀后放置一段时间后，抗静电添加剂分子才可均匀分布在油品中。待测样品为新加入抗静电剂的，需放置 24h 后才可进行测量。

乌石化测量时间为 10h 就进行测量。因此制定了管控措施：加剂循环时间按 4h 进行，加剂后取样时间为 24 小时后进行复测。

2.5　储运瓶颈分析

2.5.1　难以实现一批次大批量 6600t 以上销售

机场航煤罐 0.5 万方罐 2 个，每个罐可进航煤 0.33 万吨；1 万方罐 3 个，每个罐可进航煤 0.63 万吨；2 个 0.5 万方罐接收航煤管输 0.66 万吨，1 个 1 万方罐接收航煤管输量为 0.63 万吨。油品调和转油与航煤销售计划不均衡，第一批管输 0.63 万吨（81、82、226 号罐），航煤管输量 150 ~ 180t/h，第二批管输在第一批管输结束 2 日后进行。然而建北 83 号罐向 226 号罐转油、取样做空白、出厂分析，在航煤一次合格的情况下需要 3 天时间，81、82、226 号罐全部合格最少需要最少 5 天时间，所以第二批管输只有使用 227 号罐或 228 号罐带建北 83 号罐管输 0.33 万吨，若管输 0.63 万吨，会造成航煤公路脱销。第二批管输结束后，第三批管输继续使用 226 号罐带建北 2 个罐根据机场航煤罐空量情况进行管输 0.63 ~ 0.66 万吨。

2.5.2　航煤管输时，建南建北航煤罐区无法转油调和

航煤管输期间，建南建北航煤转油无法使用

南 28-A 号线进行调和。与此同时，管输前需使用成品航煤对南 28-A 号线进行置换（300 吨）。

3　采取的措施

3.1　223、224 号罐改为航煤罐

223、224 号罐原为汽油罐，2024 年计划将 223、224 号罐改为航煤罐。对 224 号罐进出油

线和 224 号罐航煤罐进行处理，最终保证 224 号罐内腾出 4700t 合格航煤，224 号罐投入生产运行。

3.2　加裂航煤与加氢航煤混合进建北罐区

通过将加氢裂化装置航煤走一常航煤进建南罐区线，与加氢装置航煤自然比例混合，保证产品质量合格的情况下效率最高，如图 3 所示。

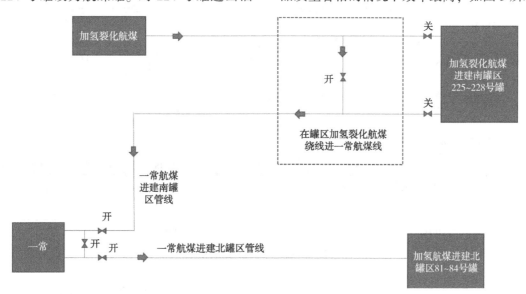

图 3　航煤优化流程图

3.3　提高馏出口航煤终馏点

二常、三常、加氢裂化航煤终馏点提高，增加航煤收率。（二常航煤提高至 240～245℃、三

常航煤提高至 245～250℃，加氢裂化航煤提高至 250～257℃），如图 4 所示。

图 4　加裂航煤终馏点趋势图

3.4　80 万吨/年柴油加氢装置高负荷生产航煤

80 万吨/年柴油加氢装置航煤产量指标，每日进行跟踪，加氢航煤产量从 65t/h 提高至 75t/h，每日 1800 吨以上。

罐区过滤器、一常 V7/1、3 处聚结器和过滤器由一投一备，改为双投用，投用后进罐区过

滤器入口压力从 0.59MPa 降低至 0.5MPa，解决了加氢航煤至罐区流程后路憋压问题。

通过并罐挖库存停用 304、305、306、307 号罐，四座柴油储罐，腾出 2500t 柴油，完成 7 月份低凝柴油销售计划，确保 80 万吨/年柴油加氢装置在航煤生产期间不再切换生产低凝柴油。

4　效果和下一步措施

通过持续进行航煤增产攻关，通过采取各项措施：提高二常、三常航煤干点及收率；提高80万吨/年柴油加氢装置加工负荷；加氢航煤和加裂航煤自然比例混合等，80万吨/年柴油加氢装置日产量从1660t提高至1850t。7月航煤生产销售完成69566t，创历史新高，如图5所示。

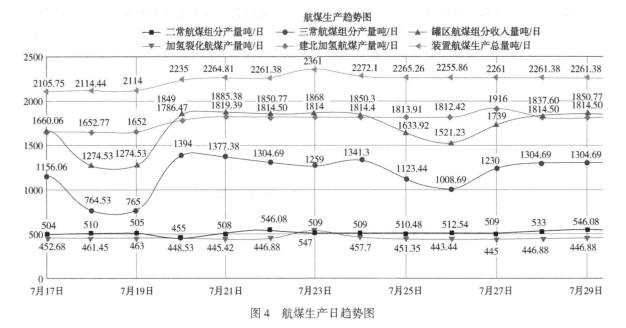

图 4　航煤生产日趋势图

80万吨/年柴油加氢装置采用注汽汽提，外送航煤带水，航煤增产时，外送至建北罐区流程背压升高至0.5MPa以上。后续对柴油加氢装置进行航煤改造，80万吨/年柴油加氢装置航煤出装置线增加聚结器和过滤器，馏出口航煤与加氢裂化航煤混合送罐区，一常V7/1、3停用，解决航煤带水及背压问题。

参 考 文 献

[1] 姚峰，蔡桥玉，范双权. 加氢裂化航煤产品质量控制[J]. 化工管理，2014.7：201-202.

[2] 张学佳，刘国海，肖勇等. 加氢裂化装置生产喷气燃料存在问题及解决措施. 炼油技术与工程[J]，2012.42：30-32.

浅析炼厂重芳烃的开发利用及应用前景

冯丽梅

（中国石油乌鲁木齐石化公司）

摘　要　本文深入探讨了炼厂重芳烃，特别是 C_9 和 C_{10+} 芳烃的开发利用现状及其在未来广阔的应用前景。这些重芳烃作为原油加工过程的副产物，通过精细加工可以转化为高附加值的化工产品，如 BTX、溶剂油、导热油基料等，为炼油行业带来显著的经济效益。文章特别关注了 C_9 芳烃中偏三甲苯的分离与应用，强调了其纯度对下游产品质量和性能的重要性，并介绍了通过先进分离技术如三塔连续精馏工艺实现高纯度分离的方法。同时，文章还探讨了 C_9 芳烃的综合利用策略，建议根据市场需求灵活调整产品策略，以实现经济效益最大化。

关键词　重芳烃；偏三甲苯；高沸点溶剂油

C_9 芳烃是原油加工过程中产生的副产物，主要来自炼厂的重整装置和裂解装置。由于裂解装置产生的 C_9 馏分组分复杂，不饱和烃较丰富，芳烃很少，单独利用较困难，主要是利用其混合组分直接生产 C_9 石油树脂。而重整 C_9 芳烃的组份比较集中，几乎不含烯烃，稳定性好，可以进一步加工利用。其中偏三甲苯、均三甲苯和连三甲苯是发展精细化工的宝贵资源，具有很高的附加值。

C_{10} 重芳烃中主要来源于重整装置副产，直接利用的话，一是可以生产高附加值的均四甲苯和萘等精细化工产品，二用来生产高沸点芳烃溶剂油，三是可以脱烷基用来制备 C_6-C_8 的轻质芳烃，也是作为导热油基料的理想材料。

在国内 PX 生产能力不断扩大的情况下，从副产物重芳烃中分离出高附加值的精细化工产品，既能解决副产物的出路问题，又创造了良好的经济效益。建设重芳烃分离装置，投资少、见效快，且能在市场不断变化的情况下，灵活调整产品方案，满足市场需求。

1　乌石化重芳烃现状

乌石化公司重芳烃分馏塔塔顶生产的 C_9 芳烃主要用于生产 BTX，少部分用作汽油调和组分。由于歧化反应可以允许部分 C_{10} 芳烃的存在，因此，在切割出的 C_9 芳烃中含 20% 左右的 C_{10} 芳烃。而分馏塔塔底的 C_{10} 及以上重芳烃主要用于柴油生产。C_9 和 C_{10+} 芳烃组成分布见表 1 和表 2。

表 1　乌石化公司重整 C_9 芳烃组成

组分	含量/wt%
C_8 芳烃	3.09
C_9 芳烃	77.08
C_{10+} 芳烃	19.31
其中：	
间甲乙苯	6.22
对甲乙苯	2.86
均三甲苯	13.10
邻甲乙苯	2.42
偏三甲苯	43.84
连三甲苯	7.24

表 2　乌石化公司重整 C_{10+} 芳烃组成

组分	含量/wt%
C_9 芳烃	0.26
C_{10} 芳烃	31.35
C^{11} 芳烃	5.93
$C_{12}+$ 芳烃	62.46

由表 1 数据可以看出，C_9 芳烃中偏三甲苯含量为 43.84%，除歧化反应所需原料外，直接用作汽油调和组分造成资源浪费。而根据 C_{10} 芳烃的馏程范围和性质可以生产高沸点芳烃溶剂油。

2　C_9 芳烃中偏三甲苯和均三甲苯的分离及应用

偏三甲苯是无色液体，不溶于水，溶于乙

醇、乙醚和苯，沸点为 169.35℃。主要用于生产偏苯三酸酐、3，4-二甲基苯甲醛、均三甲苯以及均四甲苯(用于生产均苯四甲酸二酐和聚酰亚胺树脂等)等产品的重要原料。根据 2004 年 4 月隆众咨询资料显示，由于美国 7 万吨/年偏苯三酸酐装置产能退出市场，导致全球供应减少 26%，国内偏苯三酸酐市场强势拉涨至 28500 元/吨历史高位。而国内偏三甲苯的价格 4 月份为 9500 元/吨，6 月份已经上涨为 14000 元/吨。

目前国内 C_9 芳烃主要来源于炼油铂催化重整塔底油、二甲苯异构化副产油、催化裂化油和裂解石脑油等，国内主要偏三甲苯生产企业如金陵石化、九江石化、兰州石化等均是依托自己的大型炼油副产的重整塔底油进行加工分离而得到。

C_9 芳烃的主要组分及物性分布如表 3 所示。偏三甲苯的沸点与相邻的邻甲乙苯相差 4.2℃，可以用精密分馏的方法直接从重芳烃中分离。国内大多采用传统的分离设备和工艺，利用双塔连续精馏的工艺流程，分离到的偏三甲苯的纯度可达到 98%。还可以采用的三塔连续精馏的工艺流程，生产的偏三甲苯的纯度在 99% 以上。

表 3 C_9 芳烃主要组分及其物性

组分	熔点/℃	沸点/℃	汽化热/(KJ·KG-1)	熔解热/(KJ·KG-1)	相对密度(20℃)
间甲乙苯	−95.550	161.305	320.49	63.65	
对甲乙苯	−62.350	161.989	319.66	105.81	
邻甲乙苯	−80.833	165.153	323.42	88.41	
均三甲苯	−44.720	164.716	324.76	79.37	0.86516
偏三甲苯	−43.800	169.351	326.52	102.68	0.8888
连三甲苯	−25.375	176.084	333.13	69.62	0.8944

调研兰州石化催化重整重芳烃情况，具体组分分布如表 4 所示。可生产出纯度不小于 99% 的偏三甲苯，同时副产 C_9 芳烃溶剂油及柴油调和组分。

表 4 兰州石化公司重整 C_{10+} 芳烃组成

组分	含量/wt%
较轻组分	22.6
邻甲乙苯	4.27
均三甲苯	5.92
偏三甲苯	30.0
连三甲苯	7.11
较重组分	30.1

其中，较轻组分组分中主要包括间甲乙苯、对甲乙苯、正丙苯等；较重组分主要是 C_{10} 等其他组分。

工艺流程：原料经预热后进入脱轻塔，塔顶分离胡挥发度比偏三甲苯小的轻汽油组分，塔底富含偏三甲苯的物料进入偏三甲苯塔。偏三甲苯塔顶分离出高纯度的偏三甲苯产品，塔底物料进入脱重塔。偏三甲苯塔塔顶物料中偏三甲苯含量大于 99%，塔底物料中偏三甲苯含量小于 4%。装置比国内同类装置多了一个脱重塔，其目的是分离出汽油组分重的柴油组分，保证塔顶汽油组分干点不大于 204℃，塔底物料是柴油组分。工艺流程图见图 1。

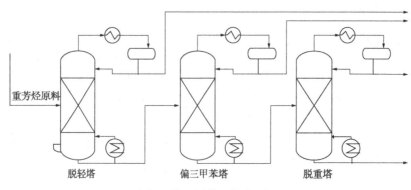

图 1 偏三甲苯工艺流程图

现有偏三甲苯的生产，各大生产厂家主要通过精馏法制得，通过沸点的差异实现分离。其不足之处在于：由于 C_9 芳烃中还含有大量的其他组分，尽管从产业链上看，精馏后的副产物仍可再利用，但是作为生产偏三甲苯的厂家而言，未必都有齐全的与副产品相应的下游产品的生产设备，因此，精馏后的剩余产物中，有些只能低价销售给其他厂家。导致生产厂家的生产成本较高。如何更合理地利用 C_9 芳烃，使其能更多地产出偏三甲苯，是偏三甲苯生产厂家亟待解决的问题。

但对于大型炼厂来说，可以根据市场价格和生产需求实现灵活调整，在偏三甲苯价格高的时候作为产品出售，在价格偏低的时候作为汽油调和组分。面对目前能源革命和产业发展大势，对于亟需转型的大型燃料型炼厂，通过加长产业链，在传统炼油工艺中嵌套化工产品的生产工艺，可更大化的创造经济效益。

均三甲苯是有机染料中间体，以其为原料还可以生产增塑剂、抗紫外线氧化稳定剂、不饱和聚酯及改性纤维等。均三甲苯的分离技术主要包括：①萃取蒸馏法。加入萃取剂可增大均三甲苯和邻甲乙苯的相对挥发度，再用精馏方法分离均三甲苯。②烷基化法。由于均三甲苯的三个甲基分布均匀，比偏三甲苯、连三甲苯及甲乙苯更难进行烷基化反应，通过烷基化可使其与被烷基化的组分沸点差增加，从而采用精馏方法进行分离。

3　重芳烃中高沸点芳烃溶剂油及导热油的分离及应用

充分利用 PX 装置副产的重芳烃，通过精馏、冷冻结晶、离心分离等工艺过程，实现了将不易利用的重芳烃，分离成 1#溶剂油、2#溶剂油、3#溶剂油及高附加值的均四甲苯等产品所产三种溶剂油均为市场紧俏产品，其附加值均高于原料价值。均四甲苯更是高附加值的精细化工原料。

高沸点芳烃溶剂油是以 C_9 和 C_{10} 为原料生产的 S-1000（1#）、S-1500（2#）、S-2000（3#）、S-1800 芳烃。其中具体质量指标如表 5 所示。

表 5　我国 S 系列高沸点芳烃溶剂油质量指标

项目	规格及指标				试验方法
	S-1000	S-1500	S-1800	S-2000	Test Methods
芳烃含量/wt%	≥98	≥98	≥95	≥98	GB 385—77
馏程/℃	155~198	180~209	200~270	224~276	GB 255—77
闪点/闭口℃	≥40	≥58	≥80	≥105	GB 261—83
溴值/($gBr_2/100g$)	≤0.2	≤0.65		≤1.5	SY 2123—77
密度20℃ g/cm³	0.875±0.006	0.886±0.006	0.95±0.02	0.985±0.006	GB 1884—83
外观	水白色	水白色	透明	微黄透明	目测
腐蚀（铜片）	合格	合格	合格	合格	GB 378—64

其中 S-1000 号，是三甲苯溶剂油，与二甲苯性质较接近，且挥发性适中，对各种树脂均有很强的溶解力，用途：用于油漆、涂料、油墨、农药、印刷、双氧生产萃取剂以及树脂、橡胶溶剂等行业。是 PVC 树脂粉及钙粉的良好溶剂。

S-1800 号特性：微黄，溶解力强，有芳烃味；产品用途：主要用于油漆、农药、增塑剂、橡胶行业。

C_{10+} 重芳烃的重组分沸点高，化学性质稳定，通过对 C_{10+} 重芳烃进行馏分切割，得到满足高沸点芳烃溶剂 SA-1800 和 SA-2000 的指标要求的馏分。

C_{10+} 重芳烃含有较多的稠环芳烃，且都集中在重馏分中，是影响 C_{10+} 重芳烃重馏分残碳值的重要因素。可以通过加氢降低残炭值，然后用于导热油的生产。

4　结论

大型炼厂中重芳烃的综合利用是一个具有广阔前景的领域。随着技术的不断进步和市场需求的增加，重芳烃的综合利用将会得到更广泛的应用和发展。通过深入研究和探索新的利用途径和技术，可以进一步提高重芳烃的附加值和经济效益，为炼厂的可持续发展做出贡献。

参 考 文 献

[1] 张卫江，张雪梅，韩振为等．偏三甲苯生产均三甲苯工艺[J]．化工学报，2002，53(3)，274-279.

[2] 郭莉，安宏，郭强国等．高纯度偏三甲苯生产工艺的应用[J]．兰州石化职业技术学院学报，2007，7(2)，1-4.

[3] 李岁党，傅吉全．催化氧化偏三甲苯合成三甲基苯醌[J]．石化技术与应用，2008，26(3)，234-236.

[4] 宋宝东，马友光，白鹏．从 C_9 芳烃中分离制备均三甲苯[J]．化学工业与工程，2022，19(2)，211-215.

[5] 黄波，朱金剑，王泽爱等．C_{10+} 重芳烃深加工利用研究[J]．山东化工，2022，51(9)：54-55+58.

重整 C_9 芳烃中三甲苯组分的利用

李秦磊　许　磊　樊金龙　魏书梅

（中国石油乌鲁木齐石化分公司）

摘　要　重整 C_9 芳烃因其加工特性，芳烃含量极高，非常利于进一步加工利用。重整 C_9 芳烃中诸如连三甲苯、甲乙苯等单一组分的分离及加工利用尚处于起步阶段，产品链并未完全打通，因而这无疑是今后石油化工领域发展的热门方向。本文通过梳理乌鲁木齐石化公司重整芳烃组分，结合当前行业发展与研究成果，认为提取其中含量较高的三甲苯组分能够丰富企业产品链，助力企业实现跨越式发展。

关键词　重整 C_9 芳烃；偏三甲苯；均三甲苯；连三甲苯

原油炼厂中的 C_9 芳烃主要来自于催化重整装置，催化重整工艺为世界提供了 24%～28% 的芳烃产量。由于重整 C_9 芳烃中芳烃含量可达 80%～98%，且几乎不含烯烃，因而具有良好的稳定性。传统上，C_9 芳烃主要用作汽油调和组分以及作为生产苯、甲苯、二甲苯（BTX）等轻质芳烃的原料。但是随着环保要求的日益严格、新能源汽车的推广以及煤化工等行业的发展，仅生产上述两种用途的产品利润可能会逐渐被压缩，因而对于传统炼厂而言，开发新的产品及生产路线已成为发展的必然需求。

1　C_9 芳烃资源

中国石油乌鲁木齐石化分公司（以下简称乌石化公司）催化重整装置产能为 $160×10^4$ t/a，其 C_9 芳烃含量 $40-50×10^4$ t/a，C_9 芳烃质量分数组成见表 1，重整装置生产的 C_9 芳烃绝大部分用于生产 BTX。从表 1 中可以看出，重整 C_9 芳烃中三甲苯组分含量最高，为 64.18%，占全部 C_9 芳烃组分的 83.26%，因而对于乌石化公司重整装置增产增效而言，应当着重关注三甲苯组分的分离与利用。

2　三甲苯组分的分离与利用

20 世纪 80 年代，我国科研人员才开始研究重整 C_9 芳烃中单一组分的开发利用，C_9 芳烃共有 8 种同分异构体，其名称及物性参数见表 1。

表 1　乌石化公司重整 C_9 芳烃质量分数组成及熔沸点参数

组分	质量分数/%	沸点/℃	熔点/℃
C_8 芳烃	3.09		
C_9 芳烃	77.08		
异丙苯	0.28	152.4	-95.0
正丙苯	1.11	159.2	-99.4
间甲乙苯	6.22	161.3	-95.6
对甲乙苯	2.86	162.0	-62.2
均三甲苯	13.10	164.7	-45.0
邻甲乙苯	2.42	165.0	-17.0
偏三甲苯	43.84	168.0	-43.9
连三甲苯	7.24	176.1	-25.6
10 个碳及以上的芳烃	19.31		

由于重整 C_9 芳烃各组分的沸点差异不大，分离提纯较为困难，国内对 C_9 芳烃单组分的分离研究起步较晚，1982 年金陵石化公司建成投产了我国第一套偏三甲苯暨芳烃溶剂油分离工业装置。目前国内各炼厂从重整 C_9 芳烃中提取的组分主要是偏三甲苯、均三甲苯、间/对甲乙苯和连三甲苯，提取后副产的轻组分和重组分可返回炼厂调和汽油或柴油，或加工成芳烃溶剂油售出。

2.1　偏三甲苯的分离与应用

偏三甲苯主要用于生产偏苯三酸酐和三甲基氢醌，其中偏苯三酸酐主要用于生产增塑剂偏苯三酸酐三辛酯（TOTM）；三甲基氢醌不仅可用于合成维生素 E，也可以作为耐热性聚苯醚工程塑料的单体和塑料合金的原料以及部分农药、消毒剂的生产原料。此外，也有部分企业以偏三甲苯为原料通过异构化生产均三甲苯，通过烷基化生产均四甲苯。

偏三甲苯分离技术成熟，现有装置大都采用连续精馏的工艺流程，为了高质利用 C_9 芳烃组分，不同企业采取了不同的改进方案。例如，金陵石化早期投产的偏三甲苯暨芳烃溶剂油分离工业装置；兰州石化在该流程中增加脱重塔，以期获得柴油组分；江苏正丹化学工业股份有限公司增设了异构化反应器，将第一精馏塔塔底的均三甲苯和邻甲乙苯转化为偏三甲苯，从而增加偏三甲苯的产量。对于分离偏三甲苯而言，原料中偏三甲苯的含量在 30% 是比较理想的，而乌石化公司重整 C_9 芳烃中偏三甲苯含量可达 43.84%，有利于分离。

有报道显示偏三甲苯产能为 $(2\sim3)\times10^4$ t/a 即为大型企业，2020 年前后国内偏三甲苯的产能已达较高水平，但装置的开工率不高，随着 2021 年山东明化新材料有限公司 2×10^4 t/a 偏三甲苯烷基化法合成均四甲苯装置的开工，偏三甲苯的供需状态发生改变。2024 年 3 月偏三甲苯价格为 8950 元/t。

2.2 均三甲苯的分离与应用

均三甲苯一种宝贵的化工原料，其用途广泛，除常规的用于制备普拉艳蓝（RAW）、活性艳兰 K-3R 等染料外，还广泛用于合成树脂、M酸、抗氧剂 330、高效麦田除草剂、2,4,6-三甲基苯胺、均苯三甲酸、二硝基均三甲苯、三甲基氢醌、聚酯树脂稳定剂、醇酸树增塑剂等，此外，均三甲苯也可广泛应用于制药和感光材料领域。廊坊天大石油化工厂的均三甲苯产能达到了 2500 t/a，是目前国内产能最大的企业。2024 年 3 月均三甲苯的价格在 2 万元/t 左右。

由于均三甲苯与甲乙苯沸点接近，特别是与邻甲乙苯的沸点差仅有 0.3℃，且相对挥发度为 1.009，传统的精馏工艺极难分离，因此均三甲苯市场价格较高，但这也限制了下游工业的发展。目前国内炼厂从重整重芳烃中分离均三甲苯主要采取两种思路，一是采用萃取精馏的方式；二是通过烷基化等反应将混合组分中的甲乙苯进行转化，然后再进行精馏分离。南京炼油厂则以其分离的偏三甲苯为原料，通过异构化反应制取均三甲苯，该异构化反应使用丝光沸石作催化

剂；王明汲取前人研究成果将镍、钼负载于丝光沸石之上，用作偏三甲苯异构化制均三甲苯的催化剂，均三甲苯收率可达 23.1%；乌石化公司研究院亦对偏三甲苯异构化生产均三甲苯进行小试研究，结果显示，均三甲苯收率最高达 23.27%。若能将异构化生产均三甲苯的方法推广于重整 C_9 芳烃原料，就能大大提高均三甲苯的产量。

随着技术发展进步，均三甲苯的生产成本预计会进一步降低，这将促使其下游产品的生产和开发进入快速发展阶段，上下游生产企业进入良性互动，市场对于均三甲苯的需求也会进一步提高。

2.3 连三甲苯的分离与应用

连三甲苯最主要的用途是合成三甲苯麝香（西藏麝香），麝香不仅可用作化妆品、肥皂的香料，还能够与紫罗兰酮、肉桂醇、水杨酸苄酯等进行调香。当前二甲苯麝香占人造麝香生产量的 50% 以上，但以连三甲苯为原料生产的三甲苯麝香，不仅具有香味纯正，遇光不变色的特点，成为制造高级香水、香料、护肤霜、浴露的优良材料；还具有生产流程较短，成本较低的优点。三甲苯麝香的生产正处于起步价段，因而价格昂贵，市场约 50 元/g，国外仅有小规模生产，国内仅有金陵石化、锦州开元石化、江苏工业学院有连三甲苯合成麝香的相关报道。除此之外，连三甲苯还可在化工领域用于生产聚醋树脂、醇酸树脂、苯胺染料及连苯三酸等；以及在医药领域用于制备止痛剂、消炎剂、血小板防凝剂和血栓抑制剂等。

从混合 C_9 芳烃中提纯连三甲苯主要有深冷结晶法和精馏 2 种方法，国内有南京炼油厂、锦州石化等单位探究了从芳烃溶剂油中提取连三甲苯，但由于溶剂油中有与连三甲苯沸点相近的茚满、1-甲基-3-异丙基苯和 1-甲基 4-异丙基苯，普通的精馏方法难以实现分离。重整 C_9 芳烃中连三甲苯质量分数相对较低，且下游开发利用尚处于起步阶段，市场规模不大，故连三甲苯的开发并未引起广大炼油厂的重视，因而其生产厂家较少。2024 年 3 月连三甲苯价格在 4 万元/t 左右。乌石化公司重整 C_9 芳烃中连三甲苯含量为 7.24%，茚满含量 0.04%，且乌石化公司研究院初步掌握选择性脱烷基技术，能有效脱除 C_9、C_{10} 芳烃中的丙基、乙基等侧链烷基，这些条件

均有利于精馏分离连三甲苯。

3 研究院开展的相关实验

乌石化公司研究院针对重整 C$_9$芳烃开展相关实验，以期开发 C$_9$芳烃产品，实现 C$_9$芳烃的高值化利用，目前已初步掌握偏三甲苯异构化技术、C$_9$芳烃增产均三甲苯技术以及重整 C$_9$芳烃选择性脱烷基等技术，共申报国家专利 5 项。

3.1 实验条件

3.1.1 实验装置

实验装置为 100mL 固定床反应器，由两个气路和一个液路组成（图 1）。一个气路通 N$_2$，主要用于反应体系吹扫以及排出空气；另一个气路通 H$_2$，其流量由质量流量计进行精确控制与计量。液相原料通过高压液相微量计量泵导入反应体系。气相与液相组分混合后进入固定床反应器。流出反应器的反应产物经冷凝后进入气液分离器。分离器内的液相产物经液位控制阀流入产品罐后即可进行取样；不凝的气相产物经过压力控制阀和湿式流量计后放空或者采样后进入气相组分分析。

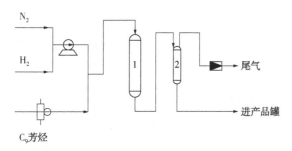

图 1　100mL 固定床反应器流程

1.100mL 固定床反应器；2. 气液分离器

3.1.2 原料

气相原料：高纯氢气（新疆科源气体制造有限公司）；高纯氮气（新疆科源气体制造有限公司）。

液相原料：外购偏三甲苯（福晨（天津）化学试剂有限公司）（纯度≥98%）。

催化剂：研究院实验室自制分子筛催化剂。

3.1.3 分析方法

液相原料及产物采用 Agilent 7890A 液相色谱进行全组分分析；气相产物采用 Agilent 7890B 气相色谱进行全组分分析。

3.1.4 实验原理

偏三甲苯在催化剂的作用下，主反应为异构

化生成均三甲苯，同时还伴随着歧化、脱烷基等副反应，主要的副产物为苯、甲苯、二甲苯、连三甲苯及四甲苯等。

主反应：

（主反应结构式）

副反应：

a. 歧化反应

（歧化反应结构式）

b. 脱烷基反应

（脱烷基反应结构式）：苯 + 甲苯 + 二甲苯 + C$_x$H$_{2x+2}$

（1）偏三甲苯异构原理

偏三甲苯异构化为均三甲苯属于位置迁移异构化，即烷基侧链在苯环位置上发生迁移。偏三甲苯异构化生成均三甲苯的反应属于酸催化机理。在固体酸催化剂的作用下，偏三甲苯与固体酸催化剂释放出的质子相互作用形成 σ-络合物。由于 σ-络合物各异构体之间的稳定性不同，就会发生相互转化，偏三甲苯的甲基在分子内移动时，就是异构化反应。

偏三甲苯异构化既产生均三甲苯又产生连三甲苯，但是根据三甲苯的超共轭效应，在甲基数目相同的取代苯中，相互处于间位的甲基数目越多，相对碱度就越大，相应的 σ-络合物也就越稳定。因此，偏三甲苯异构化最有利于生成均三甲苯。

（2）脱烷基原理

重芳烃脱烷基是通过加热或催化剂的作用将侧链的 1 个或者多个烷基脱除。脱烷基可以分为热加氢、催化加氢脱烷基以及非临氢脱烷基技术，加氢脱烷基反应通式如下：

$$H_{2m+1}C_m \underset{}{\overset{C_nH_{2n+1}}{\text{benzene}}} \xrightarrow[\text{催化剂加热}]{H_2} H_{2m+1}C_m\text{—苯} + C_nH_{2n+2}$$

其中 n、m 为正整数，且 $n \geqslant 2$，$m < 2$。

催化加氢脱烷基技术能使脱烷基反应的活化能从 $167.5 \sim 251.2kJ/mol$ 降低至 $79.5kJ/mol$，同时降低反应温度。由于催化加氢是放热反应，高温不利于转化且会发生裂解、积碳等反应，降低反应活性及选择性；较高的压力能在提高反应速率的同时抑制副反应，因而重芳烃脱烷基需要控制温度和压力两个条件。

脱烷基机理可分为正碳离子脱烷基和自由基脱烷基，重芳烃脱烷基中催化剂提供酸中心，酸中心提供氢质子，属于正碳离子脱烷基，而弱质子酸中心一般发生异构化，强弱非质子酸都可以发生自由基脱烷基。在脱烷基的反应中，芳烃侧链所含的碳原子个数越多其侧链越容易脱除，因此可以得到加氢脱烷基反应烷基脱除排序为：多甲基苯<甲苯<乙苯<二乙苯<丙苯<丁苯。

3.1.5 实验数据计算

实验结果的评价指标有均三甲苯选择性、均三甲苯收率、三甲苯收率、液体产物收率以及邻甲乙苯转化率，各评价指标按下式(1)-(5)计算：

$$均三甲苯选择性 = \frac{产物中均三甲苯质量 - 原料中均三甲苯质量}{原料中偏三甲苯质量 - 产物中偏三甲苯质量} \times 100\% \tag{1}$$

$$均三甲苯收率 = \frac{产物中均三甲苯质量 - 原料中均三甲苯质量}{原料中偏三甲苯质量} \times 100\% \tag{2}$$

$$三甲苯收率 = \frac{产物中三甲苯质量}{原料中三甲苯质量} \times 100\% \tag{3}$$

$$液体产物收率 = \frac{产物中碳五及以上质量}{原料油质量} \times 100\% \tag{4}$$

$$甲乙苯转化率 = \frac{原料中甲乙苯质量 - 产物中甲乙苯质量}{原料中甲乙苯质量} \times 100\% \tag{5}$$

3.2 偏三甲苯异构化实验

在 100mL 固定床反应器上，保持一定压力、反应温度由低到高选取 A、B、C、D 四个温度、保持氢油摩尔比不变、质量空速不变的条件下采用 S1 催化剂，外购偏三甲苯进料，进行异构化效果评价，其评价结果见表 2、表 3。

表 2　偏三甲苯异构化效果评价

催化剂样品		偏三甲苯原料	S1			
反应温度			A	B	C	D
C₉芳烃组分	间甲乙苯	0.09	0.10	0.04	0.03	0.03
	对甲乙苯	0.04	0.04	—	—	—
	均三甲苯	0.46	12.92	20.20	23.44	21.88
	邻甲乙苯	0.35	0.08	0.02	—	—
	偏三甲苯	98.75	78.56	66.51	57.87	50.36
	连三甲苯	0.40	4.80	7.41	7.53	6.97
反应性能						
均三甲苯/∑三甲苯/%			13.41	21.46	26.38	27.63
均三甲苯选择性/%			61.68	61.22	56.21	44.27
均三甲苯收率/%			12.61	19.98	23.27	21.69
三甲苯收率/%			97.49	95.31	89.96	80.21
液体产物收率/%			98.62	98.11	98.29	97.86

注：表中"-"为未检出

表3 偏三甲苯异构化尾气组分

反应温度/℃	气体组成/%							
	甲烷	乙烷	丙烷	丙烯	异丁烷	正丁烷	C₅及C₅+	H2
A	0.02	0.13	0.32		0.03	0.03	0.05	99.43
B	0.05	0.34	0.50		0.04		0.01	99.06
C	0.14	0.87	0.83	0.10	0.05	0.07	0.04	97.91
D	0.30	1.94	1.37		0.06		0.02	96.30

从反应前后液相产物的组成上看，反应后均三甲苯含量有明显的增加，在C反应条件下能从反应前的0.46%增加至23.44%；甲乙苯组分含量明显减少，在C反应条件下，由反应前的0.48%降低至0.03%。

从反应性能上看，随着反应温度的升高，均三甲苯在三甲苯中的含量逐渐增加；均三甲苯选择性逐渐降低；均三甲苯收率在C温度下最高，而后随着反应温度的升高逐渐降低；三甲苯收率及液体产物随反应温度的升高而降低。

从尾气组成上看，随着反应温度的升高烷烃含量逐渐增加，这表明随着反应温度的升高，歧化、脱烷基等副反应逐渐增加。综合以上数据，不难看出偏三甲苯异构化需要适合的温度及压力条件；温度过高会使副反应加剧，同时较高的烷烃含量及较低的液体产物收率也表明偏三甲苯的损耗增加，因而不利于原料的充分利用。

4 结语

（1）由于乌石化公司重整C₉芳烃的组分含量有利于三甲苯的分离，且掌握了一定的异构化及均三甲苯增产技术，若能将重整C₉芳烃中的部分三甲苯提取出来，形成新的产品，不但能拓宽乌石化公司的产业链，也能进一步延申企业的加工链，增产更多的化工产品，实现更高的综合经济效益。

（2）重整C₉芳烃中含有大量偏三甲苯组分，其分离较为容易，乌石化公司重整C₉芳烃中偏三甲苯含量可达43.84%，有利于分离。因此可以从偏三甲苯入手，加以利用和改造现有分离装置，既能节省投资又能做到灵活调整生产策略；同时加快其下游产品的生产工艺研发。

（3）连三基本是合成高附加值三甲苯麝香的主要原料，也是生产偏三甲苯与均三甲苯产品的主要副产物之一，若能在生产偏三甲苯或均三甲苯的同时分离出连三甲苯产品，并提前布局低成本制备三甲苯麝香技术，产值就会成倍增加。

参 考 文 献

[1] 张世方. 催化重整工艺技术发展[J]. 中外能源，2012，17（6）：60-65.

[2] 施隋靖，马达国，马庆兰. 重整C₉重芳烃调合高辛烷值汽油[J]. 炼油技术与工程，2016，46（4）：32-36.

[3] 于深波. 重整碳九芳烃的综合利用技术[J]. 石油化工技术与经济，2020，36（5）：41-44.

[4] 宋彬彬，刘海涛. 重整C₉芳烃制取偏三甲苯、均三甲苯的技术与产品市场[J]. 化学工业，2016，34（3）：36-39.

[5] 南京师范大学. C₉芳烃的精馏与萃取交错结合分离工艺：03132131.3[P].

[6] 中国石油化工股份有限公司北京化工研究院. 一种萃取精馏分离均三甲苯的方法：201110372314.0[P].

[7] 中国石油化工股份有限公司北京化工研究院. 一种萃取精馏分离均三甲苯的溶剂组合物及萃取精馏方法：201110226441.X[P].

[8] 黑龙江省科学院石油化学研究分院. 从C₉混合芳烃中催化烷基化法分离制取高纯度均三甲苯：99102655.1[P]. 2002-3-20.

[9] 天津大学. 从C₉混合芳烃中分离制取均三甲苯的方法：96107090.0[P].

[10] 天津大学. 一种采用丙烯和异丁烯联合烷基化法生产高纯均三甲苯的方法：200510122233.X[P].

[11] 杨国庆，彭俊卿. 偏三甲苯装置改扩建联产均三甲苯[J]. 石油化工应用，2010，29（8）：82-84.

[12] 王明. 偏三甲苯异构化制取均三甲苯研究[D]. 天津大学，2014

[13] 刘焕宏，左成慧. 连三甲苯的分离和应用[J]. 贵州化工，2002，（4）：41-42.

[14] 姜丽敏，赵秀娟. 混合C₉芳烃合成三甲苯麝香新工艺的研究[J]. 辽宁化工，2012，41（2）：133-136.

[15] 马江权，黄荣荣，冷一欣，等. 三甲苯麝香合成新工艺的研究[J]. 高校化学工程学报，2001，（5）：458-461.

[16] 江苏工业学院. 科技成果登记表[DS]：1-2.

[17] 管浩，郑鹏，赵秀娟等. 从混合C₉芳烃中提纯连三甲苯新工艺的研究[J]. 辽宁化工，2011，40（4）：344-348.

[18] 袁国民，从海峰，李鑫钢. 重芳烃轻质化与分离研究进展[J]. 化学工业与工程，2022，39（3）：60-72.

汽柴油加氢装置催化剂性能分析及长周期优化措施

蔺晓亮 袁小彬 刘丹丹

（中国石化塔河炼化有限责任公司）

摘要 随着石油重质化，为了满足市场对高品质清洁柴油需求，中国石化塔河炼化有限责任公司1号汽柴油加氢装置采用中国石油化工科学研究院MHUG技术加工焦化汽柴混合油，根据加工混合原料性质、产品目标及装置现有情况，通过调整两台反应器温度，得到国Ⅵ清洁柴油标准。针对装置检修催化剂型号的更换，分析原料油性质、重要工艺条件等数据，并通过原料油性质优化控制、操作优化措施，为装置催化剂长周期运行及企业的生产安全及经济效益提供技术优化措施。

关键词 焦化柴油；焦化汽油；反应温度；反应压力；长周期

1 前言

中国石化塔河炼化有限责任公司，1号汽柴油加氢装置初始设计规模为 $100×104 t/a$。2016年10月为满足国Ⅴ车用清洁柴油市场需求进行改造，第一周期平稳运转超过三年，生产出合格产品。第二周期于2020年4月25日完成再生催化剂以及部分新鲜催化剂的装填工作，并成功生产出国Ⅴ标准清洁柴油。至2024年3月平稳运转四年。于2024年4月进行检修换剂，装置主要以改质工艺技术MHUG生产国Ⅴ车用柴油，加工能力提升至 $110×10^4 t/a$。焦化柴油、焦化汽油、常二线，进行混合作为原料油，在一定的温度和氢分压下，使油品馏分中的非烃组分和有机金属化合物分子发生脱硫、脱氮、脱氧、脱金属的氢解反应，烯烃和芳烃分子加氢饱和等反应。

而MHUG技术采用加氢精制反应器及改制反应器串联的工艺流程，2个反应器中装填中压加氢性能好的加氢精制催化剂和开环性能强的高选择性加氢裂化催化剂。可在较为缓和的工艺条件下，以低氢耗满足柴油低硫、柴油十六烷值的提高，使劣质柴油通过加氢精制及改质反应，生产产品质量满足实际市场需求的清洁柴油，因此原料油在适当的操作条件及正确转化率下通过柴油加氢精制催化剂进行加氢脱硫、脱氮、烯烃、芳烃的加氢饱和等反应，再在加氢裂化催化剂上进行加氢改质反应，直接生产产品分布及产品质量均能够满足实际市场需求的清洁柴油及直供连续重整装置的汽油原料。具有操作调节缓和、耗氢较低，改质裂解效果明显、操作灵活性好的优点。

2 生产工艺流程

装置工艺流程主要有反应部分、分馏部分、低分气膜分离氢气回收部分、循环氢脱硫系统部分。

自焦化装置直供或罐区来的焦化汽柴油和少量常二线的混合原料进入由燃料气保护的原料油缓冲罐，经原料泵升压，在流量控制下，采用炉前混氢工艺与循环氢混合，与反应流出物换热进入反应进料加热炉加热至反应所需温度，先后经过加氢精制反应器和加氢改质反应器，（反应器均为热壁反应器，设置上、中、下3个催化剂床层，床层间设注急冷氢设施），冷却后的反应物在高压分离器进行气、油、水三相分离，液相经低压分离器进入分馏部分采用双塔工艺，第一个塔为汽柴油分馏塔，第二个塔为汽油脱硫化氢稳定塔，双塔结合，既能满足汽柴油充分分离的要求，又可以大大降低汽油和柴油馏分中的硫化氢含量。而高压分离器顶气相的富氢气体经循环氢脱硫部分进入循环氢压缩机压缩后返回反应器入口及冷氢系统循环利用，如图1所示。

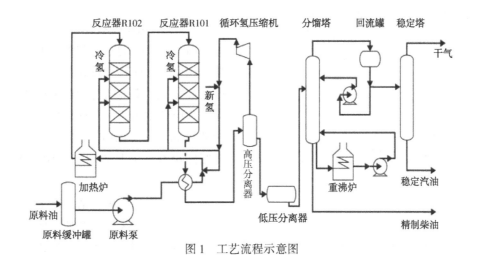

图1 工艺流程示意图

3 催化剂装填状况

装置采用石科院 MHUG 技术加工焦化汽柴混合油，根据加工混合原料性质、产品目标及装置现有情况，采用 RG 系列保护剂/RN-410 精制剂/RIC-3 改质剂/RPT-10 后精制催化剂的催化剂组合。装置于 2016 年 10 月通过新增一台加氢精制反应器(原加氢反应器作为加氢改质反应器)，2020 年 4 月 15 日完成再生催化剂及部分新鲜催化剂装填使用，2024 年 4 月装置检修换剂，将上周期新鲜催化剂进行再生处理，其余均由新鲜催化剂及部分新型号精制催化剂(RPT-10)更换进行装填，导致催化剂损失量大幅度增加。如表 1、2 所示，精制反应器中补充其催化剂量的 80.8%新鲜 RN-410 精制催化剂、19.2%再生 RN-410 精制催化剂，改至反应器中补充其催化剂量的 72.36%新鲜 RIC-3 改质催化剂、9.89%再生 RTC-3 改质催化剂、17.75%新型号 RPT-10 后精制催化剂，通过精细化操作调节及针对高加工负荷，并不断优化运行装置运行参数，截止 2024 年 7 月，装置正常开工至今平稳运行，运行期间催化剂性能良好，产品分布及产品性质均很好满足实际生产要求，产品柴油的十六烷值可以达到 51 以上，有机硫和有机氮含量均满足国 VI 柴油标准。

表1 2024 年大检修 R2102 催化剂装填数据

催化剂床层和种类	实际装填高度 注：①反应器直径 3.4m			
	装填高度/mm	装填体积/m³	装填重量/t	装填堆密度/(t/m³)
一床层空高	50			
RG-200 保护剂	150	1.36	1.18	0.87

续表

催化剂床层和种类	实际装填高度 注：①反应器直径 3.4m			
	装填高度/mm	装填体积/m³	装填重量/t	装填堆密度/(t/m³)
RG-30A 保护剂	610	5.54	2.4	0.43
RG-30B 保护剂	540	4.90	2.5	0.51
RG-1 保护剂	250	2.27	3	1.32
RSi-1 脱硅剂	1600	14.52	7.37	0.51
RN-410 再生剂	2520	22.87	21.933	0.96
Φ3mm 瓷球	80	0.73	1	1.38
Φ6mm 瓷球	80	0.73	1	1.38
一床层净高	6240			
二床层空高	110			
Φ6mm 瓷球	130	1.18	0.875	0.74
RN-410 再生剂	590	5.35	5.119	0.96
RN-410 精制剂	5770	52.36	44.92	0.86
Φ3mm 瓷球	100	0.91	1.05	1.16
Φ6mm 瓷球	100	0.91	1.25	1.38
二床层净高	6800			
三床层空高	140			
Φ6mm 瓷球	100	0.91	1.25	1.38
RN-410 精制剂				
RN-410 精制剂(切线下)	8310	75.41	68.98	0.91
Φ3mm 瓷球	210	1.91	2.625	1.38
Φ6mm 瓷球	200	1.82	2.5	1.38
Φ13mm 瓷球	200	~1.815	2.9	1.60
三床层净高	9230			

表2　2024年大检修R2101催化剂装填数据

催化剂床层和种类	实际装填高度 注：①反应器直径3.0m；			
	装填高度/m	装填体积/m³	装填重量/t	装填堆密度/(t/m³)
一床层空高	100			
Φ6mm瓷球	100		0.75	1.06
RIC-3再生剂	1010	7.14	6.875	0.96
RIC-3改质剂	2680	18.93	15	0.79
Φ3mm瓷球	90	0.64	0.75	1.18
Φ6mm瓷球	70	0.49	0.75	1.52
一床层净高	4100			
二床层空高	140			
Φ6mm瓷球	100	0.71	0.875	1.24
RIC-3改质剂	3660	25.86	19.29	0.75
Φ3mm瓷球	90	0.71	0.85	1.34
Φ6mm瓷球	110	0.71	0.875	1.13
二床层净高	3980			
三床层空高	90			
Φ6mm瓷球	170	1.20	1	0.83
RIC-3改质剂	2820	19.92	16	0.80
RPT-10后精制剂				
RPT-10后精制剂(切线下)	2420	17.10	12.33	0.72
Φ6mm瓷球	200	1.41	2	1.42
Φ13mm瓷球	200	~1.413	2.85	2.02
三床层净高	5920			

在以上MHUG技术使用的两种主催化剂，一方面具有较强的脱氮和芳烃饱和的加氢精制催化剂，另一方面具有较高开环裂化选择性的加氢改质催化剂。精制催化剂用于HDS和HDN反应，改质催化剂用于开环裂化反应以降低生成油中芳烃的含量。RIPP最新开发的RN系列加氢精制催化剂，主要适用于MHUG精制段，可以有效脱硫、脱氮，同时进行芳烃加氢饱和，该催化剂相对于脱硫、脱氮活性较上一代精制催化剂提高20%~30%以上。而加氢改质技术的关键是加氢改质催化剂，加氢改质催化剂通过酸中心和加氢中心的有机协同作用，将环烷环选择性开环裂化，使双环及双环以上芳烃加氢饱和后选择性裂化开环，从而大幅度提高柴油的十六烷值和降低密度。但在裂化开环的过程中会同时伴有链烷烃、环烷烃和芳烃侧链的断裂反应。柴油中的链烷烃在加氢改质反应条件下，会生成相对分子质量更小的烷烃。生成的小分子烷烃会进入到轻馏分中，从而会降低柴油收率，且该反应对十六烷值的影响为负向的。链烷烃的反应过程可表示为如图2所示。

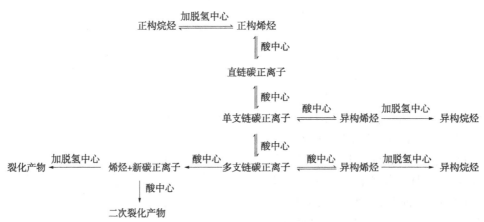

图2　双功能碳正离子机理

4　装置运行分析

4.1　装置混合原料分析

表3为2024年1-7月装置加工原料性质变化情况，原料密度822.8~846.6kg/m³，初馏点为45.5~88.9℃，95%馏出点为356.6~365℃，皆在指标控制范围内。硫含量为8200~14032mg/kg，氮含量为606~898mg/kg，总体数据较为平稳。产品精制柴油及稳定汽油产品的各项指标均满足市场产品需求，精制柴油硫含量为3.5g/g，氮含量为0.48g/g，柴油十六烷值为52，闪点68℃，各项指标控制均满足国Ⅵ清洁柴油标准。柴油脱硫率高达99.97%，脱氮率达99.95%，催化剂表现出优异的脱硫、脱氮活性，控制良好，如表3所示。

表3　装置混合原料及产品性质变化

项目	焦化柴油	焦化汽油	混合原料	稳定汽油	精制柴油
密度(20℃)/(kg/m³)	878.2	735.7	822.8~848.6	711.8	832.5
硫含量/(mg/g)	16655	3788	8200~14032	2.1	3.5
氮含量/(mg/g)	987	72	606~898	0.43	0.48
十六烷值	42				52
闪点					
初馏	182.0	30.27	45.5~88.9	40.5	68
50%	311.5	142.8	286	106.5	168.5
90%	357.5	225	350	140.8	277.5
95%	362.5	245.2	356.6~365	156	348.2
干点		248.5		167.5	355.5

如图3所示反应进料量、精制反应器、改质反应器入口压力，精制反应器及改质反应器进出口压差变化趋势。在1-7月装置运行期间反应进料量在95~131t/h（汽柴油比例控制为1/3.56），4月装置检修更换精制及改质反应器催化剂，根据检修后催化剂的更换及反应进料量的变化，灵活调整各操作条件（如：反应压力、精制改质反应温度、除氧水注水量、贫胺液量等）。R2102精制反应器入口压力在7.39~7.6MPa之间，R2101改质反应器入口压力7.15~7.38MPa之间，精制反应器进出看压差基本维持在0.1~0.12MPa，改质进出口压差在0.06~0.11MPa之间，操作参数平稳，控制良好。

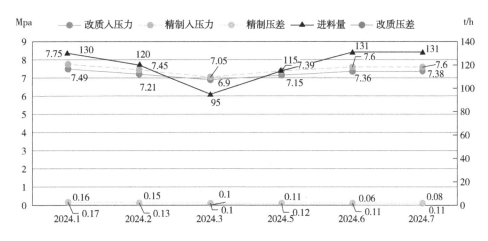

图3　反应进料量及反应器入口压力及压差变化趋势

如图4-图6所示看出，在1~3月装置检修前（催化剂末期）精制及改质反应器床层温度控制，精制反应器入口温度为303~315℃℃，出口温度372~383℃，改质反应器入口温度为356~369℃，出口温度为369~384.5℃，精制总温升为69~71.5℃，改质总温升为16~19.5℃，精制及改质入口温度和温升变化较大。而在4月装置检修后（催化剂更换新剂），装置反应进料量约110~131t/h混合原料的条件下，精制反应器入口温度在289~292℃左右，出口温度358~363.5℃，精制平均反应温度344℃、改质反应器入口温度为346~349.2℃，出口温度为356.8~361℃，改质平均反应温度354℃，精制柴油硫含量3.5μg/g，十六烷值52，稳定汽油干点167.5℃，硫含量2.1μg/g，操作参数平稳，产品指标控制良好。

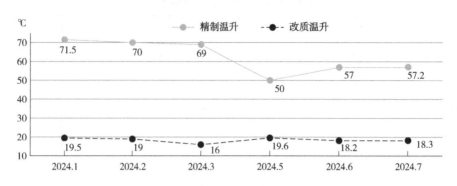

图 4　精制及改至反应器温升

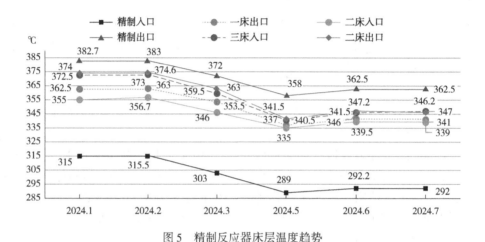

图 5　精制反应器床层温度趋势

图 6　改质反应器床层温度趋势

　　综合以上如图 7 所示可看出：此次检修催化剂更换后，精制反应器氢分压约为 7.48MPa，精制反应器床层平均反应温度为 344℃，改质反应器床层平均反应温度为 354℃，汽油收率为 20.15%，柴油收率为 78.075%。精制柴油产品密度为 832.5kg/m³，硫含量为 3.5μg/g，闪点 68℃，十六烷值 52，与原料柴油相比，柴油产品的十六烷值提高了 10 个单位。装置采用的加

氢改质 MHUG 技术及配套 RIC-3 催化剂反应效果较好，催化剂表现出良好的活性，在较低的反应温度下，可以生产满足国 VI 排放标准要求的清洁柴油。相对于检修前催化剂末期设计反应温度（精制反应器平均反应温度 379℃、改质反应器平均反应温度 387℃）精制反应器与改质反应器均有较大的提温反应空间，满足催化剂长周期平稳运行要求。

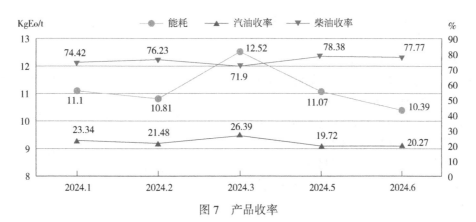

图 7　产品收率

5　优化措施

5.1　混合原料油性质优化控制

5.1.1　装置定期对混合原料油采样，检查原料组成性质分析：馏程、酸度、硅含量、氯含量、碱性氮、硫含量、氮含量、水分、密度（20℃）、溴价等，因为原料油的性质决定加氢精制的反应方向和放出热量的大小，是决定氢油比和反应温度的主要依据。同时原料油各金属含量等指标也要在控制范围内，防止各金属以可溶性有机金属化合物形式存在，在加氢过程分解后沉积在催化剂表面，堵塞催化剂的微孔，使催化剂活性下降，发生不可逆中毒。

5.1.2　更换原料油过滤器滤芯：装置使用的原料过滤器为全自动原料反冲洗过滤器，检修前，原料油过滤器冲洗频繁，运行期间多次无法正常全部投用。检修期间，更换原料过滤器滤芯，检修结束，投用后原料反冲洗过滤器运行正常，冲洗效果较好。装置根据过滤器运行周期及冲洗情况，对过滤器滤芯蒸汽吹扫清洗，降低了原料油洗过滤器反冲洗频次。

5.1.3　上游装置定期清理原料油储罐：因装置原料油部分来自上游储运罐区，且装置长周期运行，导致储罐底部残存杂质。需要择机清理储罐杂质，同时运行期间保证原料油储罐液位平稳输送，防止造成储罐液位波动，将罐底各种来源的机械沉积物送入装置，带入反应器上部床层，导致床层压差上涨，压降过大，缩短催化剂运行周期。

5.1.4　多频次定期对上游原料油储罐和装置内部原料油缓冲罐进行脱水，防止原料油带水，导致催化剂吸水强度下降，受挤压发生粉碎堆积，堵塞床层。

5.2　操作控制优化

5.2.1　提高反应压力：选择加氢精制压力主要是考虑催化剂使用寿命和产品质量。提高加氢反应压力一方面提高了加氢反应深度，另一方面可减少催化剂结焦，因为加氢是个体缩小的过程，提高压力对反应有利，特别是对脱氮影响效果最大，而且反应速度将随氢分压上升而上升，在催化剂固定床层数量一定的条件下，加氢反应速度与浓度成正比，使催化剂的寿命延长。

5.2.2　控制氢油比：氢油比对催化剂起保护作用，控制反应器入口氢油体积比 ≥500。提高氢油比有利于油气混合更均匀，将大量的反应热携带出来，保证催化剂反应穿层温度均衡。氢气分子数增加，有助于抑制结焦前驱物的脱氢缩合反应，减少催化剂结焦，即可维持催化剂的高活性，又可延长催化剂的使用周期。

5.2.3　保证较高的氢纯度：目前汽柴油加氢装置氢气主要来自绿氢装置与部分连续重整氢气混合作为新氢供应，绿氢纯度在99.9%，重整氢气纯度基本在93.5%左右。装置正常运行期间混合新氢纯度在96%以上，脱后循环氢纯度在90%以上，保证较高的氢气纯度，有利于保持较高的氢分压，促进加氢反应的进行，同时还可以减少油品在催化剂表面缩合结焦，起到保护催化剂表面的作用，有利于催化剂性能发挥和装置长周期运行。

5.2.4　在催化剂运行周期末期，催化剂活性低，为满足产品质量的控制，主要通过提高反应温度来补偿。在保证循环氢量的条件下，通过反应器床层间注急冷氢设施，来控制反应器各床层温度<391℃。

6　结论

综合以上，对2024年装置检修催化剂更换前后的混合原料油性质、重要工艺条件等方面的数据分析，装置在原 95~131t/h 反应进料量条件下，加氢精制及改质催化剂更换后，至今催化剂活性良好，产品分布及产品质量均能够满足实际生产需求，达到国 Ⅵ 清洁柴油标准。通过对混合原料油性质管控、原料油反冲洗过滤器滤芯的更换、上游装置原料油储罐定期的脱水及清理等优化控制，以及提高反应压力、控制氢油比、保证较高氢纯度等优化操作，可达到装置催化剂长周期平稳运行。

参 考 文 献

［1］任亮，许双辰，杨平等．高性能加氢改质催化剂 RIC－3 的开发及工业应用．石油炼制与化工；2017－08－09

［2］秦运权．110 万吨/年汽柴油加氢装置工艺技术规程．

［3］李大东．加氢处理工艺与工程．北京：中国石化出版社．2004；626-658.

关于汽柴油加氢精制试生产低凝柴油

杜　柯　袁小彬

（中国石化塔河炼化有限责任公司）

摘　要　本文主要介绍中国石化塔河炼化公司 167.5×104t/a 汽柴油加氢精制装置应对市场需求，试生产−35#低凝柴油。正常生产0#柴油期间其原料主要为焦化柴油、焦化直馏柴油、焦化汽油，通过对原料比例调整，引进焦化常一线柴油，降低常二线比例，以及调整各参数，成功生产出低凝柴油。为进一步装置改建连续生产低凝柴油提供数据支撑。

关键词　加氢精制；低凝柴油；常一线柴油

1　生产背景

2023年低，因市场复苏，航煤与低凝柴油市场需求量增大大，本公司生产的航煤无富裕量去调和−35#低凝柴油，经研究探讨，最终确定汽柴油加氢精制通过原料组分调整生产低凝柴油。

2　装置介绍

中国石化塔河炼化公司 2#汽柴油加氢精制

装置建于 2009 年 4 月，2015 年 6 月质量升级改造，增加一台反应器（前置 R102），生产满足国 V 标准的柴油。

主要原料为焦化汽油、焦化柴油、常二线柴油，通过炉前混氢进行加氢反应后，在进入分馏系统经过分馏产出精制柴油、稳定汽油。配套有脱硫系统提高循环氢纯度，如图 1 所示。

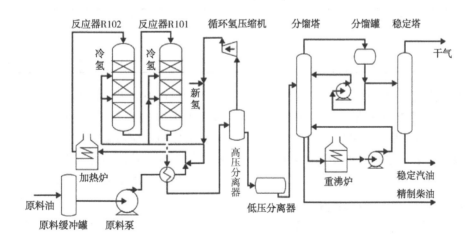

图 1　装置工艺流程

本装置经改造后处理量为 $167.5×10^4t/a$，操作弹性 100%~110%，装置年开工 8400h，进装置的二次加工油按照汽柴比 1∶3 进料。通过调整反应加热炉出口温度来控制反应器温升，控制反应深度，调节精制柴油产品总硫、氮含量等；调整重沸炉出口温度控制分馏塔底温度来调节柴油闪点，其分馏塔顶采用塔顶温度与塔顶回流量串级控制来调节汽油干点。

本公司汽柴油加氢精制装置以焦化汽油、焦化柴油和直馏柴油为原料，按照汽柴比例不大于 3∶1 控制，经过加氢脱硫、脱氮，生产满足 GB 19147—2016 质量标准的精制柴油产品和稳定汽油，其中要求柴油总 S 含量<10μg/g。产出柴油经罐区调和后直接出厂，汽油作为连续重整原料直供重整，如表1、表2所示。

表 1　正常生产 0#柴油原料配比

项目	1 焦柴	2 常二	2 减一	2 焦汽	2 焦柴	混合原料
加工量/(吨/年)	300000	349654	21690	232238	771657	1675239
加工比例/%	17.91	20.87	1.29	13.86	46.06	100

表 2　正常生产 0#柴油各关键参数

反应炉出口温度	315℃~325℃
反应器平均温升	355℃~364℃
重沸炉出口温度	320℃~325℃
分馏塔底温度	298℃~308℃
分馏塔顶温度	138℃~145℃

3　调整思路

前期主要通过精制航煤与柴油来调和满足低凝柴油市场需求，低凝柴油与正常柴油主要区别在凝点与冷滤、密度等参数有着区别。通过各数据研究分析，拟决定试通过调整原料配比、参数调整来生产-35#低凝柴油。采用增加生产航煤原料常一线组分，降低常二线与焦柴比例。

因生产低凝柴油原料组分变化较大，原料配比中将大大增加常一线油品占比，调整过程中油品较轻，为保证反应器床层温升，加热炉须通过大量燃烧燃料气来补偿反应器温升。

因生产低凝柴油原料组分较轻，避免大处理量下加热炉与分馏塔负荷过大，同时也因第一次试生产，保证将损失降到最小，所以首先按照柴油、汽油 3：1 比例将处理量降至低负荷，降量时首先降罐区柴油（后续通过罐区引进常一线）。将产出汽油全部改至罐区，减轻对下游装置影响；降量过程中同步调整加热炉、重沸炉出口温度，降重沸炉出口温度时注意调整空气预热器各跨线。降低处理量时，需注意防止进料泵憋压，同步降低原料罐出口温度，防止轻油改进装置导致原料泵抽空。同时因生产低凝柴油，组分轻，硫、氮含量减少，可适当控低系统压力，降低反应深度，减轻能耗过剩。

最低负荷下，各原料配比如表 3 所示。

表 3　处理量降到位各进料比例

项目	处理量	罐区稳定汽油	焦化直供汽油	常二线直供	焦柴直供	罐区混合柴油
加工量	130	42	0	55	15	18
比例	100%	32.3%	0	42.2%	11.5%	14

各准备工作就绪以后，逐步按 10t/h 引常一线进装置，汽油按照 2t/h 降量，同步降焦柴与常二线，总负荷保持不变。与此同时进行化验分析，对比各参数变化。处理量进料比例变化如表 4 所示。

表 4　调整过程中各进料比例

罐区稳定汽油	常一线	2#常二线	2#焦化柴油
42	0	55	33
40	10	48	32
38	20	42	30
36	30	36	28
35	40	30	25
34	50	24	22
33	60	19	18
32.5	68.3	14.6	14.6
25%	52.5%	11.25%	11.25%

原料调整过程中，同步调整加热炉出口温度，由于常一线进装置的比例增加，焦柴比例下降，为保障反应器温升和精柴总硫，与通过大量提高燃料气来补偿温升下降损失。

因生产低凝柴油闪点较低，会大幅度降低分馏塔底温度，分馏塔操作难度较大，分馏塔较平常操作温度发生大幅度变化，如图 2 所示。

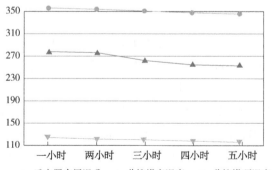

图 2　生产低凝柴油各重点参数变化趋势图

在进料比例调整后，每隔一小时通化验分析　　各数据，分析数据如表 5 所示：

表 5　调整后各指标数据分析

初馏点/℃	10%回收温度/℃	50%回收温度/℃	90%回收温度/℃	95%回收温度/℃	密度(20℃)/(kg/m³)	冷滤点/℃	凝点/℃
166	207	276	335	350	833.7	−8	−19
162	204.5	274.5	333.5	348.5	833.5	−8	−19
162	205	275.5	335.5	350.5	835.3	−8	−19
162	195.5	263.5	331	347	828.8	−8	−19
161.5	185.5	235	320	339.5	815.8	−12	−31
165	183	224.5	313.5	335	810	−13	−32
163	181	219.5	308	331.5	806.6	−16	−34
164.5	181.5	220	308.5	331.5	807	−16	−34
165	182	219.5	308.5	331.5	806.8	−16	−35
164	181	215	303	328.5	804.6	−17	−35
163	181.5	216.5	305.5	330.5	805.1	−18	−36

通过分析数据发现，当常一线比例大于 40%左右时，柴油各分析数据已接近低凝柴油所要求指标。表示成功生出低凝柴油。

4　产品对比

0#柴油的凝固点为 0℃，而−35#柴油的凝固点为−35℃。这意味着在 0 度环境下，0 号柴油可能会失去流动性，而−35 号柴油则能保持流动性。−35#柴油属于低凝柴油，这就意味着−35#柴油更适应用于高原低温环境下，相比于普通柴油更具有战略意义。而本公司作为中石化西部地区唯一炼化企业，对西部边疆地区低凝柴油市场有着至关重要的作用，有一定战略意义。本公司前期通过精制航煤来与 0#柴油调和来供应市场低凝柴油，这就导致无法同时满足低凝柴油与航煤需求，如表 6 所示。

表 6　−35#与 0#柴油参数对比

项目	精制柴油	−35 号国 V 车用柴油
密度(20℃)/(kg·m⁻³)	842.9	790~840
20℃运动粘度/(mm²·s⁻¹)	5.367	1.8~7.0
硫含量/(μg·g⁻¹)	2.1	<10
多环芳烃/%	5.2	<11
铜片腐蚀(50/，3h)/级	1a	<1
校正磨痕直径(60℃)/μm	624	<460
闭口闪点/℃	63.5	>45
冷滤点/℃	−5	<−29
凝点/℃	−16	−35
馏程(ASTM D86)/℃		
初馏点	182	
10%	215	
50%	281	<300
90%	341	<355
终馏点	360	<365(95%)
十六烷指数	51.5	>43

5　存在的不足与改进

本实验成功生产出低凝柴油，其调整过程中部分重点单耗如表 7 所示：

表 7　−35#与 0#柴油部分能耗对比

项目	燃料气	电耗	循环水	工业风	低压蒸汽	综合能耗
低凝柴油单耗(kgEo/t)	5.7	2.5	0.4	1.56	2.7	10.6
0#柴油单耗(kgEo/t)	5.8	2.5	0.35	1.4	2.8	10.4

对比低凝柴油与 0#柴油各单耗与综合能耗，能耗方面基本相近，但因其在低负荷状态下生产，产量较小，经济与能耗方面是不利的。无法大规模生产，能耗相对较高，且无法同时保供精制柴油。

为彻底解决此项问题，经研究，拟在后期依托于本装置现有生产工艺和公用工程，仅通过分馏部分再增设低凝柴油分馏塔等设备，该塔为减压塔，塔顶设干式抽真空设施，对本装置精制柴油通过减压再进行二次分离，顶部拔出低凝柴油，这样达到了生产低凝柴油的目标，又能同时保证普通柴油供应，如图 3 所示。

通过改造将能彻底解决航煤加氢装置间断生产低凝柴油的瓶颈，将使航煤装置可以长期满负荷生产航煤。即保证塔河炼化低凝柴油的产量，提高了塔河炼化航煤的产量；又是降低普通柴油产量，将部分普通柴油变为低凝柴油，达到了提高产品的附加值的目标，缓解了目前普通柴油市场饱和现状。

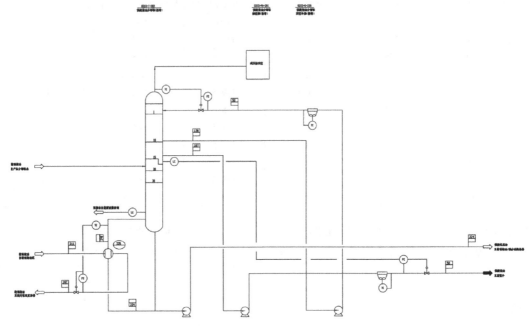

图 3 低凝柴油改造新增工艺流程

此改造对现有流程改动较小，因前期预留改造项目阀门，可以边生产边改造，大大的缩短改造施工时间，节省投资。同时低凝柴油分馏塔设为减压塔可以降低塔底温度，减少低凝柴油分馏塔塔底重沸器的热负荷，有利于减低能耗。

6 结论

本实验通过调整原料配比、参数调整来成功生产出-35#低凝柴油。缓解了边疆地区低凝柴油与航煤需求问题，彻底解决了航煤加氢精制间断生产低凝柴油的问题，对后期汽柴油加氢精制改建低凝柴油提供了理论基础。满足紧俏的低凝柴油市场，践行社会责任。

参 考 文 献

[1] 张占彪，严江峰 . 2#汽柴油加氢装置技术规程 .
[2] 吴振华 . 加氢分馏塔增加侧线汽提塔生产-35 号低凝柴油方案探讨 .

循环水系统多水源补水的可行研究与应用

袁　亮　韩会亮　米精宏　宋　尧　张　娣

（中国石化塔河炼化责任有限公司）

摘　要　针对炼厂循环水消耗量大，新鲜水补水量难以下降的问题进行多水源补水的相关研究，进而减少新鲜水补水量。通过研究多水源的水质，对循环水水质的影响，分析多水源补水的可行性以及在实际应用过程中的经济性进行评价；研究发现：运行过程中市政中水控制在 90t/d~100t/d，回用中水控制在 180t/d~190t/d 时，水质在循环水运行要求范围内，每年可节约新鲜水 90000t，节约费用 8.76 万元，具有一定的经济效益。

关键词　循环水；多水源；回用中水；市政中水；水质

工业企业是用水的大户且绝大部分都为工艺冷却水，以炼厂为例，循环水系统用水占总比的 70% 以上，因此，炼厂循环水系统的节水工作是主流攻克方向。桂轶等人研究了循环水系统的节水潜力主要是通过提高浓缩倍数以及采取其他水源代替的方式。目前已有部分学者采用高浓缩倍数的运行方式，并对不稳定浓缩倍数的运行方式进行了详细的阐述。张原娟、翟征国、卜洪清等人研究了中水作为循环水系统补水的可行性以及在中长期使用过程中控制的要点进行了讲解。部分学者采用了反渗透装置浓水对循环水进行了补充也有效的减少了新鲜水的使用。高莹、韩志远等人采用多水源补水的方式更有效的降低了新鲜水的使用量，分析了多水源补水运行中的问题并有效解决。本文将以某炼厂的循环水系统为研究对象，根据该炼厂的生产要求，采用多水源补水的方式，研究多水源补水的可行性以及在应用过程中的经济性，为同类炼厂提供借鉴。

1　研究对象

某炼厂 1#循环水系统主要承担为 1#焦化、1#加制氢、1#硫磺、半再生重整、气柜压缩机和动力锅炉等生产装置提供循环冷却水的工作任务。设计处理量 4000m³/h，保有水量 1500m³，配置 4 台循环冷却水给水泵、2 台真空泵；一座 2 间逆流式机械通风冷却塔和 1 间与塔底水池合建的吸水池；5 台全自动过滤罐、1 套加药及 1 台监测换热器。常年供水量为 3300~3800t/h，补充水为新鲜水、锅炉定、连排水以及凝结水。其中锅炉定、连排水以及凝结水为生产装置无法消化部分，进而补水至循环水系统中。日常运行中凝结水控制在 100t/d，锅炉定、连排水控制在 80t/d，其余部分为新鲜水补入，夏季总补水量约为 760t/d，冬季总补水量约为 510t/d。目前该循环水系统已采取高浓缩倍数的运行方式，浓缩倍数控制在 3.5~10 之间。1#循环水系统流程如图 1 所示，1#循环水系统补充水水质要求如表 1 所示。

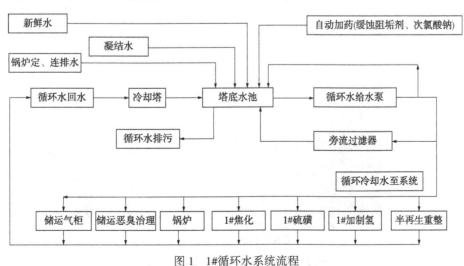

图 1　1#循环水系统流程

表1　1#循环水系统补充水水质要求

名称	PH值	浊度/NTU	游离氯/(mg/L)	异氧菌总数/(个/mL)	氯离子/(mg/L)	电导率/(μs/cm)	总碱度/(mg/L)	石油类/(mg/L)	总铁/(mg/L)	钙硬度以CaCO₃计/(mg/L)	铜离子/(mg/L)	硅酸以SiO₂计/(mg/L)	浓缩倍数
循环水	6.8~9.5	≤20	0.1~0.5	≤1.0×10⁵	≤700	≤3000	100~450	≤10	≤1.0	≤1100	≤0.1	≤175	≥3.5
凝结水	8.5~9.5	2.0~4.5	0.05~0.1	/	/	1000~1500	100~150	≤10	≤1.0	400~600	≤0.1	/	/
新鲜水	6.9~7.8	3.2~15	0.1~0.5	/	100~300	1500~2000	100~200	≤10	≤1.0	≤1100	≤0.1	15~20	/
定、连排水	9~9.5	2.2~3.6	0.05~0.1	/	/	1000~1200	100~200	≤10	≤1.0	300~450	≤0.1	/	/

2 可行性研究

该循环水装置目前已采取高浓缩倍数的运行方式，三路水源为新鲜水、锅炉定、连排水以及凝结水。2023 年该循环水装置又引入了市政中水、回用中水两路水源，为观察新引入的两路水源对循环水水质的影响，试验将通过对多水源的不同水量进行研究进而观察对水质变化，探究多水源补水的可行性。新引入的两种补充水水质如表2所示。

表2　引入水源水质

名称	PH值	浊度/NTU	游离氯/(mg/L)	异氧菌总数/(个/mL)	氯离子/(mg/L)	电导率/(μs/cm)	总碱度/(mg/L)	石油类/(mg/L)	总铁/(mg/L)	钙硬度以CaCO₃计/(mg/L)	铜离子/(mg/L)	硅酸以SiO₂计/(mg/L)	浓缩倍数
回用中水	7~8.9	4~5.2	0.05~0.1	/	/	1500~2000	50~80	≤10	≤1.0	500~700	≤0.1	15~20	/
市政中水	6.8~9.2	3~6.9	0.05~0.1	/	200~300	2000~4000	120~230	≤10	≤1.0	900~1100	≤0.1	20~50	/

通过表2可以观察到市政中水的电导率与回用中水的总碱度不满足循环水水质要求，为探究市政中水、回用中水的最优补水量，试验将采取双变量控制，试验过程中每日总补水量控制在 750t/d，市政中水与回用中水量均控制在 0~200t/d。由于锅炉定、连排水以及凝结水为定量且水质远高于循环水补水水质要求，进而仅对市政中水、回用中水两路水源进行研究。其中自变量为市政中水每日补水量 F_1、回用中水每日补水量 F_2；因变量为新鲜水补水量 F_3、循环水实际运行电导率 V 以及循环水实际运行总碱度 T，并观察期间浓缩倍数 a 的变化情况。各补水量变化如式（1）所示。

$$总补水量 = F_1 + F_2 + F_3 + 100 + 80 \qquad (1)$$

2.1 多水源补水对电导率的影响

通过改变市政中水、回用中水量的变化，分析了循环水实际运行电导率的变化，具体情况如图2所示。

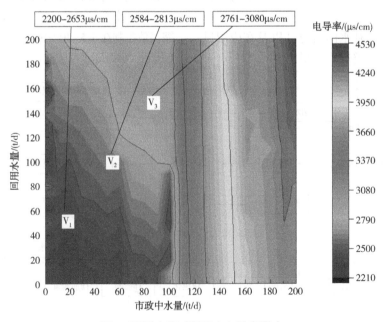

图2　不同水量对循环水电导率影响

从图 2 可以看出，当市政中水量控制在 0～90t/d，回用中水量控制在 0～200t/d 间变化，映射中部分子集包含在循环水实际运行电导率 V_1 段为 2200μs/cm～2653μS/cm 之间，变化趋势较大电导率上升，但均符合要求；当市政中水量控制在 30～103t/d，回用中水量控制在 0～200t/d 间变化，映射中部分子集包含在循环水实际运行电导率 V_2 段为 2584μs/cm～2813μS/cm 之间，变化趋势平缓，也均符合要求；当市政中水量控制在 103～109t/d，回用中水量控制在 0～200t/d 间变化，映射中部分子集包含在循环水实际运行电导率 V_3 段为 2763μs/cm～3080μS/cm 之间，电导率达到运行要求临界值，在此区间少部分数值不符合循环水水质运行要求；当市政中水量大于 110t/d 时，电导率超过 3000μS/cm 不符合要求。可见只有三个区间段符合循环水实际运行电导率要求，循环水电导率变化会随市政中水量的增加而升高。

2.2 多水源补水对总碱度的影响

通过改变市政中水、回用中水量的变化，分析了循环水实际运行总碱度的变化，具体情况如图 3 所示。

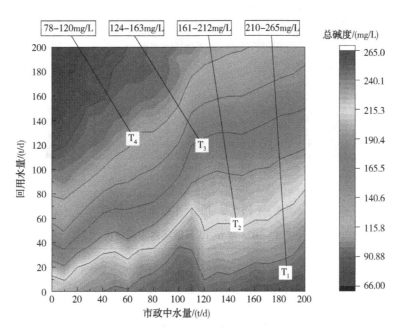

图 3　不同水量对循环水总碱度影响

从图 3 可以看出，当市政中水量控制在 0～200t/d，回用中水量控制在 0～10t/d，映射中部分子集包含在循环水实际运行总碱度 T_1 段为 210mg/L～265mg/L 之间；当市政中水量控制在 0～200t/d，回用中水量控制在 12～35t/d，在映射中部分子集包含在循环水实际运行总碱度 T_2 段为 161mg/L～212mg/L 之间；当市政中水量控制在 0～200t/d，回用中水量控制在 36～60t/d，映射中部分子集包含在循环水实际运行总碱度 T_3 段为 124mg/L～163mg/L 之间；当市政中水量控制在 0～200t/d，回用中水量控制在 60～110t/d，映射中部分子集包含在循环水实际运行总碱度 T_4 段为 78mg/L～120mg/L 之间，有部分水量区间不符合循环水运行总碱度要求；当回用中水量大于 110t/d，总碱度低于 100mg/L 不符合要求。可见仅有四个区间段符合循环水实际运行总碱度要求，循环水总碱度变化会随回用中水量的增加而升高。

2.3 多水源补水对浓缩倍数的影响

通过改变市政中水、回用中水量的变化，分析了循环水实际运行浓缩倍数的变化，具体情况如图 4 所示。

从图 4 可以看出，当市政中水量控制在 0～100t/d，回用中水量控制在 0～140t/d，映射中部分子集包含在循环水实际运行浓缩倍数 a_1 段为 4.4～7.9 之间；当市政中水量控制在 0～100t/d，回用中水量控制在 140～190t/d，映射中部分子集包含在循环水实际运行浓缩倍数 a_2 段为

7.7~9.6 之间；当市政中水量大于 102t/d 或回用中水量大于 190t/d 时，浓缩倍数大于 10 不符合要求，由此可见有二个区间段符合循环水实际运行浓缩倍数要求，循环水浓缩倍数变化情况集中在市政中水、回用中水量平衡控制区。

综上研究，考虑到三种指标循环水实际运行水质要求内，故将市政中水量控制在 90~100t/d，回用中水量控制在 180~190t/d。以 2023 年 6-10 月为例循环水实际运行水质情况如表 3 所示。

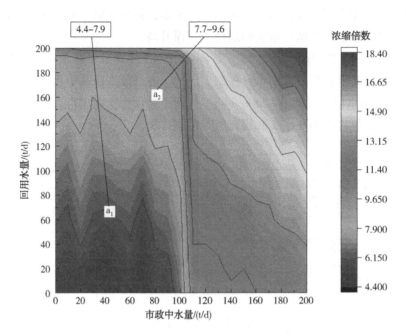

图 4　不同水量对循环水浓缩倍数影响

表 3　2023 年 6-10 月循环水水质情况

	PH 值	浊度/NTU	游离氯/(mg/L)	异氧菌总数/(个/mL)	氯离子/(mg/L)	电导率/(μs/cm)	总碱度/(mg/L)	石油类/(mg/L)	总铁/(mg/L)	钙硬度以CaCO₃ 计/(mg/L)	铜离子/(mg/L)	硅酸以SiO₂ 计/(mg/L)	浓缩倍数
循环水	6.8~9.5	4~12	0.1~0.5	≤1.0×105	200-500	≤3000	120~350	1月5日	≤1.0	400~800	≤0.1	≤175	4.5~9.8

通过表 3 可以看出循环水实际运行水质指标均在要求范围内，确定了多水源补水是可行的，但是要分配控制好各类水源的水量，针对该循环水水装置，市政中水量控制在 90~100t/d、回用中水量控制在 180~190t/d，时完全可以满足循环水实际运行水质要求。

3　应用评价

在中长期运行阶段，循环水实际运行水质情况如主要将以两项指标进行评价一个是循环水补新率，另一个为经济效益，两项指标可以充分反映出市政中水和回用中水平替新鲜水后循环水补新鲜水量的变化以及多水源补水成本、加药量的变化。其中循环水补新率计算方法如式（2）所示，补水经济费用计算方法如式（3）所示。

$$循环水补新率=\frac{补新鲜水量/循环水外供水量}{循环水温差}×1000‰ \quad (2)$$

补水经济费用=新鲜水×对应单价+市政中水×对应单价+回用中水×（处理费-排污费）（3）

3.1　补新量及补新率变化

以 2023 年 6-10 月为例，与去年同期相比循环水补新率变化如图 5 所示。

从图 5 可以看出，应用后与去年同期相比循环水补新率均有下降，其中 6 月份最为明显，补新率下降 5.48‰，10 月份降幅较低，下降 1.39‰，整体下降 2.804‰。补新量每月均减少在 7500t 以上，按年优化计算新鲜水可节省

90000t 以上。

3.2　经济性变化

以 2023 年 6-10 月为例，与去年同期相比循环水补水经济费用变化如图 6 所示，加药量变化如图 7 所示。

从图 6 可以看出，应用后与去年同期相比循环水补水经济费用均有大幅下降，其中 9 月份最为明显，经济费用下降 7734 元，6 月份降幅较低，经济费用下降 6804 元，整体下降约 7300

元/月，年化循环水补水经济费用可减少 8.76 万元。由于污水处理费用与排污费用相差较小且高于排污费，回用中水量虽然增大但经济费用下降幅度不明显，在日常应用中可在合理范围内控制回用中水量可使循环水补水经济费用处于最优。从图 7 可以看出循环水加药量没用明显变化，与去年比较几种重要药剂月使用量偏差值在 ±0.3t 以内，故对药剂费用也没有太大影响。

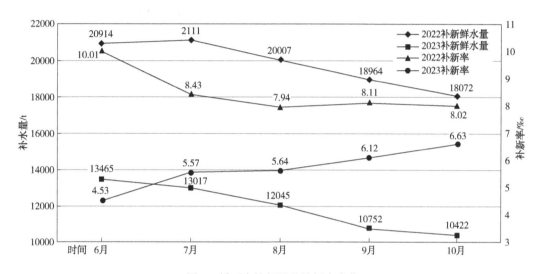

图 5　循环水补新量及补新率变化

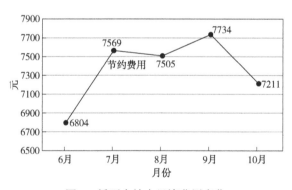

图 6　循环水补水经济费用变化

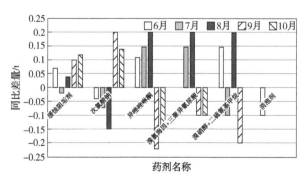

图 7　循环水加药量变化

4　结论

（1）循环水多水源补水是可行的，但是要分配控制控制好各类水源的水量，在通过控制各类水量的分布在合理范围内是完全可以满足循环水实际运行水质要求的。

（2）循环水采用多种水源补水，降低了工业用补水量以及排污水量，每年至少节省新鲜水 90000t，节约费用约 8.76 万元，经济效益显著。

（3）以该套循环水系统为例，市政中水量控制在 90～100t/d、回用中水量控制在 180～190t/d 时即可满足生产的同时也可以创造一定的经济效益，可为同类循环水装置提供借鉴。

参　考　文　献

[1] 于振记．海水淡化水在循环冷却水中的应用[J]．化工科技市场，2010，33（12）：18-19.

[2] 桂轶，龚成晨，金平良等．冷却设施循环水系统节水潜力分析[J]．净水技术，2016，35（S1）：166-

169+176.

[3] 王军昌，张易峰，张丽格等．循环水系统节水方案的研究与应用[J]．同煤科技，2018，（03）：17-19.

[4] 仲继克，李德峰．不稳定补充水质循环水高浓缩倍率的控制[J]．内蒙古电力技术，2021，39（06）：54-57.

[5] 张原娟，唐文建．中水产水作为循环水与脱盐水补水的工艺简述[J]．中氮肥，2017，（02）：22-25.

[6] 翟征国，王颖颖．中水做循环水补水的腐蚀率控制[J]．山东化工，2018，47（21）：100-101.

[7] 卜洪清．生产废水回用为循环冷却水补水[J]．石油化工安全环保技术，2015，31（02）：57-60+64+8.

[8] 尹力，费剑影，施依娜等．电厂反渗透浓水回用工艺研究[J]．电力与能源，2021，42（02）：249-251+261.

[9] 高莹．多水源补水在循环水系统的应用[J]．中外能源，2020，25（11）：91-95.

[10] 韩志远．基于多水源补水循环水系统节水减排研究与应用[J]．给水排水，2019，55（03）：78-82.

[11] 韩志远．多水源补水循环水系统污染分析及应对策略[J]．工业水处理，2019，39（10）：114-116.

[12] 中国石油化工集团公司．Q/SH 0628.2—2018 水务管理技术要求第2部分：循环水[S]．北京：中国石化出版社，2018.

无刷同步电动机励磁故障分析与改造应用

张振华　周润泽　姚舜

（中国石油大连石化分公司）

摘　要　本文通过某炼化企业无刷同步电动机运行时发生励磁故障跳闸的事件为例，结合 WKLF-400 系列微机控制励磁系统的控制原理和结构，分析、研究励磁故障跳闸原因，在保障同步电动机各项运行指标可控的前提下，提出切实可行、行之有效的技术处理措施，使此类故障得到有效防范和解决，确保装置机组持续稳健地运行。

关键词　无刷励磁；同步电动机；励磁系统；缺相运行；故障分析处理与改进

本文所提及的连续重整装置为某炼化公司 220 万吨/年连续重整装置（以下简称"二重整"）。二重整装置配有四台大型往复式压缩机组，对来自界区外的重整氢气经 K-2101A/B 增压，自压重整氢气、加氢干气和渗透汽在原料气分液罐中混合，并分离掉其中夹带的凝液，在复合吸附床的依次选择吸附下，一次性除去氢以外的几乎所有杂质，获得纯度大于 99.9% 的产品氢气，经吸附压力调节阀稳压后送出界区。常减压装置来的轻烃干气和柴油加氢装置来的加柴干气在装置内混合，经 K-2103A/B 增压的混合干气直接送制氢装置富氢回收单元二段膜作为原料。K-2101A/B、K-2103A/B 四台往复式压缩机，均采用无刷励磁同步电动机驱动，如因同步电动机励磁系统故障造成压缩机组异常停机，将导致公司氢网波动，各用氢装置被动调整，引发装置生产波动或停工，重则出现生产安全事故。

1　无刷同步电动机

无刷励磁同步电动机由主电机、交流励磁机、旋转整流器、静态励磁系统（励磁调节器、励磁功率单元、人机操作面板）四部分组成。其还可通过调节励磁电流，在超前功率因数下运行（同步电动机过励后，吸入电网中的超前电流），有利于改善电网的功率因数，提高了电力系统的稳定性。

2　无刷同步电动机的励磁系统

2.1　励磁系统组成

励磁系统由交流励磁机（旋转电枢式）、过零触发三相半控桥式整流电路、可控硅及触发电路、阻容电路、稳压电路、同步电动机励磁电路等组成。其中交流励磁机转子、盘体、主控模块（控制模块）、起动功率模块、整流功率模块、旋转灭磁电阻与同步电动机的转子构成旋转整流装置，原理如图 1 所示。

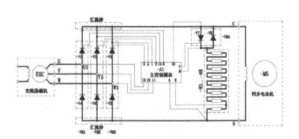

图 1　无刷同步电动机励磁系统电气原理图

各单元模块具体作用如下：

（1）主控模块（控制模块）是整流器的核心控制元件，完成投励（灭磁），输出触发脉冲，开通功率模块，并控制起动模块对起动电阻的投入与切出。

（2）整流功率模块是整流器件，将交流励磁机发出的交流电经整流后向同步电动机转子绕组提供直流电流。

（3）启动功率模块在同步电动机异步启动后，迁入同步运行过程中起着关键作用。启动电阻投用后，同步电动机的启动转矩特性得到改善，进而使同步电动机平稳、迅速进入同步运行状态，并在控制模块的作用下对灭磁电阻进行投切。

（4）励磁绕组起动电阻模块目的为减少同步电动机异步转动力矩，实现同步电动机的平稳起动无脉振，使转速逐步达到亚同步。

2.2 静态励磁屏装置及保护原理

Excitrol-400 微机励磁调节器是控制无刷同步电动机励磁装置的核心控制和保护单元，为无刷同步电动机中的交流励磁发电机提供励磁电源，可在 0.2~1.3Ue

之间调节励磁电流，实现自动恒功率因数调节。如图 2 所示。

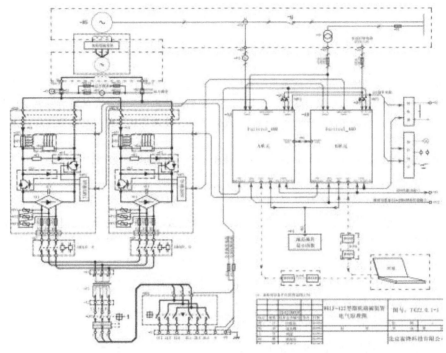

图 2　WKLF-422 微机控制无刷同步电动机励磁装置电气原理图

（1）旋转励磁故障保护

"旋转励磁故障"是对同步电动机旋转励磁系统的保护，旋转励磁系统为无刷励磁，各部件均随主机转子一同旋转，运行数据检测方式受限，只能通过检测励磁电流的特征谐波电流来实现对同步电动机旋转励磁系统保护。正常运行时特征谐波电流为 0，当现场旋转励磁系统发生故障时会产生特征谐波电流，谐波分量达到 0.05 倍额定励磁电流、持续 5s 后，励磁系统发出故障跳闸指令。

（2）外环失效保护

当旋转励磁系统出现故障导致电机转子侧励磁电势缺失时，静态励磁装置会增大励磁电流输出，试图弥补缺失的励磁电势，当持续时间达到外环调节器限制失效保护时间还未使转子侧励磁电势恢复，外环失效保护动作。

（3）反时限强励限制

反时限强励限制为励磁输出的上限限制保护，与机组允许的热容量值有关，目的在于防止交流发电机励磁绕组过热。

2.3 旋转励磁工作原理

交流励磁发电机与同步电动机安装在同一个

主轴上，该励磁发电机与一般交流发电机比较，定子绕组励磁，转子绕组发电。经静态励磁屏输出给定子励磁绕组直流电压，与主轴一起旋转的"EXC 电枢绕组"（转子绕组）感应并发出三相交流电，经整流模块 V1-V6 整流后转换成直流电压，最终向同步电动机的转子绕组提供励磁电流，减少静止部分的碳刷和旋转部分的滑环，实现无刷励磁，满足了生产一线防爆要求，如图 3 所示。调节交流励磁机定子绕组的励磁电流，可改变同步电动机转子绕组的励磁电流，当旋转励磁系统的控制模块检测到主电机滑差小于整定值的 5% 时，控制旋转可控硅 V3 持续导通，主电机转子投励，最终平稳牵入同步转速运行。

图 3　交流励磁机和旋转整流装置

3 励磁系统故障跳闸分析

3.1 故障现象

2022 年 4 月 23 日，二重整氢烃压缩机 K2103A 自停，检查发现同步电动机电源保护回路综合保护装置"非电量 2"（励磁故障）跳闸，静态励磁装置故障

指示灯闪烁，屏幕显示"旋转励磁系统故障"，如图 4 所示。

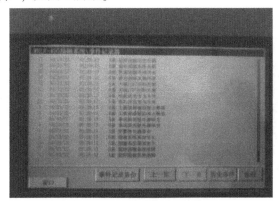

图 4 K2103A 励磁装置故障指示

3.2 原因分析

3.2.1 录波数据检查

查看调节器内置录波器运行数据历史趋势记录，故障发生前静态励磁电流 8.2A、励磁电压 51.4V、定子电流 170A、功率因数 0.902，同步电动机各项运行数据平稳，如图 5 所示。

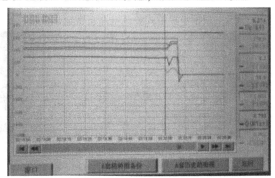

图 5 K2103A 故障前录波器波形/数据

故障发生时定子电流下降至 160A、功率因数增至 0.947，如图 6 所示。静态励磁调节器增加励磁输出，静态励磁电流、励磁电压分别升至 10.2A、63.5V，如图 7 所示。故障 5 秒后（旋转励磁故障跳闸前）定子电流及功率因数恢复至平稳运行时数值。

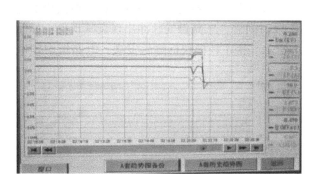

图 6 K2103A 故障发生时录波器数据

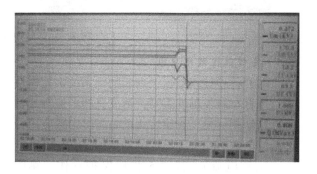

图 7 K2103A 故障跳闸时录波器数据

3.2.2 旋转励磁机检查

打开旋转整流盘后，检查主回路及控制回路接线无松动，整流盘内无异味、各模块外观完好无过热迹象；测量励磁机转子三相直阻平衡（20.72mΩ、20.75mΩ、20.92mΩ），各模块、转子及定子绝缘均大于 200MΩ，主控模块各接线端子间阻值在标准范围内，相关参数见表 1。

表 1 主控模块电阻参考值及测量

序号	万用表档位	红表笔	黑表笔	参考值	测量值
1	电阻档	ZK42-7	ZK42-8	15~30Ω	24.1Ω
2	电阻档	ZK42-14	ZK42-6	15~30Ω	16.6Ω
3	电阻档	ZK42-1	ZK42-2	15~30Ω	16Ω
4	电阻档	ZK42-3	ZK42-4	15~30Ω	18.6Ω
5	电阻档	ZK42-5	ZK42-8	3Ω	2.7Ω
6	电阻档	ZK42-5	2#母排	0	0
7	电阻档	ZK42-10	1#母排	0	0

续表

序号	万用表档位	红表笔	黑表笔	参考值	测量值
8	电阻档	ZK42-11	ZK42-12	0	0
9	电阻档	ZK42-11	ZK42-13	0	0
10	电阻档	ZK42-12	ZK42-13	0	0

使用相关仪器进一步检查，在主控模块上电一段时间后，三路触发脉冲出现衰减现象，如图8所示。将主控模块拆解后发现，电路板中钽电容失效，使模块内部12V电源电压降低引起，这将导致运行中的旋转励磁系统可控硅无法可靠触发。

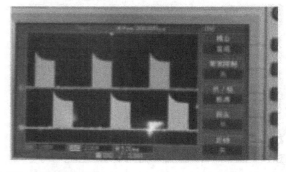

图8　异常脉冲波形与正常脉冲波形

3.3　定性故障跳闸原因

结合各项检查数据，判断励磁系统主控模块运行中存在触发脉冲丢失，造成三相半控桥式整流电路缺相运行，在旋转式励磁绕组中感应出特征谐波电流，当大于设定的动作值(0.05倍额定静态励磁电流)，持续5秒后保护动作，跳闸停机。

4　提出改进措施

4.1　励磁故障溯源

整理近年公司发生的12起同步电动机励磁故障，因"旋转励磁故障"保护动作造成的停机10起，占比83%。从技术原理分析，10起"旋转励磁故障"均为励磁系统缺相运行引起。

4.2　励磁系统缺相试验

旋转励磁系统为三相半控桥式整流电路，当出现缺相运行时，增大静态励磁输出，依然能够满足整流输出。如图9所示为三相半控桥式整流电路正常时输出的波形，在20ms的时间内，励磁电压一共有6个波头，励磁电流波形平稳。

如图10所示为三相半控桥式整流电路缺相时的输出波形，在20ms的时间内，励磁电压一共有4个波头，励磁电流波形基本平稳，没有出现较大波动。

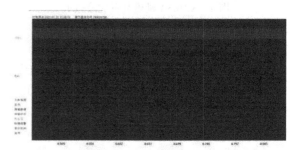

图9　三相半控桥式整流电路正常输出波形

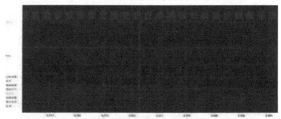

图10　三相半控桥式整流电路缺相输出波形

三相半控整流电路缺相运行时，励磁电压虽在20ms内缺少两个波头，但励磁电流波动极小。因此在旋转励磁系统中，如出现缺相运行，对于输出到同步电动机转子侧的励磁电流不会产生不良影响。

4.3　处理措施及优化方案

经理论分析及试验论证，在旋转励磁系统出现缺相(缺单相或两相)运行时，对于输出到同步电动机转子侧的电流不会产生不良影响，因此现场可根据实际需求将"旋转励磁故障"保护，设置为报警。此外，当旋转励磁系统出现短路情况时，会引起同步电动机转子电流缺失，导致同步电动机失步，励磁装置"失磁失步"保护动作跳闸；动作原理是功率因数滞后和定子电流大于额定 1.1 倍，而现场实际运行的工况有时会处于轻载运行，此时如果旋转励磁系统出现短路，考虑到定子电流有可能达不到保护定值，为避免故障扩大，做如下保护配置调整：

（1）"旋转励磁故障"保护动作方式改为报警后，将励磁系统的报警输出接点送至 DCS 系统，设置报警提示，由生产车间"监盘人员"24 小时值守。励磁装置报警的第一时间便可发现，组织进行机组切换，避免意外停机耽误生产，有效防止了旋转励磁故障后无人处理，导致机组长时间"带病"运行。

（2）启用励磁装置"外环调节器限制失效"保护跳闸，作为后备保护。当旋转励磁系统短路导致同步电动机转子侧异常时，静态励磁装置会持续加大励磁输出，当持续时间达到"外环调节器限制失效"保护时间时，保护动作发出跳闸指令。（励磁装置外环指功率因数环）。

5　效果验证

2022 年 7 月 29 日，公司二重整装置"内操"监盘发现 K2101B 同步电动机励磁故障报警，通知仪电保运人员到配电室确认，同时立即组织进行机组切机，整个过程 30 分钟之内完成，未对生产造成影响。机组切换完毕后，对 K2101B 旋转励磁机开盖检查，发现励磁机内部汇流排与整流模块间连接铜排断裂，如图 11 所示。

图 11　旋转励磁机内部断裂铜排

从调节器的内置录波器如图 12 所示中能看出本次故障三相整流桥的输出相较正常运行时在 20ms 内缺少两个波头，与"整流电路缺相试验"运行的波形相吻合。三相电流不平衡从而在励磁机定子侧感应产生特征谐波电流，但并未对励磁输出电流幅值产生影响。

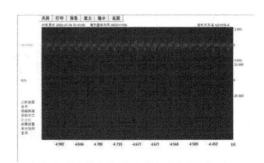

图 12　K2101B 故障时刻输出录波图

在对各励磁机模块及内部其他元件检查、测量均未发现问题后，结合励磁调节器故障录波图分析，判断本次旋转励磁故障报警的原因为连接铜排断裂，导致励磁机三相桥式半控整流电路中的一相输出回路虚接，励磁电流产生特征谐波电流，进而发出故障报警。

旋转励磁故障发生至机组切换的 30 分钟内，同步电动机可以平稳、正常运行，表明改造行之有效，成功避免了一次压缩机组异常停机，保障了装置长周期运行及公司经济利益。

6　结束语

励磁系统是同步电动机的重要组成部分，其对于同步电动机的运行起着非常重要的作用。通过对励磁系统典型故障的研究与剖析，在保证同步电动机稳定运行、保护功能安全可靠的前提下，提出了科学有效的改进措施，为同行业同步电动机的维护提供了借鉴与帮助。

参　考　文　献

[1] WKLF-400 无刷同步电动机微机励磁装置使用手册[Z]，2012.

[2] 郭瑞平．同步电动机系统运行中存在的问题及其解决方法[J]．机电一体化，2015(3)：73-74.

[3] 王兆安．电力电子技术[M]．北京：机械工业出版社，2015：49.

[4] 骆皓．双馈风力发电机交流励磁控制技术[M]．南京：东南大学出版社，2018：51-52.

[5] 陈云梅．同步电机转子励磁绕组故障分析与处理[J]．中国新技术新产品，2013(23)：26-27.

[6] 范国伟．同步电机原理及应用技术[M]．北京：人民邮电出版社，2014：21-25.

[7] 陈红岑．基于蚁群算法的同步电机励磁系统节能优化研究[D]．湖南：湖南大学，2018：1-7.

[8] 刘取．电力系统稳定性及发电机励磁控制[M]．北京：中国电力出版社，2007：31.

重整催化剂氧氯化效果优化实践

胡云峰

（中国石油大连石化公司）

摘　要　连续重整装置是炼化企业中的核心装置，重整催化剂氧氯化操作对保障重整装置的运行是非常重要的。本文根据重整催化剂氧氯化的原理，分析了可提高氧氯化效果的相关参数。针对 60 万重整装置催化剂氧氯化效果较差的实际情况，实施了再生氧氯化的相关改造，提高了催化剂氧氯化效果，重整催化剂的活性得到恢复提高。再生氧氯化操作长周期运行的难点在于注氯流程易发生堵塞，分析了堵塞的原因和预防处理方法，有利于保证重整催化剂氧氯化操作的平稳运行。

关键词　连续重整；重整催化剂；再生；氧氯化；优化实践

连续重整装置是炼化企业中的核心装置，主要用于生产芳烃（苯、甲苯、二甲苯）、高辛烷值汽油组分和氢气，是连接炼油和化工的桥梁和纽带。催化剂再生单元为连续重整装置的稳定运行提供了保障，重整催化剂在反应过程中，因积碳、硫和氮化合物中毒、活性金属比表面积下降等因素导致催化剂活性逐渐下降，在催化剂再生过程中，通过烧焦、氧氯化、干燥和还原四个步骤实现了催化剂活性的再恢复，其中氧氯化会分散因烧焦聚结的金属并补充催化剂上流失的氯，因此氧氯化的效果是恢复催化剂活性的关键因素之一。

1　重整催化剂氧氯化

1.1　氧氯化的作用

重整催化剂是以 $\gamma\text{-}Al_2O_3$ 为载体，催化剂具备金属（Pt）和酸性（Cl）功能，在重整反应和再生烧焦过程中均有氯元素的流失，同时金属铂晶粒会长大聚结，为了充分发挥催化剂的酸性性能，催化剂氯含量宜保持在 1.0% ~ 1.3%（质量分数）。氯含量太低，会造成催化剂上的铂晶粒的长大聚结和酸性功能下降，影响催化剂的性能和寿命；氯含量太高，酸性功能太强，会造成催化剂的裂化性能增强，积碳增多，影响催化剂的选择性和寿命，因此在重整反应过程中必须保持催化剂金属-酸性功能平衡，这就要求既要对重整原料中的氯含量进行控制，又需要在催化剂再生过程注入适量氯化物。氧氯化的作用就是补充催化剂上流失的氯元素和重新分散聚结的铂晶粒。

经过烧焦的待生催化剂依靠重力流入氧氯化区，在高温下使催化剂金属充分氧化，聚集的铂金属形成 Pt-O-Cl，产生自由移动，使聚集的金属再分散，并补充催化剂因反应和烧焦损失的氯。重整催化剂氧氯化过程需要氧气和全氯乙烯的共同参与，在氧氯化区内，氧气、全氯乙烯与高温催化剂发生反应，完成催化剂的氧氯化，恢复催化剂活性，氧氯化反应分四步：

① 全氯乙烯和氧气反应生成氯气

$$Cl_2C =\!\!=CCl_2（全氯乙烯）+2O_2 \longrightarrow 2Cl_2+2CO_2$$

② 氯气在高温下与水发生平衡反应，生成氯化氢

$$2Cl_2+2H_2O \longleftrightarrow 4HCl+O_2$$

③ 氯气使聚集的 Pt 成为 Pt-O-Cl 再分散

$$Pt（聚集态）+O_2 \xrightarrow{Cl_2} PtO_2（分散态）$$

④ 补充载体上氯元素

催化剂再生过程连续注入适量氯化物，有利于铂晶粒在载体 $\gamma\text{-}Al_2O_3$ 上均匀分散及催化剂保持合适的氯含量。铂晶粒分散度较好的重整催化剂颜色呈现乳白色，此时催化剂活性较好，而铂晶粒分散度差的重整催化剂颜色呈现暗灰色，此时催化剂活性较差。不同铂晶粒分散度的催化剂颜色对比如图 1 所示。

图 1 不同铂晶粒分散度的催化剂颜色对比

1.2 氧氯化相关参数

通过氧氯化的反应可以看出，注氯量、温度、氧含量及停留时间是影响氧氯化区运行的关键参数。注氯量根据待生/再生催化剂的氯差来注入，再生催化剂氯含量宜保持在 $1.0\% \sim 1.3\%$（质量分数），氧气浓度大于 8%（V），温度 $470 \sim 510°C$，时间 $6 \sim 8h$。在实际操作中，停留时间受装置负荷、原料性质和再生规模限制，调整可能性较小，氧气含量由空气决定，无法调整。所以催化剂氧氯化可以优化的参数只有注氯量和氧氯化区温度。

注氯量偏少会降低氯气浓度，影响铂金属分散和酸性功能、注氯量偏大会造成催化剂的裂化性能增强，积碳增多，影响催化剂的选择性和寿命，并产生腐蚀等一系列问题。氧氯化区温度低会造成铂金属不能充分氧化，金属分散效果不好，氧氯化区温度过高，会损伤催化剂强度和再生器内构件。

2 氧氯化区优化改造及实际效果分析

2.1 再生氧氯化区优化改造

60 万连续重整装置催化剂再生单元采用的是 UOP 公司的第三代 Cyclemax 再生工艺，设计能力 454kg/h（1000 磅/小时）。2020 年停检前，催化剂再生系统运行整体状况不好，尤其是催化剂氧氯化效果差，表现在氧氯化温度偏低，只有 $430°C \sim 440°C$，再生催化剂活性低，铂金属分散不完全，外观呈花白色，氢铂比只有 0.69，远低于正常值 0.9。

针对上述问题，在 2020 年实施了再生系统氧氯化区改造：包括两项内容，①再生器的再加热区增上一台电加热器，可以提高氧氯化操作温度；②改造注氯加热夹套，在原有的注氯夹套基础上，增上一套加热夹套，注入干燥器空气加热器 F-254 出口，两个加热夹套互为备用。改造示意图如图 2 所示：

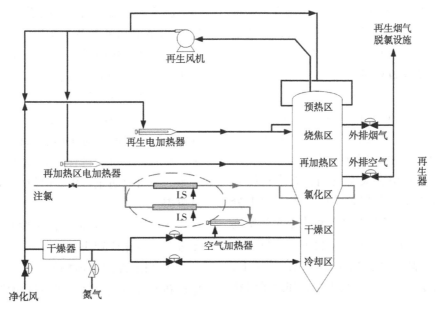

图 2 再生氧氯化区改造示意图

2.2　改造效果分析

经过再生改造后，再生氧氯化区的运行温度由430℃~440℃提高至470℃~480℃，再生催化剂氧氯化效果大幅度提高，再生催化剂外观由花白色变为乳白色，氢铂比由0.69逐渐恢复至0.92，再生催化剂的氯含量保持在1.1~1.3%（质量分数），重整催化剂的活性得到恢复，实践证明提高氧氯化区的改造对提高重整催化剂活性是行之有效的。催化剂外观变化如图3所示。

2.3　注氯流程的堵塞及处理

经过改造后，目前60万重整装置有两路注氯流程，分别是原有注氯加热夹套流程，全氯乙烯注入至氯化区（备用流程）和新增注氯加热夹套流程，全氯乙烯注入至空气电加热器F-254的出口（主流程），如图4所示。

改造前催化剂　　　　　　改造后催化剂

图3　催化剂外观对比图

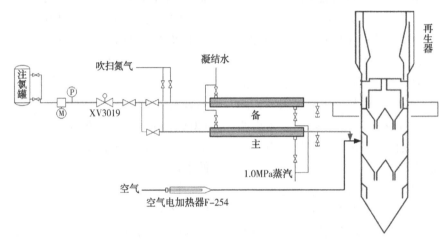

图4　再生器氧氯化区流程图

自2020年7月重整装置开工至今，注氯流程出现过两次堵塞不畅的情况，表现在注氯泵出口压力表指示异常增高，注氯罐液位不下降的现象，装置立即将注氯流程切换至备用流程，保持再生注氯。堵塞通过蒸汽继续加热夹套，并通过氮气顶线最终部分疏通了注氯流程。

2.4　注氯线堵塞原因分析

注氯线堵塞的主要原因是：

① 部分氯化物在管道中的停留时间过长，尤其是在催化剂再生单元热停过程中，虽然注氯流程被联锁切断，但是因没有打开吹扫氮气，使得部分全氯乙烯停留在夹套管内，温度持续升高，造成全氯乙烯聚合积碳；从流体力学上分析，介质在管道中的流速是从管道中心至管壁逐渐减小的，即管壁处的流速是最低的，管壁表面部分全氯乙烯因高温聚合积碳并沉积在管壁上，使得流通截面变小，导致管路不畅，加速了管路的堵塞。

② 全氯乙烯在管路流通过程中也会带入部分杂质，导致管路堵塞。此外，再生系统故障情况下，注氯联锁中断，再生器内催化剂粉尘或杂质会倒流入注氯管线中形成堵塞，如图5所示。

2.5　注氯线堵塞预防及处理

① 优化加热套管，使全氯乙烯通过时均匀受热，不产生局部过热点。

② 保持吹扫氮气始终处于投用状态，当再生单元正常运行时，可以减少全氯乙烯在加热套管中的停留时间，防止热解积碳。当再生故障注氯中断时，既可以将管路中剩余的全氯乙烯吹扫干净，又可以防止再生器内粉尘和杂质倒流入注氯流程。

③ 利用停检或再生停工窗口期，检查疏通注氯夹套及相应管线。

④ 当出现注氯不畅的情形，通过蒸汽持续加热和氮气顶线可以疏通注氯加热夹套。

图 5　再生注氯线堵塞图

4　结论

重整催化剂氧氯化操作对恢复重整催化剂的活性非常重要，是保持重整装置长周期稳定运行的关键。针对催化剂氧氯化效果较差的装置，可以通过相关技术改造来优化提高。此外，在日常运行中，要重点关注氧氯化区操作温度和预防注氯线堵塞，尤其是要保持吹扫氮气始终处于投用状态。

参 考 文 献

[1] 孙宝灿. 重整催化剂再生装置氧氯化操作优化探头. 化学工程师[J]. 20121(8)：70-72.

[2] 刘忠成. 连续重整催化剂再生部分注氯线堵塞事故分析. 当代化工[J]. 2012(41)：391-400.

[3] 徐承恩等. 催化重整工艺与工程[M]. 014，704-710.

重整装置 APC 技术应用

李文彬　　吕建新

[中石化(天津)石油化工有限公司]

摘　要　采用 Aspen DMCplus 先进控制技术设计若干先进控制器。先进控制器在重整装置投运后，在提高装置运行的平稳性和安全性的同时，节能降耗，并提高了高价值产品收率。结果表明重整装置应用先进控制取得了显著的效果。

关键词　重整装置；先进控制

以多变量模型预测控制为主要特征的先进控制(APC)是比传统的 PID 控制更优异的一种控制策略，代表性的技术有 Aspen 公司的 DMCplus 技术。由于模型预测控制是一种开放式的控制策略，且控制效果好，鲁棒性强，能方便的处理过程被控变量和操作变量中的各种约束，目前正被广泛应用于日益复杂化的工业系统。在重整装置上实施先进控制，实现其长期平稳、优化操作对进一步提高企业经济效益具有重要的现实意义。本文以我公司的重整装置为工业应用对象，采用 Aspen 公司的 DMCplus 先进控制技术，通过建立装置的过程模型，并结合前馈补偿，研究开发了先进控制器，并获得了成功的工业应用。

1　工艺流程简介

该公司重整装置加工原料为石脑油，设计加工能力为 80 万吨/年。由预处理、重整反应、重整产物分离、催化剂连续再生以及公用工程等工艺单元组成。主要工艺设备包括汽提塔、预分馏塔塔、脱戊烷塔、脱丁烷塔、脱庚烷塔、重整反应器等。可生产苯、甲苯、混合二甲苯、对二甲苯、液化气，副产氢气供用氢装置使用。

2　先进控制策略

2.1　Aspen DMCplus 基本原理

Aspen Tech 公司的 DMCplus 技术采用的基本算法是多变量模型预测控制中的动态矩阵控制算法(DMC)。模型预测控制基本思想是采用过程模型预测未来时刻的输出，用对象实际输出与模型预测输出的差值修正过程模型，以实现最优控制模型预测控制。其基本特征包括预测模型、

滚动优化、反馈校正，对应于一般控制理论中的模型、控制、反馈的概念。模型预测控制组成变量分三类：一是控制器的控制目标即被控变量(CV)；二是控制器为达到其控制目标所采取的控制手段即操纵变量(MV)；三是可以被测量但不能操纵又对 CV 有明显影响的干扰变量(DV)。

2.2　先进控制器的设计

根据重整装置工艺特点，装置设计开发了 6 个先进控制器。汽提塔控制器和预分馏控制器包括了石脑油预处理工艺过程部分；重整反应控制器包括了重整反应系统工艺过程部分；脱戊烷塔控制器、脱丁烷塔控制器和脱庚烷塔控制器包括了重整产物分离系统工艺过程部分。

汽提塔控制器的控制目标为塔底液位、回流罐液位、优化塔底温度及塔顶温度。其控制策略在于充分发挥多变量模型预测控制多变量实时调节的优势，来解决汽提塔操作变量(MV)和被控变量(CV)之间的耦合关系。

如表 1 所示：

表 1　汽提塔控制器变量表

序号	描述	序号	描述
MV1	进料一路流量	CV1	回流罐液位
MV2	回流量	CV2	塔底液位
MV3	加热炉燃气阀	CV3	塔顶温度
DV1	进料二路流量	CV4	加热炉出口温度
DV2	塔底抽出量	CV5	塔底温度
DV3	加热炉出口温度	CV6	回流比 FIC1015/FIC2002
		CV7	加热炉燃气流量
		CV8	回流罐压力
		CV9	进料 10% 馏程点

预分馏塔控制器的控制目标为稳定塔底液位，优化预分馏塔底、塔顶及灵敏盘温度。其控制策略包括两个方面：第一是充分发挥多变量模型预测控制多变量实时调节的优势来稳定并优化预分馏塔各部分的温度；第二是进料 10% 馏程点的软测量预测，实时预测进料质量。如表 2 所示：

表 2　预分馏塔控制器变量表

序号	描述	序号	描述
MV1	进料量	CV1	塔顶温度
MV2	再沸蒸汽量	CV2	灵敏盘温度
MV3	回流量	CV3	塔底温度
DV1	塔底抽出量	CV4	再沸器出口温度
DV2	进料温度	CV5	塔底液位
		CV6	进料 10% 馏程点
		CV7	回流罐压力

重整反应单元，先进控制针对其复杂的耦合关系，根据产品总芳和非芳含量的要求，并考虑进料量和进料芳烃潜含量，调整四个反应入口，同时用反应入口加权平均温度、炉膛平均温度，四个反应器之间的温差来约束反应温度。

如表 3 所示。

表 3　重整反应控制器变量表

序号	描述	序号	描述
MV1	一反入口温度	CV1	产品总芳含量
MV2	二反入口温度	CV2	产品非芳含量
MV3	三反入口温度	CV3	反应入口加权平均温度
MV4	四反入口温度	CV4	1 号加热炉炉膛平均温度
DV1	进料量	CV5	2 号加热炉炉膛平均温度
DV2	进料芳烃潜含量	CV6	3 号加热炉炉膛平均温度
		CV7	4 号加热炉炉膛平均温度
		CV8	二反—一反入口温差
		CV9	三反—二反入口温差
		CV10	四反—三反入口温差

脱戊烷塔控制器控制目标为稳定塔底以及回流罐液位，优化脱戊烷塔底、塔顶温度。其控制策略包括两个方面：第一是充分发挥多变量模型预测控制多变量实时调节的优势来稳定并优化脱戊烷塔各部分的温度；第二是吸取了现场操作人员用空冷变频器调节塔顶压力的经验，将空冷变频器加入到控制器结构中。如表 4 所示：

表 4　脱戊烷塔控制器变量表

序号	描述	序号	描述
MV1	灵敏盘温度	CV1	塔顶温度
MV2	加热炉出口温度	CV2	灵敏盘温度
MV3	塔底采出量	CV3	塔底温度
MV4	塔顶抽出量	CV4	加热炉出口温度
MV5	空冷变频器	CV5	塔底液位
DV1	进料温度	CV6	回流罐液位
		CV7	塔顶压力
		CV8	回流温度

脱丁烷塔控制器的控制目标优化优化塔底、塔顶以及灵敏盘温度，稳定塔顶压力，实现塔底 C_4、塔顶 C_5 的在线控制。其控制策略包括两个方面：第一是充分发挥多变量模型预测控制多变量实时调节的优势来稳定并优化脱丁烷塔各部分的温度；第二是开发塔底 C_4 含量和塔顶 C_5 含量软测量预测，实时预测产品质量。如表 5 所示：

表 5　脱丁烷塔控制器变量表

序号	描述	序号	描述
MV1	回流量	CV1	塔顶温度
MV2	再沸蒸汽量	CV2	灵敏盘温度
DV1	进料温度	CV3	再沸器出口温度
DV2	进料量	CV4	塔底温度
DV3	回流温度	CV5	塔顶压力
		CV6	塔底 C_4 含量
		CV7	塔顶 C_5 含量

脱庚烷塔控制器的控制目标优化优化塔底、塔顶以及灵敏盘温度，稳定塔底苯和甲苯含量。综合考虑进料温度，回流量、再沸蒸汽量和塔顶采出量对塔底温度、塔顶温度和灵敏盘温度的影响，针对 203 塔对塔顶和塔底质量指标都有要求的特点，控制塔底温度保证塔底质量指标，控制塔顶和灵敏盘温度保证塔顶质量指标。如表 6 所示：

表 6　脱庚烷塔控制器变量表

序号	描述	序号	描述
MV1	回流量	CV1	塔顶温度
MV2	再沸蒸汽量	CV2	灵敏盘温度
DV1	进料温度	CV3	再沸出口温度
DV2	塔顶采出量	CV4	塔底温度
		CV5	塔底苯和甲苯含量
		CV6	回流比

3 先进控制效果

3.1 汽提塔控制器控制效果

汽提塔控制器的应用有效的平稳了回流罐液位、塔底液位、塔底温度及塔顶温度。这里选取

回流罐液位作为代表变量来进行分析说明，分析数据选用投用前后的数据进行比较。如图1所示为回流罐液位投用前后的对比情况，通过统计，先进控制投用后标准方差由6.8减小到2.3，降低了66.2%，平稳性明显增强。

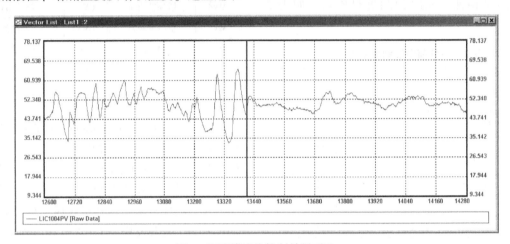

图1 回流罐液位控制效果对比

3.2 预分馏塔控制器控制效果

预分馏控制器的应用有效的平稳了塔底液位、塔底温度及塔顶温度。这里选取塔底液位作为代表变量来进行分析说明，分析数据选用投用

前后的数据进行比较。如图2所示为塔底液位投用前后的对比情况，通过统计，先进控制投用后标准方差由5.6减小到1.2，降低了78.6%，平稳性明显增强。

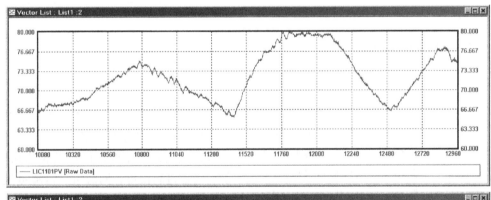

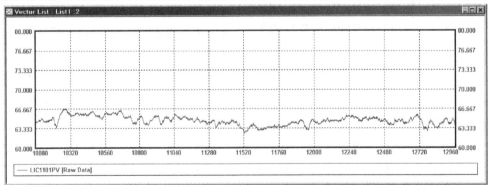

图2 回流罐液位控制效果对比

3.3 重整反应控制器控制效果

重整反应控制器的应用平稳了重整反应的加

权平均温度，实现了产品的总芳含量和非芳含量的在线闭环调节。控制器投用后，反应入口温度

稳定，提高四个入口温度的上下限后，入口温度值随之稳定上升，加权平均温度和产品总芳含量

也随之提高。如图 3 所示为 CCR 加权平均温度和产品总芳含量调节示意图。

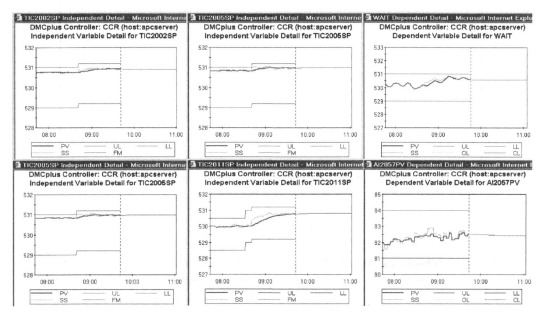

图 3　CCR 加权平均温度和产品总芳含量调节示意图

3.4　脱戊烷塔控制器控制效果

脱戊烷塔控制器的应用有效的平稳了塔底液位、回流罐液位、塔顶压力、塔底温度、灵敏盘温度及塔顶温度。特别是针对塔顶压力，控制器投用前，塔顶压力由操作人员手动调整空冷的变频器来控制，操作频繁，工作量大，压力波动较

大。控制器投用后，由 APC 使用空冷变频器自动控制塔顶压力，不仅减轻了操作人员的工作量，而且塔顶压力的标准偏差明显降低，由 0.027 减小到 0.011，降低了 59.3%，投用前后的对比情况如图 4 所示：

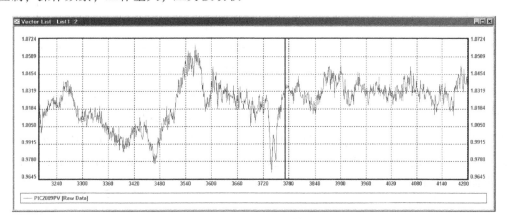

图 4　塔顶压力控制效果对比

3.5　脱丁烷控制器控制效果

脱丁烷控制器的应用有效的平稳了塔底液位、回流罐液位、塔底温度、灵敏盘温度及塔顶温度。这里选取塔底温度作为代表变量来进行分析说明，分析数据选用投用前后的数据进行比较。如图 5 所示为塔底温度投用前后的对比情况，通过统计，先进控制投用后标准方差由 2.7 减小到 0.8，降低了 70.4%，平稳性明显增强。

3.6　脱庚烷塔控制器控制效果

脱庚烷控制器的应用有效的平稳了塔底温度、灵敏盘温度及塔顶温度。这里选取塔底温度作为代表变量来进行分析说明，分析数据选用投用前后的数据进行比较。如图 6 所示为塔底温度投用前后的对比情况，通过统计，先进控制投用后标准方差由 1.1 减小到 0.4，降低了 63.6%，平稳性明显增强。

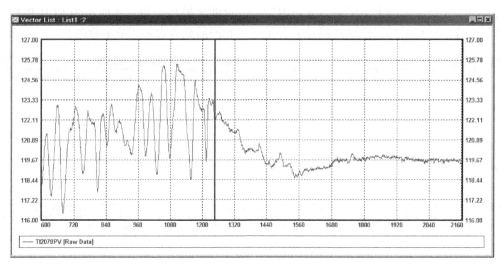

图 5　塔底温度控制效果对比

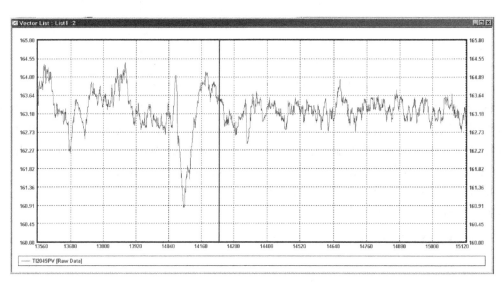

图 6　塔底温度控制效果对比

4　结束语

在重整装置上采用 Aspen DMCplus 实施 APC 技术取得了显著的成效：减轻了操作人员劳动强度；进一步提高了装置操作的平稳率，精馏塔顶底采出趋于稳定，塔顶回流量在稳定的基础上逐步降低，塔底温度也逐步降低，塔底热源用量同步降低；重整反应系统投用后，装置保持在可接受范围的最高苛刻度运行，保证了重整芳烃产率，提高了技术经济指标，增加了装置运行经济效益。经初步测算，重整装置上实施 APC 后，节约蒸汽合增加芳烃的产率的效益为 311.1 万元/年。

参　考　文　献

[1] 孙优贤. 控制工程手册[M]. 北京：化学工业出版社，2015：813-821.

制氢装置转化炉低 NO$_x$ 燃烧器改造与运行分析

田小晖

［中石化(天津)石油化工有限公司］

摘　要　制氢装置转化炉低负荷运行 NO$_x$ 排放量达标困难，在低 NO$_x$ 燃烧器改造过程中，通过改变燃气枪喷头形式，提高燃烧效果，降低了 NO$_x$ 排放量小于 80mg/Nm^3。通过运行证明效果明显改造成功。

关键词　NO$_x$；燃烧器

制氢装置转化炉 F101 设计操作弹性为 50%～100%，采用高温空气低 NO$_x$ 顶烧式燃烧器，内排燃烧器 98 台，外排燃烧器 28 台，共计 126 台。燃烧器烧咀、喷头采用 Cr25Ni20 材质，能够在 1100 度炉温条件下安全运行，NO$_x$ 设计排放量小于 80mg/Nm^3。

1　情况表述

运行过程中转化炉负荷在 50%～60%，整个炉子发热量大约在 95～100MW。烟气环保监测点测量 NO$_x$ 实时值 75～95mg/Nm^3，折算值可达 120mg/Nm^3，未达到 NO$_x$ 排放小于 80mg/Nm^3 指标。为了适应多种运行工况排放达标，需对燃烧器做适应负荷改造，要求燃烧器改造燃气枪喷头后的设计负荷满足目前运行工况，同时满足 NO$_x$ ≤60mg/Nm^3，单台噪声≤80dB(A)。

1.1　燃料组成条件（图1）

分析项目	燃料气设计值	天然气	设计解吸气
C$_5$ 及以上/%(体积分数)	0.13	0.02	
氧化碳/%(体积分数)	0	0	12.12
丙烯/%(体积分数)	0.79	0	
丙烷/%(体积分数)	0.11	1.16	
乙烯/%(体积分数)	13.36	0	
乙烷/%(体积分数)	11.8	3.2	
氧化碳/%(体积分数)	2.12	0	49.3
反丁烯/%(体积分数)	0.04	0	
异丁烯/%(体积分数)	0.05	0	
异丁烷/%(体积分数)	0.12	0.26	
正丁烯/%(体积分数)	0.03	0	
正丁烷/%(体积分数)	0.02	0.25	
氢含量/%(体积分数)	33.73	0.087	22.96
氧含量/%(体积分数)	0.68	0.2	
氮含量/%(体积分数)	13.21	0.6	1.07
甲烷/%(体积分数)	23.78	94.2	13.63
顺丁烯/%(体积分数)	0.03	0	

图1　燃料组成条件

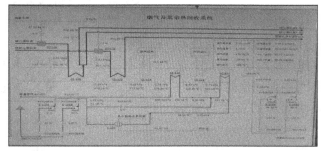

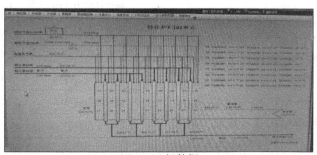

图2　运行数据

2 低 NO_x 燃烧原理及实现方法

2.1 理论燃烧器方程式

$$4C_mH_n+(4m+n)O_2 \longrightarrow 4mCO_2+2nH_2O$$

当碳氢化合物与空气混合并点燃，理论燃烧后产物为 CO_2 和 H_2O，但是当混合不均匀、燃烧不充分时，会产生少量 CO

甲烷实际燃烧时，局部给风不足产生少量 CO，方程式如下：

$$CH_4+2O_2 \longrightarrow CO_2+2H_2O（+CO）少量$$

为了加热炉操作安全，避免未燃尽燃料在炉膛或烟道发生二次燃烧或燃爆，一般将助燃空气过剩 5~20%，使燃料能在炉膛内充分燃烧。实际操作中，给风控制是以烟气中氧含量作为参考变量，烟气中 O2 一般控制在 3~5%。

2.2 实现燃料分级

将燃料分级送入指定区域燃烧，以控制各阶段燃料与助燃空气、烟气的混合，调节燃烧进程及强度，得到设计的燃烧温度分布场、火焰形状等，达到 NO_x 抑制效果。一般情况下，一级燃料气燃烧后的热量应当能将助燃空气加温到燃料气中较多组分的着火温度以上，以保证燃料气各组分在扩散、混合后充分燃尽，以保证燃烧效率。以天然气为燃料时，需要一级燃料燃烧将助燃空气(含过剩空气)加热到 750~800℃(甲烷自燃温度 658~750℃)，燃烧器若为自然通风+强制通风，则一级燃料气分配约占总燃料消耗的 20~30%。

低 NO_x 燃烧器的二级燃料气通常由多支(4~8 支)外燃气枪进行分布，分布时的角度与喷射速度，决定了其与一级燃烧后烟气的混合强度，也决定了其与炉膛烟气引射回流混合强度，两者共同限定了二级燃烧火焰的长度与火焰温度。

2.3 实现空气分级

通过将助燃空气分级，得到所需的助燃空气分布，区域内助燃空气的流速、流向形成差异，局部压力形成变化，以配合燃料燃烧进程，或贫氧燃烧、或贫燃燃烧，有效地控制燃烧区域温度，抑制 NO_x 生成。在低 NO_x 燃气燃烧器中，一般通过遮挡、小旋流片等结构进行扰流，形成局部区域的小差异性，主要目的为火焰传播及

1.2 运行数据(图2)

稳焰。

2.4 实现旋流燃烧

旋流燃烧是使助燃空气与燃料气在火盆砖内，或火盆砖出口处，形成旋转混合并燃烧，旋流的存在在轴向和径向上都建立了压力梯度，形成回流区，可以从旋流区内外两侧卷吸烟气或助燃空气，对火焰有稳定作用，旋流燃烧可以使燃烧火焰区域温度均匀，高温烟气快速混合降温，利于 NO_x 还原。燃料气喷嘴沿切向喷射可形成引射旋流火焰。

3 改造方案主体思路

选取燃烧器原设计正常负荷燃料压力为目前运行负荷设计压力条件，即在目前运行负荷时，燃料气操作压力 140kPa，PSA 解析气操作压力 10.5kPa，按选取设计压力和运行负荷重新设计燃烧器燃料气喷头和 PSA 解析气喷头开孔面积，以适应目前运行负荷操作工况要求。

由于改造目标排放比现有排放要求提高，喷头原有喷孔数量和角度分布不适合减排要求，故新喷头需根据同类燃烧器低氮改造经验，重新调整分配喷孔数量和喷孔角度，使燃气枪燃气在圆形火焰断面内分布更均匀，改善火焰形状，均匀热强度分配，合理分布炉膛温度场，满足加热炉工艺温度操作要求，满足目标排放要求。

本次改造 3 排中间燃烧器喷头，主要是重新设计新高瓦喷头与原喷头互换；设计 PSA 解析气喷头，带解析气喷头接管，在截断解析气枪管后，解析气喷头接管与原解析气枪管配焊，再拧紧解析气喷头。

3.1 开孔面积对比(表1)

表 1 开孔面积对比

对比项目	内排燃烧器	
	燃料气	PSA 解析气
原设计压力/kPa	140	10.5
原设计负荷/MW	0.818	0.852
原喷头开孔面积/mm^2	67.832	1256.6371
新设计压力/kPa	140	10.5
新设计负荷/MW	0.6624	0.5628
新喷头开孔面积/mm^2	54.929	817.7713

3.2 喷头改造简图(图3)

(a) 原高瓦枪喷头

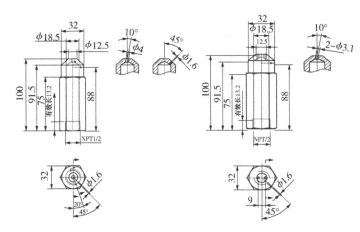

(b) 新高瓦枪喷头

(c) 原解析气枪喷头

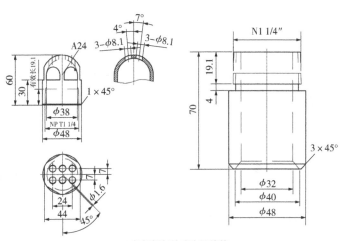

(d) 新解析气枪喷头及接管

图3　喷头改造简图

3.3 喷头开孔对比(表2)

表2　喷头开孔对比

对比项目	高瓦喷头(单个)			PSA 尾气喷头(单个)
	侧孔	斜孔数	顶孔数	
旧	1-ϕ1.6	1-ϕ1.6	1-ϕ4	大孔 ϕ40
新	1-ϕ1.6	无	2-ϕ3.1	小孔 6-ϕ8.1+1-ϕ1.6

3.4 新喷头特点

提高燃料操作压力,改善燃料分级层次,使燃气在圆形火焰断面内分布更均匀,改善火焰形状,火焰刚劲,均匀热强度分配,合理分布炉膛温度场,降低 NO$_x$ 排放。

4 改造步骤

本次改造3排中间燃烧器的高瓦枪喷头和解析气枪喷头,拆除3排中间燃烧器的燃料气和解

析气外部连接管线;拆下3排中间燃烧器的高瓦枪喷头,换上新高瓦枪喷头,注意喷头开孔方位,拧紧喷头后,高瓦枪位置复原;拆下3排中间燃烧器的解析气枪,按解析气喷头拧紧解析气喷头接管后长度截断枪管,清理断面后,焊上新设计的设解析气枪喷头+解析气喷头接管,注意喷头开孔方位,大倾角方位朝燃烧器中心,解析气枪位置复原;3排中间燃烧器的燃料气和解析气外部连接管线复位;42台燃烧器改造完后,

清理现场并吹扫后，燃烧器进行下步点火工作。

5 结论

通过本次制氢转化炉低 NO_x 燃烧器的负荷适应性改造成效显著，运行后验证新型高瓦和解析气喷嘴对燃料的适应性强，操作弹性大，火焰成形好，火焰刚劲有力。燃烧器燃烧充分、效率高，并且 NO_x 排放量达到 $60mg/Nm^3$，满足生产运行及环保要求，如图 4 所示。

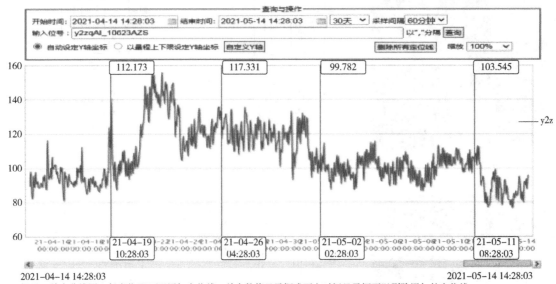

图 4 NO_x 折算值

参 考 文 献

［1］SH/T 3036 一般炼油装置用火焰加热炉.

［2］SH/T 3113—2015 石油化工管式炉燃烧器工程技术条件.

［3］SH/T 3602—2009 石油化工管式炉用燃烧器试验检测规程.

炼厂尾气回收氢气技术应用

刘双民

[中石化(天津)石油化工有限公司]

摘　要　根据炼厂气组成中氢含量较低、高碳组分含量相对较高和原料气压力较低的特点，应用低分压变压吸附技术(VPSA)作为回收炼厂废气中氢气的技术方案，经开工后性能考察，生产出满足炼厂需求的工业氢气，同时满足生产质子交换膜燃料电池氢气，实现了资源综合利用、改善环境，符合国家提倡的方针政策，具有较好的社会效益与经济效益，符合可持续发展战略思想。

关键词　炼厂气；低分压变压吸附；工业氢；燃料电池氢；应用

随着炼油企业对加氢工艺的应用越来越广泛，炼厂对加氢原料氢气的需求也越来越多。氢气已成为炼油企业提高轻油收率、改善产品质量不可或缺的基本原料，成为制约炼油企业生存发展的瓶颈。因此，回收炼厂废气中的氢气具有十分重要的意义。

天津分公司现有 32 万吨/年 C_2 回收装置，副产品吸附废气约 10.44 万吨/年送至瓦斯管网作为燃料气。脱硫后火炬管网火炬气约 6000～9000 Nm^3/h，送至瓦斯管网作为燃料气。C_2 回收装置尾气氢气含量 40.94%(v%)，火炬气氢气含量 57.65%(v%)，C_2 回收装置尾气和火炬气直接排至瓦斯管网作为燃料气被燃烧掉，氢气浪费严重。通过回收废气中的氢气，提高了氢资源利用率，充分发挥了氢能资源的价值。氢气作为洁净的新能源，代表了能源优质化发展方向，发展氢能产业对节能减排和"碳达峰、碳中和"工作具有重要意义。符合国家产业结构调整的要求，符合国家产业政策布局和行业规划需要。

为响应国家节能减排政策和"双碳"目标的实现，中国石化一直以来都非常重视节能降耗、低碳减排和能源综合利用。从尾气中回收氢气技术的应用有利于提升企业技术水平和经济效益，与中国石化的发展战略及总体规划相一致，符合实现中国石化整体效益最大化的要求。

1　工艺技术应用方案比选

氢气的提纯是从各种含氢气体中将杂质脱除而制取出满足工业所需氢气纯度的工艺技术。目前主要应用的氢气回收工艺有：膜分离、深冷分离、变压吸附(PSA)以及真空变压吸附(VPSA)。

（1）膜分离工艺

膜分离主要根据混合气体中各组分在压力的推动下通过膜的传递速率不同，从而达到分离气体的目的。氢气由于分子量较小，很容易渗透过膜，而大分子如一氧化碳、二氧化碳和甲烷则被隔离在膜侧，因此氢气侧压力损失较大，从氢气的回收率来看，膜分离的氢气回收率在 65～80% 之间。膜分离产品氢气纯度低，本工艺适合对氢气初步提浓。

（2）深冷分离工艺

常规的深冷分离氢气纯度低，进分离装置之前需要预处理，去除原料气中的 H_2O 和 CO_2 防止其在冷凝系统中堵塞管道，而且装置弹性小，适合装置规模大但对氢气纯度要求不高的场合，可以与吸附法结合即低温吸附法提纯高纯度的氢气。

（3）变压吸附工艺

PSA 提纯氢气技术是利用吸附剂对杂质气体的吸附容量大于对氢气的吸附容量，且对杂质气体的吸附容量随压力的升高而增加，随压力的降低而减小的特性，在高压下将杂质气体吸附，在低压时将杂质气体解吸，实现吸附剂的再生。在常温下分离，不需要复杂的预处理，操作方便，启停速度快，操作弹性大，氢气纯度高，可以从各种含氢气体中制取含量在 99%～99.999%

的氢气，可将多种杂质控制在痕量以下，而且PSA装置扩展灵活，随着氢能市场的日渐成熟，装置的产氢规模可逐步提升。

（4）真空变压吸附工艺（VPSA）

在工业变压吸附（PSA）工艺中，吸附剂通常都是在常温和较高压力下，将混合气体中的易吸附组分吸附，不易吸附的组分从床层的一端流出，然后降低吸附剂床层的压力，使被吸附的组分脱附出来，从床层的另一端排出，从而实现了气体的分离与净化，同时也使吸附剂得到了再生。

但在通常的PSA工艺中，吸附床层压力即使降至常压，被吸附的杂质也不能完全解吸，这时可采用两种方法使吸附剂完全再生：一种是用产品气对床层进行"冲洗"以降低被吸附杂质的分压，将较难解吸的杂质置换出来，其优点是常压下即可完成，但缺点是会多损失部分产品气；另一种是利用抽真空的办法进行再生，使较难解吸的杂质在负压下强行解吸下来，这就是通常所说的真空变压吸附（Vacuum Pressure Swing Adsorption，缩写为VPSA或VSA）。VPSA工艺的优点是再生效果好，产品收率高，但缺点是需要增加真空泵等抽真空设备。

根据原料气组成中氢含量较低、高碳组分含量相对较高和原料气压力较低，且火炬气流量及组成不稳定的特点，选用国内开发的真空变压吸附技术（VPSA）工艺流程及设备作为回收炼厂尾气中氢气的技术方案。

2　工艺技术基础

2.1　生产规模及产品方案

炼油部1#C_2回收装置尾气和新火炬气回收氢气项目原料处理量为20000Nm³/h，其中1#C_2回收装置尾气15000Nm³/h，火炬气5000Nm³/h。装置年运行时间8400h，操作弹性30%~110%。产生的产品氢气送至氢气管网，副产品解吸气排至燃料气管网。

2.2　生产工艺过程

采用真空变压吸附技术（VPSA）回收原料气中的氢气，根据吸附剂不易吸附氢气组分而对其它组分具有较强吸附性的特点，将氢气组分从混合气中分离出来。新火炬气经管道送至火炬气预处理系统，经脱水、脱重烃处理后的火炬气与经管道来的1#C_2回收装置尾气一起送至原料气预处理系统，处理后的原料气送至真空变压吸附系统，产品氢气经压缩机压缩至2.4MPa（G）送至全厂氢气管网，解吸气经压缩机压缩至0.55MPa（G）送至燃料气管网。氢气回收部分工艺流程示意图见图1。

2.3　原料及产品技术规格

2.3.1　原料来源及性质

炼油部1#C_2回收装置尾气和新火炬气回收氢气项目的原料为1#C_2回收装置尾气、1#脱硫装置内的新火炬气，原料组成、流量等数据见表1。

表1　C_2回收装置尾气和新火炬气规格表

	C_2原料气	新火炬气
压力/（MPa·G）	0.55	0.55
流量/（Nm³/h）	15000	5000
温度/℃	40	40
组分/vol%		
氢气/H_2	40.94	57.65
氧气/O_2	0.14	0.20
氮气/N_2	3.61	22.13
甲烷/CH_4	48.46	8.95
一氧化碳CO	0.14	0.00
二氧化碳CO_2	0.00	0.23
乙烯C_2H_4	0.20	1.01
乙烷C_2H_6	5.92	2.76
丙烯C_3H_6	0.01	0.35
丙烷C_3H_8	0.17	1.50
丁烷C_4H_{10}	0.12	1.75
丁烯C_4H_8	0.17	0.18
碳五级以上C_{5+}	0.12	2.11
水H_2O	0.00	1.17
合计	100	100

C_2装置尾气和火炬气回收氢气单元产生的

产品氢气送至下游氢气纯化单元或氢气管网，副产品解吸气排至燃料气管网，具体规格参数见表2。

表2　产品氢气及解析气规格表

	高纯氢气	解吸废气
压力/(MPa·G)	2.4	0.55
温度/℃	40	40
组分/vol%		
氢气 H_2	99.68	9.06
氧气 O_2	0.02	0.25
氮气 N_2	0.30	13.68
甲烷 CH_4	0.00	64.97
一氧化碳 CO	0.00	0.18
二氧化碳 CO_2	0	0.09
乙烯 C_2H_4	0	0.68
乙烷 C_2H_6	0	8.64
丙烯 C_3H_6	0	0.17
丙烷 C_3H_8	0	0.84
丁烷 C_4H_{10}	0	0.66
丁烯 C_4H_8	0	0.25
碳五及以上 C_{5+}	0	0.43
水 H_2O	0	0.10
合计	100	100

2.4　工艺技术特点

（1）低压原料气在低压下提纯后再进行氢气升压，减少压缩能耗。

（2）根据原料组成情况，吸附塔设计了多层填充的独立研发改性的吸附剂，吸附分离效率高。

（3）选用高精度、抗疲劳的程控阀，保障装置运行相对稳定、可靠。

（4）采用自动化控制系统，实现了现场和远程双调控，提高了系统操作的灵活性。

（5）采用抽真空的VPSA流程，提高氢气回收率，多回收的氢气价值远高于真空泵能耗。

2.5　工艺流程简述、主要操作条件及技术指标

2.5.1　工艺流程简述

2.5.1.1　火炬气预处理系统

自1#脱硫装置来的含饱和水的新火炬气，经过火炬气预冷器（E-001）预冷降至8.8℃，进入冷干脱水冷却器（E-002）。原料通过制冷剂冷却降温至3℃后，进入冷干气液分离罐（V-001）脱除大部分游离水和部分烃类，脱出的液相作为轻馏分油通过油水外送泵（P-001）升压至1.0MPa(G)后送出装置。

脱除大部分水分后的火炬气气体进入吸附干燥塔（C-001A/B），吸附干燥塔为一开一备，每48小时切换一次。干燥后的火炬气露点≤-40℃，经脱重烃冷却器（E-003）用制冷剂把气体进一步降温至-20℃，然后进入脱重烃气液分离罐（V-002）脱除大部分对后续VPSA系统有害的重烃。气相为处理合格的火炬气，经过火炬气预冷器（E-001）与原料换热回温后至25℃后送至原料气混合罐（V-101）。从脱重烃气液分离罐（V-002）底部分离出的液相重烃作为轻石脑油，经重烃外送泵（P-002）升压1.0MPa(G)后进入火炬气预冷器（E-001）与原料换热回温至25℃。从油水外送泵（P-001）出来的轻馏分油和从重烃外送泵（P-002）出来的轻石脑油在出装置前混合后一同送至1#C_2回收装置轻烃闪蒸罐（V-2403）。吸附干燥塔（C-001A/B）干燥及再生流程：吸附干燥塔（C-001A/B）运行状态为一塔吸附、一塔再生交替使用。当吸附达到饱和时（通过在线露点仪数值升高情况判断），切换至备用吸附塔，饱和的塔经过泄压将塔内剩余气体排至火炬气管网后开始反吹置换，反吹过程由程序控制，用减压后的氮气将床层充压至0.3MPa(G)，反复置换5~6次，然后将气体排至火炬气管网。下一步开始进行热吹再生，打开再生循环风机（K-001）进出口阀门，开启风机，控制流量为470Nm³/h，将氮气送至再生气体加热器（EA-001），将氮气加热至230℃，热氮气通过吸附剂床层，将吸附剂吸附的水分脱除，携带水分的热氮气进入再生气体空冷器（A-001）降温至70℃，然后进入再生气体冷却器（E-004）降温至40℃后进入再生汽水分离罐（V-003）后脱除气体中的游离水，罐顶出来的气体再回到再生循环风机（K-001）入口继续循环使用。热再生过程持续大约17小时，直至床层顶部温度≥200℃。热再生完成后，停风机，关闭风机进出口阀门，开始冷吹再生。将流程切换至干燥的冷氮气，流量控制在约300Nm³/h，冷吹床层，冷氮气经过床层，再经降温冷却到≤40℃后，排向火炬气管网或高点放空，冷吹过程持续约13.3h，待床层温度降至常温后，通过程序控制缓慢升压后备用。

2.5.1.2　真空变压吸附系统

自 1#C_2 回收装置来的尾气经管道送至原料气混合罐（V-101），C_2 尾气和火炬气混合缓冲后进入原料气预处理塔（C-101A～C），原料气预处理塔（C-101A～C）拦截的杂质气体由预处理真空泵（P-101A/B）从预处理塔抽出后送至解吸气缓冲罐（V-103）。预处理后的原料气混合气经原料气缓冲罐（V-102）缓冲后从塔底部进入吸附塔（C-102A～F）中，在多种吸附剂组成的复合吸附床的依次选择吸附下，一次性除去几乎所有杂质，获得纯度大于 99.3% 的产品氢气从塔顶排出，经氢气缓冲罐（V-104）和氢气压缩机缓冲罐（V-105）缓冲后，氢气送至产品氢气压缩机（K-102）升压至 2.4MPa（G），然后送至 1#制氢装置边界氢气管网。真空变压吸附过程除得到产品氢气外，还会产生真空解吸气。吸附塔（C-102A～F）底部出来的解吸气经吸附塔真空泵（P-102A/B）抽至解吸气缓冲罐（V-103）。从原料气预处理塔（C-101A～C）和吸附塔（C-102A～F）出来的逆放气经逆放气缓冲罐（V-106）缓冲后进入解吸气缓冲罐（V-103）。混合后的解吸气经解吸气压缩机（K-101）升压至 0.58MPa（G），排至 1#C_2 回收装置边界燃料气管网。

2.5.2　主要操作条件

原料气预处理塔压力　−0.08～0.55MPa（G）

吸附塔压力　−0.08～0.55MPa（G）

产品氢气出装置压力　≥2.3MPa（G）

解吸气出装置压力　≥0.55MPa（G）

2.5.3　技术指标

产品氢气纯度要求 H_2≥99.3%（mol）、CO+CO_2<40ppm、O_2≤200ppm，氢气压力 ≮2.3MPa（G）、温度 ≯40℃；副产品解吸气压力 ≮0.55MPa（G）、温度 ≯40℃。

3　工艺技术应用效果

2023 年 6 月 15 日项目开工建设，于 2024 年 8 月 14 日一次开车成功，产品氢气分析各项指标符合《氢气 第 1 部分 工业氢》（GB/T 3634.1—2006）工业氢气规定的技术要求，并入炼油部产品氢气管网。稳定运行一周后，通过缩短吸附时间、降低抽真空度等参数，按照生产燃料电池氢产品指标可行性进行调整，在混合原料炼厂尾气氢含量 50%v、进料 20000Nm³/h，吸附时间（T1+T2）在 110-115s 工况下，指标符合《质子交换膜燃料电池汽车用燃料氢气》（GB/T 37244—2018）规定的技术要求，具体分析项目指标见表 3。

表 3　氢气回收装置产品氢分析项目指标表

项目/日期	燃料电池氢，GB/T 37244—2018（体积分数）	8月20日	8月21日	8月22日	8月23日	8月24日	8月25日	8月26日	8月27日	8月28日	8月29日
进料量 Nm³/h		20000	20000	20000	20000	20000	20000	20000	20000	20000	20000
产品 Nm³/h		7000	7000	7000	7000	7000	7000	7000	7000	7000	7000
解析气 Nm³/h		13000	13000	13000	13000	13000	13000	13000	13000	13000	13000
VPSA 吸附时间/s		115	115	110	110	110	110	115	115	115	115
氢气纯度	99.97×10⁻²	99.99	99.99	99.99	99.99	99.99	99.99	99.99	99.99	99.99	99.99
氦 He	300×10⁻⁶	59.12	61.73	67.74	74.98	73.26	72.11	76.81	79.59	71.12	71.31
水分	5×10⁻⁶	0.08	0.09	0.01	0.01	0.01	0.01	0.01	0.01	0.01	0.01
氧气	5×10⁻⁶	1	1	0.1	0.1	0.1	0.1	0.1	0.1	0.1	0.1
一氧化碳	0.2×10⁻⁶	0.12	0.01	0.01	0.01	0.01	0.01	0.15	0.01	0.14	0.16
二氧化碳	2×10⁻⁶	0.7	0.89	0.9	0.01	0.01	0.01	0.28	0.07	0.21	0.09
氨+氮	200×10⁻⁶	22.85	23.36	8.86	6.06	2.07	2.28	13.78	1.75	7.77	22.57
甲烷	2×10⁻⁶	0.1	0.18	0.1	0.01	0.01	0.1	0.1	0.1	0.23	0.1
硫	0.004×10⁻⁶	0	0	0	0	0	0	0	0	0	0
总卤化物											
氯气	0.1×10⁻⁶	0	0	0	0	0	0	0	0	0	0
甲酸	0.2×10⁻⁶	0	0	0	0	0	0	0	0	0	0

续表

项目/日期		8月20日	8月21日	8月22日	8月23日	8月24日	8月25日	8月26日	8月27日	8月28日	8月29日
进料量 Nm³/h	燃料电池氢，GB/T 37244—2018（体积分数）	20000	20000	20000	20000	20000	20000	20000	20000	20000	20000
产品 Nm³/h		7000	7000	7000	7000	7000	7000	7000	7000	7000	7000
解析气 Nm³/h		13000	13000	13000	13000	13000	13000	13000	13000	13000	13000
VPSA 吸附时间/s		115	115	110	110	110	110	115	115	115	115
甲醛	$0.01×10^{-6}$	0	0	0	0	0	0	0	0	0	0
总悬浮颗粒物	1	0.01	0.01	0.01	0.01	0.01	0.01	0.01	0.01	0.01	0.01
非氢气体总量		83.97	87.44	77.72	81.18	75.47	74.53	91.14	81.54	72.57	94.25

2021 年国家更新出台资源综合利用产品企业所得税和增值税优惠目录，增加了利用工业废气、工业副产氢生产纯氢和燃料电池用氢等相关标准，相关产品增值税即征即退比例70%。

4　结论

经开工后性能考察，采用国内开发的真空变压吸附技术（VPSA）工艺流程及设备作为回收炼厂尾气中氢气的技术应用，不仅可稳定生产出满足炼厂需求的工业氢气，同时满足生产质子交换膜燃料电池氢气，实现了资源综合利用、改善环境，符合国家提倡的方针政策，具有较好的社会效益与经济效益，符合可持续发展战略思想，值得推广。

二氧化碳合成环状碳酸酯的研究进展

陈丽华

（长岭炼化岳阳工程设计有限公司）

摘　要　二氧化碳作为储量丰富、廉价、安全无毒的可再生 C1 资源，将其转化为高附加值的化学品具有十分重要的研究价值和意义。在已发展出的多种二氧化碳转化途径中，以二氧化碳和环氧化合物为原料合成环状碳酸酯这一途径具有极高的选择性及原子经济性，符合绿色化学的理念。由于二氧化碳热力学上的稳定性和动力学上的惰性，二氧化碳的活化是实现二氧化碳高效催化转化最关键的一步，而二氧化碳活化的关键在于高效的催化剂体系，因而开发高效、稳定、廉价易得、环境友好且能够应用于工业化生产的催化剂是近些年来的研究热点。

关键词　二氧化碳；环氧化合物；环状碳酸酯；环加成反应

1　前言

随着工业的迅速发展，化石能源的消耗量也迅速增加。大量化石燃料的使用使得大气中二氧化碳（CO_2）这一吸热性强的气体排放量快速增加，加剧了"温室效应"，如何降低大气中 CO_2 的浓度已成为世界各国普遍关注的问题。由 178 个缔约方共同签署的《巴黎协定》对 2020 年后全球应对气候变化的行动作出了统一的安排。中国在 2014 年成为世界第一大排放经济体后，CO_2 排放问题愈加凸显，在 2020 年宣布的国家降碳目标中，要求在 2030 年之前力争实现 CO_2 的排放达到峰值，2060 年之前实现"碳中和"。为了降低大气中 CO_2 的浓度，除了使用更为清洁的能源（如太阳能、风能）部分替代化石燃料外，还可从以下三个方面入手：（1）碳封存，主要由土壤、森林和海洋等天然碳汇吸收储存空气中的 CO_2；（2）碳抵消，通过投资开发可再生能源、低碳清洁技术以及节能减排行动，从根本上减少 CO_2 的排放；（3）将 CO_2 作为原料用于生产高附加值的相关衍生产品，从资源可持续利用和环境保护角度来看，具有十分重要的研究价值和意义。

CO_2 已成功应用于生产烯烃、乙醇、甲醇、碳酸盐、聚碳酸酯、聚碳酸亚丙酯等在内的诸多产品中，其中以 CO_2 和环氧化合物为原料合成环状碳酸酯这一途径具有极高的选择性以及原子经济性，反应过程相对温和，市场前景较好。但是对于减少温室气体排放总量的贡献还十分有限，远没有达到国家和社会期望的水平。这是因为 CO_2 反应动力学的惰性决定了对其进行有效转化必须伴随着活化，而这往往需要高温、高压等较为苛刻的反应条件，对反应过程中使用的设备、投资、安全等要求较高。解决此问题的关键在于设计出高效的催化体系以强化其反应过程，实现在温和条件下催化转化 CO_2，与此同时，如何实现在 CO_2 转化的过程不产生额外排放，不对环境造成新的污染，实现经济有利、环境友好的双赢战略，成为当下共同关注的问题。迄今为止，已有种类众多的均相催化体系、非均相催化剂被开发出来，下面将对环状碳酸酯的合成路径以及催化转化 CO_2 发生环加成反应的催化剂体系进行简单综述。

2　CO_2 与环氧化合物的环加成反应生成环状碳酸酯

CO_2 与环氧化合物发生环加成反应所得产物为环状碳酸酯，环状碳酸酯是一类十分重要的工业产品，具有良好的溶解性能和较高的沸点，可以作为极性非质子溶剂，锂离子电池电解质，是精细化工的中间产物，还被广泛地用于纺织、印染等行业，应用前景十分广阔。

2.1　环状碳酸酯的合成方法

现有合成环状碳酸酯的方法主要有光气

法、酯交换法、环加成法等，如图1所示。光气法是最早工业化合成环状碳酸酯的方法，但该方法需要使用高毒性的光气（$COCl_2$）作为原料，反应过程中还会有副产物盐酸生成，导致设备腐蚀严重，不符合环境保护与可持续发展的社会潮流，光气法已被时代淘汰。酯交换法是采用直链的碳酸酯与多元醇在催化剂的作用下发生反应制得环状碳酸酯，因酯交换反应为可逆反应，故而存在目标产物收率低、且分离过程繁琐等问题。此外，原料直链碳酸酯本身作为一种基础原料，也需要通过酯交换等方法制得，经济上无优势。而以 CO_2 和环氧化合物为原料通过环加成法直接制备环碳酸酯的方法是原子利用率为100%的反应，反应过程没有任何副产物生成，反应条件相对温和。

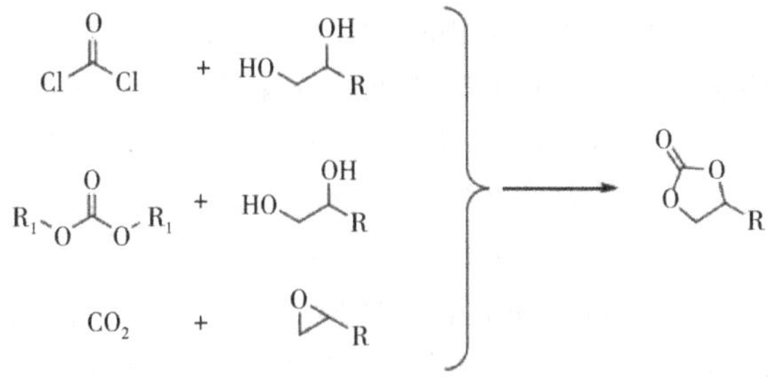

图1　环状碳酸酯的制备方法

2.2　二氧化碳合成环状碳酸酯的方法

以 CO_2 为原料合成环状碳酸酯是近些年的热门研究方向，根据合成原料种类的不同，主要有以下五种合成方法，如图2所示：（1）CO_2 与环氧化合物的环加成反应；（2）CO_2 与1，2-二醇的羧化反应；（3）CO_2 与炔丙基醇的羧基环化反应；（4）CO_2 与烯烃的氧化羧化反应；（5）CO_2 与邻位卤代醇的缩合反应。其中，CO_2 与1，2-二醇的羧化反应、CO_2 与炔丙基醇的羧基环化反应、CO_2 与烯烃的氧化羧化反应以及 CO_2 与邻位卤代醇的缩合反应生成环状碳酸酯还处于实验室研究阶段。而 CO_2 与环氧化合物的环加成反应原子利用率高、经济效益好，无副产物产生，得到了广泛的应用。

近二十年来，CO_2 与环氧化合物的环加成反应是科研工作者们的研究热点，已发展出了种类众多的均相催化体系、非均相催化体系。其中，均相催化体系可均匀分散于反应体系中，几乎所有的催化活性点都可以得到利用，反应活性高，反应条件相对温和，但是均相催化剂存在催化剂回收利用难、后处理步骤繁琐以及生产成本高等问题。非均相催化剂由于和反应底物的接触面积有限，相对来说反应活性较低，需要比较苛刻的反应条件，但非均相催化剂可以通过简单的过滤工序即可从反应体系中分离出来，后处理步骤简单，经济性更好。

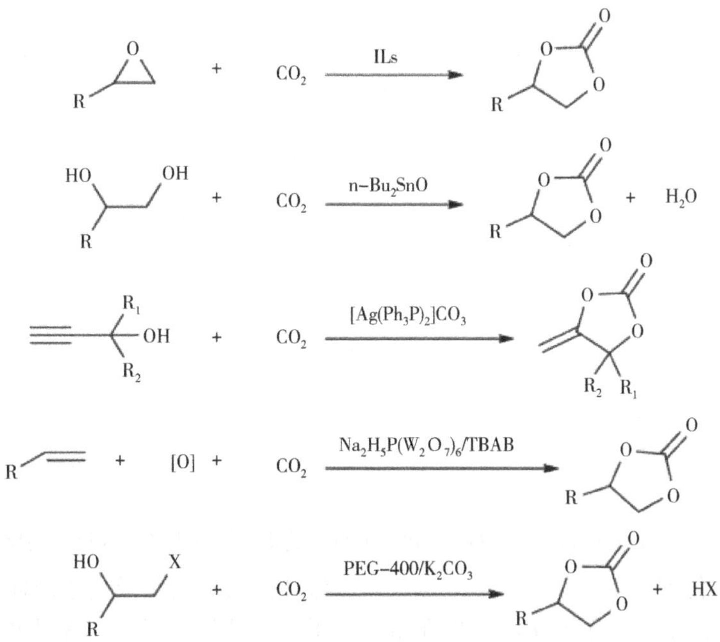

图2　CO_2 合成环状碳酸酯的方法

2.3 二氧化碳合成环状碳酸酯的催化体系

2.3.1 均相催化剂

（1）有机碱催化剂

虽然 CO_2 分子具有热力学上的稳定性和动力学上的惰性，但其作为弱酸性气体能够被亲核物质活化。有机碱作为廉价易得的碱性物质，可作为一类有效的催化剂催化活化 CO_2 与环氧化合物发生环加成反应。现已报道的用于活化 CO_2 的有机碱催化剂有 1，8-二氮杂二环十一碳-7-烯（DBU）、1，5，7-三氮杂二环十碳-5-烯（TBD）以及三乙烯二胺（DABCO）等。

周秋生等人研究了 DBU/半纤维素二元催化体系催化 CO_2 和环氧物的偶联反应，同时考察了催化剂的组成、时间、温度以及反应压力对反应的影响。结果表明，在反应压力为 2MPa、反应温度为 120℃、DBU/半纤维素 = 5∶1 的条件下反应 4h，碳酸丙烯酯的产率高达 94%，半纤维素分子中的羟基和 DBU 的协同作用促进了环加成反应。

Yu 课题组研究 TBD 和精氨酸对 CO_2 环加成反应的催化活性，发现在 CO_2 压力为 5MPa、反应温度为 150℃的条件下反应 24h，碳酸丙烯酯的产率分别为 100% 和 79.9%。

（2）金属有机配合物催化剂

单一的金属盐用于催化 CO_2 的环加成反应活性较低，常常需要结合共催化剂才能表现出较高的催化活性。共催化剂一般为含有特殊官能团的有机物，众多科研工作者研究了金属和有机物的配合物，发现一些金属有机配合物对 CO_2 的环加成反应表现出较高的催化活性。这类金属有机配合物由有机物配体和金属原子或离子通过配位键结合而成，在催化过程中，金属原子或离子充当 Lewis 酸并对环氧化合物进行活化，有机物则对 CO_2 进行活化，可在较温和的条件下催化 CO_2 与环氧化合物反应生成环状碳酸酯。此外，此类金属有机配合物催化剂结构方便调节，已有非常多的文献报道。目前，席夫碱（Salen）和卟啉类金属配合物是较为常见的环加成反应催化剂。

Liu 等人设计并合成了一系列的席夫碱铝化合物（Al-salen）及助催化剂 $[C_nC_mIm][HCO_3]$，通过对不同催化剂及助催化剂的催化性能进行测试，筛选出了催化活性最高的催化体系：SH_4-Al(Cl)/$[C_1C_6Im][HCO_3]$。研究结果表明，SH_4-Al(Cl)/$[C_1C_6Im][HCO_3]$ 催化体系在末端环氧化合物与 CO_2 环加成中表现出很好的催化效果，在室温条件下环状碳酸酯的收率均在 87% 以上。但对内部环氧化合物的催化效果较弱，通过升高反应温度才能提高产物收率。

Al-salen$[CnCmIm][HCO_3]$ 催化 CO_2 与环氧化合物发生环加成反应的反应机理，如图 3 所示。

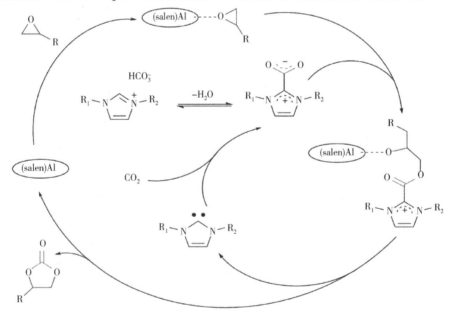

图 3   Al-salen$[CnCmIm][HCO_3]$ 催化 CO_2 与环氧化合物发生环加成反应的反应机理

（3）离子液体催化剂

离子液体（Ionic liquids，简称 ILs）是指在室温或者接近室温下呈液态的一种熔融盐，完全由阴阳离子组成，也可称为低温熔融盐或室温离子液体。常见的组成离子液体的阳离子有季铵盐离子、季鏻盐离子、咪唑盐离子和吡咯盐离子等；常见的组成离子液体的阴离子可粗分为无机阴离子和有机阴离子两大类。因为其特殊的结构，通过改变阳离子、阴离子的组合，便可以设计出种类繁多的离子液体。

与传统有机溶剂和电解质相比，离子液体具有一系列突出的优点：（1）液态范围宽，从低于或接近室温到300℃以上，有较高的热稳定性和化学稳定性；（2）蒸汽压极低，不挥发，在使用、储藏过程中不会蒸发散失，可以循环使用，消除了挥发性有机化合物（VOCs）的环境污染问题；（3）电导率高，可作为许多物质电化学研究的电解液；（4）通过阴阳离子的设计可调节其对无机物、水、有机物及聚合物的溶解性；（5）具有较大的极性可调控性，粘度低，密度大，可以形成二相或多相体系，适合作分离溶剂或构成反应—分离耦合新体系；（6）对大量无机和有机物质都表现出良好的溶解能力，且具有溶剂和催化剂的双重功能，可以作为许多化学反应溶剂或催化活性载体。

Meng 等制备了一系列的质子型双功能离子液体，该类离子液体同时含有质子供体、溴阴离子和烷氧基负离子。其中，烷氧基负离子对 CO_2 进行活化，溴阴离子和质子供体则协同催化环氧化合物开环，并在模拟烟道气环境（烟道气组成为15%的 CO_2 和85%的 N_2）下催化 CO_2 与环氧氯丙烷反应，环状碳酸酯的收率高达90%。由于该离子液体催化剂在环状碳酸酯中会有一定的残留，无法与产物完全分离，在循环回收使用4次后，催化活性下降较明显。

2.3.2 非均相催化剂

（1）金属氧化物催化剂

金属氧化物催化剂通常为复合氧化物，即多组分的氧化物，如 $V_2O_5-MoO_3$、$TiO_2-V_2O_5-P_2O_5$、$V_2O_5-MoO_3-Al_2O_3$ 等。金属氧化物催化剂制备方法简单，且合成成本较低，被广泛用于化工领域。研究发现，金属氧化物或金属氧化物的混合物在 CO_2 的环加成反应中也有一定的催化活性。鉴于单一的金属氧化物作为催化剂催化环加成反应时活性相对较低，研究中通常需要采用复合氧化物或溶剂协同催化。

Yamaguchi Kazuya 等人报道了 Mg-Al 混合金属氧化物催化体系在 CO_2 的环加成反应中的应用，在120℃、5MPa 的压力下反应24h 的条件下，环氧丙烷的转化率为96%，聚碳酸酯的收率为88%。

（2）固载型催化剂

均相催化剂由于分散均匀、与反应物料接触面积大，故而反应活性较高，但催化剂回收利用难、后处理步骤繁琐以及生产成本高等问题限制了它的推广使用。固载型催化剂就是把均相催化剂以物理或化学方法使之与固体载体相结合，从而形成一种特殊的催化剂。这类固载型催化剂中的活性组分与均相催化剂相比，具有同样的性质和结构，保存了均相催化剂的优点，如高活性和高选择性等；同时又因结合在固体上具有了多相催化剂的优点，如易从产品中分离与回收催化剂等。此外，研究还发现由于均相催化剂被固定在固体上，其浓度不受溶解度限制，反应中可通过提高催化剂的浓度来选择较小的反应容器，理论上可以进一步降低生产费用。因此，研究均相催化剂的固载，在理论上和实践上均具有重大意义。固载型催化剂的载体种类繁多，如分子筛、树脂、硅胶、聚合物、石墨烯等都可作为载体。

Liu 等人制备了一种含有有机模板剂 TPAOH 和 PDDA 的介孔 MTS-1 催化剂，催化剂中模板剂不需经过焙烧脱除，直接作为碱性活性位与骨架钛协同催化 CO_2 与环氧氯丙烷的环加成反应。研究结果表明，PDDA 骨和架钛物种均可作为活性位催化 CO_2 与环氧氯丙烷的环加成反应，而且，同时含有两种活性物种的催化剂其催化活性优于只含有一种活性物种的催化剂。在反应压力为1.6MPa，反应温度为120℃且无助催化剂的条件下反应6h，环氧氯丙烷的转化率高达98%，氯丙烯碳酸酯的选择性为98.2%。

（3）聚离子液体催化剂

聚离子液体催化剂一般通过活性单体直接聚合或对聚合物进行修饰的方法来制备，具有比表面大、稳定性好、催化活性高等优点。还能有效的解决离子液体催化剂与产物分离难的问题，催化性能优异，近几年来广泛应用于 CO_2 环加成反应中。

Jiang 等人选用1-乙烯基咪唑（1-VIM）作为功能性型、二甲基丙烯酸缩水甘油酯（GDA）作为交联剂，采用无皂乳液聚合法制备出了一系列无卤素、无金属、无苯环并富含羟基官能团的催化剂结构 Poly（HCO_3-OH-n）。通过对你反应机理的研究，作者认为 Poly（HCO_3-OH-n）容易与环氧化合物之间形成氢键，在促成开环的同时也加快了闭环过程中碳酸氢盐的脱离，羟基官能团与咪唑碳酸氢盐离子间的协同作用促进了 CO_2 的转化。在 Poly（HCO_3-OH-2）的催化作用下，向3g环氧丙烷中加入0.15g催化剂，0.1MPa压力下于80℃反应24h，碳酸环氯丙烯酯的收率高达95%。制备的聚离子液体催化剂Poly（HCO_3-OH-2）经历了6次CO_2环加成循环试验后，催化剂的产物选择性仍高达99%，产物收率在90%以上。循环后的催化剂红外和热稳定性表征也验证了Poly（HCO_3-OH-2）作为一种非均相催化剂，在CO_2环加成反应中具有良好的重复使用性能（图4）。

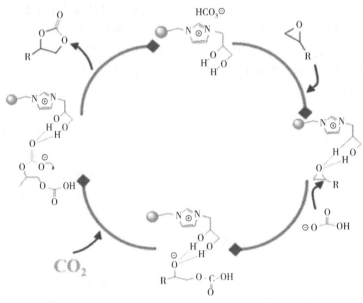

图4 Poly（HCO_3-OH-n）催化二氧化碳环加成可能的反应机理

（4）金属有机骨架（MOFs）催化剂

金属有机框架（MOFs）是一类有机、无机杂化材料，由金属离子和有机配体以一定方式进行配位而得到的具有特定空间结构和重复单元的晶体结构。MOFs材料具有许多优点，如比表面大、结构稳定、孔径可调、易修饰等，近年来得到了迅速的发展，MOFs材料在CO_2的捕捉及催化转化方面的应用也有较多报道。

Song等人制备了两种同时含有酸、碱配体的MOFs催化剂：Co（tp）（bpy）和MOF-508a。研究发现，MOFs中未完全配位的金属离子可作为Lewis酸性位点，未配位的碱性配体作为Lewis碱性位点，在这两种活性基团的协同催化作用下，CO_2与环氧化合物的环加成反应可以在无溶剂和无共催化剂的条件下高效进行，Co（tp）（bpy）催化CO_2环加成反应的机理见图5。通过底物扩展实验，发现Co（tp）（bpy）对大部分端基环氧化合物表现出较好的催化性能。如碳酸丙烯酯、1，2-碳酸丁烯酯、4-烯丙基氧甲基-1等的收率都在90%以上，表明该催化剂具有较广泛的适用性。

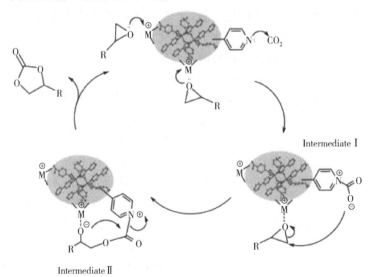

图5 Co（tp）（bpy）催化CO_2环加成反应的机理

3 结束与展望

CO_2作为储量丰富、廉价、安全无毒的可再生C1资源，可与环氧化合物发生环加成反应生成高附加值的环状碳酸酯，是目前研究的热点。如应用于工业生产中，有望减少CO_2这一主要温室气体对人类生活的影响，具有较高的研究价值和较好的社会效益。同时也与国家提倡的"既要金山银山，又要绿水青山"的发展理念高度一致。关于CO_2合成环状碳酸酯的研究，制备高效、稳定、廉价易得、环境友好且能够应用于工业化的催化剂，将仍然是未来科学研究的重点。

在现已报道的催化转化CO_2发生环加成反应的催化体系研究中，科研工作者们开发出了众多高效稳定且循环使用性好的催化体系，大多数催化剂的稳定性及适用范围仍需进行改进，且大多研究仍停留在实验室阶段，距离催化剂的工业化还需要更深入的研究和优化。此外，实验室阶段使用的CO_2大多为分析纯试剂，CO_2的纯度高，与实际应用中含CO_2的工业废气组成不同，这对现已开发的催化体系的适应性提出了更苛刻的要求。特别的，实验室阶段催化转化CO_2发生环加成反应的研究大多为间歇式反应，因此，在后续的研究中，可初步用含20%N_2的CO_2混合气模拟空气，对催化剂的催化效果进行考察和优化。在此研究基础上逐步用含SO_2、NO_x、粉尘等的烟道气代替分析纯的CO_2，并将上述反应应用于连续反应装置，通过在线分析手段对产物进行分析，对催化体系的性能进行不断优化和改进，是CO_2环加成反应催化体系最终走向工业化的必经途径。

参 考 文 献

[1] 纪钠. 由多组分到单组分催化体系实现CO_2与环氧化物制备环状碳酸酯[D]. 山东农业大学, 2022.

[2] 方清, 支云飞, 陕绍云等. 绿色催化剂在CO_2合成环状碳酸酯中的研究应用[J]. 化工新型材料, 2022, 50(05): 53-57.

[3] 陈亚举, 任清刚, 周贤太等. 多孔有机聚合物催化二氧化碳合成环状碳酸酯研究进展[J]. 化工进展, 2021, 40(07): 3564-3583.

[4] X. D. Lang, L. N. He. Green Catalytic Process for Cyclic Carbonate Synthesis from Carbon Dioxide under Mild Conditions. Chemical Record [J]. 2016, 16 (3):1337-1352.

[5] Yang Q H, YangC C, Lin C H, et al. Metal-Organic-Framework-Derived Hollow N-Doped Porous Carbon with Ultrahigh Concentrations of Single Zn Atoms for Efficient Carbon Dioxide Conversion [J]. Angewandte Chemie International Edition, 2019, 58 (11): 3511-3515.

[6] Tomishige K, Yasuda H, Yoshida Y, et al. Catalytic performance and properties of ceria based catalysts for cyclic carbonate synthesis from glycol and carbon dioxide [J]. Green Chem, 2004, 6(4): 206-214.

[7] 赵艳敏, 刘绍英, 王公应. 碳酸丙烯酯/碳酸乙烯酯的制备技术研究进展[J]. 现代化工, 2005(S1): 19-22.

[8] B. H. Xu, J. Q. Wang, J. Sun, et al. Fixation of CO_2 into Cyclic Carbonates Catalyzed by Ionic Liquids: A Multi-Scale Approach. Green Chemistry [J]. 2015, 17 (1): 108-122.

[9] Y. Du, D. L. Kong, H. Y. Wang, et al. Sn-Catalyzed Synthesis of Propylene Carbonate from Propylene Glycol and CO_2 under Supercritical Conditions. Journal of Molecular Catalysis A: Chemical [J]. 2005, 241 (1): 233-237.

[10] Q. W. Song, W. Q. Chen, R. Ma, et al. Bifunctional Silver(I) Complex-Catalyzed CO_2 Conversion at Ambient Conditions: Synthesis of A-Methylene Cyclic Carbonates and Derivatives. Chem Sus Chem [J]. 2015, 8 (5): 821-827.

[11] J. L. Wang, J. Q. Wang, L. N. He, et al. A CO_2/H_2O_2-Tunable Reaction: Direct Conversion of Styrene into Styrene Carbonate Catalyzed by Sodium Phosphotungstate/N-Bu4NBr. Green Chemistry [J]. 2008, 10 (11): 1218-1223.

[12] J. L. Wang, L. N. He, X. Y. Dou, et al. Poly (Ethylene Glycol): An Alternative Solvent for the Synthesis of Cyclic Carbonate from Vicinal Halohydrin and Carbon Dioxide. Australian Journal of Chemistry [J]. 2009, 62 (8): 917-920.

[13] 刘甲. 环氧化合物及环状碳酸酯绿色合成研究 [D]. 南京大学, 2020.

[14] 宋相海. 甘油及CO_2催化转化催化剂制备及性能研究[D]. 东南大学, 2018.

[15] 周秋生, 钟林新, 彭新文等. DBU/半纤维素催化CO_2与环氧化物合成环状碳酸酯的研究[C]. 中国化学会第30届学术年会-第三十三分会: 绿色化学.

高压变频器 ACS2000 的基本构成及技术应用

马晓虹

（岳阳长炼机电乌鲁木齐分公司）

摘　要　高压煤浆泵是气化炉配套的关键设备，其采用变频调速系统能很好的控制工作性能，本文针对高压变频器的实际应用情况，重点阐述了 ACS2000 高压变频器的系统组成及技术特点，以及在使用中产生的问题进行分析，进而采取有效的应对措施，解决实际生产中出现的问题。

关键词　ABB 高压变频器；高压煤浆泵；系统组成

1　概述

随着我国科学技术水平的不断提高，高压变频等大功率变频调速设备在现代工业生产中得到越来越广泛的应用，其不仅能有效提高设备运行效率，还可降低设备运行成本，减少能源损耗，为企业创造更大的社会经济效益。

目前国能新疆化工气化装置有八套高压煤浆泵电机，电机额定功率是 441KW，额定电流是 50A，额定电压是 6KV，其电源分别来自气化变电所 S2250 6KV 变电所Ⅰ段和Ⅱ段母线，该设备是生产装置里重要的设备之一，为了保障高压煤浆泵在生产中的工业应用需求，我厂采用 ABB 高压变频器调速控制技术，以提高可靠性。因此，了解高压变频调速系统的组成元器件及其作用，对日常维护工作及其出现相关的故障处理尤为重要。

2　ACS2000 高压变频器的组成及配置元件

2.1　高压变频器需要两个独立的电源

主电源：用于电力电子元件；

辅助电源：用于控制和辅助设备；

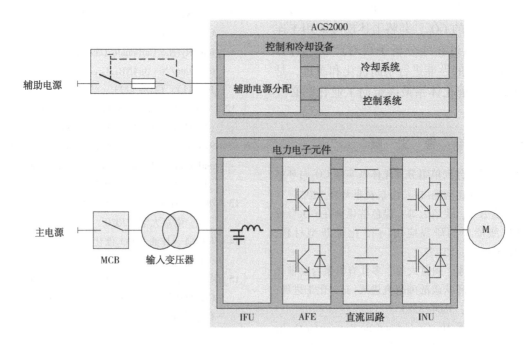

2.2　带有输入变压器的拓扑结构

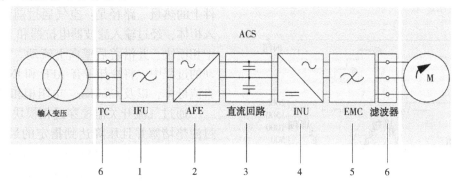

1IFU-输入滤波器单元

2AFE-有源前端

3 直流回路

4INU-逆变器单元

5EMC 滤波器(在控制室后)

6TC-进线和电机电缆的接线柜

7 带有本地控制盘的控制柜

2.3　主要电力电子元件介绍

2.3.1　输入滤波器单元 IFU

IFU 位于输入变压器和 AFE 之间，IFU 是一种调谐滤波器，用于减少注入电网的谐波电压。

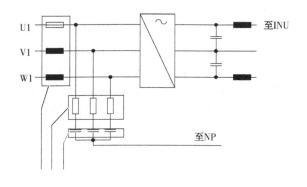

2.3.2　有源前端 AFE

AFE 对电网的交流供电电压进行整流，并将其输出连接到直流回路的负极、中性点和正极，AFE 由三个相同的相模块，每个相模块由串联的 IGBT 组成，一个相电容，门驱动板和接口板（用于与 AFE 的主控制电路板通讯)组成。高压 IGBT 是一种功率半导体开关装置，专为中压变频器而设计。该装置基于成熟的晶闸管技术，将快速开关能力与 GTO 的高阻断电压和低导通损耗特性相结合。

2.4　直流回路

直流回路由电容器、充电单元和接地开关组成。充电单元主要由充电变压器以及低压和高压继电器组成。接地开关是一种安全装置，能够实现安全访问变频器的 AFE/INU 隔室。

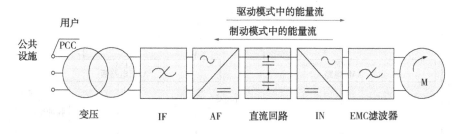

2.5　逆变器单元 INU

INU 将直流电压转换为所需的交流电机电压和频率。INU 是一个具有相同电气配置的有源 3 相单元。该单元设计为自换向式 5 电平电压源逆变器。由于采用多电平拓扑结构，变频器产生最佳数量的开关电平数-相间九电平。产生的波形允许应用标准电机。

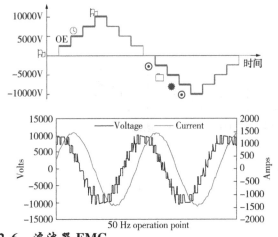

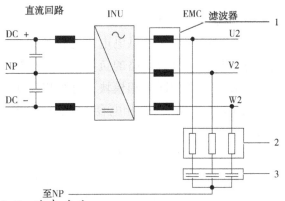

2.6 滤波器 EMC

INU 包括与其交流输出连接的三相 du/dt 滤波器。该滤波器保护电机，防止出现过高的电压变化率（du/dt 限制为 5000V/s）。在图中显示滤波器组件：电抗器（1）、电阻器（2）、电容器（3）。

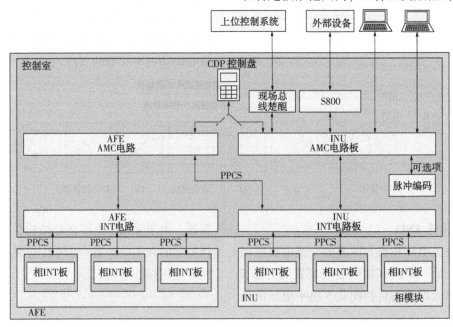

2.7 冷却系统

在直流回路已经充电时，通过变频器的控制系统打开风机单元。断开主电源后，风机将继续在预设的时间内运行，以消除柜体后部电阻器组件上的热量。路径是：空气通过前部的百叶板进入柜体，经过输入滤波器电抗器和 AFE/INU 隔室中相模块，并沿着后壁向上流动。在空气向上流动的过程中，将冷却带有 AFE 和 INU 箝位电路的直流母排，以及 Crowbar、电阻柜和 EMC 滤波器。

通过气流开关监控穿过相模块的气流。如果过滤垫堵塞并且压降达到指定的最终压力损失，将在 CDP 控制盘上显示消息 Conv1CoolAirFilter，控制室柜门上的报警/故障指示灯亮起。

3 高压变频器的控制系统

高压变频器控制系统可由一套参数配置，自定义和调整应用参数分别存于不同的功能组中并且具有出厂设置的缺省值。在调试过程中，根据变频器特定应用调整缺省参数值，以激活驱动过程的特定控制、监视和保护功能，并定义在变频器和外部设备之间传输的信号和数据。

3.1 控制系统的主要元件及连接

AMC 电路板是变频器控制系统的主要部件。是通用变频器、电机控制和闭环功能的数字信号处理器。主要内部控制设备和用户的外围输入和输出接口通过光纤电缆与 AMC 电路板通讯。每个 AMC 电路板具有分配给其的特定控制和闭环任务。AFE 的 AMC 电路板处理变频器的所有整流器和电网相关功能。INU 的 AMC 电路板处理变频器和状态信息，执行转速和转矩控制任务，并监控变频器的运行情况。通过控制系统连续监控所有相关的变频器变量（例如，转速、转矩、电流、电压）。预编程的保护功能确保这些变量保持在特定极限范围内，以保证变频器的安全运行。

3.2　高压变频器控制柜内部结构说明

控制柜集成了变频器的控制、监视硬件和保护功能以及本地控制盘和外部控制设备的通讯接口。

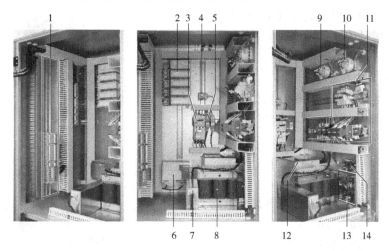

柜体左侧	1	用户端子
中间部分	2	S800 I/O 系统，带有模拟和数字 I/O 接口
	3	低压充电单元的断路器
	4	控制室的温度检测器
	5	急停继电器
	6	24 VDC 供电单元
	7	EMC 滤波器（只带有安全电路电源）
	8	辅助电压变压器
柜体右侧	9	空气压力开关（监控穿过过滤垫的压降）
	10	空气压力开关（监控穿过相模块的压降）
	11	辅助继电器和接触器
	12	内部 UPS 电路
	13	MCB 控制电路的光电接口

3.3　高压变频器控制任务

3.3.1　主断路器控制

主断路器 MCB 是传动系统的重要开关和保护装置。因此，通过变频器对其进行控制和监视。根据从变频器发出的合闸或打开命令监视来自 MCB 的反馈信号。这些信号必须具有正确的状态，且必须在预设时间内到达变频器：

① 如果变频器发出合闸命令，且预期的反馈信号没有在预设时间内到达变频器，则复位合闸命令，MCB 跳闸。

② 如果从变频器传输到 MCB 的分闸命令是单脉冲信号，则在接收到由开关设备发出的分闸信号后将其复位。如果反馈信号没有在预设时间内到达，则向 MCB 发送跳闸命令。

3.3.2　转速和转矩控制

通过 DTC（直接转矩控制）控制电机的转速和转矩。DTC 电机控制平台是 ABB 所独有的，并且已经在 ACS 产品系列的所有变速变频器中得到了验证。DTC 提供精确的转速和转矩控制和高速动态响应。在 INU 的 AMC 电路板上执行 DTC。

DTC 控制主要根据电机铁芯磁通和转矩的变化直接控制 INU 中的半导体开关。测量的电机电流和直流回路电压作为自适应电机模型的输入。该模型每 25μs 产生一组精确的转矩和磁通的实际值，电机转矩和磁通比较器将，实际值与转矩和磁通给定值控制器生成的给定值相比较。根据来自滞环控制器的输出，优化开关逻辑每 50μs 直接确定一次最佳的开关位置并在需要时开关。

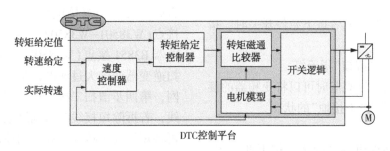

DTC控制平台

3.3.3 外围 I/O 设备

与 INU 的 AMC 电路板连接的外围输入和输出设备包括：本地 CDP 控制盘；S800I/O 系统，用于外部设备并行信号传输；可选现场总线适配器，用于上位控制系统串行数据传输。

3.3.4 高压变频器本地控制盘

控制柜柜门上的本地控制盘作为基本用户界面，用于监视、控制和操作变频器以及设置参数。

3.3.5 特点：

1、四行显示；

2、用户可以选择显示实际值，例如电机的转速、电流、电压、转矩、功率；

3、故障储存器，为维护提供支持。

3.3.6 功能：CDP 控制盘允许操作员：

1、将设置数据输入变频器；

2、通过设置给定值以及发出启动、停止和方向命令控制变频器；

3、每次显示三个实际值；

4、显示和设置参数；

5、显示最近 64 个故障事件相关信息；

3.4 控制盘介绍

3.4.1 CDP 控制盘

主要功能有：启动和停止电机

显示 AFE 和 INU 的状态信息

显示变频器和受监控外部设备的状态信息

复位故障和报警信息

3.4.2 主电源开/关按钮

主要功能有：断开主电源，带灯按钮打开主断路器

接通主电源，带灯按钮向直流回路充电，闭合主断路器

3.4.3 报警/故障指示灯和复位按钮

主要功能有：报警：指示灯闪烁

故障：指示灯常亮

复位按钮：复位变频器控制系统的急停继电器

接通辅助电压时，或者按下急停开关时，指示灯闪烁

3.4.4 "接地开关已解锁"指示灯

主要功能：指示灯亮起时可以将变频器的旋钮开关打至"接地"或"不接地"的状态

3.4.5 急停按钮

主要功能：在停机的情况下，按下此开关，

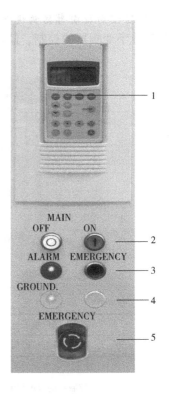

防止变频器启动在变频器运行过程中按下，主断路器立即断开，直流回路放电

4 高压变频器日常维护

1. 高压变频器巡检要求：每两小时巡检一次变频器设备及房间；主要检查内容：①变频器内部温度；②变频器环境空气温度和湿度的允许范围；③组件、电线、电缆或母排的过热迹象；④变频器是否有告警；⑤变频器通风机是否正常、有无异音，房间通风机是否正常、有无异音；⑥空调运行是否正常，并在制冷状态下运行；⑦空调滤网是否有灰尘；屋顶是否漏水；

2. 过滤网维护说明

①变频器运行时禁止清扫和更换过滤网。每次停机后进行更换新的过滤网。（旧的清洁后保存，利用到 400V 变频器上），变频器上张贴"运行中禁止清扫更换过滤网"。②若运行中出现过滤网告警信息，首先汇报管理人员，管理人员同意后，第一步短接电抗器室风压继电器 B3852 接点（W38501－W38502），短接逆变器室风压继电器 B3851 接点（W38502－W38506），第二步清扫逆变器两个大过滤网，第三步清扫电抗器过滤网，第四步清扫二次室过滤网，第五步拆除短接线，若拆除短接线时听到继电器动作声音，立即再将短接线短接来，并查明原因。

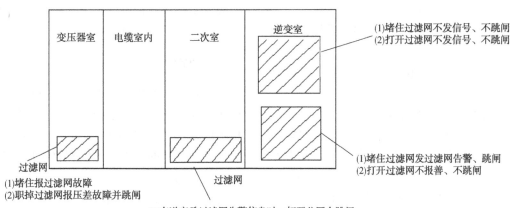

过滤网分布图

（图中标注）

变压器室　电缆室内　二次室　逆变室

(1)堵住过滤网不发信号、不跳闸
(2)打开过滤网不发信号、不跳闸

(1)堵住过滤网发过滤网告警、跳闸
(2)打开过滤网不报善、不跳闸

(1)堵住报过滤网故障
(2)职掉过滤网报压差故障并跳闸

过滤网

(1)有逆变希过滤网告警信息时，打开此网会跳闸

5　高压变频器出现故障排除

5.1　故障和报警指示

当变频器或变频器监控的设备（例如，MCB、变压器、冷却系统）中发生故障时，CDP控制盘显示对应的报警或故障信息，控制室柜门上的报警/故障指示灯亮起：报警：指示灯闪烁；故障：指示灯常亮。

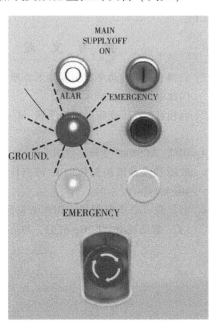

5.2　内部设置重要故障原因及处理办法

5.2.1　相电容器过电压

原因：①短电容器直流环节和阶段；②不稳定控制；③内部参数设置；④测量装置有缺陷。

处理办法：检查数据记录仪：①相电容器电压增加快，几个 100 伏 100-> 可能短期内阶段模块。检查是否一个 IGBT 模块坏了交易的阶段，半导体模块（整个散热器），如果必要的。②阶段电容增加缓慢，约 100 伏 100 年我们在控制->不稳定。开车可以重新启动。

检查 HVD 板，测量电缆和 PhaseINT 板。

5.2.2　过电流

原因：①过电流在一个阶段；②保护发射；③测量装置有缺陷；

处理：①使用数据记录仪检查；②检查其他相关故障；③检查电流传感器和 PhaseINT 板；

5.2.3　NP 接地过电压

原因：①接地故障电流的连接系统；②测量装置有缺陷；

处理：①整顿关闭转换器并检查绝缘水平的电系统（变压器、电缆、ACS、电动机）；②检查 HVD 板，测量电缆和 PhaseINT 板。

5.2.4　INT 辅助电源故障

原因：①PhaseINT 受损；②IPS 受损；③辅助动力的损失；

处理：①检查辅助电源电压和连接；②检查 PhaseINT；

5.3　常见的发热故障及处理办法

变频器是一种精密的电气设备，其发热是由内部的损耗产生的。因变频器内部有很多的电路板以及电解电容组成，决定了它运行中对环境的要求比较高，环境对设备的稳定运行有着很大的影响，高温高湿及高污染的环境大大降低了设备的稳定运行。高压煤浆泵变频器在运行中，时常发生过热，针对这一问题，现已采取以下处理办法改善状况：

（1）由于目前房间的滤网是固定式的，当滤网发生堵塞的时候，房间的进风量减少，不能满足要求，将房间进风口的滤网做成可更换式的，定期检查，定期清洁，保持清洁就是保持通风良好，保证进风量充足。

（2）变频器的发热量主电路约占 98%，控制电路占 2%，其散热主要靠柜顶风机风扇散热，将变频器箱体内部热量带走。如果此风扇电源不稳定，则风扇的风量就会波动，绝对影响变频器的散热。

（3）降低安装环境温度：由于变频器是电子装置，内含电子元、电解电容等，所以温度对其寿命影响比较大。高压变频器的环境运行温度一般要求 -10℃ ~ -50℃，如果能够采取措施尽可能降低变频器运行温度，那么变频器的使用寿命就延长，性能也比较稳定。

6　结束语

随着高压变频器在工业生产领域中的推广和应用，高压变频调速系统在高压煤浆泵上的使用也很广泛，尤其是 DTC 控制系统的使用，完全满足工艺系统的要求。不仅有效提升了工业生产设备运行的安全性与稳定性，而且降低了设备运行的能耗，节省了企业的生产成本。所以工业企业必须在日常生产过程中，切实做好高压变频器设备日常维护和检修工作，充分了解和掌握高压变频器的常见故障，总结高压变频器故障维修的实践经验和教训。加强维修人员技术培训的力度，促进维修人员故障排查和维修能力的有效提升，为高压变频器的安全稳定运行提供技术支持。

参　考　文　献

[1] 倚鹏. 高压大功率变频器技术原理与应用[M]. 中国邮电出版社，2008.

[2] 赵相宾. 高压变频器应用手册[M]. 机械工业出版社，2009.05.

[3] 田浩. ACS2000 变频器使用手册[1]高压变频器常见故障及操作维护探析[J]. 河南科技，2019（10）：40-42.

[4] 磨保强. 高压变频器应用中常见问题的对策研究[J]. 智能城市，2020，6（9）：79.

红外热成像技术在制氢转化炉管
故障诊断中的应用

陈　鹏　李银行　祁少栋

（岳阳长岭设备研究所有限公司）

摘　要　文章论述了制氢转化炉辐射室炉管热故障的类型、炉管壁温监测的意义，通过应用实例介绍了红外技术在制氢转化炉炉管故障诊断的应用效果。

关键词　制氢转化炉；炉管；红外热成像；故障诊断

1　前言

制氢转化炉是制氢装置中转化反应的反应器。转化反应为强吸热反应及高温高压操作，属于装置的心脏设备。

制氢转化炉辐射室供热方式常见的为顶烧炉，其转化管受热形式主要为单排管双面辐射，火焰与炉管平行，火焰从上垂直向下燃烧，顶烧火焰集中在炉膛顶部，具有非常高的局部热强度，同时火焰焰峰处的管壁温度也最高（俗称 3 米点温度），最高管壁温度和热强度同时在转化管顶部位置是顶烧式转化炉的特点，同时也是造成转化管壁温分布不均匀、炉管壁温变化较大的重要原因。

顶烧炉上部供热较多，炉管纵向温度不能调节，在操作末期或催化剂积碳情况下，由于上部反应较少，管内介质温度升高较快，造成转化炉管管壁温度升高，对炉管寿命有较大影响，为控制最高管壁热强度不超标，需对炉管管壁温度严密监控。

2　制氢转化炉辐射室炉管热故障分类及原因分析

转化炉管热故障主要有以下几种类型：①燃烧器燃烧状态不佳，造成燃烧器火焰焰峰舔舐炉管，局部超温；②燃料不干净，造成部分炉管表面结垢结焦；③转化管内催化剂中毒、积碳、粉碎，造成炉管"花斑""亮管"；④炉管高温氧化、高温蠕变、纵向弯曲变形；⑤炉管短节处开裂、蠕变裂纹、炉管局部减薄穿孔、爆管。

故障炉管的更换，不仅会使维修费用上升，加热炉运行过程中，情况严重时还会造成非计划停工，给生产造成很大的损失。综合分析炉管失效的原因，除因转化炉工作条件比较苛刻外，各种炉管失效的形式均直接或间接地与炉膛温度场分布及炉管表面受热状态有关。

3　炉管的常规检测手段及检测盲区

在石化企业中，制氢转化炉辐射室炉管热故障时有发生，加强对制氢转化炉辐射室炉管的监测、避免事故的发生，显得十分必要。而石化企业加热炉辐射室炉管壁温常规测量方法有两种：热电偶在线检测和光电式或光学式辐射测温法检测，而这两种方法在制氢转化炉高温炉管监控中均有监测盲区，难以掌握全炉的热状态，只适用于加热炉的运行监控，不能有效地进行炉管的故障监测和诊断。

4　红外热成像技术在制氢转化炉辐射室炉管壁温监测中的优势

红外热成像方法是利用不为人眼所见的红外辐射来测量物体表面温度的一种技术，属于非接触式检测，具有安全、准确、灵敏、直观、快速、分辨率高、测温范围广等特点，可实时、连续检测物体表面瞬态的二维温度场分布、显示多样化，便于发现过热点、过热区的分布，直观了解热像的形状形态，便于热故障类型的分析诊断。

红外热像仪对高温炉管表面温度的监测，可以获得炉管表面红外辐射强度的热像图，通过分析软件对热图的分析，能够确定炉管表面是否过热、受热是否均匀，判断炉管是否存在蠕变弯曲、积碳、结垢、表面氧化、氧化爆皮等故障。红外热像仪还可对燃烧器燃烧状况进行监测，了解炉膛温度是否均匀。该技术尤其适用于高温炉管的安全监测，它的分析诊断功能是其它测温方法所无法替代的。

5　红外热成像技术在制氢转化炉辐射室炉管故障诊断中的案例应用

5.1　案例1：制氢转化炉辐射室炉管"红管"故障

中石化某分公司制氢装置1#转化炉辐射室在例行红外监测中发现个别炉管通体发红，并逐渐演变成周边5根炉管相继发红，特进行红外跟踪监测与诊断。

故障转化炉部分工艺指标如表1。

表1　1#转化炉部分工艺控制指标

指标分类	指标名称	控制指标值
1	转化炉入口温度/℃	460～500
2	转化炉出口温度/℃	660～800
3	水碳比/不低于	4.0∶1
5	炉膛温度/℃	≥980
6	中变床层温度/℃	340～440
7	低变床层温度/℃	160～230
8	甲烷化床层温度/℃	270～430
9	出口压力/MPa	1.5
10	处理量/(t/h)	2.573
11	炉管材质/HP40	1050℃

现场监测与诊断：

通过短波红外热像仪及随机红外分析软件对热图进行温度校正和分析。监测时，重点考察5根发红转化炉管的上、中、下部的炉管表面热强度，见图1；异常红管照片，见图2。部分故障红管热像图及相应数据分别见图3、表2。

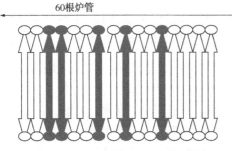

图1　1#制氢转化炉红管分布示意图

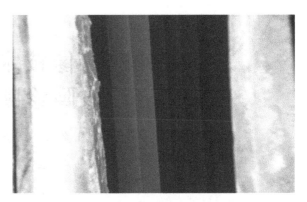

图2　异常红管数码图

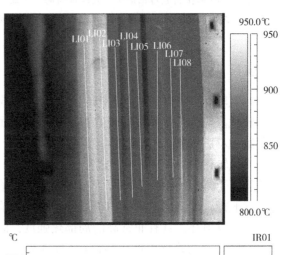

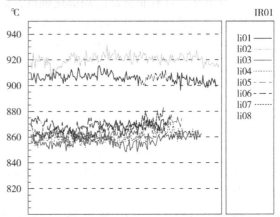

图3　转化炉四层平台1#看火孔红外热图

表2　制氢1#转化炉各层平台看火孔正常炉管与异常红管温度对比表

平台层数	看火孔编号							
	1		2		3		4	
	正常炉管最高温/℃	西端两根红管最高温/℃	正常炉管最高温/℃	中段红管最高温/℃	正常炉管最高温/℃	中段红管最高温/℃	正常炉管最高温/℃	中段红管最高温/℃
三层(下)	863～884	895、908	868～906	904	901～911	955	889～917	931
四层(中)	867～882	915、931	860～887	905	865～884	932	850～879	922
五层(上)	841～855	930、895	854～885	906	833～858	872～881	840～858	870

异常红管现象分析：

红外测试表明，故障红管外壁表面温度偏高，由表 2 数据可见，故障红管表面温度比正常炉管偏高了 30 至 50℃ 左右，其中，西端发红炉管最高温度达 931℃，中部发红炉管最高温度达 955℃。为了分析故障红管温度偏高的原因，在监测故障红管时，对燃烧器火嘴进行检查，未发现单边侧烧现象，所有火嘴全部燃烧正常，据此初步分析认为是炉管内存在催化剂"积碳"导致的超温。

其原因主要是制氢工艺流程中采用的是转化法。转化炉内在催化剂存在条件下富含甲烷的干气等轻烃原料与水蒸汽反应生成 H_2、CO、CO_2 等产物，随后经过净化获得纯净的氢气。而转化反应是强吸热反应，反应所需热量由炉膛提供。转化催化剂的活性成分是镍，镍催化剂在和有害杂质如硫、氯、砷接触时，极易中毒丧失活性；不饱和烃类易使转化催化剂积碳，积碳发生后，炭沉积覆盖在催化剂表面、堵塞微孔，催化剂的活性也将变差。不管转化催化剂是中毒还是积碳，都使转化过程恶化，影响产氢能力，在此状态下，反应混合气体携热效果变差，不能有效地将热量带走，导致炉管床层出现局部过热、热带、热管。通过转化反应流程的分析，转化炉炉管红管确实和催化剂积碳关系密切。

分析认为，(1) 装置开停工对催化剂的反复氧化、还原，造成了催化剂在一定压力下的破碎，另外，催化剂制造时，炉火达不到强度要求也会引起催化剂的破碎。(2) 炉管装填催化剂高空堕落，造成催化剂破碎。

整改建议：

（1）在装置停工过程中、脱硫系统与转化系统串联热氮循环前，残留在脱硫系统床层中的烃类会不断的析出进入转化炉，而转化已停止配汽，导致循环介质进入各炉管的量出现偏流现象，离进料端近的炉管吸收的烃类较多，结碳比较严重，故开工后发生红管现象；远离进料端的炉管吸收介质较少结碳较轻，故红管现象稍好，但其中的催化剂已发生损坏。

（2）发红炉管表面温度较高，初步诊断为炉管内催化剂积碳。其炉管材质为 HP40，设计使用温度为 900℃，最高使用温度为 1050℃。为了不使炉管长时间处于超使用温度状态下工作，而使炉管的使用寿命大大缩短，建议在适当情况下停工更换催化剂。

（3）由于炉管表面温度较高，炉管表面发红，建议调节故障炉管周围的燃烧器，将火嘴火焰长度适当提高，将表面温度较高炉管表面温度控制在 820~850℃ 较好。

（4）测试炉膛负压，以确定烟气引风机的抽力是否足够，以使火焰不舔炉管。

（5）由于装置无法停工处理，只能对炉管表面温度加强监测，密切注意炉管表面温度变化趋势。

5.2 案例 2：制氢转化炉辐射室炉管"弯曲、贴蒸""花斑"故障

中石化某分公司炼油二部制氢转化炉 F7102 部分炉管出现了炉管"弯曲""花斑"及局部区域高温情况，为确保其设备安全运行，我公司对其制氢转化炉 F7102 辐射室炉管进行了在线红外热成像检测。故障转化炉部分工艺指标见表 3。

表 3　制氢转化炉 F7102 测试时 DCS 部分运行数据

序号	指标名称	指标值	测试日运行值
1	进料量/（Nm³/h）	6000	5900
2	炉膛温度/℃	1050	988
3	辐射室入口/出口温度/℃	520/820	522/788
4	炉管管壁热电偶温度/℃	无	
5	燃料类型	PSA 尾气	PSA 尾气
6	燃料用量/（kg/h）	—	7638
7	烟气排烟温度/℃	低于 170	208

故障炉管表面温度热图分析

（1）炉管表面温度局部区域高温，或同根炉管上下温差较大，个别炉管表面最高值达 920℃ 左右。如下图：

文件名	IR_0451_ 新炉二层北面西 4（东 1）看火门第 19、20 根炉管 . jpg
Ar1 平均温度	848.7℃
Ar2 平均温度	883.2℃
Ar3 平均温度	845.1℃
Ar1 最高温度	875.4℃
Ar2 最高温度	920.4℃
Ar3 最高温度	861.1℃

注：新炉二层二层北面西 4 看火孔第 20 根炉管上下区域 Ar2 和 Ar3 温差约有 40~60℃。

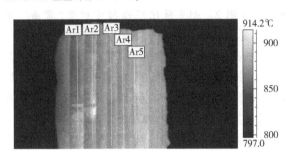

文件名	IR_0455_ 新炉二层东面北 1 看火门北炉管北侧 . jpg
Ar1 平均温度	865.6℃
Ar2 平均温度	882.4℃
Ar3 平均温度	873.2℃
Ar4 平均温度	880.0℃
Ar5 平均温度	884.4℃
Ar1 最高温度	889.5℃
Ar2 最高温度	918.5℃
Ar3 最高温度	883.2℃
Ar4 最高温度	897.2℃
Ar5 最高温度	895.0℃

（2）炉管表面存在云团状区域高温或花斑，判断炉管内催化剂或存在失效故障。如图：

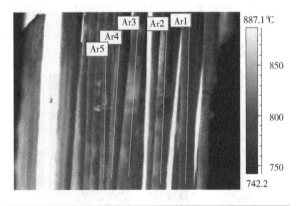

文件名	IR_0489_ 老炉三层西面北 1 看火门北炉管北侧 . jpg

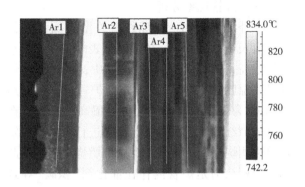

文件名	IR_0490_ 老炉三层西面北 3 看火门北炉管南侧 . jpg

（3）个别炉管出现弯曲、贴靠情况。如下图：

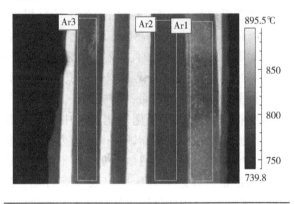

文件名	IR_0434_ 老炉二层北面西 3 看火门第 13、14、15 根炉管 . jpg

注：老炉二层北面西 3 看火门第 13、14 根炉管弯曲，相靠相贴。

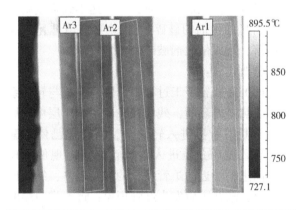

文件名	IR_0437_ 老炉二层北面西 4 看火门第 20、21、22 根炉管 . jpg

注：老炉二层北面西 4 看火门第 21、22 根炉管弯曲，有贴靠趋势。

故障炉管原因分析与结论：

（1）制氢转化炉 F7102 辐射室内炉管材质为 HP40Nb（25Cr-35Ni-Nb），其炉管设计温度为

900℃，使用温度为850℃，参照《管式加热炉》材质说明，其炉管材质最高使用温度为1050℃（车间规定≥950℃）。测试日辐射室二层平台南北方向看火孔炉管表面温度实测平均值在790~892℃之间，最高值在806~920℃之间；新老炉辐射室二层、三层平台东西方向看火孔炉管表面温度实测平均值在763~885℃之间，最高值在790~919℃之间。

（2）转化炉F7102辐射室部分炉管出现弯曲、贴靠情况，具体部位是老炉二层北面西3看火门第13、14根炉管弯曲贴靠；老炉二层北面西4看火门第21、22根炉管弯曲贴靠；老炉二层南面西3看火门第15、16根炉管弯曲贴靠。

（3）转化炉个别炉管存在同根炉管表面温度上下温差约有40~60℃情况，以及炉管表面存在云团状区域高温或"花斑"情况，判断为炉管内催化剂粉碎或是"剥皮"失效故障。建议加强对问题炉管的监测，特别是炉管弯曲、贴靠部位，严禁"问题炉管"超温，必要时可对弯曲炉管"打卡子"停用。

整改建议：

（1）由于装置生产等原因，暂时无法停工处理，只能对炉管加强监测，在保证转化炉工艺生产的前提下，调节故障炉管周围火嘴火焰长度、适当降低转化炉炉膛温度、适当增大水碳比，提高入炉水蒸气量。通过后续监测，炉管温度有所降低，与周围炉管温差减小；并建立炉管温度监测台账，加强与周围炉管温度对比，当出现温差较大或高于炉管设计温度的情况下及时采取措施，随后一直进行红外跟踪监测直至装置计划停工检修。

（2）制氢转化炉F7102运行已有15年，按照炉管设计寿命10万小时计算，炉管处于寿命后期，通过后期停工检修时对炉管热故障验证的宏观检查、超声波检测、蠕胀检测、渗透检测及金相检验，装置对辐射室炉管进行了批量更换。

3　结语

制氢转化炉通过长时间的生产运行，可能会发生一根或几根炉管出现红管的现象，这种现象应与炉管普遍出现花斑进一步大面积红管的现象加以区别。单一炉管出现红管时，适当的工艺调整可以维持正常的装置生产。但只有通过系统的分析，并在停工后进行相应的检测和验证才能针

对具体情况分析出相应原因，并从根本上解决问题。而这些评判与诊断是石化企业通过加热炉辐射室炉管壁温常规监测无法解决的。

通过对制氢转化炉炉管的红外监测与诊断，可以保证石化企业中众多制氢转化炉的长周期运行，避免因炉管过热、积碳花斑、炉管结垢结焦等因素导致的不安全隐患。利用红外热像仪连续跟踪监测故障炉管可有效保障制氢转化炉的运行状态，减少非必要的临时停工，对装置管理人员准确掌控制氢转化炉运行状态有着不可或缺的作用。

参 考 文 献

[1]《高温炉管的红外在线监测诊断及评估系统研究》岳阳长岭设备研究所.

[2] 钱家麟，等.《管式加热炉》[M]. 烃加工出版社.

[3] 刘秋元，陈鹏，等. 加热炉炉管红外热成像分析诊断报告, 岳阳长岭设备研究所节能监测分公司.

[4] 中国石油化工集团公司人事部，《制氢装置操作工》[M]. 烃加工出版社.

[5] 王魁. 温度测量技术[J]. 沈阳，东北工学院出版社，1991.

[6] 闫河，李景振，邢述. 新型技术在炉管氧化检测中的应用[J]. 无损检测，2017，39(02)：30-33.

[7] 陈明辉，徐晓峰，吴天平. 制氢转化炉管的涡流检测[J]. 无损探伤，2010，34(03)：47-48.

[8] 戴乐强. 红外在线监测在制氢转化炉中的应用[J]. 仪器仪表用户，2015，22(03)：41-43+30.

[9] 韩利哲，湛小琳，丁敏. 低频导波技术在炉管检测中的应用[J]. 中国特种设备安全，2015，31(11)：25-31.

[10] 曲明盛. 高温炉管无损检测系统的研制与开发[D]. 大连理工大学，2013.

[11] 赵传明，张玉杰. 浅谈一段转化炉管的超声波检测[C]. 全国大型合成氨装置技术年会. 2003.

[12] 陈忠明，付元杰，赵盈国，等. 超声波自动爬壁系统在大型储罐壁厚检测中的应用[J]. 无损检测，2007.29(11)：663-665.

[13] 杨那. 高温炉管数字化超声检测系统研究[D]. 大连理工大学，2012.

[14] 李明，林翠，李晓刚，肖佐华，黄梓友. 红外热像技术在线评估高温炉管剩余寿命[J]. 机械工程学报，2004(12)：139-144.

[15] 王汉军，薄锦航，张国良，等. 制氢转化炉管失效分析[J]. 石油化工腐蚀与防护，2004，21(3)：23-26.

[16] 徐孝闯，李广财. 浅析制氢转化炉炉管失效[J].

广州化工，2013，41（4）：161-162.

［17］杨会喜，张云生．新型转化炉炉管的开裂原因分析与防护［J］.大氮肥，2007，30（3）：201-203.

［18］耿付海．制氢炉管裂纹分析及对策［J］.工业炉，2003，25（2）32-35.

［19］湛小琳，刘智勇，杜翠薇，等.HP40Nb 钢制氢转化炉炉管失效分析［J］.腐蚀科学与防护技术，2012，24（6）：498-501.

［20］孙长海，郭林海，马海涛，等．石油企业 HP40Nb 钢制氢转化炉炉管破裂分析［J］.化工学报，2013，64（S1）：159-164.

［21］张爽松．制氢转化炉炉管失效分析［J］.石油化工腐蚀与防护，2004、21（2）：30-33.

［22］崔海兵，刘长军，蒋晓东．制氢转化炉 HP40 炉管开裂失效分析［J］.化工设备与管道，2004，40（4）：51-52.

基于 DCS 系统的环氧丙烷吸附机组 GCS 系统改造

蔡　乐　周丽霞　金　鑫　舒　鹏

(岳阳长炼机电工程技术有限公司)

摘　要　如何有效的回收利用装置生产所产生的废气废液，是当今化工行业首要难题，环保是安全生产的重中之重。吸附机组是环氧丙烷装置安全环保生产过程中的关键设备。本项目针对环氧丙烷装置吸附机组现场运行的 PLC 系统进行改造，利用现有国产化系统中控 GCS-G5 系统，将现场相关信号引入系统，实现远程监控并操控吸附机组对废气废液的回收利用。本项目主要由吸附机组主流程图，参数设置画面，吸附机组顺控程序三部分组成。三个部分紧密结合，让工艺对流程监控与管理更加得心应手，保证生产平稳，故障处理及时高效。

关键词　西门子 PLC GCS-G5；吸附机组；顺序控制；环保；网络结构

1　前言

随着中国石化企业的不断发展，装置规模不断的扩大，生产过程伴随的大气污染、化工废料污染等问题日益严重。化工污染处理已成为影响当地环境保护、城市建设、人民生活和经济可持续发展的重要因素之一。因此如何有效地处理化工废料，已是当前化工行业普遍面临的一个非常紧迫的问题。环氧丙烷废气属于有机废气，而目前对于有机废气处理方法有很多，常见主要有活性炭吸附法、燃烧法、冷凝法。本项目中吸附机组所采用的为活性炭吸附法。活性炭吸附法主要原理就是利用多孔固体吸附剂来处理有机废气，这样就能够通过化学键力或者是分子引力充分吸附有害成分，并且将其吸附在吸附剂的表面，从而达到净化有机废气的目的。当前全国环氧丙烷装置吸附机组大多采用为厂家自带国外 PLC 系统和操作面板实行就地控制。这种控制具有一定的局限性，大部分时间工艺人员需长时间待在现场进行阀门控制，启停机泵等操作；且工艺无法及时得知装置其它系统各项有关数据，容易照成误判断、误操作；且当环氧丙烷废气进机组时的压力控制不够稳定之时，吸附机组有闪爆的风险，工艺人员待在现场容易发生人生安全事故；厂家所发货 PLC 系统中的程序属于吸附机组自带程序，有加密情况，无法轻易破解，就地显示屏无相关趋势和报警记录存储，维保人员无法及时有效分析故障原因，无法快速处理故障；且 PLC 卡件等硬件设备若出现问题，须联系厂家

从国外发货，采购周期长，质保售后问题明显；专业维修厂家到现场进行故障检查的时间周期过长，无法及时处理故障，生产稳定性无法保证。为方便操作人员及时得知故障信息及时处理故障稳定生产，本文介绍主要针对吸附机组现场运行国外 PLC 系统进行改造，将相关信号引进国产 GCS-G5 系统，实现远程控制吸附机组运行。这种方式能更好的规避操作人员长时间在现场操作，降低操作人员受到伤害的概率；同时维保人员对装置国产 GCS 系统使用熟练度更高，改造后更方便维保人员进行故障检查，极大降低了故障处理时间，若发生卡件、通道故障等情况，更换国产设备发货时间也更短，可随时响应装置各项问题检查。

2　正文

本文基于某石化环氧丙烷装置 GCS-G5 系统的平台架构设计，可以实现将现场的各种信号的接入、处理与输出，通过装置自带 GCS 系统平台实现机组设备的状态实时监测、异常报警、各种数据的转换、顺控逻辑的启停、联锁系统的投用，以及基于整套环氧丙烷吸附机组单元顺控逻辑的故障检查、处理，和相关工艺流程的创新，新增设备逻辑的引入。

2.1　GCS-G5 系统介绍

以浙大中控的现场 PLC 系统为例(以下简称为 GCS-G5 系统)。GCS 系统是中控技术面向工厂自动化领域推出的产品，产品包括 G5 中大型混合控制系统和 G3 分布式控制系统。整个平台基

于 UCP 通用通信协议网络进行构架，使得产品适应现场分散的使用场合，满足了连续或半连续工业过程，以及大型基础设施场所的控制需求。

GCS-G5 系统通过数据采集、数据处理和控制算法、信号输出等功能，实现生产过程的自动化。如图 1 所示。

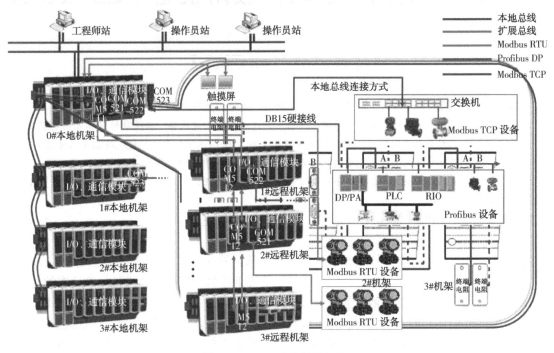

图 1　GCS-G5 系统数据结构

2.2　系统改造实施内容

环氧丙烷吸附机组将信号改造至国产化 GCS-G5 系统后，通过 OPC 数据服务器将数据传送至 DCS 系统，由 DCS 系统显示数据及编制流程画面。操作界面主要由吸附机组主流程图、参数设置画面构成。操作简便，画面直观，让工艺对流程监控与管理更加得心应手。

2.2.1　工艺控制说明

回收系统为废气处理装置系统，配合的公用部分有：循环水、饱和蒸汽、压缩空气、氮气、电气。

装置组成：活性炭吸附装置由 2 个回收罐、干燥风机、旋涡气泵组成，每个罐体由 8 个气动阀门控制，分别是进气阀、出气阀、干燥进气阀、干燥出气阀、蒸气进阀、物料阀、氮气阀组成，前端有 1 个三通联锁阀，外加干燥补风阀、旋涡气泵阀、蒸汽调节阀，每个罐装有 2 个温度传感器。

主要监测点：罐体温度、物料温度、阀门开/闭、风机开/停、蒸汽压力、尾气进气压力、CO 浓度检测温度控制。

尾气吸附装置 2 个吸附罐交替进行吸附、脱附、等待、干燥，自动切换运行。需要设计初始吸附时间、脱附时间、等待时间、干燥时间，时间单位为分钟。运行时序见表 1。

表 1　运行时序

活性炭吸附罐	时间顺序向右						
罐 A	吸附 1	脱附 2	等待 3	干燥 4	吸附		
罐 B	等待	吸附			脱附 5	等待 6	干燥 7
	初次开机	(启动时 A 进入吸附，B 进入等待模式)，A/B 吸附器交替循环，吸附跳脱附模式时延时 10S					

2.2.2　系统控制说明

1. 系统控制有自动/手动状态

画面软"急停"按钮按下时，系统进入安全状态运行(打开三通阀进行放空、蒸汽出阀，并停止旋涡气泵同时打开旋涡气泵阀)

2. 系统启动

按下画面"自动"软按钮，各控制阀门机泵全部进入自动模式(调节阀为 PID 控制)，自动程序开始执行，各阀门按时序图模式控制，此时 A 罐为吸附模式，B 罐为等待模式，进气阀和出气阀开回讯 10 秒内需到，10 秒后判断开回讯到则打开三通阀，否则进入停机模式(程序 0 步)，DCS 系统报警提示。

3. 系统停止

程序在循环停止\故障停机\正常停止\脱附超温联锁时，三通阀先打开，同时执行相对应自动停机程序，10 秒后关闭三通阀，罐体相应阀门(按停机模式)动作，停机后操作人员再次启动时，点击画面"循环启动"软按钮，系统程序按初次开机程序自动运行。

紧急停止(按"循环停止"软按钮)或故障停机和正常停止，紧急停止是在设备故障需要检修时或其它情况下用。

1) 循环停止程序(XHTZ 暂停)：关闭干燥风机、旋涡气泵，蒸汽调节阀，干燥补风阀，加热蒸汽阀，另蒸汽进阀阀门必须关闭，A/B 罐其它 14 个阀均保持当前位置，10 秒后关闭三通阀。待检修完成后继续执行程序；

2) 故障停机程序：吸附超温(A 罐或 B 罐某罐"吸附"状态时任一温度达到设定值)或 CO 超标达到设定值时，停旋涡气泵、开旋涡气泵阀、吸附罐直接切入"脱附"模式运行直至"等待"模式；另一个罐体在"脱附""等待""干燥"任一模式均回到"等待"模式。

3) 正常停止程序(ZCTZSTOP)：按下画面"急停"按钮，三通阀关闭，吸附罐体依次执行"吸附""脱附""等待""干燥"，最后进入"停止"模式，另一罐体按照程序执行完成干燥程序后回到"停止"模式(程序 0 步)，此时关闭旋涡气泵。

说明：执行循环停机时，罐体保持原有运行模式，脱附的罐体关闭对应的蒸汽进阀和蒸汽调节阀，干燥运行的罐体关闭干燥风机，待检修完，无故障报警后，操作人员按下画面"循环启动"按钮，重新继续运行。

进气压力二级高高报警、干燥风机故障执行循环停车程序。

吸附超温报警、CO 浓度高高报警执行故障停机程序。

4. 干燥风机控制

自动程序仅在"干燥"模式时，干燥进气阀、干燥出气阀、干燥补风阀开回讯均到位时，干燥风机启动

停止时提前 30 秒关风机，干燥补风阀启动后按设定时间关，设计高低两个频率，先进入低频模式(时间控制)，其它时间为高频。时间单位为分钟

5. 旋涡气泵控制

画面投用自动程序时泵自动启动，程序启动设有三个频率模式，一个是正常频率，脱附有两个频率，先进入高频模式(时间控制)，剩下脱附时间是低频模式。时间单位为分钟。

6. 脱附状态即将结束时蒸汽进阀和蒸汽调节阀按照设定时间提前关闭(一般为 30 秒)

2.2.3 系统联锁说明

为保障机组平稳运行，系统控制需新增联锁控制。包含蒸汽进阀联锁、吸附超温联锁、液位计状态联锁控制、进风压力联锁、CO 浓度检测联锁、干燥风机联锁、旋涡气泵联锁、消防进阀联锁等，此处不做详解，仅供参考。

2.2.4 系统流程图说明

整张吸附机组主流程图所显示的数据便可供工艺进行基本开停工操作，该图也能实时显示当前所运行各项参数的报警，如发生各项设备报警或者运行程序无法进行均可实时进行监测，既方便操作员对工艺生产的实时把控，也可让维护检查人员直接进行实时数据对比，快速有效分析故障原因，防止误判、误操作。

2.2.5 吸附机组参数设置画面

通过简单的画面绘制，将整个吸附过程的时间顺序，流程步序，简单明了体现出来。岗位简单的界面操作，定制吸附时间，选择解析设备，控制生产操作指标，实现远程操纵现场吸附机组运转。

2.2.6 GCS 与 DCS 并网接入说明

GCS-G5 系统虽现场机柜具备就地显示屏可以操作，但其同样可通过光缆传输将信号引入DCS 系统网络中，并通过域变量的形式，在中控 DCS 系统流程画面显示实时数据，并完成操作。而在将信号引入 DCS 系统的过程中，由于是在生产的装置，需对并网接入做好风险评估和应急措施。

风险评估：

(1) 装置处于正常生产中，在分步导入环氧丙烷吸附机组改造项目的控制器时，涉及到网络及控制器的并入，可能造成与装置现有网络节点和控制器地址冲突；

（2）环氧丙烷吸附机组改造项目节点并入时，第一次投用时涉及到离线下装（造成离线下装的控制器停止运行）和全域发布（操作站会进行电脑重启来更新数据）；

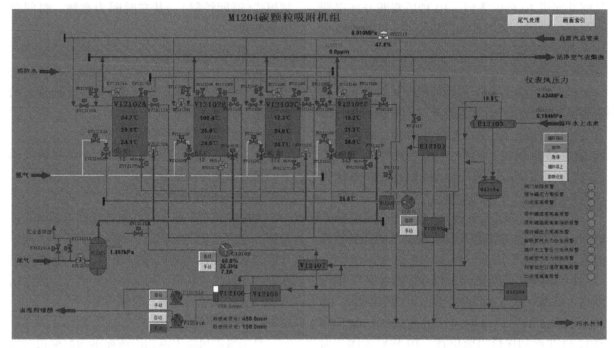

图2　吸附机组主流程图

（3）环氧丙烷吸附机组改造项目节点并入时，因位号较多，可能与原大吸附机组或环氧丙烷 DCS 系统中的位号重名，导致并入时原来系统的某些位号数据丢失。

应急措施：

（1）在对新增吸附机组的控制器和操作节点发布前，通知所有（工艺、仪表）当班人员对现场重点设备进行监护，每进行一步操作都及时与现场人员沟通，对每套装置的重要设备当前状态记录存档，将所有联锁回路有旁路的打到旁路状态。

（2）对新增控制器进行离线下装，在下装过程中，及时与所有大网内的现场工艺人员进行沟通，遇到突发事件，马上停止下装，现场配合人员马上进入自己的维护区域查看问题的原因，分析事故的起因；

（3）在并网过程中，由于新增吸附机组的网络与原有设备在同一网段，在并网过程中要是出现了网络交叉的情况，可能会使通信的数据量翻倍增加，最坏造成网络堵塞，所有画面显示为"????"或者数据不变化，这个时候就需要马上对新接入的网线从交换机上拔除，及时查看现场设备状况和网络通信状态。

3 结束语

目前在数字化、智能化的大趋势下，针对控制对象的管理边界和业务边界逐渐模糊，用户不再满足于使用单一的自动化技术来解决单一的具体问题，而要求管控一体化、安全一体化等复合型需求。环氧吸附机组的 GCS 系统改造，极大地满足了工艺生产需求，并确保了及时有效的生产控制和维护力度。通过日常生产和维护情况的记录，相较于改造前，节约维护维修成本不下二十余万元，同时规避机组停工多次，有效避免因停工而产生的后续环保问题，间接避免紧急损失高达百万元，是一次成功的改造。同时在该石化环氧丙烷装置后续沿用此次改造成果，再次新增两套小型吸附机组，是对该成果的强力肯定。在石化行业，类似于吸附机组的系统改造均可参考此文。

参 考 文 献

[1] 江玉明，类雅芳，李润华，等 . 活性炭吸附技术的研究[J]. 化学世界，1983，5：130-132.

[2] 中控公司 . ECS-700 工程师组态培训教程[J]. 浙江中控技术股份有限公司，2018：5~6.

聚丙烯挤压造粒机粉料计量秤系统国产化改造

舒　鹏　赖梅劲

（岳阳长炼机电工程技术有限公司）

摘　要　挤压造粒机是聚丙烯装置粒料产品转化的重要机组，粉料计量秤是用来测量和控制聚丙烯粉料的下料速度，对挤压造粒机组机的平稳运行有直接影响，该套设备是进口产品，98 年在湖南长岭石化聚丙烯装置投入生产运行以来，该控制系统使用已超过 23 年。近几年计量秤的故障频发，多次造成挤压造粒机组的被动停车，影响了生产效率和产品质量，同时部分备品备件已无法采购，导致故障处理时间变长，为此决定对其进行国产化改造，改造后取得了良好的效果。

关键词　挤压机；粉料计量秤；控制系统；国产化改造；成效

湖南石化聚丙烯装置挤压造粒粉料计量秤控制系统已运行超过 23 年，其关键部位如称重仪传感器、控制器、速度传感器等电器元件均已老旧，故障率高，维护难度大成本高，部分故障仪表已无法采购，有时只能采用类型相似仪表元件进行拼装的办法来处理故障。也使的挤压造粒粉料计量控制系统运行不稳定，甚至造成联锁停车，而机组非计划的频繁地开启，对设备损害大。同时还迫使主体装置降负荷运行。本次改造方案将整个挤压造粒粉料计量控制系统进行了国产化改造，更新安装国产粉研机柜一个，ICS 系统扩容改造，新增 V803 料仓，称重传感器 3 台，称重仪表 1 台，更换 M801A/B 称重传感器 6 台，称重仪表 2 台，W-801 称重仪 3 台，W-802 称重仪 2 台，W-801/W-802 测速传感器 2 台，更换 W-803 过氧化物计量秤 1 台，通过改造满足了生产需求，能够使装置稳定和安全的运行。

1　改造前在现场运行中存在的问题

（1）频繁的开停车对挤压造粒机组影响非常大，不但对摩擦离合器有极大的伤害，对减速箱轴承各轴系伤害也很大，主电机出现了问题对摩擦离合器又产生影响，恶性循环。

（2）设备本身故障较高，一旦出现故障，拆解工作量大，回装后精度也难以保障．并且很多设备的配件已存在无货的情况。

（3）班组人员在清理拉丝时，密闭空间的粉尘环境，存在爆炸的风险。

（4）频繁的开停车，给班组人员增加了很大的工作负荷。

2　挤压造粒粉料计量秤控制系统工艺流程改造

（1）挤压机添加剂进料系统包括粉料进料、添加剂母料配置及进料、M801A/B 循环水子系统、粉尘收集子系统；本次方案设计新增过氧化物计量和进料。改造后新的工艺流程：聚丙烯粉料和固体添加剂分别进料至母料混合器 M-801A/B，聚丙烯粉料和固体添加剂在缓慢搅拌下形成均匀的混合物。混合器一台进行配置操作，另一台备用。

主粉经 RF-805 旋转阀进入到 W-801 主粉计量秤，再经过 M-802 混合机进入到挤压机，配置好的添加剂母料经 T-801A/B 进入到 W-802 添加剂计量秤，然后再经过 M-802 混合机进入到挤压机。

（2）新增的过氧化物料仓 V-803 和螺旋输送机 T-803 安装在厂房第 4 层，拆包站安装在第五层，见图 1。

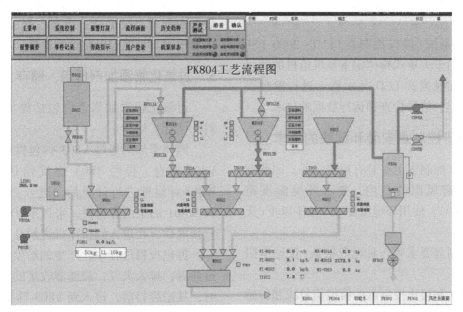

图 1   粉料计量秤控制系统工艺流程

3   挤压机粉料计量秤的改造

由于计量系统的频繁波动，造成挤压机的频繁停车，所以对该系统的改造势在必行。2021年大检修期间我们采用了技术成熟的国产北京燕山粉研精机有限公司生产的失重式粉体定重量供给机，将原计量秤拆除更换为粉研计量秤。拆除原有的日本粉研控制柜，更换为国产北京燕山粉研精机有限公司粉研仪表柜。

（1）过氧化物计量秤 PSL-DD 型，其结构如图 2 所示：

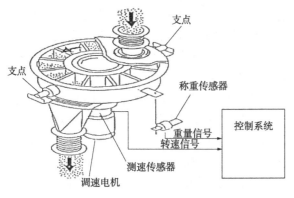

图 2   计量秤结构

（2）工作原理：

在流量计的直径两端设有支点，支点的一端为入料口，另一端为出料口，粉料从入料口进入，并随着转子在流量计的左半周运动，到达出料口后，从出料口排出。称重传感器连续检测通过左半周的粉料流的重量，连同流量计的转速信号一起进入控制系统，由控制系统计算出当前的流量值（PV 值），并将此数据与设定值进行比较，再通过数字 PID 调节器，调节 RF805 旋转阀的转速，使测量值与设定值相吻合。

在粉料计量过程中，由于叶轮不停的旋转和刮除作用，供给盘内不会有粉尘附着的现象，更不会有拉丝料挂壁的现象，所以保证了供给盘左右两侧的平衡，保证了计量秤精确的计量。

（3）系统构成：

① 计量机（粉体定重量供给机或粒体定重量供给机）。

② 补料机（气动阀、旋转阀、喂料螺旋等）。

③ 重量检测部分（PSL 型）。

④ 控制单元（微机控制器或可编程控制器）。

（4）各单元详细说明

① 计量机（粉体定重量供给机或粒体定重量供给机）采用粉研独特的结构，对流动性较差的粉体，也不会产生架桥现象。通过内部的搅拌和打散机构，将粉体的密度控制到接近于自然堆积密度，是精度及可靠性高的粉粒体定量供给机．通过变频器控制供给机驱的转速，可大范围地调整供给量。供给机的输入轴上装有测速传感器，与供给机转数成比例的容积供给量（L/H）被准确地测出。

② 重量检测部分（PSL 型）PSL 方式（台式称重），使用 3 只高精度称重传感器，直接称量设备内部物料的净重使用具有防止侧向力和防振

功能的一体化称重模块，因此不需要额外的加固附件。

③ 控制系统（微机控制器）FUT-2000 PSL型控制器专用于失重式粉体定重量供给机的测量和控制。可在触摸式 LCD 显示器上进行参数设定、信号标定、信号检查和运行数据的显示。

4　关于粉研控制盘安装和配线的要求

（1）由于控制盘上安装有精密仪器，因此要求安装在能避风雨的室内，要求环境温度范围：-5～+40℃，使用环境湿度 85%RH 以下（无结露）。

（2）控制盘要求第一种电气接地（接地电阻小于 4 欧姆）。

（3）接入和接出控制盘的模拟信号线和传感器电缆一律采用带屏蔽的控制电缆，屏蔽线一端应可靠接地。

（4）控制盘与设备间的动力电缆和控制电缆在铺设时应分开布线。

（5）称重传感器电缆必须使用本公司随机附带的专用电缆（该电缆与传感器配套）。

（6）由于控制盘的电气容量所限，因此不允许从盘内外接其它设备的电源。

（7）控制盘周围和下部电缆沟应避免积水，下面的串线孔应进行密封处。

（8）更换的国产北京燕山粉研仪表柜计量秤粉研柜控制面板见图三。

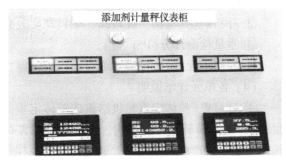

图 3　计量秤柜控制面板

（9）与改造前的控制柜对比优势在于：

① 增加三台计量秤报警显示灯，实时监控计量秤运行状态。

② 原控制柜 M801A／M801B 有两台二次表，新粉研柜取消原二次表显示，新控制柜采用 FUT-2000 控制器，在操作上更为简洁和人性化。

③ 控制器通过采用硬线与 DCS 系统连接，

将重量信号引进画面显示，同时可根据工艺实际需求在画面上设定高、高高、低、低低报警值，主要控制均可通过电脑远程操作。

5　过氧化物添加剂拆包、储存、计量系统

过氧化物添加剂系统包括添加剂的拆包投料、储存、计量。

固体添加剂通过 V803 拆包投料口，投入到 V803 料仓，再经 T803 螺旋输送机，进入到 W803 计量秤进行计量后，进入到 M802，与来自 W801 的聚丙烯粉料、来自 W802 的添加剂进行预混后，在进入到挤压机进料斗。

拆包投料过程中，产生的粉尘，通过袋滤器过滤后，排入大气，袋滤器收集的粉尘，在反吹时，从滤袋抖落，进入到 V803 料斗。

6　过氧化物添加剂拆包、储存、计量系统的操作要领

6.1　开车顺序

过氧化物添加剂拆包、储存、计量系统开车时应按以下步骤：

（1）确认所有设备、控制系统处于正常状态。

（2）确认供电、压缩空气、氮气等公用系统已正常运行。

（3）排风机就地控制箱和仪表柜送电，将就地控制箱的选择开关打到"自动"位置。

（4）根据工艺要求，完成添加剂的投料工作，确认添加剂料仓内的料位满足工艺要求。

说明：V803 料斗的称重仪表安装于现场，通过 DC4-20mA 的信号，传输 DCS，在 DCS 上应组态上下限报警。

当就地控制箱的选择开关打到"自动"位置时，排风机的起停由投料门的接近开关控制，当门打开时，排风机起动，当门关闭时，排风机停止；当就地控制箱的选择开

关打到"手动"位置时，排风机的起停由就地控制箱的手动起停按钮控制。

袋滤器的反吹，由反吹控制器进行控制，可以定时反吹，也可以用外部干接点控制。

（5）通过 DCS 起动计量秤 W803。

（6）当 W803 计量秤内的物料重量低于预设下限时，W803 发出补料请求，要求起动 T803；物料重量高于预设上限时，补料信号消失，

T803 停止补料。当 W803 计量秤内的物料重量低于预设下下限时，W803 控制器发出报警。当 W803 计量秤内的物料重量高于预设上上限时，W803 控制器发出报警。当 W803 计量秤的实际流量与设定值的偏差大于 30%，并且持续 30 秒以上，W803 控制器发出流量偏差报警。

6.2　正常停车顺序

当 DCS 发出 W803 停止命令后，W803 立即停止。

6.3　故障停车

当 W-801、W802、W803 计量秤任何一台设备出现故障时，根据组态的联锁关系，完成系统停车。

当 RF805 旋转阀出现故障时，根据 DCS 组态的联锁关系，完成系统停车。

当 T-801A/B、T803 螺旋输送机任何一台设备出现故障时，根据 DCS 组态的联锁关系，完成系统停车。

6.4　添加剂计量秤 W803

添加剂计量秤的设定模式可通过触摸屏进行选择，有二种模式：控制器、中控，一般设定为"中控"模式。

添加剂计量秤的计量模式可以在 DCS 上进行选择，有二种模式：容积、重量，一般设定为"重量"模式(0=重量；1=容积)

7　改造后的称重操作说明

（1）挤压造粒采用罗克韦尔-T 系统（简称 ICS 系统），人机界面软件为 Intouch10.6。改造后的进料控制面板，画面如图 5 所示。

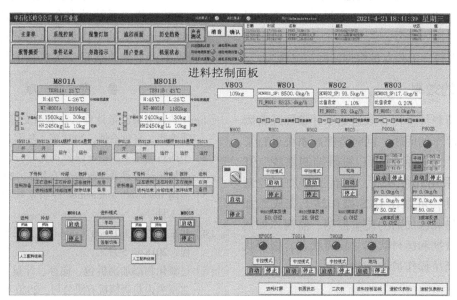

图 5　进料控制面板

（2）M801A/B 重量报警设定

M801A/B 更换称重传感器，取消原二次表显示，将重量信号引进画面显示，同时可根据工艺实际需求在画面上设定高、高高、低、低低报警值，以 M801A 为例说明如何设定报警值，见图 6。

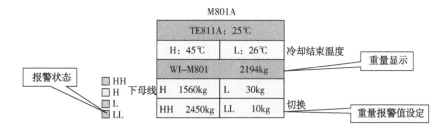

图 6　重量报警设定

设置重量报警值，H 为重量高设定值，HH 为重量高高设定值，L 为重量低设定值，LL 为重量低低设定值。

如需设置重量高报，则用鼠标在"H"对应的框中填写需设置的数值后用键盘上的"ENTER 回车键"确认。"H"对应的为"下母料"，"LL"对应为"切换"M801A/B，设定重量高报后，若实际

重量高于此数值，则显示黄色，灰色表示正常。

（3）W801、W802、W803 比值设定，见图 7。

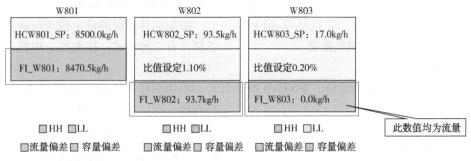

图 7　比值设定

HCW801_ SP 为流量设定值，W802、W803 中"比值设定"，可根据工艺实际情况，输入相应的比值数值，W802、W803 比值设定范围为 0.1%~10%。

在 W801、W802、W803 下面显示，小方块显示正常无报警输入信号，若某个对应框黄色则表示对应信号报警，工艺人员根据实际情况调整。

8　改造后的效果

更新的粉料计量秤有效避免原计量秤经常因下料波动而停车的问题；同时将控制系统进行了国产化改造，改造后的 PLC 粉研控制系统，其CPU 和供电采用冗余方式，提高了添加剂控制系统的可靠性，可以在 DCS 操作站上完成添加剂配料、主粉和添加剂的流量控制、监视添加剂系统的运行数据和运行状态、故障状态、报警状态，降低了岗位操作员的劳动强度。

9　结束语

改造使用至今两年多时间，粉料计量秤计量准确，运行稳定，有效的解决了设备故障对整个造粒系统的影响，挤压造粒机也得以提高了生产负荷，经济效果良好；同时也延长了摩擦离合器、主减速机等系统的寿命；而且还降低了工艺人员频繁开停机的工作负荷，也减轻了维护的强度和成本；本次改造是一次成功的国产化改造。

参 考 文 献

[1] 环状天平型流量计重机在奥斯麦特工艺中的应用，潘映宇，有色冶炼，2003 年 4 月第 2 期.

[2] 中国石油化工股份有限公司长岭分公司聚丙烯装置添加剂计量秤系统改造交工文件，2020 年 12 月.

[3] 美国 Rockwell Automation 控制系统应用手册，2008 年 3 月.

[4] 北京康吉森 InTouch Training10.0 工程师组态培训教程，2018 年 5 月.

[5] 过氧化物添加剂拆包、储存、计量系统 操作手册，北京燕山粉研精机有限公司，2020 年 10 月.

列管式反应器多管束压降测量系统的研发应用

焦　达　何神奇　陈　阳

(岳阳长岭炼化通达建筑安装工程有限公司)

摘　要　列管式反应器催化剂装卸剂过程需要开发和使用一套多管束压降测量系统，该测量系统是通过压差原理对催化剂的装填密度检测，并控制各列管内催化剂的装填密度，确保一致性。

关键词　列管式；反应器；管束压降；测量

1　前言

列管式反应器催化剂装卸剂施工需要一套装填、检测技术及装备集成的系统。国外有成套装填模具及检测技术设备，其单套进口价格昂贵，且不利于升级、改造和维修。列管式反应器催化剂装卸剂施工过程中可以简单归纳为三个关键技术，分别是：装填模具的实验、卸剂真空抽吸设备的配套、装填密实度检测。上述三个关键技术中，卸剂真空抽吸设备和装填模具均作为专项投入取得突破和应用。其中多管束压降测量系统是质量保证的关键，也是研发的核心所在。

管束反应器测压仪主要包括气流控制箱、测压控制盒、气管转接装置、膨胀头装置、支架和气管。用于测量列管式反应器管束压力降，判断催化剂装填效果。本装置主要是在管束反应器催化剂装填完成后，为了保证装填密度的一致性，通过压差原理进行测量催化剂的装填密度。测试过程中若压差值比较均匀，说明催化剂装填效果比较好密度比较均匀；反之，装填效果不好，需要调整或重装。

2　研发的主要内容、方案

2.1　装填工艺的确定

前期卸剂及清管→列管检查盖管帽→下水帽安装→下瓷球装填→催化剂装填→压降测试调整→上瓷球装填→偶管装填→上水帽安装→外观验收→列管验收→其它配合工作。

2.2　装填参数

2.2.1　装填技术参数

2.2.2　装填模块

功能：施工时，将装填模块导管插入列管上管口，一个列管口安装一个装填模块，使装填模块铺满上管板。催化剂被输送到装填模块上，催化剂颗粒通过模块的小孔落入列管中直至装满整个模块，将装填模块从列管中取出，使模块中催化剂回落到列管中，达到理想的高度。

采用模块进行装填是保证装填密实度保持一致的根本手段。

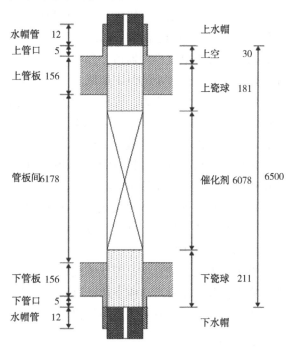

图1　装填技术参数

2.2.3　多管束压降测量系统

功能：为催化剂装填质量提供科学数据，保证催化剂装填质量同时提高装填效率。参数：预期技术指标：压力降合格范围=压力降平均值×（1±4%）。

多管束压降测量系统，是对前期模块装填方案和装填实效进行检测的手段，对装填密实度进行合格与否的定量判断。

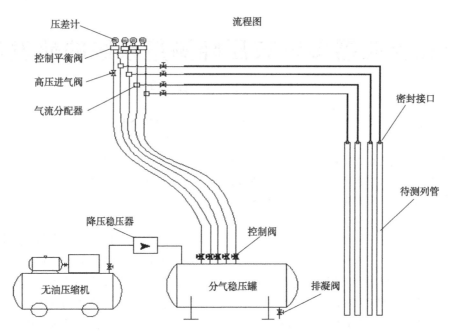

图 2   流程图

2.3 压差检测系统研发说明及操作注意事项

测试气源由无油空压机供给，空压机输出压力稳定在0.4~0.6MPa区间。压缩空气经过滤除油脱水，再经过降压稳压器后，分气稳压罐压力需稳定在一个误差较小的恒定区域。

压差测试中气流压力、流量、流速的不同都会影响测量数据的准确度，因此我们对稳压罐、气管、气流分配器等元件进行了充分的计算与论证，确定每一根列管密封接口的压力相同，确保测试中压力稳定，气流流量、流速等相同。

压差计选用先进的数显仪表，带PLC模块，能将测量数据采集导出，并且比较分析后，对超出范围的数据标识警示。

整个压差测试装置中，与气体接触的零部件的材质由橡胶、塑料与304不锈钢组成，避免铁离子等其它杂质对双氧水系统与催化剂等污染。

3 研发过程

全尺寸模拟反应器列管(36根)系统制作→设备工装、仪表元件的采购组装→装填、测量、采集数据→验证方案及工装的参数设置→按照标准值±4%的检验标准，装备不断改进、程序不断优化→合格率逐步上升→达到预期目标。

基本可以体现出5个阶段进展：

3.1 第一阶段

采用混装模式对催化剂进行装填，未对催化剂的批次、干燥程度、粉化程度进行区分，本阶段实验证明催化剂性状直接影响差压测试的合格率。

3.2 第二阶段

在36根试验管中，抽取32根利用模具规范装填，2根不用模具直接手工装填(容易在列管内造成搭桥、空段现象)，2根利用模具装填后人为强行加塞一量杯催化剂(容易造成列管内催化剂紧实度超标)。本阶段实验验证了模块的重要性。模块可以有效地防止列管内催化剂搭桥、空段现场产生，保证催化剂装填密实度同步。同时验证了差压测试系统数据的真实性和敏感度合适，少装或多装均对差压测试数据产生观察得到的影响和变化。差压测试数据可以准确地反映出以后列管偏流的可能性。

3.3 第三阶段

部分列管下水帽丝网扭曲、堵塞严重。导致该列管不合格的原因就在于该水帽堵塞。经更换、重装、重测，一次合格。本阶段发现设备设施的缺陷也会影响到列管的压差数据及列管运行质量。

3.4 第四阶段

用机械指针式差压计分三次进行检测，测试数据出现不稳定迹象，平均一次合格率约94%，一次装填合格率没能达到预期99.6%的目标值。

反复调整锥形膨胀密封件材质(70#牛津→

60#牛津→硅胶），密封效果大大改善，操作者力度、角度的变化对密封效果不造成影响，测试数据趋于稳定，多次测试后，平均一次合格率提升到 98%。

本阶段实验发现密封元件对测试数据有一定的影响，采取更合适的密封件和密封方式，可以保证测试的稳定性和可靠性。

3.5　第五阶段

用数显电子差压计替换掉机械指针式差压计，经过多次调校，反复摸索，交叉互检、累计360 根次测试检查，一次合格率达到 99.7%，达到预期技术指标。

本阶段实验更换了精度和灵敏度更高，更准确的数显电子差压计，使数据的准确度大为提高、数据统计分析更为直观，达到预期目的。

图 3　测量箱

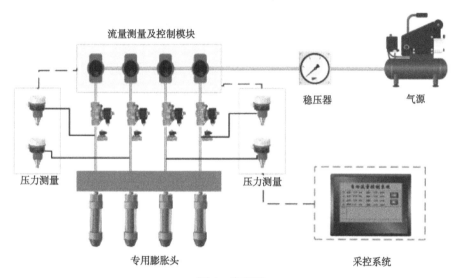

图 4　流程图

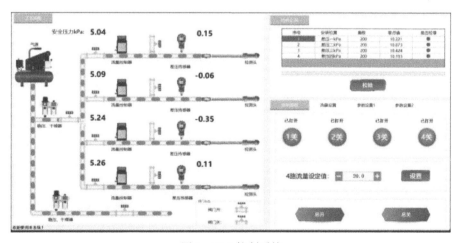

图 5　PLC 控制系统

4 研发成果应用

研发成果于 2021 年 9 月在公司研发中心邀请到炼油、化工、仪电、机械、

工艺等专业的十多位专家和领导进行联合评审，经专家组体验、测试、评估，满足技术指标：压力降合格范围 = 压力降平均值 ×（1±4%）一致认为：本次研发课题的方法科学、数据真实、装备可靠，达到研发目的，满足列管式反应器催化剂装填的各项技术要求。成果同日实现发布。

成果发布后次月，在中石化长岭分公司（现湖南石化）化工作业部环氧丙烷第四反应器 10945 根列管催化剂装填中应用，施工中，设备操作方便、数据真实有效、采集方便、装填瑕疵反应灵敏、评判准确。历时半个月装填、检测、调整、验收后反应器投产运行，一周后生产出合格产品，目前运行平稳、参数稳定、符合预期、产品质量优良。

运用夹点技术对原油常减压换热网络的分析

——以某公司 1.0Mt/a 常减压装置为例

刘建树

（长岭炼化岳阳工程设计有限公司）

摘　要　原油换热是炼厂用能的主要环节，其换热网络的优化设计是节能领域的研究重点。本文阐述了采用夹点技术进行工程设计的基本原理、工程要求与热力学分析方法，并对某公司 1.0Mt/a 常减压装置的换热网络的设计结果进行分析，结果表明该换热网络的热回收率有着较优效果。

关键词　常减压；换热网络；夹点技术

1　引言

随着石油可开采资源的短缺，节能已越来越多的引起人们的重视，对工艺装置进行合理的规划和设计，从而最大限度的增加热量回收是节能的有效途径之一。原油常减压蒸馏装置是炼油厂最大的耗能装置之一，其能量消耗约占全厂总能耗的 20~30%，而该装置能耗的高低关键取决于常减压换热网络能量回收利用的水平，因此，通过实现换热网络设计最优化对于炼油厂的节能降耗意义重大。

1.1　换热网络综合

换热网络综合就是要在最少设备投资费和操作费用下，实现把每个过程物流由初始温度加热到目标温度的换热器网络。其中设备投资费用主要与换热面积及换热设备台数有关，而操作费用主要与公用工程消耗量有关。最优换热网络的目标就是使这三方面的消耗都为最小值，但对于实际生产装置，这一目标很难同时满足，因为最小公用工程消耗意味着较多的换热单元数，而较少的换热单元数又需要较大的换热面积。实际设计时，需在操作费用或设备投资费用上做出牺牲，以获得最小的总费用，如图1所示。

换热网络综合方法自上世纪 60 年代发展至今，根据研究方法的侧重面不同，大体上可以分为数学规划法、经验规则法和夹点法三类。其中数学规划法是把问题归结为有约束的多变量优化问题，因此存在计算极为复杂的缺点。经验规则法是应用一些经验积累下来的直观推断规则，剔除一些不合理的方案，缩小搜索空间，最终得到一个趋于最优的可行解，其不足在于缺乏理论的严格支撑。夹点技术（Pinch Technology）则是目前出现的换热网络综合方法中最为有效的方法，已成为过程能量集成的一个基本方法，并在工程实践中得到了广泛应用。

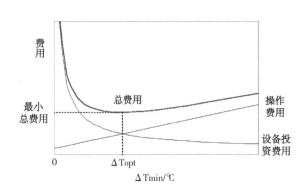

图1　换热网络公用工程及成本与 ΔT_{min} 的关系

1.2　夹点技术

夹点技术是以热力学第二定律为基础，从宏观角度分析过程系统中能量流沿温度曲线的分布，从中发现系统用能的"瓶颈"所在，并给以"解瓶颈"的一种方法。用夹点技术设计换热网络的基本原理是建立一个最大限度回收热量的初始网络，然后再进行能量费用和设备费用的比较，反复对初始网络调优，最终得到一个最优的换热网络。

具体而言，根据夹点理论，无论多么复杂的换热网络都可以按照一定的规则合成物流的组合曲线（T-H 图），热物流组合曲线与冷物流组合曲线之间的最小垂直温差即为网络的夹点，在夹点处，冷热物流的传热温差最小，此时系统公用工程用量最小，即为图2中热、冷物流复合曲线投影的未重叠部分 Q_C+Q_H，而两条曲线在H轴上投影的重叠部分则代表了换热网络中物流之间可能的换热量 Q_{save}。

由于夹点处冷热物流传热温差最小，可将夹点视为子系统分割点，整个换热网络可分解为夹点之上和夹点之下两个子系统，前者只有外部加热和内部换热，没有任何热量流出，是个"热阱"系统，后者只有外部冷却和内部换热，没有任何热量流入，是个"热源"系统。因此在采用夹点技术设计时需遵守三条基本原则以达到最小加热和冷却公用工程消耗：

A，夹点之上不应设置冷源；

B，夹点之下不应设置热源；

C，不应有跨越夹点的传热。

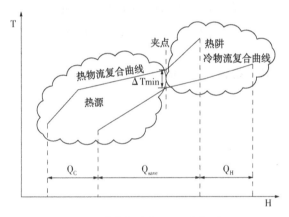

图2　冷热物流的T-H曲线图

T-H曲线图比较直观，物理意义明显，对于较简单的问题，可用此方法确定夹点和最小公用工程消耗。但这种方法并不准确，也无法计算机化，特别是对于物流数较多的复杂网络系统，用作图法很难进行定量计算。这时可用Linnhoff等人提出的所谓"问题表格法"来加以计算。

采用问题表格法时，在考虑传热温差 ΔT_{min} 的前提下，首先按照冷热物流的初始温度 T_s 和目标温度 T_t 确定区界温度。其次对由区界温度构成的每一温度区间进行热量衡算，之后再进行热量的联算，从而找到最小公用工程加热量 Q_H 和冷却量 Q_C，最后根据夹点处热流量为0的位置确定夹点位置。

2　实例研究

2.1　换热网络简介

本文以某公司1.0Mt/a常减压装置扩能改造工程为例，其流程示意图如图3所示，装置主要包括电脱盐部分、换热部分、分馏部分及加热炉。

原油的换热网络流程见图4，采用三段换热结构：即脱前原油的换热、脱后原油的换热和闪底油的换热。具体而言，混和原料油自装置外进入原油泵，经泵升压分两路换热，换热到130℃后合并进入电脱盐罐。脱后原油分成两路，以221℃入闪蒸塔。闪蒸塔底油经闪底油泵升压后分两路，换热至315℃，入常压炉并加热至369℃，进入常压塔进行蒸馏。

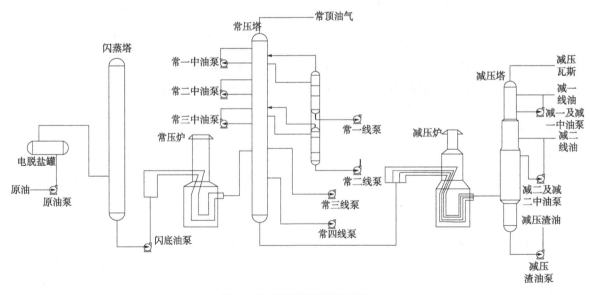

图3　常减压装置流程示意图

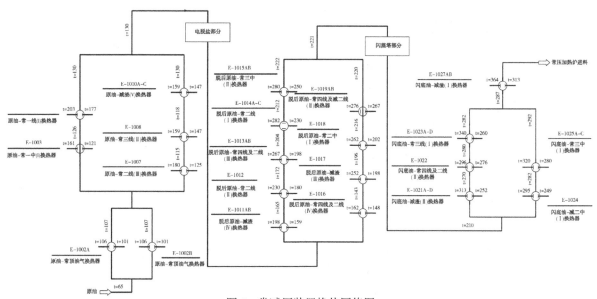

图4 常减压装置换热网络图

2.2 物流基础物性

夹点分析中过程流股的提取原则是把全装置流程系统作为一个整体考虑,提取过程系统中与工艺流体匹配换热或与公用工程流体匹配换热的所有工艺流股作为参与过程夹点分析的流股。在本文中,公用工程物流因为缺乏相关数据,故没有加以考虑,仅将原料油及其产品等工艺流体,提取了相应的流股数据,其中热物流有11股(H1-11),冷物流有3股(C1-3),基础物性数据从常减压装置的Pro/II软件模拟结果中获得,详细情况见表1。在工程设计时需要注意的是,每股物流对应的热容值随温度的变化而有所改变,常减压装置中由于物流温度相差较大,其热容应考虑温度的影响,但在常规夹点设计法中为了简化设计一般将热容取为常数。

表1 年加工100万吨原油冷热物流基础数据

编号	介质名称	流量/(kg/h)	入口温度/℃	出口温度/℃	比热/(kJ/kg℃)	热容流率/(kW/℃)
C1	脱前原油	119048	65	130	2.157	71.330
C2	脱后原油	119048	125	221	2.259	74.703
C3	闪底油	118817	210	315	2.314	76.373
H1	常顶油气	9525	133	105	2.501	6.617
H2	常一线	8380	203	40	2.352	5.475
H3	常二线	9943	282	60	2.455	6.781
H4	常三线	1430	340	85	2.570	1.021
H5	常四及减二线	1800	296	85	2.612	1.306
H6	常一中	17561	161	121	2.391	11.663
H7	常二中	17686	262	202	2.555	12.552
H8	常三中	18398	340	130	2.682	13.707
H9	减一及减一中线	98128	135	85	2.483	67.681
H10	减二中	70778	295	204	2.754	54.145
H11	减渣	58333	364	100	2.761	44.738

2.3 问题表格

以垂直轴为流体温度坐标,把各冷热物流按其初温和终温绘制成相互平行的垂直线,其中传热温差 ΔTmin 取为20℃,建立其常减压装置换热网络的问题表格,如图5所示。

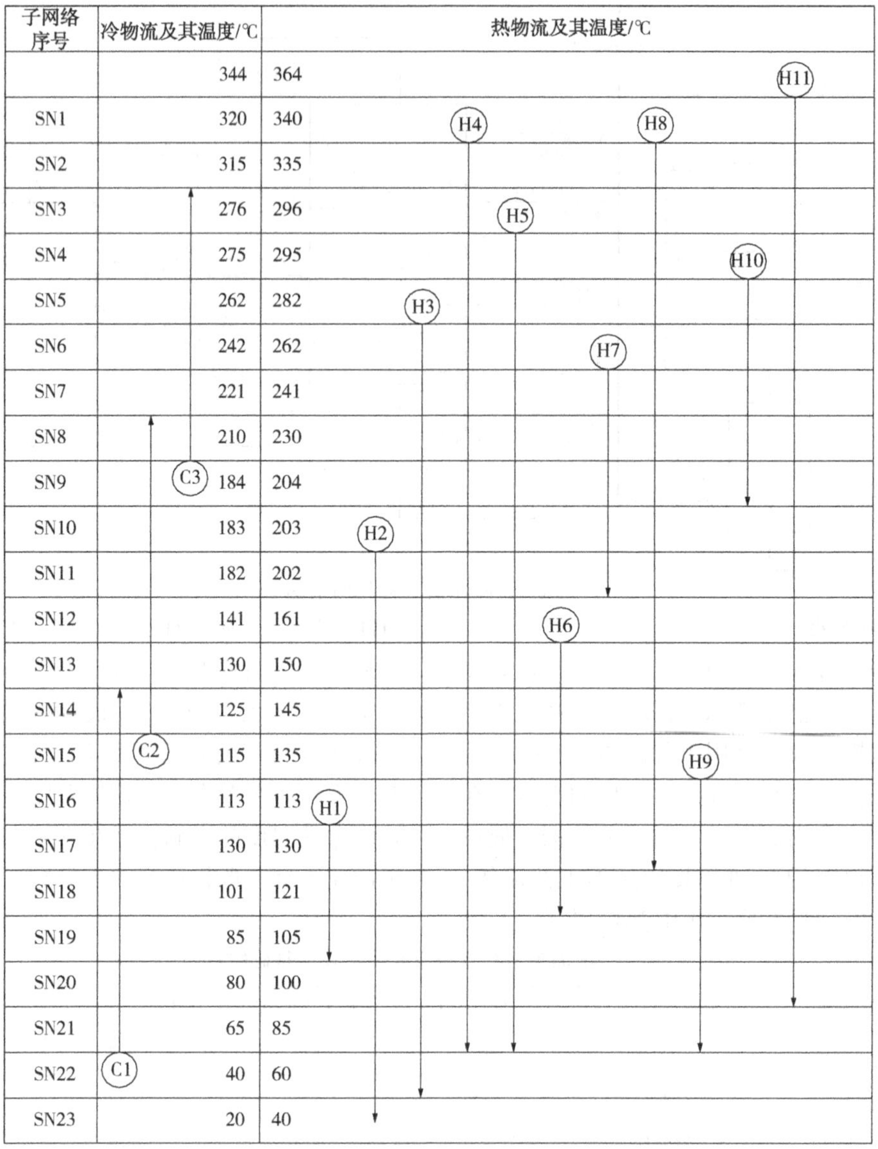

子网络序号	冷物流及其温度/℃	热物流及其温度/℃	
	344	364	H11
SN1	320	340	H4　　H8
SN2	315	335	
SN3	276	296	H5
SN4	275	295	H10
SN5	262	282	H3
SN6	242	262	H7
SN7	221	241	
SN8	210	230	
SN9	C3　184	204	
SN10	183	203	H2
SN11	182	202	
SN12	141	161	H6
SN13	130	150	
SN14	125	145	
SN15	C2　115	135	H9
SN16	113	113	H1
SN17	130	130	
SN18	101	121	
SN19	85	105	
SN20	80	100	
SN21	65	85	
SN22	C1　40	60	
SN23	20	40	

图 5　换热网络的问题表格

2.4　夹点位置的确定

依次对每个子网络进行热量衡算：

$$D_X = I_X - Q_X$$

$$D_X = (\sum C_{PC} - \sum C_{PH}) * (T_X - T_{X+1})$$

D_X 为第 X 个子网络的赤字，即该子网络为满足热平衡时所需要外部输入的净热量。D_X 值为正，表示需要外部输入热量，D_X 值为负，表示有剩余热量输出；I_X 为由外界或其它子网络输入给第 X 个子网络的热量；Q_X 为第 X 个子网络向外界或其它子网络输出的热量；$\sum C_{PC}$ 为子网络 X 中包含的所有冷物流的热容流率加和；$\sum C_{PH}$ 为子网络 X 中包含的所有热物流的热容流率加和；$(T_X - T_{X+1})$ 为子网络 X 的温度间隔，用该间隔的热物流温度之差或冷物流温度之差皆可。

根据温度区间之间热量的传递特性，在假定各温度区间与外界不发生热量交换，即热交换量为零，则有：

$$I_{X+1} = Q_X$$

其计算结果如表 2 所示：

表 2　问题表格法的计算结果（单位：kW）

子网络序号	与外界无能量交换			外界输入能量	
	D_X	I_X	Q_X	I_X	Q_X
SN1	−1073.712	0	1073.712	−696.068	377.644
SN2	−297.33	1073.712	1371.042	377.644	674.974

续表

子网络序号	与外界无能量交换			外界输入能量	
	D_X	I_X	Q_X	I_X	Q_X
SN3	659.373	1371.042	711.669	674.974	15.601
SN4	15.601	711.669	696.068	15.601	0
SN5	−501.072	696.068	1197.14	0	501.072
SN6	−906.5	1197.14	2103.64	501.072	1407.572
SN7	−1215.417	2103.64	3319.057	1407.572	2622.989
SN8	185.086	3319.057	3133.971	2622.989	2437.903
SN9	−1548.2	3133.971	4682.193	2437.903	3986.125
SN10	−5.402	4682.193	4687.595	3986.125	3991.527
SN11	−10.877	4687.595	4698.472	3991.527	4002.404
SN12	68.675	4698.472	4629.797	4002.404	3933.729
SN13	−109.868	4629.797	4736.665	3933.729	4040.597
SN14	306.71	4736.665	4429.955	4040.597	3733.887
SN15	−133.61	4429.955	4563.565	3733.887	3867.497
SN16	−162.084	4563.565	4725.649	3867.497	4029.581
SN17	−282.977	4725.649	5008.626	4029.581	4312.558
SN18	−665.568	5008.626	5674.194	4312.558	4978.126
SN19	−996.624	5674.194	6670.818	4978.126	5974.75
SN20	−278.36	6670.818	6949.178	5974.75	6253.11
SN21	−164.01	6949.178	7113.188	6253.11	6417.12
SN22	−306.4	7113.188	7419.588	6417.12	6723.52
SN23	−109.5	7419.588	7529.088	6723.52	6833.02

依据该表的计算数据得出其温区热流图，如图6所示：

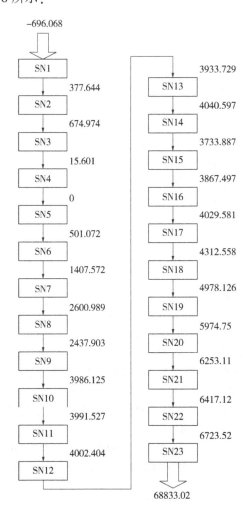

图6　温区热流图

对照温区热流图，作出相应的总组合曲线图，如图7所示，从图中可以从可以清晰的看出，网格SN4-SN5之间是夹点，该点处热流温度为296℃，冷物流的温度为276℃。

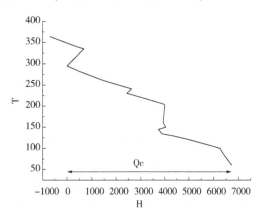

图7　总组合曲线图

对于整个常减压装置的换热网络来说，多数流股匹配换热处于合理的位置，使能量得到合理的流动，最终进入闪蒸塔为221℃，达到了经验温度区间（220~230℃），进入常压塔的原油温度达到315℃，较高的入塔温度可减少常压炉的燃料消耗。

但从分析结果来有一些尚需优化的地方，即存在着冷源和热源利用的不合理之处，具有进一步改造的潜力。

A，换热网络中冷热物流匹配换热的传热温

差较大(部分数据见表3),较大的传热温差对降低设备投资费用是有利的,但同时会增大系统传热过程的有效能损失,势必造成系统过多的能源消耗。

B,在夹点之上的温度区间内冷热物流匹配不完善,导致高温位的热量没有得到足够的利用。穿越夹点的传热增加了系统公用工程的消耗。详细情况见图8。

表3　部分换热器换热温差表

换热器型号	热流体	热流体温度变化/℃	冷流体	冷流体温度变化/℃	对数平均温差/℃
E-1004	H2	203-177	C1	126-130	61.34391
E-1008	H4	260-130	C1	115-118	56.50027
E-1013AB	H5	267-198	C2	172-204	41.80611
E-1014AC	H3	282-230	C2	204-212	44.42655
E-1015AB	H8	280-250	C2	212-222	47.29733
E-1019AB	H5	276-267	C2	216-220	53.46104
E-1021AD	H11	313-252	C3	210-270	42.49804

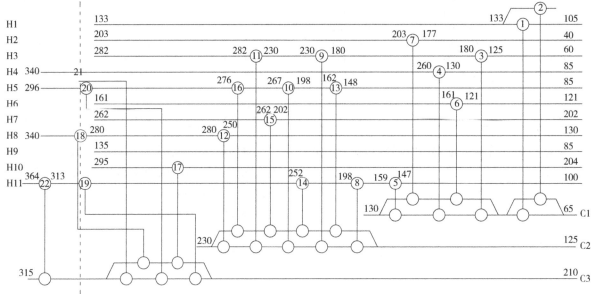

图8　换热网络合成图

3　结论

本文利用夹点分析法,以某公司1.0Mt/a常减压装置的换热网络为例,通过问题表格法计算表明,该系统在较好完成换热目标情况下,仍有部分能量利用不合理的地方,主要是夹点以上温度区间冷热物流匹配不合理导致能量穿越夹点,另外,一些换热器的换热温差过大。通过夹点技术能够对此换热网络作进一步优化的潜力。

参 考 文 献

[1]吕艳卓,魏关锋,王瑶,等.常减压蒸馏装置换热网络的节能优化[J].石油化工设计,2003,20(3):12-15

[2]高维平,杨莹,栾国颜,等.吉化炼油厂第二常减压换热网络的优化节能研究[J].吉林化工学院学报,2000,17(4):1-8

[3]杨基和,曹丹,林华光,等.运用窄点技术对原油常减压换热网络优化改造设计[J].江苏工业学院学报,2006,18(1):5-9

[4]王芳,魏华农,李忠杰,等.常减压装置灵活加工换热网络的优化设计[J].青岛科技大学学报,2004,25(5):415-420

[5]杨鸿剑,封子文,丁智刚,等.夹点节能及其换热网络综合应用探讨[J].新疆石油学院学报,2004,16(4):66-68

[6]詹世平.炼油厂常减压工段换热网络的最优设计[J].化学工业与工程,1995,12(3):38-41

[7]刘巍.冷换设备工艺计算手册[M].北京:中国石化出版社,2003

[8]麻德贤,李成岳,张卫东.化工过程分析与合成[M].北京:化学工业出版社,2002

[9]冯霄.化工节能原理与技术[M].北京:化学工业出版社,2004

[10]夏永慧.一个基于流程模拟的换热网络优化方法[J].炼油技术与工程,2003,33(2):19-23

质量管理体系在企业运行过程中的问题及应对措施探讨

唐卫军　戴元芳

（湖南长炼兴长集团有限责任公司）

摘　要　质量管理体系标准 GB/T 19001—2016 在我国很多企业已经运行多年，在体系实际运行过程中会经常出现一些问题，各项活动无法协调进行，最终无法保证实现质量目标。本文通过探讨企业运行过程中的质量管理体系认知偏差、管理职责不清、生产控制不严、产品检验不严、顾客满意度调查分析流于形式及内审有效性不足这六个方面的问题，提出应对的防范措施，确保向顾客提供稳定合格的的产品和服务，助力企业高质量发展。

关键词　质量管理体系；产品质量

1　前言

为保证国际贸易的顺利发展，国际标准化组织（ISO）于 1987 年正式发布了 ISO9000 系列质量管理和质量保证标准。ISO9000 系列标准逐步演变成为 ISO9000 族标准，成为全世界各类组织建立、实施和改进质量管理体系的通用准则。2015年 9 月 23 日，ISO 发布了以 ISO9001：2015 为核心的 ISO9000 系列标准，建立起国际通用的质量管理体系要求。作为 ISO 的正式成员国，中国一直对 ISO 发布的标准基本上是以等同采用的方式转化为国家标准。2016 年 12 月 30 日，我国发布 GB/T 19001—2016《质量管理体系 要求》。我国质量管理体系标准得到了非常广泛的应用，截至 2023 年 4 月，全国质量管理体系认证获证证书为 84 万多张，获证企业达 79 万多家，极大地提升了中国企业的管理水平和能力。

质量管理体系标准总结了先进企业的质量管理实践经验，是企业经营管理的基石。国际上大量企业的实际运营结果证明，良好的质量管理体系运行对企业的生产经营起到保驾护航的作用。

质量管理体系标准 GB/T 19001—2016 在我国很多企业广泛应用，质量管理概念广为人知。但部分企业在质量管理体系实际运行过程中会经常出现一些问题，对体系运行的有效性产生了不利影响，甚至对生产过程的产品质量、安全运行产生了较大影响，无法使质量管理体系各项活动协调进行，最终无法保证质量目标的实现。本文将探讨质量管理体系在企业运行过程中的问题及其防范措施。

2　存在的问题

2.1　对质量管理体系的认知存在偏差

企业中部分人员甚至是企业的领导层对质量和质量管理体系认知存在偏差，认为质量管理体系目的仅仅是管控产品生产和检验质量，即狭义上的产品质量管理，从而导致在实际运行中将质量管理的职责定位为质量检验部门或产品质量管理部门的职责，一旦出现质量管理体系问题时，质量检验部门或产品质量管理部门成为主要责任部门或第一责任部门。

实际上根据 GB/T 19000—2016《质量管理体系 基础和术语》所表述的，质量是客体的一组固有特性满足要求的程度，客体可以是物质的，也可以是非物质的，包括产品、服务、过程、人员、组织、资源等。质量管理体系是组织建立质量方针和质量目标以及实现这些目标的过程的相互关联或相互作用的一组要素，包括组织确定其目标以及为获得期望的结果确定其过程和所需资源的活动。

目前，生产企业质量管理体系运行依据是 GB/T 19001—2016《质量管理体系 要求》，该标准中质量管理体系的要素包括：理解组织及其所处环境；领导作用；管理体系策划；支持过程；产品和服务要求（即销售过程）；产品和服务的设计和开发（即科研开发过程）；外部提供的过程、产品和服务的控制（即采购过程）；生产和服务提供（即产品和服务实现的策划和实施过程）；产品和服务的放行（即产品和服务的检查验证和放行过程）；绩效评价（包括对顾客满意在内的各项绩效目标的监测分析、内审和管理评审等）；改进。

由上可知，质量管理体系是通过周期性改进，随着时间的推移而进化的动态系统，是一个系统工程，而且某种意义上是"一把手工程"，与企业生产经营的绝大部分部门和过程紧密相关，如企业的战略规划管理部门、绩效目标管理部门、人力资源管理部门、设备管理部门、生产和科研技术管理部门、采购销售部门等，绝不仅仅是质量检验部门或产品质量管理部门一个部门的职责。仅靠质量检验部门或产品质量管理部门一个部门是无法有效推动企业范围内质量管理体系有效运行的。

2.2 职责不明确或不清晰，职责落实不到位

部分企业在质量管理职责界定过程中存在职责不清，特别是相关过程交接界面的职责界定不清晰，导致相关过程在实施时存在真空地带。例如在产品的设计开发过程中，涉及到研发、生产技术、产品检验、销售等部门，因技术保密要求，就可能会出现部门之间沟通不畅，部分关联的职责厘不清。在新产品研发过程中，由于销售部门、生产管理部门和研发部门间职责界定不完全清晰，导致开发的产品质量指标设置不合理的问题未及时发现，造成试生产的新产品经客户使用后发现不合格，需要根据问题调整研发，调整质量指标，再重新生产、试用，浪费人力、物力和时间。

2.3 生产过程控制不严格

由于种种原因，生产过程控制不严格，导致出现不合格的产品或中间品，更严重的可能产生安全生产事故。主要表现有：

（1）由于工艺参数设置不一致，如工艺卡与技术规程、工艺卡与操作系统等之间参数设置不一致，控制系统（如 DCS 系统）工艺参数与工艺卡或技术规程要求不一致等，生产过程控制不平稳，导致产品质量合格率不稳定，严重时可能出现 DCS 系统中工艺参数范围超设计范围，轻则造成生产过程的波动，重则导致生产安全事故。

（2）联锁和报警值变更过程控制不严谨。如生产运行部门为了减少报警频次和联锁带来的生产操作上的不便利，会扩大或减少报警值的范围，甚至可能取消一些联锁，但变更过程中风险识别又不充分，相应的控制措施不到位，导致变更后产品的质量不稳定，甚至产生安全风险。

（3）生产过程工艺参数运行不规范，部分参数长时间超标运行却未及时进行处置。

2.4 产品出厂把关不严

在产品出厂过程中，由于对产品的出厂检验不严格，导致产品到达客户处时出现包装、计量、质量上的投诉，对企业的产品销售业绩甚至企业形象产生不利影响。

某企业在产品出厂质量检验采取抽样检验。在某批次产品出厂检验时，抽样检验结果显示部分质量指标出现卡边现象，企业未采取其他有效的确认程序即放行该批次产品。当产品到达客户处后，客户质量检验结果不合格。经双方最后确认，产品不符合合同约定质量要求，最终处理措施为召回已经销售出去的产品，并赔偿客户损失。质量事故给企业造成较大的经济损失和形象损害。

2.5 顾客满意程度调查和分析流于形式

以顾客为关注焦点是质量管理体系的首要原则，使顾客满意是质量管理体系的结果。检验企业质量管理体系运行有效性的一个重要指标是顾客对企业提供的产品和服务的满意程度。质量管理体系标准要求企业对顾客满意程度实施监视和测量，从而不断提升质量管理体系的运行质量。

但企业可能存在实施顾客满意程度的调查和分析流于形式，未对回收的满意度信息进行及时分析、评价的问题。顾客对企业的期望和不满意之处未及时得到回复和处置，企业也未及时分析顾客满意度调查所获取的信息，忽略了顾客的满意度和忠诚度。久而久之，顾客对企业的满意度测量的配合程度越来越低，甚至产生适得其反的效果。

2.6 内审的有效性不足

内审是企业对质量管理体系运行的有效性和符合性进行系统的自我诊断和测评的手段。及时发现体系运行过程中的问题包括系统性的问题，为提高质量管理体系运行的有效性奠定基础。但实施内审时，存在有效性不足的问题。如存在内审员水平不足而产生的审核结果水平不高的问题、未对审核发现的碎片化问题进行系统统计分析、审核覆盖面不全、被审核部门对发现的不符

合项未深入进行原因分析或进行有效整改等现象，上述现象均会导致内审对质量管理体系运行过程中质量的提升作用不大。

3　应对措施

3.1　发挥领导作用，推动全员积极参与

针对质量管理体系认知存在偏差问题，需要企业最高管理者（领导层）对质量管理体系有效运行有充分的重视和了解，将质量管理体系要素中领导作用的具体要求真正落实到企业生产经营过程中，为质量管理体系主管部门提供必要的资源和授权，优化资源，营造一种健康有效的质量管理企业文化。从上至下的影响，推动全员积极参与，使企业全体员工真正认识到质量管理不仅仅是狭义上的产品质量管理，而是更广义上的生产经营的过程质量管理，是整体的活动，是动态的过程。

3.2　建立健全质量责任制

只有建立健全质量责任制，全面识别所有影响质量的过程，明确规定部门、工作单元、岗位人员的责任、权限与奖惩的制度，才能把与质量相关的各项工作和人员责任结合起来，形成严密的系统。按照层次、对象、业务的不同，制定部门和各级各类人员的职责，没漏洞和交叉重叠，责任部门加强检查，确保过程受控，做到有人管事、专责到人、办事依标、考核依据。

贯彻落实责任制还要有培训作为支撑，通过培训，使每个员工不仅熟悉自己岗位的责、权、利，也了解其他员工的工作内容及职责。

3.3　加强生产过程控制

针对生产过程控制不严格现象，建议采取如下措施：

（1）企业按照PDCA循环模式实施生产过程管理。首先对生产过程的相关成文信息定期进行认真的梳理和评审，做到技术文件之间的协调一致。再在工艺参数运行期间加强检查和监督，发现不适宜时及时进行调整。

（2）严格执行联锁和报警变更管理制度，尽量减少不必要的变更。如果必须要进行变更，则按照变更管理制度，进行变更的策划，对变更风险进行识别和评价，确定并落实相应的风险控制措施。

3.4　把好产品出厂关

为了防止产品出厂把关不严问题的发生，建议采取如下措施：

（1）企业要有完善的产品质量管理制度及配套的规范和规程，并对制度及规范等保持动态的评估和改进。如对产品质量标准、检验规范等实施动态管理。

（2）通过培训、日常内部检查和监测等方式，提高制度和规范、规程执行力，发现问题及时进行原因分析，制定行之有效的纠正措施，能够有效解决此类问题。

（3）对于抽样检测的产品部分出现卡边现象，要进行重复性和再现性检验，后续要监视并加以验证，避免出现人为错误。符合可放行的指标可以放行，并保留好产品出厂放行的成文信息。

3.5　有效开展顾客满意程度调查

做好顾客满意程度调查是为了有效开展顾客满意的监视测量，企业参照GB/Z 27907—2011《质量管理 顾客满意监视和测量指南》并结合企业实际情况开展该项工作。设计与质量管理相匹配的顾客满意问题、数据收集方式，对收集到数据采用适宜的分析方法，灵活运用、整合多种质量工具和管理方法进行统计和评价，提供改进反馈意见，制定措施改进产品、过程或战略。

避免出现设计不合适的满意程度问题。如果顾客满意度调查中的问题不是针对质量方面的，例如在满意度调查表中将产品价格作为是否满意问题，收集到的数据就可能失真、失效，无法获得正确的质量改进的需求信息，对质量管理工作起不到有效作用。

对顾客满意信息是负面的，了解顾客期望和感受，积极与顾客沟通，达成一定程度的谅解。同时针对顾客需求，改进企业内部运行和管控措施，进一步增强顾客满意。

3.6　做好内部审核

改进内审的有效性，要做好以下工作：

（1）在企业内培训一批员工成为既具有专业知识，熟悉企业的制度规范，同时又熟练掌握质量管理体系相关知识的内审员，为有效开展内审而储备充足且高水平的内审员资源。

（2）十分审核五分准备，审核的准备工作相当重要。内审准备工作要根据审核范围及审核目标组成审核组，策划详细的审核实施计划，收集并审阅有关文件，编制检查表，对所需审核条款内容涉及到的部门和单位进行仔细确认并约定审

核时间。

（3）企业针对内审发现的问题进行系统归纳总结和分析，对确定的不符合项认真进行原因分析，及时采取纠正和纠正措施。整改措施要落实到位，防止原因分析和整改两张皮，导致内审只是走过场，达不到质量管理目标。

4　结束语

质量管理体系在企业中，特别是石化生产企业，在经营管理中是一个非常基础却又非常重要的管理工作。需要企业全体员工认认真真地按照体系标准实施质量管理，不走过场，不流于形式，才能确保向顾客提供稳定合格的的产品和服务。

参 考 文 献

[1] 中国质量协会编著. 全面质量管理(第四版). 北京：中国科学技术出版社，2018.

[2] 中国认证认可协会组编. 管理体系认证基础. 北京：高等教育出版社，2019.

组合清焦在加热炉中的应用

张祝东[1]　刘海春[2]　吴时骅[2]　陈宝林[2]　王　敏[1]

(1. 岳阳长岭设备研究所有限公司；2. 中国石化湖南石化设备工程部)

摘　要　某沿江炼化企业重整装置热载体加热炉炉管结焦，因炉管结焦时间较长，焦垢较为坚硬，采用单一方式清焦在特殊情况下有一定局限性，故采用 Pig 球清焦与高压水射流组合的清焦技术，该方案高效清除了炉管结焦，炉管内表面光洁，无焦垢残留，该技术在实际炉管清焦应用中有着重要借鉴意义。

关键词　加热炉；Pig 球；高压水射流；清焦

1　前言

中石化某炼化分公司重整装置热载体加热炉 1971 年投产，2009 年改造更新，立式圆筒炉，设计负荷 19.91MW，加热介质为重柴油，燃烧采用强制通风方式，鼓风机将空气送入炉内参与燃烧，烟气经辐射段、对流段和空气预热器由引风机送至烟囱排放。2017 年，第二路炉管出口物料温度较其他三路偏高，经调整操作后，满足工艺要求。2021 年 4 月装置检修开工后，又出现第二路炉管出口物料温度（TI1860）高于其他三路的相同问题，如图 1 所示。调节各路炉管出口阀门无效，判断炉管疑似结焦偏流，决定对其进行清焦处理。

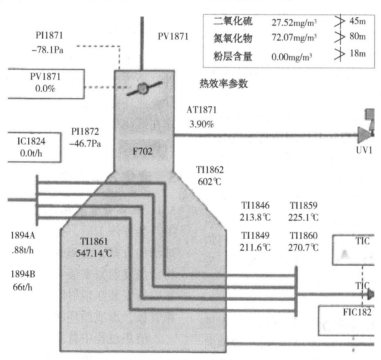

图 1　四路温度情况

2　炉管结构形式

加热炉共四路炉管，采用一分二，二分四的方式，Ⅰ路和Ⅱ路并联由东面进入对流段，Ⅲ路和Ⅳ路并联由西面进入对流段。物料经对流段炉管加热后进入辐射段炉管（辐射段出口设置手阀），并于辐射顶联合至转油线送出装置。炉管采用 20# 钢，φ168mm * 8mm。对流段炉管为水平翅片管，共 10 层，炉管直管段长 3000mm；辐射段炉管垂直布置，共 64 根，单根长 14000mm。炉管结构如图 2 所示。

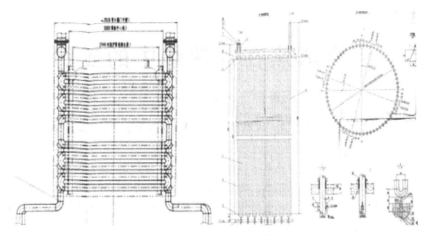

图 2 对流段及辐射段炉管结构形式

3 清焦技术介绍

目前国内外管式加热炉较为常用的清焦技术有在线烧焦、机械清焦和高压水射流清焦三种方式，在实际清焦过程中每种方式均有各自的优势及缺陷。

3.1 在线烧焦技术

在线烧焦技术分两种方式：恒温法和变温法。恒温法是利用高温蒸汽在炉管内高速流动，对焦垢层进行强烈冲刷，在高温下与焦炭发生化学反应。此方法常用于炉管结焦时间较短的加热炉，主要清除管内的较软焦层。当炉管内结焦时间过长，焦垢层较为坚硬，采用恒温法成效不大，一般采用变温法烧焦，其原理是利用焦垢层与炉管材质的热膨胀系数不同，通过快速升高及降低炉管温度，使得焦垢从炉管内壁剥离。变温法烧焦一般持续时间较长，频繁的升降温过程中，炉管外壁容易出现氧化爆皮现象；且因烧焦温度控制困难，易发生过烧现象，严重时会将炉管烧穿；同时烧焦过程还会产生大量废气、废物，对周边环境产生不利影响。

3.2 机械清焦技术

机械清焦技术其原理是利用炉管两端的水压差将带金属钉的清焦球（Pig 球）从发射器端推向接收器端，当清焦球抵达接收器端后，通过改变水压方向使其返回。在正、反向水压下，清焦球通过表面凸出的金属钉对管内壁焦垢进行机械摩擦，将焦垢刮下，从而达到清焦效果。当炉管内焦垢堵塞过大或完全堵塞的情况下，清焦球无法通过，清焦无法实现。

3.3 高压水射流清焦技术

高压水射流清焦技术是将带有高压喷头的高压水枪伸入炉管内，当高压水射流以一定角度冲击被清洗面的焦垢时，高压水射流具有的冲击作用、挤压作用、脉冲作用、水楔作用、磨削作用，对炉管内的焦垢层产生冲蚀、渗透、剪切、压缩、剥离、破碎效果。高压水射流清焦受连接软管长度与喷头限制，不能连续通过多个弯头，必要时需要切割炉管弯头进行直接清焦。

4 清焦方式选择

基于全厂开工在即，不具备长时间清焦条件；炉管结焦时间较长，焦垢可能较为坚硬；沿江企业环保政策较为严苛三方面因素，最终不考虑在线烧焦技术，选定 Pig 球与高压水射流组合清焦。

5 清焦方案的实施

5.1 机械清焦实施情况

装置停工后，按照炉管清焦步骤先进行 Pig 球清焦方案，为确保清焦全面覆盖第二路炉管，将清焦发射器安装在对流段第二路炉管入口处，接收器安装在辐射段出口阀处，拆除对流段弯头箱管板，形成循环回路。

清焦过程中首先使用 2 吋探测球进行试探，全程通过且带出一部分焦垢，焦块最大尺寸接近 100mm，如图 3 所示。在清焦球完好通过的前提下，以 1/4 吋的大小进行依次递增，当清焦球直径达到 3.5 吋时，清焦球无法全流程通过。通过增加水压从而加大推力，接收器处的清焦球破碎较为严重，如图 4 所示。为避免偶然性事件，连续试验 3 次，该尺寸清焦球仍无法全流程通过，判断炉管某一局部存在较大且坚硬的焦垢。

图 3　焦垢形貌尺时图

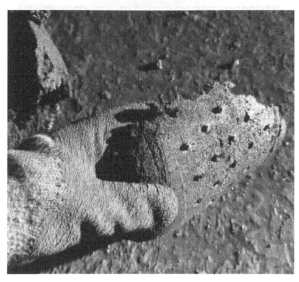

图 4　3.5 吋清焦球破碎情况

为判断焦垢所在部位，采取了正、反加压计时和听声辩位二种方法。将清焦球从对流段入口发出，历经 20 秒炉管内水压明显上升；清焦球从辐射段出口发出，3min 后水压上升，通过正反加压，结合水流速度和清焦球卡住时间，计算相应的管程，预估焦垢可能存在于对流段。

由于清焦球经过炉管产生的机械摩擦会发出异响，通过听声辩位的方法最终确定结焦点位于对流段从上往下数第二、三排，如图 5 所示。

将第二、三排炉管弯头割除，弯头未见堵塞，将全尺寸泡沫球从对流、辐射段出口发出，泡沫球完好通过，因此结焦部位位于第二、三排右侧炉管。从割开的弯头处观察炉管内部，发现焦垢位于直管段，且呈坡形状堵塞约 2/3，导致清焦球无法通过，如图 6、图 7 所示。

图 5　结焦部位示意图

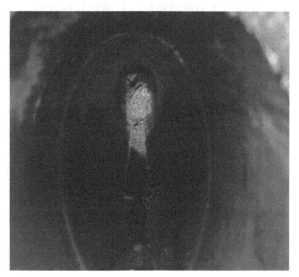

图 6　焦垢形貌图

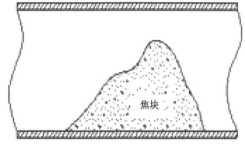

图 7　管内结焦示意图

5.2　高压水射流清焦实施情况

根据现场焦垢堵塞情况，喷头选用进口獾猪喷头，四周分布 10 个宝石喷嘴，为自进旋转式喷头，如图 8 所示。最高可产生瞬时 2800kg/

cm²的冲击力，清洗时喷头与高压软管相连接，从切割处进入炉管内部，喷头靠自身的水流喷射产生反推力前进，操作人员位于入口处反复拉扯高压软管，从而全方面进行清洗。

图8　进口獾猪喷头

6　清洗效果

经高压水射流清焦后，目测炉管内表面比较光洁，焦垢清除的非常彻底，如图9所示。采用氩电联焊恢复炉管弯头后，将全尺寸泡沫球从对流、辐射段出口发出，泡沫球完好通过，验证清焦效果良好。

此次重整装置热载体加热炉清焦采用了机械清焦（Pig球）和高压水射流组合方式，清焦过程较为顺利，先利用机械清焦探测炉管结焦情况并找出结焦点，后利用高压水射流进行坚硬焦垢的清除，从停炉到开炉仅耗费3天时间。开工后，第二路炉管介质流量、压降在工艺操作范围内，出口温度恢复到工艺要求，达到了预期效果。

图9　清焦后炉管内部情形

7　结语

机械清焦和高压水射流清焦在行业中都是较为常见的清焦方式，两种方式均有各自的优缺点，采用单一方式清焦在特殊情况下有一定的局限性，通过对炉管结焦情况的具体分析，采用两种方式相结合，使得清焦更为彻底，且大大提高清焦效率，缩短了炉管清焦周期，该技术在炉管清焦的广泛应用中有着借鉴意义，能取得显著的经济和环保效益。

第二篇　节能低碳与安全环保篇

浅谈多措并举，筑牢现场作业监护安全屏障

季文中

（中海油惠州石化有限公司）

摘　要　大型石化企业需深入学习并落实《危险化学品企业特殊作业安全规范》（GB 30871—2022）对特殊作业监护人提出的有关要求。笔者根据企业安全管理现状结合同行业企业先进做法，浅谈如何通过实施一系列安全管控措施，筑牢现场作业安全监护屏障，保障作业安全，确保企业长治久安。

关键词　安全监护；特殊作业；累积记分

作业监护人是危化品生产企业现场作业环节安全管控的一道重要屏障。《危险化学品企业特殊作业安全规范》（GB 30871—2022）细化强调了特殊作业监护人的有关要求。标准同时提出了特殊作业监护人应承担的 6 项具体职责。现场作业监护人应严格落实作业许可安全措施、工机具准备、作业暂停和继续、作业动态管控、清场恢复、作业关闭全过程安全管理。本文从作业监护人的分配、系统性培训、消项作业确认、累积记分考核等管理手段，试行探索切实有效的作业监护管理方法。

1　作业监护人的合理分配

GB 30871—2022 提出："作业期间应设监护人。监护人应由具有生产（作业）实践经验的人员担任"。标准中没有明确特殊作业监护人应由哪一方指派，特殊作业监护人由危险化学品企业指派、由作业单位/承包商指派或由第三方机构来指派，都不违反标准的要求，都是可以的。

笔者认为，大型石油化工企业的现状是生产操作人员精简配备，运行部操作人员配备数量有限，能满足正常生产操作和巡检需求。生产操作员当做监护人的优势在于熟悉生产流程和风险，对可能存在危险介质或存在较高风险的作业如特殊受限空间、特级动火作业、特级高处作业、盲板抽堵作业、初始打开等作业，需配备运行部操作人员担任作业监护人。

经过有效的能量隔离和工艺处置措施且经过验证合格，开始作业后，可由经过培训考核合格、掌握作业相关安全知识和应急处置能力的承包商监护人进行作业监护，通过增加其他安全屏障保障现场作业安全。如配备与操作室联络的对讲机、5G 实时摄像设备、便携式气体报警仪、人员定位卡和现场检查屏障等。

2　作业监护人的能力要求和系统性培训

2.1　申请参加作业监护人培训的能力要求

运行部作业监护人需具备岗位操作合格证。熟练掌握所在生产装置的工艺流程、设备使用、物料走向、物料特点和施工作业时生产装置的环境状况。承包商作业监护人应有 3 个月相关工作经验，要有很强的工作责任心和敬业精神。

2.2　培训主体

标准中只要求监护人要"经专项培训考试合格"，没有明确培训的具体要求。有的企业自行安排 HSE 工程师实施，有的企业委托具有资质的第三方培训机构实施，或由单位授权经过认证的承包商培训工程师来实施。笔者认为由危险化学品企业自行制作培训课件并安排专人进行培训效果最好，培训内容不但有针对性而且能根据作业检查审核情况和行业内发生的事故事件持续优化培训课件，更加贴合企业实际。

2.3　理论培训

2.3.1　理论课程编制

理论课程除了满足 GB 30871—2022 八大特殊作业（动火、受限空间、盲板抽堵、高处、吊装、临时用电、动土、断路）外能量隔离作为作业安全的前置条件、影响工艺介质泄露的法兰紧固程序和高风险作业设备/管线打开也需进行相

应安全知识的培训。

目前，国内各企业并未形成统一的培训课程，虽然网络上可以找到各种各样的培训课件借鉴学习，但质量参差不齐。笔者认为比较理想的培训课件是借鉴基于风险的安全管理理念和能量意外释放理论，深入分析每项作业的各类安全风险，每种风险配以1到2个典型的行业内事故案例，最后告知培训学员消除风险的安全控制措施。课件编制需使用清晰简明的语言，结合视频、图表、图像和示例来解释和说明，确保培训内容具有逻辑性、连贯性和易于理解。

首次培训课程时长适宜3天共18学时，应每年根据法律法规、标准、企业管理规定变化和现场作业违章情况对监护人进行1次2学时的继续教育。

2.3.2 理论考试

理论培训结束后，应根据单位实际情况开展线下或线上考试，使用计算机在线考试有试题可以随机布置、不用专人阅卷、便于统计查询等诸多有点。可以暂时设置100-300道题的题库，题型可设置单选题、判断题等。采取随机抽取50道，每道题2分。考试时长不超过三十分钟，考试允许一次补考机会。考试及格分数大于等于90分较理想。监护人6个月无进厂记录应重新组织理论考试。

2.3.3 实操培训

经过理论培训和考试后，为了让新上岗的监护人对即将从事的监护工作有直观的认知，还应开展一天的实操培训，可依赖实操培训室或现场实际作业开展实操培训。受限空间作业、动火作业、设备/管线打开作业、盲板抽堵作业还应进行空气呼吸器使用、心肺复苏和灭火器使用等应急知识的培训。

2.3.4 面试

开展现场作业监护人的面试环节可以采取以下步骤：确定面试评估标准；根据岗位要求和期望的技能、经验和素质，制定一份面试评估表或标准，用于对应聘者进行评估和比较。根据评估标准，准备一系列相关的面试问题。这些问题应涵盖候选人的工作经验、技能、安全意识、任务

管理能力、风险评估和管理经验等方面。同时，可以设计一些情景题或案例分析题来考察候选人的解决问题的能力。在面试过程中，采取结构化的面试流程，确保对每位候选人提问的一致性和公平性。可以按照面试评估标准的顺序逐一提问，以便更好地进行比较和评估。通过面试问题，了解候选人的工作经验和能力。询问候选人之前的工作经历、负责的项目和任务、遇到的挑战以及如何解决问题等。通过具体的案例和经历，评估候选人在现场作业监护方面的实际能力。现场作业监护人需要具备良好的安全意识和应急处理能力。提问关于安全措施、个人防护装备使用、事故处理和应急预案等方面的问题，以了解候选人对安全和应急情况的认识和处理能力。

2.3.5 监护合格证

理论培训、考试、实操培训、面试合格由企业发放监护合格证，合格证中明确编号、姓名、培训内容、培训时间、有效期等基本内容。有效期宜设置为3年，每3年组织理论复训，复训时长宜设置为2h。

2.3.6 扩充培训范围

除了对作业监护人员进行系统培训外，作业相关的申请、审核、批准人员和其他从事现场作业的施工人员也需进行系统的安全知识技能培训。企业要重视危险作业管理审批人员的培训，危险作业管理审批人员的专业性是危险作业安全的重要保障之一。

3 作业监护消项操作

因为现场作业许可审批环节有相关管理人员把关，大多数违章、不安全行为甚至事故是在作业过程中出现的。作业许可审批只是作业开始的前置条件，大多数作业是一个动态变化的过程，如作业人员的变化、作业地点的变化、拆卸设备导致能量隔离的变化、中午的休息、作业结束的作业关闭等。笔者认为根据作业许可类型和作业风险，如果为监护人制定一份防范现场作业主要风险的销项作业卡使用，按时进行销项确认，能大量检少甚至杜绝现场违章行为的存在，如表1所示。

表 1 监护销项作业卡

序号	监护销项卡内容	作业开始	10点	上午结束	下午开始	15点	下午结束
1	确认监护作业的票证办理齐全；检查确认作业地点、内容、人员与作业票证填写内容相符						
2	检查确认作业人员的入厂证、安全教育卡、特种作业证等相关证件；人员的精神状态和身体、心理状态是否能够胜任作业要求						
3	拟作业的设备位号是否正确，设备状态是否允许作业						
4	能量隔离是否落实，包括工艺隔离情况、电气隔离情况、放射源隔离情况等						
5	作业环境安全：与施工项目相关的工艺管线、下水井系统等，是否应采取有效的隔离措施，通往下水系统的沟、井、漏斗等必须严密封堵；作业区上方作业空间内有无高压架空线，如果有安全距离是否足够。交叉作业时应注意各个工作点的相互影响。作业环境光线是否满足。通风是否良好。作业区域警戒设置合理且完整。通道是否畅通						
6	是否有合适的作业平台，使用的脚手架是否是绿牌，再次核实是否绑扎牢固，跳板是否铺满、固定。脚手架是否有防护围栏						
7	作业使用的工机具是否合格，是否满足作业要求。如使用防爆工具、灯具						
8	检查作业人员正确使用个人劳动防护用品						
9	及时制止和纠正作业单位的违章作业，对于不听劝阻的应上报给安全管理人员						
10	当现场出现异常情况和影响作业安全的情况时，应立即终止作业，及时进行相关报警、人员疏散、救援，按照事故应急预案及应急操作卡进行事故现场的应急处置						
11	作业中午休息和结束						
12	清理现场人员						
13	检查作业现场有无遗留火种，现场的临时电源、气瓶是否切断。坑洞是否做好防护						
14	登记好相关记录						
	作业监护人签字栏	签名1	签名2	签名3	签名4	签名5	签名6

4 对作业监护人的累积记分考核

奖惩制度是重要的经济管理方式方法之一，合理的奖惩制度能够调动从业人员的积极性。为了确保现场作业监护人尽职尽责，通过实施累积记分考核，给监护人和作业单位压实责任和担子，奖罚分明，提高监护人的履职责任心和进取心。笔者认为类似交通累积记分一样，每名监护人每年有12分，从取得监护合格证算起。制定监护人违章记分规则，现场检查人员跟据发现的不同违章行为当场对监护人实施记分管理。记分达5分的监护人接受短信警告，累积6分的监护人暂停监护作业，需接受责任单位的安管人员再教育证明后才能继续监护，一个自然年累积12分的监护人将取消监护资格。三个月后可重新申请监护人培训、面试流程。同时应对每个自然年参与监护数量和累积记分较少的监护人给予一定的嘉奖，如表2所示。

表2 作业监护人累积记分项目表

序号	监护违章内容	累积记分
1	确认监护作业的票证办理不齐全；作业地点、内容、人员与作业票证填写内容不相符	3
2	作业人员未经二级安全教育，每人次	1
3	特种作业人员无有效的特种作业证等相关证件	3
4	人员的精神状态和身体、心理状态不能够胜任作业要求	2
5	拟作业的设备位号不正确，设备状态不允许作业	6
6	能量隔离是否落实，包括工艺隔离情况、电气隔离情况、放射源隔离情况等	3
7	警戒区设置不完好/不合适/有无关人员进入未制止	1
8	作业环境安全：与施工项目相关的工艺管线、下水井系统等，未采取有效的隔离措施，通往下水系统的沟、井、漏斗等必须严密封堵	3
9	存在相互影响的交叉作业	2
10	未使用合适的作业平台	1
11	未按要求使用防爆工具、灯具	3
12	作业人员未正确使用基本个人劳动防护用品，每人次	1
13	作业人员未正确使用特殊个人劳动防护用品，(防尘口罩、防毒面罩)每人次	2
14	未及时制止和纠正作业单位的违章作业	2
15	当现场出现异常情况和影响作业安全的情况时，未立即终止作业，及时进行相关报警、人员疏散、救援，按照事故应急预案及应急操作卡进行事故现场的应急处置	3
16	离场后作业现场遗留火种，现场的临时电源未切断、气瓶未关闭	2

5 结语

2023 年安全生产月的主题是"人人讲安全、个个会应急"，习总书记强调"发展决不能以牺牲人的生命为代价，这必须作为一条不可逾越的红线"，现场作业管理是作为过程安全管理的重要一环，需要危化品生产企业不断积累 HSE 管理经验，学习 HSE 管理先进理念和知识，建立规范、高效、可行的管理制度并不断改进和创新，总结现场检查问题经验，通过合理的管理方式将现场作业管理环节规范，筑牢现场作业监护和监督各个管理环节，确保作业安全。

参 考 文 献

[1] 赵诗扬.建筑工程中危险作业管理的研究[J].《建筑实践》2020, 39(9).

[2] 钟美连.加强建筑工程管理的重要性探讨[J].中国高新技术企业.2016,(08).

浅析气体泄漏监测设备在炼油厂中的应用

欧发甫　李远舟

(中海油惠州石化有限公司健康安全环保中心)

摘　要　通过分析目前炼油厂内常见的气体泄漏监测手段，介绍新技术、新设备在气体泄漏监测方面的应用，对比分析行业内各类气体泄漏监测系统的优缺点。根据炼油厂内存在易燃易爆、有毒有害等气体成分及装置布局密集等特点，惠州石化分区域选择相适应的气体泄漏监测设备或系统，有效增加全厂气体泄漏监测预警能力。多渠道、立体化、全天候满足日常安全生产管理要求，不断提高炼油厂的科技保障能力和风险管控能力。

关键词　气体泄漏；红外光谱成像技术；激光吸收光谱技术；炼油厂；预警系统

炼油化工企业在生产过程中使用各种不同类型的物质，其中有些物质由于它们的毒性和易燃易爆特性，一旦释放出来将对周围环境、人员、设备造成严重危害。以此同时，炼油厂内塔罐高耸林立，装置布局密集，泄漏的气体成分复杂，装置定员少，巡检间隔时间长，给日常隐患排查、应急处置带来较大困难。

近年来，惠州石化通过传统气体泄漏监测系统与红外光谱成像技术、激光吸收光谱技术等相结合的方式，因地制宜，分区选择监测设备，不断优化完善，逐步建立起多维度的气体泄漏监测网络，多渠道、全方位保障炼油装置安全生产，实现全厂气体泄漏监测全覆盖目标。

1　传统气体泄漏监测手段在惠州石化的应用

1.1　惠州石化炼油装置特点

惠州石化炼油一期 1200 万吨装置以加工高酸重质原油为主，炼油二期 1000 万吨装置主要加工高硫中质原油，炼油装置反应器反应后可能产生少量的硫化氢、氨气等有毒有害气体，各装置生产的产品及副产品部分含有氢气、甲烷、液化气等易燃易爆介质。

各炼油装置反应条件多为高温高压工况，装置内静密封点多，工艺设备 24h 高负荷运行。为应对中下游产品市场多变的环境，炼油厂需随时跟进调整产品结构，满足市场需求。为此，部分炼油装置需反复进行升降负荷和升降温操作，更易造成静密封点泄漏，气体泄漏监测系统更需发挥主动监测作用。

1.2　传统气体泄漏监测设备的应用

目前，惠州石化使用的传统气体泄漏监测手段主要是采用原理为电化学、催化燃烧的固定点式可燃、有毒气体探测器为主，人工巡检、LDAR 检测、反应系统闭灯检查、视频监控、火焰探测器为辅，如图 1 所示。

点式探测器　　　　　　　　四合一检测仪

LDAR检测　　　　　　　　闭灯检查

图 1　炼油厂传统气体泄漏检测手段

固定点式探测器为被动检测，主要布置在各装置的地面及框架平台上，属于国家规范强制要求，布置点多面广，相对比较可靠。但是，需要3 个月标定校准一次，传感器等电子元器件容易发生故障，探测器容易受到环境干扰 (如风向、雨雾天气)，存在一定的误报率、漏报率。

人工巡检目前各炼油系统基本上每 2h 巡检一次，重大危险源罐区每 1h 巡检一次，气体泄漏监测上存在时间差，巡检质量取决于操作员的责任心。

LDAR 检测靠技术员携带便携式检测仪逐个进行静密封检测，可以准确检测出泄漏位置和气体浓度，但是检测周期长，检测一套中等规模的装置一般需要 7 天。

反应系统闭灯检查，主要是检测氢气是否泄漏，检测介质比较单一，一般炼油厂 10 天检查一次，夜间进行，白天氢气泄漏着火看不出来。为提高临氢系统监测能力，惠州石化通过现场安装摄像机和火焰探测器，24h 监控各装置临氢系统的大法兰和高温热油泵区，监控画面连接到中控室及外操值班室。

2 红外光谱成像技术在惠州石化的应用

2.1 红外光谱成像技术介绍

任何自然物体都会向外发射红外光，不同物质成分具有不同的红外光谱，类似于人的指纹，故红外光谱又称为"指纹光谱"。红外成像技术是点线光谱探测技术的维度升级，探测原理在于一旦化学气体云团进入红外成像系统视野范围内，其自身的红外辐射进行探测并转换成相应的图像信号，检测分析出气体的种类和浓度。利用红外光谱成像技术制作的气体遥测仪不受环境因素干扰，误报率比较低。

惠州石化所采用的红外光谱成像技术主要是通过被动傅里叶红外遥感检测获得目标区域的红外光谱，扫描目标区域的红外光谱，基于气体红外指纹光谱，再通过 AI 识别模型、算法融合应用等技术，定性半定量分析气体成分，并实现可视化展示功能。

2.2 惠州石化气体泄漏监测预警概述

惠州石化气体泄漏监测预警系统主要由前端感知系统、视频传输网络和气体泄漏软件平台等组成，如图 2 所示。前端感知系统由三台制冷型遥测仪组成（2 台分析仪，1 台成像仪），分别布置在南、北两个厂区的高点（最高 106m）。整套系统通过光纤和局域网实现视频信号的内部传输，同时，与工业互联网平台、视频监控平台集成，向工业互联网平台开放数据权限，实现从工业互联网平台免登录进入。该系统在 2022 年 8 月完成项目立项审批，同年 12 月底完成上线验收。

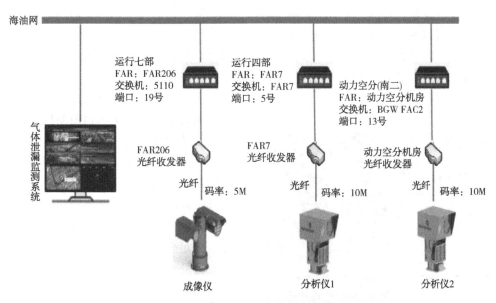

图 2　气体泄漏监测预警系统组成

2.3 惠州石化气体泄漏监测预警系统功能

惠州石化气体泄漏监测预警系统目前可以实现多达 40 余种炼油厂常见气体的监测、分析，如表 1 所示，有效监测半径为 3000m。同一遥测仪可以同时监测 7 种气体，实现 4 秒内报警响应，并实时显示泄漏气体浓度，直接定位泄漏源，在监控系统上进行可视化展示和报警。

该系统遥测仪同时具备 360° 平面旋转，-30° 至 45° 仰俯角度调节和智能巡检功能。前期，项目组通过与各装置工艺工程师共同确认高风险监控点位，不断优化巡检路径、完善智能巡检功能。截止 2023 年 5 月，该系统已完成 300 个预置点位（扫描点）设置，三台遥测仪可以实行 24h 不间断交叉智能巡检，基本实现全厂高点大部分区域实时监控目标。

表1　预警系统气体分析种类

1	丙酮	17	1,3-丁二烯
2	氨	18	白油
3	苯/甲苯/二甲苯/对二甲苯/间二甲苯	19	重整油
4	甲烷/天然气/LNG/CNG	20	乙醇
5	乙烷	21	二氧化硫
6	丙烷	22	氯乙烯
7	丁烷	23	二氟一氯甲烷
8	乙烯/丙烯	24	原油
9	丁二烯	25	汽油
10	二氟乙烷	26	柴油
11	环氧乙烷	27	石脑油
12	二氧化碳	28	稀释液
13	甲醇	29	重石脑油
14	异丁烯	30	航空煤油
15	氯化氢	31	轻石脑油
16	乙酸	32	二氧化氮

当预警系统监测到气体泄漏时，在监控画面中以"警告文字"、"警告框"的方式进行显示，同时记录当前报警信息，包括报警抓图、报警录像、泄漏点地理位置等，如图3所示。该系统的历史查询功能还可以对历史报警记录进行查询、下载、删除等。为满足24h应急响应要求，惠州石化将该系统接入到内部应急中心系统，实现大屏幕实时监督管理。

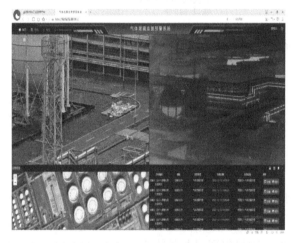

图3　气体泄漏监测预警系统监控画面

2.4　便携式红外光谱成像技术在惠州石化的应用

惠州石化前几年引进了一台便携式VOCs红外气体成像仪，用于日常LDAR检测，主要是进行区域挥发性有机物快速扫描，如图4所示，监测距离近100m，有效提高检测效率。在系统管线巡检、管廊导淋盲盖等有毒有害、易燃易爆气体泄漏监测上同样发挥了极大的作用，有效提高了隐患排查效率以及降低搭设脚手架成本。

该气体成像仪可以检测VOCs，烷烃类、苯系物等近百种气体，具有可视化展示功能，可实现远距离气体泄漏的非接触式的快速检测。

图4　便携式红外光谱成像仪

2.5　惠州石化气体泄漏监测预警系统发展规划

惠州石化气体泄漏监测预警系统初步建成投用，目前共设置预置点位（扫描点）300个，每个点位需要扫描20~30s，每台遥测仪巡检一个周期大概需要2~3h，在监测时效上存在一定的滞后性。另外，惠州石化全厂占地500余万平方米，分南北两个厂区、四个地块，在全覆盖方面存在一定盲区。截止到2023年5月，系统误报率和漏报率还未完全达到预期目标，系统模型算法需继续优化完善。

根据惠州石化气体泄漏监测发展规划，近期计划在南北两个厂区的重整框架分别增设1台遥测仪，同时精简每台遥测仪的预置点位，优化各个遥测仪的巡检路径，提高整个系统的运作效率，满足全厂、全覆盖、全天候监测要求。

另外，需要增设便携式气体泄漏检测仪（满足100m范围内无接触检测要求），当气云成像系统报警时，各区域的操作员可以携带便携式检测仪到达报警区域附近，通过便携式检测仪快速判断该区域是否存在泄漏，并快速确定具体泄漏位置。

同时，惠州石化继续优化完善《气体泄漏监测预警系统管理办法》，明确各中心（部门）、各岗位相关职责以及考核细则，建立快速响应机制，有效发挥预警系统作用，保障装置安全生产。

3　激光吸收光谱技术在惠州石化的应用

3.1　激光吸收光谱技术介绍

　　激光吸收光谱技术是利用特定波长激光吸收特性的原理。当激光通过被探测气体，气体分子吸收激光，波长扫描范围内会出现气体吸收峰，使激光光强衰减。浓度越高，吸收后的光强越弱，吸收峰越高，通过激光功率的变化量可以确定出气体的浓度。

　　目前该技术只适用于单一气体的直线无遮挡路径的扫描泄漏监测，可以定量测量，精度高，但是具体泄漏位置无法精确定位，单套费用在10万~50万不等。市场上常见的激光气体遥测仪有固定扫描式、固定反射式、便携式等三种。

　　一般的激光遥测仪可以检测硫化氢、氨气、一氧化碳、甲烷、乙烯、乙炔等10余种气体。检测碳3及以上成分的激光遥测仪目前市场上还是比较罕见，应用的比较多的是甲烷检测，多应用在燃气站、储运站等。

3.2　激光吸收光谱技术在惠州石化智能巡检上的应用

　　2022年惠州石化通过自主研发上线投用的"双频5G+工业互联网"智能巡检机器人，重点对泵区、换热器区、压缩机区等高风险泄漏源进行不间断巡检、扫描分析各类数据，如图5所示，开启了惠州石化智能巡检的新篇章。该巡检机器人采用的部分检测技术里采用激光吸收光谱技术，外部配置了一台激光甲烷遥测仪。该遥测

仪可以进行至少50m范围内的甲烷气体探测，灵敏度在5ppm左右，报警信号及相关信息可在系统监控画面上自动显示、保存。

图5　"双频5G+工业互联网"智能巡检机器人

3.3　激光气体遥测仪在惠州石化的应用方案

　　目前，惠州石化建成投用的气云成像系统基本可以实现全厂大部分高点区域的重点监控，但是受限于炼油装置塔罐密集布置条件，扫描视角存在一定的盲区。因此，需要在容易发生硫化氢、氨气泄漏的重点区域，增设一套成熟的监测系统，提高装置的安全保障能力。

　　为不断提高炼油厂的科技保障能力和风险管控能力，惠州石化计划在制氢装置高风险区域（如气化炉上方、泵区）布设3-5套激光气体遥测仪进行试点，重点监测硫化氢气体，系统布置如图6所示。要求可以实现智能巡检、气体泄漏可视化展示、开放第三方对接端口等功能，保证装置内高风险区域施工作业及巡检安全。

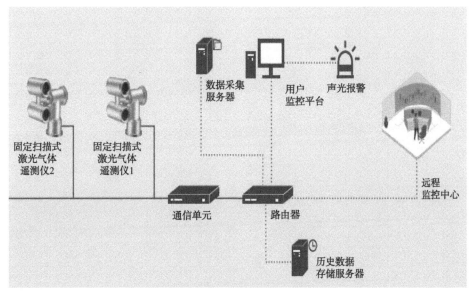

图6　激光监测气体泄漏系统配置图

4 应用总结

目前，惠州石化气体泄漏监测体系构建初步由以下几个系统组成：地面及框架平台延续使用传统固定式可燃气体、有毒气体探测器，装置内部中高层区域以激光气体遥测仪为试点，各塔罐顶部、空冷平台等高点以红外光谱遥测仪为主，装置现场辅助人工巡检、LDAR 检测等。到 2023 年底，惠州石化气体泄漏监测系统初步建成低、中、高区分区监测、传统技术与新技术交叉互补、人工智能与信息化建设相融合的监测网络，基本满足气体泄漏监测全厂、全覆盖目标。

没有高质量的安全，就没有高质量的发展。惠州石化将通过升级系统模型算法，优化智能巡检路径，完善应急响应机制等方式，不断降低系统误报率和漏报率，气体泄漏监控系统满足合规性、实用性、可视化、智能化要求，持续增强全厂气体泄漏监测预警能力，以信息化、技术化手段不断为安全生产赋能。

参 考 文 献

[1] 郑玉. 有害物质的泄漏与控制[J]. 化工劳动保护，1997，98(4)：14-15.

[2] 葛建武. 气云成像智能识别技术在管廊监控中的应用[J]. 化工设计通讯，2022，48(9)：29-31.

[3] 杨智雄. 基于相关系数的长波红外光谱成像气体探测方法研究[J]. 光谱学与光谱分析，2020，40(10)：67-68.

[4] 蒋源. 基于波长调制光谱技术的多组分气体遥测系统[J]. 光子学报，2023，52(3)：196-205.

非对称并行微通道中黏弹性流体液滴生成

董艳鹏

[中石化(天津)石油化工有限公司]

摘 要 本文使用高速摄像机研究了T型非对称并行微通道内黏弹液滴生成动力学，分析了流体黏弹性及两相流量变化对液滴尺寸均匀性、液滴生成稳定性、流体流量分布及液滴生成周期等的影响。结果表明流体黏弹性提前了挤压阶段向快速夹断阶段的转变，减缓了快速夹断阶段的颈缩过程，增长了细丝拉伸阶段的持续时间。此外，发现液滴生成稳定性随连续相流量增大显著提升，液滴尺寸均匀性受两相流量和流体弹性的影响。

关键词 微通道；液滴；多相流；数目放大；黏弹流体

1 实验部分

实验中使用的设备包括高速摄像机(Optronis CP80-25-M-72，Germany)、精密注射泵(Longerpump，China)、平板冷光源(Philips 13629，Japan)、直径32.14mm的注射器以及微通道。微通道的结构示意图如图1(a)所示，微通道的宽度 W_c 和高度 H 均为400μm，其余尺寸已在图中标注，AA_1 和 B_1A_3 段命名为微通道1，AA_2 和 B_1A_4 命名为微通道2。连续相为添加5wt% span85的环己烷，分散相为不同浓度的聚丙烯酰胺水溶液(30ppm，60ppm，100ppm)。聚丙烯酰胺的分子量分布为800~1200Da。为避免聚丙烯酰胺(PAM)分子间交联的影响，溶液中PAM的浓度均在临界胶束浓度 c^* 以下。PAM溶液配置：将去离子水置于烧杯中，然后称取一定质量的PAM，在室温下使用磁子缓慢搅拌24h，使PAM充分溶解。流体物性参数如表1所示，溶液的密度由容积10mL的密度瓶测定，两相界面张力由界面张力仪(Kino SL200，America)测定。PAM溶液的黏度由流变仪(MCR 302，Austria)测定，结果如图1(b)所示，剪切速率的变化范围为0~800s⁻¹，溶液黏度几乎不随剪切速率发生变化。在弹性毛细区，细丝宽度随时间指数减小，通过测定细丝直径随时间的变化可拟合得到有效松弛时间 λ_{eff}。连续相由A入口注入，分散相由B入口注入，两相在T型口处接触生成液滴而后由微通道出口O排出。高速相机拍摄微通道全局时，帧率设定为200fps，照片像素大小为1696×400。聚焦微通道局部拍摄时，帧率设

定为4000fps，照片像素大小为1184×300。不同操作条件下，管路 i 中分散相流量 $Q_i = f_i × V_{droplet}$，i 为管路编号，f_i 为液滴生成频率，V_d 为液滴体积。Ca数 $Ca_c(Ca_c = \mu_c u_c / \gamma)$ 为黏性力和界面张力的比值。μ 为流体黏度，u 为流体流速，γ 为两相界面张力，下标c和d分别表示连续相和分散相。雷诺数 Re 表示惯性力和黏性力的比值。液滴尺寸等数据通过Image J软件测量。魏森贝格数 Wi 表示弹性力和黏性力的比值，$Wi = \lambda_{eff} \cdot \dfrac{u_d}{W_c}$，$u_d$ 为通道中分散相的表观流速，变化范围为：$2.6×10^{-3}-0.00182$，如表1所示。

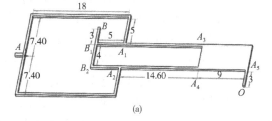

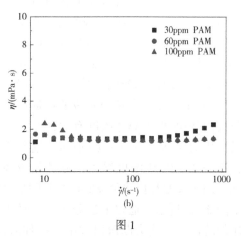

图1

表 1　流体物性参数

溶液	密度 ρ(kg·m^{-3})	表面张力 γ(mN/m)	剪切黏度 η(mPa·s)	有效松弛时间 λ_{eff}(s)
30ppm PAM	1000	5.9±0.5	1.3±0.2	5.56×10^{-4}
60ppm PAM	1000	6.0±0.5	1.2±0.2	8.12×10^{-4}
100ppm PAM	1000	5.7±0.5	1.2±0.2	2.39×10^{-3}
环己烷+5wt% span 85	778.6	—	0.98	—

2　结果与讨论

2.1　黏弹液滴生成过程

微通道中黏弹液滴生成过程如图 2(a) 所示，该过程包括膨胀阶段、挤压阶段、快速夹断阶段和细丝拉伸阶段。液滴生成过程受到惯性力、界面张力、黏性力、弹性力的共同作用，其中弹性力的大小与颈部局部形变速率密切相关，因而弹性力在液滴生成各阶段的作用强弱也不同。液滴生成过程中弹性力变化及其相对大小用局部无量纲数 Wi(弹性力与黏性力之比)随时间的变化描述，如图 3(a) 所示，局部无量纲数 $Wi = \lambda \cdot (dw_{min}/dt)/w_{min}$。在膨胀阶段($t = 0 \sim 0.33$ms)，分散相不断向液滴头部填充，促使其向微通道下游发展，在 T 型口处由于不受微通道壁面限制，液滴头部宽度大于微通道宽度。受到连续相的挤压作用，液滴头部宽度逐渐变小，并形成液滴颈部，该过程中 Wi 数极小，表明弹性力的作用微弱。当液滴颈部形成并开始出现凹面时，液滴演化进入挤压阶段($t = 0.33 \sim 1.13$ms)，该过程中 Wi 数也极小，这表明弹性力的作用也很微弱。之后液滴界面演化进入快速夹断阶段($t = 1.13 \sim 1.25$ms)，液滴颈部的局部应变速率迅速增大，分散相内高分子链由松弛状态转变为拉直状态，流体的弹性增强，在该阶段 Wi 数的变化范围为 0.1~1.3，这表明弹性力在液滴演化过程中逐渐发挥作用，并成为一种不可忽视的力。在液滴颈部演化的细丝拉伸阶段($t = 1.25 \sim 1.34$ms)，局部 Wi 数不随时间发生变化，如图 3(a) 所示。这主要是由于在该阶段细丝的拉伸应变速率恒定，如图 3(b) 所示。细丝在拉伸阶段的拉伸应变速率只与聚丙烯酰胺(PAM)浓度有关，而不受两相流量变化的影响，如图 3(c) 所示，这与文献中的报道一致。PAM 浓度增大，分散相流体弹性增强，细丝长度及拉伸阶段的持续时间显著增长，如图 2(b) 所示。通过上述分析，弹性力发挥作用的阶段是快速夹断阶段和细丝拉伸阶段。

为避免非对称并行微通道中流体流量分布对不同弹性流体液滴生成时界面演化产生干扰，用橡皮泥封堵了微通道 2，观测了微通道 1 中不同黏弹流体液滴生成时最小颈部宽度随时间的演化，如图 3(d) 所示。在挤压阶段，不同黏弹流体液滴最小颈部宽度 w_{min} 随时间的演化基本一致，表明弹性力对挤压阶段几乎没有影响，这与上述分析一致。在快速夹断阶段，液滴最小颈部宽度的变细速率随 PAM 浓度的增大而变小，这表明弹性力延缓了细丝的颈缩。Anupam Gupta 等模拟了十字聚焦微通道中黏弹液滴的生成，他们也发现弹性力具有延缓液滴颈缩的作用。液滴尺寸变化如图 3(d) 中所嵌小图所示，随着分散相流体弹性增强，液滴尺寸减小。流体弹性增强虽在一定程度上延缓了液滴颈部在快速夹断阶段的颈缩，但使液滴界面演化由挤压阶段向快速夹断的转折提前，而在快速夹断阶段液滴 w_{min} 较低弹性流体小，这导致填充至液滴头部的分散相变少，流入微通道的分散相更多的被填充在了下一个液滴头部。Zhao 等研究了聚焦微通道中黏弹液滴的生成，他们也发现流体的弹性延缓了液滴的颈缩，且弹性力增强使液滴体积减小。

2.2　并行微通道中黏弹液滴生成稳定性

在并行微通道中，各支路都能连续稳定生成液滴是并行放大成功的关键。液滴尺寸波动性较大通常导致液滴单分散性差。在本研究中，测量连续生成的 15 个液滴的长度，计算液滴长度变异系数 $CV(L)$ 以观测两微通道中液滴生成的稳定性。

$$CV(L) = \frac{\sqrt{\sum_{i=1}^{i=n}(L_i - \bar{L})^2/n}}{\bar{L}} \times 100 \qquad (1)$$

两相流量变化对液滴尺寸波动性的影响如图 4(a) 所示。液滴生成的稳定性随连续相流量增大变好；而调节分散相流量时，液滴生成的稳定性没有明显变化。在相对较低的连续相流量下，连续相的剪切力小，液滴颈部的断裂主要靠

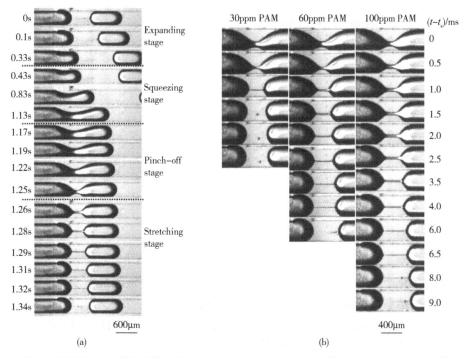

图2(a)微通道1中黏弹液滴生成过程，100ppm PAM。(b)不同浓度PAM溶液中液滴
生成时细丝拉伸阶段。$Q_d = 150\mu L/Min$，$Q_c = 300\mu L/min$

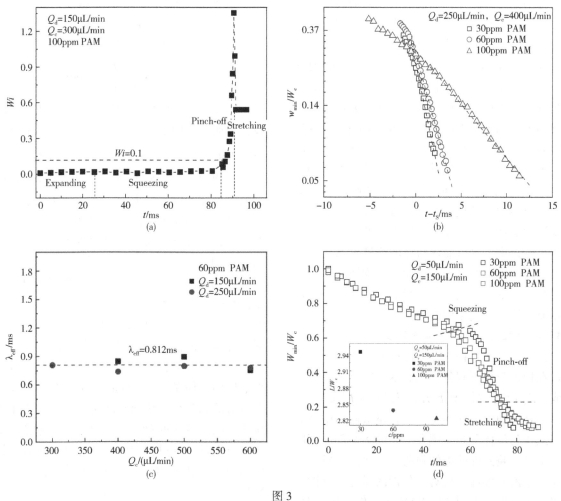

图3

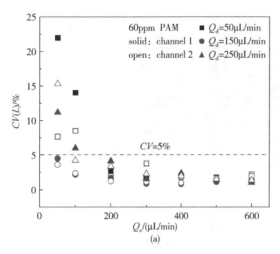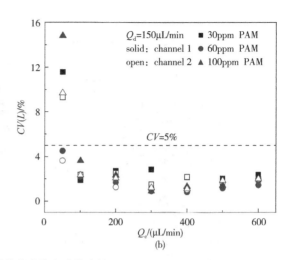

图4　非对称并行微通道中液滴生成稳定性

连续相在液滴头部填充产生的挤压力，且空腔中液滴群流动过程中的动态反馈效应，液滴界面演化过程中颈部拉普拉斯压差的波动性，以及液滴尺寸波动性引起的微通道内阻力变化，这些因素都会影响到后续液滴的生成。此外，连续相流量较小时整个微通道中的压降也较小，微系统对于波动源的抵抗性较差，因而液滴尺寸的波动性较大。随着连续相流量增大，一方面空腔中液滴群被及时排出，削弱了液滴群的反馈效应；另一方面全程的压降也增大，对于波动的抵抗能力增强，且连续相的挤压力和剪切力增强，能更好的控制液滴的生成。流体弹性对液滴生成稳定性的影响不大，如图4（b）所示。然而，Wang 等发现流体的弹性能够提高气泡生成的稳定性。这是由于气体的可压缩性导致系统稳定性差，液相的弹性引起的水动力电容对系统波动起到显著的抑制，使流体的弹性优势得到显著体现。然而，液液系统中液体不可压缩，系统本身的稳定性比气液体系好得多，这可能使流体的弹性对系统稳定性提升作用不那么显著。因此，黏弹液滴生成的稳定性主要受连续相流量的影响，可通过增大连续相流量提升液滴生成的稳定性。

2.3　并行微通道中黏弹液滴界面演化规律

在实际生产过程中，为确保液滴的单分散性通常在稳定条件下制备，因而本节针对液滴连续生成较为稳定的情况展开研究（$CV(L) < 5\%$）。与单管路微通道不同的是，双管路微通道中液滴界面演化与流体分布相耦合，而液滴颈部局部应变速率又影响到弹性力的强弱。因此，比较并行微通道中液滴颈部变化对于分析两通道中弹性力作用至关重要。不同浓度 PAM 溶液作分散相时，

并行微通道中液滴最小颈部宽度随时间的演化如图5（a）所示，发现增大 PAM 浓度，两微通道中液滴最小颈部宽度随时间的演化趋于一致。两微通道内流体分布与多相流阻力差异相互耦合，流体弹性力增强引起液滴尺寸变化，减小了多相流部分的阻力差异，这使得流体分布趋于均匀，因而液滴颈部局部应变速率也趋于一致，如图5（c）所示。弹性力的大小及其产生的影响一致，液滴尺寸均匀性 $E(L)$ 变好，如图5（b）所示。

$$E(L) = \frac{|L_1 - L_2|}{L_1 + L_2} \times 100\% \qquad (2)$$

然而低黏弹流体液滴生成时，在快速夹断阶段，微通道 2 中液滴颈部的局部应变速率较微通道 1 中大（$\dot{\varepsilon} = (dw_{min}/dt)/w_{min}$），如图5（c）所示。因而，微通道 2 中液滴颈部受到的弹性力较大。由前述可知弹性力增大液滴尺寸趋于减小，这使得低黏弹流体作为分散相时两微通道中液滴尺寸差异较大。并行微通道中黏弹流体液滴生成周期如图5（d）所示。液滴膨胀阶段的持续时间随 PAM 浓度增大而减小，这是因为增大 PAM 浓度，细丝的弹性力增强，对下一个液滴头部的牵引作用增强，促进了液滴头部向微通道下游发展。分散相流体弹性力增强对挤压阶段的持续时间没有显著影响，而显著延长了快速夹断阶段和细丝拉伸阶段的持续时间。PAM 浓度增大，弹性力对液滴头部在快速夹断阶段的延缓作用更加显著，因而持续时间延长。PAM 浓度增大使弹性力及细丝拉伸过程中的拉伸黏度也越大，细丝更加稳定，因而细丝拉伸阶段的持续时间也变长。

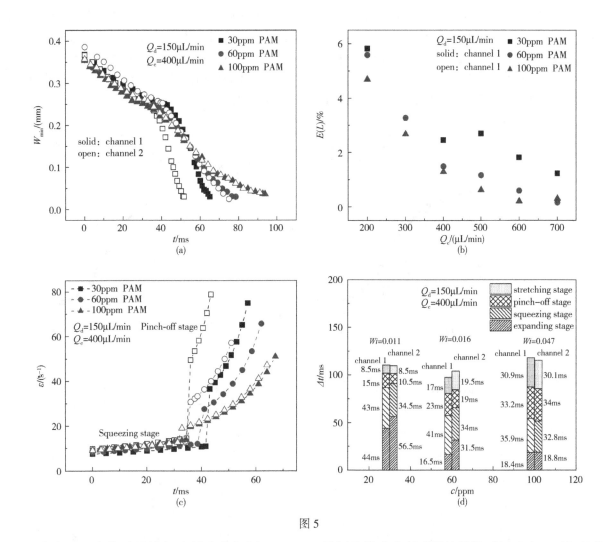

图 5

液滴界面演化随连续相流量变化如图 6(a) 所示。增大连续相流量，两微通道中液滴最小颈部宽度随时间的演化趋于一致。随着连续相流体流量增大，多相流微管路中分散相含率降低，多相流阻力差异趋于减小，连续相流经的微通道是几乎对称的，因而连续相的分布趋于均匀。连续相流量增大，多相流管路中的压降增大，分散相单相流管路中的压降占比减小，微通道的非对称性被削弱，因而分散相流体分布也趋于均匀，液滴界面演化趋于一致，液滴颈部局部应变速率一致，受到的弹性力作用也相同，液滴尺寸均匀性变好，如图 6(f) 所示。在低连续相流量下，流体流量分布不均，两微通道中液滴颈部界面演化表现出显著差异，因而弹性力的作用也不同，液滴尺寸均匀性较差。增大连续相流量，挤压力和剪切力增强，液滴尺寸减小，如图 6(e) 所示。两微通道中液滴生成周期随连续相流量变化如图 6(c) 所示。增大连续相流量，剪切力的增强使

挤压和快速夹断阶段的持续时间减小，而细丝拉伸阶段的持续时间基本不变，这是因为细丝在拉伸阶段的变细过程只与 PAM 浓度有关。

分散相流量变化对两微通道中液滴界面演化的影响如图 6(b) 所示。随着分散相流量增大，由于并行微通道中多相流阻力差异减小，流体分布同样趋于均匀，两微通道中液滴最小颈部宽度随时间的演化也趋于一致，因而液滴生成时弹性力的作用也是相同的，液滴尺寸的均匀性增强。并行微通道中液滴尺寸随分散相流量增大而增大，如图 6(e) 所示。增大分散相流量，分散相内部压力增大，液滴头部可以在短时间内突破 T 口处的压力向微通道下游发展，因而膨胀阶段的持续时间显著减小，液滴生成周期也显著缩短。

3 结论

本文揭示了流体弹性对非对称并行微通道

中液滴生成过程及流体分布的影响。液滴在 T 型微通道垂直剪切方式下生成时，弹性力主要影响液滴生成的快速夹断阶段和细丝拉伸阶段，弹性力对快速夹断阶段具有延缓作用，同时使细丝拉伸阶段持续时间增长。双微通道中

液滴生成稳定性主要受连续相流量影响，而基本不受分散相流体弹性和流量变化影响。增大分散相流体的弹性和两相流体流量促进了双微通道中液滴界面演化的一致性，有利于提升液滴的均匀性。

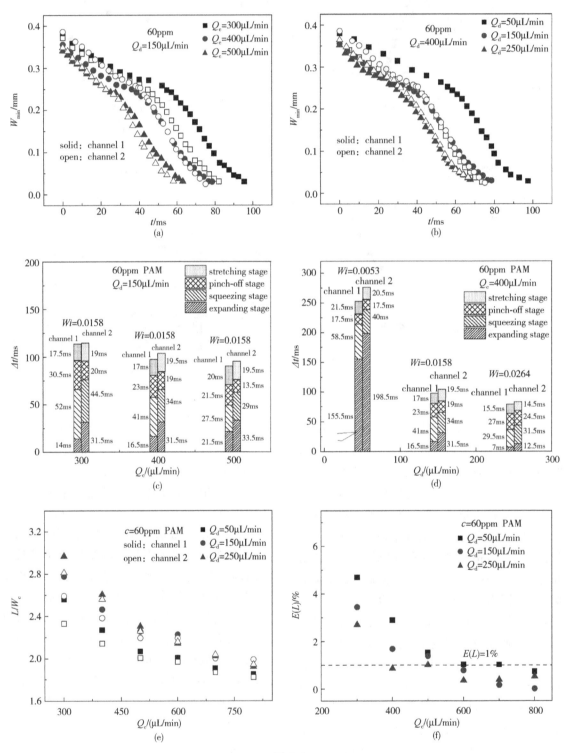

图 6

参 考 文 献

［1］ Steinhaus B, Shen A Q, Sureshkumar R. Dynamics of viscoelastic fluid filaments in microfluidic devices ［J］. Physics of Fluids, 2007, 19(7)：073103.

［2］ Tirtaatmadja V, McKinley G H, Cooper - White J J. Drop formation and breakup of low viscosity elastic fluids：Effects of molecular weight and concentration ［J］. Physics of Fluids, 2006, 18(4)：043101.

［3］ Pingulkar H, Peixinho J, Crumeyrolle O. Drop dynamics of viscoelastic filaments ［J］. Physical Review Fluids, 2020, 5：011301.

［4］ Cooper-White, J. J., etal., Drop formation dynamics of constant low - viscosity, elastic fluids. Journal of Non-Newtonian Fluid Mechanics, 2002. 106：29-59.

［5］ Liu, X. Y., et al., Formation of viscoelastic droplets in a step - emulsification microdevice. AIChE Journal, 2022. 68(10)：e17770.

［6］ Gupta, A. and Sbragaglia, M., A lattice Boltzmann study of the effects of viscoelasticity on droplet formation in microfluidic cross - junctions. European Physical Journal E, 2016. 39(1)：2.

［7］ Zhao C-X, Miller E, Cooper-White J J, et al. Effects of fluid-fluid interfacial elasticity on droplet formation in microfluidic devices ［J］. AIChE Journal, 2011, 57 (7)：1669-1677.

［8］ Zeng, W., Li, S. J. and Fu, H. Precise control of the pressure - driven flows considering the pressure fluctuations induced by the process of droplet formation. Microfluidics and Nanofluidics, 2018. 22(11)：133.

［9］ Raven, J. -P. and Marmottant, P. Periodic Microfluidic Bubbling Oscillator：Insight into the Stability of Two-Phase Microflows. Physical Review Letters, 2006. 97 (15)：154501.

［10］ Wang, H., et al., Bubble formation in T-junctions within parallelized microchannels：Effect of viscoelasticity. Chemical Engineering Journal, 2021. 426：131783.

利用金属钠实现高硫渣油的低成本脱硫

熊启强

[中石化(天津)石油化工有限公司]

摘　要　为了适应新的船用燃料油标准的变化，亟需开发一种能简单有效低成本的处理燃料油调合组分油渣油的工艺。本研究使用金属钠作为脱硫试剂对天津石化的减压渣油进行了研究，结果表明金属钠用于渣油脱硫是可行的，筛选出的较为合适反应条件为金属钠颗粒尺寸 0.03~0.5mm，反应温度370℃，反应压力6MPa，反应钠硫比为3∶1，反应时间10min，反应的脱硫率可控制在90.4%，脱金属率85.7%，脱氮率40.4%以上，具有很好的效果。同时发现金属钠对于柴油等碳链较短的油品脱硫效果要远好于渣油等重组分，而且其反应条件更加温和。本研究确定了使用金属钠对渣油脱硫的可行性，这对炼厂炼制更加高硫的原油以及处理高硫的渣油提供了一种解决思路，提高了渣油的经济效益。

关键词　渣油脱硫；金属钠；船用燃料油

1　引言

2016年10月，联合国航运机构国际海事组织(IMO)提出一项计划，将公海区域使用的船用燃料中硫和其他污染物的最大允许水平，从3.5%降低至0.5%，2020年开始，船用燃料硫含量限制在0.5%以下。目前生产低硫船燃的工艺路线主要包括：(1)更换低硫原油，采用低硫的直馏渣油调合生产残渣型船燃。但由于原料价格高且资源有限，提高了生产成本而不宜采用；(2)对高硫渣油、蜡油、减线油等进行脱硫处理，降低硫含量后与柴油、油浆等调合生产残渣型船燃，此路线资源丰富，但脱硫成本较高。因此，探索和开发低硫低成本燃料油生产技术，降低调合船用燃料油主要组分中的硫含量是目前生产低硫船用燃料油的主要任务。

油品脱硫技术目前主要分为加氢脱硫以及非加氢脱硫两种，目前广泛工业化应用的加氢脱硫需要高温、高压条件，装置投资较高，而且由于烷基取代基的立体效应，噻吩类以及噻吩类衍生物中的硫较难脱除。因此，非加氢脱硫技术得到广泛重视。非加氢脱硫技术主要包括氧化脱硫、萃取脱硫、吸附脱硫、生物脱硫和活性金属脱硫。萃取脱硫主要利用相似相溶原理，通常选择极性较强的有机溶剂来萃取油品中的硫化物，但是其萃取剂用量较大，再生困难。吸附脱硫利用吸附剂与有机硫化合物之间的弱化学作用脱硫，其操作简单，投资少，但是吸附剂无法处理硫含量较高的油品且吸附剂再生困难。生物脱硫使用细菌将碳硫键断裂，操作条件温和，设备简单且环境污染小，但是其反应时间较长，菌种筛选困难。活性金属脱硫使用还原性远大于氢气的碱金属以及碱土金属作为脱硫剂，脱硫效率高，成本较低但是金属的再生困难。氧化脱硫是将油品中的有机硫化物氧化为极性更强的亚砜或砜，然后再利用吸附、萃取等方法脱除，其步实验氢气，反应条件温和，对设备要求低，适用于将油品进行简单处理。当前炼厂对于渣油主要使用加氢脱硫，脱硫深度较高，若将其直接用于调合低硫船用燃料油生产成本较高，使用金属钠脱硫方法对其进行简单处理后再进行调合生产将能有效的降低生产成本。

2　实验部分

2.1　材料

渣油采用天津石化的减压渣油，其主要性质见表1，硫含量为4.71%，使用的为纯度99.5%的金属钠(茂名雄大化工)。

表1　减压渣油性质

项　　目	减压渣油
密度(20℃)/(kg/m^3)	1040
黏度(100℃)/(mm^2/s)	2981
CCR/%	22.15
碳含量/%(质量分数)	83.32

续表

项　　目	减压渣油
氢含量/%（质量分数）	10.07
硫含量/%（质量分数）	4.71
氮含量/（μg/g）	4937
镍含量/（μg/g）	47.1
钒含量/（μg/g）	153.1

2.2　实验方法

首先称取一定质量的金属钠放入破碎机中并加入柴油，使用机械破碎将其制备成小颗粒，然后放入反应釜中，使用氮气置换 3 次，充入氢气，打开加入夹套升温，开搅拌进行反应，反应结束后冷却，加入适量水溶解其中的盐组分，进行油水分离后使用黏度计、密度计、四元素分析仪以及 ICP-MS 测定反应后油样的性质与组成。

10~12mm　　　　　　　　1~2mm　　　　　　　　0.03~0.5mm

图 1　不同钠颗粒尺寸的形态

表 2　钠颗粒尺寸对脱硫的影响

颗粒尺寸/mm	10~12	1~2	0.03~0.5
脱硫率/%	65.7	77.8	83.4

从图 1 可以看出，随着破碎转速的提高，钠颗粒尺寸也快速变小且分布的更为均匀。而从表 2 可以看出，随着颗粒尺寸的缩小，脱硫率不断提高，这是由于反应为固液反应，金属钠的颗粒越小，金属钠与渣油的混合将更为均匀，因此将会有更多的金属钠参与反应，从而提高金属钠的利用率，脱除更多的硫。

3.2　反应温度影响

反应温度会影响反应速率，同时反应温度也会影响渣油的黏度，从而影响液体钠与渣油的混合效果。研究探讨了反应温度在 300~370℃，压力 6MPa，反应 10min 时的渣油脱硫率，结果如图 2 所示。可以看出随着温度的提高，脱硫率逐渐升高，300℃时脱硫率为 64.2%，370℃时为 92.4%。同时可以发现一开始脱硫率随温度的变化速率较快，但是当温度超过 340℃时，脱硫率受温度的影响变弱。这是由于温度在较低温度

3　结果与讨论

金属钠脱硫过程是一个固液反应，由于反应温度一般为 300℃左右，金属钠的熔点为 98℃，此时金属钠以及渣油均为液态。随着金属钠与渣油反应生成了硫化钠，硫化钠的熔点为 950℃且其无法溶解于油品中，硫化钠会形成硬壳包裹在未反应的金属钠外层，阻碍金属钠的进一步反应，因此为提高金属钠的利用率，需要考虑金属钠尺寸的影响。同时，由于温度对于金属钠的反应活性影响较大，还应考虑温度以及压力的影响。

3.1　钠颗粒尺寸影响

将固体破碎的最简单的工艺为机械破碎，为抑制金属钠的氧化，使用柴油作为保护溶剂，使用机械破碎方法制备钠颗粒，研究了不同颗粒尺寸对脱硫结果的影响，结果如图 1、表 2 所示，此时反应温度 340℃，压力 3MPa，反应 10min。

时，渣油的黏度较低，导致混合效果相较于高温时较差，因而导致脱硫率较低。

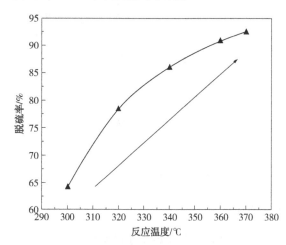

图 2　反应温度对脱硫率的影响

3.3　钠硫比以及反应压力的影响

如表 3 所示，钠硫比在 3:1 较好，这是由于金属钠与含硫渣油反应后生成硫化钠，理论上钠硫比应为 2:1，但是考虑到钠的损失以及渣油中的金属以及氮、氯等杂质的影响，实际应该需要更多的金属钠，此外由于金属钠反应后生成硫化

钠包裹住金属钠阻碍了反应的进一步进行，也导致需要加入更多的钠。实验结果同时表明，氢气压力对于脱硫率的影响较小，反应通入氢气主要由于反应在 370℃ 时反应，易于结焦，通入氢气可以抑制渣油的结焦。实验同时对比了含硫量更

低以及碳链更短的常三柴油的脱硫效果，可以发现在较低的温度下即可达到超过减压渣油的脱硫效果，这主要由于柴油的黏度较低，反应时混合更加充分，同时柴油中主要含有的硫为硫醇、硫醚、噻吩类物质，分子基团更短，更易于反应。

表3　不同反应条件对脱硫率的影响

原料	硫含量/%	Na∶S	反应温度/℃	反应压力/MPa	反应时间/min	脱硫率/%
减压渣油	4.7	3	370	6	10	90.4
	4.7	3	320	6	10	82.5
	4.7	3	370	8	10	90.7
	4.7	2	370	6	10	69.1
常三柴油	1.3	3	300	6	10	95.7

3.4　总结

综合以上试验，筛选出的较为合适反应条件为颗粒尺寸 0.03~0.5mm，370℃，6MPa，反应 10min，反应前后物性变化如表4所示，可以看出使用金属钠进行脱硫，脱硫率可控制在 90.4%，脱金属率 85.7%，脱氮率 40.4%，且黏度可从 2981mm²/s 降低到 39.73mm²/s，可以满足用于调和生产船用燃料油。

表4　减压渣油脱硫效果

项　　目	减压渣油	产品
密度(20℃)/(kg/m³)	1040	0.95
黏度(100℃)/(mm²/s)	2981	39.73
CCR/%	22.15	13.22
碳含量/%(质量分数)	83.32	85.69
氢含量/%(质量分数)	10.07	11.58
硫含量/%(质量分数)	4.71	0.46
氮含量/(μg/g)	4937	2941
镍含量/(μg/g)	47.1	15.3
钒含量/(μg/g)	153.1	13.3

4　结论

本文研究了金属钠用于高硫渣油的脱硫，确定了金属钠用于渣油脱硫的技术可行性，同时研究了颗粒尺寸、反应温度、原料配比以及反应压力对于脱硫效果的影响，为渣油脱硫提供了新思路。主要得到了以下结论：

（1）金属钠用于渣油脱硫是可行的，筛选出的较为合适反应条件为金属钠颗粒尺寸 0.03~0.5mm，反应温度 370℃，反应压力 6MPa，反

应钠硫比为 3∶1，反应时间 10min。

（2）金属钠用于渣油脱硫，脱硫率可控制在 90.4%，脱金属率 85.7%，脱氮率 40.4% 以上，具有很好的效果。

（3）金属钠对于柴油等碳链较短的油品脱硫效果要远好于渣油等重组分，同时其反应条件更加温和。

本研究为金属钠用于渣油脱硫确定了技术可行性，但是仍有一些工作需要继续研究。首先金属钠颗粒的生成方式，工业使用机械剪切方式会产生较多的热量导致危险性增加，需要进一步研究使用多孔膜的效果；其次，需要进一步细化颗粒尺寸与原料配比的关系，尽可能的减少钠的使用量；最后要解决金属钠的再生问题，由于脱硫后生成了硫化钠，需要使用电解来再生，因此要解决电解过程的安全性以及能耗问题，这有待于进一步的深入研究。

参 考 文 献

[1] 袁明江，王志刚. 船用燃料油质量升级对炼油行业的影响[J]. 国际石油经济，2020，28(03)：65-69.

[2] 郑丽君，朱庆云，鲜楠莹. 国内外船用燃料市场现状及展望[J]. 国际石油经济，2018，26(05)：65-72.

[3] 薛倩，王晓霖，李遵照，等. 低硫船用燃料油脱硫技术展望[J]. 炼油技术与工程，2018，48(10)：1-4.

[4] 王金兰. 低硫重质船用燃料油生产方案研究[J]. 炼油技术与工程，2021，51(02)：10-13.

[5] 颜世闯，吴越，祁兴国，等. 低硫船用燃料油调合工艺和稳定性研究[J]. 炼油技术与工程，2021，51(03)：5-8.

[6] 王天潇. 典型炼油企业低硫重质船用燃料油生产方案研究[J]. 当代石油石化, 2019, 27(12): 27-34.

[7] 闫昆. 渣油降粘及船用燃料油的调和[D]. 中国海洋大学, 2015.

[8] 孔令健. 低硫残渣型船用燃料油 RMG380 调和方案研究及实施[J]. 中外能源, 2020, 25(06): 69-72.

[9] 张龙星. 限硫令下的全球船用燃料油市场变局[J]. 中国远洋海运, 2021, (03): 32-35.

[10] 杨洪云, 赵德智, 毛微, 等. 柴油碱洗-络合萃取脱硫工艺[J]. 抚顺石油学院学报, 2003, (01): 45-48.

[11] MENG X, ZHOU P, LI L, et al. A study of the desulfurization selectivity of a reductive and extractive desulfurization process with sodium borohydride in polyethylene glycol[J]. Sci Rep, 2020, 10(1): 10450.

[12] 马海强, 李倩, 展宗瑞, 等. 新型微孔-介孔复合分子筛的合成及汽油吸附脱硫性能研究[J]. 安徽化工, 2020, 46(05): 33-35.

[13] 任海霞. 无模板剂法合成 ZSM-5/Y 复合分子筛及脱硫性能[D]. 河南大学, 2016.

[14] 杜长海, 马智, 贺岩峰, 等. 生物催化石油脱硫技术进展[J]. 化工进展, 2002, (08): 569-571+578.

[15] 江懿龙. 生物脱硫技术在石油领域的应用现状[J]. 化工管理, 2017, (12): 143.

[16] 梁斌. 脱硫细菌 H-412 固定化及脱硫性能研究[D]. 天津大学, 2007.

[17] 万涛. 戈登氏菌 Gordonia sp. WQ-01 对石油中二苯并噻吩(DBT)生物脱硫的研究[D]; 天津大学, 2011.

[18] P·L·汉克斯. 炼油馏分的碱金属微调脱硫, CN110088235A[P/OL]. 2019-08-02].

[19] 吕树祥, 刘昊, 王超. 燃油氧化脱硫催化剂的研究进展[J]. 天津科技大学学报, 2022, 37(03): 1-11.

[20] 王勇, 申海平, 任磊, 等. 燃料油氧化脱硫机理的研究进展[J]. 化工进展, 2019, 38(S1): 95-103.

[21] 张红星. 模型油中噻吩类硫化物的氧化和吸附脱硫方法研究[D]. 北京化工大学, 2012.

[22] 张永强. 燃油深度氧化脱硫绿色新体系的研究[D]. 山东大学, 2019.

[23] 周仕鑫, 张静, 乔海燕, 等. 氧化-萃取法脱除减黏裂化柴油中硫化物[J]. 辽宁石油化工大学学报, 2020, 40(02): 6-10.

延迟焦化生产低硫石油焦工艺研究

蔡国晏　和晓飞　李岳灿　王　勇

（中石油云南石化有限公司）

摘　要　石油焦是延迟焦化装置特有的产品，随着新能源负极材料需求增加，延迟焦化装置生产低硫石油焦是炼油厂"减油增特"重要手段。本文从低硫石油焦生产原料性质要求、循环比、加热炉出口温度及反应压力等对低硫石油焦生产影响分析，得出提高循环比、加热炉出口及反应压力有利于提高低硫石油焦收率。原料硫含量（质量分数）≤0.73%，可以生产出满足石油焦（生焦）标准（NB/SH/T0527-2019）2#石油焦；原料硫含量（质量分数）≤2.1%，可以生产出满足石油焦（生焦）标准3#石油焦。延迟焦化装置生产的低硫石油焦产品附加值高，较高硫焦生产，经济效益提升显著。

关键词　延迟焦化；低硫石油焦；原料；生产条件

石油焦作为延迟焦化装置直出产品之一，随着原料重质化及劣质化，硫含量大于3.0%（质量分数）的高硫石油焦产量不断增多，高硫石油焦环境污染大，销售及使用受限。云南石化延迟焦化装置生产石油焦原料主要是减压渣油、催化油浆、催化油浆滤渣及各种污油，生产出的石油焦硫含量高达6.5%（质量分数），主要用于发电厂、水泥厂及电解铝，经济效益较低的同时环境污染大。随着新能源车的快速发展，负极材料需求进一步扩大，而低硫石油焦作为负极材料原材料，低硫石油焦市场增长空间被进一步打开。低硫石油焦的生产为延迟焦化装置提高装置效益、生产特色新产品找到了一个新的出发点。

1　延迟焦化装置工艺流程简介

延迟焦化装置原料主要有催化油浆、减压渣油、常压渣油及轻重污油，产品为干气、液化气、汽油、柴油、蜡油及石油焦，石油焦是延迟焦化装置唯一可以直接出厂的产品。

渣油加氢后得到的脱硫渣油送至延迟焦化装置，脱硫渣油与减压渣油、催化油浆澄清油混合后得到生产低硫石油焦的原料，其中通过调整三股原料之间的比例控制混合原料性质。焦化原料进入原料缓冲罐，经过原料泵增压与分馏塔各侧线换热至305左右℃后进入分馏塔底，在与循环油混合后经加热炉进料泵输送到加热炉，在加热炉中迅速升温至490~510℃进入焦炭塔进行裂解、缩合反应，反应得到的烃类气体、轻油及重油从焦炭塔顶进入分馏塔换热、组分切割，得到

富气、汽油、柴油以及蜡油等产品。石油焦留在焦炭塔中，冷焦、除焦后得到石油焦产品，焦炭塔轮换切塔，具体工艺流程见图1。

延迟焦化装置由于是按周期进行操作，整个生产过程中反应压力、进加热炉原料温度都会变化，由于重蜡油焦粉含量及铁离子含量较高，不满足下游装置原料要求，重蜡油全部作为循环油进行回炼。在生产过程中可通过调整焦炭塔环阀开度控制焦炭塔反应压力，通过调整加热炉油气出口温度调整反应温度。对石油焦生产影响较大的因素有原料性质、循环比、反应温度及反应压力。

2　生产数据分析

2.1　原料数据分析

在生产低硫石油焦过程中由于催化油浆澄清油价格低、硫含量低且可抑制弹丸焦的生成，是生产低硫石油焦较理想原料之一。加氢脱硫渣油主要是控制混合原料硫含量，但脱硫渣油及催化油浆残炭值均较低，对提高生焦率贡献较小，因此在保证混合原料硫含量满足生产要求的前提下，提高减压渣油比例有利于提高生焦率。原料性质见表1。

2.2　操作条件分析

生产低硫石油焦时，由于原料变轻、残炭值降低，焦炭塔需要较苛刻的反应条件，与生产高硫石油焦时对比，需要提高加热炉出口温度及焦炭塔反应压力，保证焦炭塔有足够的热量进行反应，并延长高温油气在焦炭塔内的停留时间，进

行充分反应。低硫及高硫石油焦生产时操作条件 对比见表2。

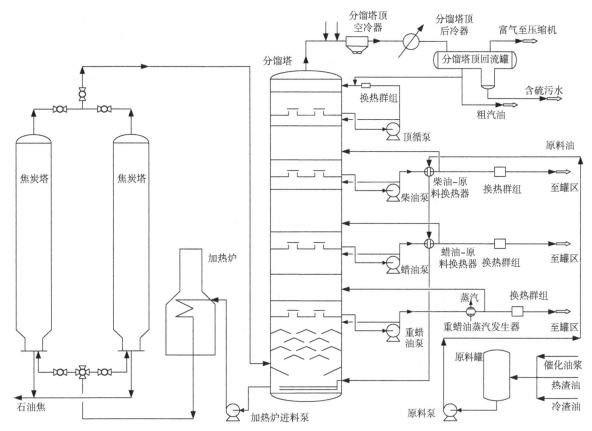

图1 延迟焦化装置主要工艺流程

表1 原料性质

原　料	脱硫渣油	催化油浆	减压渣油	混合原料
残炭(微量法)/%(质量分数)	4.56	5.74	21.98	9.36
硫含量/%(质量分数)	0.535	0.726	5	1.84
密度(20℃)/(kg/m³)	930.3	1052.4	1031.2	1006.7
馏程				
初馏点	280.8	233.9	354.6	257.6
5%	350.4	387.6	513.6	355.6
10%	380.4	404.1	539.2	374.6
30%	451.6	427.6	596.6	426.8
50%	508.4	450.1	647.2	482.2
70%	573.4	484	709	557
90%	685.6			666.2
500℃馏出/%(质量分数)	46.9	77.3	3.5	55.3
538℃含量/%(质量分数)	60.2	9.7		65.5
沥青质/%(质量分数)	1	0.7	8.8	2.4
饱和分/%(质量分数)	62.3	25.9	12	33.7
芳香分/%(质量分数)	26.7	64.1	56.9	51.7
胶质(沥青质小于10%)/%(质量分数)	6.9	5.2	18.7	9

表2　石油焦生产时操作条件

项　　目	高硫焦	低硫焦	偏差
原料残碳/%	19.0	9.36	↓9.64
石油焦生焦率/%	31.0	20.5	↓10.5
生焦率/残碳	1.63	3.32	↑1.69
循环比	0.18	0.32	↑0.14
焦炭塔压力/MPa(g)	0.15	0.22	↑0.07
加热炉出口温度/℃	494	502	↑8

2.3　石油焦产品数据分析

通过调整原料比例及操作条件，生产出满足石油焦（生焦）标准（NB/SH/T0527－2019）的低硫石油焦，见表3。

表3　石油焦性质

项　　目	单位	石油焦
硫含量	%（质量分数）	2.62
挥发分	%（质量分数）	7.3
灰分	%（质量分数）	0.16
总水分	%（质量分数）	18.6
粉焦量	%（质量分数）	52
硅	μg/g	166.98
钙	μg/g	67.52
铁	μg/g	210.99
钠	μg/g	30.26
镍	μg/g	45.6
钒	μg/g	142.2

通过低硫焦及高硫石油焦生产期间原料及石油焦化验分析数据对比，可以推导出原料硫含量（x）与石油焦硫含量（y）函数预测公式（1），如图2所示。

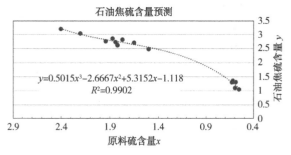

$$y=0.5015x^3-2.6667x^2+5.3152x-1.118$$
$$R^2=0.9902$$

图2　延迟焦化装置石油焦硫含量预测分析

$$y=0.5015x^3-2.6667x^2+5.3152x-1.118 \quad (1)$$

通过低硫石油焦及3#石油焦多次生产，公式（1）预测的低硫焦及3#石油焦硫含量与实际值偏差较小，满足需求。初步预测，当前条件生产

操作条件下，混合原料硫含量<2.10%时，石油焦硫含量<3%。

通过公式1，当前条件下，可以初步预测原料硫含量与石油焦硫含量的关系，见表4。

表4　原料硫含量与石油焦硫含量关系

序号	原料硫含量	石油焦硫含量	单位
1	0.72	1.5	%（质量分数）
2	1.0	2.0	%（质量分数）
3	1.45	2.5	%（质量分数）
4	2.1	3.0	%（质量分数）

通过公式1及表4可知，在操作条件确定情况下，生产低硫石油焦时混合原料硫含量≤2.1%（质量分数）时，石油焦硫含量满足要求。

3　难点及措施

（1）焦炭塔油气线速增高，携带焦粉至分馏

存在问题：

焦炭塔空塔线速度0.14m/s，焦炭塔空塔线速度及分馏气相负荷与装置满负荷生产时相当。

主要控制措施：

① 焦炭塔压力控制不能高于0.25MPa(g)。

② 主要操作为分馏塔的操作，逐步增加各侧线回流量，加大各侧线的取热，在保障分馏塔蒸发段温度385～400℃的前提下，适当提高蜡油洗涤油量，确保对焦粉洗涤效果。

③ 加工负荷85%（120t/h）生产，主要是控制分馏气相负荷。

（2）分馏塔底温度高，易抽空，炉管易结焦

存在问题：

① 脱硫渣油掺炼比例增大，原料密度变轻，P102压力会降低；

② 在高炉出口温度下，加热炉热强度较高，油浆结焦倾向比脱硫渣油大，易炉管结焦。

主要控制措施：

① 控制分馏塔底温度控制不能超过330℃，日常控制<325℃；

② 监控 P102 出口压力，当压力低ㄑ3.2MPa(g)时，及时关小备用泵预热，但不能全关，汇报主管工程师；

③ 原料换热少取热，原料换热器副线适当打开，控制换热终温；

④ 调整焦炭塔时，一定要慢，尤其是 25%

阀位以下时，每次动作 2% 阀位，并观察 20min 以上再进行下一次调整。

（3）焦炭质量得不到保证

存在问题：

当油浆比例过低，且原料残碳过低，胶质、沥青质含量低，且空塔汽速过大，会造成粉焦量增多，石油焦不能很好的聚合成型，造成冷焦、放水、除焦风险，以及分馏塔带焦粉；石油焦密度及硬度较高硫焦时明显降低，焦炭塔空高较难控制，只能缩短生焦周期，保证焦炭塔空高。7月份生产 3C 石油焦油浆比例是 48/110 = 43.6%；8月份是 40/120 = 33.3%；处理量 130t/h，油浆比例 40/130 = 30.76%。油浆比例的降低对石油焦的软硬及密度影响较大。

主要控制措施：

① 提高炉出口温度和焦炭塔操作压力，保障石油焦能够聚合成型，同时较高的残碳也有利于石油焦成型。

② 小吹汽、大吹汽操作过渡期间保障汽量不中断，汽带水操作优化，不能炸焦，保障生焦通道顺畅。

③ 给水程序优化，形成给水→泡焦→放水→二次给水→泡焦→放水操作，同时在除焦钻孔、扩孔和切焦期间保持顶部给水 220t/h，加强冷焦效果。

④ 正式生产时，仍需要消防队进行消防保运工作，确保连续 2 塔石油焦除焦均无问题后，再降低保运等级。

⑤ 放水时堵塞放水线，一旦堵塞立刻停止放水，再次给水顶给水线，如果还不行则需要给蒸汽顶线，蒸汽量从 10t/h，分阶段提高至 20t/h，疏通后再通汽 5min；

⑥ 除焦卡钻风险，如果除焦时卡钻，一方面尝试缓慢提钻，钻头提出，如果提不出来，则从底部给水用水冲除焦通道，直到钻头松动。

⑦ 调整催化油浆比例，提高焦炭质量。

（4）焦炭塔管线振动风险大

存在问题：

生产 3C 石油焦时，需要关小环阀提高焦炭塔生产压力，环阀后压力与阀前压力相差较大（>0.1MPa），导致油气线振动较大，存在法兰泄漏风险。

主要控制措施：

加强巡检，发现问题及时处理。

4　经济效益分析

（1）原料成本增加 203.354 元/t 原料（表5）

表5

原料		原料流量/t	费用/元
3C 石油焦原料	减压渣油	36.5	3547.41
	脱硫渣油	43.5	4,302.49
	催化油浆	40	2,703.06
	吨油成本		3539.677
高硫石油焦原料	减压渣油	90	3,547.41
	催化油浆	30	2,703.06
	吨油成本		3336.3225
原料差价			203.354

（2）辅材费增加 11.216 元/t 原料（表6）

表6

能源名称	单耗差值（t/t 原料）	单项费用（元/吨）	吨油增加费用
除氧水	0.014	14.58	0.210
延迟焦化用电	1.287	0.41	0.528
稳定双脱用电	-0.298	0.41	-0.122
3.8MPa 蒸汽（焦化）	0.000	230	-0.063
3.8MPa 蒸汽（汽轮机用气）	0.009	230	2.181
1.0MPa 蒸汽（汽轮机外供）	0.008	230	1.804
1.0MPa 蒸汽（焦化装置自用）	0.006	230	1.396
0.4MPa 蒸汽	0.014	230	3.300
燃料气	0.001	2175	1.432
消泡剂 ppm	66	8346.9	0.551
			11.216

（3）产品收益增加 398.316 元/t 原料（表7）

（4）总收益

每吨原料增加效益 183.746 元。

5　结论

（1）渣油加氢-延迟焦化组合工艺可生产出满足要求的低硫石油焦。

（2）混合原料硫含量<0.72%时，石油焦硫含量<1.5%；混合原料硫含量<1.0%时，石油焦硫含量<2.0%，生产 3A 石油焦；混合原料硫含量<1.45%时，石油焦硫含量<2.5%，生产 3B 石油焦；混合原料硫含量<2.10%时，石油焦硫含量<3.0%，生产 3C 石油焦。

（3）延迟焦化装置生产低硫石油焦经济效益显著提高。

表7

项目	低硫收率	单价	吨油收益	高硫收率	单价	吨油收益
干气	4.00%	1,500.00	60.000	3.95%	1,500.00	59.325
液化气	1.43%	3,637.45	52.016	1.70%	3,637.45	61.769
汽油	15.25%	4,546.81	693.389	15.45%	4,546.81	702.263
柴油	30.05%	4,455.88	1338.992	27.10%	4,455.88	1207.453
蜡油	25.28%	4,092.13	1034.490	22.30%	4,092.13	912.380
石油焦	23.99%	2400	575.760	29.51%	1400	413.140
合计			3754.646			3356.330
差值	398.316					

参 考 文 献

[1] 刘建锟，杨涛，郭蓉，等．解决高硫石油焦出路的措施分析[J]．化工进展，2017，36(7)：2417-2427.

[2] 范艳斌，贾启明．浅谈延迟焦化生产低硫石油焦[J]．精细与专用化学品，2023，31(8)：46-48.

[3] 刘涛，任亮，赵加民，等．生产低硫石油焦的渣油加氢-延迟焦化组合工艺研究[J]．石油炼制与化工，2021，52(12)：32-37.

[4] 仝玉军，杨涛，孙世源，等．沸腾床加氢-焦化组合工艺制备低硫石油焦[J]．石油炼制与化工，2021，52(3)：15-20.

[5] 陆佳欣，杨璐彬，王际童，等．低硫石油焦锂离子电池负极材料的电化学性能研究[J]．化学反应工程与工艺，2021，37(5)：457-466.

机理数学模型智慧控制在石化企业污水处理场浓水处理系统中的应用

段智文　麻鹏锋　黄代存　王　明

（中石油云南石化有限公司）

摘　要　污水处理过程是一个大型流程工业过程，它受到进水流量和污泥负荷中的大扰动以及进流污水中的不确定混合成分影响严重，因此，保证污水处理过程的平稳运行是污水处理过程控制研究的首要问题；另外，在满足污水处理效果的条件下，实现污水处理过程的节能降耗也是亟待解决的问题。本文通过构建污水处理场浓水处理系统中工艺机理的智慧控制数学模型，通过多参数、自学习、自纠偏的数学模型实时计算各控制参数的最佳最优值，实现对复杂的生物反应过程的智慧精准控制；控制方式从人工经验的自动控制提升为机理数学模型智慧控制系统，从而实现节能降耗，保证出水指标稳定更优，进而减少外排的污染物的负荷。

关键词　智慧控制；污水处理；ASM-CFD 耦合模型；优化控制

鉴于当前人工线上调整控制参数方面遇到的困难，使得污水处理过程的稳定程度较低。同时，某些质量参数由于设备水平和价格方面的制约因素，在线监测困难重重，使得控制废水处理更加困难。

为进一步提升外排污水水质，降低排放总量，通过对污水处理过程中设计到的各种生化反应，以及气、液、固三个相态互相影响后导致各个物质的浓度分布发生变化的科学原理进行分析，利用基于机理的数学模型，将 ASM-CFD 耦合与实际水厂完成 1：1 建模绘制虚拟工厂，发挥虚拟工厂强大的计算能力，推测出最适合的控制参数，再融合其他智能化方法的控制手段来对全流程反应过程进行优化，以此实现达标排放、节能降耗的效果。

1　装置简介

中石油云南石化有限公司（简称"云南石化"）废水类别主要包括含硫污水、含油污水、含盐污水、生活污水等。云南石化污水处理场位于厂区西北角，占地面积约 10 万 m^2，污水处理场主要由污水处理系统、回用水处理系统、浓污水处理系统及配套废气、固废处理设施组成。其中污水处理场各系统规模及工艺为：（1）云南石化污水处理场污水处理系统设计规模 1000m^3/h，采用"罐中罐+DCI 隔油池+中和池+均质池+混凝絮凝池+气浮池+A/O 生化池+二沉池+高密度沉淀池+后混凝池+V 型滤池"工艺，出水进入回用水处理系统处理。（2）回用水处理系统设计规模 700m^3/h，采用"臭氧接触池+生物滤池+V 型滤池+超滤+反渗透"工艺，产水送除盐站处理后返回生产回用，反渗透产生的浓水进入浓水处理系统。（3）浓水处理系统设计规模 150m^3/h，工艺为"前臭氧接触池+反硝化滤池+生物滤池+气浮池+砂滤罐+后臭氧接触池+活性炭滤池"工艺，处理后废水达 GB 31570—2015《石油炼制工业污染物排放标准》后外排螳螂川。

2　需求分析

2.1　稳定达标排放和达总量控制指标的需要

近年来，国际市场的原油来源愈发不稳定，导致云南石化炼油各类废水水质波动比较大，其中 2023 年污水处理场进水全年检测结果表明废水中主要污染物 COD、TN 等产生浓度已远高于设计进水标准，污水处理场控制运行面临更大的压力；2023 年排水检测结果表明，外排废水浓度虽然可达 GB 31570—2015《石油炼制工业污染物排放标准》，但当前控制运行模式下 COD、TN 等污染物年排放总量难以达到排放标准要求，如图 1、表 1 所示。

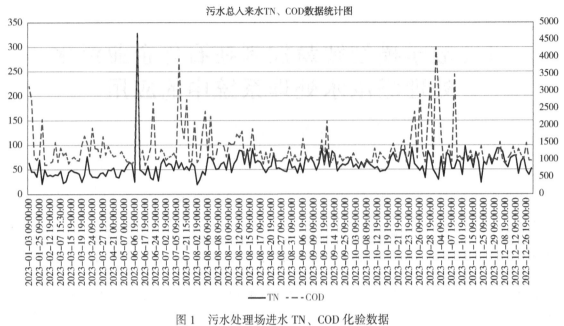

图 1　污水处理场进水 TN、COD 化验数据

表 1　污水处理场进水控制指标

进水控制指标			
名称	项目	单位	指标
厂区污水	COD_{Cr}	mg/L	≤800
	NH_3—N	mg/L	≤70
	石油类	mg/L	≤500
	硫化物	mg/L	≤50
	PH	—	6~11
	总氰化物	mg/L	≤1
	挥发酚	mg/L	≤40
	总氮	mg/L	≤50

2.2　节能降耗、减少碳排放的需要

该污水处理场反渗透系统采用一级三段工艺，反渗透浓水浓缩比例高，其中的 COD 多为难降解或可生化性差，因此通过浓水处理装置前臭氧接触池的臭氧氧化作用，使水中难生物降解的长链、大分子有机物转化为较小且可生物降解的有机物，将水中不可降解的 COD 转化为可降解的 COD，并降低 COD 的总量，因此精细调整臭氧投加量尤为关键。此外浓水处理装置反硝化生物滤池采用 70% 乙酸为有机碳源，$1gNO_3$--N 被反硝化需消耗 3.7gCOD，因此 $1gNO3$--N 被反硝化需消耗约 5g 乙酸，浓水处理系统进水 COD 经前臭氧氧化后，部分可以利用，可抵消部分乙酸耗量，但通过当前传统"人工经验反馈"的自动控制系统控制运行模式，无法做到根据实时水质、水量变化来计算出实时最优控制方

案，很难做到精准实时控制，从而增加了能耗和物耗，也相应增加了碳排放。

3　智能化智慧化控制的必要性

通过研发污水处理数学模型智慧控制系统替代人工经验自动控制系统，依据污水各单元进水在线检测系统检测数据，数学模型智慧控制系统快速计算出最优控制参数，实时控制污水处理系统运行，实现外排废水出水水质稳定达标排放和主要污染物总量控制指标达标，并有效减少电能消耗和碳源投加，起到了节能降耗的作用，也减少了碳排放，响应了国家双碳政策的要求。

污水处理数学模型智慧控制系统的开发设计是符合国家"信息化、数字化、智能化"战略发展规划的，是推进科技创新、管理创新，提升企业核心竞争力的重要工作，对污水处理系统精细化、精准化、智能化控制和标准化管理的实施起到重大意义。污水处理数学模型智慧控制系统开发实施后有利于减轻运维管控人员的工作负荷，在保障污水处理场的实时出水达标排放的同时，进一步节能减排，实现经济效益、环境效益和社会效益的统一。

4　技术路线

4.1　系统组成

数学模型智慧控制系统主要由理想优控制参数计算模块、污水处理数学模型虚拟工厂以及深度学习优化计算控制模块三大部分组成(见图 2)。

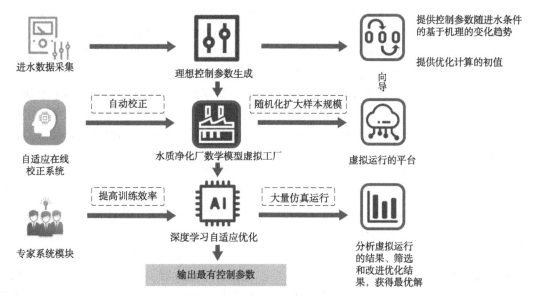

图 2　机理智能控制系统组成

（1）理想控制参数生成模块采集污水系统进水参数，并利用基于理论计算公式的简单数学模型计算出理想的控制参数，这个过程一方面可以提供控制参数随进水条件的基于机理的变化趋势，另一方面可以为后续计算过程提供初值。获得的理想控制参数通过特定算法形成设定规模的样本集，将样本集中的样本及对应的进水条件一一代入数学模型虚拟工厂进行虚拟运行。

（2）数学模型虚拟工厂是控制系统的虚拟运行平台，是控制系统实现前馈控制以及准确预测工况的核心环节，是严格按照污水处理系统设计图纸以及施工现状耦合了高级氧化过程，生化反应 ASM 以及流体动力学模型 CFD 的数学模型，是能够准确真实模拟显示污水各工段运行清况的虚拟工厂。为了保证长期运行的稳定，虚拟工厂还具有在线自适校正的能力，模型会自动根据沿程仪表和出水数据与自己的仿真计算结果进行比较，定期分析模型的有效性及逼真度，出现偏差时能够自主校正以适应现实工况的改变。

（3）深度学习优化计算控制模块分析训练虚拟运行的结果，选出能达到出水水质要求，且能耗最低的控制参数样本，将其输出到自控平台指导控制生产，并将优化的控制参数和对应的进水条件保存记忆，随着虚拟运行计算的不断累积，优化的控制参数也不断训练进化。随着运行时间的增长，数学模型智慧控制系统输出的控制参数越精确，计算步长减少，运行越稳定。

4.2　系统主要控制点

该项目首先对污水工段各个工艺单元建立机理数学模型，并结合质量守恒，能量守恒将各个单元按工艺联接形成全工段的工艺机理模型。并重点对浓水处理装置前臭氧接触池及后臭氧接触池序建立耦合高级氧化反应机理与流体动力学机理的数学模型。为保证数学模型精准以及控制水平的高度，需要结合采样及实验分析确立针对该项目的高级氧化动力学模型，分析反应产物族群，能够准确模拟和预测高级氧化过程的反应效率以及产物的可生化性。对于反硝化滤池及生化滤池则建立改良型 ASM 生化反应模型与 CFD 流体动力学模型的耦合机理模型，同样也需要采集水样，构造实验，充分确立反应动力学参数，这样才能满足对生化过程的准确模拟与预测。

该项目设计主要考虑以下几个关键控制点：

（1）前臭氧接触池臭氧流量，优化该控制点，实现在保证足够的 COD 去除以及提高出水可生化性的前提下的最节约流量。该控制点对后续过程的去除效率以及节能降药有至关重要的作用，不仅可以去除生化过程无法去除的有机污染物，还可以提高原水可生化性，有助于减少后续生化过程的压力和碳源投加的需求。

（2）反硝化滤池碳源投加量，结合上一个控制点，以及精确的生化过程模拟实现最优碳源投加。该工段目的在于最大化去除总氮，由于浓水过程进水 COD 可生化性不高，所以需要投加额外碳源，然而结合上一控制点的优化控制，可以减少额外碳源的需求，同时由于机理模型控制系统对生化过程的充分详尽的模拟与分析，充分挖掘单元潜力，获得真正科学的最优投加量，由于控制信号是前馈实时的输出，所以解决了以往人工控制的较大滞后性。

（3）生物滤池曝气量，生物滤池的曝气量是关键的节能控制点之一，结合上述两个单元的仿真预测分析，以及本单元机理数学模型，获得实现出水要求最低的曝气量。

（4）后臭氧接触池臭氧流量，该单元是全流程出水的保险单元，在最后经历一个高级氧化过程将前面单元未能去除的有机污染物进一步去除。该单元也是节药节能的关键点之一，在优化了之前三个过程后可以大幅减少该单元的臭氧投加量。同时在进水水质有重大波动时，预测可能会导致出水水质较差的情况时，也可以通过增加该单元的投加量以保证出水水质。

整个控制过程基于全工段数学模型的预测分析，而不依赖沿程仪表的反馈。在进水发生变化后数十秒即可生成最优的控制参数，从而彻底解决了控制滞后性的问题，同时四个控制点虽然分别在独立的工艺单元，但是其中互相影响互相作用，因此全工段数学模型的分析才能从根本上科学的对控制进行优化。

4.3 系统特点

（1）前馈控制

实时性—对进水条件变化灵敏，实时生成最优控制模式。本智慧控制系统具有前馈控制特点，在前端接收到入池污水水量和水质信息后 10 秒内可以完成系统响应，并生成最优处理方式，在保障出水实时达标的同时更因利用最优投加碳源、曝气配比等为系统使用方节约电费及碳源费。

（2）机理智慧控制

机理数学模型控制完全有别于经验自动控制。机理数学模型控制是建立基于活性污泥过程机理的递阶神经网络模型，结合了 ASM 系列模型对生化反应机理准确的模拟，并利用 CFD 模型搭建 ASM 与实际处理设施（污水处理池）结构设计的桥梁，精确仿真各个反应器（污水处理池），将智能神经网络与各个反应器模型相结合，利用神经网络深度学习控制算法实现对整个污水处理系统的人工智能模型控制。

（3）自学习

控制系统能够随工况的变化，运行条件的变化自我学习、自我优化核心数学模型，每当计算出最优值时自动保存并替代在运行老模型。随控制系统运行时间增长，控制系统的记忆会扩展，

计算的精度会进一步优化。控制系统为保证系统的准确高效固定时间还会启动自动校正系统对系统参数进行校正，避免随着长时间运行产生错误偏差积累。

数学模型智慧控制系统能够浓水处理系统的运行控制实现智慧化管理，出水更稳定达标，减少事故风险，实现大幅的节能降耗。

5 结语

数学模型智慧控制系统是一种在污水处理机理的基础上结合人工智能深度学习优化算法研发的污水处理数学模型智慧控制系统，耦合 ASM 生化反应模型和 CFD 计算流体力学模型，精确仿真各个反应器，将递阶多层神经网络与各个反应器模型相结合，建立基于活性污泥过程机理的递阶神经网络模型，利用神经网络深度学习控制算法实现对整个污水处理系统的智慧模型控制。

通过实施数学模型智慧控制系统，不仅可有效降低碳源药剂消耗及电能使用量，同时使污水处理场出水水质更稳定达标，运维控制由自动控制提升至数学模型系统智能化控制。数学模型智慧控制系统会在进水水质突变、天气突变等多种因素综合影响情况下而校核调整，系统仍然能保证在水质达标的情况下进行更准确、更科学的控制。

参 考 文 献

[1] 王广文，李广宇. 基于神经网络的污水处理过程实时优化控制研究[J]. 百科论坛电子杂志，2020（16）：251-252.

[2] 余伟. 炼油废水后置反硝化脱总氮处理实验研究，2017，43(6)11-14

[3] 张秀玲，郑翠翠. 基于参数优化的自适应模糊神经网络控制在污水处理中的应用[J]. 化工自动化及仪表，2019，36(3)：12

[4] 彭小玉. 污水处理全流程优化控制系统的设计与开发[D]. 湖南工业大学，2016.

[5] Yifan Xie, Yongqi Chen, et al. Enhancing Real-Time Prediction of Effluent Water Quality of Wastewater Treatment Plant Based on Improved Feedforward Neural Network Coupled with Optimization Algorithm [J]. Water, 2022, 14(7), 1053.

[6] P. A. Vanrolleghem, L. Benedetti, et al. Modelling and real-time control of the integrated urban wastewater system [J]. Environmental Modelling & Software, 20, 2005, 7, 427-442.

聚乙烯装置尾气回收系统的无动力优化改造

邓　力　钟士晓

（中国石油化工股份有限公司镇海炼化分公司）

摘　要　宁波镇海某聚乙烯装置为达到消缺降耗项目环评要求，联合多家单位对该聚乙烯装置的尾气回收系统无动力部分进行改造升级，最终实现尾气回收系统无动力优化改造后，输送至脱气仓的回收氮气量达 1500kg/h，氮气含量达到 93%mol，C2（乙烯及乙烷）回收率提高至 60% 以上，共聚单体及冷凝剂回收率提高至 97% 以上，每月可降低单耗 1.12kg/t。预计全年共计节省氮气 7884 吨，回收烃类 1604 吨，总计为装置全年降本约 1218.6 万元。该尾气绿色节能回收技术的应用前景也是非常广阔，公司同类聚烯烃装置也可使用该项非膜绿色节能回收技术。

关键词　聚乙烯；尾气回收系统；无动力；节能降耗

2014 年 7 月，宁波镇海某聚乙烯装置投用了尾气无动力深冷回收系统。当时的设计只考虑了烯烃回收的经济效益，而未曾考虑氮气循环利用。经过三年半的运行，该系统共计回收各类烯烃超过 1000 吨，然而尾气经过无动力深冷分离后，仍有 6%~7% 的乙烯无法被回收，只能被排放到火炬中。这明显造成了物料浪费，也有悖于公司降本增效的号召。直至 2023 年，该聚乙烯装置为了达到消缺降耗项目环评要求（即排放到火炬的尾气非甲烷总烃小于 60mg/m³），便联合多家单位对尾气回收系统的无动力部分进行了改造升级。这次改造不仅是为了满足环保要求，更是为了提高系统的效率和可持续性发展。

1　无动力改造难点

聚乙烯装置的排放气回收单元采用了压缩冷凝+无动力回收的工艺技术，其中压缩冷凝部分是专利商技术，而无动力回收部分则是在 2014 年进行改造增加的，算得上是第一代无动力回收技术（图 1）。目前，这套排放气回收单元已经能够将脱气仓排放气中的共聚单体和冷凝剂几乎完全回收。然而，由于回收冷凝温度正常运行时只维持在 -50~70℃ 左右，导致回收烃类后的排放气中氮气纯度仅约 90%，且压力较低，无法实现回脱气仓循环利用。每小时排放气量大约为 1800kg，其中还含有相当多的烃类物质，直接排放至火炬系统，实属物料的浪费。

因此，在寻找如何减少排放并回收无动力排放气方面，我们遇到了三个主要难题：首先是如何有效地分离回收氮气和 C2？其次是如何在回收过程中降低能源消耗？最后是如何降低改造成本？

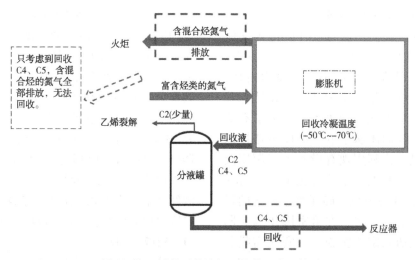

图 1　聚乙烯装置排放气回收单元流程简图

2 无动力改造攻关

2.1 攻克"分离回收氮气与C2"难点

针对第一个难点，如何将氮气与C2进行分离，我们通过更换无动力回收系统的透平膨胀机将回收冷凝温度大幅度降低(-100℃至-125℃)，从而顺利使乙烯大量冷凝下来，并与氮气分离。将氮气从原来的全排放到现在大部分回收，送往脱气仓进行循环利用；将分离出的C2组分经重烃加热器(E-5240-2)加热汽化，送往乙烯裂解回收利用。改造后，C2、C4、C5等回收量都较改造前大幅增加。最终实现N2和C2组分绿色循环利用，净"0"排放，达到了降本增效的目的(图2)。

2.2 攻克"降低装置能耗"难点

在回收过程中，为了降低装置能耗，我们创新了余热回收技术的应用。具体来说，我们灵活地利用了装置现有的热源，通过使用尾气压缩机二段出口的高温气体对低于0℃的回收氮气进行加热，这样可以使氮气温度达到标准后送往脱气仓使用。

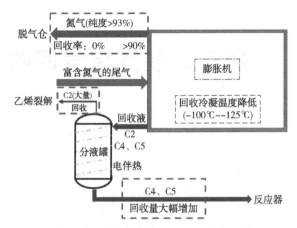

图2 实现分离回收氮气与C2流程简图

起初，我们考虑使用蒸汽来加热回收氮气。然而，在我们团队成员进行现场巡查时，他们发现尾气压缩机二段出口的管道温度非常高，以至于雨水滴到上面都能部分加热汽化。受此启发，我们决定采用压缩机二段出口的高温气体来加热回收氮气(图3)。这样做不仅免去了蒸汽的使用，降低装置的能耗，还降低了压缩尾气的温度，更有利于之后的冷凝液化，实现了双赢的效果。

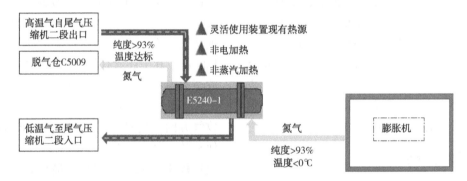

图3 压缩机二段出口的高温气体加热回收氮气流程简图

2.3 攻克"降低改造成本"难点

在改造初期，我们团队与设计院深入交流后虽得到了参考方案，但该方案基于膜回收+深冷回收技术，涉及高昂成本、大面积占地、庞大工程量及后续高昂的维护费用，显然与我们力求成本效益最大化的初衷不符。为了有效降低改造成本，我们团队采取了高度策略性的方法，聚焦于最大化利用现有设施进行深度改造与优化。我们巧妙地运用信息化工具(Aspen Plus)进行理论验证与模拟，确保改造方案的科学性与可行性。最终，在多方紧密协作与共同努力下，我们成功制定并实施了一套无需膜分离技术的改造方案(图4)。

自聚乙烯装置来的排放气经换热后温度降至-18℃，进入改造后的无动力烃回收系统，经深度冷凝后将排放气中的氮气、C2、C4/C5分离，C2(乙烯及乙烷)回收率提高至60%以上；共聚单体及冷凝剂回收率提高至97%以上；分离出的氮气纯度在93% mol以上，压力在0.2MPa(G)左右，达到回用要求，经氮气加热器(E-5240-1)加热后，并入脱气仓(C-5009)氮气入口线进入脱气仓回用；分离出的C4/C5凝液经新增的重烃汽化器(E-5240-2)由K-5206二段出口高温气加热至30℃后送至低压冷却器(E-5217)回收。

这一策略不仅显著减少了新设备的需求，降

低了维护及占地面积，还确保了改造后项目在能耗与资源回收方面达到优异表现，特别是氮气、C2、C4 和 C5 等组分的回收效率大幅提升，实现了成本节约与性能提升的双重目标(图5)。

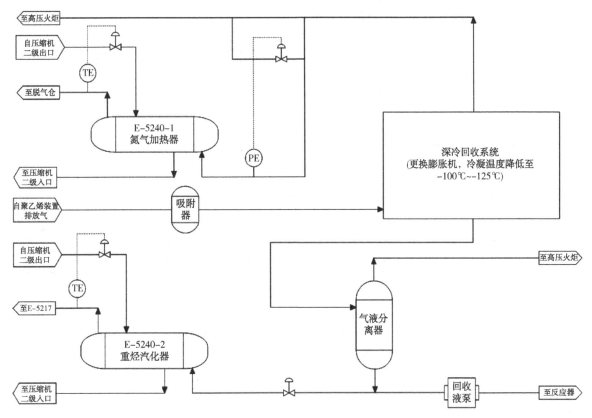

图4 无需膜分离技术的改造方案流程示意图

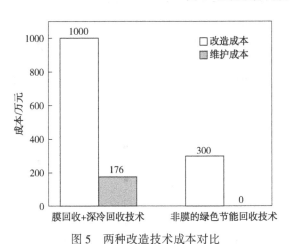

图5 两种改造技术成本对比

3 无动力改造测算

3.1 原有无动力回收设计进料尾气数据(表1)

3.2 目前无动力回收投用后的分析数据(表2)

3.3 无动力回收系统改造后的物料收率数据

当高压冷凝器(E-5209)的冷凝温度达到-15℃，且增加脱气仓总吹扫氮气流量，无动力回收冷凝分离温度可降低至-110℃，从而大大提高氮气及乙烯的回收率，改造后无动力系统物料收率数据如表3所示。

脱气仓吹扫氮气总流量由现有的 1600kg/h 增加至 2000kg/h，由于氮气回收量的增加，新鲜氮气的消耗量就会下降，仅有排放气压缩机的能耗会增加。该改造方案最重要的是排放气回收系统的制冷冰机(V-5214)制冷性能必须良好，能保证高压冷凝器(E-5209)的冷凝温度达到-15℃，否则无动力回收系统的原料尾气中丁烯-1、异戊烷的含量会升高。改造后的无动力氮气回收纯度可达到 93.50%，且压力高于脱气仓压力，同时，在无动力系统回收氮气去脱气仓的回用管线上增设一个换热器，用尾气压缩机二段出口高温气做热源，将氮气加热至脱气仓使用温度，这些都完美地符合了脱气仓回收利用的要求。

4 无动力改造成果及应用前景

截止 2023 年 11 月，无动力改造项目已完成施工并投用，按目前回收状况来看，每年可回收氮气 7884 吨（图6），回收 C2 组分 652.8 吨，每年可多回收 C4/C5 组分 951.2 吨（图7），每月可降低单耗 1.12kg/t，节省的氮气和回收的烃类共为装置全年降本约 1218.6 万元，加上最大程度利用现有设施改造优化节省的 700 万元，总计为公司增效约 1918.6 万元。相较于投资的 300 万元，3 个月即可回本。

表1

组成	N₂	CH₄	C₂H₆	C₂H₄	i-C₄H₈	1-C₄H₈	C₅H₁₂	H₂
mol%	87.253	0.4	1.62	6	0.33	1.965	0.712	1.72

进气温度：-10℃；进料压力：1.2MPa；进气流量：1500kg/h。

表2

回收烃深冷后温度	TI5240-2：-58℃									
	甲烷/%	乙烷/%	乙烯/%	异丁烷/%	正丁烷/%	丁烯/%	异戊烷/%	正戊烷/%	氢气/%	氮气/%
C5240-2 到 2PP 尾气	0.95	7.89	26.05	0.44	1.79	9.76	2.12	0	0.42	50.58
C5240-2 到反应器液相	0	0.28	0.4	1.42	10.02	41.15	46.03	0.7	0	0
V5240 排火炬气相	0.47	1.4	6.81	0.05	0.18	0.98	0.31	0	1.94	87.86
C5210 到 V5240 气相	0.51	1.58	7.41	0.1	0.48	1.95	1.05	0	2.11	84.81

表3

氮气回收率	50.22%	氮气回收量 kg/h	993.388
乙烯回收率	77.27%	乙烯回收量 kg/h	100.476
乙烷回收率	86.94%	乙烷回收量 kg/h	27.487
丁烯回收率	99.92%	丁烯回收量 kg/h	118.979
异戊烷回收率	99.99%	异戊烷回收量 kg/h	62.14
		回收氮气纯度 mol%	93.50%

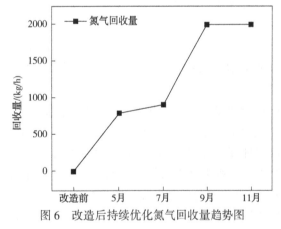

图6　改造后持续优化氮气回收量趋势图

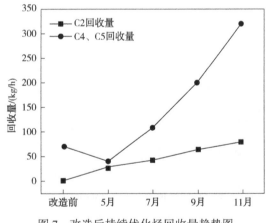

图7　改造后持续优化烃回收量趋势图

1#聚乙烯尾气绿色节能回收技术的应用前景也是非常广阔。在创新上，同类装置都采用的是膜回收+深冷回收技术进行尾气回收，我们的不用膜回收的绿色节能回收技术，是属于集团公司同类装置中首次使用。在此之后，我们也将继续扩展沿用此类技术至公司类似聚烯烃装置当中。

5　无动力改造总结

（1）本次拟对无动力回收系统进行局部改造，通过更换无动力回收系统的透平膨胀机、新增两台换热器及部分管线等，使回收烃类后的排放气压力提高至 0.2MPa（G）左右，且降低无动力回收系统的冷凝回收温度，使排放气中的氮气含量达到 93%mol 左右，达到回脱气仓循环利用的条件。

（2）利用了装置现有的热源，通过使用尾气压缩机二段出口的高温气体对低于 0℃ 的回收氮气进行加热，这样可以使氮气温度达到标准后送往脱气仓使用。

（3）C2（乙烯及乙烷）回收率提高至 60% 以上；共聚单体及冷凝剂回收率提高至 97% 以上；分离出的 C4/C5 凝液经新增的重烃汽化器（E-5240-2）由 K-5206 二段出口高温气加热至 30℃ 后送至低压冷却器（E-5217）回收。

（4）这一改造方案不仅显著减少了新设备的需求，降低了维护及占地面积，还确保了改造后项目在能耗与资源回收方面达到优异表现，特别是氮气、C2、C4 和 C5 等组分的回收效率大幅提升。

（5）按目前回收状况来看，每年可回收氮气 7884 吨，回收 C2 组分 652.8 吨，每年可多回收 C4C5 组分 951.2 吨，每月可降低单耗 1.12kg/t，节省的氮气和回收的烃类共为装置全年降本约 1218.6 万元。

（6）1#聚乙烯尾气绿色节能回收技术的应用前景也是非常广阔，公司同类聚烯烃装置也可使用该项非膜绿色节能回收技术。

参 考 文 献

［1］柳勇，房绍杰．深冷分离技术在聚乙烯装置的应用及优化措施［J］．石化技术，2015，22（04）：32-33.

［2］牛彦红，王明福．气相法聚乙烯装置排放气回收系统的改造总结［J］．齐鲁石油化工，2020，48（01）：29-32+68.

［3］罗睿，陈永强．膜分离和深冷分离组合技术在高密度聚乙烯装置的应用及优化［J］．广州化工，2018，46（17）：114-117.

［4］党新茹．尾气分离回收技术在聚乙烯工艺中的应用［J］．清洗世界，2023，39（09）：22-24.

［5］杨培君，葛传龙．膜分离与无动力深冷分离技术在聚乙烯尾气回收上的应用［J］．当代化工，2020，49（01）：171-174.

［6］王勇，崔宝静，唐雷．UNIPOL 工艺聚乙烯装置尾气回收技术改造和应用效果［J］．当代化工，2020，49（06）：1237-1240+1244.

挤压机熔融泵摩擦离合器故障案例分析

高　涵

（中国石油化工股份有限公司镇海炼化分公司）

摘　要　本文以挤压机熔融泵摩擦离合器联接螺栓断裂为故障案例，综合检修拆检情况与螺栓断口的金相分析结果，发现螺栓断口截面内部组织不均且形成细小裂纹，整套离合器也多年利旧使用，螺栓与配孔间隙扩大且存在微动摩擦，加剧了螺栓的疲劳断裂。同时，通过强度校核验证原使用8.8级螺栓可满足力学性能要求，给出螺栓预紧力的控制范围，提出了一些日常维护上的改进措施，从而为提升挤压造粒机组运行可靠性提供有力价值。

关键词　挤压机熔融泵；摩擦离合器；螺栓断裂；失效分析

摩擦离合器常作为挤压造粒机组安全保护的重要联轴部件，在机组过载时可以及时脱离扭矩传递，有效保护电机及主轴防止过载，但在日常运行维护中，除了摩擦片打滑失效造成机组停机，轮毂联接螺栓断裂也是引起摩擦离合器失效的常见故障。针对摩擦离合器螺栓联接预紧力影响螺栓疲劳寿命的问题进行探讨，有研究通过采用有限元方法对螺栓进行疲劳失效分析和预紧力计算，发现螺栓所受最大应力集中在螺纹开始啮合的首圈。有研究以高压聚乙烯装置挤出机离合器螺栓失效为案例，通过金相显微镜观察断口的微观形貌，发现裂纹源于放射纹的中心处，而裂纹的产生主要由螺栓受剪切疲劳所致，电机传递的剪切力过大，螺栓接合面间产生相对滑动，电机高速运行加速了螺栓疲劳失效。另有研究对比两种性能等级不同的螺栓材料，采用金相检验方法分析螺栓裂纹的形成，发现于螺栓加工刀痕、表面擦伤处以及微动疲劳处存在应力集中，裂纹扩展速度受螺栓在工作中受振动频率影响。本文则以某化工厂挤压造粒机组熔融泵摩擦离合器故障为案例，分析螺栓疲劳断裂原因及预防改进措施，以免异常故障造成挤压机停机，直接影响产品生产经营计划，造成额外的经济损失，同时对于维护大型挤压造粒机组长周期运行具有重要意义。

1　摩擦离合器工作原理

摩擦离合器是安装于电机与减速箱之间的一种传动保护装置，通过摩擦力精准传递扭矩，扭矩过载时摩擦片会出现打滑现象，从而使电机脱开分离传动，防止机械运转时突发电机过载或存在严重冲击载荷。离合器由弹性联轴节（45）、压力盘（4）、摩擦盘（3）、摩擦片（27）、柱销（12）、离合器盘毂（2）、碟片型弹簧柱塞（10）、内齿环（1）组成，通过碟片弹簧螺栓来调节摩擦片间的摩擦力，内齿环与弹性联轴节联接并与摩擦片上外齿咬合传递扭矩，驱动侧对轮内置滚动轴承支撑分体状态的相对运转。

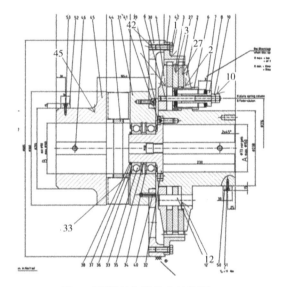

图1　摩擦离合器基本结构图

由此类离合器的工作原理可知，其主要失效形式应是主动转矩过高超出碟片弹簧螺栓预紧力范围，这一失效模式一般在主机扭矩超限和启动时发生，扭矩过大摩擦片打滑后迅速高温烧毁，而在机组运行期间，若带有减速箱轴系齿轮啮合不均，存在严重的偏磨偏载情况，也可能造成摩擦片打滑失效。但在实际生产中，用来连接半联轴节与内齿环圆盘的联接螺栓（42），是日常维护极易忽视却影响离合器运行稳定的关键部件，一旦断裂整套离合器直接丧失原有功能，导致整个挤压机系统瘫痪被迫停机。

2 故障案例及原因分析

本文以某厂聚乙烯装置挤压机熔融泵摩擦离合器为例，其基本参数如表1所示。在装置生产期间发生一起挤压机故障停机，通过故障信息捕捉，首个触发条件为摩擦离合器速差高，停机前挤压造粒系统主机扭矩、熔融泵扭矩、熔融泵压差等关键运行参数未见明显波动，如图2，可排除生产操作调整的影响。现场检查熔融泵减速箱盘车无异常，经排查发现熔融泵离合器内齿圈与中间传动法兰盘12颗联接螺栓有断裂、扭曲、根部磨损现象（图3、图4），螺栓根部存在至少1mm以上的磨损量，其中4颗螺栓已被完全切断。中间法兰盘12个螺栓规格为M16螺栓孔均磨损扩大，正常螺栓孔直径约18mm距离切断螺栓部位最近两个螺栓孔最大孔径达到22mm。在拆检电机端联轴器时，发现弹性块承载面也存在一定磨损，离合器电机端和减速箱端轴头轮毂凸缘与弹性块接触的承载面磨损加重，如图5所示。

表1 离合器基本运行参数

承受力矩范围	最大转速	总重量	总长度	电机驱动功率
7500~13000Nm	1800r/min	371kg	570~573mm	1750kW

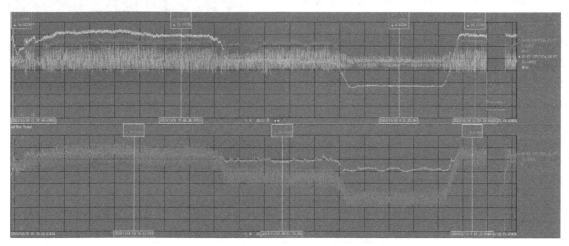

图2 挤压机相关运行参数趋势变化

图3 中间传动法兰盘与内齿套联接螺栓孔磨损情况

图4 联接螺栓断裂及扭曲情况

为进一步观察螺栓断裂情况，选取2颗断裂螺栓作为样本进行金相检验分析。如图6，宏观上在2#螺栓螺纹表面呈现出机械损伤迹象，1#螺栓金相观察发现其内部组织不均匀，在断口处组织为索氏体+少量铁素体，而芯部组织为先共

析铁素体+珠光体，其中部分先共析铁素体呈针状，形成魏氏组织，该缺陷一般在螺栓制造中产生，会使材料的力学性能尤其是韧性及塑性显著下降。如图7，对2#螺栓金相观察，发现颗粒形呈链状分布的B类杂质物，杂质评级约为2.5级

图 5　离合器轴头轮毂凸缘磨损情况

图 6　断裂螺栓螺纹表面存在机械磨损

图 7　螺栓断口组织成分

（参照 GB/T 10561—2023 标准），其组织为索氏体、少量铁素体及弥散分布的颗粒状碳化物，纵截面螺纹根部有细小裂纹缺陷等情况，存在疲劳损伤。采用直读式光谱仪对两颗螺栓进行成分分析，结果如表 2 所示，螺栓铬含量明显低于标准值，螺栓强度及耐腐蚀性有所降低。1#螺栓锰含量偏低、2#螺栓硅含量偏低，也影响到螺栓的强度和塑性。由硬度值检测结果，显示 2#螺栓硬度值虽小于 1#螺栓，但都符合 GB/T 3098.1—2010 中对 8.8 级螺栓的硬度要求范围。

表 2　螺栓化学成分及硬度测试

螺栓序号	组分元素/%						硬度 HB		
	C	Si	Mn	P	S	Cr			
42-1	0.35	0.26	0.6	0.017	0.015	0.168	317	315	310
42-2	0.24	0.10	0.93	0.013	0.022	0.20	287	284	285
标准值	0.15~0.4	0.17~0.37	0.40~0.7	≤0.025	≤0.025	0.8~1.1	245~316		

为判断是否因主机过载使螺栓发生剪切失效，本文对螺栓预紧力与所受剪切应力进行计算校核：

按照原设计要求，12 个规格为 M16×45-8.8 级螺栓，在装配时施加的预紧力矩 Q 为 230N·m，螺栓所受预紧力计算可得：

$$F = \frac{Q}{K_t \times d} = \frac{230}{0.2 \times 0.016} = 71.87 \text{kN} \qquad (1)$$

式中，$K_t = 0.2$；d 为螺栓直径。

则螺栓螺纹所受拉应力为：

$$\sigma = \frac{1.3F}{\frac{\pi}{4}d^2} = \frac{1.3 \times 71.87}{\frac{3.14}{4} \times 0.016^2} = 464.9 \text{MPa} < [\sigma] = 800 \text{MPa} \qquad (2)$$

说明材料力学性能可满足安全要求，不会单纯因拉伸造成断裂失效。

工作状态时，本装置日常扭矩负荷在 62%，转速为 1300r/min，电机传递给离合器的输入扭矩为：

$$T = 9550 \frac{P}{n} = 9550 \times \frac{1750}{1300} \times 62\% = 7970.58 \text{N} \cdot \text{m} \qquad (3)$$

单个螺栓所受剪力 F_1 为：

$$F_1 = \frac{T}{mR} = \frac{7970.58}{12 \times 318.5} = 2.085 \text{kN} \qquad (4)$$

单个螺栓所受剪应力 τ_1 为：

$$\tau_1 = \frac{F_1}{\frac{\pi}{4}d^2} = \frac{2085 \times 4}{3.14 \times 16^2} = 10.38 \text{MPa} < [\tau]$$

$$= \frac{640}{5} = 128 \text{MPa} \qquad (5)$$

由此可知，螺栓在正常工作状态下所受剪力可满足安全要求。通过计算可知，螺栓预紧力偏小，有必要再对预紧力范围进行估算。螺栓的最大预紧应力要小于材料屈服应力的 80%，最小预紧力应为离合器启动状态的最下摩擦力，根据高强度螺栓的设计准则计算。螺栓所受最大及最小预紧扭矩为：

$$F_{max} = 0.8 \cdot \sigma_s \cdot \frac{\pi}{4} d^2 = 0.8 \cdot 640 \cdot \frac{\pi}{4} \cdot 0.016^2$$
$$= 102.9 \text{kN} \qquad (6)$$

$$T_{max} = F_{max} \cdot K_t \cdot d = 102.9 \cdot 0.2 \cdot 16 = 823.2 \text{N} \cdot \text{m} \qquad (7)$$

$$\mu_s \cdot F \cdot m = K_f \cdot F_f \qquad (8)$$

$$F_{min} = \frac{\mu_s \cdot F \cdot m}{1.28} = \frac{0.1 \cdot 71.87 \cdot 12}{1.28} = 67.38 \text{kN} \qquad (9)$$

$$T_{min} = F_{min} \cdot K_t \cdot d = 67.38 \cdot 0.2 \cdot 16 = 539.04 \text{N} \cdot \text{m} \qquad (10)$$

则螺栓预紧力距应控制在 539.04 ~ 823.2N·m 之间。

综合上述情况，从原始设计、离合器使用寿命方面分析造成螺栓断裂原因有如下几点：

（1）联接螺栓使用年限已久，根据断裂螺栓的金相分析结果，发现螺栓已存在较多疲劳损伤，螺栓表面擦伤，存在颗粒形呈链状分布的 B 类杂质物，组织分布不均匀，纵截面螺纹根部有细小裂纹缺陷等情况。

（2）整套联轴器自装置开工后 14 年间摩擦片组件多次维修更换，但中间法兰盘的联接螺栓未曾注意更换。而中间传动法兰内孔与轴承配合间隙变大，多次维修采取镶套处理，运行中轴承外圈微动，对中间法兰盘与内齿套联接螺栓产生不利影响，加剧螺栓及安装孔之间磨损。

（3）通过计算校核验证，螺栓的材料性能可满足安全要求，在原设计要求预紧力下不会轻易因拉伸剪切发生断裂失效，但因螺栓使用年限已久，且在传动中引发螺栓孔磨损变形，加剧了螺栓发生疲劳损伤甚至形成裂纹。

3 摩擦离合器维护措施

综合摩擦离合器的故障形式，其失效原因与联接件失效、离合器打滑、摩擦片磨损直接相关，本文从摩擦片预紧力、螺栓寿命等方面提出以下几点维护措施：

（1）预防摩擦片失效：为防止摩擦片在正常负载下打滑，需将 8 个弹簧的接触压力调整在合适范围内，在安装检修一般需将柱销与离合器轮毂端面高度应在 22.2mm 与 23.0mm 之间（以最

大扭矩 13000Nm 为例），且每半年需定期对该值进行复测，以防长时间负载出现碟簧螺栓松动。

（2）预防摩擦片过热：摩擦片预载过低不仅易发生打滑，摩擦片加剧磨损产生热量，会造成离合器运行温度超温，从而降低其使用寿命，影响机组运行环境，也需注意检修时调整碟簧高度满足规范要求。

（3）预防传动螺栓断裂失效：经过前文分析，螺栓断裂主要因表面擦伤及与螺栓孔间形成微动疲劳，长期已久在螺纹处形成小裂纹，微动摩擦进一步使裂纹扩张，降低螺栓强度，最终断裂失效。为避免螺栓发生疲劳断裂，考虑在中间传动法兰盘与内齿套联接螺栓间增加放松垫，以减少微动摩擦，每半年利用挤压机消缺机会对螺栓进行复紧，检查螺纹表面有无损伤，按照大修周期对螺栓实施更换，对螺栓备件质量做好检查确认。

4 结语

本文结合生产装置实例，探究摩擦离合器因联接螺栓断裂的失效原因，从螺栓宏观断口的金相分析，可知螺栓断裂的主要原因是螺栓的疲劳损伤，其内部组织不均匀且含微小裂纹，铬含量、锰含量和硅含量偏低，影响螺栓的强度和塑性。而且，螺栓使用年限已久，螺栓配孔间隙磨损扩大，不断产生微动摩擦，逐渐形成裂纹。通过在工作载荷工况下对螺栓强度核的计算结果，也表明螺栓受力均在许用应力之下，其具备足够的抗拉及抗剪切能力，螺栓预紧所需的力矩范围应在 539.04~823.2N·m，超出范围则易引发螺栓发生疲劳断裂。通过合理控制螺栓预紧力及加强螺栓的寿命管理，利于减少设备故障发生，维护机组平稳长周期运行。

参 考 文 献

[1] 吴勇，陈琴珠，邹慧君. 摩擦离合器螺栓联接预紧力对疲劳寿命的影响[J]. 机械设计与研究，2012，28(6)：3.

[2] 王崇. 高压聚乙烯装置挤出机离合器螺栓失效分析[D]. 中国石油大学(华东)，2016.

[3] 马荣荣，吴勇，陈琴珠，等. 挤出机摩擦离合器螺栓断裂分析[J]. 理化检验：物理分册，2012，48(7)：4.

[4] 张福国. 气动摩擦离合器在挤压机的应用[J]. 橡塑技术与装备，2013(10)：4.

[5] 朱若燕，李厚民. 高强度螺栓的预紧力及疲劳寿命[J]. 湖北工学院学报，2004，19(3)：135 141.

"吸收+膜+吸附"油气回收装置
mg 级尾气排放解决方案

赵宇鹏

（中石油云南石化有限公司）

摘　要　石油产品在存储和装卸过程中产生的挥发性有机废气环境污染比较严重，需要进行有效治理。本文阐述了某企业两套油气回收装置优化调整过程，在大量的生产数据基础上，提出了相应的优化对策及解决方案，取得了较好的效果。两年来两套油气回收装置排放尾气中非甲烷总烃（简写 NMHC、下同）含量连续稳定小于 60mg/Nm³，不仅优于原设计要求，还达到了国家 A 级企业绩效指标。

关键词　油气回收装置；NMHC；吸附剂；mg 级；A 级企业

1　前言

石油产品在存储和装卸过程中产生挥发性有机物废气，此类废气含有大量有毒有害物质和刺激性异味，其中化学污染物不仅影响大气环境还会影响水质和土壤，2019 年生态环境部发布《重点行业挥发性有机物综合治理方案》，2020 年生态环境部颁布《重污染天气重点行业应急减排措施制定技术指南》（环办大气司［2020］340 号），对这类有机挥发性废气治理提出了明确的要求。

云南某企业芳烃罐区和油品装卸站的两套油气回收装置与主体工程项目一同投产，两套油气回收装置开工后排放尾气中 NMHC 波动较大，芳烃罐区油气回收装置没有达到设计要求，装卸站油气回收装置时有超标。为进一步精准治污，落实重点企业绩效分级工作，该企业采取小微技术改造、更换吸收剂和吸附剂、优化操作条件等措施，对两套油气回收装置进行操作优化调整，目前两套油气回收装置排放尾气 NMHC 连续稳定小于 60mg/m³，达到了 A 级企业非燃烧法 VOCs 治理的排放标准，为公司申评 A 级企业奠定了基础。

2　工艺技术及流程简述

芳烃罐区的油气回收装置设计负荷为 210Nm³/h，油品装卸站的油气回收装置设计负荷为 2000Nm³/h，两者排放尾气设计值：苯 <4mg/Nm³，甲苯 <12mg/Nm³，二甲苯 <20mg/Nm³，NMHC≤120mg/Nm³，经油气回收装置后，油气去除率≥97%。

两套油气回收装置工艺技术路线相同，均采用"吸收塔+膜组件+吸附罐"的工艺流程。待处理油气（芳烃储罐排气和装车油气）经压缩机压缩后从下部进入吸收塔，贫吸收剂（贫吸收油，设计为催化加氢汽油）从吸收塔上部进入，气液两相在塔内逆流接触传质传热，吸收了油气中重组分的富吸收剂（富吸收油）返回吸收剂储罐，被吸收后的油气进入膜组件继续进行轻重组分分离，重组分经真空压缩机加压后返回吸收塔，膜后轻质油气进入吸附罐，在改变操作压力条件下进行吸附与解吸，没有被吸附的油气（尾气）经装置排放口排出，吸附剂解吸出的较重组分返回吸收塔入口，再次参与吸收、吸附过程。吸附罐分为两组，一组吸附、一组解吸。装卸站油气回收装置入口设置一座 5000m³ 囊式气柜。

芳烃罐区油气回收装置主要处理苯储罐和二甲苯储罐大小呼吸排出的油气，装卸站油气回收装置主要处理"苯、甲苯、二甲苯、航空煤油、汽油"等产品装车过程排出的气体。两套油气回收装置均采用常温吸收模式，吸收剂温度为环境温度，一般在 15~40℃之间，没有经过冷却介质的冷却；吸附罐采用变压吸附，操作压力 ≥250kPa，操作温度在 20~40℃之间，吸附过程中温升不明显。两套油气回收装置均为撬装设备，自动启停，无人值守，油气回收装置设计自动监测油气入口管道压力变化，当压力高于设定值时自动开车，当压力低于设定值时自动停车。两套油气回收装置原则流程见图 1。

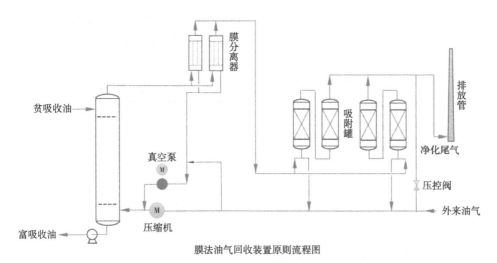

膜法油气回收装置原则流程图

图 1　膜法油气回收装置原则流程图

3　油气回收装置优化调整前存在的问题

两套油气回收装置开工以来，排放尾气 NMHC 没有达到设计要求，具体为：

（1）芳烃罐区油气回收装置排放尾气没有达到设计要求，NMHC 在 $600\sim1500mg/Nm^3$ 之间波动，平均值 $880mg/Nm^3$，有时高于 $2000mg/Nm^3$（图 2），尾气中苯和二甲苯也时常超标。

装卸站油气回收装置排放尾气 NMHC 在 $80\sim140mg/Nm^3$ 之间波动，平均值 $92mg/Nm^3$，偶尔高于 $200mg/Nm^3$。

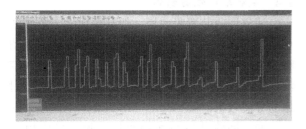

图 2　芳烃罐区油气回收装置尾气 NMHC 在线监测趋势

（2）芳烃罐区油气回收装置启停频繁、不能连续运行，往往一小时内数次启停。芳烃油气回收装置入口油气收集管网管容较小，压缩机运行时容易造成油气入口管网压力过低引起装置自保停车。

（3）吸收塔塔底液位波动较大，经常出现高液位，造成吸收塔出口油气携带重组分。吸收塔设计偏小，塔底富吸收剂停留时间偏小，气液负荷波动容易引起气相将吸收剂携带出吸收塔的情况。

（4）膜分离组件对 $\geqslant C_5$ 去除效果明显，对 $\leqslant C_4$ 去除效果较差；吸附剂对 C_3、C_4 有一定去除效果（见表 1）。

（5）芳烃罐区油气回收装置设计负荷偏小，在其满负荷条件，芳烃储罐经常出现罐压升高至 1.3kPa、呼吸阀小呼吸情况。

（6）装卸站气柜雷达液位计存在问题，气柜有效操作容积小。

（7）装卸站油气回收装置气体压缩机负荷匹配设计不合理，造成油气回收装置经常超负荷运行。

4　油气回收装置尾气没有达到设计指标原因分析

4.1　吸收剂的影响

为准确分析油气回收装置排放尾气没有达到设计值的原因，我们对两套装置各单元进出气体进行采样分析，检查油气中各组分变化是否满足工艺原理与设计意图。典型分析数据见表 1，分析数据对比表明：

表 1　芳烃罐区油气回收装置吸收塔前后油气分析对比表

分析项目	吸收塔入口	吸收塔出口	膜分离出口	吸附罐出口
$CH_4/\%(V)$	<0.01	<0.01	<0.01	<0.01
$\geqslant C_3/\%(V)$	1.0	2.06	0.12	0.05
$\geqslant C_4/\%(V)$	1.0	2.06	0.10	0.04
$\geqslant C_5/\%(V)$	0.99	1.43	0.06	0.01
$\geqslant C_6/\%(V)$	0.97	0.96	0.03	0.01
$CO_2/\%(V)$	<0.01	0.01	0.02	<0.01
$O_2/\%(V)$	0.33	0.70	0.7	0.56
$CO/\%(V)$	<0.01	<0.01	<0.01	<0.01

续表

分析项目	吸收塔入口	吸收塔出口	膜分离出口	吸附罐出口
N_2/%（V）	98.56	97.04	99.07	99.37
H_2/%（V）	0.1	0.12	0.07	0.08
NMHC/（mg/m³）	31900	71000	—	—

注：油品装卸站油气回收油气分析数据反映问题与表1一致，不再赘述。

（1）芳烃罐区油气回收装置吸收塔入口油气组成基本为 C_6 以上组分，这与储罐存储介质组成相一致。

（2）经过吸收塔后油气组分变化很大，吸收塔后油气中出现了较大比例的 C_3、C_4 和 C_5 组分，NMHC 较吸收塔前油气升高了一倍多。

（3）膜分离器和吸附罐出口油气中含有 $C_3 \sim C_6$ 组分。

经过对比分析，储罐呼出油气组分经过油气回收装置吸收塔吸收后发生显著变化，塔顶油气中 NMHC 不仅没有降低反而增加较多，其中出现了原料气中不存在的 $C_3 \sim C_5$ 组分，使吸收塔后油气 NMHC 增高了一倍。对吸收剂组分进行分析，发现吸收剂中轻组分（$C_3 \sim C_5$）在吸收塔内挥发进入塔顶出口油气中。

4.2 流程设计上存在问题

芳烃罐区油气回收装置油气入口管道与尾气排放管之间设计有防止油气入口管道负压过低的压控流程，压力不平衡时，存在油气回收入口未净化的油气直接进入尾气排放管的可能性。

4.3 负荷的影响

4.3.1 操作温度的影响

芳烃罐区油气回收装置满负荷运行时，经常出现储罐压力较高、呼吸阀开启呼出油气的情况，说明来自于芳烃储罐的气体量高于油气回收装置最大负荷，造成油气回收装置超负荷运行。芳烃储罐供给油气回收的气体包括苯、二甲苯挥发的油气和储罐补压补充进去的氮气。降低油气回收装置负荷主要矛盾是如何减少储罐内油品产生的气体量。

常态下，油品的蒸汽压越大，挥发速度越快，挥发量越多。油品蒸汽压与其温度正相关，温度越高其蒸汽压越大。如表2所示为苯与二甲苯在 20~40℃ 温度下的实际蒸汽压，在这个温度区间内苯与二甲苯的蒸汽压变化较大，可以看出温度每升高 10℃，苯与二甲苯蒸汽压升高了 1.7

倍，如果要降低储罐内油品的挥发量，减少储罐内油品产生的气体量，降低温度是一个很好的措施。

表2　苯、二甲苯蒸汽压与温度关系

项　　目	储罐介质	储罐温度		
		20℃	30℃	40℃
真实蒸汽压/kPa	苯	2.3388	4.2455	7.3814
	二甲苯	0.87	1.55	2.64

4.3.2 操作压力的影响

设计上，储罐压力 ≤0.8kPa 时，用氮气给储罐补压，储罐压力 ≥1.0kPa 时氮气补压停止。生产中观察发现，阳光照射对储罐压力影响较大，经阳光照射在 1.0~2.0h 内，储罐压力从 1.0kPa 左右很快上升到 1.3kPa、呼吸阀呼出油气，因此降低储罐操作压力，可以有效的减少供给油气回收装置油气量。

4.3.3 气柜操作容积的影响

装卸站油气回收装置油气入口配置一座 5000m³ 囊式气柜，气柜运行故障率较高，气柜柜位按照低于 50% 容积运行，在油品装车量大时，需要启动两台压缩机（1750Nm³/h + 1200Nm³/h）控制气柜柜位低于 50%，造成油气回收装置超负荷运行。

4.4 吸收塔液位的影响

油气回收装置吸收塔一般高径比大，塔底液相停留时间较短，液（油）气比变化很容易扰动吸收塔塔底液位发生剧烈变化，造成塔顶油气带液（油）进入后部分离单元，影响膜分离和吸附罐的分离效果。

油气回收装置每次停车后，吸收塔中填料（或塔盘）上残留的吸收剂回落到塔底，造成塔底液位升高超过正常控制液位；下一次开车后，进入吸收塔的油气将吸收剂携带到后续工序，导致膜分离偏离工况，进入吸附罐的油气中重组分增多，超过吸附罐的负荷，影响尾气正常排放。

4.5 控制程序的影响

油气回收装置吸附罐分为 A、B 两组，交替运行，程序控制操作顺序如下：

吸附→解吸（泄压→真空解吸→反吹→均压）→切换→吸附（停机）

针对排放尾气中存在重组分的问题，我们认真分析了几种影响因素，影响最大的是再生过程不彻底、吸附剂上有重组分残留，在下一次吸附过程中，吸附剂上残留的重组分击穿吸附剂床层随尾气排放至排放管，造成尾气中 NMHC 超标。

4.6　吸附剂质量的影响

表 1 分析数据数据表明，进入吸附罐的油气中含有 $C_2 \sim C_4$ 组分，排放的尾气中也含有 $C_2 \sim C_4$ 组分，说明在用的吸附剂对油气小分子去除作用较差，是尾气排放不达标的原因之一。

用于油气吸附的吸附剂性能差异较大，我们先后使用过几种吸附剂，发现吸附剂质量对排放尾气是否达标起到了关键的作用。实际生产数据表明，吸收塔和膜组件对油气中 $\geq C_5$ 馏分有很好的去除作用，如果油气中 $C_2 \sim C_4$ 组分较多，就需要质量较好的吸附剂来去除油气中 $C_2 \sim C_4$ 组分，从而实现尾气中 NMHC 的 mg 级排放，如果去除效果较差，排放的尾气中 NMHC 只能达到 g 级。

5　尾气实现 mg 级达标的解决方案

综上所述，我们详细的分析了油气回收装置存在问题的原因，制定了 mg 级解决方案，具体如下。

5.1　将吸收剂由催化加氢汽油更换为芳烃汽油（C_7 和 C_9 组分）

催化加氢汽油馏程 35.0 ~ 210.0℃，饱和蒸汽压 50.0 ~ 65.0kPa；芳烃汽油为 C_7、C_9 组分，芳烃汽油馏程 110.0 ~ 190.0℃，饱和蒸气压 < 7.0kPa。根据相似相溶原理和改造投资的难易程度，我们选择同一罐区芳烃汽油来替代原来设计的催化加氢汽油作为吸收剂，与催化加氢汽油相比，芳烃汽油馏程更窄，饱和蒸汽压更低，芳烃汽油碳原子数与苯、二甲苯接近、官能团一致，作为两套油气回收装置的吸收剂更加合适。

吸收剂改为芳烃汽油之后，吸收塔出口油气中 $C_3 \sim C_5$ 馏分呈明显下降趋势（表 3），吸收塔出口油气浓度从 2.06% 降低到了 0.68%，油气浓度下降了三分之二，降低了油气回收装置膜分离和吸附罐的工作负荷。

表 3　吸收剂改为芳烃汽油后吸收塔进出口油气分析对比表

分析项目	吸收塔入口	吸收塔出口
CH_4/%(V)	<0.01	<0.01
$\geq C_3$/%(V)	<0.01	<0.01
$\geq C_4$/%(V)	0.76	0.68

续表

分析项目	吸收塔入口	吸收塔出口
$\geq C_5$/%(V)	0.45	0.42
$\geq C_6$/%(V)	0.18	0.17
CO_2/%(V)	0.03	0.03
O_2/%(V)	1.46	1.25
CO/%(V)	<0.01	<0.01
N_2/%(V)	97.61	97.99
H_2/%(V)	0.1	0.05

5.2　从源头降低油气回收装置负荷

（1）降低了储罐氮气补压的压力，将氮气补压的压力设定值降低 0.2kPa，降低了储罐的控制压力，让储罐的运行压力远离呼吸阀的工作开启压力；

（2）根据阳光照射情况变化，在储罐压力上涨趋势较为明显时，切断氮气补压，延缓罐压上涨速度；

（3）给苯储罐增加了水喷淋降温系统，降低储罐运行温度，减少苯蒸汽挥发，储罐压力降低到 1.0kPa 以下，减少了油气回收装置入口油气量；

（4）储罐顶部油气收集线上增加控制阀，从源头控制油气回收负荷，避免油气回收装置来料量剧烈变化发生低流量自保停车和超负荷运行；

（5）控制储罐收料速度，减少大呼吸产生的油气；

（6）对装卸站气柜雷达液位计进行了彻底改造，气柜按照 100% 负荷运行，将装卸站油气回收装置负荷控制在 80 ~ 90% 之间，单台压缩机运行能够满足最大装车量状态下油气收集；

采取上述措施后，两套油气回收装置负荷得到有效降低，装置运行处于平稳状态，为降低尾气 NMHC 奠定了基础。

5.3　严格控制吸收塔液位，避免发生淹塔和冲塔情况

一是优化调整了吸收塔塔底液位 PID 值，塔底按照较低液位控制；二是适当延长富吸收剂泵运行时间，在油气回收装置周期停运后，将塔底液位抽低后再停运。

5.4　优化控制程序、提高吸附剂的脱附率

为提高吸附罐再生效果，一是调整了吸附罐吸附–解吸设定运行时间，适当延长了真空解吸泄压的时间；二是调整了真空压力，降低吸附罐

的解吸压力。采取以上两个措施的主要目的是让残留在吸附剂的较重烃类脱附解吸的更彻底。

5.5 严格选择吸附剂

活性炭吸附剂性能相差较大，在使用时需要选择与操作条件匹配的炭种，否则达不到应用效果。2023 年 3 月，我们在自行式小型油气回收试验装置（原则流程图 3）上对某型号国产吸附剂进行小试。原料气为中间重油罐区的 20000m³

减压渣油储罐大小呼吸油气，典型试验数据见表 4。通过多组试验表明（表 4），该吸附剂对 H_2S 和 NMHC 均有较好的选择性吸附效果，经过该吸附剂吸附后排放尾气中 NMHC 平均小于 20mg/m³，吸附塔尾气 NMHC 去除率＞99.9%，C_2 和 C_3 去除率为 98% 以上；该型号吸附剂对 H_2S 有较好的去除效果，H_2S 浓度从 9500mg/m³ 降低到小于 10mg/m³，脱硫率达到 99.9%。

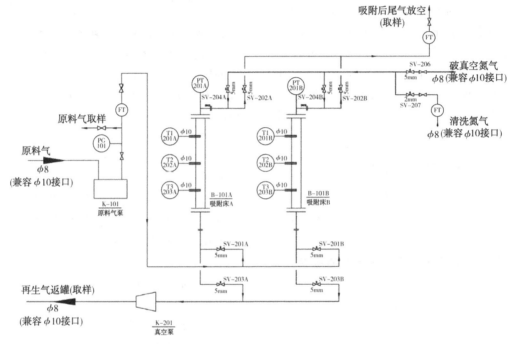

图 3　自行式小型油气回收试验装置示意图

表 4　某型号国产吸附剂小试试验数据

分析项目	入口气	排放尾气
H_2S/（mg/m³）	9500	6.6
NMHC/（mg/m³）	17025	5.94
CH_4/%（V）	0.97	0.58
≤C_2/%（V）	1.49	＜0.01
≥C_3/%（V）	0.59	＜0.01
≥C_4/%（V）	0.3	＜0.01
≥C_5/%（V）	0.12	＜0.01
≥C_6/%（V）	0.06	＜0.01
CO_2/%（V）	0.08	＜0.01
O_2/%（V）	0.41	1.8
CO/%（V）	＜0.01	＜0.01
N_2/%（V）	96.67	97.78
H_2/%（V）	0.33	0.33

在小试数据的支持下，2023 年 5 月装卸站油气回收装置更换吸附剂时，用该国产吸收剂替代了原进口吸附剂。该吸附剂在 5 月 12 日装填完毕投入运行，到目前为止吸附罐运行平稳，吸附剂床层压降基本没有变化，吸附罐操作温度在 20~35℃ 之间变化，排放尾气 NMHC 连续稳定小于 60mg/m³（见图 4 分析数据），油气回收装置入口油气中 NMHC 平均在 35500mg/m³，在 17 组分析数据中 NMHC 超过 20mg/m³ 的数据为 2 次、其余 15 次分析数据均小于 20mg/m³，排放尾气中 NMHC 分析最高值为 29.80mg/m³，最低值为 2.4mg/m³，NMHC 去除率 ≥99.9%，苯、甲苯和二甲苯含量均满足国家标准要求。

如图 5 所示记录了新国产吸附剂换剂前后几个月的环保在线自动监控系统尾气 NMHC 变化情况，从图 5 可以看出，换剂前的 1 月至 4 月 NMHC 月均值在 36.94~50.24mg/m³，期间瞬时值经常出现 NMHC≥60mg/m^3 的情况；5 月份换剂后 NMHC 明显下降，并在换剂后的第二个月 NMHC 就降到了 20mg/m^3 以下，期间瞬时值 NMHC 最大也没有超过 60mg/m^3。

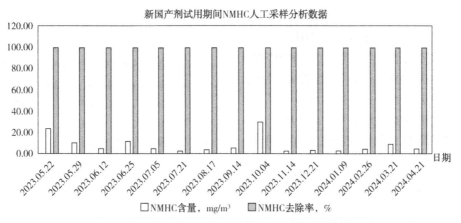

图 4　新国产剂试用期间 NMHC 人工采样分析数据图

石化公司汽车装卸站VOC年报表

2023年	氧含量	烟气流量	烟气流速	烟气温度	烟气压力	烟气湿度	碳氢化合物	甲烷	非甲烷总烃	苯	甲苯	二甲苯
1月	19.98		2.05	8.01	0.06	0.77	100.00	52.72	36.94	0.03	0.01	0.01
2月	20.31		1.84	12.35	0.04	1.29	90.09	36.21	41.00	0.04	0.00	0.00
3月	20.02		0.98	15.72	0.02	0.72	74.77	16.61	43.62	0.12	0.00	0.00
4月	20.22		2.05	20.26	0.03	1.03	93.10	26.99	50.24	0.19	0.00	0.00
5月	19.87		1.77	22.10	0.02	1.10	71.59	21.40	37.65	0.12	0.00	0.00
6月	19.81		1.86	22.23	0.03	1.08	47.50	30.29	13.29	0.01	0.00	0.01
7月	20.06		1.75	22.33	0.03	1.10	42.47	26.81	11.74	0.02	0.00	0.00
8月	19.96		2.04	20.94	0.04	1.21	67.79	49.76	13.53	0.02	0.00	0.00
9月	-	-	-	-	-	-	-	-	-	-	-	-
10月	-	-	-	-	-	-	-	-	-	-	-	-
11月	-	-	-	-	-	-	-	-	-	-	-	-
12月	-	-	-	-	-	-	-	-	-	-	-	-
计量单位	%	m³/h	m/s	℃	Pa	%	mg/m³	mg/m³	mg/m³	mg/m³	mg/m³	mg/m³
平均值	20.03	236.48	1.79	17.99	0.04	1.04	73.41	32.60	31.00	0.07	0.00	0.00

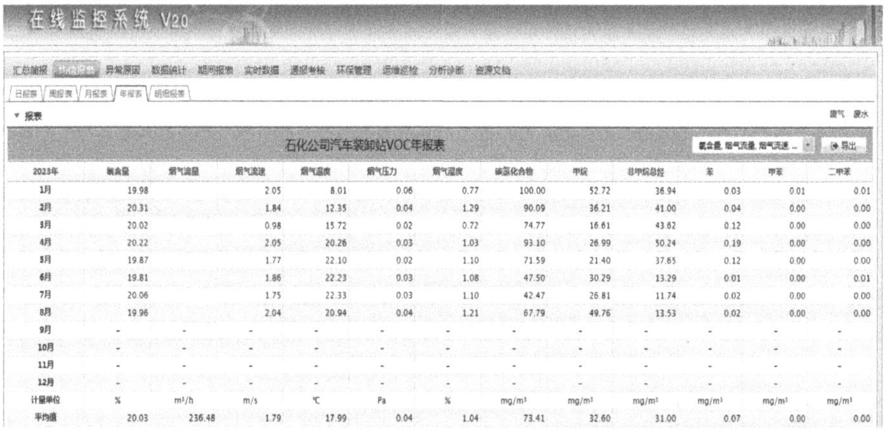

图 5　环保在线监控 NMHC 月均值统计表

《重污染天气重点行业应急减排措施制定技术指南》(环办大气司[2020]340 号)A 级企业的绩效指标要求：有机废气排放口，非燃烧法时 NMHC 连续稳定不高于 60mg/m^3。更换新国产剂后，该套油气回收装置排放尾气连续稳定小于 60mg/m^3，达到了国家 A 级企业的绩效指标。

6　实施的效果

6.1　尾气 NMHC 排放达到了国家 A 级企业的绩效指标

三年来，通过对两套油气回收装置采取优化和改造措施后取得了较好的效果，实现了尾气连续稳定达标排放。芳烃油气回收装置排放尾气 NMHC 从调整前的均值 880mg/Nm^3 降到了目前的 11.36mg/Nm^3，装卸站油气回收装置排放尾气 NMHC 从调整前的均值 92mg/Nm^3 降到了目前的 13.30mg/Nm^3，两套油气回收装置排放尾气 NMHC 均降低到 60mg/m^3 以下，达到国家 A 级企业的绩效指标(非燃烧法)，见表 5。

表 5　芳烃罐区和装卸站油气回收装置 NMHC 年排放统计表

装置名称	尾气排放 NMHC/(mg/m^3)		
	最大值	最小值	平均值
芳烃罐区油气回收	28.61	8.24	11.36
装卸站油气回收	29.8	2.40	13.30

6.2　减少了 VOCs 排放量，降低了油品损失

芳烃油气回收装置减少 VOCs 有机废气排放 92×10^{4}m^3/a，每年回收 NMHC 约 29 吨；装卸站油气回收装置减少 VOCs 有机废气排放 876×10^{4}m^3/a，每年回收 NMHC 约 311 吨。回收油气进入汽油组分，按照汽油价格 6500 元/t 计算，可增效 221 万元/a。

6.3　新型吸附剂国产化替代成功，降低了

采购成本和采购周期。

7　结论

（1）"吸收+膜+吸附"油气回收组合工艺，在设计合理情况下可以实现 mg 级 NMHC 排放。

（2）优质的吸附剂与合理配置的吸附解吸组合工艺是实现 VOCs 的 mg 级（非燃烧法）治理、达到 A 级企业绩效标准的关键技术环节。

（3）性能优越的吸附剂对 VOCs 中 H_2S 去除效率较高，用于高 H_2S 含量的有机废气治理时，可以大幅度节省脱硫投资成本。

参 考 文 献

[1] 庄职源，大气环境中挥发性有机废气治理技术发展研究[J]. 环境与发展.2018(3)：44.

[2] 刘树立，曹凯，李水梅. 挥发性有机废气治理技术的现状与进展[J]. 节能与环保，2020（10）：25 -26.

[3] 陈勐，活性炭纤维改性及其对油气的吸脱性能研究，中国石油大学(华东)硕士论文，2017.

[4] 段剑锋，活性炭吸附法油气回收系统研究，中国石油大学(华东)硕士论文，2007.

[5] 陈敏恒，丛德滋，齐鸣斋，等. 化工原理（下）[M] 第五版，化学工业出版社，2022：2.

[6] 古可隆，活性炭的应用（一），林产化工通讯，1999（4）：37-40.

BP 气相工艺聚乙烯装置后系统隐患治理的必要性和可行性分析

王金朝　韩文辉　樊国锋　时晓兵　王志宽

（中国石油独山子石化公司）

摘　要　本文通过收集、梳理和查阅了相关规范、以往评估报告、事故事件、设计图纸、两次扩建图纸、联锁台账及 SIL 定级、变更、工艺包等技术资料，结合以往事故事件和装置实际运行情况，对独山子石化公司 BP 气相工艺聚乙烯装置 21 线后系统粉料失活及粉料输送系统进行了安全分析和评估，并提出了有效预防聚乙烯料仓爆炸的对策和改造的方案。

关键词　BP 工艺；粉尘爆炸；氮气输送

1　引言

独山子石化公司老区聚乙烯装置采用英国 BP 公司 Innovene 气相流化床工艺，1995 年 8 月 20 日开始正式投产。装置分为 21 线和 22 线两条生产线，年设计总生产能力为 12 万吨/年。2002 年经过第一次改扩建，年设计生产总能力提高至 20 万吨/年。经过改造，在 21 线增加了铬系催化剂活化单元，引进了铬系聚乙烯产品生产技术；另外，在 22 线引入了冷凝液技术，设计生产能力提高至 12 万吨/年，同时对 22 线后系统进行了改造，将 22 线后系统由原来的空气脱气和空气输送改为了氮气脱气和输送；2019 年，经过了聚乙烯催化剂直注改造，两条线取消了原有催化剂制备、预聚物制备、溶剂回收和储存、预聚物储存和输送等工序，增加了干粉催化剂输送和储存系统，采用直接将干粉催化剂注入流化床反应器的方式进行聚合反应。催化剂直注改造后，简化了工艺流程，降低了操作难度，使得装置的适应能力更强，可以使用目前聚乙烯领域更多的催化剂，具备生产更多聚乙烯产品的条件。

上述两次改造均未对 21 线后系统进行改造，依然使用空气脱气和空气输送，存在一定的安全隐患，火花放电和传播型刷型放电可以导致粉料爆炸。目前主要工艺流程：21D400 反应器生成的聚合物粉料（包括工艺气体：乙烯、1-丁烯、己烯-1、氢气、戊烷等）经侧线抽出料斗 21F420A/B/C/D 进入初级脱气器 21S425、二级脱气器 21F430 中，进行脱烃处理，脱烃后的粉料通过氮气输送 21C430A/B 风机到旋风分离器 21S435 中，经过振动筛 21S440 中除去大颗粒，筛分过的粉料进入最终脱气器 21F440 中，通过来自 21C440 风机的空气脱去粉料中的残余工艺气体，粉料和来自最后脱气器 21F440 空气流夹杂的粉料由旋风分离器 21S446 收集一并送到 F-460 中，再经过 21C460A/B/C 空气风机送至造粒料仓 23F810，如图 1 所示。

2　聚乙烯装置后系统隐患治理的必要性

通过收集、梳理和查阅了相关规范、以往评估报告、事故事件、设计图纸、两次扩建图纸、联锁台账及 SIL 定级、变更、工艺包等技术资料，结合以往事故事件和装置实际运行情况，评估目前装置可能引发的安全风险，得出结论：21 线后系统存在威胁长期安全平稳运行的缺陷和隐患，特别是改造后，装置所面临的安全风险更加突出，须从本质安全上进行完善，以避免安全事故的发生。

2.1　目前装置可能引发的安全风险

21 线后系统中可能窜入的危险物质及其危险性

（1）装置的危险物质主要包括以下介质，具体如表 1 所示。

（2）烃类物质的来源及危险性

21D400 聚合反应器抽出的粉料和流化气经过 21S425、21F430 脱气后，仍含有少量烃类物质，主要包括乙烯、氢气、1-丁烯、己烯-1 和

戊烷等，均为易燃易爆气体，与空气混合能形成爆炸性混合物，遇明火、高热与氧化剂等接触，

引发燃烧爆炸的风险。各残余烃类和粉尘的爆炸极限如下：

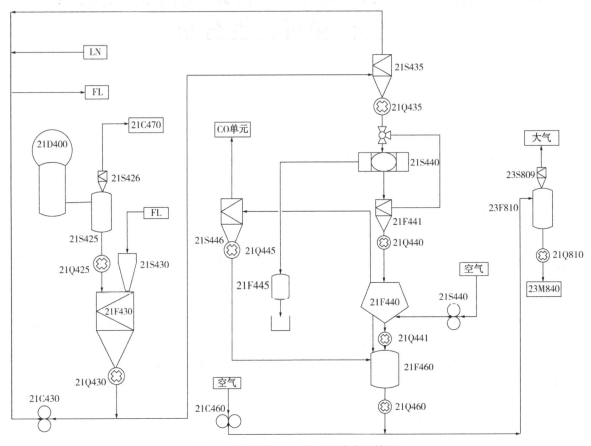

图 1   聚乙烯装置 21 线后系统流程简图

表 1   聚乙烯装置危险物质及分布

序号	分布单元	危险有害物质名称	危险性描述
1	原料精制	乙烯、1-丁烯、己烯、氢气、戊烷、氮气	易燃易爆、窒息
2	催化剂	Cr 催化剂、干粉催化剂	易燃易爆、中毒
3	聚合反应	乙烯、1-丁烯、己烯-1、氢气、戊烷、氮气、CAT、TEA	易燃易爆、中毒、窒息
4	脱气系统	粉料、残余烃类、CAT	尘爆、闪爆
5	挤压造粒	粉料、粒料	静电

乙烯的爆炸下限和上限分别为 2.7%（V/V）和 36%（V/V）；

氢气的爆炸下限和爆炸上限分别为 4%（V/V）和 75%（V/V）；

1-丁烯的爆炸下限和爆炸上限分别为 1.6%（V/V）和 9.3%（V/V）；

己烯-1 的爆炸下限和爆炸上限分别为 1.2%（V/V）和 6.9%（V/V）；

戊烷的爆炸下限和爆炸上限分别为 1.4%（V/V）和 7.5%（V/V）；

聚乙烯粉尘：标准低密度聚乙烯粉尘云（粒

子直径小于 75μm）的爆炸下限为 20g/m³；标准高密度聚乙烯粉尘云的爆炸下限为 20g/m³。粉尘云达到爆炸极限，遇高温、静电火花则可能会发生爆炸。

2.1.1 爆炸危险性分析

由于后系统中的 F440 至 F810 范围内是采用空气系统输送，且系统中存在粉尘和少量烃类，若输送的聚乙烯粉尘与后系统中的空气混合并达到爆炸极限，则有可能因为静电放电产生的电火花而引发火灾爆炸事故。

如果过多的烃类物质进入后系统（F440-

F810），聚乙烯粉尘的最小点火能将会迅速下降，其爆炸下限也会降低，从而增大发生火灾或爆炸的可能性。图 1 和图 3 分别表明了可燃气体与粉尘共存时可燃气体对粉尘爆炸下限和最小点火能的影响。

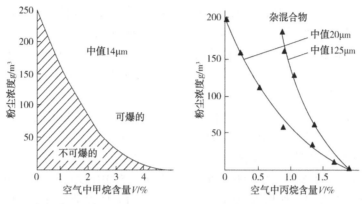

图 2　可燃气含量与 PVC 粉尘爆炸下限的关系

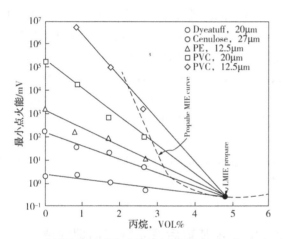

图 3　可燃气与粉尘共存时气体含量与最小点火能的关系

2.1.2　粉料空气脱气、输送系统（内部因素），窜烃类物质带来的风险

（1）氮气中窜入烃类物质，导致烃类窜入后系统

装置烃类介质的管线、容器上均设有氮气管线，当出现乙烯、丁烯-1、戊烷等烃类物质发生介质返窜时（以往均已发生过），烃类物质将通过多条连续使用的氮气吹扫线（21F430、21Q440 上部小料斗）进入后系统 21F440 空气脱气器，引发粉尘爆炸、人员伤害、环境污染及公众影响。系统内引发爆炸的条件，助燃物（空气）、点火源（粉尘静电火花、刷型放电）一直存在，只要烃类浓度达到爆炸限值，将会引发安全事故。即使是烃含量高联锁保护动作，也依然无法避免爆炸风险。

（2）核料位计故障，失去料封导致烃类物质窜入后系统

21 线核料位计已使用 27 年，多次故障，当 21LI431 出现故障（假显示），将造成 21LIC431 控制偏离，21F430 料位低或空，烃类窜入后系统。因共用一个测量元件，21LIC431 低报警、21LSL431 低联锁均会失去作用；另一种偏离为料位高，21S430 堵塞，压力升高，超设计压力，进一步触发 21S425 压力高 21PSHH425 联锁。同样 21S425 核料位 21LIC425 出现故障（假显示），也会造成 21LIC425 控制偏离，21S425 料位低或空，脱气不完全，进入 21F430 后烃类窜入后系统。

（3）21F430 温度低，脱烃不完全导致烃类物质窜入后系统

依据 21 线直注工艺包文件，当温度降低（与反应器温度差值大于 13℃联锁值）时，粉料中的 C5 和 C6 很难脱除，烃类会窜到下游设备中发生爆炸。

（4）牌号转换，生产 HD3840UA 等重组份高的牌号时烃类物质窜入后系统

聚乙烯 21 线后系统生产 HD5420GA 牌号时，反应器气相中重组份含量较低，目前可以满足安全生产的条件，但是在生产 HD3840UA 或其他重组份含量较高的新产品时，后系统的烃含量超联锁值（如 2021 年 1 月至 2022 年 11 月 21AT431 出现高报触发联锁 21 次，主要集中在生产 HD3840UA 产品期间）。频繁触动联锁，本质不安全，存在生产瓶颈。

（5）21 线开工初期，料封未建立，烃类物质窜入后系统

每次开工阶段，当 21F430 料位不稳定时，

脱烃不完全, 烃类物质窜入后系统, 导致21AI431A/B频繁报警, 一旦出现处理不当(如旁路联锁或联锁滞后等), 后系统烃含量达到爆炸范围, 爆炸的条件全部形成, 造成安全事故。

2.1.3　外部因素, 当发生烃类物质泄漏, 被风机吸入脱气、输送系统导致爆炸风险

(1) 聚乙烯装置已运行27年, 为老旧装置, 当流化回路小接管、大小头焊缝、乙烯、氢气、丁烯等小接管、抽出线焊缝、S425法兰、阀体等出现泄漏(如2009年12月23日, 乙烯进料阀21FV390由阀芯向外流液相乙烯; 2012年2月6日, 乙烯进料阀21ROV390阀体大量乙烯泄漏; 2012年12月16日21FV452阀体大量泄漏丁烯-1等, 烃类聚集形成爆炸云团, 如果未及时发现处理, 一旦被21C440或21C460风机吸入, 将引燃蒸汽云爆炸。

(2) 周边装置泄漏, 烃类物质扩散到本装置(如2006年2月11日, 碳四丁二烯球罐泄漏; 2011年2月10日, 老区乙烯装置急冷水塔10-C-105补压线开裂发生裂解气泄漏等), 一旦被21C440或21C460风机吸入, 将引燃蒸汽云爆炸事故。

2.2　现有安全措施分析

2.2.1　联锁设置存在的问题

(1) 2019年直注改造后在21F430新增21I456联锁, 图纸和联锁逻辑中为21LSL431(低液位开关), 而现场实际没有此检测元件, 目前联锁信号是从21LIC431(核料位计)引出, 存在不符。

(2) 后系统很多联锁等级为SIL2, 如21F430温差与反应器温度大于13℃触发高高联锁21I6342、排放气体过滤器21S446烃含量高高联锁21ASH440A/B停最终脱气器21F440进料旋转阀21I460等, 21I6342由于测量温度受物料形态和负荷影响较大, 有时需要进行旁通实际联锁配置达不到SIL2; 而21I460一取一联锁, 没有失效数据资料支撑, 通常达不到SIL2等级。

(3) 风机21C440入口设计的可燃气报警器三选二联锁动作, 停风机。表面上看是保护措施是安全的, 实际上现场可燃气体检测探头本身响应时间为30秒, 当可燃气报警探头检测到烃类气体, 联锁停机, 但是由于风机惯性作用, 风机需要60秒左右才能停止, 不能有效阻止易燃易爆炸气体进入最终脱气器21F440, 因此在现场

出现大量烃类介质泄漏时, 不能阻止爆炸事故的发生。

2.2.2　自动控制、报警设置存在的问题

21F430脱气器设置的21LIC431料位自动控制、料位报警及低料位联锁停止下料, 全部共用一个测量元件(核料位计21LX431, 已使用27年, 曾多次发生故障); 同时脱气器设置的氮气吹扫21FIC437流量自动控制、流量报警、高流量和低流量联锁停止下料, 全部共用一个测量元件(21FT437)。上述控制系统只要检测元件出现故障, 所有的保护全部失效。不符合GB50770《石油化工安全仪表系统设计规范》第5.08、5.09、5.010设计基本原则(独立设置)要求。

(1) 烃含量分析仪、可燃气体探头布置及响应存在问题

21C460C风机入口没有设置可燃气体报警探头, 且风机距离精制区、流化管路和压缩机厂房等可能存在烃类泄漏的部位较近; 21C460A/B入口虽然设置有可燃气体报警探头, 但探头现场位置距离地面约1.2m, 21C440入口可燃气体报警探头其中一个距离地面0.2m, 不符合GB 50493《石油化工可燃气体和有毒气体检测报警设计规范》6.1.2等条款要求。一旦出现烃类介质泄漏, 烃类介质会通过风机进入23F810系统, 带来安全风险。

3　聚乙烯装置后系统隐患治理的建议

国家标准GB 15577《粉尘防爆安全规程》第6.5.1条要求在生产或处理易燃粉末的工艺设备中, 宜采用惰化技术。第7.3.4条要求工艺设备, 设计指标应至少承受0.1MPa的内部超压(目前后系统为20kPa)。上述两条21线后系统均不能满足要求。基于装置目前实际存在的安全风险, 存在诸多可能引发爆炸事故场景, 助燃物(空气)、点火源(粉尘刷型防电等)、密闭空间、弥漫粉尘长期存在, 一旦系统烃类含量达到爆炸极限, 就会引发连续爆炸。鉴于同行业的典型做法, 吸取以往事故经验教训, 建议将21线后系统空气脱气、输送改为氮气脱气、输送, 彻底消除隐患, 满足国家相关标准、规范要求, 实现本质安全。

4　聚乙烯装置后系统隐患治理的方案

对21线后系统进行改造, 新增加的约

120m³ 脱气仓及附属系统框架可依托现有预聚合框架，消防安全、照明等可依托现有设备设施，可以很大程度上减少投资。使用氮气脱气，结合聚乙烯装置推进的碳回收及能源综合利用项目，对后系统的烃类及氮气进行分离回收再利用。脱气仓底部增加振动筛，分离块料后，氮气密闭输送至造粒系统，还可以解决挤压机因块料停机的风险。流程如图 4 所示。

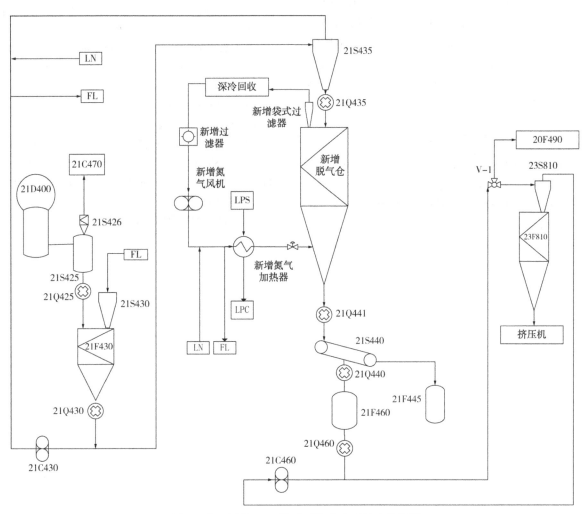

图 4　聚乙烯装置 21 线后系统改造后的流程简图

5　聚乙烯装置后系统隐患治理的意义及效果

5.1　安全方面

空气脱气、输送整改为氮气脱气、输送，实现了本质安全，彻底消除内外部因素烃类物质达到爆炸极限带来的安全风险。

5.2　生产方面

可满足不同牌号生产或测试的要求，解决生产瓶颈，便于装置进行新产品的开发和生产，满足市场需求，提质增效，增强企业竞争力。

5.3　施工方面

可充分依托直注改造后，装置现有前系统的框架和设备、设施进行改造，减少改造的工作量和费用。

5.4　经济方面

聚乙烯 21 线后系统改为氮气脱气、输送后，可以利用深冷回收单元对后系统尾气中的乙烯进行分离、回收后，再将氮气进行循环利用，提高氮气的利用率，另外，改造后，简化了后系统的流程，需要维护的设备相对较少，降低了设备的日常维护成本和检维修费用。

5.5　环保方面

空气脱气、输送整改为氮气脱气、输送，由于采用氮气作为汽提气体增加了脱气的驱动力，从而使后系统中的烃类气体含量变得更低，减少烃类物质对大气的污染（每天至少减少 50kg 烃类就地排放）。

6 结论

通过对 BP 气相工艺聚乙烯装置 21 线后系统存在的危险性进行分析，证明 21 线后系统存在一定的安全隐患，火花放电和传播型刷型放电可以导致粉料爆炸，现有的安全措施只能起到一定的作用，不能保证后系统的安全。须从本质安全上进行完善，以避免安全事故的发生，因此，对聚乙烯装置后系统隐患进行治理是非常有必要的，从现场的条件来看，也是可行的。

参 考 文 献

[1] 谭凤贵.聚烯烃粉尘爆炸的危险分析与对策建议.石油化工安全技术.2005，21(6)：21-24.

[2] J 克罗斯，D 法勒.项云林译.粉尘爆炸.化学工业出版社，1992.

[3] 罗宏昌.粉尘爆炸及"杂混合物"对其特性的影响.交通部上海船舶运输科学研究所学报.2000，23(1)：21-26.

[4] 庞宏伟.LLDPE 装置粉料输送系统安全性论证.合成树脂及塑料.2004，21(6)：36-39.

[5] 高玲，周晖，周本谋.粉体工业静电危险性分级与防护对策研究.第九届全国爆炸与安全学术会议论文集.沈阳.2006，174-177.

[6] 周本谋，范宝春，刘尚合.典型静电放电火花点燃危险性评价方法研究.中国安全科学学报.2004，14(4)：27-32.

[7] GB 15577《粉尘防爆安全规程》.

[8] GB/T 15605《粉尘爆炸泄压指南》.

[9] GB/T 29814《在线分析器系统的设计和安装指南》.

[10] GB/T 50770《石油化工安全仪表系统设计规范》.

[11] GB 50493《石油化工可燃气体和有毒气体检测报警设计规范》.

[12] JJG 693《可燃气体检测报警器》.

丁苯橡胶装置汽提单元节能降耗研究

陈安理　周俊杰　贾莉会　张　洁　曾志宣

（中国石油独山子石化公司）

摘　要　本文通过分析溶液聚合橡胶汽提过程中水析法凝聚，利用非均相水蒸气蒸馏原理，讨论橡胶汽提降低蒸汽消耗与溶剂消耗的关系，结合装置现状，提出橡胶汽提过程节能途径及优化方案：（1）利用凝液系统代替原设计脱盐水，凝液系统的循环再利用，每年节省能耗约342144kg标油，不仅减少了能源消耗，也为装置的长周期运行提供保障。(2)对聚合生产操作进行优化，在聚合单元生产胶液溶剂总量不变的基础上，逐渐提高单体量方式降低汽提单元蒸汽耗量，在聚合釜浓上涨后，不仅使单线生产能力有了很大提高，同时汽提单元对溶剂脱除过程中节约大量蒸汽。

关键词　水析凝聚；单浓；汽提；蒸汽；能耗

独山子石化公司丁苯橡胶装置选择环戊烷为溶剂，环戊烷凝固点低（-93℃）与不同的聚合物相容性好（特别是嵌段聚苯乙烯），而且具有高的饱和蒸汽压力（在汽提单元能够容易脱出），聚合生产的胶液进入汽提单元来分离环戊烷。汽提是在带搅拌的系列容器中，加入水和蒸汽进行，环戊烷蒸发，气相进入冷凝器，冷凝后的环戊烷回收到精制单元再次循环利用。汽提单元连通前后系统，起到承上启下的作用，是橡胶生产的重要工序，也是整个装置的能耗、物耗大户。因此汽提单元平稳及优化是橡胶生产过程节能降耗的关键工序。通过对汽提单元进行适当技术改造、工艺革新、优化工艺条件，可以达到较大幅度的降低蒸汽耗量和溶剂消耗，提高汽提生产的稳定性和生产能力的目的。

1　汽提单元运行原理

汽提过程在三个汽提釜和一个胶粒水罐中通过胶液与低压蒸汽逆流接触完成。汽提单元采用水析法凝聚原理：利用溶剂易挥发和橡胶不溶于水难挥发的特点，在蒸汽、分散剂、汽提剂及机械搅拌作用下，使胶液中的溶剂油脱除，并将胶液凝成橡胶颗粒，蒸汽直接通入热水中，靠部分蒸汽冷凝放出的潜热来加热热水，热量由热水传递给胶粒，此时液滴中溶剂油受热汽化，并被大量的水蒸气带出汽提釜，将溶剂脱除。溶剂蒸出后的橡胶呈颗粒状分散于水中并充分与水接触，洗涤橡胶中所含的杂质，降低橡胶中灰份含量。

2　节能改进思路及平稳操作优化

2.1　节能改进思路

2.1.1　汽提单元凝液代替脱盐水

汽提单元在开车阶段首先要进行水汽联运，需向汽提釜中注水建立液位，通蒸汽将各汽提釜温度控制在100℃以上，汽提系统压力和温度升高到一定指标后将胶液喷入汽提釜中，用于脱离溶剂，析出胶粒。原设计汽提单元建立水运使用脱盐水，不仅带来装置公用工程物耗、能耗浪费，对整个系统平稳运行同样造成影响。

丁苯橡胶装置设置有中、低压蒸汽凝液收集罐，主要收集装置溶剂塔低压蒸汽凝液、各中低压蒸汽疏水器凝液、各蒸汽换热器凝液，储罐中的凝液通过泵送出装置。经运行部申报公司审批将凝液外送引入汽提单元补水，不但可以降低装置成本，而且能够节能，同时在夏季使用时不影响热水管网压力。

2.1.2　提高聚合单体浓度，增加胶液含量

要降低汽提阶段蒸汽消耗量，可采取提高聚合单体浓度、增加胶液含胶量，对胶液和循环热水系统采取保温等措施。由于胶液黏度随其胶含量增加而迅速增加，胶含量高给聚合传热和胶液输送带来困难，使提高聚合单体浓度受到限制。通过汽提过程中相平衡与动力学研究，可以得到汽提釜在接近气-液两相平衡状态下操作的节能依据。

提高单体浓度后，可以在后处理负荷不变的情况下，聚合每天可降低投料釜数，这样可以减

少聚合釜间歇线聚合投料前泄压的溶剂损失，同时引发剂成本、溶剂精制塔负荷蒸汽、汽提蒸汽使用消耗、溶剂损耗、循环水消耗等方面都得到了降低，达到了降本增效的目的。

2.2 平稳操作中的优化

2.2.1 水胶比的控制

水胶比的减小可显著降低蒸汽消耗，并能增加胶液的处理量，增加产量。胶粒水中的胶粒浓度是一个重要参数，它反映了在特定聚合物流量下胶粒在釜中的停留时间，该浓度在每个阶段都应该控制在指标范围，在保证溶剂油脱除完全的前提下尽量降低水胶比，从而实现降低蒸汽消耗量，达到节约能耗的目的。

2.2.2 汽提釜操作温度和压力控制

在汽提过程中，选用适宜的汽提温度十分重要。优化汽提工艺条件关键在于寻找适宜的汽提温度和与其相互匹配的操作压力，只有通过优化汽提工艺条件，使操作状态向气-液平衡态靠近，蒸汽消耗量才能较大幅度下降。汽提温度低时，尽管操作压力可以在较低状态下进行，蒸汽消耗量也不高，但烃类的汽化推动力较低，胶液中溶剂不易气化，汽提釜的生产能力降低。汽提温度高时，欲降低蒸汽消耗量，操作压力必须提高，汽提热水在循环过程中容易汽化，能量损失较大。操作压力的提高，使烃类汽化推动力降低，胶中含油量增多，溶剂耗量增加。这不仅影响产品质量，造成溶剂的浪费，而且造成了环境污染。

生产实践和汽提节能降耗技术的研究表明，橡胶汽提过程蒸汽消耗和溶剂消耗是以烃类汽化推动力为纽带的一对矛盾。汽提温度一定，操作压力低，烃类汽化推动力高，溶剂耗量低，蒸汽耗量高，操作压力高，烃类汽化推动力低，蒸汽耗量低，溶剂消耗高，这三个因素是互相制约和相互影响的。因此，橡胶汽提必须采用适当的汽提温度和与其相匹配的操作压力，才能在保障生产能力与胶中含油量较低的前提下，降低蒸汽耗量。

2.2.3 分散剂的加入

由于胶粒黏度很大，很易粘结，即使原始胶粒分散的很均匀，随着溶剂油的蒸出和浆叶及蒸汽的搅动，胶粒间也极易结团。胶粒分散剂的加入是影响汽提过程效果好坏很重要的因素，汽提过程中应该加入适当的、适量的分散剂，以使胶粒在釜中分散的尽量均匀。

分散剂应该连续稳定地加入，否则产品质量将难以稳定，汽提过程的操作控制难度也将增加。国外一些装置对分散剂的加入量、胶液和水蒸汽的加入比例等问题采用了自动控制，取得了较好的效果。分散剂的加入量应该与搅拌器的类型、转速及几何尺寸等工程因素结合起来考虑，才能取得好的效果。从目前分散剂的使用趋势和有关汽提分散剂的研究来看，应该考虑用复合型分散剂，如非离子型和阴离子型的复合。

3 方案实施

3.1 利用装置蒸汽凝液开车水运

（1）改变装置凝液外送流程，由原来凝液直接外送界区流程变更为凝液外送泵出口经各线汽提单元后出界区，在凝液外送线上增加压力调节回路，确保凝液系统在汽提使用凝液补水和冲洗时的压力正常。

（2）保留汽提单元开工用脱盐水线，以备在汽提釜停车时降温使用。

（3）将汽提单元所有机泵入口脱盐水线自管廊引线处断开，改为自管廊凝液线引至胶粒水泵入口，同时增加汽提送后处理 6 条物料线的凝液冲洗线。

3.2 提高聚合单体浓度、增加胶液含胶量

（1）制定提高聚合釜单体浓度的增产降耗方案。提高聚合釜的单体浓度，对于聚合釜提高单浓，聚合单体浓度决定了最终反应温度，最终反应温度对聚合偶联反应有很大影响，温度过高将导致产品不合格。通过热量衡算和不断试验，得出了适合的聚合单浓控制值，聚合单浓提高之后使单线的生产能力有了很大提高。举例说明单釜负荷提高 0.3t，提高单浓后每天投料频次较之前降低 2 釜左右，节省破杂用引发剂约 12kg，同时减少聚合釜环戊烷泄放量，每天减少环戊烷泄放量 20kg。

（2）通过提高掺混接胶压力，使接胶压力和掺混罐之间的压差增大，胶液中更多的溶剂闪蒸至油水分离罐，系统胶含量升高，能够达到降低汽提蒸汽使用量的效果。

4 实施效果

4.1 凝液系统的改造取代脱盐水，凝液系统循环再利用

本装置共有 4 条汽提单元生产线，每条线开

车最低需消耗脱盐水总量为 60 吨，每条生产线开停车约 3 次/年，4 条生产线共计 12 次。

（1）减少蒸汽消耗量（大概计算）：汽提水运操作减少脱盐水消耗量：60×3×4＝720 吨/年；水运时将 30℃ 的脱盐水升温至 113℃，需要消耗低压蒸汽 7.9t；将 110℃ 凝液升温到 117℃ 消耗低压蒸汽 0.7t；使用凝液后汽提单元每次开车可节约蒸汽 7.2t；一年可累计节约蒸汽 720×7.2＝5184t。累计一年节约能耗：5184×66＝342144kg 标油。

（2）凝液线改造后，汽提单元开车水运建立循环时间由原来的 5h 缩短为 3.5h。

（3）汽提单元改用凝液开车后，消除脱盐水压力低造成设备损坏的隐患，装置设备运行得到了良好的保障。

（4）使用凝液开车消除了汽提开车水运阶段的水击现象，有效避免了装置设备及管线焊缝因水击造成的损坏。

（5）汽提胶粒水泵冲洗、管线倒空处理时使用，大大节约脱盐水，减少了因使用脱盐水造成系统压力波动的风险。

4.2　聚合单釜提液，降低汽提蒸汽消耗

汽提单元利用水析凝聚原理把聚合胶液中的溶剂油和橡胶分离开，溶剂冷凝和水分离后，送往溶剂精制系统，精制单元脱除水、低聚物等杂质后供聚合使用。汽提凝聚脱除溶剂需消耗大量的蒸汽，聚合提高单浓之后，每吨产品消耗的溶剂量下降，相应所需的蒸汽消耗量降低。

减少蒸汽消耗量：热熔公式 $Q = mCp(T_{始} - T_{终}) + mQ_{潜}$，蒸汽在 0.03kPa 下潜热 $Q_{潜} = 2335.3kJ/kg$，水的比热熔 $Cp = 4.2kJ/(kg \cdot ℃)$。环戊烷的潜热 $Q_{潜} = 619.314kJ/kg$，环戊烷的比热熔 $Cp = 1.838kJ/(kg \cdot ℃)$。环戊烷初始温度 57℃，结束温度 85℃，经过相变。蒸汽初始温度 190℃，结束温度 85℃，根据公式计算 1t 环戊烷需要消耗约 0.23t 蒸汽，如表 1 所示。

表 1　提高聚合釜单浓各线汽提单元降低蒸汽消耗量统计表

序号	项　目	单位	3000 线	4000 线	6000 线
1	聚合釜单浓增加量	%	0.77%	1.15%	0.38%
2	年产量	吨/年	46000	66400	34400
3	溶剂油节约量	吨/年	14238	30111	5453
4	汽提蒸汽节约量（大概计算）	吨/年	3274	6925	1254
5	汽提蒸汽节约量总计（大概计算）	吨/年	11453		

从表中看出每年节省蒸汽消耗约 11453t，聚合单元增加掺混接胶压力，提高系统胶含量优化操作，节约汽提单元大量蒸汽用量，目前无相关具体数据参考，可以明显看出在完成此次优化操作后装置大幅度降低蒸汽用量，在装置降低生产成本方面收效显著。

5　结论

（1）通过装置凝液系统的改造，汽提单元开车水运过程凝液完全取代了脱盐水。凝液系统的循环再利用，每年节省约能耗约 342144kg 标油，此改造减少了装置能源消耗，降低生产成本，在生产运行时使用保证了产品质量，避免因热水系统的压力波动。改造后装置解决了水击现象，消除了设备损坏的风险，延长了设备使用周期。系统改造后脱盐水管网压力未出现波动，既做到了环保、清洁、节能，又做到了"降本增效"，为公司安、稳、长运行打下坚实基础。

（2）经过对聚合釜单体浓度提高，聚合及掺混单元取样分析 GPC、门尼、胶含量各项指标均在指标范围内，在保持汽提喷胶量高产的情况下每吨产品消耗的溶剂量下降，相应所需的低压蒸汽消耗量降低，每年蒸汽消耗可降低 11453t，减少了汽提釜排出气相烃类所需的蒸汽消耗量，在保证汽提过程有足够溶剂气化推动力的前提下，汽提釜尽量接近气-液平衡态操作。目前汽提过程的节能已经采取了较好的方案，但是不排除还有潜力去挖。生产中慢慢摸索，寻找更好更优化的工艺，并且从设备等各个方面提高能量利用率，处理好节能与降耗的关系，找到更好的平衡点，创造更多的价值。

参　考　文　献

[1] 王舒，谢军，陈晓博，等. 丁苯橡胶装置生产线运行优化研究[J]. 橡胶科技，2019，17（9）：515-518.

[2] 赵卓，谷媛媛. SBS 橡胶凝聚生产工艺的改进[J].
石化技术，2015，22(3)：47-48.

[3] 郭方飞，侣庆法，崔志勇. 二次闪蒸对合成橡胶凝聚工艺节能效果的影响[J]. 橡胶工业，2018，65(11)：1294-1297.

[4] 郭方飞，闫邦锋，侣庆法，等. 基于 Aspen Plus SBS

凝聚工序过程模拟及能耗分析[J]. 应用化工，2017，46(增刊)：257-259.

[5] 姜金平，万东玉. 一种新型的丁苯热塑性弹性体 SBS 生产过程结团问题分析与对策[J]. 山西化工，2022，42(2)：254-255.

储罐 VOCs 治理技术应用实践

尹博文　　郭香宝

（中国石化扬子石化分公司）

摘　要　储罐收料、汽车/火车装车、码头装船作业中，会产生大量的尾气，挥发至储罐现场周围，不仅对环境产生污染，更会影响作业人员的健康。本文介绍了 VOCs 治理技术在储罐运行上的应用案例，包括 CEB 装置和冷凝吸附装置的工作原理及当前运行情况，分析了 VOCs 治理装置安稳长周期运行的影响因素，针对分析出的问题提出了解决措施。目前 CEB 和冷凝吸附技术可以治理储罐 VOCs，挥发性有机物去处理率≥99.9%，排放尾气达到国家及行业环保排放标准。

关键词　储罐尾气；CEB 装置；冷凝吸附装置；VOCs 治理；装车；装船

扬子公司贮运厂成立于 1987 年 9 月，主要担负着物料贮存、装卸和输转任务，现有物料储罐 163 座，总罐容 115.72 万立方米，液体装卸码头 7 座，洗舱站 1 座，铁路装车栈台 8 个，汽车装车台 16 座（液体 5 座、固体 11 座），工艺外管 861 公里，低温贮存装置 2 套，火炬气回收装置 1 套，年吞吐量达 2600 万吨，是公司主要原辅料及产成品的贮存"基地"，进出厂的"咽喉"、物流的"枢纽"，主要物流作业模式包括管路、水路、公路、铁路四种。

江苏省环保厅颁布了《化学工业挥发性有机物排放标准》（DB32/3151-2016），要求 2019 年 2 月 1 日起执行，化工企业排放尾气的非甲烷总烃≤80mg/m³，苯≤4mg/m³，甲苯≤15mg/m³，二甲苯≤20mg/m³）。中国石化总部炼油事业部《关于加快推进炼油企业 VOCs 提标治理工作的通知》（股份工单炼能〔2017〕546 号）要求：VOCs 污染源治理项目排放浓度原则上应小于 50mg/m³（焚烧法小于 15mg/m³）；涉苯类 VOCs 项目的排放浓度原则上要求苯含量小于 2mg/m³、甲苯小于 10mg/m³；二甲苯小于 10mg/m³。

为顺应保护大气环境质量、彻底实现大气污染治理的趋势、贯彻国家政策、满足国家法律法规、标准要求，扬子公司贮运厂开始建设 VOCs 尾气治理设施，2020 年 4 月完成投用。VOCs 治理技术可分为回收法和破坏法。回收法包括吸附法、吸收法、冷凝法和膜分离法；破坏法包括直接燃烧法、热力燃烧法、催化氧化法和蓄热氧化法。扬子公司贮运厂 VOCs 尾气治理设施采用回收法和破坏法（CEB）。

1　CEB 装置简介

贮运厂共建设 3 套 CEB 装置，处理能力分别为 2480Nm³/h、1200Nm³/h、1000Nm³/h，共处理 43 台储罐罐顶气、7 个码头装船尾气、汽车装车台及 204 火车栈台汽油尾气。

超低排放燃烧 CEB 设备采用先进高效的全预混金属纤维表面燃烧技术，能够使含烃气体与空气预混后在金属纤维表面燃烧，火焰为蓝色短火焰，火焰温度约 1200℃。VOCs 废气与空气充分预混后至专用燃烧器进行彻底氧化处理。该专用燃烧器由具有专利技术的铁铬合金纤维编制丝网构成，这种丝网结构将预混气流分隔成众多的微小气流，在丝网表面形成均匀的表面燃烧。该技术具有燃烧速度快、燃烧温度高、燃尽率高、CO 和 NO_x 生成率极低等优势，如图 1 所示。

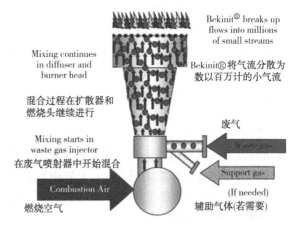

图 1　燃烧过程简图

1.1　CEB100# 装置

液体装卸作业区 CEB100 由碳九/汽油/邻二

甲苯等九个储罐的油气收集系统、部分物料（苯、邻二甲苯、重芳烃等）公路装车的油气收集系统、汽油火车槽车装车的油气收集系统及 CEB100 装置组成。将甲醇、航煤、汽油、碳九

等 9 台储罐、汽油铁路罐车、苯/邻苯等公路槽车作业过程中挥发出的油气经收集系统进入 CEB100 装置，经高温处理后合格排放，如图 2 所示。

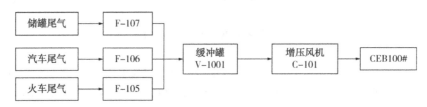

图 2　CEB100#装置流程简图

1.2　CEB200#装置

液体码头作业区 CEB200 由烷基化油、甲苯、重整料、邻苯、汽油、航煤等 17 个储罐的油气收集系统、7 个码头装船的油气收集系统及 CEB 装置组成。101#、102#、11#、12#、14#、15#、16# 码头相关输油臂装船过程中产生的油气，通过各自码头气相输油臂收集后，首先进入各自对应的船岸界面安全装置，经过后方配套风机（C-2101A、C-2101B、C-2011、C-2012、C-2014、C-2015、C-2016）的增压，汇入集气总管，排向 CEB200 尾气处理装置。储罐罐内压力升至 0.95kPa 时，对应的尾气线阀打开，排放罐内尾气至尾气总管，经由新增引风机送往 CEB200 尾

气处理装置。当罐内压力降至 0.55kPa 时，尾气线阀门关闭，如图 3 所示。

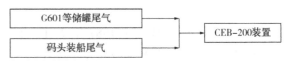

图 3　CEB200#装置流程简图

1.3　CEB300#装置

油品作业区的 200#、500#、800#罐组产生的储罐排放尾气，经风机 C201/C202/C203 增压，通过尾气管线进入缓冲罐 V-001。当缓冲罐 V-001 的压力升至 2kPa 时，超低排放燃烧装置（CEB）启动，如图 4 所示。

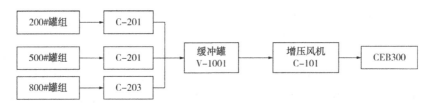

图 4　CEB300#装置流程简图

1.4　CEB 装置标定情况

在 CEB 装置以最大处理量工作，即同时引入各种尾气时，委托第三方对 CEB 装置入口尾气、出口废气浓度进行取样，分析经处理后废气中苯、非甲烷总烃等含量，对装置排放废气是否达标进行评价。

标定期间，装置整体运行稳定正常，表现为各动静设备、仪表运转正常，各工艺参数能满足设计要求，尾气处理能力符合《关于加快推进炼油企业 VOCs 提标治理工作的通知》（股份工单炼能〔2017〕546 号）的要求：

（1）非甲烷烃排放浓度为 2.19mg/m³；挥发性有机物去处理率≥99.9%；

（2）苯、甲苯、二甲苯含量低于检测下限（苯

检出限 0.0015mg/m³，甲苯检出限 0.0015mg/m³，二甲苯检出限 0.0015mg/m³）。

2　CEB 装置存在的问题及解决措施

2.1　国产化燃烧头稳定运行周期缩短

燃烧头是 CEB 装置的核心部件，其质量好坏直接影响 CEB 装置能否稳定运行。CEB 装置最初使用进口燃烧头，为了降低对关键进口部件的依赖，贮运厂联合 CEB 装置厂家开展了关键设备燃烧头国产化攻关。燃烧头所用的关键材料是特殊铁铬铝纤维，直径约 30~50μm，将这种纤维通过烧结或针织方式制成特殊的具有立体网状结构的通透性材料，就可以用于金属纤维燃烧头。CEB 燃烧头需长期在 1000℃ 左右的环境下

使用,最高可短时承受 1250℃ 以上温度。

(1)进口燃烧头采用单层织物,织物材质是特殊铁铬铝纤维,运行有效时间长达 450 天,且两次预防性检修时间间隔最长可维持 4 个月,缺点是使用期间由于细纤维逐渐碳化,孔隙变大,助燃气消耗量会增大。

(2)国产燃烧头采用双层织物,织物材质为特殊铁铬铝纤维,但纤维质量与进口燃烧头相比,肉眼可见不同,虽然透气率相差不大,但孔隙密度明显有所差别,使用寿命可达 95 ~ 210 天。双层织物对尾气中的杂质阻挡作用明显,运行 30 天后,会明显发现助燃风机频率逐渐上升,45 天时风机频率持续在 40Hz 以上,必须进行停机检修。燃烧头清洗后可以恢复使用,但两次预防性检修时间间隔越来越短,目前运行 30 天左右就必须进行清洗,如图 5、图 6 所示。

图 5 进口燃烧头

图 6 国产燃烧头

(3)进口燃烧头燃烧温度稳定性更好。进口燃烧头燃烧温度波动范围为 1110℃ 至 1210℃,而国产燃烧头燃烧温度波动范围为 1050℃ 至 1245℃,燃烧稳定性远不如进口燃烧头。原因主要有以下两点:一是燃烧头本体性能存在不足,虽然厂家根据外方燃烧头的参数进行设计和制造,但还是存在技术上的差别,需厂家对国产燃烧头进一步优化;二是运行过程助燃气阀门、风机等调节的 PID 参数不完全匹配,需厂家专业技术人员不断进行调节优化。

(4)国产燃烧头助燃气消耗量比进口燃烧头高,为了维持燃烧温度,国产燃烧头运行时助燃气阀门设置了最低开度。

目前国产燃烧头可以初步替代进口燃烧头,但从近期的运行情况来看,燃烧头本体、燃烧性能、使用寿命等方面均存在一定的问题,还需要进一步改善燃烧头织物材质,采用类似进口燃烧头材质的织物;采用单层织物,双层织物会阻挡气体内杂质透过,长时间运行会造成助燃风机频率越来越高,甚至会出现回火现象。

2.2 冬季环境温度低易导致 CEB 装置停机

CEB 装置使用丙烷作为助燃气,丙烷中会含有微量重组分丁烷。在冬季 0℃ 左右的环境温度下,碳四组份会在外管凝成液相。助燃气中液相进入燃烧室后,可燃物剧增,短时间温度异常升高,又迅速因供气不足大幅降温,燃烧不均匀造成波动,温度震荡至联锁值,导致装置停机。

目前,加强了 CEB 装置助燃气的分析,收贮丙烷组分浓度在 99% 以上,并组织落实内部防串措施;优化了冬季碳三气化系统的运行控制,保证供气压力,供气线按表压 0.25MPa 设定。

3 冷凝吸附装置

3.1 冷凝吸附工艺简介

冷凝吸附装置设计尾气处理能力 400m³/h,用于 4 台 3000m³ 苯罐、2 台 3000m³ 邻二甲苯罐挥发性废气的回收。6 台储罐属于同一个罐组,每个储罐设一支集气支管,4 台苯储罐罐顶尾气设一支集气总管、2 台邻二甲苯储罐罐顶尾气设一支集气总管,每支集气总管上设气动切断阀和压力变送器,切断阀前后设手阀及旁路,阀位信号接入车间 DCS 系统。尾气总管上氧含量≥3%(v/v)时中控室 DCS 报警,提醒人工干预。尾气总管上氧含量≥8%(v/v)时关闭尾气总管切断阀和氮气切断阀,如图 7 所示。

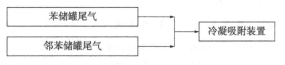

图 7 冷凝吸附装置流程简图

冷凝吸附装置有三个单元组成,分别为增压单元、冷凝单元及吸附单元。储罐挥发气经集气管收集后送至油气回收装置,进入油气缓冲罐,缓冲罐后设置一台罗茨风机,与缓冲罐压力进行变频联锁,为油气处理装置提供动力,风机采用变频控制,通过缓冲罐压力调节转速。

冷凝工艺采用"三级梯度式"冷凝:第一级将油气冷到6℃左右,除去大部分水分和C6以上组分;第二级将油气冷到-25℃左右,除去部分C5组分和剩余水分;第三级将气冷到-45℃左右,使部分C4组分液化。冷凝单元采用双通道设计,通道A运行一段时间后,阻力达到一定值后,需切换至通道B继续运行,而通道A则进入除霜阶段。通道A融霜结束后预冷备用,双通道始终保持其中一个通道进行冷凝,另一通道进行融霜,循环切换,确保装置长时间稳定运行。

经过冷凝处理后的油气,其中的绝大部分挥发性有机物从油气中分离出来,接着进入吸附单元做进一步的处理。油气进入吸附罐,在通过吸附剂床层的过程中,其中的有机物被吸附在吸附剂的表面实现与惰性气体的分离,吸附后的气体通过15m高排气筒排放。吸附采用变压吸附工艺,常压吸附,真空脱附,单元内并联设置两塔,切换进行吸附/脱附操作,吸附剂脱附再生采用真空泵抽吸真空脱附,真空泵出口的脱附气体回到油气缓冲罐,循环处理。控制单元控制风机转速,控制制冷机组温度,控制各个吸附罐的进出口阀门的开关,以及吸附、再生等过程,如图8所示。

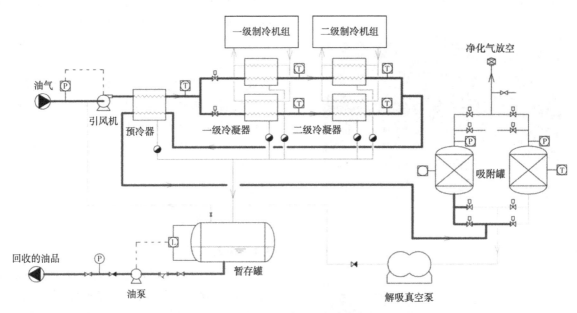

图8 冷凝吸附装置工艺流程图

冷凝吸附装置于2020年7月开始运行,目前各动静设备、仪表运转正常,各工艺参数能满足设计要求,尾气处理能力良好,进口非甲烷总烃排放浓度96.2mg/m³,苯排放浓度96mg/m³,甲苯排放浓度0.27mg/m³,二甲苯排放浓度0.14mg/m³;出口非甲烷总烃排放浓度27.2mg/m³,苯排放浓度0.32mg/m³,甲苯排放浓度0.18mg/m³,二甲苯排放浓度0.094mg/m³。

3.2 存在的问题及解决措施

冷凝吸附装置实际运行时,储罐尾气量不稳定,波动大,气量最大超580Nm³/h,超过设计处理量最大值440Nm³/h,解决措施如下:(1)限制罗茨风机最高频率(50Hz降至29Hz),进冷凝机组最大气量控制在约440Nm³/h以下;(2)调整缓冲罐压力设定,由微正压(0.15kPa)调整为微负压(-1kPa),储油罐和缓冲罐平衡阀常开。

该装置投用初期,对通道切换时间、膨胀阀等阀门开度设定、预冷时间和双通道共同运行时间设置不合理,减少了融霜时间和温度,参数没有最优化,三级蒸发器a通道温度控制范围长期在-30℃~-75℃,融霜效果不佳,造成冰堵停机。后采取如下解决方法缓解了冰堵问题:(1)将三级制冷融霜线手阀开大,由50%调整至60%,提高融霜效果;(2)调整三级蒸发器A、B通道融霜参数，将温度控制到 10℃～-55℃。

5　总结

（1）CEB 和冷凝吸附技术可以治理储罐 VOCs，排放尾气达到国家及行业环保排放标准，CEB：出口非甲烷总烃排放浓度为 2.19mg/m³；挥发性有机物去处理率≥99.9%；苯、甲苯、二甲苯含量超低；冷凝吸附：出口非甲烷总烃排放浓度 27.2mg/m³，苯排放浓度 0.32mg/m³，甲苯排放浓度 0.18mg/m³，二甲苯排放浓度 0.094mg/m³。

（2）夜间储罐产生的 VOCs 尾气很少，但是环保装置依旧需要按正常工况运行，存在不可避免的能源浪费。这种间歇性运行状况需要在设计阶段重点考虑，可以节约很多燃料气和电力等能源。

（3）CEB 装置的国产燃烧头可以满足生产需要，温度范围控制和环保指标达标，已经初步替代了进口燃烧头，但燃烧头本体材质、燃烧性能、使用寿命与进口燃烧头无法比拟，需要进一步攻关和提高。

参 考 文 献

[1] 方向晨，刘忠生，王学海. 炼油企业恶臭气体治理技术[J]. 石油化工安全环保技术，2008，5（24）：48-50.
[2] 国家环保局. 石油化学工业废气治理[M]. 北京：中国环境科学出版社，2004.
[3] 方向晨. 石油石化企业环境保护技术[M]. 北京：中国石化出版社，2016.
[4] 闫柯乐，张红星，邹兵，等，吸附法处理含苯系物废气研究进展[J]. 广州化工，2015，9（43）：28-30.

节能型碳四碳五全加氢工艺开发

樊小哲　李春芳　田　峻　李　琰

（中国石化北京化工研究院）

摘　要　我国炼化一体化大规模发展，副产了大量的碳四、碳五资源，其价值并没有得到充分利用。中国石化北京化工研究院成功研制了不饱和烃全加氢 Ni 基催化剂并开发了两段全加氢工艺，该技术可将物料中的炔烃、烯烃加氢饱和转变为烷烃，产品可作为优质原料供给乙烯装置，且已经成功工业化应用。本论文采用 Advanced Peng-Robinson 状态方程针对某炼化企业不饱和碳四碳五混合原料特点，开发了两段全加氢工艺，将碳四、碳五原料全加氢转化为烷烃，产品指标烯烃 ≤1wt%，满足乙烯裂解原料要求。基于此，降低二段反应催化剂起活温度、优化匹配两段加氢工艺的反应放热并进行能量充分利用，分别将装置能耗相对降低了 17.80% 和 31.88%。

关键词　炼化一体化；碳四碳五组分；Ni 基催化剂；全加氢工艺；能耗

我国炼化一体化大规模发展，催化裂化装置、焦化装置、加氢裂化装置等炼油装置及裂解乙烯装置、MTO 装置副产了大量的碳四、碳五资源，其价值并没有得到充分利用。乙烯是石油化工的龙头产品，是生产有机原料的基础，其生产规模、产量、技术都标志着一个国家石化工业的发展水平。近年来，我国乙烯生产能力持续扩张，截至 2023 年，生产能力已经达到 5174 万 t/a，产量 4519 万 t/a。目前蒸汽裂解是主要的乙烯生产工艺，其过程中生成的碳四、碳五馏分大约分别为乙烯产量的 15% 和 35%。碳四、碳五馏分由于其沸点较低，常压下易气化，使得该类资源没有得到合理利用，相当一部分作为燃料烧掉，不符合当今环保的要求，且价值没有得到充分利用。另外，丁二烯是碳四馏分中重要的石油化工基础原料，目前工业上从乙烯裂解副产品 C4 馏分中抽提丁二烯，丁二烯抽提装置排放的尾气中乙烯基乙炔（VA）、乙基乙炔（EA）浓度较高，其中 VA 一般大于 20wt%，最高可超过 40wt%，具有自分解爆炸的风险，这些富含炔烃的尾气（简称丁二烯尾气）需用碳四抽余液稀释后排放火炬管网，造成大量碳四烃的浪费。此外，随着裂解深度的增加，碳四馏份中炔烃含量逐步升高，导致丁二烯抽提装置排放的尾气量增大，装置物耗能耗增加。

碳四、碳五馏分均为低碳链烷烃和低碳链烯烃，是非常优质的乙烯裂解原料，碳五馏分中正戊烷和异戊烷是可发性聚苯乙烯的新型发泡剂。无论是用作乙烯裂解原料还是生产发泡剂，都要求对原料中的烯烃加氢，使其转变成相应的烷烃。

中国石化北京化工研究院成功研制了不饱和烃全加氢 Ni 基催化剂并开发了两段全加氢工艺，一段主要是将物料中的二烯烃和炔烃选择加氢生成烯烃；二段主要是将剩余烯烃进一步加氢饱和生成烷烃。

因此，本研究采用两段全加氢技术，将碳四、碳五馏分全加氢生成烷烃，可以返回裂解炉作为优质裂解原料进而生产乙烯和丙烯，不仅可以拓宽乙烯装置原料来源，还可以增加乙烯、丙烯产量，有效降低生产成本，使有限的资源得到充分利用，实现装置效益最大化。

1　原料组成

本工艺以某炼化企业自丁二烯抽提装置来的抽余碳四及丁二烯尾气，自碳五分离装置来的抽余碳五的原料为研究对象。原料组成见表 1，反应需要的氢气纯度为 95mol%min。

表 1　碳四碳五加氢原料组成

组成/%（质）	抽余碳四	丁二烯尾气	抽余碳五
丙烯	0.00	0.01	0.00
丙炔	0.00	0.45	0.00
丁烷	44.80	3.16	0.00
异丁烷	0.01	2.41	0.00
丁烯-1	1.30	9.19	0.00

续表

组成/%(质)	抽余碳四	丁二烯尾气	抽余碳五
异丁烯	0.05	15.44	0.00
顺-2-丁烯	12.36	32.86	0.00
反-2-丁烯	41.48	3.03	0.00
1,2-二丁烯	0.00	0.68	0.00
1,3-二丁烯	0.00	6.31	0.00
乙基乙炔	0.00	3.47	0.00
乙烯基乙炔	0.00	14.11	0.00
正戊烷	0.00	0.50	11.39
异戊烷	0.00	4.67	7.95
戊烯-1	0.00	0.00	3.10
顺-2-戊烯	0.00	0.00	1.48
反-2-戊烯	0.00	0.00	2.96
2-甲基-2-丁烯	0.00	0.00	4.46
3-甲基-1-丁烯	0.00	0.00	3.63
2-甲基-1-丁烯	0.00	0.00	3.63
环戊烷	0.00	0.00	0.10
环戊烯	0.00	0.00	3.20
2-甲基-1,3-丁二烯	0.00	0.00	18.75
1,4-戊二烯	0.00	0.00	1.40
1,3-戊二烯	0.00	0.00	11.67
环戊二烯	0.00	0.00	21.54
正辛烷	0.00	3.73	0.00
二环戊二烯	0.00	0.00	8.37

2 研究方法

2.1 基本原理

本装置以抽余碳四、丁二烯尾气和抽余碳五为原料，与氢气按一定比例混合后在装有催化剂的固定床反应器中进行炔烃、二烯烃、烯烃与氢气生成烷烃的加氢反应。

主反应方程式如下：

$$C_4^{==} + 2H_2 \longrightarrow C_4^0$$
$$C_4^= + 2H_2 \longrightarrow C_4^0$$
$$VA + 3H_2 \longrightarrow C_4^0$$
$$C_4^= + H_2 \longrightarrow C_4^0$$
$$C_5^{==} + 2H_2 \longrightarrow C_5^0$$
$$C_5^= + 2H_2 \longrightarrow C_5^0$$
$$C_5^= + H_2 \longrightarrow C_5^0$$

经加氢、分离后得到碳四、碳五烷烃中烯烃含量满足产品指标(烯烃含量≤3wt%，计算方法见公式1)，然后可以去乙烯装置作裂解原料。

$$烯含量\% = \frac{碳四烯\ wt\% + 碳五烯\ wt\%}{碳四碳五原料\ wt\%} \times 100\%$$

(1)

其中：

碳四烯烃 wt%：包括丁烯-1，异丁烯，顺-2-丁烯，反-2-丁烯，1,3-丁二烯，1,2-丁二烯；

碳五烯烃 wt%：2-甲基-2-丁烯，3-甲基-1-丁烯，反-2-戊烯，环戊烯等。

2.2 工艺模拟方法及参数

针对不饱和碳四碳五加氢过程，采用 VMG 模拟软件对加氢过程进行模拟，模拟方法采用 Advanced Peng-Robinson(修正的状态方程法)。其工艺流程如图1所示。

采用两段绝热反应器进行模拟，其模拟条件如下所示：

一段加氢反应器：放热量 = 0，压降 = 200kPa，并设置相应反应。

二段加氢反应器：放热量 = 0，压降 = 200kPa，并设置相应反应。

2.3 能耗计算方法

根据《石油化工涉及能耗计算标准 GB/T 50441—2016》，将生产过程中所消耗的各种工质按规定的方法和单位折算为一次能源量(标准燃料)的总和。折算值见表2。

表2　耗能工质的统一折算值

序号	类别	单位	能源折算值(kg 标准油)	备注
1	电	kWh	0.22	
2	循环水	t	0.06	
3	高压蒸汽	t	80	1.2MPa≤P<2.0MPa
4	低压蒸汽	t	66	0.3MPa≤P<0.6MPa
5	冷冻水	MJ	0.01	7~12℃冷量，显热冷量

耗能体系的能耗计算公式：

$$E = \sum (G_i C_i) + \sum Q_i \qquad (2)$$

式中，E 为耗能体系的能耗，正值时表示消耗能源，负值时表示输出能源；G_i 为电及耗能工质消耗量，消耗时为正值，输出时计为负值；C_i 为电及耗能工质的能源折算值；Q_i 为能耗体系与外界交换热量所折成的标准能量源，输入时为正值，输出时为负值。

单位能耗计算公式：

$$e = E/G \qquad (3)$$

式中，e 为单位能耗，kg/t；E 为耗能体系的能耗，kg/h；G 为耗能体系的原料量或产品量，kg/h。

3 碳四碳五全加氢工艺

3.1 工艺流程

针对乙烯裂解产生的碳四、碳五资源原料特性，开发碳四碳五全加氢工艺流程如图1所示。从界区外来的碳四碳五混合原料与氢气混合，送入选择加氢反应器，加氢过程采用两段顺序反应器，两段反应器装填不同的催化剂。一段反应器为低温反应，炔烃、二烯烃等反应活性较高的组分在一段反应器中发生加氢反应。一段反应产物送入二段反应器，该段为高温反应器，大部分单烯烃组分在二段反应器中发生加氢反应。二段加氢产物送入稳定塔，进行不凝汽、碳四和碳五组分的分离。加氢产品作为蒸汽裂解装置原料，可依托现有蒸汽裂解装置，最大化利用碳四、碳五资源。

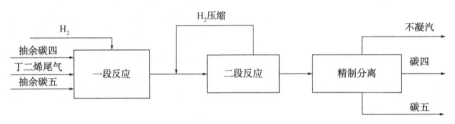

图 1 全加氢工艺流程图

3.2 节能工艺优化

目前的加氢工艺中，一方面，二段催化剂起活温度高，二段反应器入口需设置加热器，以满足催化剂反应要求。另一方面，一段反应器反应温度低，其反应产物温位低，热量难以利用；二段反应器反应温度比较高，其反应产物温位高，但由于大部分反应放热集中在一段加氢反应，二段反应器放热量少，故难以对反应热进行充分利用。因此，对以上工艺进行改进，依托高性能的二段加氢催化剂，反应起活温度由180℃降低至130℃，降低加热蒸汽品位和消耗量，降低装置能耗；同时，优化匹配两段加氢工艺的反应放热，即调整一段加氢深度，将二段反应出口物料进行二段入口物料加热、精馏塔前预热及精馏塔中沸器供热，充分利用反应放热，进一步达到节能降耗的目的。

3.3 能耗计算

根据2.3能耗计算方法，研究了全加氢工艺在二段反应高温工况、低温工况及低温工况-热量优化工况三种条件下的能耗情况，结果见表3~表4所示。

表 3 二段反应入口高温工况能耗折算表

名称	正常量	能耗折算值		能耗 kg 标油
		单位	数量	
循环水	1129.06t/h	kg 标油/t	0.06	67.74
低压蒸汽	0.54t/h	kg 标油/t	66	35.31
高压蒸汽	1.52t/h	kg 标油/t	80	121.44
电	257.79kW·h	kg 标油/kW·h	0.22	56.71
冷冻水	327.24t/h	kg 标油/t	0.01	3.27
合计				22.10kg 标油/t 产品

表 4 二段反应入口低温工况能耗折算表

名称	正常量	能耗折算值		能耗 kg 标油
		单位	数量	
循环水	1113.91t/h	kg 标油/t	0.06	66.83
低压蒸汽	1.74t/h	kg 标油/t	66	114.71

续表

| 名称 | 正常量 | 能耗折算值 | | 能耗 |
		单位	数量	kg 标油
电	257.68kW·h	kg 标油/kW·h	0.22	56.69
冷冻水	329.25t/h	kg 标油/t	0.01	3.29
合计				18.76kg 标油/t 产品

表 5　二段反应入口低温工况-热量优化工况能耗折算表

| 名称 | 正常量 | 能耗折算值 | | 能耗 |
		单位	数量	kg 标油
循环水	1020.44t/h	kg 标油/t	0.06	61.23
低压蒸汽	0.66t/h	kg 标油/t	66	43.61
电	256.31kW·h	kg 标油/kW·h	0.22	56.39
冷冻水	327.38t/h	kg 标油/t	0.01	3.27
合计				12.78kg 标油/t 产品

将以上三种工况的能耗进行对比，发现对于碳四碳五两段全加氢工艺，低温工况相对高温工况的节约能耗 17.80%，优化匹配两段加氢工艺的反应放热并进行能量充分利用后，能耗仅有 12.78kg 标油/t 产品，相对低温工况节约能耗 31.88%。

4　结果与讨论

针对蒸汽裂解产生的抽余碳四、抽余碳五及丁二烯尾气组分，依托不饱和烃全加氢催化剂开发了两段全加氢工艺，将碳四、碳五不饱和烃混合原料全加氢生成烷烃，产品中烯烃含量≤1wt%。依托高性能的二段加氢催化剂，反应起活温度由 180℃降低至 130℃，降低加热蒸汽品位和消耗量，降低装置能耗 17.80%；优化匹配两段加氢工艺的反应放热并进行能量充分利用后，能耗降低显著，节约能耗 31.88%。将碳四、碳五资源充分利用，节约装置能耗，实现生产效益最大化。

该技术不仅可以单独用于不饱和碳四、碳五组分分别进行全加氢，在碳四和碳五组分混合全加氢过程中也达到了优良的产品指标，产品可以返回裂解炉作为优质裂解原料进而生产乙烯和丙烯，不仅可以拓宽乙烯装置原料来源，还可以增加乙烯、丙烯产量，有效降低生产成本。该技术不局限于蒸汽裂解制乙烯装置产生的不饱和碳四、碳五资源利用，也可以处理催化裂化装置、焦化装置、加氢裂化装置等炼油装置及 MTO 装置等产生的碳四、碳五组分，提高装置效益，助力炼化一体化行业的绿色、低碳、高效、可持续的发展。

参 考 文 献

[1] 苏培芳，黄燕青，陈辉. 蒸汽裂解生产乙烯工艺对比[J]. 山东化工，2022，51(4)：149-153.

[2] 崔晓飞. 2023-2024 年中国乙烯市场年度报告[R]. 淄博：隆众资讯，2023.

[3] 中国石油化工股份有限公司，中国石油化工股份有限公司北京化工研究院. 混合碳四碳五物料的综合利用方法，CN114456030A[P]. 2022.

[4] 何庆阳. 碳四烃类资源综合利用现状及展望[J]. 云南化工，2021，48(5)：24-26.

[5] 胡旭东，傅吉全，李东风. 丁二烯抽提技术的发展[J]. 石化技术与应用，2007，25(6)：553-558.

[6] 汤红梅，王瑞军. 碳四馏分中烯烃资源的利用调研[J]. 炼油与化工，2005，16(1)：28-32.

[7] 罗淑娟，李东风. 碳四资源综合利用[C]//中国化工学会，中国石化出版社. 第八届炼油与石化工业技术进展交流会，2017.

[8] 魏文德. 有机化工原料大全(上卷)[M]. 北京：化学工业出版社，1999：425-456.

[9] 张铁. 丁二烯装置中乙烯基乙炔危险性研究[J]. 中国安全生产科学技术，2015，11(2)：83-87.

[10] 张爱民. 丁二烯抽提技术的比较和分析[J]. 石油化工，2006，35(10)：907-918.

[11] 王淑兰. 炼厂碳四作为乙烯裂解原料的开发现状[J]. 化工中间体，2009(5)：5-8.

[12] 李越明，郭仕清. 开发生产戊烷发泡剂[J]. 扬子石油化工，2000，15(4)：10-12.

[13] 季静，杜周，纪玉国，等. 一种碳四烃全加氢催化

剂及其制备方法和碳四烃加氢方法，CN112007646A
［P］.2019.

［14］中国石油化工股份有限公司，中国石油化工股份
有限公司北京化工研究院.一种丁二烯尾气加氢
装置及方法，CN103787813B［P］.2015.

［15］中国石油化工股份有限公司，中国石油化工股份
有限公司北京化工研究院.一种丁二烯尾气的加
氢方法，CN103787811B［P］.2015.

［16］Mathias P M ，Copeman T W . Extension of the Peng-

Robinson equation of state to complex mixtures：Evalu-
ation of the various forms of the local composition con-
cept［J］. Fluid Phase Equilibria，1983，13：91 -
108.

［17］中国石油化工股份有限公司，中国石油化工股份
有限公司北京化工研究院.一种氧化钛-氧化铝复
合载体及其制备方法和应用，CN113649079A
［P］.2021.

芳烃装置碱应力腐蚀开裂分析及预防措施

王炎强

（中国石化镇海炼化分公司）

摘　要　针对某公司芳烃抽提装置水汽提系统焊缝及热影响区频繁发生泄漏，从工艺介质特性、设备制造工艺、施工工艺等因素出发，通过宏观检查、工艺参数分析、材料理化试验、金相分析等方法，得出水系统腐蚀泄漏主要处于焊缝热影响区，主要原因为当前工艺条件下引起的碱应力腐蚀开裂，并针对此类问题提出了应对措施。

关键词　芳烃抽提；水汽提塔；碱应力开裂；热影响区；热处理

　　某石化企业芳烃抽提装置近几年水汽提塔系统频繁出现腐蚀泄漏，主要发生在汽提塔釜液再沸器壳体环焊缝部位、水汽提塔 T 字焊缝部位、釜液管线管道支撑部位和承插焊管件部位、汽提气管线弯头等部位。对水汽提塔系统多次发生腐蚀泄漏进行原因分析以及寻找相应的解决方法，对于后续芳烃抽提装置的长周期稳定运行及选型设计具有指导性意义。

1　设备运行概况

　　芳烃抽提装置水系统循环主要由抽余油水洗塔（T-102）、水汽提塔（T-105）、水汽提塔再沸器（E-107）、水汽提塔釜泵（P-110）及相应管道组成。水汽提塔再沸器（E-107）为釜式换热器，主要利用回收塔底贫溶剂作为热源对来自抽余油水洗塔（T-102）和汽提塔顶回流罐（V-102）的水进行汽提，水汽提塔顶含少量烃的蒸汽送至汽提塔冷凝器，塔底出来的含有溶剂的水送至回收塔底，塔釜蒸汽作为溶剂再生塔溶剂再生的汽提蒸汽（图 1）。

　　水汽提塔（T-105）和水汽提塔再沸器（E-107）通过法兰连接形成一台联合设备，其设计压力 0.38MPa，设计温度 140℃，筒体材质 16MnR，制造壁厚 10mm，设计腐蚀余量 3mm。装置生产运行过程中日常操作压力 0.07MPa，再沸器壳体操作温度 115℃，釜式换热器液位在 40~60%。

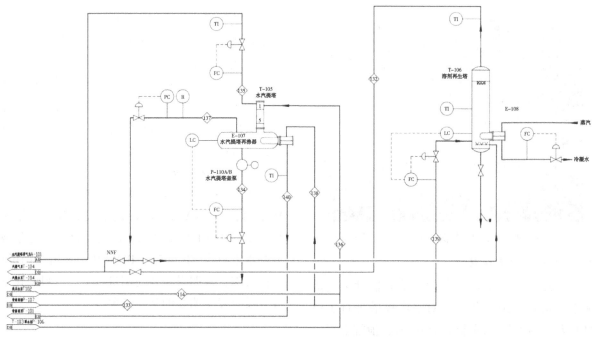

图 1　水系统工艺流程图

2014 年至今，水汽提系统设备和管道泄漏已达 12 处，其中设备 3 处，管道 9 次，其中 2016 年至 2017 年期间泄漏次数明显增加，2018 年对易泄漏部位进行管道及水汽提塔再沸器 E-107 更新，2022 年水汽提塔 T-105 又发生与水汽提塔再沸器 E-107 同现象泄漏。

2 泄漏部位材质和性能分析

由于上述泄漏部位处于同一个系统，现象类似，本文选取水汽提塔泄漏为例进行研究分析。水汽提塔 2022 年 5 月份首次发生泄漏，其泄漏部位为塔底筒体环焊缝与降液板焊接交叉位置附近（如图 2，检修时已验证）。拆除保温层后泄漏现象为含环丁砜水渗漏，渗漏周边表面局部坑蚀较为严重，坑蚀深度约 2~3mm（图 3）。

泄漏部位的表面坑蚀原因相对比较明确，通过以前此系统的泄漏情况比较判断：塔体先泄漏后导致设备表面发生次生腐蚀，而非外部腐蚀引起穿孔导致泄漏。由于泄漏介质中含有的环丁砜渗漏后在容器表面在空气环境中高温受热降解，生成酸性介质，并在保温棉内无法及时排走，在局部空间积聚，较快形成酸性腐蚀导致外表面的局部坑蚀。

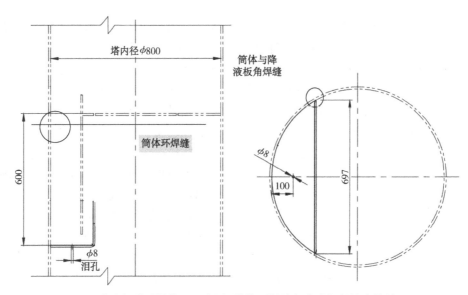

图 2   水汽提塔泄漏位置示意图（筒体环焊缝与降液板焊缝交接处）

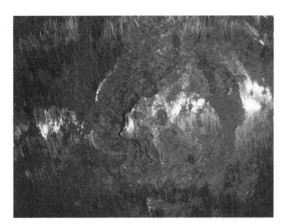

图 3   水汽提塔泄漏部位外表面腐蚀现象

2.1 泄漏部位裂纹情况

2022 年水汽提塔泄漏后，采取临时堵漏措施监控运行，2023 年大修对水汽提塔进行了整体更新，对旧塔泄漏部位割板检查，泄漏点对应位置内壁为塔盘降液板与筒体连接部位附近，经初步打磨出现一条较为明显裂纹，筒体已全部穿透，介质泄漏至外部。降液板母材打磨后也发现较多小裂纹，全部打磨至筒体母材，也同样出现较多细小裂纹，整体降液板与筒体连接焊缝及热影响区均出现了不同程度的开裂，因还没完全穿透，这些部位未发现泄漏（图 4）。

2.2 化学成分分析

采用光谱仪对水汽提塔缺陷钢板上切取块状样品（材质：16MnR）进行化学成分分析，结果见表 1。由表 1 数据可知，该设备材质的化学成分基本上符合 GB 6654—1996《压力容器用钢板》规范要求，说明设备在使用过程中，材料的化学成分没有发生明显的劣变情况。

图 4　水汽提塔内表面裂纹

表 1　水汽提塔泄漏部位化学成分分析结果

化学成分	C	Si	Mn	P	S
试样实测值	0.073	0.27	1.44	0.031	0.020
GB 6654—1996 标准值	≤0.20	0.20~0.55	1.20~1.60	≤0.03	≤0.02

2.3　硬度分析(表2)

表 2　泄漏部位硬度分析

试样位置	硬度(HV10)			示意图
焊缝	171	173	173	
母材	169	170	169	

对试样 1 按 GB 4340—2009《金属维氏硬度试验方法》进行硬度检测,测试出焊缝与热影响区的母材部位的硬度均在 170HV 左右,碳钢母材硬度一般在 120HV 左右,说明焊缝及热影响区部位存在较大的应力。

2.4　金相分析

通过宏观观察,内壁未发现明显腐蚀和减薄,但发现多处裂纹,裂纹源不完整,裂纹两侧组织正常,裂纹由内壁向外壁扩展,方向垂直于焊接应力的方向(图 5)。

从泄漏部位钢板分别切取焊缝、母材处小块试样,经 4%硝酸酒精电解侵蚀后,观察其金相组织及腐蚀形貌。

母材金相组织为铁素体+珠光体,晶粒细小,呈带状分布(图 6)。

焊缝金相组织为铁素体+珠光体+少量贝氏体,其中部分先共析铁素体呈针状,形成魏氏组织(图 7)。

试样1(焊缝)　　　　　　　试样2(母材)　　　　　　　试样3(焊缝)

图 5　泄漏部位宏观检查裂纹情况

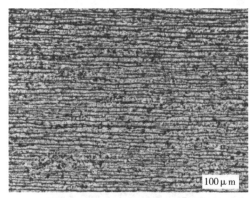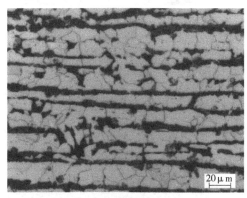

放大倍数:100×　　　　　　　　　　　　　放大倍数:500×

图 6　母材金相组织

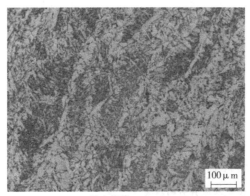 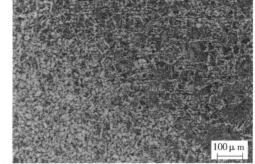

放大倍数：100×　　　　　　　　　　　放大倍数：200×

图 7　焊缝金相组织

取试样 2 裂纹处进行金相分析，由裂纹部位的金相组织照片可以看到，裂纹源不完整，裂纹周边晶粒无明显形变，长宽不成比例，多数起源于内侧焊缝或热影响区处向外壁沿晶开裂，末端呈现树根状延展，符合应力腐蚀形貌（图 8~图 10）。

 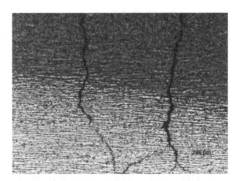

图 8　试样 2 热影响区裂纹（50×）

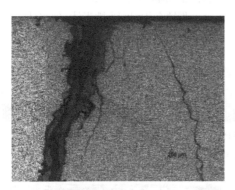 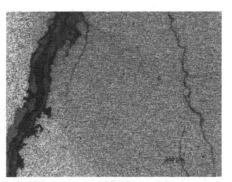

图 9　试样 3 焊缝裂纹（50×）

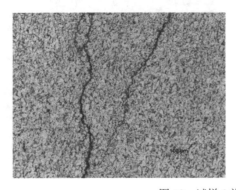 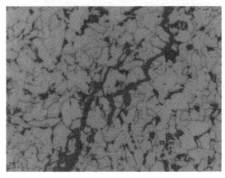

图 10　试样 3 沿晶开裂（50×）

试样 3 在液氮冷却的环境中打断，对其断口进行电镜、能谱分析，形貌为准解理断口形貌；对裂纹的破裂面的腐蚀产物进行能谱分析，结果显示，裂纹处除了基体元素分布之外，发现一定量的氧、硫元素(图 11)。

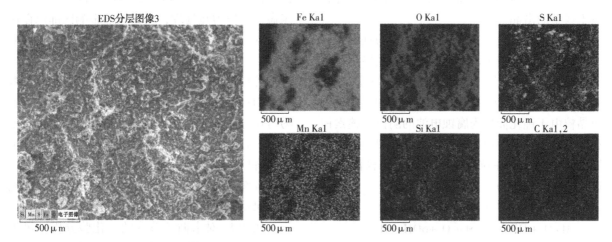

图 11　试样 3 裂纹断口形貌电镜、能谱扫描(500×)

综合上述分析结果，可以确定裂纹源于内侧焊缝或热影响区向外壁沿晶开裂，符合应力腐蚀开裂特征。

3　产生裂纹的原因分析

通过对水汽提塔发生裂纹部位的材质、性能、裂纹形貌及腐蚀产物等全面分析和工艺条件的识别，我们认为焊缝及热影响区产生的裂纹则在拉应力和碱环境条件下引起的碱应力腐蚀开裂。

3.1　碱应力腐蚀开裂的条件

碱应力腐蚀开裂一般需同时具备三个条件，高的温度、高的碱浓度和拉伸应力。

容器用碳钢主体材质一般为 16MnR，力学性能、可焊性良好，通常情况下不易产生裂纹，但因容器内部介质为汽相或碱液，在温度较高等一定的环境条件下，易形成碱应力腐蚀开裂。

高温碱环境下，金属在拉伸应力和腐蚀共同作用下的开裂，裂纹在本质上主要是晶间裂纹，铁素体具有开裂敏感性，增加碱浓度或温度可增加开裂速度。

关于碱液浓度，《钢制化工容器材料选用规范》相关标准已说明，NaOH 溶液温度超过 46℃ 到沸点时，碳素钢及低合金钢焊制化工容器易发生碱应力腐蚀开裂。碳素钢及低合金钢发生碱脆的趋向如图 12 所示。

碳素钢及低合金钢焊制化工容器，在温度和

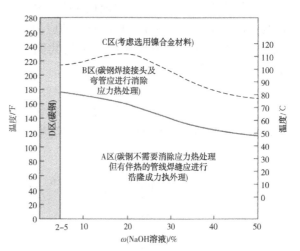

图 12　钢材在 NaOH 溶液中的使用限制

NaOH 溶液浓度位于 A 区时，容器焊后或冷加工后不需要消除应力热处理；温度和 NaOH 溶液浓度位于 B 区时，碳素钢及低合金钢焊接接头及弯管应进行消除应力热处理。当 NaOH 溶液浓度 ≤5% 时(D 区)，理论上在任何条件下不会发生碱应力腐蚀开裂。

碱应力腐蚀的过程中，腐蚀对裂纹的最终形成也起了重要作用。由于材料表面的缺陷如机械撞击、焊接造成的飞溅物和微小裂纹，加上腐蚀介质的作用，在物体表面形成点蚀，在点蚀形成应力集中，应力集中随点蚀的扩大而上升，超过一定限度时，使金属发生塑性变形，表面保护膜局部破坏，产生微小裂纹并住渐扩展，裂纹附近金属组织发生变化，产生伴错等晶格缺陷，再加上腐蚀产物起的楔入作用，造成晶间破裂，提供了扩大裂纹的通道，此后裂纹进一步扩展，直到裂纹增大导致金属破裂。碱应力腐蚀裂纹一般起源于焊接热影响区的粗晶区部位，沿晶界走向，属于典型的沿晶开裂。

碳素钢和低合金钢容器经常发生的碱应力腐蚀开裂，其形貌特征均为沿晶开裂。主要是在其晶界处富集一些低熔点共品物质（如硫、磷、碳），在碱液中这些物质成为腐蚀电池的阳极，而晶粒由于钝化而成为腐蚀电池的阴极。碳素钢和低合金钢在碱溶液中的应力腐蚀开裂多数是阳极溶解引起的，在拉应力集中部位阳极溶解加速。因此其反应为：

$$Fe+4OH^- \longrightarrow FeO_2+2H_2O+2e^-$$

$$3FeO_2+4H_2O \longrightarrow Fe_3O_4+6OH^-+H_2$$

结果表面形成四氧化三铁的保护膜，此膜受拉应力作用而被破坏，继而再钝化使膜修复，当这两方面处于平衡时发生阳极溶解型的应力腐蚀破裂。因此，在碱液介质和拉应力的共同作用下，裂纹不断沿晶界扩展而形成裂纹。

3.2 裂纹产生原因

查找原始设计资料，设计图纸中只仅要求对水汽提塔再沸器 E-107 的管箱需要焊后热处理，

再沸器壳体及水汽提塔 T-105 不需要焊后热处理，通过对试样焊缝及热影响区的维氏硬度检测，焊缝与母材部位的硬度均在 170HV 左右，而碳钢母材硬度一般在 120HV 左右，说明焊后未做消除应力热处理，焊缝及热影响区部位存在较大的应力。满足了发生碱应力腐蚀开裂的因素之一。

芳烃抽提装置设计采用以环丁砜作为萃取溶剂的抽提工艺技术，环丁砜溶剂在高温环境下容易劣化分解生成酸性物质，其中酸性物质主要是磺酸、硫酸等，系统中 pH 值下降。为防止环丁砜降解后系统中呈酸性，工艺在抽提系统中使用单乙醇胺添加剂，目的在于中和环丁砜降解酸化物，保持溶剂系统的 pH 值。

从图 13 对水循环系统的水化验分析结果来看，系统中 pH 值基本在 7~10 之间，碱浓度远未达到 5%，不会产生碱应力腐蚀开裂条件。但在水汽提塔中操作温度为 115℃，在焊缝对接偏差、焊接缺陷等气相空间部位介质往往会被浓缩而提高碱液浓度至 5% 以上，这就形成了碱应力腐蚀开裂的碱环境条件。这种现象可能是碱环境产生的其中一个因素。

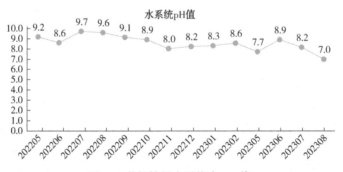

图 13 芳烃抽提水系统中 pH 值

芳烃抽提装置在 2012 年技措新增了离子交换树脂再生技术，采用离子交换树脂脱除酸性物质和环丁砜溶剂中累积的氯离子。树脂在使用前需用 3% 左右的稀 NaOH 溶液进行活化，或在使用一段时间后失去活性，树脂同样需用稀 NaOH 溶液再生，激活后用脱盐水进行洗涤至中性。树脂系统投用，部分环丁砜溶剂净化后进入溶剂系统循环。由于树脂系统投用前因树脂具有大孔复杂结构可能会出现洗涤不彻底，当溶剂进入树脂系统后，带出残留在树脂中的 NaOH 溶剂，可能使整个抽提系统 pH 值大于 5%，经水系统循环

进入水汽提塔中，在 115℃ 的操作温度下进而浓缩提高浓度，进入了碱应力腐蚀开裂的敏感区间。这是碱液环境产生的第二个因素。

综合上述具备了碱应力腐蚀开裂的三个必要条件：碱环境、高温、拉应力。加上对腐蚀部位的金相组织分析，可以判定水汽提塔筒体泄漏的原因为碱应力腐蚀开裂。

4 防止碱应力腐蚀开裂的措施

4.1 设计优化

（1）装置初始工艺设计或投产后的技措改造

设计,充分考虑工艺系统生产过程中是否存在或带入碱环境的可能性,尤其工艺添加剂带来的影响。

(2)设计设备制造考虑设备加工方法,通过采用各种强韧化处理新工艺,改变材料合金相的相组成、相形态及分布,消除杂质元素的偏析,细化晶粒,提高成分和组织的均匀性,提高材料韧性,进而改善金属的抗应力腐蚀性能。

(3)设计中尽可能避免死区,防止碱液滞留、水分蒸发造成碱液浓缩,形成碱环境条件。

4.2 制造质量控制

(1)设备制造组对过程中控制对接部位错边量、接管伸出长度、椭圆度等,降低组装引起的装配应力。

(2)减小制造过程中的焊接残余应力。

① 采用较小的焊接线能量,降低受热塑性变形的能力;②安排合理的焊接顺序可以使焊缝自由收缩,从而达到降低焊接应力的目的;③焊接后用圆锤锤击焊缝及其热影响区域,使金属晶粒之间的应力得到释放,从而减小焊接应力;④设备整体热处理,整体热处理受热均匀,设备整体温差小,消除残余应力效果较单独焊缝热处理好。焊后消除残余应力处理可实现晶体构造的改变,并消除晶体缺陷,有效减小金属强度,提高韧性。

4.3 艺使用

(1)严格控制工艺操作,优化系统氧含量、温度的控制,尽大可能减少环丁砜降解,稳定溶剂系统中 pH 值,从而减少添加剂单乙醇胺的添加频率,控制碱环境产生的来源。

(2)树脂再生系统的投用时,交换树脂必须清洗彻底,分析洗涤后的脱盐水 pH 值,必要时

树脂在水洗后并入溶剂系统前用溶剂置换树脂中可能还残留的 NaOH 溶液,避免未清洗净的 NaOH 溶液带入系统,短时间增加系统碱的来源。

(3)定期对水汽提系统重点部位(如水汽提塔、水汽提塔再沸器)做无损检测,监控设备运行工况。

(4)生产过程中水汽提系统缺陷处理涉及到焊接作业时,执行好焊后消除应力热处理,消除焊接残余应力。

5 结束语

通过对芳烃抽提装置水汽提塔泄漏的全方位分析,说明在系统中碱浓度较低的条件下,只要存在拉应力、高温度,在某些特定部位碱液浓缩,也会满足碱应力腐蚀开裂的三个必要因素,最终发生碱应力腐蚀开裂。

腐蚀问题是石油化工企业普遍存在的问题,针对不同类型的腐蚀,我们需要根据其腐蚀原理从设计、制造、使用等多方面研究分析,共同制定预防性措施,这样才能保证设备安全、环保、平稳地长周期运行。

参 考 文 献

[1] 中华人民共和国工业和信息化部. 钢制化工容器材料选用规范:HG/T 20581—2020[S]. 中石化上海工程有限公司,2021.

[2] 肖晖 碱液应力腐蚀裂纹成因及处理[J],中国特种设备安全,2010,27(2):44-47.

[3] 斐加梅. 焊接应力与焊接变形及其控制方式,中国新通信,2015,17(23):147.

生物流化床污水处理技术

何庆生

[中石化炼化工程(集团)股份有限公司]

摘　要　生物流化床反应器是一种新型流化床组合缺氧/好氧工艺处理污水的生化处理装置，与传统 A/O 处理工艺相比，具有反应效率高、占地面积小、容积负荷和污泥负荷高、传质快、耐冲击负荷能力强等特点。采用生物流化床污水处理技术分别对煤制乙二醇污水和精对苯二甲酸(PTA)污水开展了工业应用研究，出水水质高标准达标并实现了污水的短流程、装置化、智能化处理，表明该技术在工业废水生化处理领域具有良好的应用前景。

关键词　生物流化床；污水处理；煤制乙二醇污水；PTA 污水

随着我国对环境保护的重视程度越来越高，排放标准越来越严苛，企业的环保成本不断上升。同时，随着我国石化行业的持续发展，环境容量的限制，排放总量的指标也被严格规定。因此，尽快提升三废处理工艺技术水平，合理进行给排水系统设计，提高污染治理效率，减少污染物排放总量，才是石化行业绿色低碳发展的未来。

在我国炼化企业，隔油-浮选-生化的"老三套"污水处理工艺一直被广泛采用，近年来一些污水处理场，尽管工艺技术上有些突破，但处理设施大多数采用混凝土结构，占地面积大，能耗高，处理效率相对较低，VOC 产生较多和存在污染地下土壤和地下水的风险。为了应对污水提标、污水高效装置化密闭处理要求，亟需开发高效污水处理技术。生物流化床是一种实现生物载体与气相、液相之间的混合、传质、反应的设备。根据气固和液固两相流化床的基本原理，开发了用于污水处理的气液固三相生物流化床工艺和装备。通过气体分布器、生物载体、导流筒和三相分离器等核心内件的开发和特种生物菌群的驯化培养，提高了三相传质效率和处理效果，同时实现了短流程、装置化、智能化操作。

采用生物流化床技术开展了煤制乙二醇污水和精对苯二甲酸(PTA)污水工业应用研究，考察了污水处理效果，测算该技术的经济性，为该技术在工业废水处理领域推广应用提供了支持。

1　生物流化床污水处理技术

1.1　技术原理及特点

缺氧/好氧(A/O)生物流化床技术立足于传统 A/O 生化法污水处理工艺的基本原理，即好氧硝化与缺氧反硝化耦合反应实现 COD、氨氮、总氮同时脱除。A/O 生物流化床污水处理技术分别开发了高效好氧生物流化床与缺氧生物流化床反应器。好氧生物流化床反应器是一种气-液-固三相流化床形式，采用活性污泥法和生物膜法混合工艺，通过对气体分布器、内导流筒、顶构件等反应器内构件开发与优化，提高传质效率；通过对载体的筛选优化、细胞固定化以及载体与内构件匹配性研究，提高反应效率；通过反应器结构与工艺匹配性研究，调控反应工艺过程，提高 COD、氨氮、总氮协同脱除效果。缺氧流化床反应器，通过内导流筒、布水器和推进器等内构件开发优化，提高液、液传质与气、液分离效率，通过反应器结构与工艺参数匹配性研究，强化缺氧生化反硝化过程。生物流化床污水处理工艺采用塔式钢质结构，替代传统混凝土构筑物，将污水处理技术由横向发展朝纵向发展转变，实现污水处理装置化和密闭化。

A/O 生物流化床装置流程如图 1 所示。污水经调节罐进入缺氧罐，之后溢流至好氧罐，好氧罐中硝化液回流至缺氧罐，上部污水溢流至沉降罐，沉降罐顶部出水，底部污泥回流至缺氧罐中。缺氧罐和好氧罐均采用内外筒的内循环流动形式，缺氧罐内部布置推流器为动力进行混合，好氧罐采用底部曝气作为提升动力进行均匀混合，好氧床中装填生物载体调料。

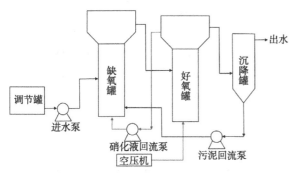

图1   A/O 生物流化床装置工艺流程

A/O 生物流化床污水处理工艺可同时去除有机物、总氮和总磷，可直接实现达标排放。生物流化床反应器流化均匀、传质效率好，氧利用率高、动力消耗少，载体上附着大量的生物膜，有机负荷去除率高，抗负荷冲击能力强；特种生物活性高，代谢功能强，代谢产物少，产泥量低，降低后续处理费用；A/O 生物流化床技术实现了污水处理装置化、密闭化，占地面积小，投资和操作费用大幅降低，不会产生二次污染。

1.2 技术指标

工艺进水指标：COD = 500 ~ 2000mg/L、$NH_3-N = 40 ~ 150mg/L$、TN = 40 ~ 300mg/L、TP =

0 ~ 10mg/L、SS = 150 ~ 220mg/L、石油类 = 30 ~ 50mg/L；工艺出水指标：COD ≤ 60mg/L、NH_3-N ≤ 8mg/L、TN ≤ 30mg/L、TP ≤ 0.5mg/L、SS ≤ 40mg/L、石油类 ≤ 5mg/L；处理后的水质达到国家一级排放标准。

1.3 技术对比

传统 A/O 污水处理技术与 A/O 生物流化床污水处理技术工艺流程对比如图 2 所示。目前，绝大多数 A/O 生化处理技术采用传统活性污泥法和接触氧化法，存在占地面积大，处理效率低，易产生二次污染的问题。生物流化床技术是将生物膜技术与活性污泥技术结合起来，突破了传统生物处理技术的缺点，进而大幅度提高微生物的处理效果；高密度的微生物群体，将提高生物流化床的反应效率和处理效能，降低水力停留时间；高效的传质效率，提高了空气中溶解氧的转移效率，进而减少了污水处理鼓风量，降低了气水比，最终降低能耗；较小的水力停留时间，减少反应器的占地面积；较充分的回流混合，提升了反应器抗冲击的能力。

针对同类废水，传统 A/O 污水处理技术和 A/O 生物流化床污水处理技术工艺参数比较见表 1。（处理量：200m³/h）。

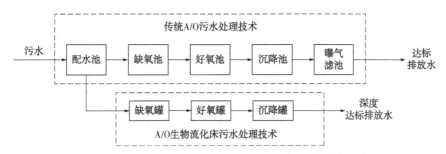

图2   传统 A/O 污水处理技术与 A/O 生物流化床污水处理技术对比

表1   不同处理工艺参数比较

单元	比选项目	单位	传统 A/O 池技术	A/O 生物流化床技术
	生化主体流程		A 池+O 池+二沉池	A 罐+O 罐+沉降罐
A 段	停留时间	h	10	4
	总有效容积	m³	2500	1000
	总氮容积负荷	$kgNO_x/m^3 \cdot d$	0.14	0.36
	混合功率	kW	20	9
O 段	停留时间	h	15	10
	总有效容积	m³	3750	2500
	COD 容积负荷	$kgCOD/m^3 \cdot d$	0.5	1.4
	氨氮容积负荷	$kgNH_3/m^3 \cdot d$	0.07	0.1

单元	比选项目	单位	传统 A/O 池技术	A/O 生物流化床技术
O 段	MLSS 浓度	mg/L	3000	膜法+活性污泥法 5000
	硝态液回流比	%	200%～400%	200%～400%
	活性污泥回流比	%	50%～100%	50%～100%
	曝气风量	Nm³/h	6500	2500
沉淀	停留时间	h	3	2
	表面水力负荷	m³/m²·h	0.6	2.0
	二沉池直径	m	15m 两座	8m 两座

2 生物流化床污水处理技术工程应用案例

2.1 中国石化湖北化肥分公司煤制乙二醇综合污水处理

2018 年，A/O 生物流化床技术在中国石化湖北化肥分公司煤制乙二醇综合污水处理中首次实现工业应用。如图 3 所示为 A/O 生物流化床技术处理煤制乙二醇污水工艺流程图，煤制乙二醇污水经絮凝/沉淀池去除大部分颗粒物后进入配水池，由进料泵提升进入缺氧反应器。进料泵出水、好氧反应器经脱气罐回流的硝态液和沉降罐回流的活性污泥、反硝化所需的反硝化甲醇碳源进入缺氧反应器，进行反硝化脱氮反应。缺氧反应器内设置导流筒和推流器，使进水、回流的硝态液和回流污泥充分混合。

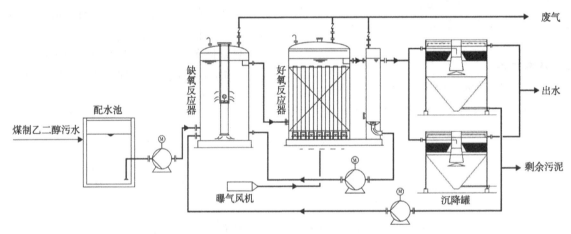

图 3 生物流化床处理煤制乙二醇污水工艺流程图

缺氧反应器出水依靠重力流入好氧反应器。在好氧反应器进水管投加 Na_2CO_3 溶液，以满足好氧反应器内硝化所需的碱度。好氧反应器内设有导流筒、空气分布系统、生物载体等专有内件，曝气风机则提供好氧生化反应所需的氧气和生物载体形成流化状态所需的动力。

好氧反应器出水依靠重力流至脱气罐。脱气罐底部出水经硝态液回流泵回流至缺氧反应器，回流比依据实际情况进行调节；脱气罐溢流进入沉降罐进行固液分离。沉降罐上清液为处理后出水，依靠重力流至下一单元；底部沉淀的污泥经污泥回流泵回流至缺氧反应器，回流比依据实际情况进行调节。污泥回流泵出口设支管，间歇或连续排放剩余污泥至污泥浓缩池。

如图 4 所示为 A/O 生物流化床污水处理技术工业应用装置实景，该技术采用钢制塔式反应器，实现污水处理装置化，反应器顶部设计有拱顶，实现密闭操作，排放的废气通过顶部管线引出至废气处理单元处理。

图 4 A/O 生物流化床污水处理技术工业应用装置实景

应用效果为：在处理水量为 200m³/h、进水的平均 COD = 447mg/L、NH₃-N = 59.2mg/L、TN = 117.4mg/L、TP = 0.11mg/L、SS = 148.4mg/L 条件下，处理后出水的平均 COD = 20mg/L、NH₃ - N = 2.6mg/L、TN = 14.9mg/L、TP = 0.04mg/L、SS = 22.7mg/L，各项指标均优于设计指标，达到一级排放指标。运行成本比常规技术降低 30% 左右。

2.2 上海石化 PTA 污水预处理

2020 年，A/O 生物流化床技术在上海石化应用于 PTA 污水预处理中，其工艺流程示意如图 5 所示。来自内循环(IC)厌氧反应器的 PTA 污水，由增压泵输送到生物流化床进行生化反应。加药罐中的营养液，由加药泵送入流化床。反应所需的空气由底部风线进入流化床。生化处理后的污水，溢流进入沉降罐，进行泥水沉降分离，清水从沉降罐顶部排出，沉降罐底部污泥一部分外排，一部分由回流泵返回流化床。

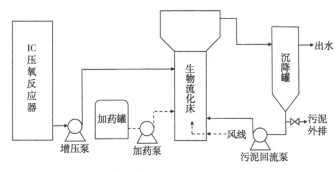

图 5　A/O 生物流化床 PTA 污水预处理流程示意图

应用效果为：在处理水量为 100m³/h、进水 COD 为 1000～2000mg/L，pH 值为 6～8，温度为 37～40℃，进气量为 600～750m³/h，水力停留时间为 8h 条件下，处理后的污水 COD < 500mg/L，达到企业预处理标准；在相同条件下，生物流化床与传统活性污泥法比较，停留时间减少 3/4，气水比降低 3/4，容积负荷提高 2～5 倍，表明该技术具有先进性。

3　结论

（1）A/O 生物流化床技术通过开发气体分布器、生物载体、导流筒和三相分离器等核心内件和驯化培养特种生物菌群，提高了三相传质效率和污水处理效果，并替代了传统 A/O 池的构筑物形式，实现了污水生化处理的短程化、装置化、密闭化操作。

（2）A/O 生物流化床技术解决了煤制乙二醇生产污水和 PTA 污水达标处理问题，极大地降低了对环境的污染，表明 A/O 生物流化床技术在工业废水处理领域具有良好的应用前景。

参 考 文 献

[1] 李雪凝，栗则，仉潮，等．"新标准下"某炼化企业污水处理厂效果评估研究[J]．环境与发展，2018，30(2)：27-28，30.

[2] 张帆．炼化行业废水处理浅析[J]．化工管理，2020(20)：44-45.

[3] 刘献玲，张建成，曹玉红．生物流化床处理炼油废水工业应用的研究[J]．石油炼制与化工，2006，37(1)：43-46.

[4] 李友臣，何庆生，范景福，等．A/O 生物流化床工艺处理高盐度烟脱废水研究[J]．炼油技术与工程，2023，53(5)：21-24.

[5] 卢衍波，何庆生，范景福．A/O 流化床生物膜反应器处理煤制乙二醇污水工业应用研究[J]．石油炼制与化工，2020，51(10)：112-117.

[6] 何庆生，刘献玲，张建成，等．对苯二甲酸污水好氧生物流化床预处理试验研究[J]．石油炼制与化工，2019，50(11)：102-105.

催化烟脱装置脱硫废水深度处理研究

崔军娥　谭　红　周付建　舒焕文

（岳阳长岭设备研究所有限公司）

摘　要　采用软化-超滤-反渗透组合工艺深度处理某炼厂催化装置烟气脱硫废水。重点考察该组合工艺对脱硫废水除盐的效果及工艺路线的可行性。结果表明：超滤出水浊度均低于1NTU，满足反渗透进水浊度的要求，另外，反渗透产水电导率均低于200uS/cm，平均产水率为82.25%，脱盐率在99%以上，产水水质完全优于企业生产水水质；同时，超滤膜采用3%盐酸清洗4h，清洗周期140h，反渗透出水清液流量与电导率稳定，无需化洗。反渗透产生的清液作为催化烟脱装置综合塔补水的成本为3.92元/t，虽新增成本2.12元/t，但可降低胀鼓过滤器更换频次。若该优质产水取代生产水作为烟脱装置补水，每年可为企业节约120余万元，具有一定的经济效益。该中试研究为其工业化应用提供了有力的设计依据。

关键词　催化装置；脱硫废水；超滤；反渗透；清液

炼厂催化装置烟气中SO_x一般采用钠法脱硫，催化烟气脱硫装置洗涤塔排出的脱硫废水经浆液缓冲池、胀鼓式过滤器、氧化罐处理后达标外排，从胀鼓式过滤器底部排出的浓浆排到渣浆浓缩缓冲罐，再经真空带式脱水机脱水形成泥饼。洗涤塔补充水采用是企业生产水。外排脱硫废水是一种低COD、低悬浮物、高硫酸盐、水量较大、污染程度较低的废水，具有较高回用价值。而末端脱硫废水中高硫酸盐是制约废水回用和全厂废水零排放的关键因素之一。

反渗透是一种成熟、经济、高效的高盐废水处理技术，脱硫废水作为一种高硫酸盐工业废水，可采用反渗透技术加以处理。为了改善反渗透系统进水水质，提高处理效率减少膜污染，需要对废水进行预处理以去除硬度、悬浮固体等污染物。化学沉淀法效率高，是常用的除硬度预处理方法。采用管式切向流超滤膜分离技术可去除废水中悬浮固体，利用切向剪切力降低滤饼形成的几率，确保系统能够长时间稳定运行。

随着环保形势的日益严格，脱硫废水零排放逐渐成为了行业共识，脱硫废水深度处理工艺研究成为了倍受关注的重点课题。本工作以某炼厂催化装置脱硫废水为原水，采用软化—超滤—反渗透工艺进行深度处理，实现对高盐的有效去除，提高污水的回收利用率，减少外排水比例，逐步实现某炼厂废水近零排放。

1　材料与方法

1.1　废水来源与水质情况

废水来源于某炼厂催化装置脱硫废水，是催化烟气通过碱洗、经胀鼓过滤器过滤、氧化罐氧化处理后产生的废水，水量约为20t/h。

催化烟气脱硫废水水质基本情况如表1所示，ICP-OES检测结果如表2所示，可知：脱硫废水呈碱性、COD较低、盐含量高，主要是硫酸钠盐、少量氯化钠盐和金属阳离子，除总硬度、浊度稍高外，其他指标均满足反渗透水质要求。

表1　脱硫废水水质基本情况

检测项目	结果	检测项目	结果
pH	8.74	电导率/($\mu S \cdot cm^{-1}$)	15700
总碱度/(mg/L)	361	SO_4^{2-}/(mg/L)	6543
COD_{cr}/(mg/L)	19	Cl^-/(mg/L)	86.7
硝酸根（NO^{3-}）/(mg/L)	N.D.(<50)	F^-/(mg/L)	N.D.(<10)
浊度	46	SS/(mg/L)	110
总硬度/(mg/L)	126		

＊总碱度、总硬度均以$CaCO_3$计。

表2 脱硫废水 ICP-OES 检测结果

元素	含量/(mg/kg)	元素	含量/(mg/kg)
铝(Al)	0.36	铅(Pb)	N.D.(<0.20)
砷(As)	N.D.(<0.05)	硒(Se)	N.D.(<0.20)
硼(B)	0.21	锶(Sr)	0.33
钡(Ba)	0.11	钒(V)	0.29
铋(Bi)	N.D.(<0.05)	锌(Zn)	N.D.(<0.10)
钙(Ca)	79.9	铁(Fe)	N.D.(<0.05)
镉(Cd)	N.D.(<0.05)	钼(Mo)	N.D.(<0.10)
钴(Co)	N.D.(<0.05)	锑(Sb)	0.16
铜(Cu)	N.D.(<0.10)	硅(Si)	6.63
铬(Cr)	N.D.(<0.05)	钨(W)	N.D.(<0.10)
钾(K)	5.44	锡(Sn)	N.D.(<0.05)
锂(Li)	N.D.(<0.05)	钛(Ti)	N.D.(<0.05)
镁(Mg)	17.97	铼(Re)	N.D.(<0.05)
锰(Mn)	N.D.(<0.05)	钯(Pd)	N.D.(<0.05)
钠(Na)	3852	磷(P)	0.66
镍(Ni)	N.D.(<0.05)		

备注：N.D. 代表未检出，小于检测方法检出限。

1.2 中试装置

1.2.1 工艺流程

脱硫废水中试具体工艺流程如图1所示。氧化塔脱硫废水进入软化系统，在双碱法作用下，沉淀脱硫废水中的钙、镁离子以及其他碱性金属。经处理后的脱硫废水进入超滤系统，脱硫废水中不能透过膜表面的沉淀物被拦截在过滤膜的浓液侧，经超滤系统的浓液端排出系统。脱硫废水中透过膜表面的清液经稀硫酸调节 pH 至 7 后进入换热器，经生产水换热后，进入膜分离系统，在膜分离系统的作用下，不能透过分离膜的盐分被浓缩在浓液侧后，进行统一排放，透过分离膜的清液排出系统。

1.2.2 设计参数

中试装置由 6 个主体设备组成，包括：软化系统、超滤膜系统、膜分离系统、输送系统、加药系统、换热系统，中试装置主要设备如图 2 所示。系统调试近半个月，运行时间：2021 年 7 月 29 日~9 月 6 日，实现连续运行近 40d。

中试设备处理量为 0.3t/h~0.5t/h，现场所用设备均防爆，防爆等级 dIIBT4。设备详情见表 3。

1.3 分析方法

中试过程中不定期对进出水取样分析，进行水质检测。其中，总硬度检测方法为乙二胺四乙酸二钠滴定法(GB/T 5750.4)，总碱度检测方法为酸碱指示剂滴定法(《水和废气监测分析方法》第四版)，浊度检测方法为分光光度法(GB/T 13200)，电导率检测方法为电极法(GB/T 5750.4)，COD 检测方法为重铬酸钾法(HJ 828)，硫酸根检测方法为离子色谱法(GB/T 5750.5)，氯离子检测方法为硝酸银滴定法(HJ 343)。

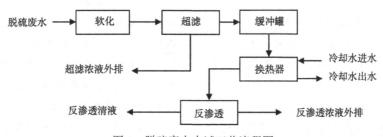

图 1 脱硫废水中试工艺流程图

图 2 中试装置主要设备

表 3 中试设备主要设计参数

序号	模块	设备名称	规格型号	用途
1	软化系统	三联箱	1.22′1.95′0.66m	容器
		搅拌器	0.75kW	搅拌混合
2	超滤系统	超滤膜组件	—	过滤
		循环罐	1m³	容器
		气洗组件	—	反洗
		循环泵	30m³/h，15.5kW	循环与加压
3	反渗透系统	反渗透膜组件	—	除盐
		液压隔膜泵	1m³/h，11kW，7.1mPa	循环与加压
		循环罐	1m³	容器
4	输送系统	循环罐	1m³	容器
		输送泵	3m³/h，2.2kW	输送料液
5	加药系统	加药罐	0.05m³	容器
		加药泵	5L/h，60W	加药
6	换热系统	换热器	20m²	废水换热降温

2 结果与讨论

2.1 软化处理效果

软化系统投加氢氧化钠，去除系统钙硬与镁硬。中试初期，监测脱硫废水总硬度与总碱度 1 次/天，中后期 1 次/周，具体如图 3 所示，可知：

（1）脱硫废水的总硬度最高为 91mg/L，总碱度最低为 326mg/L、最高为 1444mg/L，总碱度远大于其总硬度。所以中试试验无需投加碳酸钠去除脱硫废水中钙硬。

（2）脱硫废水的总硬度均低于 100mg/L，满足进反渗透分离膜总硬度的要求，所以脱硫废水无需软化。这是因为夏季高温，洗涤塔内脱硫废水 pH 一般控制在 8~9 之间，碱度较高，使钙硬和镁硬沉积。

2.2 超滤处理效果

超滤采用恒压错流过滤的运行方式，进水流量保持 0.3 ~ 0.5m³/h，循环压力保持在 0.25MPa。对超滤产水浊度进行监测，考察超滤产水是否符合反渗透膜进水的水质要求。超滤出水浊度如图 4 所示，可知：超滤膜可以有效降低脱硫废水的浊度，产水的浊度相对稳定，基本能降到 1.0NTU 以下，平均浊度为 0.457NTU，满足反渗透系统的进水浊度的要求（<1.0NTU）。

2.3 反渗透处理效果

反渗透膜分离系统安装有 6 支反渗透膜管，串联，2#膜管的进水是 1#膜管的膜浓液，3#膜管的进水是 2#膜管的膜浓液，依次类推。为保证反渗透装置较高的回收率和 6#膜管的进水压力，将部分浓液外排，部分浓液循环进入反渗透

装置循环罐，这样既可以保证膜表面维持一定的横向流速，又能达到所需要的系统回收率。

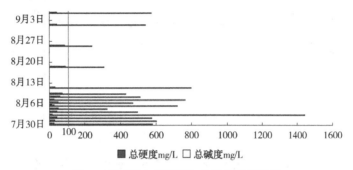

图 3　脱硫废水总硬度与总碱度分析结果

■ 总硬度 mg/L　　□ 总碱度 mg/L

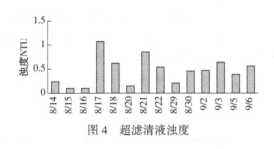

图 4　超滤清液浊度

2.3.1　清液电导率与脱盐率

对脱硫废水和反渗透产水的电导率进行监测，监测结果如图 5 所示，可知：脱硫废水的电导率为 10000~16000μs/cm，反渗透产水电导率稳定在 40~180μs/cm 之间，均低于 200μs/cm，脱盐率保持在 98% 以上，平均脱盐率为 99.27%。

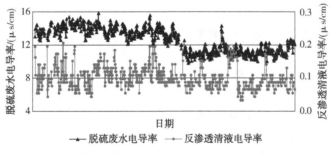

图 5　脱硫废水和反渗透产水电导率

—▲— 脱硫废水电导率　　—●— 反渗透清液电导率

中试试验过程中，超滤系统内部循环罐同时利用作为其化洗罐，因罐体无法排空，造成化洗酸液无法排空，导致脱硫废水进反渗透分离膜 pH 较低，致使系统酸洗后初期的出水电导率稍高一些，具体脱盐率与超滤膜化洗的时间关系如图 6 所示。所以剔除超滤膜化学清洗所带来的干扰，系统脱盐率可稳定在 99% 以上。

2.3.2　产水率

对反渗透产水量和反渗透浓液排放量进行监测，结果如图 7 所示，可知：反渗透系统清液的产量平均值为 0.255m³/h，浓液外排流量平均值为 0.055m³/h，反渗透系统的产水率平均值为 82.25%。

2.4　化洗

在双膜系统运行中，尽管选择了合适的膜和适宜的操作条件，在长期运行中，膜的通量随时间增加必然下降，膜污染会不可避免的发生。因此，需要进行膜的清洗，以去除膜面或者膜孔内的污染物，从而达到恢复膜通量、延长膜寿命的目的。

2.4.1　超滤膜的化洗

超滤膜的清洗通常采用气水反冲洗和化学清

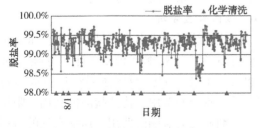

—●— 脱盐率　　▲ 化学清洗

图 6　脱盐率与超滤化洗的关系

洗。根据脱硫废水的水质情况，确定超滤膜的气水反冲洗周期为 30min，气水反冲洗持续时间为

60 秒。当超滤清液产水流量小于 0.3m³/h 时，对超滤装置进行化洗。

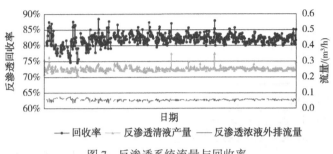

图 7　反渗透系统流量与回收率

在整个中试过程中，化洗共用到 3 种化洗药剂，分别是：硫酸、硫酸与盐酸混合液、盐酸。具体清洗周期如图 8 所示，可知：

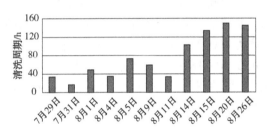

图 8　超滤化学清洗周期

（1）7 月 29 日至 8 月 5 日，采用 3% 硫酸进行了 4 次化洗，化洗时间为 4h，化洗后超滤清液出水流量恢复至 0.4m³/h，超滤化洗后系统运行周期不到 47h；

（2）8 月 8 日至 8 月 14 日，采用 3% 硫酸与 1% 盐酸混合液进行了 4 次化洗，化洗时间为 4h，化洗后超滤清液出水流量恢复至 0.4m³/h，系统运行周期不到 66h，较之前清洗方式有所改善，但化洗较频繁；

（3）8 月 15 日至 9 月 2 日，采用 3% 盐酸进行了 4 次化洗，化洗时间 4h，化洗后超滤清液出水流量恢复至 0.4m³/h，稳定运行 100h 以上，且后期基本稳定在 140h（不到 6 天）以上，化洗周期比用 3% 硫酸、3% 硫酸与 1% 盐酸混合液化洗更长。

（4）由此看出，用 3% 盐酸对超滤装置的膜元件化洗再生更好。

2.4.2　反渗透膜的化洗

中试试验运行过程中，反渗透膜清液产量与电导率比较稳定，因此在中试期间内无需对反渗透膜化洗。

2.5　系统排水水质情况

2.5.1　反渗透产水

将本试验反渗透产水水质化验结果与企业生产水进行对比，对比情况如表 4 所示，可知：试验装置反渗透产水的电导率、浊度、总硬度、总碱度、离子含量等指标均远优于企业生产水水质。

表 4　水 质 对 比

控制项目	生产水水质	反渗透产水
电导率/（μs/cm）	330	67.9
浊度/NTU	3	0.2
COD_{cr}/（mg/L）	—	15.1
Cl^-/（mg/L）	14.4	7.23
总硬度/（mg/L）	290	4.12
总碱度/（mg/L）	190	19.9
SO_4^{2-}/（mg/L）	36.5	15

＊总硬度、总碱度均以 $CaCO_3$ 计，反渗透产水各项指标为均值。

4.5.2　反渗透分离膜浓液

反渗透膜浓液基本水质情况见表 5，可知：反渗透浓液总硬度和企业生产水总硬度相差较小，硫酸根离子与氯离子较高，部分浓液 COD 比该炼厂外排污水排放指标 60mg/L 稍高，这部分浓液可考虑实时监测 COD，视实际情况，排含盐污水处理系统或是直接外排。

2.6　经济效益分析

换热系统运行成本主要是循环水供水，按每年运行 6 个月（夏季气温高）计，每吨产水需 0.28 元，软化-超滤-反渗透系统运行成本包括调节系统硫酸的费用、化洗盐酸的费用、阻垢剂和还原剂亚硫酸氢钠的费用、压缩空气的费用及系统运行消耗的电费，超滤-反渗透系统每吨产

水需要 3.70 元，整个软化-超滤-反渗透工艺处理脱硫废水回用于烟脱装置综合塔成本为 3.92

元/t，企业生产水成本是 1.8 元/t，新增成本 2.12 元/t，每年新增费用 28.3 万元。

表 5　反渗透浓液基本水质情况

时间	8 月 11 日	8 月 18 日	8 月 25 日	9 月 1 日	9 月 5 日	均值
钙离子/(mg/L)	183.95	315.23	160.56	123.56	83.81	173.42
镁离子/(mg/L)	29.41	43.79	29.98	24.60	39.11	33.38
总硬度/(mg/L)	213.36	359.02	190.54	148.16	122.92	206.80
COD/(mg/L)	68.8	58.0	36.1	47.8	48.8	51.9
硫酸根/(mg/L)	34080	34239	30568	24512	30512	30782
氯离子/(mg/L)	1844	2448	2316	2357	—	2241

＊总硬度、总碱度均以 $CaCO_3$ 计。

　　将膜分离产水代替企业生产水用作烟脱装置的补水，脱硫废水处理单元 3 套胀鼓过滤器滤袋更换由 1 年三次减少至 2 年 1 次，每年至少可减少材料费 150 万，大大降低了胀鼓过滤器滤袋更换的频率，延长了使用寿命。同时，降低了在新滤袋安装过程中，因安装问题出现脱硫废水悬浮物跑点的风险。反渗透产水回用后，每年可为企业节约 120 余万元，具有一定的经济效益。

3　结论

　　（1）软化：在中试试验过程中，脱硫废水的总硬度均低于 100mg/L，对脱硫废水未进行软化处理。

　　（2）超滤：作为反渗透分离系统的预处理工艺，使脱硫废水的浊度降低至 1NTU，满足了反渗透进水浊度的要求，确保了反渗透系统的平稳运行。

　　（3）反渗透：反渗透系统处理催化装置脱硫废水脱盐率在 99% 以上，平均产水率为 82.25%，反渗透产水电导率均低于 200uS/cm，且其水质优于企业生产水水质；反渗透浓液可以考虑实时监测 COD 值，视实际情况，排含盐污水处理系统或是直接外排。

　　（4）化洗：超滤膜采用 3% 盐酸清洗 4h，清洗后超滤清液流量可以达到设计值，清洗效果较好，清洗周期可以维持在 140h；反渗透系统在中试试验过程中，出水清液流量与电导率稳定，无需化洗。

　　（5）软化—超滤—反渗透工艺处理催化装置脱硫废水产生的清液作为催化烟脱装置综合塔补水的成本为 3.92 元/t，虽新增成本 2.12 元/t，但可大幅缩短胀鼓过滤器滤袋更换频次。若该优

质产水取代生产水作为烟脱装置补水，每年可为企业节约 120 余万元，具有一定的经济效益。

　　（6）通过软化-超滤-反渗透系统处理脱硫废水中试试验，再将处理后的脱硫废水回用于烟脱装置，减少了胀鼓过滤器滤袋更换的频率的同时，降低了脱硫废水悬浮物跑点的风险。另外，可有效减少企业生产水的取水量与排水量，达到"节水减排"的目的，为其工业化应用提供了有力的设计依据。

参 考 文 献

[1] Hu min. Analysis of problems in FCC flue gas sodium scrubbing process and countermeasures [J]. Petroleum Refinery Engineering, 2014, 44(8): 6-12.

[2] Feng qiang, Li hua, Dong zhongzheng, et al. Analysis of Rationality of Conventional Treatment Technology for Desulfurization Waste Water and Waste Water Reuse Method [J]. Modern Chemical Research, 2017(01): 60-61.

[3] Zhong xi, Yan ZhiYong. Research Progress of Desulfurization Wastewater Treatment in Thermal Power Plants [J]. Guangzhou Chemical Industry, 2015, 43(05): 58-59.

[4] Yang lyuhai. Catalytic Cracking Flue Gas Desulphurization Wastewater COD Purification and Valuable Sulphur Element Recovery Study [D]. Huazhong University of Science and Technology, 2022.

[5] Wang Xiufei, Zhang Linping. Analysis and suggestions for catalytic cracking flue gas desulfurization unit operation [J]. Journal of Chemical Industry & Engineering, 2014, 35(02): 23-26.

[6] Zhou Xin, Wang Zhongyuan, Yu Fang, et al. Discussion on desulfurization technology of petrochemical fluid catalytic cracking flue gas [J]. Environmental Engineer-

ing, 2013, 31(S1): 401-405.

[7] Liu Yali. Exploration of Desulfurization Technology of Petrochemical Fluid Catalytic Cracking Flue Gas [J]. Petrochemical Industry Technology, 2018, 25 (10): 76-81.

[8] Ma yue, Liu xianbin. Analysis on Advanced Treatment Process of Zero Discharge of Desulphurization Wastewater[J]. Science and Technology & Innovation, 2015(18): 12-13.

[9] Huang xiaoliang, Zhao pengfei. Study on zero discharge technology of wastewater from power plant [C]//2010 5th IEEE Conference on Industrial Electronics and Applications.

[10] Shu-Yan L, Xiu-Heng W. Status and development trend of advanced drinking water treatment technologies [J]. Journal of Harbin University of Civil Engineering & Architecture, 2003, (06): 711-714.

[11] Yang bin. Research, application and maintenance of reverse osmosis technology in water treatment of power plant[J]. Environment and Development, 2017, 29 (03): 118-120.

[12] Wang Kehui, Wang Fei, Zu Kunyong, et al. Application of Full Membrane Technology in Zero Discharge of Desulphurization Wastewater Treatment in Power Plant[J]. Water Purification Technology, 2018, 37 (10): 79-83.

[13] Chen hao. Study on the scaling tendency and softening process of CaSO$_4$ in salt - containing wastewater [D]. Zhejiang Sci-Tech University, 2018.

[14] Zhang gengyu, Zhang Dongdong. Experimental Study on the Treatment of Heavy Metal in Electroplating Wastewater by Chemical Precipitation Method [J]. Shandong Chemical Industry, 2016, 45 (16): 215-216.

[15] Li G, Hao C H, Jing Y M, et al. Research and Application of Ultrafiltration Technology in Micro - Polluted Water Resources Treatment[J]. Applied Mechanics and Materials, 2013, 3(6): 701-704.

[16] Zhang K, Wang L, Shen S, et al. Ultrafiltration Technology and Its Application in Cardiopulmonary Bypass[J]. MATEC Web of Conferences, 2017, 100: 3-27.

[17] Fengping D, Noritomi H, Nagahama K. Concentration of alkaline pectic lyase with ultrafiltration process [J]. Membrane Science and Technology, 2001, 4(1): 62-70.

[18] Hoffman, Stephen. A Critical Evaluation of Tangential-Flow Ultrafiltration for Trace Metal Studies in Freshwater. [J]. Environmental Science & Technology, 2000, 6(7): 102-105.

[19] G, Pérez, P, et al. Electrochemical disinfection of secondary wastewater treatment plant (WWTP) effluent [J]. Water Science & Technology, 2010, 13(2): 143-145.

[20] Zhang ximin. Application of Reverse Osmosis Technology in Preparation of Desalted Water for High - temperature and High - pressure Boiler [J]. Energy Saving of Nonferrous Metallurgy, 2012, 28(05): 27-30.

[21] Wang Haoying. Application and discussion of treatment technology for refinery catalytic flue gas desulfurization wastewater [J]. Water & Wastewater Engineering, 2017, 53(06): 63-67.

[22] Liu zhongzhou, Zhou guojun, Ji shulan. Methods and strategies of study on concentration polarization and Membrane fouling[J]. Membrane Science and Technology, 2006, 46(3): 231-234.

膜强化传质技术应用于石化污油资源化净化处理

王　祥　姚　飞　黄　华　康之军　沈鹏飞　佘喜春

（湖南长炼新材料科技股份公司）

摘　要　长炼清罐污油含有油、水、泥三相物质，因这三相物质形成稳定的乳化体系，不能直接输送至常减压炼油装置。使用 4.0 万吨/年膜强化传质污油净化撬装装置处理该单位清罐污油，经该装置净化后的污油满足掺炼指标，即油中水含量≤2.0%，油中固含量≤0.5%，外排水中油含量≤200mg/L，水中悬浮物含量≤100mg/L。外排尾气中苯、甲苯、二甲苯及非甲烷总烃满足 GB 31570—2015《石油炼制工业污染物排放标准》要求。实现污油资源化目标。

关键词　膜强化传质；清罐污油；回炼；资源化

石化污油主要分为两部分，一部分为炼厂或油田的清罐污油或舱底污油，一部分为排水污油。原油在油田中从地下采出，含有一定量的油、水、泥、药剂等，因油中水含量和泥含量较高（水含量>10%，泥含量>2%），不能直接输送至下游炼厂，需在储罐中经过沉降和电脱盐处理，经过破乳脱水、脱固，处理合格后（水含量<0.5%，固含量<0.5%）才能输送至下游炼厂。储罐经过长时间使用，罐底部沉积大量重质污油，该部分污油称为清罐污油。清罐污油每年都会产生，且炼厂内原油储罐数量较多，清罐产生的污油数量较大。如果清罐污油得不到及时处理，不仅占据原油罐区的罐存，而且存储清罐污油的储罐得不到相应检修，存在安全隐患。炼厂原油罐区产生的清罐污油直接掺炼原油进行电脱盐预处理，易造成电流升高、电场不稳，以致跳闸，对后续装置产生影响。因清罐污油的物料性质对焦化装置的运行影响较小，目前国内炼厂处理清罐污油的主要方法是将清罐污油引至延迟焦化装置。国外主要采用离心法、热洗涤法（碱洗），其中热洗涤法（碱洗）最为普遍，代表着国外技术的先进水平，该工艺原油回收率高，操作简便，其不足是处理深度不够，难以处理乳化严重的污油，且净化后的污油满足不了现有装置的生产要求。

中石化长岭炼化（现改为"中石化湖南石化"）王龙坡原油罐区，产生的清罐污油存储在12#罐，经过多年累积，有 1 万余吨清罐污油，该污油水含量和固含量均较高，且乳化严重。该单位前期采用掺炼方式，以一定比例直接将污油掺炼至电脱盐和焦化装置，但随着掺炼时间延长，电脱盐装置出现电流升高，电场不稳的情况，且外排水出现发黑情况，焦化装置出现过滤器堵塞，仪表套管磨损穿孔、焦炭品质降低等情况，严重影响装置安全稳定运行。

基于此，湖南长炼新材料科技股份公司（以下简称长炼新材）针对长期以来困扰企业污油破乳脱水脱固的问题和技术难题，开发了一种膜强化传质破乳、污水深度净化脱固的环保集成技术，并成功实现工业化。

1　装置概况

4.0 万吨/年膜强化传质污油净化处理撬装装置由长炼新材开发，处理能力为 5.0t/h，年操作时数为 8000h，操作弹性为 60~110%。装置由固液两相分离模块、膜强化传质模块、污水净化模块和尾气处理模块共 4 部分组成。

经该装置处理后的污油，油中水含量≤2.0%，油中固含量≤0.5%，外排水中油含量≤200mg/L，水中悬浮物含量≤100mg/L。外排尾气中苯、甲苯、二甲苯及非甲烷总烃满足 GB 31570—2015《石油炼制工业污染物排放标准》要求。

2　装置基本情况

2.1　工艺原理

膜强化传质净化处理技术以膜接触反应器为核心，如图 1 所示，在一定度条件下，结合配套的助剂，污油与注水在膜接触器内充分接触传质，打破"油-水-固"相互包裹的状态，将污油中的水及固相充分转移到水相，然后进入高效油水分离器中进行油水固分离。分离后的油相从罐顶部输送原油储罐或者直接掺炼电脱盐装置，分

离出的水和固体杂质随水相外排，进入其他模块进行处理。

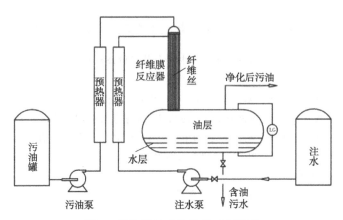

图 1　石化污油净化处理工艺流程

2.2　工艺流程

污油原料先经两相分离模块脱除污油中大颗粒的固渣(泥、水、少量油)，分离出的液相进入膜强化传质模块；液相(主要成分为油、水、少量泥)在膜强化传质模块中，辅以相关药剂作用后进行液-液传质，打破油水乳化状态，液相进入油水分离器，进行油水分离。从油水分离器分离出的油相进入电脱盐装置或者原油储罐，分离出的污水进入污水净化模块；污水净化处理模块对含油污水净化除油和脱固；尾气净化处理模块对系统产生的废气进行净化处理达到排放标准要求，如图 2 所示。

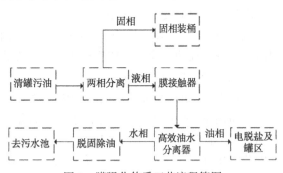

图 2　膜强化传质工艺流程简图

2.3　装置工艺特点及优势

长炼新材的膜强化传质技术，可以有效解决因石化污油中油-水-固稳定的乳化体系导致油、水、泥分离困难的问题。该技术采用物理-化学相结合的方法，主要有以下特点。

(1)该装置能够实现连续不间断处理，因装置受环境因素影响较小，在公用工程水、电、汽、风具备的条件下，就可以连续开工。

(2)该装置操作安全，因膜强化传质模块对油水的高效分离作用，现场的工艺条件比较缓和，实际操作压力≤1.0MPa，操作温度≤80℃。

(3)自动化程度高，通过操作室的一台计算机实现整个装置的正常运行。

(4)装置集成度高，能够实现固液两相分离、油水分离、污水处理、尾气处理于一体的功能。

(5)针对热洗涤法(碱洗)、调质-机械离心法等传统工艺处理的重劣质污油和含油污水难以满足电脱盐、焦化等炼油装置对原料的品质要求，该技术以自主开发的膜接触反应器和高效油水分离器为核心，开发了膜强化传质破乳、污水深度净化脱固的集成技术。

2.4　技术创新点

(1)首次将膜强化传质破乳、污水深度净化脱固的关键技术进行集成，规模化、连续化实现污油净化回收的资源化，污水净化处理的清洁化。

(2)首次将自主开发的膜接触器和油水高效分离器应用于重劣质污油和含油污水的净化处理，处理后油中水含量≤2.0%，油中固含量≤0.5%，外排水中油含量≤200mg/L，水中悬浮物含量≤100mg/L，回收油满足掺炼或直接回炼电脱盐装置的原料要求。

(3)该成果已经在中石化和中海油等多家大型炼厂建成投产万吨级重劣质污油净化处理工业装置 5 套，装置运行稳定，使用客户反映良好。

3 装置运行情况

在多套万吨级工业装置中，以 4.0 万吨/年中石化长岭炼化清罐污油净化处理装置为例，在膜强化传质污油净化撬装装置运行 3 个月的过程中，累积处理清罐污油 1 万余吨，实现净化后污油全部回炼的目标。

3.1 来料性质

装置自开工运行后，每天对原料进行跟踪采样分析，如表 1 所示中数据可知，清罐污油水含量及固含量 10.7~23.6%，平均值为 15.8%。油中固含量 1.1~15.3%，平均值为 3.8%。

表 1 长岭炼化 12#罐清罐污油性质

项　目	数　据	分析方法
密度/(kg/m³)	961.3~1012.5	GB/T 2540-81
油中水含量/%	10.7~23.6	GB/T 260—77(88)
油中固含量/%	1.1~15.3	GB/T 6531—1986

3.2 操作条件

如表 2 所示给出了工业装置的主要操作条件。

表 2 主要操作条件

项　目	参　数
处理量/(t/h)	1.0~5.0
系统处理温度/℃	60~80
系统压力/MPa	0.2~1.0

3.3 分析方法

本项目主要指标及分析方法如表 3 所示。

3.4 装置运行效果

装置累计处理长岭炼化清罐污油 1 万余吨。为保证装置净化后的污油、污水满足生产指标，每天对净化后的污油油中水含量、油中固含量及净化后水中油含量、水中悬浮物含量进行测试，每周对排放的尾气进行定量检测分析。

表 3 主要指标要求及分析方法

序号	项　目		指标	分析方法
1	油中水含量/%		≤2.0	GB/T 260—77(88)
2	油中固含量/%		≤0.5	GB/T 6531—1986
3	油泥含水率/%		≤80	烘干法
4	油泥中油含量/%		≤5.0	差重法
5	干化后油泥含水量/%		≤40	差重法
6	水中油含量/(mg/L)		≤200	GB/T 16488—1996
7	水中悬浮物含量/(mg/L)		≤100	GB/T 6531—1986
8	尾气	苯	4	GB 31570—2015
		甲苯	15	
		二甲苯	20	
		非甲烷总烃	120	

3.4.1 油中水及油中固含量

装置开工前期，处理量为 5.0t/h，如图 3 所示中数据曲线表明，随着装置稳定运行，净化后油中含水率比原料污油中含水率明显降低，净化后污油中水含量在 1.5% 以下，脱水率达到 89.8%。

如图 4 所示中数据曲线表明，随着装置稳定运行，净化后污油中固含量较原料污油中固含量明显降低，净化后污油固含量在 0.5% 以下，脱固率达到 86.8%。

3.4.2 水中油及水中悬浮物含量

经膜强化传质污油净化撬装装置污水净化模块处理后的污水，水中油含量及水中悬浮物含量

数据如图 5 所示，图 5 中数据曲线表明，整个装置运行期间，经装置外排至污水池的污水，水中油含量小于 150mg/L，水中悬浮物含量小于 70mg/L，如图 6 所示。

3.4.3 外排泥

膜强化传质污油净化撬装装置在净化石化污油的过程中，从污油中脱出的油泥如图 7 所示（左图是从两相分离器分离出的油泥，右图是经过干化后的油泥）。经分析，左图中油泥中油含量为<5.0%，水含量<60%，满足进干化设备要求。右图为经过干化设备干化后的油泥颗粒，颗粒呈分散状，水含量<40%。

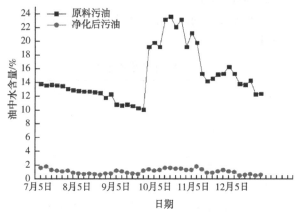

图3 污油净化前后油中水含量数据

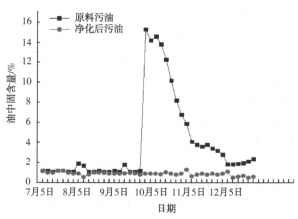

图4 污油净化前后油中固含量数据

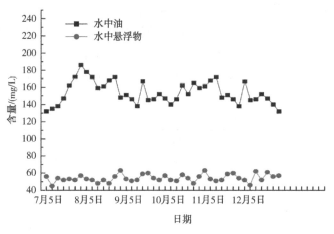

图5 外排水中油含量及水中悬浮物含量数据

图6 外排水样品示意图

图7 外排油泥及干化油泥示意图

3.4.4 外排尾气

外排尾气排放标准及测试方法均参照 GB 31570—2015《石油炼制工业污染物排放标准》，如表4所示中数据可知，本项目工业化装置尾气处理系统采用"溶剂油吸附+碱液吸附+活性炭吸附"的方式，经尾气处理系统吸收后，外排尾气中的苯、甲苯、二甲苯、非甲烷总烃含量满足国家标准。

4 结论

（1）膜强化传质技术应用于清罐污油净化的处理，净化处理后污油水含量小于2.0%，固含量小于 0.5%，满足直接掺炼电脱盐要求，实现污油资 源化目标，解决了油田及炼厂后路不通的问题。

表 4   外排尾气检测数据

污染物项目	大气污染物排放限值/（mg/m³）	7月5日	8月5日	9月5日	10月5日	11月5日	12月5日
苯	4	1.7	1.5	1.38	2.34	1.56	1.61
甲苯	15	2.01	1.8	1.57	3.53	2.01	1.47
二甲苯	20	0.002	0.005	0.002	0.018	0.005	0.003
非甲烷总烃	120	10.9	13.2	10.9	20.8	15.6	12.3

（2）外排污水油含量小于 150mg/L，水中悬浮物含量小于 70mg/L，外观呈清澈透明状，可直接进入炼厂污水处理系统，解决了因掺炼污油导致电脱盐装置排水发黑的问题。

（3）外排泥中油含量小于 5.0%，水含量小于 60%，可以进干化设备进行干化，干化后油泥外观呈颗粒状，水含量小于 40%，实现油泥减量化目标，解决了油田及炼厂油泥存量大，危废处置费用高昂的问题。

（4）外排尾气经过处理系统吸收后，外排尾气中的苯、甲苯、二甲苯、非甲烷总烃的量小于国家标准，解决了现有污油处理装置环保不达标的问题。

（5）膜强化传质技术在石化污油资源化净化处理的成功应用，解决了石化污油及污水难处理、安全环保不达标的问题，对于提高炼厂经济效益和降低安全环保隐患具有重要意义。

参 考 文 献

[1] 包秀萍，郭丽梅．老化油形成机理及处理方法探讨[J]．杭州化工，2008，38（4）：7-9，16.

[2] 刘伟鹏．油田老化油的危害及其处理技术[J]．化工管理，2019，（7）：1.

[3] 曹广胜，李世宁，马骁，等．酸化返排液电脱水效果影响因素分析[J]．石油化工高等学校学报，2018，31（1）：4.

[4] 夏福军，何伟民，孟祥春．污油回收处理技术在某油田的应用[J]．油气田环境保护，2019.

[5] 丁莹，罗敏杰，卢阳．试论延迟焦化装置污油回炼技术的研究及应用[J]．化工管理，2019（21）：1.

[6] 李晋楼，李蕾，李出和．延迟焦化装置回炼含水污油的技术探讨[J]．石油化工安全环保技术，2015，31（3）：5.

[7] 吴振华，郭辉，张强．炼油厂重污油回炼技术探讨[J]．石油化工安全环保技术，2017，33（1）：5.

[8] 李海华，夏长平，王大寿，等．清罐污油净化处理集成技术工业应用[J]．石油化工应用，2020，39（7）：5.

[9] 符丹．废弃油基钻屑除油及回收污油净化工艺研究[D]．陕西科技大学，2017.

[10] 张楠，王宇晶，刘涉江，等．含油污泥化学热洗技术研究现状与进展[J]．化工进展，2021，40（3）：8.

[11] 郑东龙．清罐污油净化处理技术现场试验研究[D]．中国石油大学，2020.

[12] 秦晓霞，李自力，王帅华．国外污油处理技术新进展[J]．油气储运，2009，28（2）：3.

[13] 尤洪坤．炼厂污油资源化研究[D]．山东大学，2010.

[14] 孙绪博，孙根行．炼油厂重污油两步法资源化处理工艺[J]．科学技术与工程，2017，17（35）：5.

[15] 彭柏群．油田污油的形成机理和净化处理方法研究[J]．中科院广州地化所（2009-），2011（5）：37-37.

[16] 龙亮，刘国荣，张悦，等．污油泥处理研究现状及其进展[J]．过滤与分离，2015，04，32-35.

[17] 王童，仝坤，王东，等．稠油污泥处理技术研究进展[J]．油气田环境保护，2016，2（26）：52-55.

[18] A Mansurov Z，K Ongarbaev E，K Tuleutaev B. Contami-nation Of Soil By Crude Oil And Drilling Muds. Use Of Wastes By Production Of Road Construction Materials[J]. Chemistry & Technology of Fuels & Oils，2001，37（6）：441-443.

[19] McCoy D E. Recovery of Oil from Refinery Sludge by Steam Distillation：US，US4014780A[P]. 1975.

[20] 李慧敏，张燕萍，姚光明，等．"热洗+助溶剂萃取"技术处理含油污泥的应用[J]．油气田环境保护，2020，（20）：46-47.

[21] 王会强．四川石化100kt/a硫磺回收及尾气处理装置运行总结[J]．石油与天然气化工，2015，2（44），33-38.

[22] 何建平．尾气吸收塔满塔原因及预防措施[J]．石油化工安全技术，2005，21（4）：27-27.

[23] 邵百祥．苯乙烯装置脱氢尾气吸收工艺的研究[J]．石油化工，2003，32（7）：3.

中等浓度 CO_2 回收装置设计及优化

温林景　　蔡国球

（长岭炼化岳阳工程设计有限公司）

摘　要　CO_2 回收装置能耗决定装置加工成本及产品效益，对于中等浓度 CO_2 原料气，其关键参数设计点对产品回收率、运行成本影响巨大。基于此，作者利用 PRO II 流程模拟软件，以年产 10 万吨食品级 CO_2 装置为基准，采用 CO_2 浓度 73.3V% 原料气直接液化工艺进行模拟计算，分析液化温度、液化压力等关键参数对 CO_2 回收率、产品中 CO_2 摩尔分数及运行成本的影响，获取最优设计参数；同时对比一级液化及二级液化工艺能耗，结果表明，二级液化比一级液化工艺单位吨产品加工成本少 6.40CNY，经济上优势更好。

关键词　CO_2 回收装置；中等浓度；设计点；模拟计算；设计参数；液化工艺

1　前言

国家碳达峰及碳中和提出，回收利用化工装置尾气 CO_2 是未来碳减排重要措施，对我国参与全球气候治理、引领未来的可持续发展产生了重要影响。CO_2 在工业、农业、食品、医药、石油化工等领域都有着极其广泛的应用，食品级 CO_2 更是在饮料和啤酒行业、烟草行业、食品保鲜行业、医学、超临界萃取等领域应用市场快速增长，CO_2 回收装置建设项目不断增加，CO_2 产品市场竞争日趋激烈，CO_2 回收装置运行成本是决定企业市场核心竞争力。

CO_2 原料气的来源不同，其杂质类型、不凝气含量不同，实际生产中根据原料气的组成，针对性的选择处理工艺。目前，工业气体碳捕集方法主要有溶剂吸收法、变压吸附法、膜分离法和低温分离法，吸收法、变压吸附、膜分离适合低浓度 CO_2 原料提浓，提浓后进一步加压液化精馏回收 CO_2；高浓度 CO_2 尾气则采用直接加压净化精馏工艺。对于中等浓度 CO_2 原料，可以采取直接加压净化低温精馏工艺，也可以采用将 CO_2 提浓后再加压净化精馏，但是采用吸收法提浓适用中等浓度 CO_2，装置设备及能耗过大；膜分离法的膜分离材料选择有限，需经常维护和更换膜；变压吸附法设备投资较大，需增加吸附剂使用及处理费用，气体纯度受吸附剂影响波动大；低温精馏技术因其工艺简单、产品纯度高等优点，被广泛应用于原料气中 CO_2 含量较高（体积分数 >60%）的场合。

在 CO_2 液化回收工艺过程中，原料气增压及冷冻功耗占整套装置能耗 90% 以上，降低原料气增压及冷冻的能耗是装置节能降耗关键，原料气中 CO_2 浓度 <80% 时，需要更高液化压力、更低的液化温度，压缩机、冰机的综合能耗差别较大，关键参数设计点选择就非常关键。本研究基于某化肥厂湿法脱碳（如 PC 脱碳、低温甲醇洗）闪蒸气中，含有 73.5V% 浓度 CO_2 原料气作为食品级 CO_2 装置原料，采用加压净化精馏工艺建设年产 10 万 t 食品级 CO_2 装置，采用 PRO II 软件，以 CO_2 回收率、产品中 CO_2 摩尔分数及运行成本为衡量指标，研究分析液化温度、液化压力对关键指标的影响规律，选取最优的操作参数，同时优化液化工艺，降低装置运行成本。

2　工艺流程及说明

2.1　原料

原料气为化肥厂湿法脱碳闪蒸气，温度为 24.6℃，压力为 0.005MPa，组成如表 1 所示。从原料组成看，总烃、CO、CH_3OH、COS、H_2O 均远远超过国际标准限制值，需增加脱硫、脱烃、干燥净化措施，将硫、烃、CO、H_2O 及其他含氧有机物去除，使之符合 ISBT 标准；原料 CO_2 浓度 >70V%，采用低温精馏法技术，不仅产品质量可以根据客户要求调整，也是当今世界 CO_2 回收主流技术。

表 1　原料气组成

组分	H_2	N_2	CO	Ar	CH_4	CO_2	H_2S	COS	CH_3OH	H_2O
V/%	0.0166	25.836	0.009983	0.002854	0.000337	73.464	0	0.000014	0.00936	0.6614

2.2　工艺流程

食品级液体 CO_2 装置工艺流程如图 1 所示，CO_2 原料气与氧气混合后进入尾气分离器分离夹带的液体，然后进入尾气压缩机进行压缩，增压后的尾气进入原料气净化部分，净化部分含脱硫、脱烃和脱水三个工序，首先原料气经脱硫塔除去尾气中的硫化物，经过脱硫后原料气在催化氧化脱烃单元，原料气中 CO 及有机物在催化剂作用下，生产 CO_2 和水，反应后原料气经换热冷却进入分液罐分离出水分，进入干燥床中吸附水分，脱除原料气中水分，经过净化后原料气依

次经过预冷器和液化器（虚线框为二级液化新增设备）进行冷凝液化，CO_2 液化所需要的冷量主要由 CO_2/NH_3 复叠式冰机提供。液化后的 CO_2 进入提纯塔进行精馏提纯，塔底部得到食品级液体 CO_2 送至储罐，塔顶部得到的不凝气减压后，经不凝气换热器回收冷量后放空。

对于中等浓度 CO_2 原料气，由于含有较多不凝气，其液化温度需要更低工况，故采用复叠式制冷机组，高温部分使用 NH_3 制冷剂，低温部分使用 CO_2 制冷剂，保证装置低温温位的需求。

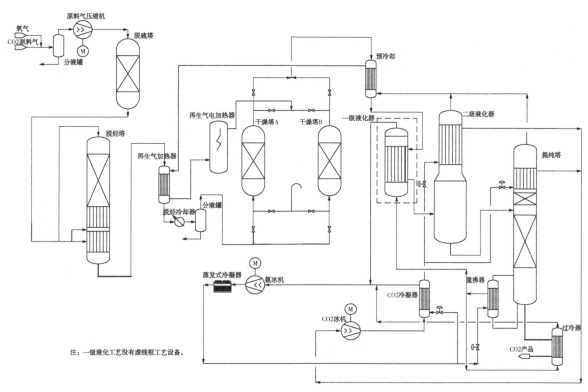

注：一级液化工艺没有虚线框工艺设备。

图 1　食品级液体 CO2 装置工艺流程

2.3　模拟方法

采用 PRO II 流程模拟软件对装置进行建模及计算，物性方法选择 PENG-ROB 状态方程。研究了液化温度、液化压力对 CO_2 回收率、产品中 CO_2 摩尔分数及运行成本的影响，同时研究二级液化工艺节能降耗效果。

2.4　运行成本

CO_2 运行成本为生产 1t 食品级 CO_2 的成本。

运行成本主要是指压缩机、制冷机和泵等设备消耗的电和循环水费用，净化系统催化剂及处理费用。运行成本计算公式为：

$$OC = \frac{\sum W_i \times P_e + \sum Q_{cw,i} \times P_{cw} + Q_{ci}}{Q_{CO_2}}$$

式中，OC 为运行成本，CNY/t；W_i 为不同设备的年耗电量，kW·h/a；P_e 为电价，取 0.6CNY/(kW·h)；$Q_{cw,i}$ 为不同设备的年循环水

消耗量，t/a；P_{cw} 为循环水价格，取 0.2CNY/t；Q_{ci} 为催化剂及处理费用，CNY/a；Q_{CO_2} 为 CO_2 年产量，t/a。

3 模拟计算分析

3.1 液化温度、液化压力、提纯塔压力计算分析

CO_2 在常温常压下是一种无色无味的气体。如图 2 所示是 CO_2 三相图，图中 A（31.1℃，7.27MPa）是临界点，B（-56.4℃，0.42MPa）是三相点，C（-78.5℃，常压）是 CO_2 升华时的温度和压力。根据 CO_2 三相图可知，要实现常压下气态 CO_2 的液化，必须先使气态 CO_2 处于临界点 A 和三相点 B 之间再通过降温或是加压来获得液态 CO_2。由于原料气 CO_2 浓度中等，不凝气含量较高，液化温度要求较低，采用复叠式 CO_2/NH_3 作为制冷剂，液化压力在 2.5 ~ 7.27MPa 选择，液化温度为 -28 ~ -44℃，分析研究液化温度和液化压力对 CO_2 回收率、产品中 CO_2 物质的量分数及运行成本的影响。

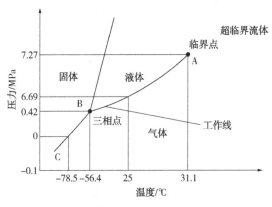

图 2 CO_2 三相图

如图 3 所示，在同一液化压力下，随着液化温度的降低，CO_2 回收率呈增加趋势，对于中等浓度 CO_2 原料气，液化温度高时，收率较低；在相同液化温度时，随着液化压力的升高，CO_2 回收率逐渐升高，但当液化压力增加到一定程度，特别是液化温度较低时，液化压力的增加对 CO_2 回收率的影响不明显。液化压力对 CO_2 摩尔分数的影响如图 4 所示，CO_2 摩尔分数和液化压力及液化温度均成反比关系。这是因为压力越高、温度越低，溶解在液相 CO_2 中的杂质（H_2、N_2 等）越多。如图 5 所示，随着提纯塔压力的增加，CO_2 回收率先增加到一定值后下降，这是因为压力增加，CO_2 液化率增加，同时溶解在液相

CO_2 中的杂质越多，各组分相对挥发度减小，当压力增加到一定数值，液化率增加速度不及溶解杂质和相对挥发度影响，则 CO_2 回收率开始下降。

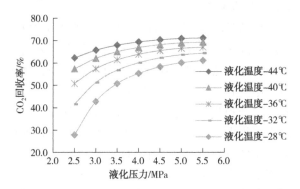

图 3   不同液化温度下液化压力对 CO_2 回收率的影响

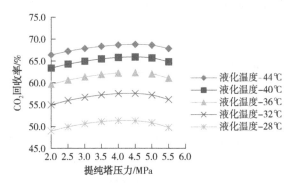

图 4   不同液化温度下液化压力对 CO_2 摩尔分数影响

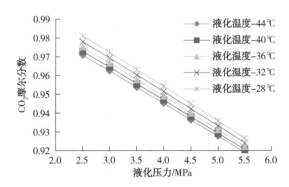

图 5   不同液化温度下提纯塔压力对 CO_2 回收率影响

运行成本是指生产 1t CO_2 所需要的能耗及催化剂费用，对于原料气净化液化精馏流程，其能耗主要是原料气压缩机和冰机的电耗、水耗。原料气压缩机出口压力高低取决于液化压力要求，其对运行成本的影响如图 6 所示。在同一液化压力下，随着液化温度的降低，运行成本逐渐下降；主要是因为，当液化温度相同时，随着液化压力的升高，运行成本逐渐降低，当液化压力由 2.5MPa 升高至 3.5MPa，其运行成本下降趋势比较明显，当液化压力大于 3.5MPa，特别是

液化温度较低时，液化压力的增加对运行成本的影响不明显。当液化压力增加到 3.5MPa 以上时，运行成本的下降幅度变化很小。同时对于大规模碳捕集，应尽量考虑较高的回收率，以尽可能回收 CO_2。因此，本研究选取液化压力为 3.5MPa，考虑原料气净化工段压降，尾气压缩机出口压力为 4.0MPa，考虑塔系统压降，塔的压力为 3.4MPa。

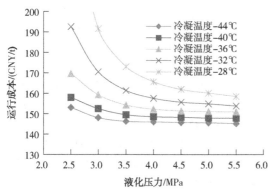

图 6 不同液化温度下液化压力对运行成本影响

在液化压力为 3.5MPa 时，降低冷凝温度可以进一步提高回收率，但是液化温度太低会造成

CO_2 液化器的换热温差变小，增大设备投资，同时低温 CO_2 的三相点位于 0.42MPa、-56.4℃ 处，如在该点附近工作，气态或者液态的 CO_2 很容易凝结成固体（即干冰），造成制冷系统失效，甚至会损坏压缩机和泵。因此，综合系统安全平稳性及运行成本等因素考虑，液化温度选取为 -44℃。

3.2 一级液化及二级液化工艺比较

对于中等浓度 CO_2 原料气，由于含有较多不凝气，液化工序流程设计影响液化的能耗和 CO_2 回收率，按照上述优化后选择的工艺参数，分别以一级液化及二级液化工艺流程进行 PRO II 模拟，流程见图 1，模拟结果见表 2，通过模拟结果对比看出，采用二级液化工艺制冷机组的电耗比一级液化工艺的电耗低 14.2%，主要是原因是二级液化工艺中只有不凝气部分采用 CO_2 冷剂液化，避免高浓度液体 CO_2 过度冷却，大大减少冷剂 CO_2 负荷，同时在相同负荷下，制冷温度越低，制冷系数越小，制冷机所需功率越大。

表 2 一级液化工艺与二级液化工艺电耗及运行成本比较

	一级液化 冷凝负荷	二级液化 冷凝负荷	提纯塔 冷凝器负荷	过冷器 负荷	制冷电机功率	CO_2 产量	单位加工成本
一级液化 工艺	1382.1kW	—	0kW	178.8kW	NH_3 制冷机组：781kW CO_2 制冷机组：312kW	12.63t/h	147.05CNY
二级液化 工艺	825.6kW	529.8kW	48kW	178.8kW	NH_3 制冷机组：807kW CO_2 制冷机组：131kW	12.65t/h	140.65CNY

4 优化后的结果

以 73.5V% 浓度 CO_2 原料气，年产 10 万吨食品级 CO_2 装置，利用 PRO II 模拟软件优化后工艺参数、能耗及运行成本见表 3。通过二级液化工艺设计，提纯后吨产品电耗为 207.48kW，装置吨产品电消耗较现有在运装置 80V% 浓度 CO_2 原料气（212kW）低，吨产品费用较一级液化工艺下降 6.40CNY，新增投资 35 万元，增加的投资 1 年内可收回成本。

表 3 优化后技术指标

名称	单位	数值	备注
CO2 产量	t/h	12.65	
液化压力	MPa	3.50	
原料气消耗	Nm^3/h	11171.59	

续表

名称	单位	数值	备注
原料气增压机电耗	kWh^{-1}	1839.57	
冰机电耗	kWh	938.00	二级液化工艺
其他电耗	kWh	120.00	
吨产品电耗	kWh	207.48	二级液化工艺
吨产品运行费用	CNY	140.65	二级液化工艺
装置总投资	$X10^4CNY$	4368	

5 结论

利用 PRO II 流程模拟软件，采用灵敏度分析等方法对年产 10 万 t 食品级 CO_2 装置进行模拟分析，研究关键参数对优化 CO_2 回收率、产品中 CO_2 摩尔分数及运行成本的影响，得出以下结论。

（1）优化设计后装置技术指标比现有运行装置 80V% CO_2 原料气能耗低，说明关键参数设计点设计合理。

（2）对于中等浓度 CO_2 原料气，其要求液化温度要求更低，但要考虑冷剂对液化温度传热温差的要求，因此液化温度采用 44℃，液化压力不能过高，过高液化压力增加不凝气溶解造成收率下降影响，同时造成压缩机选型困难和能耗增加，因此，原料气压缩机出口压力采用 4.0MPa，液化压力为 3.5MPa，提纯塔压力为 3.4MPa。

（3）采用二级液化工艺，比一级液化工艺节约 155kWh 电，冰机节约用电 14.18%，吨产品费用较降低 6.40CNY，新增投资的 1 年内可收回成本。

参 考 文 献

[1] 杨涛. 5 万吨/年食品级二氧化碳工程设计及优化 [D]. 西北大学，2016.

[2] FU L P, REN Z K, SI W Z, et al. Research progress on CO_2 capture and utilization technology [J]. J CO_2 Util, 2022, 66：102260.

[3] 陆诗建，张娟娟，刘玲，等. 工业源二氧化碳捕集技术进展与发展趋势 [J]. 现代化工，2022，42 (11)：59-64.

[4] 韩永嘉. CO_2 分离捕集技术的现状与进展 [J]. 天然气工业，2009，(12)：79-82.

[5] 林名桢，代晓东，闫广宏，等. CO_2 低温分馏装置参数优选 [J]. 化工科技，2021，29(6)：44-49.

[6] GB 1886.228—2016 食品安全国家标准 食品添加剂 二氧化碳 [S].

[7] 王照成，郑李斌，李繁荣. 煤制氢装置二氧化碳捕集流程模拟与对比 [J]. 低碳化学与化工，2023，48 (3)：148-153.

[8] 丁夏杰，陶乐仁，虞中旸，等. CO_2 混合工质热力学模型及冷却换热特性的研究 [J]. 化学工程，2022，50(09)：37-42.

COD 在线分析仪在污水装置中的应用

黄青龙　　瞿景云

（岳阳长炼机电工程技术有限公司）

摘　要　COD 在线分析仪在生产过程中给操作人员提供连续、实时的测量数据，供操作人员参考，能够实时对污水指标进行监测，提高生产效率。文中介绍了哈希 COD 分析仪的组成及工作原理，对 COD 在线分析仪维护中遇到的一些典型故障进行了阐述，方便以后的日常维护；通过对预处理系统的改造、优化设计，使预处理系统满足现场使用要求，从而实现减少日常维护工作量、降低分析仪的故障率及提高测量的可靠性的目的，实践效果表明，改造效果良好。

关键词　COD 在线分析仪；自动反冲洗；稀释系统；故障分析；预处理改造

1　前言

炼油化工生产过程中会产生多种废水，如果直接进行排放会对生态系统、植物、土壤和水体有严重的影响，只能通过污水处理装置进行净化处理后，部分水回收利用，部分水在排放指标达标后进行外排，COD 是排放指标之一，也是在污水处理过程中监控的一个重要参数，可见 COD 含量在污水处理装置中的重要性，所以 COD 在线分析仪的长周期稳定运行对工艺生产操作提供了可靠的依据。

2　COD 分析仪的组成和测量原理

2.1　测量原理与测量方法

水样、重铬酸钾、硫酸银溶液（催化剂使直链脂肪族化合物氧化更充分）和浓硫酸的混合液在消解池中被加热到 175℃，在此期间铬离子作为氧化剂从 Ⅵ 价被还原成 Ⅲ 价而改变了颜色，颜色的改变度与样品中有机化合物的含量成对应关系，仪器通过比色换算直接将样品的 COD 显示出来，信号传输单元通过 4～20mA 信号将数据传输至 DCS 显示。

2.2　分析仪表的组成

COD 分析仪主要由分析仪预处理单元、分析检测单元、信号传输单元三部分组成，预处理单元主要包括过滤系统和调压系统组成；分析检测单元由采样单元、消解单元、试剂单元三部分组成，如图1、图2 所示。

2.3　哈希 COD MAX 分析仪的特点

哈希 COD 分析仪首先可利用试剂空白校正

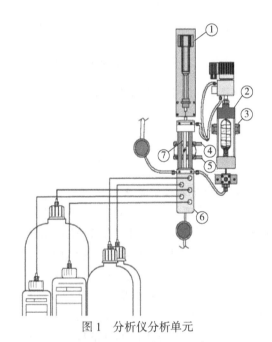

图1　分析仪分析单元

图2　分析仪预处理单元

和标准调节功能来修正测试结果的系统差异；其次测定高低浓度不同水样采用不同波长，高测试准确性；也可根据需要对测试结果进行存储及输出，支持计算机下载数据，用户可根据需要扩展打印功能；最后程序或仪器故障自动提示排除的错误信号，便于故障检查，提高故障处理的效率。同时也有不少缺点，现场使用的几套COD在线分析仪配套的预处理系统比较简单，样品中的污泥容易进入到定量管及消解管中，造成设备故障率高、维护量大、分析数据不准确。

3 分析仪使用过程中出现的故障现象和分析

3.1 故障现象（表1）

表1 故障现象分析

故障现象	故障原因	处理方法
DCS输出不变化（表无报警）	信号输出有问题	更换一路输出
湿度报警	表箱内有液位泄露出，导致湿度传感器报警	检查泄露点并处理，将湿度传感器擦拭干
无进样	(1)进样管堵塞；(2)过滤器堵塞；(3)定量管脏；(4)进样管老化	(1)疏通或更换进样管；(2)清洗过滤器滤芯；(3)清洗定量管；(4)更换进样管
加热时间过长	(1)空气阀膜片坏；(2)消解管密封圈坏；(3)加热原件氧化	(1)更换空气阀膜片；(2)更换消解管密封圈；(3)打磨、处理
无试剂报警	(1)试剂液位低；(2)阀组堵塞	(1)更换试剂；(2)检查疏通堵塞的阀组部分
消解管充满	(1)管路堵塞；(2)陶瓷阀故障；(3)活塞泵故障	(1)清洗疏通管路；(2)维修或更换陶瓷阀；(3)维修或更换活塞泵
排空废液	(1)空气阀故障；(2)废液排放管有背压；(3)管路老化	(1)更换或维修空气阀；(2)检查排放管是否插入废液里面；(3)更换老化管路
超量程	样口浓度超设备最大测量范围	(1)更换设备选型；(2)对预处理改造

3.2 故障分析和维护要点

上述故障现象是在日常维护中几种比较常见的故障，大部分故障是因为设备使用年限导致设备老化所致，但也有是因为其他原因引起的报警，其中最典型的：一是"无进样"报警，究其根因就是因为测量水质太脏，预处理没有达到预期的效果，造成日常维护工作量大，脏污介质进入消解池内也会对分析仪的测量数据造成很大的影响，不能真实的反映出实际工况。所以，要想在线分析仪长周期准确、稳定运行，并且降低平时日常维护的工作量，维护要点主要就是在保证测量水质洁净度又不增加日常维护的工作量方面考虑，在维护中也增加了自清洗过滤器，效果还不错，但是过滤掉的杂质都吸附在滤芯上，容易造成滤芯堵塞，需要频繁的清洗滤芯，清洗一次基本只能维持8h左右，水质脏的时候只能维持4~5h，大大的增加的维护的工作量。二是超量程，主要原因是因为样品浓度太高，导致无法正常测量数据。

4 分析仪及其预处理的优化

首先由于分析仪也使用很长时间了，有些配件也开始出现老化，导致分析仪故障率提高，运行部也在对班组申报的配件进行审核，把一些老化的部件进行更换，提高分析仪的可靠性，降低故障率。其次预处理方面的缺陷是直接导致维护量增大的主要原因，（经常需要拆卸各个部件进行清洗，造成一些部件提前老化。杂质进入分析仪对昂贵的阀门造成磨损。）所以预处理优化、改造势在必行，通过班组技术骨干讨论，决定针对"无进样"故障对预处理单元的过滤系统增加一套仪表风自动反吹扫系统；对"超量程"故障的仪表预处理增加一套稀释系统，解决两个典型问题，降低故障。

4.1 预处理改造优化说明

（1）针对介质脏导致故障率高的问题，我们在过滤器样品出口增加一路仪表反吹风对滤芯及取样管路进行吹扫，在样品上增加一套压力控制器(COD分析仪进样时输出的断开信号串入压力控制回路中，确保分析仪在进样时不会进行吹扫，以免引起分析仪的数据紊乱)，当检测压力低于设定值后延时10秒动作，继电器得电，控制两个时间继电器，两个时间继电器分别控制风管线和样品管线上的两个电磁阀，实现预处理系统的自动反吹扫，从而达到降低人工维护量的目　的。如图 3 所示。

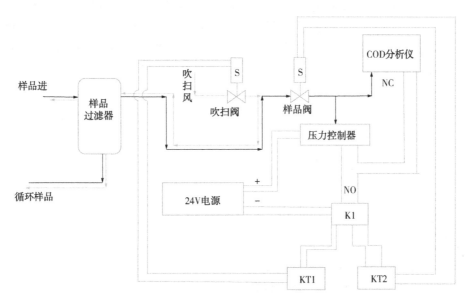

图 3　自动反冲洗控制示意图

自动反冲洗系统各设备名称及控制功能如表 2 所示。

表 2　自动反冲洗系统各设备名称及控制功能

名　称	控制功能及作用
样品过滤器	过滤样品内杂质，确保分析仪各部件不受污染
24V 电源	给压力控制器和继电器 K1 提供电源
吹扫阀	失电关，控制吹扫仪表风
样品阀	失电开，吹扫时切断进样，确保仪表风不吹入设备内部，吹扫完成后打开
压力控制器	检测样品阀后路的样品压力，低于设定值时延时 10 秒常开触点闭合，控制 K1 继电器，进行吹扫，时间为 180 秒。
COD 分析仪	分析样品数据；在进样时常闭触点断开，控制继电器 K1，确保进样时吹扫系统不进行吹扫
继电器 K1	接收压力控制器闭合信号，控制时间继电器 KT1、KT2
时间继电器 KT1	得电后常开触点延时 3 秒闭合，给吹扫阀供电，对管路及滤芯进行吹扫
时间继电器 KT2	得电后常闭触点延时 180 秒断开，控制样品阀打开，给分析仪提供样品；与压力控制器的吹扫相互冗余

改造前、后的一月之内的维护工作量及分析仪运行时间的比对图例举如图 4 所示。

（2）针对样口浓度高，分析仪无法正常测量的问题，我们在预处理设计一套样品稀释系统，把样品按比例稀释后送入分析仪测量，数据通过运算接入 DCS 显示，从而解决样品浓度高无法直接测量的问题。

稀释系统如图 5 所示：

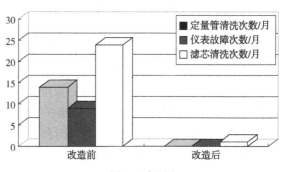

图 4　对比图

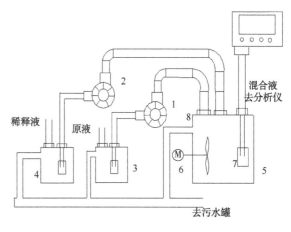

图 5　稀释系统示意图

1—样品计量泵；2—稀释液计量泵；3—样品罐；4—稀释液罐；
5—混合液罐；6—搅拌器；7—过滤层；8—溢流口

稀释系统组成及各组件功能如表3所示。

表3　稀释系统组成及各组件功能

名　称	控制功能及作用
样品计量泵	输送样品至样品罐
稀释液计量泵	输送稀释液至稀释液罐
样品罐	存贮样品
稀释液罐	存贮稀释液
混合液罐	存贮稀混合液
搅拌器	对混合液进行搅拌，确保稀释均匀
过滤层	过滤样品中的杂质，避免出现杂质对数据造成影响
溢流口	确保样品、稀释液、混合液的及时性，确保数据真实

上述两个对COD分析仪预处理改造优化效果良好，并且有效的解决了现有问题，改造优化的成果获得实用新型专利，如图6所示。

5　结论

针对COD在应用过程中的两个典型问题，通过对其预处理系统改造优化及后续的运行情况分析，自动反冲洗控制器运行稳定，完全达到设计要求，而且COD分析仪运行稳定，分析数据再没有出现异常波动。清洗进样管线、清洗定量管、清洗滤芯等以前每天必须进行日常维护保养频次大幅降低，极大的减少了日常维护保养工作，提高了分析仪长周期稳定运行的时间。一个月分析仪未出现任何报警这在以前是不敢想象的。所以我们设计制造的自动反冲洗样品预处理系统是完全符合分析仪的使用工况，对提高分析仪的准确率，降低分析仪的故障率有明显效果。稀释系统运行良好，完全解决样品浓度高导致不能测量的问题且测量数据与人工化验数据符合，测量数据准确。

图6　专利证书

参 考 文 献

[1] 哈希CODmax操作手册.

污油泥除油及减量化撬装设备处理技术

周付建　陈　尚　镇祝龙

（岳阳长岭设备研究所有限公司）

摘　要　采用撬装"污油泥除油及减量化处理技术"对某炼厂污油泥进行处理。结果表明：（1）污油净化处理效果良好，净化后污油中水含量小于 1.0%，固含量小于 1.0%，净化回收的污油达到指标，全部回炼；（2）处理后的油泥含水率可以控制在 70% 以下，减量率在 70% 以上；（3）处理后的外排水中油含量小于 300mg/L，满足进入污水处理系统的要求；（4）工艺运行平稳，成功实现了污油泥处理的清洁化、资源化和减量化，具有良好的经济效益、环保效益和社会效益。

关键词　炼厂；污油泥；撬装设备；净化处理；减量化

1　引言

据统计一个炼油厂污油量约占原油加工量的 0.5%。以中石化原油加工量为 2.21 亿吨，估算仅中国石化炼厂全年就有近 110 万吨污油，全国污油量在 300 万吨以上。对于该部分污油，不少炼厂企业作为废品以极低的价格销售出去，造成资源极大的浪费，一方面增加了炼厂的加工损失；同时由于污油泥属于"危废"，增加了处理风险；另一方面，污油的流失也就意味着效益的流失，造成企业效益下降。

通常污油主要由油、泥沙、有机污泥、水、各类药剂等组成，在常温下以"W/O"或"O/W"型乳化液的形式存在，其形态受温度、电解液、相比率、搅动、黏度、可湿性、亲水性、界面张力等因素的影响，常温下很难破乳。为提高石油资源的利用率，彻底分离污油中的污水，中石化各大炼油企业及科研机构做了大量的研究工作，目前扬子石化、洛阳石化等都采用三相分离进行污油脱水，但处理后污油仍然存在含水率高等问题。基于此，炼化企业急需新型污油脱水工艺，科学、有效地解决其脱水难题。这不仅关系石化行业的生产，还关系着企业的社会、经济效益和可持续发展，同时对环境保护、节能降耗、炼油厂的可持续发展具有重要意义。

2　项目概况

2.1　现场情况简介

山东某炼厂污水车间、油品车间罐区等生产装置会产生大量的污油，主要包括电脱盐污油、隔油池污油、罐区污油及生产装置产生的污油。由于长期炼制加工重质高硫高酸原油（密度在 0.96g/cm³ 以上），产生污油、油泥恶劣：重油组份高、密度大、黏度大、含水率高、固含量高，脱水处理极为困难，只能长期在储罐中积压，目前临时储罐都已经装满，成为困扰生产的难题。

2.2　撬装污油泥除油及减量化处理技术

自主开发的污油净化及油泥减量资源化成套处理设备为撬装式设计，针对污油泥除油分离净化处理、泥水减量化处理，单套设备处理量 10m³/h，年操作时数为 8000h，操作弹性为 60%～110%。包括：（1）物料过滤及输送系统；（2）调质撬；（3）除油分离撬；（4）泥水分离撬；（5）自动控制撬。工艺流程如图 1 所示。工艺说明如下：

（1）污油泥调质撬

利用真空泵或螺杆泵将物料打到污油泥调质撬中，用蒸汽加热到 60～80℃，并由搅拌器搅拌均匀，熟化时间大约 20～30min，进入下一级撬装除油设备。

污油泥在调质撬内加热，不加入任何破乳剂和表面活性剂类的化学药品。主要原因：加入化学药品可以起到破乳功能，但这些破乳剂一部分被带回原油罐造成二次乳化，使得原油罐中的未乳化的原油开始乳化，起到了相反的作用。

（2）撬装除油设备（物理除油分离，将油泥中含油率拔出，实现资源回收）

主要设备有：离心机、储罐、控制系统等。主要针对油泥中"除油"处理；物料通过泵打入脱油橇上的特种除油离心机中，脱除污油泥中的油并合格达标外输。特种除油离心机的工作原理是利用高转速产生的巨大的离心力场，使比重相对较小的油从泥沙表面上置换出来，并将水从乳化油中有效分离再经过特殊设计的结构自动完成油收集及外排，泥水混合物进入下级处理单元。

（3）橇装油泥泥水分离设备（机械脱水，实现泥、水分离）

脱水工艺设备主要由离心脱水和自动溶加药设备组成。絮凝剂和油泥混合后进入脱水机，将油泥中的大部分水滤出并分离。分离出的污水达到技术指标要求，进入现场污水系统管网中；分离出的固渣中的水含量<70%。清理出的残渣装入防渗袋中，并转运至指定地点，如图1所示。

2.3 主要设备清单

污油＆油泥成套橇装处理工艺主要设备清单见表1。

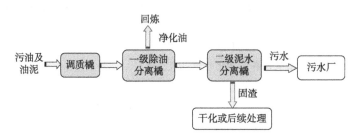

图1 橇装污油泥除油及减量化处理技术工艺流程图

表1 污油净化处理及油泥橇装处置装置主要设备清单

序号	设备名称	规格型号	单位	数量	备注
1	调质橇	20m³，带搅拌、保温	个	1	1#橇装设备
2	离心分离脱油橇	处理能力 10m³/h，分离颗粒直径 2~5μm	套	1	2#橇装设备
3	三相分离脱泥橇	处理能力 10m³/h，分离颗粒直径 2~5μm	套	1	3#橇装设备
4	水处理设备	10t/h	台	1	4#配套橇装
5	加药装置	2m³，变频	套	1	5#橇装设备
6	自动化控制系统	PLC、控制柜、气动阀、电缆等	套	1	
7	管线、阀门及附属泵		批		

3 工业应用情况

3.1 处理后污油

工业现场应用情况如图2~图5所示。

图2 橇装除油分离设备

图3 撬装污油泥调质设备

3.2 处理后污油

如图6、图7所示为净化处理前后污油、污水外观及微观形貌变化。为更清晰表明污油性质变化，通过显微镜，依次对污油泥原料和离心后污油进行放大48倍显微镜成像分析、观察。从图6~7可以看出：处理前（图6）可明显看出油中含有大量水分，污油中形成稳定的油-固-水胶团；净化处理后（图7）油品色泽均一，水和固得到了有效的脱除，呈一个均相体系。

处理前后的污油及该炼厂加工的原油分析结

果见表 2。如表 2、表 3 所示及现场运行情况可知：

（1）净化处理前污油含油率、含固率波动较大，其中油含量从 27% ~ 65.7%，固含量 9.59% ~ 12.1%，经过处理后污油含水率及固含量均在 1% 以下，达到技术协议指标及回炼要求。工艺设备在运行时没有出现较大幅度的波动，运行平稳。

（2）处理后的污油与该炼厂加工的原油较类似，品质较好。

图 4　操作控制监测系统

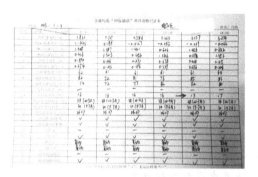

图 5　现场巡检操作记录

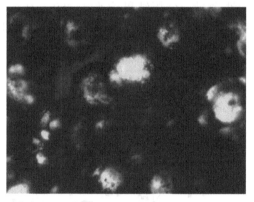

图 6　净化处理前污油微观形貌
（含油 59.7%，含固 12.5%）

图 7　处理后污油微观形貌
（含水 0.15%，含固 0.5%）

表 2　净化处理前后污油对比情况

序号	取样点	处理前污油泥		处理后的净化油	
		平均含油率	平均含固率	含水率/%	含固率/%
1	5#罐油泥	27%	12.1%	0.4 ~ 0.9	0.41 ~ 0.96
2	6#罐污油	30%	15.1%	0.15 ~ 0.5	0.18 ~ 0.90
3	7#罐中污油	59.7%	12.5%	0.09 ~ 0.9	0.21 ~ 0.88
4	7#罐上污油	65.7%	9.59%	0.03 ~ 0.7	0.14 ~ 0.56

表 3　处理前后的污油与原油对比分析数据

分析项目	处理前污油	处理后污油	加工原油
水分/%	10 ~ 50	0.03 ~ 0.9	<0.3
固含量/%	10 ~ 20	0.14 ~ 0.96	—
密度/(kg/m³)	960 ~ 973	912 ~ 965	912 ~ 965
胶质/%	7.01	10.15	10.9
沥青质/%	0.84	1.37	1.27
50℃黏度/(mm²/s)	26.2	13.41	11.96

续表

分析项目		处理前污油	处理后污油	加工原油
闪点/℃		87	76	56
残炭/%		3.94	5.4	5.5
灰分/%		0.519	0.082	0.028
简易蒸馏切割	≤200℃/%	—	14.42	17.49
	200~350℃/%	—	28.85	22.91
	350~510℃/%	—	20.19	23.15
	>510℃/%	—	35.58	35.96
四组成	碳含量/%	—	86.51	86.58
	氢含量/%	—	11.91	12.16
	硫含量/%	—	0.8840	0.9901
	氮含量/%	—	0.3189	0.3006

3.3 油泥中固相处理效果

处理前污油泥及处理后的泥形貌具体如图8、图9所示。

图8 污油泥处理前形貌

图9 分离处理后的泥形貌

除油后的泥再进行两相(泥、水)分离，脱出的泥饼水含量70%，可以去后续的干化深度减量化处理或其他方式处理。

3.4 污油泥中分离出的水

污油泥中分离后的外排水样，跟踪分析排水中油含量，分析结果均小于300mg/L(图10)，外排水可直接进入污水处理场污水池，不影响正常的污水处理。

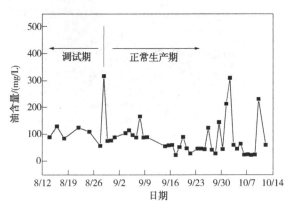

图10 分离处理污水的油含量分析

4 效益预算

4.1 污油回收产生的经济效益

累计处理油品车间、动力车间全厂污油泥5000多t，回收净化油2200t，油回收率达到96%以上，可以直接作为原料进行回炼加工。以原油价格2700元/t估算，回收的污油带来的产值约594万元。

4.2 环保效益

(1)解决了污油泥处理难题，及污油泥长期压库存存在的环保和安全问题；实现污油泥的资源化、清洁化和彻底化处理；

(2)污油泥经过除油减量处理，体积降至30%以下；减少后续处理量；同时随着的污油泥中的油被拔出,后续难度也大大降低。

5　技术特点

(1) 效果好。可高效实现污油脱水脱固净化、油泥除油减量化资源化处理,处理后污油含水率、含固率均<1%;

(2) 撬装设计,无需基础安装,灵活方便。可按照现场需要进行工艺组合:污油脱水、油泥除油、尾气治理等,方便组装和拆卸,方便处理存放在不同地点的污油和油泥,且设备占地面积小;

(3) 处理效率高,工期短。污油泥处理量平均200t/d以上;

(4) 适应范围广。清罐污油泥、排水污油、含油浮渣、老化油等均可以处理;

(5) 设备自动化程度高,安全可靠;

(6) 环保可控。整个处理过程产生的尾气密闭收集,达标处理;

(7) 技术成熟,管理到位。拥有多项专利;熟悉石化系统污油污泥处理现场安环管理规定,现场施工规范、管理经验丰富,施工队伍人员稳定。

6　结论

(1) 采用"撬装污油泥除油及减量化处理技术"处理某炼厂污油泥,处理后污油水含量小于1.0%,固含量小于1.0%,可直接掺入原油或掺炼电脱盐,外排污水油含量小于300mg/L。

(2) 处理后的油泥含水率可以控制在70%以下,油泥减量率在70%以上;

(3) 装置运行平稳,成功实现了炼厂重劣质污油处理的清洁化、资源化和减量化,具有良好的经济效益、环保效益和社会效益。

参 考 文 献

[1] 邹启贤,陆正禹. 油田废水处理综述[J]. 工业水处理,2001,21(8):1-3.

[2] 任满年,董力军. 炼油厂重污油回收方法的研究[J]. 石油炼制与化工,2006,37(1):47.

[3] 孙绪博,韩霁昌. 炼油废水处理系统污油的来源及处理技术[J]. 石化技术,2016,23(10)::44-44,56.

[4] 王波,黄华,佘喜春. 国内外污油脱水技术新进展[J]. 广东化工,2015,42(4):50-54.

[5] 刘英斌,佘浩滨,花飞,等. 惠州炼化轻污油系统存在问题与优化[J]. 中外能源,2013(12):80-84.

[6] 吴振华,郭辉,张强. 炼油厂重污油回炼技术探讨[J]. 石油化工安全环保技术,2017,33(1):56-60.

[7] 孙宇,胡勇刚. 重污油脱水技术新进展[J]. 炼油与化工,2011(5):8-10,84.

[8] 顾善龙,张贤中,谢伟,等. 超声频率对炼厂污油破乳脱水的影响[J]. 南京工业大学学报(自然科学版),2013(5):72-75.

[9] 郭亮,唐应彪,崔新安,等. 炼厂污油静电聚结脱水研究[J]. 当代化工,2016(9):2060-2062.

[10] 王超,周游,董巍巍,等. 驻波场中炼油厂重污油破乳脱水的研究[J]. 精细石油化工,2009(1):54-59.

[11] 许文海,刘玉丰,冷宗宝. 稠油污油脱水现场处理技术[J]. 油气田地面工程,2010(6):54-55.

[12] 谢鹏,李彬,万娱,等. 炼油厂重污油的超声波破乳技术[J]. 石油学报(石油加工),2016(1):175-180.

[13] 吴德鹏,郭辉,赵圣博,等. SOTU重质污油处理技术的应用及分析[J]. 石油炼制与化工,2020(3):103-106.

[14] 王凡,回军,高远,等. 延庆油田含油污泥的除油处理[J]. 化工环保,2012(5):440-443.

[15] 刘华林,李晓彤. 鼠李糖脂在废水处理场污油回收中的应用[J]. 石油化工安全环保技术,2016,32(3):47-49.

[16] 曾浩见,李春晓,邹华,等. 落地油泥清洗后的污油破乳处理实验研究[J]. 化学与生物工程,2013(9):58-60.

[17] 张衡,黎奇谋,张林,等. 超声-冷冻解冻法处理罐底污油[J]. 化工进展,2016,35(S2):432-437.

[18] 谢志勤,尹必跃,张淮浩. 碱酸预处理高含渣污油的破乳机制研究[J]. 油田化学,2017(3):538-542.

[19] 王宇,李树超,王涛,等. 含油污水处理体系中污泥、污油的回收技术方法研究[J]. 低碳世界,2019(8):37-38.

[20] 李俊,江绍静,屈撑囤,等. 热萃取污油的降凝处理研究[J]. 西安石油大学学报(自然科学版),2011(6):75-78.

[21] 黄奎. 含固重污油储罐运行方案优化[J]. 油气储运,2011(2):144-146,79.

废盐资源化组合处理工艺

黄和风　罗小沅　蒋卫和　黄利勇

（昌德新材科技股份有限公司）

摘　要　重点介绍了废盐资源化组合处理工艺特点，废盐资源化过程中在各处理工序的各杂质组分的除去效果、杂质存在形式及工艺控制方法，说明多级吸附以及高温热解工艺特点，并将废盐资源化组合处理工艺与传统处理工艺进行了优劣比较，为废盐资源化提供了较好的参考。

关键词　废盐；热解；多级吸附；离子膜电解；资源化

废盐是危废中的一大类，年产量过 2000 万 t，约占危废总量的 26%。废盐处置主流工艺为高温热解去除废盐有机成分+溶解除杂+分盐精制，该技术路线并不成熟，主要缺陷有：建设成本高，吨废盐投资约 1 万元；为防止沸腾盐水腐蚀，接触介质的材质选用钛或不锈钢；运营成本高，吨废盐的处置成本约 3000 元；仅能处置盐分稳定的废盐，难以应付原料波动，来料成分波动过大、微量杂质的富集。而废盐成份的变化，用在热法分盐（MVR）中，会造成喷嘴堵塞；在膜法分盐中，会造成膜堵塞。

有鉴于此，本文分析了废盐新的组合处理工艺，并阐述了新处理工艺的控制方法供生产企业参考，以提高废盐纯度、节约成本，实现效益最大化。

1　废盐资源化组合处理工艺

废盐资源化组合处理工艺技术是将工业生产过程中所产生的废盐集中收集下来作为资源加以回收利用，同时在这个过程中不再产生二次污染，系统运行可靠，"三废"的各项指标符合国家排放标准，副产品收益与运行费用相抵或略有盈余。

1.1　废盐资源化系统构成

采用本技术的整套废盐资源化系统主要分为高温热解、快速过滤、多级吸附、高级氧化、多级化合反应、多级过滤、蒸发结晶干燥等 7 大部分构成，这些系统均通过输送管线连接在一起。

1.2　废盐资源化工艺流程

工业生产所产生的废盐，通过高温热解、快速过滤、多级吸附、高级氧化、多级化合反应、多级过滤、蒸发结晶干燥，以回收有用的盐资源。其工艺流程为：将废盐进行热解，除去废盐中大部分的有机物及其他易挥发的杂质；热解后废盐添加纯水及冷凝水制成一定浓度的溶液；化盐水添加一定量的药剂，经过快速过滤器除去溶液中的 SS；过滤后溶液经多级吸附除去大部分有机杂质；多级吸附出水经高级氧化去除 TOC；高级氧化出水添加化学药剂，进行多级化合反应，进一步将难以被过滤的氟、铁、钙、镁及重金属除去；化合反应出水经过多级过滤后，得到纯净的氯化钠盐溶液进入离子膜系统，硫酸钠盐溶液去作后续蒸发结晶系统；硫酸钠盐溶液经蒸发冷冻结晶得到芒硝产品；芒硝经干燥得到元明粉产品。冷凝水回收至化盐系统。废盐经过热解+快速过滤+多级吸附+高级氧化+多级化合反应+多级过滤+蒸发冷冻结晶处理工艺后，氯化钠盐水可以达到进离子膜烧碱精制一次盐水的要求，经过蒸发结晶后盐的品质可以达到 GB/T 5462—2015 工业盐干盐一级标准；无机盐为硫酸钠的废盐精制后可以达到 GB/T 6009—2014 硫酸钠一等品标准。工艺流程方框图如图 1 所示。

1.3　工艺的先进性

（1）高温热解处理工序，废盐热解系统进料 TOC 约为 5000~50000mg/L，热解系统出料 TOC 降至 90mg/kg（干基）以下，挥发性杂质去除率大于 99%，热解系统处理有机杂质及挥发性杂质与其他氧化工艺相比，去除率高，能够连续化运行。

（2）多级吸附工序，吸附材料是具有较大比表面积的纳米孔型材料，其比表面积大于 $1300m^2/g$、平均孔径为 3~5nm 之间、交换容量大于 1.6mmol/g，该型材料具有吸附能力强、通透性好、解析切换方便等特点。

（3）高级氧化工序，采用多级组合氧化方式，氧化剂的投加量约为 1kg/t，反应 PH 控制在 6.5~8，温度控制在 30℃~60℃，此单元运行电耗由 6.6 元/t 降为 2.2 元/t，有机杂质去除率高达 99%。

（4）多级化学沉淀反应工序，在一定的 PH 值下，添加化学药剂与废盐溶液中的钙镁、金属离子及重金属离子反应沉淀，本工序的主要作用

是去除硬度以及重金属离子等。

（5）多级过滤工序，考虑特殊药剂在除重金属过程中出现沉淀困难、难以过滤，为此本工序采用多级过滤方式，分步过滤不同杂质，末级过滤出的含氯化钠的盐溶液可以作为离子膜电解一次盐水原料，过滤出的浓缩液至后续蒸发结晶干燥出元明粉产品。本多级过滤系统杂质去除率大于 99%，能够实现连续化、规模化、精细化、自动化生产。

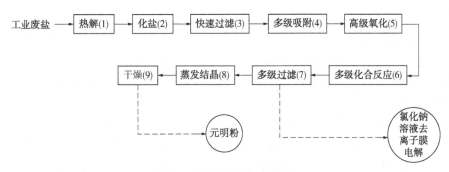

图 1　废盐资源化工艺流程

2　相关工程试验

工程试验是选取浙江某危废处置企业库存的废盐，该危废处置企业废盐处置量大，废盐来自不同的企业，废盐的种类繁杂，且在废盐资源化过程中存在盐的各项目指标波动性大，盐中的离子种类和数量存在很大的不确定，成分特别复杂。该废盐主要成分为：80% NaCL（或 NaCL+NaSO$_4$）、15% 有机物、15% 水分、10% 其他杂质。

2.1　工程试验步骤

具体处理步骤为：

（1）将废盐与其他有机质混合进行热解，热解温度控制在 500~600℃，根据有机杂质含量的不同，热解时间约为 0.5~1.5h，除去废盐中大部分的有机物及其他易挥发的杂质，热解尾气去尾气处理系统；

（2）热解后废盐输送至化盐槽，添加纯水及冷凝水，配成一定浓度的溶液；

（3）化盐后的盐溶液添加一定量的药剂，pH 调节至 7 左右，混合搅拌约 0.5h，经过快速过滤器除去溶液中的 SS；

（4）过滤后溶液采用比表面积大于 1300m^2/g、平均孔径为 3~5nm 之间、交换容量大于

1.6mmol/g 的吸附材料进行多级吸附，去除废盐溶液中的有机质及其他杂质；

（5）多级吸附出水控制 pH 在 6.5~8，反应温度约为 30~60℃，采用多级组合氧化方式，氧化剂的投加量约为 1kg/t，有机杂质去除率高达 99%；

（6）高级氧化出水根据盐溶液杂质成分添加化学药剂，进行多级化合反应，进一步将难以被过滤的氟、铁、钙、镁及重金属除去；

（7）化合反应出水添加药剂，经过多级过滤后，得到纯净的氯化钠盐溶液进入离子膜一次盐水系统，硫酸钠盐溶液去后续蒸发结晶系统，离子膜一次盐水满足《现代氯碱技术》（2018）中的各项指标要求；

（8）硫酸钠盐溶液经蒸发冷冻结晶得到芒硝；

（9）芒硝经干燥得到元明粉产品。

2.2　多级吸附特点

多级吸附工序，其特征在于具有较大比表面积的纳米孔型树脂，该树脂比表面积为 1000~1500m^2/g、平均孔径为 1~5nm 的聚苯乙烯-二乙烯苯骨架或聚丙烯酸酯骨架。废盐溶液经多级吸附，出水有机物及杂质能够连续稳定去除，出盐品质高，延长后续系统的清理周期。整套多级

吸附工艺流程运行正常稳定，提高副产盐的品质，同时可以很好的解决吸附液的去处，无污染排放，实现了环保与经济效应的统一。

2.3 废盐燃烧/热解特点

废盐高温燃烧除有机杂质是国内外研究最多的主流工艺，其中王利超等在高于废盐所含有机物沸点30℃的条件下，高温处理120min，有机物可完全气化分离，去除率大于99.99%。徐志宏等以700~800℃的煅烧化工废盐，经精制除渣后各项指标符合离子膜氯碱标准。

高温去除废盐中的有机物的机理就是利用有机物的热不稳定性，在外界高温条件下，当温度达到有机物的沸点或分解温度时，发生一系列复杂的物理化学反应，实现有机物裂解成小分子气体析出的过程，从而降低废盐中的有机物含量。

2.4 新旧工艺优缺点

采用废盐组合处理工艺方式，与传统的工艺相比，投资投资相对较省，吨废盐投资约0.6万元；运营成本低，吨废盐的处置成本约1000元，按照国内废盐年产量2000万吨计，全国每年可节约废盐处置成本为200亿元；TOC去除率提高52%；烟气量减少50%；装置占地面积减少32%；操作弹性大，能应付原料波动，可以处理来料成分波动过大、微量杂质的富集的物料。能够实现连续化、规模化、精细化、自动化生产。采用废盐组合处理新工艺方式对操作人员操作要求较高，需要持证上岗。

3 总结

工业废盐是重要的工业原料，是宝贵的国家战略资源，将废盐去除杂质精制，回收的工业盐具有广泛的工业用途。然而不同行业对工业原料盐的品质要求存在一定的差异性，结合QB/T 4890—2015《印染用盐》，QB/T 5270—2018《离子膜烧碱用盐》和HB 5408—2004《航空热处理用盐规范》等标准。提取这些宝贵的资源，需要优化工艺，提高废盐回收率，节约成本，增加企业经济效益。

（1）通过改进废盐热解系统，使废盐热解系统进料TOC约为5000~50000mg/L，热解系统出料TOC降至90mg/kg（干基）以下，挥发性杂质去除率大于99%，热解系统处理有机杂质及挥发性杂质与其他氧化工艺相比，去除率高，能够连续化运行；

（2）选取的吸附材料是具有较大比表面积的纳米孔型材料，其比表面积大于1300m^2/g、平均孔径为3~5nm之间、交换容量大于1.6mmol/g，该型材料具有吸附能力强、通透性好、解析切换方便等特点；

（3）采用多级组合氧化方式，氧化剂的投加量约为1kg/t，反应PH控制在6.5~8，温度控制在30℃~60℃，此单元运行电耗由6.6元/t降为2.2元/t，有机杂质去除率高达99%。

参 考 文 献

[1] 李彦伟，陈洪法，张树立，等．废盐处置工艺与设备解析[J]．中国新技术新产品，2021（02）：122-124.

[2] 周海云，鲍业闯，包健，等．工业废盐处置现状研究进展[J]．环境科技，2020：70-75.

[3] 张研，崔伟超，刘红雨．高温热解法净化工业废盐的研究[J]．天津化工，2021（01）：60-62.

[4] 刘国桢．现代氯碱技术[m]．化学工业出版社，2018.

[5] 符丽纯，陈利芳，戴建军，等．盐渣精制高效组合深度处理方法[P]．中国专利：CN107572557B，2019-03-29.

[6] 王利超，王志良，等．模拟氯化钠盐渣的高温处理[J]．化工环保，2014，34（05）：419-422.

[7] 徐志宏，朱建民，等．草甘膦副产盐精制用于离子膜烧碱的研究[J]．化工生产与技术，2015，22（03）：24-25.

[8] 王烁，陈利芳，高静静，等．化工行业废盐资源化现状及发展趋势[J]．科技导报，2021：9-16.

[9] 中华人民共和国国家质量监督检验检疫总局，中国国家标准化管理委员会．工业氯化钙：GB/T 26520—2011[S]．北京：中国标准出版社，2011.

[10] 中华人民共和国工业和信息化部．印染用盐：QB/T 4890—2015[S]．北京：中国轻工业出版社，2015.

[11] 中华人民共和国工业和信息化部．离子膜烧碱用盐：QB/T 5270—2018[S]．北京：中国轻工业出版社，2018.

[12] 国防科学技术工业委员会．航空热处理用盐规范：HB 5408—2004[S]．北京：中国标准出版社，2004.

生物法联用技术控制 VOC$_S$ 污染的应用分析

孙方迎

（湖南长炼兴长集团有限责任公司）

摘 要 生物法在炼化企业主要用于污水处理场曝气池废气及 VOC$_S$ 的处理，然而也存在占地面积大、易堵塞以及不宜处理高浓度、疏水性污染物的缺点。因此，选用生物法联用技术可充分利用各种单元治理技术的优势，提高 VOC$_S$ 的净化效率，实现 VOC$_S$ 达标排放。本文论述了目前常用的生物法联用技术的基本工艺，分析了化学氧化–生物联用技术在湖南长炼兴长集团有限责任公司精细化工厂的应用、高效净化箱+生物滤池联用技术在长岭炼化公司水务部排水片区第二污水处理厂的应用，以及生物滴滤和生物滤池串联的生物组合联用技术在泰州石化的应用。未来可从强化三相的传质效率、选用合适的联用技术、提高微生物活性和添加适宜的助剂这四方面举措来提高 VOC$_S$ 的净化效率。

关键词 生物法；VOC$_S$；恶臭气体；联用技术

1 前言

挥发性有机物（VOC$_S$）是指室温下饱和蒸气压大于 70.91PA，常压下沸点小于 260℃ 的有机物。VOC$_S$ 主要包括烷烃类、芳烃类、烯烃类、卤烃类、酯类、酮类、醛类及其他有机化合物，绝大多数 VOC$_S$ 对人体健康和环境危害较大。

石化企业 VOC$_S$ 排放源主要有三方面，一是石油炼制过程中生产装置排放的废气。主要包括生产装置尾气；二是石油产品储存和装卸过程产生的废气。三是废水集输及凉水塔系统排放的废气。

VOC$_S$ 污染末端控制技术有冷凝法、燃烧法、生物法、吸收法和吸附法等。生物法利用驯化的微生物把恶臭污染物生物降解为无二次污染的小分子化合物，从而达到脱臭和净化废气的目的。生物法处理技术成本低，操作安全稳定，因此生物法成为低浓度 VOC$_S$ 和恶臭治理的最佳技术之一。

但单一的生物法占地面积大、长期运行容易出现堵塞，而且不适宜处理高浓度、高毒性及疏水性污染物，因此需要通过生物联用技术来提高处理 VOC$_S$ 的效率。

2 生物法控制 VOC$_S$ 的工艺原理

2.1 生物洗涤法

生物洗涤塔由吸收和生物降解两部分组成。如图 1 所示是生物洗涤法净化 VOCS 的工艺原理。经有机物驯化的循环液由洗涤塔顶部布液装置喷淋而下，与沿塔而上的气相主体逆流接触，使气相中的有机物和氧气转入液相，进入活性污泥池被微生物氧化分解。该法适用于气相传质速率大于生化反应速率的有机物降解。目前，常用的洗涤塔有多孔板式塔和鼓泡塔。经液相吸收的有机物进入再生系统，在适当的环境中被微生物降解，从而使液相得以再生，继续循环使用。

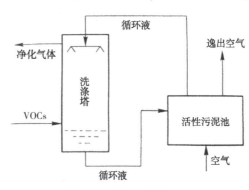

图 1 生物洗涤法净化 VOC$_S$ 的工艺原理

2.2 生物滴滤法

如图 2 所示生物洗涤法净化 VOC$_S$ 的工艺原理。VOC$_S$ 气体由塔底进入，在流动过程中与已接种挂膜的生物滤料接触而被净化，净化后的气体由塔顶排出。滴滤塔集废气的吸收与液相再生为一体，塔内增设了附着微生物的填料，为微生物的生长和有机物的降解提供了条件。启动初期，在循环液中接种了经被测定有机物驯化的微生物菌种，从塔顶喷淋而下，与进入滤塔的

VOC$_S$ 异向流动；微生物利用溶解于液相中的有机物质，进行代谢繁殖，并附着于填料表面，形成微生物膜，完成生物挂膜过程；气相主体的有机物和氧气经过传输进入微生物膜，被微生物利用，代谢产物再经过扩散作用进入气相主体后外排。

2.3　生物过滤法

如图 3 所示生物过滤法净化 VOC$_S$ 的工艺原理。VOC$_S$ 气体由塔顶进入过滤塔，在流动过程中与已接种挂膜的生物滤料接触而被净化，净化后的气体由塔底排出。定期在塔顶喷淋营养液，为滤料微生物提供养分、水分并调整 PH，营养

液呈非连续性，水只是滞留在生物膜表面和内层中，用于生物生长和自身代谢，而非 VOC$_S$ 溶剂，没有形成贯穿于整个滤料塔层的连续流动相。滤塔为两相，即含有 VOC$_S$ 的气相主体和由水、含水微生物膜及含生物膜的滤料介质组成的液/固相。VOC$_S$ 通过扩散效应、平流效应以及气相、液/固相的传递而被吸附到液/固相中，传递到液/固相中的 VOC$_S$ 通过微生物降解成 CO_2、H_2O 和生物有机体，生成的 CO_2 再通过液/固相与气相主体之间的传递，进入气相主体，并通过气相主体外排，从而完成 VOC$_S$ 降解过程。

如表 1 所示三种生物法优缺点的对比。

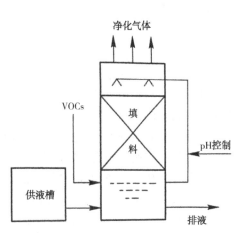

图 2　生物洗涤法净化 VOC$_S$ 的工艺原理

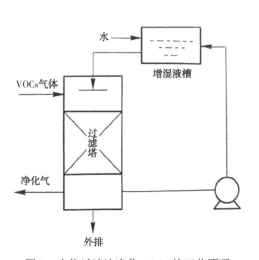

图 3　生物过滤法净化 VOC$_S$ 的工艺原理

表 1　三种生物法优缺点对比

种类	优点	缺点
生物过滤池	操作简单，能耗较少，运行成本低，处理能力较强，无二次污染	只能处理较低浓度的 VOC$_S$ 污染物，过程无法控制，填料的湿度和 pH 难以控制，床层容易发生堵塞
生物滴滤塔	处理能力强，运行成本低，可以调节 pH 和添加营养物质，还具有抗高入口负荷冲击的能力	操作要求高，投资费用高，对于气体进量较为敏感，只能处理易溶的 VOC$_S$
生物洗涤塔	过程容易控制并适合建模，整体操作较为稳定	投资成本和运行费用高，设备复杂，在整体工艺的吸附阶段，可能会堵塞状况

3　生物法联用技术治理 VOC$_S$

3.1　光降解-生物联用技术

光降解技术治理 VOC$_S$ 具有效率高、周期短、操作简单等优点。然而仍存在一些缺点：(1)净化效率低；(2)VOC$_S$ 光降解过程中产生的产物和部分氧化中间体可能比原始产物更具危害性；(3)臭氧是 200nm 以下光降解过程中的主要副产物，对环境和人类有害。而生物法具安全可靠、易操作、无二次污染等优点，因此，将光降

解技术与生物技术联用治理 VOC$_S$ 成为今后研究的重点。

3.2　低温等离子体-生物联用技术

低温等离子体净化机理是利用反应器内含有巨大能量的电子、自由基等活性粒子和废气中的污染物作用，使污染物分子在极短的时间内发生分解，以达到降解污染物的目的。该技术工艺简单、处理量大，但能耗高、降解不彻底、易形成副产物臭氧。生物法具有无二次污染、降解效果好等优势。将低温等离子体技术作为预处理，可

降低生物系统的毒性从而提高整体的降解效率。

3.3 吸附-生物联用技术

吸附法是使用吸附剂对废气中 VOCs 成分进行选择性吸附，常用的吸附剂有活性炭、分子筛，以及活性炭纤维、生物吸附剂等新型吸附剂材料，通常用来处理大气量、低浓度的 VOCs，具有操作简单、净化效率高、适用范围广等优势，但吸附剂更换频繁、运行费用高。将吸附法作为末端处理系统与生物技术联用，利用优势互补，可实现 VOCs 的高效去除。

3.4 化学氧化-生物联用技术

化学氧化法是利用氧化剂通过失去电子对目标污染物进行氧化。氧化剂包括次氯酸钠、双氧水、芬顿氧化剂。通常采用化学洗涤塔方式，在洗涤塔中喷淋化学洗涤剂，通过中和、氧化或其他化学反应净化废气。现在也有不少研究学者将臭氧氧化作为预处理技术，利用臭氧的强氧化分解作用，来提高后续生物反应器的处理效果。

3.5 燃烧-生物联用技术

燃烧法是利用热氧化作用将 VOCs 和恶臭气体中的可燃有害成分转化为无害物或易于进一步处理的物质的方法。可分为直接燃烧（TO）、蓄热燃烧（RTO）、催化燃烧（CO）、蓄热催化燃烧（RCO）。在与其他技术联用时，燃烧通常作为末端处理装置以保证废气的达标排放。

3.6 生物组合联用技术

生物组合联用技术是将不同类型的生物反应器进行串联使用，其中生物过滤、生物滴滤和生物洗涤反应器在联用技术中应用比较多，适用范围也比较广，但每个反应器都存在不足，通过串联每个类型的生物反应器后可以克服单一反应器存在的不足，利用优势互补达到最优的去除效果。

4 生物法及其联用技术控制 VOCs 的应用

4.1 在本单位直属车间的应用

精细化工厂是湖南长炼兴长集团有限责任公司的直属车间，尾气装置处理工艺采用"洗涤+生化"的优化组合工艺，属于化学氧化-生物联用技术。如图 4 所示为废气处理装置工艺流程图。装置的核心是生物催化氧化床，在生物催化氧化床内安装有复合填料，填料上生长着大量脱臭菌，高效脱臭菌对苯系物、烃类针对性强，去除效率高。为保证装置稳定的处理效果，在生物催化氧化床的前端设洗涤塔，增加臭气的湿度。臭气中酸性物质含量高时，采用碱液喷淋，降低酸性物质对生化处理效果的影响。循环水系统采用低浓度工业污水配制，运行时无须投加生物营养盐，运行费用低。实现了水相和气相污染物的同步治理，不产生二次污染。

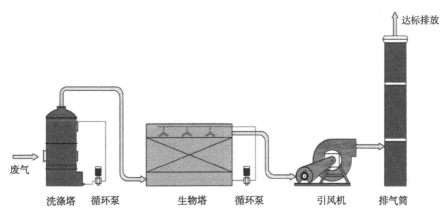

图 4　废气处理装置工艺流程图

2019 年，湖南长炼兴长集团有限责任公司委托第三方公司开展整治项目竣工环境保护验收工作。如表 2 所示的监测结果，生产尾气处理装置出口 VOCs 排放浓度最大值为 6.98mg/m³，小于标准值 80mg/m³，排放速率最大值为 0.016kg/h，小于标准值 12.8kg/h；VOCs 的平均去除效率为 71.4%，满足排放限值要求。

4.2 在长岭炼化公司水务部第二污水处理厂的应用

为解决二污恶臭排放超标风险的问题，水务部排水片区第二污水处理厂（以下简称二污）在 2021 年对恶臭装置进行了提标改造，降低污染物排放浓度和排放总量，提高尾气质量。如图 5 所示为改造恶臭治理装置工艺流程示意图。如表 3 所示为改造前二污恶臭治理装置进出口污染物浓度表。从表中可以看出厂界臭气浓度存在超标

风险。目前，恶臭治理装置采用"高效净化箱+生物滤池"技术路线，通过高效废气净化箱与生物强化技术联用来降解恶臭气体。

表 2 生产废气排气筒监测结果

监测点位	类别	监测频次			最大值	标准值	是否达标
		第一次	第二次	第三次			
生产尾气处理装置进口	标干流量/(Nm^3/h)	3310	3021	3341	3341	—	—
	VOC_S 浓度/(mg/m^3)	21.5	19.4	18.7	21.5	—	—
	VOC_S 速率/(kg/h)	0.072	0.059	0.062	0.072	—	—
生产尾气处理装置出口	标干流量/(Nm^3/h)	2247	2310	2088	2310	—	—
	VOC_S 浓度/(mg/m^3)	5.16	4.65	6.98	6.98	80	达标
	VOC_S 速率/(kg/h)	0.012	0.011	0.015	0.015	12.8	达标
VOCS 去除效率/%		71.4					

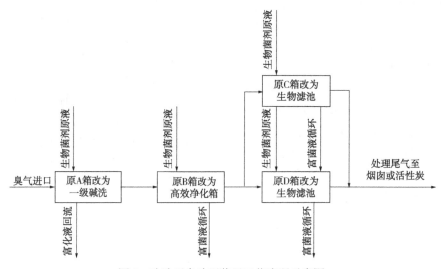

图 5 改造恶臭治理装置工艺流程示意图

表 3 改造前二污恶臭治理装置进出口污染物浓度

时间	苯/(mg/m^3)		甲苯/(mg/m^3)		二甲苯/(mg/m^3)		VOC_S/(mg/m^3)		臭气指数
	进口	出口	进口	出口	进口	出口	进口	出口	
2020 年 1 月−4 月平均值	13	8.07	11.5	6.34	15.4	9.80	190	125.9	3376
排放指标/(mg/m^3)	4		15	20		120	1000		

来自污水处理构筑物排出的恶臭气体，经过管道收集后进入碱洗装置进行预处理，脱除水溶性物质和酸性气体后，依次进入两级高效净化箱，通过与生物除臭剂雾化喷淋的逆向接触，对恶臭气体进行增湿除尘，同时吸收恶臭气体中的污染物。经过两级净化箱后的恶臭气体进入生物滤池内，与喷淋液逆流接触后以水溶态形式在生物滤床中被微生物降解，最终形成二氧化碳、水等无污染物质，处理达标后尾气从排气筒排放。

如表 4 和表 5 所示，经处理的恶臭气体，各项指标均符合地方环保部门要求。

4.3 在其他单位的应用

泰州石化为消除 VOC_S 废气的无组织排放，消除现场异味，实现废气的达标排放，对轻烃储罐、污油池、污水系统等进行了技术改造。如图 6 所示为泰州石化废气处理工艺流程示意图。采用二段生物法联用技术对 VOC_S 废气进行集中处理，属于生物组合联用技术。高浓度废气经过冷

凝分离后，气相与低浓度废气混合，进入生物滴滤处理单元，通过大孔隙填料表面形成的生物膜和喷淋系统，除去废气中的粉尘、可溶性废气污染物，在生物滤池单元生物进一步降解硫化氢、氨、苯等污染物。生物处理后的废气通过风机，输送至深度处理单元，通过吸附系统处理生物法无法处理的烃类恶臭物质，干燥后通过烟囱有组织达标排放。深度处理单元再生的尾气进入冷凝液储罐，不凝气循环处理，凝析液进入污油储罐利用。

表 4　改造后各单元恶臭污染物去除效果表

工序	进气		一级高效净化箱出口		二级高效净化箱出口		生物滤池出口		内部指标	去除率/%	
污染物/（mg/m³）	设计	实际	设计	实际	设计	实际	设计	实际		设计	实际
臭气浓度	8000	7106	4000	—	1500	—	750	261	1000	90.63	96.33
VOC_s	150	85.33	122	75.13	50	62.19	25	45.9	50	83.33	46.21
苯	35	3	15	2.87	4.5	2.42	1.5	1.74	2	95.71	42.00
甲苯	20	3.04	10.5	2.96	6	2.6	2.5	2.17	8	87.50	28.62
二甲苯	20	2.55	12	2.34	7.5	2.22	4.5	1.96	10	77.50	23.14

表 5　近期恶臭处理装置进出口气体检测数据表

检测日期	检测项目	进口/（mg/m³）	出口/（mg/m³）
2023.5.9	非甲烷总烃	11.12	6.86
	苯	1.78919	ND-
	甲苯	0.001	ND-
	二甲苯	0.002	ND-
	乙苯	0.002	ND-
2023.4.11	非甲烷总烃/（mg/m³）	4.66	4.23
	苯	0.74312	0.0005
	甲苯	0.001	0.001
	二甲苯	0.002	0.002
	乙苯	0.002	0.002
2023.3.6	非甲烷总烃	28.4	8.96
	苯	2.12766	0.77128
	甲苯	0.001	0.001
	二甲苯	0.002	0.002
	乙苯	0.002	0.002

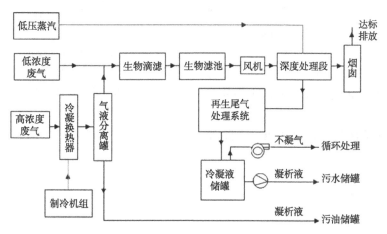

图 6　废气处理工艺流程示意图

通过生物滴滤和生物滤池串联的二段生物法联用工艺,利用生物菌种降解废气中的污染物,实现废气的深度脱除和有组织达标排放。如表6所示,经过两段生物法处理后,臭气脱除率达到92.5%。目前现场已无异味,设备运行平稳,处理后的尾气中污染物指标符合要求,改造达到预期效果。

表6　生物法处理装置进出口气体检测数据表

检测项目	进口	出口
烟囱高度/m	—	15
含湿量/%	2.4	2.3
温度/℃	28.5	28.2
废气流量/(m³/s)	8570	8813
苯系物浓度/(mg/m³)	1.5×10^{-3}	1.5×10^{-3}
非甲烷总烃浓度/(mg/m³)	9.28	1.12
臭气浓度	1738	130

5　结论

生物法因其成本与运行费用低、二次污染小、易操作等优点备受关注,但对于高浓度、疏水性、难生物降解的VOCs气体,单一的生物技术去除效果并不理想。可采用生物法联用治理技术,充分利用各种单元治理技术的优势,降低VOCs治理成本,实现VOCs达标排放。就未来关于生物法及其联用技术治理VOCs提几点建议:

(1)在生物法处理VOCs中,总传质效率等于气相传质效率、液相传质效率和生物膜相传质效率的加和。所以要想提高VOCs的降解效率,就要从这"三相"入手,强化这三部分的传质效率。

(2)要根据具体的适用范围和使用条件选择相应的治理技术加以联用,才能达到成本经济和效果理想的双重目标。

(3)提高微生物活性对研究生物处理系统有重要的作用,筛选高效的降解菌能缩短生物处理系统的启动时间。

(4)适宜的助剂有利于提高VOCs去除效率,同时也可控制微生物的过度生长不至于出现填料层堵塞、气流分布不均、压降增大等问题。表面活性剂的添加可提高疏水性组分的气-液传质速率、增强VOCs生物净化效果。

参 考 文 献

[1] 郭海东.天津分公司炼油部VOCs治理效果分析[J].当代化工,2020,49(04):688-691+695.

[2] 郭兵兵,刘忠生,王新,等.石化企业VOCs治理技术的发展及应用[J].石油化工安全环保技术,2015,31(04):1-7+9.

[3] 张琰,李好管.挥发性有机物(VOCs)治理:技术进展及政策探析[J].煤化工,2022,50(06):1-10+15.

[4] 杜荣坤,李顺义,朱仁成,等.生物法VOCs强化净化工艺研究进展[J].应用化工,2022,51(12):3726-3730+3735.

[5] 杜晓峰,连洲洋,缪百通.石化企业储罐VOCs排放与治理探讨[J].化学工程与装备,2018(07):292-294.

[6] 蒋展鹏,杨宏伟.环境工程学.北京:高等教育出版社,2013.554-556.

[7] 杜佳辉,刘佳,杨菊平,等.生物法联合工艺治理VOCs的研究进展[J].化工进展,2021,40(05):2802-2812.

[8] 侯晓松,王欣,郭斌,等.生物法联用技术治理VOCs的研究进展[J].应用化工,2022,51(02):603-607.

[9] 赵连成.生物法处理挥发性有机废气的研究进展[J].现代化工,2021,41(01):72-76.

[10] 张翼攀,莫莉,李仙松,等.生物高效净化技术在恶臭治理中的开发与应用[J].长炼科技,2022,48(04):35-38.

[11] 王恩廷.生物法组合工艺在炼油VOCs废气治理中的应用[J].云南化工,2022,49(05):75-77.

[12] 刘佳,杨菊平,杜佳辉,等.助剂对生物法去除疏水性VOCs性能的影响[J].北京工业大学学报,2022,48(02):197-208.

[13] 张美然,杜昭,刘振冲,等.表面活性剂强化生物法治理VOCs研究进展[J].应用化工,2022,51(04):1191-1195.

臭氧催化氧化技术在炼化深度回用存在问题研究

李开红　聂春梅　金煜林

（中石油克拉玛依石化有限责任公司）

摘　要　在节能降耗、节水减排已成为国策的背景下，炼化污水集中处理达标排放的末端治理已经不能满足炼化行业发展，炼化污水"零排放"的实施将是大势所趋。随着石油化学工业污染物排放新标准的实施，国内大部分石化企业都对原有污水处理工艺进行升级改造，多数企业采用了以臭氧催化氧化为核心的深度回用工艺单元，但在实际运行过程中出现了一系列运维问题。结合实际工程运行情况，从预处理过程、催化剂重复利用、日常操作维护、设备防腐等方面对出现的问题进行了分析，同时对其发展趋势进行了展望。

关键词　深度回用；反渗透；膜浓水；臭氧催化氧化；催化剂

炼化废水在处理过程中一般都会采用预处理、生化处理、深度处理三个层级，来满足炼化废水的排放或回用的高标准要求。双膜技术工艺，即"超滤+反渗透"技术进行深度处理污水是目前的工程化较为常见的组合技术，目前已广泛应用于炼化污水深度处理系统。超滤和反渗透装置可以共用加药系统、产水池，反渗透的不合格产水可直接作为超滤系统反冲洗用水，即简化了设计流程、节省了占地面积，又经济、环保、高效、节能的达到了设计出水标准。在双膜技术工艺运行中，大多数无机离子以及有机污染物都被拦截在浓水一侧，一般来说系统在产生75%左右的优质水的同时产生约25%的浓水，该浓水即为"双膜浓水"。双膜技术可以有效提高炼化企业中水回用率，但是，膜浓水中的无机盐类和COD等有机污染物被浓缩了近4倍，这些水在后续处理过程中又存在含盐量高、有机物成分复杂、易结垢堵塞膜孔道、生物难降解的共同特性问题，这些都成为双膜技术的最大障碍，影响污水达标外排和回用。

石油化工领域，上下游产业链直接产品多，工艺流程长、过程控制复杂，有些工艺过程连续排放废水，有些则间歇排放，废水排放量大、点源多、波动性也很大。由于石油化工生产过程的原料、中间品和产品等数量庞大，产生废水中的污染物除了含有石油类、氨氮、硫化物、氰化物、醇类、酚类以外，还有多种有机化学产品，如胺类化合物、多环芳烃化合物以及杂环化合物等有毒有害、生物难降解的物质。

国内石油化工废水二级处理思路基本一致，主要通过隔油、气浮、水解酸化、A/O生化工艺、沉降分离等手段净化水质，随着GB 31571—2015《石油化学工业污染物排放标准》的实施以及对中水回用率的进一步要求，石化废水处理厂原有处理工艺已经很难达到标排放。原因主要是二级生化出水中除含有部分生物难以降解的物质，采用膜技术进行深度回用后，产生的膜浓水更是不能有效处理。针对生化出水不达标情况，国内很多污水处理厂进行了技术升级改造，增加了以臭氧催化氧化技术为核心的处理工艺。臭氧催化氧化技术在一定程度上提高了水中难降解有机物的去除率，保证了污水达标外排，但是在运行过程中也暴露出很多普遍性问题，需要进一步解决处理。笔者梳理了臭氧催化氧化技术在工程应用领域存在的问题，可为同类工业装置的长周期运行提供借鉴。

1　应用现状

臭氧催化氧化是一种高级氧化水处理技术，主要利用臭氧在催化剂作用下形成羟基自由基，降解水中有机物。臭氧在水中有两个重要的反应途径，一是臭氧直接氧化，二是通过形成羟基自由基进行自由基氧化。羟基自由基（·OH）是一种强氧化剂，其氧化还原电位高达2.8eV，能够迅速氧化分解有机物。石油化工废水深度处理应用臭氧催化氧化技术去除膜浓水中的难降解有机物，提高废水的可生化性，实现污水达标外排。中石油、中石化、中海油三家大型石化企业在污水深度回用工艺中都引入了臭氧催化氧化技术，吉林石化和长岭石化在臭氧氧化工艺前设置了高密沉淀池，有效去除了水中虚体，为后续臭氧氧化工艺发挥了预处理作用，四川石化、锦州石化、云南石化采用了"臭氧氧化-稳定池-后臭氧氧化池"工艺，通过精细调节前、后臭氧投加量及实现回用臭氧系统的联动，提高了浓水处理系统 COD 出水的达标率。金陵石化、独山子石化采用了"多介质过滤-臭氧氧化-内循环曝气生物滤池"技术，继承了原 BAF 工艺集生物氧化、生物吸附和截留悬浮固体于一体的特点，并采用新型曝气技术和新型反冲洗技术，防止了沟流和填料板结现象的出现，提高了填料利用率和反冲洗效率，降低了反冲洗能耗。由此可知，国内大部分石油化工企业都选择了"预处理-臭氧催化氧化-曝气生物滤池（BAF）"臭氧催化氧化技术（表1），从目前的石油化工废水工程运行情况来看，处理后出水水质较好，运行比较稳定。该技术在难降解工业废水处理中逐渐走向成熟，未来在废水深度回用系统中应用将更加广泛。

表 1　臭氧催化氧化技术工程应用案例

公司名称	深度处理工艺	处理量/ （m³/h）	进水 COD/ （mg/L）	出水 COD/ （mg/L）
中石油兰州石化公司	气浮+臭氧接触氧化+脱碳生物滤池	360	90~100	≤20
中石油四川石化公司	用臭氧氧化-中和池-生物滤池-后臭氧接触池-观察池	450	≤100	≤50
中石油大庆石化公司	臭氧催化氧化-工程菌—曝气生物滤池工艺-外排	100	≤100	≤50
中石油辽阳石化分公司	均质-连续砂滤-高级氧化-曝气生物滤池-絮凝砂滤-外排	2000	≤100	≤45
中石油吉林石化公司	高密度沉淀池+V 型滤池+臭氧催化氧化"	6500	≤80	≤50
中石油大连西太平洋石油化工有限公司	沉砂-调节-隔油-两级浮选→活性污泥法-沉淀-砂滤-臭氧氧化池-BAF	350	≤150	≤30
中国石油锦州石化公司	集水池-前 BAF-臭氧氧化池-氧化稳定池-后 BAF-清水池-外排水	350	≤100	≤50
中石化海南炼油化工分公司	混凝沉淀-反硝化系统-臭氧催化氧化-BAF-回用或外排	200	≤100	≤50
中石化金陵石化分公司	多介质过滤-臭氧催化氧化-BAF-外排（含油、含水两条线）	650/350	50~80	≤40
中石化扬子石化分公司	溶气气浮-臭氧氧化-曝气生物滤池 BAF	3000	90~100	≤20
中石化长岭石化分公司	罐中罐+隔油+浮选+MBBR 池+短程硝化+高密沉淀池+臭氧催化氧化池+BAF	250	≤100	≤50
中石油大港石化分公司	调节池-高效澄清池-臭氧催化氧化池-MBBR-高效气浮-炭滤-外排水	100	≤140	≤40
中石油独山子石化公司	多介质过滤-臭氧催化氧化-后生化 IRBAF（内循环 BAF）	230	≤120	≤50
中石油云南石化分公司	前臭氧接触池-反硝化生物滤池-生物滤池-GREEN 气浮-砂滤-后臭氧接触池-活性炭	150	≤165	≤50
中海石油炼化有限责任公司惠州炼化分公司	膜生物反应器 MBR-臭氧氧化塔-检测池-臭氧催化氧化池-氧化稳定池-BAF-流砂过滤器-监测外排	300	90~130	≤50
中海石油宁波大榭石化有限公司	两段增压臭氧催化氧化-电催化氧化	10	230~250	≤60

2　存在问题与分析

臭氧催化氧化技术在石油化工废水深度处理中起到了关键作用，但随着运行时间的延长，也遇到了一系列问题，主要表现为：生化系统出水水质差，致使二级出水中悬浮物（SS）浓度升高、浊度增大，增加了臭氧消耗，影响工业装置的长周期运行；臭氧催化剂对废水 COD 的去除率提高有限，催化剂的颗粒强度和催化活性呈反比，强度低，催化活性高，强度低，催化活高，臭氧催化氧化过程中，催化剂长期浸泡于水中，受气流和水流的不断冲刷，催化剂易出现粉化、强度降低、活性组分流失的现象；催化剂重复利用性能有待加强；臭氧系统容易发生泄漏腐蚀，影响设备维护和长周期运行。

2.1 悬浮物浓度对臭氧催化氧化的影响

石化废水具有有机物种类复杂、毒性较高有、油含量高等特点，考虑处理成本，国内大多数石化企业都采用生物法净化处理废水。微生物处理有毒有害的废水过程中会产生一定的活性污泥和微生物代谢物。另外，废水处理过程中会添加一定量的絮凝剂、净水剂、混凝剂等化学药剂，这样就会造成整个生物处理系统中水质成分极其复杂，生化系统末端二沉池出水中悬浮物和浊度较高(二级出水 SS 浓度 ≥25mg/L，浊度 ≥6NTU)。Wu 等采用微絮凝动态过滤工艺对石油化工二次废水进行预处理。中试实验表明，剂量为 10mg/L 的聚合氯化铝铁可使 SS 去除率达到 50.58%，微絮凝和动态过滤可使臭氧消耗量降低 25%。Zucker 等研究了 50μm 内的悬浮物 SS 对微量有机污染物的臭氧降解和出水质量参数的影响。结果表明，用较小孔隙过滤器过滤的废水经过臭氧氧化后，臭氧反应污染物和臭氧难降解污染物的降解均得到改善，表明该范围内的颗粒可能会对臭氧氧化产生不利影响。颗粒的抑制作用是由于其与臭氧反应，降低有效臭氧和·HO 自由基。此外，过滤水平的增加降低了出水臭氧需求，增加了出水紫外线吸收度 UVA_{254} 的去除，进一步确定了臭氧与出水颗粒发生反应，与溶解物质竞争。Zhang 等也研究了石油化工二级水处理过程中废水悬浮物 SS 对催化氧化的影响。结果表明，废水悬浮物可显著影响催化氧化反应，增加臭氧消耗。张斯宇等以石化二级出水为研究对象，采用臭氧催化氧化处理技术和粒径分布、Zeta 电位、三维荧光等分析手段，系统研究了废水中生物絮体对臭氧催化氧化的影响。试验结果表明，随着 SS 浓度的增加，去除单位 COD 消耗臭氧量逐渐增加。在臭氧的分散作用下，絮体粒径呈现减小趋势。臭氧催化氧化出水粒径呈现减小的趋势，Zeta 电位变化特性也与粒径结果相应。絮体的存在增加了臭氧消耗，与水中的有机物对臭氧有竞争作用。三维荧光分析表明臭氧优先去除色氨酸类蛋白质和腐殖酸类物质。

2.2 催化剂对臭氧催化氧化 COD 的去除率提高

有限臭氧催化氧化能够提高难降解有机污染

物的去除率，但相对于单独采用臭氧氧化，去除率提升不是很高。龚小芝以 $\gamma\text{-}Al_2O_3$ 为载体，通过浸渍法制备 $\gamma\text{-}Al_2O_3$ 臭氧氧化催化剂。催化剂比表面积为 $304.8m^2/g$，孔径为 5mm～10nm，压碎强度大于 100N，该催化剂可耐受短期酸性废水冲击，并具有一定抗结垢性。

将 $\gamma\text{-}Al_2O_3$ 臭氧氧化催化剂用于臭氧氧化结合曝气生物滤池处理组合工艺，催化剂对臭氧氧化降解炼油污水生化出水 COD 催化效果良好，同时废水可生化性显著提高，利于后续曝气生物滤池深度去除 COD。在臭氧投加量为 40mg/L 的条件下，进水 COD 为 40～154mg/L 时，出水 COD 稳定在 20～40mg/L。为解决外排水装置臭氧催化氧化单元污染物去除率低，能耗高的问题，某炼化公司将臭氧催化氧化池原有催化剂更换为铝基金属离子负载型催化剂。结果表明：专性催化剂具有良好的晶型和发达的孔隙结构，常态化运行后，更换催化剂后的氧化池 COD 去除率达到 42.98%～62.63%，TOC 去除率达 46.62%、UV_{254} 去除率达 82.17%、荧光类物质去除率可达 96.23%。出水 B/C 值为由 0.21 提升至 0.56，出水可生化性明显提高。王冠平等以工业废物铝灰、活性氧化铝和煤粉作为复合载体，预处理后采用浸渍法负载氧化铁作为活性组分，制备了低成本铁系铝灰高效催化剂。载体原料中铝灰、活性氧化铝、煤粉的质量比为 48.5∶48.5∶3，载体煅烧温度为 550℃、时间为 3h，活性组分氧化铁含量为 6%，催化剂煅烧温度为 450℃、时间为 2h。该催化剂的强度可达 115N，比表面积和孔容分别为 $172.50m^2/g$ 和 $0.34cm^3/g$。将其用于苯胺和苯酚配水处理，在初始 pH 为 8、臭氧气体流量为 0.4L/min、臭氧投加量为 40mg/L、苯胺和苯酚配水水量均为 5L、催化剂填充率为 30% 的条件下，对 COD 的去除率最高分别可达 81.3% 和 71.9%。但是该研究中对催化剂循环利用率进行充分考察，臭氧催化剂在实际工业生产中长期浸泡于污水中，由于水、气的冲刷特别容易发生催化剂内部结构磨损、酥软、坍塌、腐烂等现象。因此，对于臭氧催化剂的考察还需要长期跟踪其 COD 去除率、机械强度和循环使用率。

肖春景等在深度处理石油化工废水的研究中，选取了火山岩、陶粒、活性炭、锰砂、分子筛为载体负载镍钾，作为臭氧氧化催化剂，同样条件下，不加催化剂臭氧氧化 COD 的去除率在

9%左右,加入催化剂后COD去除率分别达到14%、11%、20%、12%、17%,同时活性炭的催化效果最佳,但可能是活性炭的吸附起到了一定的辅助作用。黎兆中等用负载金属氧化物的陶瓷催化臭氧处理印染废水,发现使用催化剂可使1g臭氧降解COD的能力由1.17g提升到1.51g,提升幅度为29%。从当前国内石化企业运行情况分析,臭氧催化氧化COD实际去除率在10%~30%,有限的COD去除率限制了臭氧催化氧化在石油化工废水中的工程应用推广。目前,市场上针对石化废水处理厂二级出水臭氧深度处理的高效催化剂,核心制备工艺技术掌握在国外一些大型环保公司手中,因此,针对石化废水处理厂二级出水水质,需要研制高效臭氧氧化催化剂。高效催化剂可提高有机污染物矿化度,间接提高臭氧利用率。对石化废水处理厂二级出水臭氧催化氧化运行费用降低方面起着十分重要的作用。

2.3 催化剂重复利用性能有待加强

催化剂的重复利用性关乎到臭氧催化氧化应用过程的成本问题。在绝大多数的试验研究和工程运行中,非均相臭氧催化剂在气、液、固三相长期频繁的摩擦会发生活性组分流失,同时废水中有机物在臭氧氧化过程中产生的中间产物,会堵塞催化剂表面和内部孔隙。某公司污水厂通过两级臭氧催化氧化去除高含盐浓水(膜浓水)中的COD。由于原水中含有大量的钙镁离子,导致臭氧塔催化剂产生了严重的结垢现象,结垢外观如图1所示。为了解决催化剂结构问题,车间通过在一级臭氧塔进水前投加分散阻垢剂、安装电子阻垢仪等措施来减缓臭氧催化剂结垢,但是一、二两级臭氧塔仍出现了不同程度的进水堵塞、塔内压力降持续升高、臭氧进气不畅等问题,而二级塔堵塞的情况更为严重,逐渐影响外排污水的达标排放,反过来又制约回用装置的正常生产。

(a)   (b)

图1 臭氧催化剂结垢前后外观对比(a 结垢前新催化剂,b 结垢后的外观)

饶维等考察了中国石化长岭石化分公司污水厂臭氧处理单元臭氧催化剂的组成、形貌以及活性,对其失活原因进行了分析,并对再生方法进行了优化。结果表明:催化剂失活是由含盐污水中的金属(非金属)盐沉积在催化剂表面,阻碍催化剂与臭氧接触所致;与新鲜催化剂相比,装置卸出催化剂的比表面积下降17%,孔容下降21%,活性下降至13.9%;物理-化学再生法再生效果优于物理再生法;采用质量分数为1%的柠檬酸溶液处理后的催化剂性能最佳,其比表面积和孔体积略高于新鲜剂,活性可恢复至新鲜剂

的95%,连续运行3周后,活性仅下降6个百分点。

秦志凯等对某石化公司长达5年的废旧臭氧催化剂进行了焙烧再生研究。通过焙烧能够有效燃烧去除催化剂表面及孔隙中的有机物质,增大催化剂孔径和孔隙率,从而恢复废旧催化剂的部分活性。随着焙烧温度从200℃提高到500℃,再生催化剂用于臭氧催化对石化废水生化出水TOC(总有机碳)的去除效果逐渐提升,500℃时,TOC去除率可达44.30%,进一步提高焙烧温度去除效果提升不明显;再生催化剂处理石化废水效能随焙烧时间增加先升高再降低，在相同运行条件下，优化焙烧条件（500℃、4h）下得到的再生催化剂对石化废水生化出水的 TOC 去除率可达新催化剂的 77.46%，相较于新催化剂，再生催化剂的颗粒尺寸和平均孔径减小，而比表面积有所增大；通过皮尔逊相关性分析，探索了废水中有机物和三维荧光测试结果的相关性，认为荧光区域积分体积可以间接反映石化废水中的有机物含量，也可间接反映臭氧再生催化剂的催化性能。

直接焙烧可以作为废旧臭氧催化剂活性再生的一种有效技术手段，具有一定的应用前景，但是该研究只是初步探索试验，并未在实际工业装置中应用。因此，废旧臭氧催化剂焙烧再利用的方法还需进行深入研究，考察再生催化剂的长期稳定性，进而指导工业化装置的废旧催化剂回收再利用。

2.4　日常运行维护工作较复杂

在工业废水处理中，臭氧催化氧化技术的核心设备是臭氧发生器，供给臭氧发生器制备臭氧的气源主要有空气源及纯氧源。空气源一般采用空压机+制氧机现场制备，在实际运行过程中，空气源产生氧气浓度低，进而制备的臭氧浓度波动范围较大、电能消耗较高，对现场精准操作有一定影响。石油化工废水二级出水经过膜技术深度回用后，成分复杂多变，产生的胶体絮凝物、不溶性盐类及臭氧氧化产生的中间产物会对臭氧催化剂内部孔隙产生堵塞，造成臭氧投加不畅，引发臭氧偏流，降低臭氧利用率。因此需要定期对臭氧塔或臭氧池进行反冲洗，确保气液接触充分。对于臭氧催化剂，国内市场没有统一标准，不同厂家生产的催化剂强度、活性、适应性差异较大，需要用户根据自身水质特点进行甄选。一般情况下，臭氧催化剂强度和活性呈负相关，催化剂活性高，意味着其强度不是很高。催化剂长期受污水浸泡和气流冲刷后，会产生活性组分流失、强度下降等问题，需要进行再生或更换。另外，由于臭氧和污水的反应过程一般为常温常压，两相间传质效率低，臭氧经过多级利用后，尾气中臭氧浓度仍然较高，因而需要设置尾气破坏装置。对于北方大型废水处理厂，还需要做好各种防冻措施，由此可知，臭氧催化氧化技术日常运行维护难度较大。

2.5　臭氧腐蚀管件设备

尽管臭氧催化氧化技术具有反应速度快、无二次污染和占用空间小等优点，但是随着臭氧处理系统的运行，部分设备及管道易发生局部腐蚀而导致介质泄漏，影响系统长周期稳定运行。武琼等以碳钢为基体，测试其在臭氧存在条件下的腐蚀行为，并进行了自然空气条件下的对比试验；采用扫描电镜、能谱分析和激光拉曼等技术分析了不同条件下碳钢的腐蚀形貌及腐蚀产物，初步探讨了碳钢在臭氧气氛中的腐蚀机理。结果表明，与在自然空气中相比，碳钢在臭氧中的腐蚀更为严重，并且随时间延长腐蚀加重。腐蚀初期产物的主要成分为 $\gamma\text{-FeOOH}$ 和 $\gamma\text{-Fe}_2\text{O}_3$，随着腐蚀时间的延长，$\gamma\text{-FeOOH}$ 会逐步脱水形成 $\gamma\text{-Fe}_2\text{O}_3$ 和 $\alpha\text{-Fe}_2\text{O}_3$。某炼化企业污水处理规模为 $250\text{m}^3/\text{h}$，采用常规的"预处理达标处理-深度处理"三级处理，在臭氧催化氧化池的入口管道、出口管道、底部污水循环管道以及臭氧催化氧化塔出口管道等部位发生腐蚀泄漏，其中露天管道的腐蚀部位主要集中在焊缝热影响区，以点蚀穿孔形貌为主，蚀坑数量较少，其直径为 0.5-1.5mm，且穿孔部位附近覆盖有垢层；另外，与露天管道的腐蚀相比，催化氧化池底部污水循环管道的腐蚀更为严重，管道表面蚀坑数量较多，且分布较为密集。该文指出，在高氯污水和臭氧共存环境中，Cl^- 和臭氧存在协同腐蚀，这是造成 316L 管道腐蚀泄漏的关键因素，但没有通过试验验证腐蚀机理。因而，对于臭氧工艺中的存在的腐蚀问题还需要从机理上深入研究，为制定和优化腐蚀控制方案提供科学依据。

3　结论与展望

（1）石油化工废水二级出水中悬浮物增加了臭氧消耗和处理成本，应该考虑在前端系统设置高效絮凝沉淀池进行预处理，从而提高臭氧利用率。

（2）催化剂长周期高效运行是臭氧催化氧化技术的关键控制点，研发低成本、强度适中、活性高的臭氧催化剂是该领域的研究方向，催化剂再生和重复利用、臭氧腐蚀也是工程应用中亟待解决的问题。

（3）针对工程应用中臭氧利用效率较低的问题，需要通过微纳米气泡、射流器、气液混合循环等技术增加气液固三相传质相界面积，再结合计算流体力学软件(CFD、FLUNT)和催化动力学，设计研发适合不同水质的臭氧反应器，强化臭氧催化氧化传质过程。

参 考 文 献

[1] 张国珍，孙加辉，武福平. 微电解-Fenton 氧化法处理炼化企业二级出水研究[J]. 环境科学与技术，2017，40(9)：148-152.

[2] Rk A，Fm A，Fg B，et al. Real textile wastewater treatment by a sulfate radicals – Advanced Oxidation Process：Peroxydisulfate decomposition using copper oxide (CuO) supported onto activated carbon[J]. Journal of Water Process Engineering，2020，38：101623.

[3] 邢广仁. 双膜处理技术应用存在的问题及注意事项[J]. 炼油与化工，2021，32(04)：69-70.

[4] 李丹. 炼化企业污水回用处理单元"超滤+反渗透"双膜系统的应用与设计[D]. 中国石油大学(北京)，2016.

[5] 聂春梅，牛春革，方新湘，等. 高级氧化法降解纳滤浓水 COD 的技术研究[J]. 炼油与化工，2020，31(06)：15-19.

[6] DING P Y，CHU L B，ZHANG N，et al. Effects of dissolved oxygen in the oxic parts of A/O reactor ondegradation of organic pollutants and analysis of microbial community for treating petrochemicalwastewater[J]. Environmental Science，2015，36(2)：604-611.

[7] 李亚男，谭煜，吴昌永，等. 臭氧催化氧化在石化废水深度处理应用中的若干问题[J]. 环境工程技术学报，2019，9(3)：275-281.

[8] 陈连军，魏艳丽，熊鹰. 反渗透浓水处理技术研究[J]. 当代化工，2021，50(6)：1289-1292.

[9] 杜勤. 炼化一体化污水处理工艺设计与运行分析[J]. 油气田环境保护，2017，27(04)：29-33+61.

[10] 米治宇，段树龙，虞永平，等. 臭氧催化氧化和 EM-BAF 技术在污水处理中的应用[J]. 炼油与化工，2018，29(01)：67-69.

[11] 刘雯雯. 臭氧催化氧化技术在化工废水处理中的应用[D]. 上海师范大学，2015.

[12] 付丽亚，李敏，周鉴，等. 微絮凝砂滤-臭氧催化氧化强化石化生化出水 COD 去除[J]. 环境工程，2021，39(11)：159-165.

[13] 李跃迁，姚元勋，魏永建，等. 西太平洋石化中水回用工程设计及运行[J]. 石油化工安全环保技术，2011，27(5)：50-52.

[14] 于冰. COBR 工艺在锦州石化反渗透浓水处理中的应用[J]. 油气田环境保护，2018，28(02)：27-29+61.

[15] 邱杰. 臭氧催化氧化+BAF 工艺在污水处理提标改造中的设计与应用[J]. 绿色科技，2021，23(10)：126-128.

[16] 炼油污水处理场三级生化技术交流[C].//2018 石化行业污水处理技术研讨会论文集. 2018：1-11.

[17] 刘晨，莫莉，张旭龙，等. 臭氧催化氧化技术在石化污水处理中的应用研究[J]. 广东化工，2022，49(11)：132-134+128.

[18] 刘华林，闫灿，谢国华，等. 新建100m³/h 浓盐水处理装置的运行分析[J]. 炼油技术与工程，2017，47(2)：31-34.

[19] 魏银桥，王忠强. COBR 工艺在石化行业高含盐污水的应用[C].//2018 石化行业污水处理技术研讨会论文集. 2018：44-49.

[20] 张新，陶余江. 炼油污水反渗透浓水处理系统工艺优化探讨[J]. 石油化工安全环保技术，2023，39(02)：62-66+8.

[21] 龚朝兵，陈伟，侯章贵，等. 曝气生物滤池-臭氧组合工艺深度处理含盐污水的效果分析[J]. 石油化工技术与经济，2015，31(6)：23-26..

[22] 王仕文，张连波，谢陈鑫. 臭氧耦合电催化氧化污水深度处理技术的工业应用[J]. 广东化工，2018，45(09)：154-156.

[23] 李亚男. 石化二级出水臭氧催化氧化有机物去除特性研究[D]. 大连海洋大学，2019.

[24] WU C Y，WANG Y N，ZHOU Y X，et al. Pretreatment of petrochemical secondary effluent by micro–flocculation and dynasand filtration：performance and DOM removal characteristics[J]. Water Air&Soil Pollution，2016，227(11)：415.

[25] ZUCKER I，LESTER Y，AVISAR D，et al. Influence of wastewater particles on ozone degradation of trace organic contaminants[J]. Environmental Science & Technology，2015，49(1)：301-308.

[26] ZHANG S Y，WU C Y，ZHOU Y X，et al. Effect of wastewater particles on catalytic ozonation in the advanced treatment of petrochemical secondary effluent[J]. Chemical Engineering Journal，2018，345：280-289.

[27] 张斯宇，吴昌永，周岳溪，等. 生物絮体对臭氧催化氧化深度处理石化二级出水的影响[C]//中国环境科学学会学术年会论文集，2017：2869-2877.

[28] 龚小芝. Cu/γ-Al₂O₃ 催化剂催化臭氧氧化处理炼油污水[J]. 化工环保，2023，43(3)：404-408.

[29] 胡映明，宁超，李坪津，等. 臭氧催化氧化池更换铝基催化剂的工程应用[J]. 环境工程学报，2023，17(10)：3210-3218.

[30] 王冠平，孙琦，石伟，等. 低成本铁系铝灰催化剂制备及催化臭氧性能[J]. 中国给水排水，2024，

40(11)：81-88.

[31] 肖春景，吴延忠，万维光，等．石化废水深度处理用臭氧催化氧化体系的研究[J]．油气田环境保护，2011，21(06)：47-50+81.

[32] 黎兆中，汪晓军．臭氧催化氧化深度处理印染废水的效能与成本[J]．净水技术，2014，33(06)：89-92+102.

[33] 饶维，刘晨．臭氧催化氧化催化剂的失活及再生[J]．石化技术与应用，2023，41(04)：272-376.

[34] 秦志凯，付丽亚，李敏，等．焙烧再生废旧臭氧催化剂处理石化废水生化出水[J]．环境科学研究，2023，36(04)：724-733.

[35] 芦婉蒙．臭氧微纳米气泡处理典型工业废水的中试研究[D]．甘肃：兰州理工大学，2021.

[36] 张铭，孙文全，周俊，等．臭氧催化氧化机理及催化剂制备研究进展[J]．净水技术，2023，42(08)：20-28.

[37] 闫莹，张婷，周浩，等．铜在臭氧中腐蚀初期的行为与机理[J]．腐蚀与防护，2012，33(10)：4.

[38] 林德源，杜雅莉，陈云翔，等．不同状态的钢筋在氯离子入侵过程中的腐蚀行为[J]．腐蚀与防护，2014，35(10)：982-986.

[39] 武琼，闫莹，周浩，等．碳钢在臭氧中的初期腐蚀行为与机理[J]．腐蚀与防护，2014，35(08)：767-770+780.

[40] 杜延年，王雪峰，张小建，等．污水处理厂臭氧处理系统的腐蚀成因及防护措施[J]．石油化工腐蚀与防护，2022，39(04)：16-20.

储罐紧急泄压阀改造问题分析及处理

广柯平

（中国石化上海高桥石油化工有限公司）

摘　要　本文阐述了某作业部37台储罐紧急泄压阀改造方案，依据储罐压力及介质特性选用三种结构型式的新型环保紧急泄压阀，分析了6台改造后的紧急泄压阀挥发性有机物（VOCs）泄漏量仍超标的原因，通过增加储罐法兰短接、保证法兰平整度和垂直度、更换O型圈、调整螺栓预紧力及阀盖位置等处理措施，确保了37台储罐紧急泄压阀挥发性有机物（VOCs）泄漏量LDAR检测值低于500μmol/mol，满足作业部所在地要求。

关键词　新型环保紧急泄压阀；VOCs；泄漏量；改造；分析；处理

1　引言

挥发性有机物（VOCs）是目前国内大气污染防治的重要污染物，为加快解决当前挥发性有机物（VOCs）治理存在的突出问题，推动环境空气质量持续改善和"十四五"VOCs减排目标的顺利达成，国家生态环境部在2021年8月发布了《关于加快解决当前挥发性有机物治理突出问题的通知》（环大气〔2021〕65号），同时提出了《挥发性有机物治理突出问题排查治理工作要求》，鼓励使用低泄漏的储罐紧急泄压阀，同时各地也出台相应的管控要求，为达到储罐泄压阀挥发性有机物（VOCs）LDAR检测值不超过500μmol/mol的要求，某作业部对排查发现挥发性有机物（VOCs）检测超标的37台相关储罐紧急泄压阀更新改造为新型环保型紧急泄压阀，改造期间发现部分紧急泄压阀仍存在泄漏超标问题，进一步分析泄漏超标的原因，采取对应的处理措施，最终使37台储罐紧急泄压阀挥发性有机物（VOCs）泄漏检测值低于500μmol/mol，满足作业部所在地要求。

2　紧急泄压阀现状

某作业部储罐紧急泄压阀原采用呼吸阀型式，国内对其泄漏量无明确指标，根据前期对相关产品调研结果，呼吸阀泄漏量普遍较大。按照国家、中国石化及作业部所在地要求，对储罐呼吸阀泄漏量进行检测，共37台呼吸阀挥发性有机物（VOCs）泄漏量超过500μmol/mol。其中14台储罐呼吸阀设定压力为1800Pa，介质分别为苯、异丙苯、烃焦油、丙酮、AMS等，呼吸阀口径均为DN500。16台储罐呼吸阀设定压力为9000Pa，介质为循环液、胶液，含苯乙烯、乙苯、丙烯腈、丙烯酸丁酯等物料，其中4台呼吸阀口径为DN600，12台呼吸阀口径为DN450。7台呼吸阀设定压力为6300Pa，其中一台介质为AMS，另外6台介质为苯酚、酚焦油、含酚污水等，其介质中均含苯酚，泄压阀口径均为DN500。37台呼吸阀具体参数见表1。

表1　紧急泄压阀的口径及设定压力参数

序号	储罐位号	储存介质	容积/m³	泄压阀数量	口径	设定压力/Pa
1	TK-3101A，B	苯	200	2	DN500	+1800
2	TK-3103A~D	异丙苯	500	4	DN500	+1800
3	TK-3105	苯	200	1	DN500	+1800
4	TK-3106	烃焦油	100	3	DN500	+1800
5	TK-3202A~C	丙酮	400	2	DN500	+1800
6	TK-3203A，B	AMS	400	2	DN500	+1800
7	D-1150	循环液	236	1	DN600	+9000

序号	储罐位号	储存介质	容积/m³	泄压阀数量	口径	设定压力/Pa
8	D-2149	循环液	236	1	DN600	+9000
9	D-2150	循环液	236	1	DN600	+9000
10	D-3149	循环液	236	1	DN600	+9000
11	D-1319	胶液	198	2	DN450	+9000
12	D-1320	胶液	198	2	DN450	+9000
13	D-2319	胶液	198	2	DN450	+9000
14	D-2320	胶液	198	2	DN450	+9000
15	D-3319	胶液	198	2	DN450	+9000
16	D-3320	胶液	198	2	DN450	+9000
17	TK-2411	AMS	204	1	DN500	+6300
18	TK-3201A~C	苯酚	400	3	DN500	+6300
19	TK-3204	酚焦油	200	1	DN500	+6300
20	TK-2301	异丙苯，苯酚，丙酮	997	1	DN500	+6300
21	TK-2620	含酚污水	229	1	DN500	+6300

3　紧急泄压阀改造方案

对该作业部挥发性有机物（VOCs）泄漏量超标的 37 台储罐呼吸阀进行更新改造，更换为不带负压吸入功能的新型环保紧急泄压阀，为使现场施工改动尽可能少，施工工作量相对较少，所有紧急泄压阀均考虑原位更新，其设定正压与现有呼吸阀保持一致，避免储罐的安全泄放工况发生变化。

根据储罐设定压力及介质特性，本次储罐紧急泄压阀改造共采用三种结构型式。当储罐紧急泄压阀的口径范围在 DN400 至 DN700 之间，且设定压力为 500Pa 到 2500Pa 之间时，宜选用重力加载式紧急泄压阀，因此上述设定压力为 1800Pa 的 14 台储罐选用重力加载式紧急泄压阀，其基本结构示意图如图 1 所示，主要由阀盘、O 型圈、分体式燕尾槽阀座、阀体及阀盘限位防脱装置等组成。

当储罐紧急泄压阀的口径范围在 DN400 至 DN700 之间，且设定压力大于 2500Pa 时，宜选用杠杆式紧急泄压阀，因此上述设定压力为 9000Pa 的 16 台储罐及设定压力为 6300Pa，介质为 AMS 的 1 台储罐选用杠杆式紧急泄压阀，其基本结构示意图如图 2 所示，主要由阀盘、O 型圈、分体式燕尾槽不锈钢阀座、阀体及负重等组成。

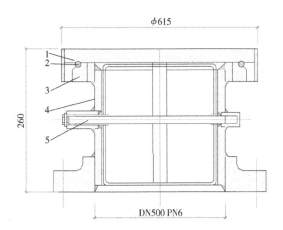

图 1　重力加载式紧急泄压阀

1—阀盘；2—O 型圈；3—分体式燕尾槽阀座；
4—阀体；5—阀盘限位防脱装置

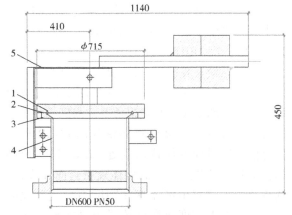

图 2　重力负载型紧急泄压阀

1—阀盘；2—O 型圈；3—分体式燕尾槽不锈钢阀座；
4—阀体；5—负重

上述设定压力为 6300Pa，介质中含苯酚的 6 台储罐，因苯酚的凝固点在 41℃ 左右，其凝固点较高，在常温下易结晶析出，可能导致设备阻塞，该储罐的紧急泄压阀需通蒸汽进行伴热，因此选用带夹套型紧急泄压阀，其基本结构示意图如图 3 所示，主要由阀盘、O 型圈、分体式燕尾槽阀座、阀体、负重、夹套管等组成。

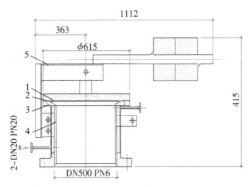

图 3   带夹套型紧急泄压阀

1—阀盘；2—O 型圈；3—分体式燕尾槽阀座；
4—阀体；5—负重

4 紧急泄压阀改造过程存在的问题分析

4.1 紧急泄压阀改造过程存在的问题

某作业部对 37 台储罐原呼吸阀型紧急泄压阀进行新型环保紧急泄压阀更换改造，其中储罐 D-3319 的 2 台紧急泄压阀为 2021 年率先进行更新改造，其余 35 台紧急泄压阀均在 2023 年 6 月大检修中进行更新改造。大检修结束装置开工后，作业部对所有储罐紧急泄压阀进行挥发性有机物（VOCs）泄漏量 LDAR 检测，发现部分更新后的紧急泄压阀 LDAR 检测值大于 500μmol/mol，不符合作业部所在地要求。作业部联合紧急泄压阀厂家对泄漏不达标的紧急泄压阀进行排查，经过现场调整紧急泄压阀螺栓预紧力及紧急泄压阀盖位置，部分紧急泄压阀 LDAR 检测值达标，但还有 6 台紧急泄压阀经调整后 LDAR 检测值仍超标，6 台 LDAR 超标的储罐紧急泄压阀具体检测值见表 2。

表 2   6 台紧急泄压阀泄漏检测值

序号	储罐位号	储存介质	整定压力/Pa	温度/℃	检测时操作压力/Pa	液位	进出料	LDAR 检测值/(μmol/mol)
1	D-3319B	胶液	+9000	常温	2100	65%	出料	17741.8
2	D-2319B	胶液	+9000	常温	2400	47%	静止	846.1
3	TK3202B	丙酮	+1800	65	800	6.5m	静止	40315
4	TK3101B	异丙苯	+1800	65	800	1.1m	静止	95543
5	TK3101A	异丙苯	+1800	65	800	4m	边进边出	130552
6	TK3103A	异丙苯	+1800	65	500	2.9m	静止	22533

4.2 紧急泄压阀改造过程存在的问题原因分析

导致上述 6 台储罐紧急泄压阀挥发性有机物（VOCs）泄漏量 LDAR 检测值超标的原因主要有以下几点：

（1）储罐紧急泄压阀在设计、制造、加工过程中存在刚度不足等问题，泄漏超标的四台储罐 TK3202B、TK3101B、TK3101A、TK3103A 的紧急泄压阀螺栓安装预紧力较大时，紧急泄压阀阀体及密封面出现微变形导致 O 型圈密封失效出现泄漏，当调小螺栓安装预紧力，调整紧急泄压阀盖后，紧急泄压阀 O 型圈密封面 LDAR 检测值合格，但对应的储罐法兰处 LDAR 检测值超标，由此可见紧急泄压阀阀体及密封面在设计、制造及加工过程中可能存在刚度不足或其他问题，法兰不平整度或螺栓预紧力可能传导至 O 型圈密封面，导致密封面失效，引起紧急泄压阀挥发性有机物（VOCs）泄漏量超标。此外，以

DN600 紧急泄压阀为例，其壳体为 6mm 有缝钢管，阀座是燕尾槽结构，槽深 15mm，O 型圈补偿量较小，仅为 1.3mm，整体强度不高，冗余量较小，导致对现场法兰面及螺栓紧固有较高要求，从而造成装置运行后，储罐紧急泄压阀 LDAR 检测值超标。

（2）储罐紧急泄压阀在安装过程中，对配对法兰的平整度、垂直度、垫片及法兰紧固件等均有严格的技术要求，但在前期设计、采购、供货等技术文件中均未明确紧急泄压阀的安装精度要求，在现场安装过程中，也未对紧急泄压阀配对法兰进行平整度及垂直度复核，现场施工人员直接进行螺栓紧固。储罐紧急泄压阀在安装前，要检查罐体配对法兰是否有损伤，如刻痕、划痕、腐蚀、毛刺、泥等，当径向穿过法兰密封面水纹线的划痕、凹痕深度大于 0.2mm，且覆盖面大于垫片密封面宽度一半时，必须更换法兰或者重

新加工法兰密封面，法兰背面的螺母支撑面位置也必须平行和光滑，配对法兰平整度需依据法兰机械加工标准未注公差标注，尺寸 300～1000mm 的法兰面法兰平整度不大于 0.3mm，法兰垂直度大于 89°。紧急泄压阀安装垫片不能有缺陷或损坏，法兰螺栓紧固应采用多步紧固和对角紧固的方法，用力需均匀。紧急泄压阀安装配对法兰为利旧罐体原有法兰，因罐体沉降、焊接变形等因素影响存在一定的不平整度和倾斜度，紧急泄压阀法兰螺栓紧固方法不到位，垫片选用不正确等多方面因素叠加后影响紧急泄压阀本体密封 O 型圈密封效果，导致储罐紧急泄压阀挥发性有机物（VOCs）的 LDAR 检测值超标。

（3）储罐紧急泄压阀依靠 O 型圈进行密封，O 型圈一旦出现溶胀、腐蚀、损伤、压痕等均会影响阀门密封效果，甚至导致紧急泄压阀挥发性有机物（VOCs）LDAR 检测值超标。储罐 D-3319B 紧急泄压阀为 2021 年更新，已使用 2 年，本次发现其 O 型圈出现溶胀现象，如图 4 所示，紧急泄压阀 O 型圈材质为全氟醚橡胶（FFKM），储罐 D-3319B 中介质为溶胶液，含苯乙烯、乙苯、丙烯腈、丙烯酸丁酯等，储罐介质可能对 O 型圈耐溶剂性有一定的影响，造成 O 型圈溶胀，从而导致 O 型圈密封失效。储罐 D-2319B 紧急泄压阀 O 型圈有压痕，如图 5 所示，O 型圈压痕的产生可能来源于运输不当或安装原因。

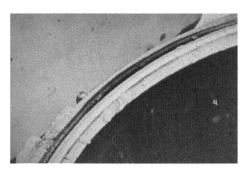

图 4　储罐 D-3319B 紧急泄压阀 O 型圈溶胀

图 5　储罐 D-2319B 紧急泄压阀 O 型圈压痕

5　紧急泄压阀改造问题处置的优化措施

（1）整修储罐法兰面平整度。对储罐 TK3101B、TK3101A、TK3103A 进行表面焊渣、杂质处理后，进行法兰平整度测量，法兰不平整度最大间隙分别为 0.75mm、1mm、1.8mm，考虑到实际运行工况，均采取新加工法兰短接的处理方法，保证上法兰不平整度在 0.3mm 之内，对于储罐 TK3103A 法兰不平整度最大间隙 1.8mm，增加法兰短接时，通过设计计算，使法兰短接有效补偿 1.8mm 的间隙，保证上法兰不平整度在 0.3mm 之内。储罐 TK3202B 在运行状态，无测量法兰平整度的条件，考虑到实际后期运行状态挥发性有机物（VOCs）泄漏量超标的可能性，同样采取了新加工法兰短接的方式进行优化处理，保证上法兰不平整度在 0.3mm 之内，确保紧急泄压阀的平行度及垂直度，从而避免紧急泄压阀挥发性有机物（VOCs）泄漏量超标。

（2）调整紧急泄压阀螺栓预紧力。根据现场情况，将螺栓编号，先将螺栓螺母全部用手拧到大概位置，不受力，再分三遍对螺栓进行紧固，每遍紧固的起点应该互相错开 120°，先用 50% 的扭力值进行第一遍螺栓紧固，紧固螺栓时采用十字交叉法并保证密封面平行，尽量减少在螺栓紧固过程中的法兰变形，用 100% 扭力值加力第二遍紧固螺栓，紧固同时注意测量法兰间隙是否均匀，确保每个螺栓紧固力量一致，用 100% 的扭力值按第一遍紧固顺序对螺栓进行第三遍紧固。通过调整紧急泄压阀螺栓预紧力，并按多步紧固和对角紧固的方法，避免因螺栓预紧力不均匀导致紧急泄压阀平行度及垂直度存在偏差，进而造成紧急泄压阀挥发性有机物（VOCs）泄漏量超标。

（3）调整紧急泄压阀阀盖位置。为保证紧急泄压阀密封效果良好，紧急泄压阀盖必须调整到位，微抬阀盖（杠杆式的先取下负重块，阀盖调整到位后加装负重块），左右调整阀盖，使阀盖密封面整圈压紧壳体 O 型圈密封面，用手指触摸阀盖密封面与壳体 O 型圈密封面接触面一周，若一侧摸到有凸出的阀盖密封面，对应的另一侧摸到接触面凹进较多，可判断阀盖盖偏，未压紧 O 型圈，紧急泄放阀则会泄漏，若手触摸阀盖密封面与壳体 O 型圈密封面接触面一周缝隙均匀，阀盖密封面无凸出，表明紧急泄压阀密封良好，从而确保紧急泄压阀挥发性有机物（VOCs）泄漏量达标。

（4）更换紧急泄压阀 O 型圈。对于储罐 D-3319B 紧急泄压阀 O 型圈溶胀及储罐 D-2319B 紧急泄压阀 O 型圈有压痕导致挥发性有机物（VOCs）泄漏量超标的问题，采取更换 O 型圈的处理措施，确保紧急泄压阀挥发性有机物（VOCs）泄漏量达标。对于储罐 D-3319B 紧急泄压阀 O 型圈溶胀现象，因同年安装的储罐 D-3319A 紧急泄压阀未发现 O 型圈溶胀现象，因此储罐中含苯乙烯、乙苯、丙烯腈、丙烯酸丁酯等介质对 O 型圈耐溶剂性的影响有待进一步观察，若确有影响，应考虑采用更抗溶胀材质的 O 型圈进行密封，进一步确保储罐紧急泄压阀长周期安全环保使用。

通过以上方法对挥发性有机物（VOCs）泄漏量超标的 6 台储罐紧急泄压阀进行整改，确保紧急泄压阀密封有效。6 台储罐紧急泄压阀整改完成后，LDAR 检测值均小于 500μmol/mol。

6 总结

对某作业部 37 台储罐的呼吸人孔进行新型环保紧急泄压阀改造，根据设定压力、储罐介质等因素，分别采用重力加载型、杠杆型及带热夹套型三种结构的紧急泄压阀。37 台新型环保紧急泄压阀更新改造后，发现 6 台储紧急泄压阀挥发性有机物（VOCs）泄漏量超标，通过分析紧急泄压阀泄漏量超标的原因，如设计、制造及加工缺陷，储罐法兰平整度及垂直度不满足要求，安装过程中螺栓预紧力、垫片使用、O 型圈溶胀及压痕等原因，进一步对 6 台紧急泄压阀挥发性有机物（VOCs）泄漏量超标问题进行整改，通过增加法兰短接，修正法兰平整度和垂直度，调整螺栓安装预紧力，更换 O 型圈，调整紧急泄压阀盖位置等优化措施，解决了 6 台储罐紧急泄压阀泄漏量超标的问题，装置运行平稳后，再次对 37 台储罐紧急泄压阀进行 LDAR 检测，检测值均小于 500μmol/mol，满足作业部所在地要求。

参 考 文 献

[1] 王浩英. 炼油企业污水处理场 VOCs 治理技术应用与分析［J］. 石油化工安全环保技术，2024，40（02）：43-46+7.

[2] 徐仲龙. 芳烃抽提储罐 VOCs 治理改造［J］. 辽宁化工，2024，53（04）：572-574.

[3] 沈晓东，邓海发，李子旺，等. 石化企业 VOCs 排放管控现状及减排措施［J］. 油气田环境保护，2024，34（01）：7-10.

道路沥青紫外老化研究综述

杨克红　吕文姝　张艳莉

（中石油克拉玛依石化有限责任公司）

摘　要　沥青路面因其具有行车舒适、易于维修等特点而被广泛应用于各级公路。然而，在光、热、氧等环境因素和荷载的综合影响下，服役期的沥青会发生不可逆的老化，性能逐渐劣化，最终导致沥青混合料路用性能降低。紫外光是存在于太阳光中的一种波长短、能量高的辐射，其光能与沥青中主要分子键能接近，可以破坏沥青中的分子结构，造成沥青组分和胶体结构的改变，加快沥青的老化，因此，紫外光辐射是造成沥青光氧老化的重要影响因素，道路沥青材料受紫外老化后性能会发生改变，沥青路面的服役年限会受到影响。为推进道路沥青材料紫外老化的研究，本文总结了沥青紫外老化机理以及紫外老化对沥青性能的影响，并在此基础上归纳了常用的沥青抗紫外老化材料。

关键词　道路沥青；紫外老化；综述

由于沥青路面具有抗滑耐磨，孔隙小、便于施工等特点，沥青成为我国重要的道路建筑材料。然而，随着时间的推移，在氧气、水、热、光的作用下，沥青性能逐渐劣化，发生老化现象，降低沥青路面运行年限。根据老化机制不同，沥青老化可划分为两种：热氧老化和紫外老化。其中，紫外线波长为290~400nm，其能量高于沥青中与苯环等稳定基团相连的C-C键和C-H键键能，所以紫外线对沥青结构将会产生破坏作用并形成自由基，使得沥青分子发生缩合及脱氢等化学反应。影响沥青光老化的因素有许多，包括：紫外光辐照强度、辐照时间、沥青膜厚等，其中紫外光辐照强度是影响光老化速率最为重要的因素，沥青光老化的速率随着紫外光辐照强度的增加和辐照时间的增长而加快。沥青紫外老化现象在高海拔、强紫外光辐射地区更为显著，研究沥青紫外老化问题具有重要的现实意义。目前国内外对于热氧老化现象做了大量的研究，并且规定了统一的模拟测试技术以评价热氧老化后的沥青性能，比如采用旋转薄膜加热老化（RTFOT）以模拟短期老化，用压力老化（PAV）以模拟长期老化。然而，对于紫外老化现象的研究较为缓慢，尚未形成一种深刻的认识。因此，推进沥青紫外老化现象的研究，延长沥青路面在紫外光辐照下的使用年限。

1　沥青紫外老化机理

1.1　自由基理论

早在18世纪，Toch等人对放在不同颜色的玻璃板下的相同沥青进行太阳光照射，结果显示紫色玻璃板下的沥青破坏现象最为明显，因此提出紫外光对沥青在氧化作用下的降解起着促进作用。自由基理论对这一作用作出了解释。根据自由基理论，沥青在紫外辐照的作用下生成大分子自由基。大分子自由基容易发生氧化反应，生成氢过氧化物和羰基官能团。两种官能团能吸收紫外光线，促进沥青进一步老化降解。

1.2　胶体理论

沥青的四组分（饱和分、芳香分、胶质、沥青质）含量对其性能有较大影响。在沥青的紫外光老化过程中，各组分之间可进行相互转化。沥青胶体结构模型以及各组分之间相互转化过程，四组分的含量变化对沥青性能产生很大的影响。沥青的老化机理较为复杂，各国学者对沥青老化的机理做了大量的研究，表明沥青老化并非哪一种单一反应，而是包括氧化、挥发、聚合、团聚等在内的多种反应的综合结果，可以简单表示为：芳香分→胶质→沥青质，即小分子量向大分子量转变，沥青结合料密度由小到大转变；芳香分和胶质对沥青抗紫外光老化性能有很大影响。沥青质作为四组分转化的最终产物，其含量可以作为评价沥青老化程度的标准。

2　紫外老化对沥青性能的影响

沥青经历紫外老化后，总体上质地变硬变脆，沥青性能会发生变化，具体表现在宏观指标和微观指标两个方面。宏观上，主要表现为物理性能指标以及流变性能指标的变化；微观上主要表现为沥青组分、微观形貌以及老化官能团的变化。

2.1　紫外老化对沥青宏观指标的影响

利用宏观试验动态剪切流变试验、弯曲梁流变试验、直接拉伸试验等分析沥青紫外老化前后性能变化。通过微观与宏观相结合的方法，定性与定量地分析沥青老化前后其微观与宏观变化之间的关系，评价沥青紫外光老化程度，探究沥青紫外光老化过程，对沥青紫外光老化进行综合、全面的分析与评价。沥青物理性能指标包括针入度、软化点、延度和黏度等。对紫外老化后的四种不同沥青进行了物理性能测试，发现沥青的延度和针入度下降，软化点和黏度上升。沥青流变性能指标包括复数剪切模量、相位角、车辙因子、蠕变速率等，齐秀庭等利用温度扫描实验和BBR试验研究了紫外老化对温拌橡胶沥青流变性能的影响，发现老化后沥青的车辙因子和蠕变劲度均变大，沥青的高温性能得以改善，低温性能变差。

2.2　紫外老化对沥青微观指标的影响

沥青四组分包括饱和分、芳香分、胶质、沥青质，为研究四组分含量在老化后的变化情况，张娟等选取SK-90基质沥青和SBS改性沥青进行了不同时间的紫外老化，结果显示，基质沥青和改性沥青的轻组分（饱和分、芳香分）和重组分（沥青质、胶质）在紫外老化后分别呈现下降和上升趋势，并且轻组分向重组分转变。紫外老化还对沥青的微观形貌产生影响，张恒龙等选取70#基质沥青和SBS改性沥青来研究长期老化和紫外老化后沥青微观形貌的差异，结果表明，基质沥青和改性沥青的蜂状结构的体积在老化后均变大，并且在蜂相区域，长期老化比紫外老化对粗糙度影响更大。特定官能团的变化可以表征沥青的老化程度，时敬涛等利用傅里叶红外光谱技术研究了SBS改性沥青在紫外老化过程中的官能团变化，发现随着紫外老化时间的增加，羟基吸收峰面积增大，亚砜官能团吸收峰面积先增大后减小，羟基和亚砜官能团吸收峰面积的变化是评价沥青老化的重要指标。

3　沥青抗紫外老化材料

3.1　炭黑

炭黑是有机物未充分燃烧而形成的一种黑色粉末状颗粒物，其特殊的分子构造和表面形态赋予其屏蔽紫外光的性能。作为一种有效的光屏蔽剂，炭黑是最早应用于改善沥青抗紫外光老化性能的改性剂。

3.2　紫外吸收剂

紫外吸收剂的主要作用是吸收辐射在沥青上的太阳光并将其转换为热能发散出去，对沥青起到保护作用。不同紫外吸收剂在最佳掺量下能够减少沥青的催化程度，并能有效改善沥青抗紫外光老化性能。常见的紫外吸收剂主要有水杨酸酯类、二苯甲酮类、苯并三唑类等有机化合物。

3.3　层状双羟基复合金属氢氧化物

层状双羟基复合金属氢氧化物是一种新型的层状结构材料，对紫外光具有良好的屏蔽与隔断效果。由于其特殊的层状结构，层状双羟基复合金属氢氧化物还可以与其他抗紫外老化材料人工插层，组合制备更优异的抗紫外老化材料。

3.4　纳米氧化物

纳米氧化物是指尺度为纳米量级的氧化物，将纳米氧化物作为沥青改性剂的相关研究虽然起步较晚，但是国内外专家在这一领域已经做了大量的研究。现阶段，常用于沥青改性的纳米氧化物主要有纳米ZnO、纳米SiO_2、纳米$CaCO_3$、纳米TiO_2、纳米CeO_2等。纳米氧化物不仅具有高比表面积、高活性、小尺寸效应等，而且其本身结构稳定，受热时不易被破坏，具有吸收紫外线的功能，因此可以有效提高沥青的抗紫外光老化性能和改善沥青的高温性能。

4　结语

沥青紫外老化是一个复杂的过程，对沥青紫外老化的研究有助于控制沥青紫外老化程度，延长沥青路面的使用寿命。目前已有大量关于沥青紫外老化机理、紫外老化对沥青性能的影响以及抗紫外老化的材料的研究，但仍存在紫外老化机理研究不够深入，抗紫外老化措施相对单一等问题。因此，在后续紫外老化的研究中，可在紫外老化理论及抗紫外老化措施方面作进一步开展。

参　考　文　献

[1] 屈鑫，丁鹤洋，汪海年.《道路沥青老化评价方法研究进展》，《中国公路学报》2022，（06）：205-220.

[2] 金娇，刘墨晗，刘帅，等.基于生态路面减排理念下的 CeO2 柱撑蒙脱土改性沥青及其催化性能研究

[J]. 材料导报，2022，7(16)：30-36.

[3] 金娇，高玉超，李锐，等．有机蒙脱土改性沥青抗老化性及其分子模拟试验[J]．中国公路学报，2022，12(12)：24-35.

[4] 林云腾．适用于高温地区的非聚合物改性沥青性能研究[J]．水利与建筑工程学报，2018，7(02)：19-25.

[5] 刘忠安，金鸣林．《道路沥青老化过程中组成与分子

量分布的变化》.《公路》2001，(05)：74-77.

[6] 张娟，李艳，郭平，等．《紫外老化对 SBS 改性沥青性能影响研究》.《筑路机械与施工机械化》，2016，(12)：63-67.

[7] 金娇，刘墨晗，刘帅，等．基于生态路面减排理念下的 CeO2 柱撑蒙脱土改性沥青及其催化性能研究[J]．材料导报，2022，7(16)：30-36.

电化学储能系统热管理技术研究进展

王　燕　王凯明　白生军　魏　峰

（中石油克拉玛依石化有限责任公司）

摘　要　高效的电池热管理技术对于锂离子电池的安全运行、长循环使用寿命以及整体成本的降低至关重要，且对推动锂离子电池的大规模应用具有重要意义。本综述详细讨论了几种主流的电池热管理技术，即空气冷却、冷板式冷却和浸没式冷却技术，最后对电池冷却技术的发展方向进行展望。

关键词　电化学储能；热管理；浸没式；锂离子电池

能源是人类社会赖以生存和发展的重要基础，然而世界能源资源储量有限，且煤炭、石油等不断接近枯竭，使能源问题日趋突出。各国在太阳能、风能、潮汐能等新能源方面都投入了大量人力、物力，但由于发电功率不稳定等客观因素限制，新能源无法得到充分利用。针对这一情况，则有诸多优势的储能技术逐渐得到重视。

目前，储能方式主要分为机械储能、电化学储能、电磁储能和相变储能等4类。当前能源发展，要求储能方式具有投资少、效率高、维护简单、使用安全等优点，针对上述要求，电化学储能从4大储能方式中脱颖而出，逐渐成为主流研究方向。从技术类型看，抽水蓄能和电池储能是目前商业化程度较高的储能技术，二者合计占我国储能累计装机总量的98%以上。从市场应用看，电池储能是近年来发展迅速的储能类型，主要包括锂离子电池储能（以下简称"锂电储能"）、铅蓄电池储能和液流电池储能。其中锂电储能具有循环特性好、响应速度快、系统综合效率高等特点，是目前市场上推广应用最多的储能方式。近年来，我国锂电池行业保持了良好发展势头，2020年全球各类锂电池出货量为294.5GW·h，同比增长31%，尤其是安全性更好的磷酸铁锂储能电池产量全球占比接近100%，这为锂电储能产业发展奠定了坚实基础。

近些年，储能电芯容量越来越大，大量电芯集成工作时发热越来越多，风冷系统的冷却能力已不足以应付储能电池组的散热需求。正如身体需要维持正常温度一样，储能电站也需要稳定的温度。如果温度过高或过低，都将影响储能电站的运行效率和使用寿命。尤其在温度过高的情况下，还有可能引发电芯着火、系统爆炸等安全事故，电化学储能系统热管理技术是急需突破性技术之一。

本文从电化学储能系统热管理关键技术出发，介绍了电化学储能热管理技术研究现状，并对浸没式液冷技术的发展进行了展望，对展开浸没式液冷技术应用的研究具有重要意义。

1　锂电池储能发展趋势

1.1　锂电池储能产业将迎来爆发式增长

"十三五"时期，我国锂电池储能技术持续创新，厂商加紧布局，应用在不断深化，业务快速发展，锂电储能产业开始步入商业化初期，锂电储能对于能源体系转型的重要作用已经显现和得到初步验证。展望"十四五"，新基建、能源变革、电气化进程、大规模可再生能源的接入和电力体制改革的进一步深化，都将给储能产业和市场创造巨大的商机，锂电储能将迎来爆发式增长。

"十四五"绿色低碳发展和双碳战略将加快拉动锂电储能产业扩张，随着寿命和安全性能的持续提升、成本的持续降低，锂电储能在电力系统和新基建相关领域的需求越来越大，预计到2025年，我国锂电储能累计装机规模将达到50GW·h（包括储能电站、5G基站和新基建其他领域等），市场空间约2000亿元；预计到2035年，我国锂电储能累计装机规模将达到600GW·h，市场空间约2万亿元。

1.2　磷酸铁锂电池是未来储能市场主力军

目前，商用锂电池正极材料主要有锰酸锂、磷酸铁锂、三元体系。相比消费类电池和动力电池，储能电池对能量密度要求不高，但是对安全性和使用寿命的要求较高。相较于其他体系电池，磷酸铁锂电池具有高安全性、长循环寿命和低成本等优势，更符合储能电池需求。无论从目前的应用情况还是将来的发展趋势来看，未来储能市场的主力军是磷酸铁锂电池，特别是长寿命磷酸铁锂电池(循环寿命≥10000次)。

磷酸铁锂电池成本大幅下降后,正在迅速占领传统铅酸蓄电池的市场。2021年以来,中国移动、中国铁塔等公司基站用储能电池的招标大部分选用磷酸铁锂电池。与铅酸蓄电池相比,磷酸铁锂电池的循环寿命更长,而且更加环保,单次循环使用成本不到铅酸电池的1/3,因此替代铅酸电池是大势所趋。

2 电化学储能系统热管理技术

锂离子电池作为全球动力电池和消费电池领域的主流电池,其热管理技术的发展一直备受关注。早期的锂离子电池热管理系统较简单,主要是通过空气自然对流降温,即被动式风冷。后来增加了风扇等加快空气流动或利用冷风水槽提前对空气进行冷却,即主动式风冷,冷却效果得到了改善,但是噪声较大且温度均匀性不好。为解决该问题,研究人员发明了液冷技术,根据目前技术进程的研究成果及冷却原理,将液冷技术分为冷却板液冷和浸没式液冷2种主要形式。其中冷却板液冷技术发展较为成熟,具有较好的冷却效果,但不能对发热部件直接冷却,电池均温性不好,容易出现冷却液泄漏等问题,从而造成安全隐患。浸没式液冷是近几年迅速发展起来的冷却技术,冷却效果明显,可以控制整簇电芯温差小于2℃,实现电池系统运行温升小于5℃,可以有效地抑制电池热失控,提高电池的可用容量,延长电池簇的使用寿命,极大地提升了系统的能量密度,有效地降低了系统的单位容量成本,如图1~图3所示。

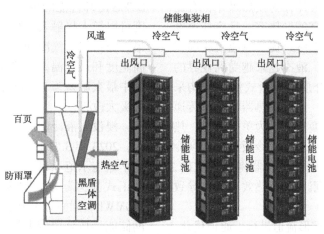

图1 空气冷却

图2 冷板式冷却

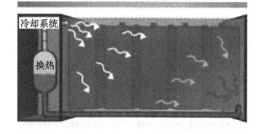

图3 浸没式冷却

2.1 空气冷却

空气冷却一般分为自然冷却和强制冷却两种,利用空气流动带走电池产生的热量进而冷却电池,具有结构简单、成本低、无污染的优点。"风冷"以空气为媒介,储能系统的风冷多采用空调结合冷却风道送风的热管理方案,冷却风道主要起引流作用,其功能是将用于冷却的气流合理输送至需要冷却的电池组。风冷式主要通过空调制冷,冷却介质为空气,其缺点是散热效果比较差,能效比低,故风冷式设备占地面积大,导致容量密度低;其次电池温度均一性差且对于盐雾、风沙等恶劣环境的适应性差。主要应用于小型民用或者商用储能电站。

大量研究表明,空气冷却技术与其他冷却技术结合使用可以显著降低电池单体间的温差和整体温升,并能满足电池在较高充放电倍率(2~3C)下的冷却需求。如Ma等提出的与二氧化硅冷却板相结合的风冷电池热管理系统,二氧化硅冷却板除了构建气流通道外，还可以作为散热导体，相比于传统的并联风冷电池模组，气流分布的均匀性得到提高，且电池模组的温差降低至1.84℃，电芯的平均温度也降低了10℃。徐晓斌等提出的基于热扩散板的圆柱形锂离子电池风冷热管理系统，其电池模组的最高温度和最大温差分别降低了6.36℃和2.72℃，明显改善了降温能力和均温性。

2.2　冷却板液冷

冷却板液冷技术发展较为成熟，相对于空气冷却技术，其冷却效果明显提升，且冷却板的材质一般是铝及铝合金，成本负担小。目前，对于冷却板液冷系统的研究主要集中在冷却板结构、流体流动分布、冷却液通道几何和参数的优化上，旨在进一步简化制造工艺，增强均温性和冷却性能。冷却板液冷以液体作为换热媒介，有比空气更高的比热容、更高的导热率，且冷却速度很快，对降低局部最高温度、提升电池模块温度一致性效果显著。所以，液冷越来越受到业界的关注。以水-乙二醇为介质的冷板式液冷结构采用的是电池与冷板配合，通过散热器将热量传递给冷却介质进行换热，换热方式为单面换热，热量需要通过电池模块箱体外壳、冷板后传递到冷却介质，再由冷却介质通过散热器将热量散出，其热传递的环节多，热阻大，换热效率低，导致对散热器性能要求较高。

陈雅等基于传统的蛇形流道进行了通道优化，设计了一种新型二次流蛇形液冷板。通过数值模拟仿真发现，新型二次流蛇形液冷板比传统液冷板的压降大大降低，节省了泵功，且随着冷却液流速的增大，液冷板的最高温度和最大温差均逐渐减小。在流速超过0.4m/s后，温度和最大温差基本不变，其中最大温差可保证不超过4.5℃。

2.3　浸没式液冷

传统的冷板式液冷技术存在着局限。因为电芯的发热部位主要是极耳，板式液冷的冷却板是在电芯底部，所以不能直接对极耳进行降温。但是，目前要让液冷板贴着极耳进行冷却降温难度很大，会对电芯温度、电压的测量采集产生影响。随着液冷技术的迭代升级，全浸式液冷技术的诞生，就像忽如一夜春风来，给液冷技术发展带来了新的气息。浸没式冷却散热原理是将设计好的几个或单个锂电池模块浸没于充满冷却液的箱体中，当电池模块快充快放产生大量热量时，利用冷却液快速吸收热量稳定电池模块的温度，吸收了电池模块热量的冷却液通过循环泵循环到外部冷却散热器中，冷却后的冷却液存储在储液罐中，然后通过循环泵打回到电池箱中，从而达到散热循环保护作用，确保锂电池模块在温度均衡的系统中正常工作。由于电池模块浸没于冷却液中，大量的热就可以被冷却液吸收进行快速散热，从而确保电池模块不会因过热产生燃烧或爆炸等安全问题。即使特殊情况下，个别电池因自身原因产生安全问题，冷却液也可起到阻燃作用，保证模块中其他电池可以继续使用。即使锂电池模块被刺穿、破损等，由于锂电池浸没在冷却液中，在冷却液的阻燃防护下也不会引起电池燃烧或爆炸。

Wang等采用高绝缘10号变压器油作为浸没冷却剂，设计了一种用于三元锂离子软包电池的新型浸没式液冷BTMS，并研究了影响油浸式BTMS冷却性能的因素。结果表明，增加浸没深度可以扩大接触表面积，提高传热系数和冷却效果。与自然空气冷却的情况相比，电池模组的最高温度和最大温差分别降低了32.4%和75.3%，其中最大温差为1.23℃，BTMS的冷却性能得到了极大改善。

浸没式液冷储能技术目前仍处于试验开发阶段，2023年3月6日，全球首个浸没式液冷电化学储能示范项目——南方电网梅州宝湖储能电站正式投入运行。该储能电站规模为70MW/140MWh。据南方电网公司领军级技术专家、南网储能科技公司董事长汪志强介绍，采用全浸没液冷储能技术后，将电池直接浸没在舱内的冷却液中，实现对电池直接、快速、充分冷却降温，确保了电池在最佳温度范围内运行，有效延长电池的使用寿命，提升储能电站的安全性能，实现了电化学储能安全技术的迭代升级，电池散热效率较传统方式提升50%。梅州宝湖储能电站的每个浸没式液冷电池舱容量为5.2兆瓦时，能够实现电池运行温升不超过5℃，不同电池温差不超过2℃。

全浸没液冷储能技术在储能系统安全上，起到了很好的防护作用。首先它彻底地解决电池消防问题，在电池过充过放、短路的情况下均不发生热失控，这样能够增强电池寿命，减少运维成本；二是能大幅提升运行温度一致性，使得不同区域之间的电池温差小于2℃，提高电池可用容量和循环寿命；三是大幅提高储能系统箱体能量密度，解决了储能电站用地受限的占地问题；四是集中式冷却技术，提高冷却效率，大幅降低能耗。当然，全浸式液冷还在冷却液的选用、后期的运营维护均存在着一些缺陷。效果还需市场进一步检验。

在浸没式电化学储能冷却系统中,冷却液的性质对系统安全性能和冷却效率起关键作用。作为电池浸没冷却液,其性质需满足如下条件:(1)具有优良的电气绝缘性,不惧微水和电解液泄漏,能很好地应用于锂电池带电体系中;(2)具有较高的沸点和表面张力,工况条件下不挥发、不渗漏,无需补加冷却液;在自然环境中的生物降解性好,废油易回收、可利用,ODP、GWP值为零,不破坏臭氧层,不产生温室气体;(3)颜色安定性好,无腐蚀性,不会对金属、镀层等产生腐蚀现象,确保储能系统零部件的性能稳定及安全运行;(4)具有优良的热传导性能,比热容大,导热系数高,通过循环,能够快速的将热量带走;(5)具有适当的工作温度范围、较长的使用寿命、良好的材料相容性,确保可投入大规模生产使用。

目前浸没式冷却液主要有氟化液,碳氢化合物(矿物油和合成油)、硅油等。其中,氟化液具有无色、无味、绝缘且不燃的惰性特点,以及具有可与塑料、弹性体、金属材料相容等良好的综合性能,但其昂贵的价格和环保问题,在成本竞争激烈的储能市场无实际意义;硅油不可生物降解,且黏度高,散热能力较差,性价比低,应用前景不被看好;而烃类冷却液普遍具有沸点高不易挥发、不腐蚀、环境友好、成本较低等共性,具有较好的发展前景,但需与设备制造商和使用方紧密合作,解决其材料兼容性等难题。目前国内外尚无大规模应用的成熟油类冷却液产品,属国内与国外同步开发的产品。

3 展望

有这样一个比喻,如果把传统的风冷散热比喻成恣意吹风扇,冷板液冷散热比喻为贴着冰块,那全浸没液冷散热就是电芯集体"泡冷水澡"。浸没式冷却是储能热管理赛道的热门技术路线,全浸没液冷散热是将储能电芯直接浸没于冷却液中,电芯与冷却液直接接触,接触无死角,传热快捷高效,使电芯与空气完全隔离,控制储能电池系统电芯温差小于2℃,可以有效地抑制电池热失控,延长电池簇的使用寿命。可望成为未来的主流热管理技术。

由于电化学储能系统浸没式液冷技术处于发展初期,且国内外技术水平基本处于同一阶段,均无浸没式液冷相关权威标准发布,在电化学储能系统领域无相关浸没式冷却液成熟产品。随着电化学储能迅速发展,对电池系统热管理技术要求越来越高,浸没式液冷热管理技术将会大规模应用,与之配套使用的浸没式冷却液未来潜在市场用量可达万吨级以上。鉴于行业发展现状,国内企业应研发电化学储能系统浸没式矿物型冷却液产品实现核心技术自主可控,后期将为企业带来良好的社会效益和经济效益。

参 考 文 献

[1] 蒋凯, 李浩秒, 李威. 几类面向电网的储能电池介绍[J]. 电力系统自动化, 2013, 37(1): 47-53.

[2] 王育飞, 王辉, 符杨. 储能电池及其在电力系统中的应用[J]. 上海电力学院学报, 2012, 28(5): 418-422.

[3] 唐芳纯. 储能在新能源中的应用分析[J]. 电子世界, 2021(10): 25-26.

[4] 欧阳明高. 面向碳中和的新能源汽车创新与发展[J]. 科学中国人, 2021(11): 26-31.

[5] 柴雯, 吴明锋, 杨姝. 能源互联网背景下电力储能技术发展问题研究[J]. 山西电力, 2021(02): 36-39.

[6] Ouyang Q, Zhang Y, Ghaeminezhad N, et al. Module-based active equalization for battery packs: A two-layer model predictive control strategy[J]. IEEE Transactions on Transportation Electrification, 2021, 8(1): 149-159.

[7] Ghaeminezhad N, Ouyang Q, Hu X S, et al. Active cell equalization topologies analysis for battery packs: systematic review[J]. IEEE Transactions on Power Electronics, 2021, 36(8): 9119-9135.

[8] Yuan B H, Zhang B, Yuan X, et al. Study on the relationship between open-circuit voltage, time constant and polarization resistance of lithium-ion batteries[J]. Journal of the Electrochemical Society, 2022, 169(6): 060513.

[9] Li J, Adewuyi K, Lotfi N, et al. A single particle model with chemical/mechanical degradation physics for lithium-ion battery state of health (SOH) estimation[J]. Applied Energy, 2018, 212: 1178-1190.

[10] 陈雅, 范立云, 李晶雪. 二次流蛇形通道锂离子电池散热研究[J]. 储能科学与技术, 2023, 2095-4239.

[11] Wang H T, Tao T, Xu J, et al. Thermal performance of a liquid immersed battery thermal management system for lithium-ion pouch batteries[J]. Journal of Energy Storage, 2022, 46: 103835.

电化学储能系统浸没式冷却液的研制

王凯明　白生军　王　燕

（中石油克拉玛依石化有限责任公司）

摘　要　精选新疆克拉玛依油田优质原油，选择适宜的石油馏分，采用分子炼油技术得到碳数、沸程合适的碳氢化合物理想组分，确定了添加剂配方体系，研制出了具有较好的抗氧化性能、绝缘性能、与储能系统内部接触材料较好的材料兼容性等的新型浸没式冷却液产品。对储能电池浸泡在研制的冷却液中进行热失控等安全性能测试，试验结果表明，采用浸没式液冷方案，可以防止电芯热失控扩散，从物理本质上解决了储能电池热失控导致的燃烧爆炸这一世界性安全难题。

关键词　电化学储能；冷却液；浸没式；锂离子电池

目前，储能方式主要分为机械储能、电化学储能、电磁储能和相变储能等4类。电池储能是近年来发展迅速的储能类型，主要包括锂离子电池储能（以下简称"锂电储能"）、铅蓄电池储能和液流电池储能。其中锂电储能具有循环特性好、响应速度快、系统综合效率高等特点，是目前市场上推广应用最多的储能方式。近些年，储能电芯容量越来越大，大量电芯集成工作时发热越来越多，风冷系统的冷却能力已不足以应付储能电池组的散热需求。电化学储能系统热管理技术是急需突破性技术之一。锂离子电池作为全球动力电池和消费电池领域的主流电池，其热管理技术的发展一直备受关注。

早期的锂离子电池热管理系统较简单，主要是通过空气自然对流降温，噪声较大且温度均匀性不好。为解决该问题，研究人员发明了液冷技术，包括冷却板液冷和浸没式液冷。其中冷却板液冷技术发展较为成熟，具有较好的冷却效果，但容易出现冷却液泄漏等问题，从而造成安全隐患。浸没式液冷是近几年迅速发展起来的冷却技术，Wang等采用高绝缘10号变压器油作为浸没冷却剂。结果表明，与自然空气冷却的情况相比，电池模组的最高温度和最大温差分别降低了32.4%和75.3%，冷却性能得到了极大改善。

采用浸没式液冷技术可以使电芯与冷却液直接接触，将电池完全浸泡在绝缘冷却液中，接触无死角，传热快捷高效，安全性好，但对冷却液要求较高。目前国内外尚无大规模应用的冷却液产品，本文所研发的浸没式冷却液属国内与国外同步开发的产品。

1　技术指标制订

1.1　产品质量指标

由于电化学储能冷却液产品还处于研发阶段，国内外还没有产品标准参考，在研制过程中根据应用场景的环境因素、工况条件的不同，冷却液产品可以依据用户要求进行量身定制，在本产品研制过程中暂定产品质量控制指标见表1。

表1　浸没式冷却液主要技术指标

分析项目		控制指标	试验方法
运动黏度/（mm²/s）	40℃	9-11	GB/T 265
	100℃	报告	
黏度指数		报告	GB/T 1995
闪点（开口）/℃		≥160	GB/T 3536
倾点/℃		≤-50	GB/T 3535
酸值/（mgKOH/g）		≤0.02	NB/SH/T 0836
水含量/（mg/kg）		≤30	SH/T 0207
击穿电压/kV		≥50	GB/T 507
旋转氧弹（140℃）/min		≥400	SH/T 0193
蒸发损失/m%		≤0.5	自建方法（50℃，168h）
急性皮肤刺激/腐蚀性		非此类	GB/T 21604
急性经口毒性，LD50/（mg/kg）		>2000	OECD 423

1.2　产品生产工艺流程

精选新疆克拉玛依油田优质原油，选择适宜的石油馏分，采用分子炼油技术得到碳数、沸程合适的碳氢化合物理想组分，确定了添加剂配方体系，研制出了具有较好的传热性能、绝缘性能、与储能系统内部接触材料较好的材料兼容性等的新型浸没式冷却液产品，如图1所示。

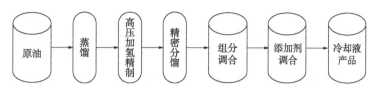

图 1 冷却液生产工艺流程

2 冷却液产品研制

2.1 基础油选择

根据研制浸没式冷却液产品指标的特点，对公司现有环烷基润滑油基础油和石蜡基润滑油基础油进行筛选，根据 EBC160 冷却液的关键技术研究指标，在基础油适宜的黏度下对闪点和倾点提出更高要求，对公司现有合适的环烷基和石蜡基润滑油基础油馏分进行性能考察，评选出作为冷却液的适宜原料组分。基础油性能考察分析数据见表 2。

表 2 基础油关键性能考察

分析项目	石蜡基轻组分 1	石蜡基轻组分 2	环烷基轻组分 1	环烷基轻组分 2	试验方法
运动黏度 mm²/s, 40℃	10.75	9.25	7.18	9.08	GB/T 265
闪点(开口)/℃	172	168	150	158	GB/T 3536
密度(20℃)/(kg/m³)	830.8	850.5	881.9	864.8	SH/T 0604
倾点/℃	−64	−63	−56	−62	GB/T 3535
酸值/(mgKOH/g)	0.01	0.01	0.01	0.01	GB/T 7304

为了使 EBC160 储能冷却液产品更有独特性，在保证冷却液产品质量的前提下，尽可能的将原料的来源多元化，同时又具有更广的适用性，尽量使这款产品具有环烷基特性，建议采用石蜡基轻组分加环烷基轻组分的调和方案，作为本项目 EBC160 储能冷却液的基础油进行性能研究。

2.2 抗氧剂评价

抗氧剂是能提高油品的抗氧化性能和延长其使用或贮存寿命的化学品，又称为氧化抑制剂。添加适量的抗氧剂可以抑制油品氧化，延长使用寿命。在本项目研究过程中参考变压器油中抗氧剂的选用类型，采用的抗氧剂为 T501(化学名称为 2，6-二叔丁基对甲苯酚)。旋转氧弹测定数据如图 2、表 3 所示。

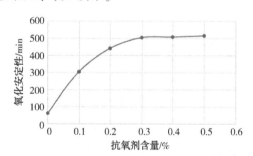

图 2 氧化安定性测试数据

表 3 旋转氧弹测试数据

编号	0#	1#	2#	3#	4#	5#	试验方法
抗氧剂含量/%	0	0.1	0.2	0.3	0.4	0.5	—
旋转氧弹/min	61	304	441	504	508	515	SH/T 0198

由表 3 冷却液旋转氧弹测试数据来看，抗氧剂的浓度大小对油品的抗氧化性能有明显影响。从抗氧剂 T501 不同含量与对应油品的旋转氧弹测定时间关系可以看出，随着抗氧剂 T501 含量的增加，所研制的冷却液旋转氧弹时间增长，这说明油品的抗氧化性能越好。但是当抗氧剂 T501 的含量达到 0.3% 以后，再增加抗氧剂的质量分数对油品的氧化无明显改善，油品的抗氧化性能变化趋于平缓，这是因为随着抗氧剂浓度的增加，消除热氧化分解产生的游离基的能力逐渐增强，当达到一定浓度后，又会由于抗氧剂与分子氧的反应几率增大而发生氧化强化效应，降低了抗氧剂的效能，因此抗氧化性能不再增加。所以综合经济和技术方面考虑，充分保证冷却液具

有较好的抗氧化性能且保证抗氧剂具有一定的冗余，抗氧剂 T501 的加入量以 0.4% 为宜。

2.3 冷却液产品质量分析

对采用上述试验方案研制的浸没式冷却液进行性能评价，质量分析数据见表4。

由表4中所研制的冷却液质量分析数据可以看出，冷却液产品质量完全满足控制指标要求。

表 4 浸没式冷却液质量分析典型数据

分析项目		控制指标	EBC160	试验方法
运动黏度/(mm²/s)	40℃	9~11	9.36	GB/T 265
	100℃	报告	2.31	
闪点(开口)/℃		≥160	166	GB/T 3536
倾点/℃		≤-50	-69	GB/T 3535
酸值/(mgKOH/g)		≤0.02	0.01	NB/SH/T 0836
水含量/(mg/kg)		≤30	21	SH/T 0207
击穿电压/kV		≥50	62	GB/T 507
旋转氧弹(140℃)/min		≥400	540	SH/T 0193
蒸发损失/m%		≤0.5	0.08	自建方法(50℃，168h)
急性皮肤刺激/腐蚀性		非此类	非此类	GB/T 21604
急性经口毒性，LD50/(mg/kg)		>2000	>2000	OECD 423

3 材料兼容性评价

收集电化学储能系统中能与冷却液直接接触的相关金属和非金属材料，考察实验室研制的浸没式冷却液产品与电化学储能装置内部相关材料的浸泡兼容性。材料兼容性试验条件及各种材料见表5。

表 5 试验条件

编号	应用冷却液	试验条件	试验材料
NO1			采样线、鱼骨架、接头、连接线、PET膜等
NO2	EBC160	(85±1)℃×336h	正负极耳、顶贴片、顶盖塑胶件、铝壳等
NO3			正负极片、极柱、防爆阀、蓝胶、隔离膜等

老化结束后，将烧杯从烘箱中取出并冷却至室温，用干净的镊子从冷却液中取出试验材料，并用石油醚清洗干净并烘干，称量材料质量，计算质量变化量，观察试验后材料外观变化情况。对试验后的冷却液进行酸值、击穿电压、介质损耗因数、介电常数、水分等测试。分析数据见表6。

表 6 冷却液与材料兼容性试验后冷却液关键性质分析数据

序号	试验材料	水分/(mg/kg)	酸值/(mgKOH/g)	介质损耗因数(25℃)	介电常数(25℃)	击穿电压/kV
0	空白样	22.7	0.006	0.00006	2.13	64.8
1	鱼骨支架	23.9	0.005	0.00005	2.11	63.5
2	采样线	22.2	0.006	0.00006	2.12	61.8
3	绿接头	21.8	0.006	0.00006	2.11	63.5
4	PET膜	22.4	0.006	0.00003	2.12	65.2
5	白接头	23.1	0.007	0.00006	2.13	67.3
6	温度采样线	20.3	0.006	0.00005	2.12	64.6
7	蓝胶	22.2	0.006	0.00008	2.12	61.7

续表

序号	试验材料	水分/(mg/kg)	酸值/(mgKOH/g)	介质损耗因数(25℃)	介电常数(25℃)	击穿电压/kV
8	蓝膜	21.8	0.006	0.00008	2.12	60.3
9	隔离膜	22.9	0.006	0.00009	2.13	63.1
10	防爆阀	23.9	0.006	0.00007	2.12	68.1
11	顶贴片	23.5	0.006	0.00006	2.11	64.3
12	顶盖塑胶件	23.1	0.005	0.00005	2.11	65.3
13	正极极柱	24.3	0.006	0.00006	2.11	64.9
14	正极极耳	24.0	0.006	0.00006	2.13	66.8
15	负极极耳	24.8	0.006	0.00005	2.12	64.7

试验后冷却液关键性质分析数据(颜色、酸值、界面张力、击穿电压、介质损耗因数、介电常数、水分等)均无明显变化。试验结果表明,冷却液与试验材料具有良好的浸泡兼容性。

4 冷却液安全性能评价

即使特殊情况下,个别电池因自身原因产生安全问题,锂电池模块被刺穿、破损等导致正负极短路发生物理和化学反应,从而导致产生过多的热量和气体,当在稳定温度区域之外工作时,高放热反应会导致电池快速自热—这种情况被称为热失控(TR),并伴有相关表现(如烟雾生成、火焰喷射和爆炸)。由于电池模块浸没于冷却液中,电芯产生的大量的热被冷却液吸收进行快速散热,在冷却液的阻燃防护下也不会引起电池燃烧或爆炸。为测试储能电池在使用过程中因电芯被刺穿、过充等事故发生时冷却液的安全性能,特开展电池在空气中和浸没在冷却液中进行针刺和过充等热失控对比性能测试。

4.1 针刺试验

针刺对比试验,模拟电池短路情况下的安全性:在空气中,针刺引起电池正负极短路瞬间产生大量的热引发电解液爆燃,此时电池表面温度可达400℃以上;浸没在冷却液中的锂电池发生正负极短路时产生的热量瞬间被冷却液快速吸收,同时冷却液起到隔绝空气的作用使爆燃的电解液产生的火花迅速熄灭,电池的表面温度达到280℃,而冷却液温度只有48℃,试验过程中产生大量的白色烟雾为电解液中的低沸点有机溶剂受热挥发所致,如图3所示。

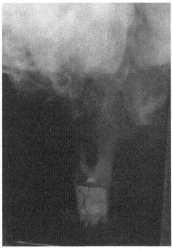

图3 电池针刺对比试验

过充对比试验,模拟电池热失控状态下的安全性:现象如同针刺试验现象,在空气中,电池过充瞬间爆燃;浸没在冷却液中的锂电池没有发生爆炸燃烧,电池只是发生鼓胀,产生的热量被冷却液吸收快速传递出去,如图4所示。

图4 电池过充对比试验

5 结论

本项目研制了电化学储能系统浸没式矿物型冷却液，所研制产品具有较好的抗氧化性能、绝缘性能、与储能系统内部接触材料较好的材料兼容性。

对储能电池浸泡在研制的冷却液中进行热失控等安全性能测试，试验结果表明，采用浸没式液冷方案，可以防止电芯热失控扩散，从物理本质上解决了储能电池热失控导致的燃烧爆炸这一世界性安全难题。可望成为未来的主流热管理技术。

经过调研，由于电化学储能系统浸没式液冷技术处于发展初期，且国内外技术水平基本处于同一阶段，均无液冷相关权威标准发布，在电化学储能系统领域无相关浸没式冷却液成熟产品。浸没式冷却液未来潜在市场用量可达万吨级以上。鉴于行业发展现状，公司研发电化学储能系统浸没式矿物型冷却液产品可实现核心技术自主可控，可为中石油集团公司转型升级、"减油增特"创造良好的社会效益和经济效益。

参 考 文 献

[1] 蒋凯，李浩秒，李威. 几类面向电网的储能电池介绍[J]. 电力系统自动化，2013，37(1)：47-53.

[2] 王育飞，王辉，符杨. 储能电池及其在电力系统中的应用[J]. 上海电力学院学报，2012，28(5)：418-422.

[3] Ouyang Q, Zhang Y, Ghaeminezhad N, et al. Module-based active equalization for battery packs：A two-layer model predictive control strategy[J]. IEEE Transactions on Transportation Electrification, 2021, 8(1)：149-159.

[4] Ghaeminezhad N, Ouyang Q, Hu X S, et al. Active cell equalization topologies analysis for battery packs：systematic review [J]. IEEE Transactions on Power Electronics, 2021, 36(8)：9119-9135.

[5] Wang H T, Tao T, Xu J, et al. Thermal performance of a liquid immersed battery thermal management system for lithium-ion pouch batteries [J]. Journal of Energy Storage, 2022, 46：103835.

基于 DSR 法检测 SBS 改性沥青储存稳定性的应用

彭　煜　从艳丽　杨克红　吕文姝

(中石油克拉玛依石化有限责任公司)

摘　要　在 SBS 改性沥青工艺优化、工业生产、性质检测中,详细验证了《SBS 改性沥青储存稳定性试验方法(动态剪切流变仪法)》的应用效果。结果表明:该方法能有效缩短检测时间,快速判定 SBS 改性沥青的储存稳定性能,可为工艺优化、工业生产、性质检测提供技术支撑。

关键词　DSR;SBS;改性沥青;储存稳定性;应用;性质检测

鉴于 SBS 改性沥青兼顾优良的高温抗车辙和低温抗开裂性能,在公路建设中得以广泛应用。但是要生产出既耐老化,又能长期热储存的 SBS 改性沥青并非易事。在实际生产过程中,往往要么 SBS 改性剂在基质沥青中未充分熔融导致其储存稳定性能差,要么 SBS 改性剂在基质沥青中过度反应致使其老化后 5℃延度大幅度衰减。因此,SBS 改性沥青生产企业需要精准控制其工艺条件以平衡离析与老化后 5℃延度指标,迫切需要一种能快速检测 SBS 改性沥青储存稳定性的评价方法,及时掌握 SBS 改性剂在基质沥青中的熔融程度,快速分析其离析指标是否合格,进而判定产品是否可以出厂或需要对工艺条件进行调整。

针对《公路工程沥青及沥青混合料试验规程》(JTG E20) T 0661 试验耗时长,检测结果滞后,彭煜等人开发出了一种基于动态剪切流变(DSR)试验的 SBS 改性沥青储存稳定性试验方法。本文采用该方法在 SBS 改性沥青工业生产中进行了应用研究,以验证其实用性和有效性。

1　试验

1.1　试验器材

基质沥青,KM-70 为 A 公司的 70 号道路沥青;

增溶剂,为 B 公司市售的减四线糠醛抽出油;

改性剂,T6302L 型 SBS 改性剂由 C 公司生产;

稳定剂,PS-1 型稳定剂由 D 公司生产。

DHR-1 型 DSR 动态剪切流变仪由美国 TA instruments-waters, LLC 公司生产。RKA5 型自动石油沥青软化点测试仪由安东帕德国 Petrotest 公司生产。

1.2　样品制备

实验室将 95% 的基质沥青、5% 的增溶剂分别预热至 150℃~160℃、90℃~120℃,混合、搅拌均匀后,升温至 180℃,在 5000r/min 条件下剪切研磨,分批、缓慢地加入 5% 的 SBS 改性剂,剪切 20min。剪切后以转速为 120r/min 搅拌反应,加入 1.5‰ 的稳定剂,反应 7h,制备 SBS 改性沥青,其中反应温度为 190℃。

生产装置上,按照实验室推荐的原料配比和工艺条件,生产 SBS 改性沥青,推荐工艺参数详见表 1。

表 1　推荐工艺参数

项目		工艺参数
原料配比	基质沥青用量/%	95±1
	增溶剂/%	5±1
	改性剂/%	5±0.1(外加)
	稳定剂/‰	1.5±0.1(外加)
工艺条件	剪切温度/℃	180±5
	反应温度/℃	190±5
	反应时间/h	7±1
	储存温度/℃	140~150
关键控制指标	针入度, 0.1mm	70±5
	软化点(R&B)/℃	60~65
	老化前延度(5℃), 不小于/cm	38
	老化后延度(5℃), 不小于/cm	22
	离析, 不大于/℃	2.5
	稳定因子 S_{f}, 不小于	24.5

1.2 试验方法

中国公路学会团体标准《SBS 改性沥青储存稳定性试验方法(动态剪切流变仪法)》(T/CHTS 10164—2024),是在应变控制模式下,选用 25mm 平行金属板夹具,在应变为 12%,角频率为 10rad/s,试验温度为 64℃、67℃、70℃、73℃、76℃、79℃、82℃、85℃条件下进行动态剪切流变试验,测得 SBS 改性沥青的复数剪切模量 G^* 和相位角 δ。通过式(1)、式(2)计算 SBS 改性沥青的修正复数剪切模量 $G^{*\prime}$,再以试验温度为横坐标,以修正复数剪切模量的对数值 $\lg(G^{*\prime})$ 为纵坐标,绘制 $\lg(G^{*\prime})$—T 曲线,通过线性回归,获得回归直线的斜率 $K_{\lg(G^{*\prime})}$;最后按式(3)计算其稳定因子 S_f,并以稳定因子 S_f 指标评价 SBS 改性沥青的储存稳定性。

$$K_{vc}(\delta) = Cos\frac{\delta}{3} \times Sin^{-4}\delta \qquad (1)$$

$$G^{*\prime} = G^* \times K_{vc}(\delta) \qquad (2)$$

$$S_f = \left| \frac{1}{K_{\lg(G^{*\prime})}} \right| \qquad (3)$$

式中,$K_{vc}(\delta)$ 为黏弹性系数,kPa,数值保留三位小数。G^* 为复数剪切模量,kPa,数值保留三位小数。$G^{*\prime}$ 为修正复数剪切模量,kPa,数值保留三位小数。δ 为相位角,弧度,数值保留一位小数。$K_{\lg(G^{*\prime})}$ 为 $\lg(G^{*\prime})$—T 曲线的斜率,数值保留四位小数。

2 结果与讨论

2.2 实验室工艺优化

在实验室确定好原料配方与工艺条件后,由于工业生产装置和实验室设备存在一定差异,往往需要根据产品性质对工艺条件进行优化调整,但在优化调整过程中,因涉及参数条件多、离析试验耗时长,影响试验效率。将《SBS 改性沥青储存稳定性试验方法(动态剪切流变仪法)》应用到工艺优化上能快速确定最优工艺条件。在原料与配方一定的条件下,为精确确定 SBS 改性沥青的反应温度、反应时间,以 190℃为基准反应温度,以 2℃为间隔,上、下微调 4℃;以 7h 为基准反应时间,以 1h 为间隔,上、下微调 4h。在实验室制备 SBS 改性沥青,通过控制其关键指标(稳定因子 S_f、离析及老化后 5℃延度)以确定最优工艺条件。试验结果如图 1、图 2、图 3、图 4 所示。

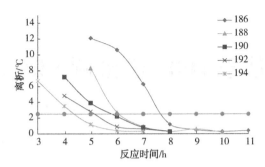

图 1 反应温度与反应时间对离析的影响

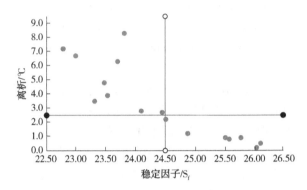

图 2 临界稳定因子 S_f 的确定

从图 1 可以看出,在反应温度一定的条件下,随着反应时间的延长,SBS 改性沥青的离析值逐渐减小,稳定因子 S_f 逐渐增大,老化后 5℃延度逐渐降低。当反应到某一时间后,SBS 改性沥青的离析值将达到 2.5℃,此时,SBS 改性沥青必将有某一特定稳定因子 S_f(即临界稳定因子 S_f)与之对应,并且当这样的统计数据越多,其临界稳定因子 S_f 就越准确。从图 2 可以看出,该临界稳定因子 S_f 为 24.5。当 SBS 改性沥青离析合格后继续反应,其离析值将继续减小,再反应一段时间后,离析减小幅度明显趋缓,并逐渐接近于零。与此同时,稳定因子 S_f 也不再出现明显增加,逐渐趋于平缓。而老化后 5℃延度则开始大幅度衰减,甚至出现卡边不合格现象。由此可称从离析刚合格到老化后 5℃延度不合格这段反应时间为可操作时间。

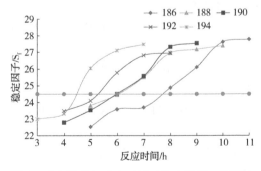

图 3 反应温度与反应时间对稳定因子 S_f 的影响

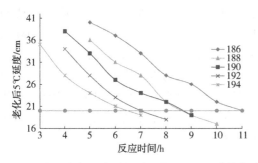

图 4　反应温度与反应时间对老化后 5℃ 延度的影响

随着反应温度的提高，SBS 改性沥青从开始反应到离析合格所需的反应时间将逐渐缩短。与此同时，SBS 改性沥青从离析刚合格再到老化后 5℃ 延度不合格的可操作时间就越短。从图 3、图 4 可以看出，在反应温度为 186℃、188℃、190℃、192℃、194℃ 的条件下，其可操作时间分别约为 3.0h、2.0h、2.0h、1.5h、1.5h。由此可见，反应温度越低，其可操作时间就越长，但 SBS 改性沥青从开始反应到离析合格所需的反应时间也就越长。反应温度越高，SBS 改性沥青从开始反应到离析合格所需的反应时间就越短，但同时其可操作时间也就相应越短，容易导致其老化后 5℃ 延度偏低甚至不合格。故推荐最优反应温度为 188℃ ~ 190℃，最优反应时间为 6h~8h。

2.2　解决生产中的问题

采用《公路工程沥青及沥青混合料试验规程》

(JTG E20) T 0661 和《SBS 改性沥青储存稳定性试验方法(动态剪切流变仪法)》对 A 公司生产车间加工的 SBS 改性沥青进行跟踪检测，结果见表 2。

结果表明：在第 K 批次的 D109-1 罐、第 P 批次的 D109-1、D109-3 罐，SBS 改性沥青的稳定因子分别为 23.20、23.31、23.53，未达到临界稳定因子 S_f(即离析 2.5℃ 所对应的稳定因子 S_f 值)的技术要求。说明这三罐 SBS 改性沥青未充分反应，具有离析不合格的风险，需要及时进一步加工处理。在第 K 批次的 D109-2 罐、第 M 批次的 D109-1、D109-3 罐，SBS 改性沥青的稳定因子分别为 25.64、24.57、25.25，已超过临界稳定因子 S_f 的技术要求，说明其离析指标已经合格。结合 SBS 改性沥青老化后 5℃ 延度指标，分别为 19cm、18cm、16.3cm，低于 JTG F40《公路沥青路面施工技术规范》对 SBS 改性沥青(I-C 类)的技术要求，说明 SBS 改性沥青已过度反应，需要对老化后 5℃ 延度指标进行改善。后续离析验证表明：《SBS 改性沥青储存稳定性试验方法(DSR 法)》快速预判的储存稳定性具有较高的准确性与可靠性。生产车间通过及时调整工艺保证了后续产品的质量，同时还快速对不合格产品进行了改善处理，既保障了产品合格出厂，又避免了因等待离析检测而停工，确保了生产装置连续生产，显著提高了生产效率。

表 2　SBS 改性沥青生产跟踪结果

项目		第 K 批		第 M 批		第 P 批		指标要求
		D109-1	D109-2	D109-1	D109-3	D109-1	D109-3	
处理前	针入度，0.1mm	78	78	69	68	75	78	60~80
	软化点(R&B)，℃	65	62.8	62.4	69.5	62.3	63.3	≥55
	老化前延度(5℃)/cm	56	34.5	39	30	47.0	65.0	≥30
	离析/℃	3.8	0.5	0.8	0.3	3.5	6.6	≤2.5
	老化后延度(5℃)/cm	42	19	18	16.3	36	37	≥20
	稳定因子 S_f	23.20	25.64	24.57	25.25	23.31	23.53	≥24.5
处理后	针入度，0.1mm	78	77	76	74	76	76	60~80
	软化点(R&B)/℃	63.9	66	63.5	65.8	63.5	63.8	≥55
	老化前延度(5℃)/cm	43	38	38.5	41	44	40	≥30
	离析/℃	1.7	0.4	0.3	0.6	1.8	2	≤2.5
	老化后延度(5℃)/cm	23.5	22	21	25	37	24	≥20
	稳定因子 S_f	25	25.97	25.06	25.84	24.57	24.91	24.5

2.3 性质检测

为进一步验证《SBS 改性沥青储存稳定性试验方法(动态剪切流变仪法)》的准确性与可靠性,针对不同批次、不同部位(反应釜馏出口、发育罐、成品罐),对 A 公司生产装置的 SBS 改性沥青的离析和稳定因子 S_f 进行跟踪分析,试验结果如图 5 所示。

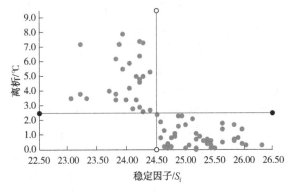

图 5   稳定因子 S_f 与离析指标的对应关系

结果表明:在原料、配方、工艺一定的条件下,离析与稳定因子 S_f 指标具有较高的统计对应关系。且集中分布于以离析值 2.5℃ 和稳定因子 S_f 值 24.5 为交叉轴的二、四象限区域内。当离析值为 2.5℃ 时,其稳定因子 S_f 趋于临界值 24.5,与上述 2.1、2.2 节所确定的临界稳定因子 S_f 相吻合。当离析值大于 2.5℃ 时,集中分布于第二象限,当离析值小于 2.5℃ 时,则集中分布于第四象限。

3 应用效果评价

采用《SBS 改性沥青储存稳定性试验方法(动态剪切流变仪法)》评价 SBS 改性沥青的储存稳定性,试验时间缩短至 2 小时以内,不仅提高了检测效率,还提高了分析的准确性。可为 SBS 改性沥青的工业生产、工艺优化,性质检测提供技术支持。从仪器精密度来看,动态剪切流变仪

的控温精度可以达到 0.1℃,加载频率精确到 0.1rad/s,周期扭矩准确到 10mN·m 或 100μrad,具有较高的精密度。从试验过程来看,该方法试验步骤少,受人为因素影响少,具有较高的可靠性。从试验结果来看,稳定因子 S_f 指标与离析指标具有较好的对应性,能准确评价 SBS 改性沥青的储存稳定性。

4 结论

(1)鉴于原料、配方、工艺一定的 SBS 改性沥青,其临界稳定因子 S_f 是确定的。故《SBS 改性沥青储存稳定性试验方法(DSR 法)》可应用于工业生产、工艺优化、性质检测等,不仅提高了检测效率,还提高了分析的准确性。

(2)《SBS 改性沥青储存稳定性试验方法(动态剪切流变仪法)》仍需针对不同油源的沥青、不同类型的 SBS 改性剂和稳定剂、不同配方与工艺的 SBS 改性沥青产品进行室内验证和工程应用,以便更加全面地评估该方法的适用性和有效性。

参 考 文 献

[1] 周振君,王俊岩,丛培良. SBS 改性沥青热储存及运输过程中的降解研究[J]. 建筑材料学报,2020,23(2):430-437.

[2] 彭煜,丛艳丽,吕文姝,等. 基于 DSR 试验方法检测 SBS 改性沥青热储存稳定性的影响因素研究[J]. 石油沥青,2023,37(4):19-23.

[3] 李福普,严二虎,黄颂昌,等. JTG E20—2011 公路工程沥青及沥青混合料试验规程[S]. 北京:人民交通出版社,2011,173-175.

[4] 彭煜,丛艳丽,张艳莉,等. SBS 改性沥青热储存稳定性快速检测方法研究[J]. 石油沥青,2022,34(3):53-61.

[5] AASHTO T315 Determining the Rheological Properties of Asphalt Binder Using a Dynamic Shear Rheometer (DSR) [S].

基于石油组学理念的原油中变压器油馏分段低温性能预测技术

秦红艳　栾利新　张翔斌　罗　翔

（中石油克拉玛依石化有限责任公司）

摘　要　环烷基稠油是生产高等级电器绝缘油、橡塑材料加工用助剂、重质润滑油组分、优质沥青等特种石油产品的优质原料。中石油克拉玛依石化有限责任公司依靠科技创新，形成了稠油加生产系列特色产品的成套技术。环烷基稠油分布、储量与常规石油有较大的差异，原油常规快评技术不适用于环烷基特性强的稠油评价。建立一种基于石油组学理念的快速预测馏分低温性能的评价方法，为原油中其他馏分油的化学组成与油品的物理性质及化学性能间的关联提供新的思路，进而从分子层面高效指导生产。本项目简化原油预处理，将层析分离法与GC-MS技术相结合，采用逐步回归法将馏分烃组成与低温性能进行关联，为了解决此类问题提供借鉴。

关键词　石油组学；组成；物性；低温性能

随着油田原油区块开采和产量的变化，炼厂加工的原油性质复杂多变，如何及时发现、分析和判断可能影响产品质量或造成装置安全隐患的问题原油是炼油企业正常生产的关键，也对原油评价提出的更高要求。

变压器油是环烷基原油生产优质润滑油的典型产品，其在低温下流变性能会对设备工作带来至关重要的影响。传统原油评价需先通过蒸馏实现变压器油馏分的分离，再开展低温性能分析，分析时间长，效率低。石油的物性与其组成密切相关，随着石油加工的多样化和精细化，基于石油组学理念从分子水平上认识石油化学组成，研究化学组成与油品的物理性质及化学性能间的关系，进而开发出基于分子组成的性质预测及化学转化模型，对原油的可加工性能以及合理利用具有重要指导意义。

本项目在未对原油进行馏分切割的情况下，通过对原油采用层析法分离出原油饱和烃组分，再经GC-MS确定碳数分布及烃类组成，将变压器油馏分段烃组成与低温性能进行关联，实现快速测定变压器油馏分低温性能的目的。

1　实验部分

1.1　试样（表1）

样品1-样品15（表2和表5）为不同比例原油A和原油B的混合样。

表1　原油基本性质

项目		原油A	原油B
密度（20℃）/（kg/m³）		946.0	898.2
原油基属		环烷基	石蜡基
运动黏度/（mm²/s）	50℃	1258	62.972
	80℃	188.0	13.697
凝点/℃		-10	-32

1.2　定性定量原理

通过GC-MS技术考察变压器油碳数分布情况及保留时间范围。对原油的饱和烃采用GC-MS技术进行分析，提取变压器油馏分段碳数区间的离子碎片，采用ASTM D0659计算烃组成。

1.3　建模软件

本研究采用的建模软件为IBM公司开发的SPSS软件。在建模过程中，使用SPSS的回归分析模块。

2　实验结果及分析

2.1　原油中变压器油碳数分布的确定

原油各馏分段烃类组成分析，关键是需要确定目标馏分的碳数分布情况，采用GC-MS技术考察变压器油（传统蒸馏方式获取）碳数分布情况及保留时间范围，如图1所示。

由图，GC-MS分析结果显示变压器油馏分碳数分布主要分布于$C_{15} \sim C_{21}$，在本试验设定条件下对应的保留时间约为16~31min。

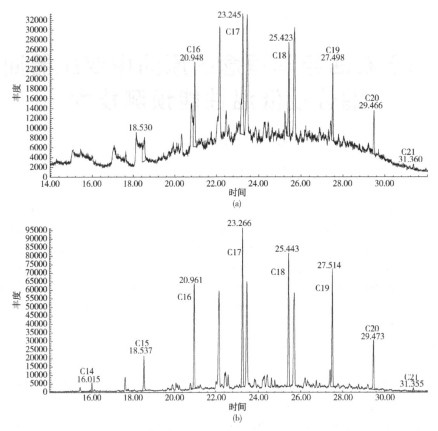

图1 原油A(a)、原油B(b)的变压器油总离子流色谱图

2.2 原油中变压器馏分烃组成的测定

按设定条件对层析分离后的原油A和原油B的饱和烃试样进行GC-MS分析,总离子流色谱图如图2所示。

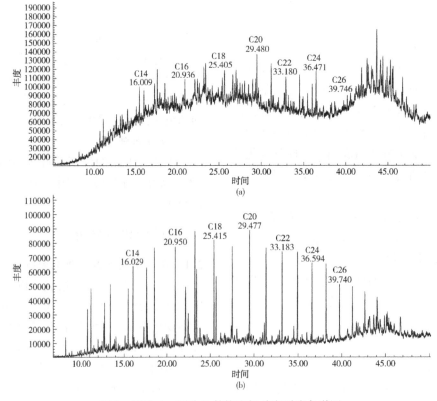

图2 原油A、原油B的饱和烃总离子流色谱图

对原油中变压器油馏分段烃类组成进行计算时，提取变压器油馏分对应的碳数分布范围内的离子碎片，采用 ASTM D0659 方法得到烃组成。由于原油 A 中环烷烃的存在，且同分异构体的数目非常多，导致正构烷烃分离效果不理想，因此，仅采用总离子流色谱图对正构烷烃进行测定难以达到预期的效果。正构烷烃质谱图的突出特征是有 $[C_nH_{2n+1}]$ +碎片离子系列，取直链烷烃 m/z57 特征碎片离子质量色谱图，可实现正构烷烃的定性和定量。

通过在原油 A 中掺入不同比例的原油 B，不同掺稀比例原油的饱和烃采用 GC-MS 技术提取变压器油馏分，采用同样的处理方式可实现定性并定量(表 2)。

表 2　原油中变压器油组成及低温性能

样品	链烷烃	正构烷烃	异构烷烃	总环烷烃	正构烷烃/链烷烃	倾点*	黏度指数*
1	4.4	0.91	3.49	95.6	0.21	−45	21
2	5.1	1.39	3.71	92.9	0.27	−39	22
3	5.1	1.5	3.4	94.9	0.29	−34	23
4	5.7	1.96	3.34	94.3	0.34	−30	27
5	6.5	2.36	3.64	93.5	0.36	−30	31
6	7.3	2.83	3.97	92.7	0.39	−27	33
7	7.6	3.02	4.58	89.8	0.40	−27	32
8	10.4	4.47	5.93	85.3	0.43	−21	40
9	23.3	12.64	10.66	76.6	0.54	−9	—

注*：倾点和黏度指数为传统的实沸点蒸馏切割馏分分析所得结果。

2.3　关联模型建立

各烃类中，倾点和黏度指数由高到低排列为正构烷烃>异构烷烃>环烷烃>芳香烃，链烷烃的黏度指数随着支链的增多而变低，环状烃分子中的环数增多时，黏度指数显著变低，甚至变为负值；饱和烃含量高，倾点就高，它们的含量低，倾点就低，环状烃上的长侧链也会使倾点升高。

将链烷烃、正构烷烃、异构烷烃、总环烷烃和正构烷烃/链烷烃作为自变量，而将倾点和黏度指数作为因变量采用 SPSS 的逐步回归进行分析，分析结果如表 3 和表 4 所示：

表 3　逐步回归分析结果(因变量：倾点)

项目	非标准化系数		标准化系数	t	p	VIF	R^2	调整 R^2	F
	B	标准误	Beta						
常数	−66.855	1.421	—	−47.05	0.000**	—	0.989	0.987	$F(1, 8)=700.429$, p=0.000
正构烷烃/链烷烃	104.963	3.966	0.994	26.466	0.000**	1			

D-W 值：1.741

*p<0.05 **p<0.01

表 4　逐步回归分析结果(因变量：黏度指数)

项目	非标准化系数		标准化系数	t	p	VIF	R^2	调整 R^2	F
	B	标准误	Beta						
常数	−58.757	23.388	—	−2.512	0.046*	—	0.988	0.985	$F(2, 6)=257.859$, p=0.000
正构烷烃	7.653	0.679	1.335	11.263	0.000**	7.328			
总环烷烃	0.756	0.237	0.377	3.182	0.019*	7.328			

D-W 值：2.190

*p<0.05 **p<0.01

倾点与组成关联模型公式为：倾点＝-66.855+104.963*正构烷烃/链烷烃，R^2为0.989，意味着正构烷烃/链烷烃可以解释倾点的98.9%变化原因。而且模型通过F检验（F＝700.429，p＝0.000<0.05），说明模型有效。另外，针对模型的多重共线性进行检验发现，模型中VIF值全部均小于5，意味着不存在着共线性问题；并且D-W值在数字2附近，因而说明模型不存在自相关性，样本数据之间并没有关联关系，模型较好。最终具体分析可知：正构烷烃/链烷烃的回归系数值为104.963（t＝26.466，p＝0.000<0.01），意味着链烷烃中正构烷烃的比例会对倾点产生显著的正向影响关系。

倾点与组成关联模型公式为：黏度指数＝-58.757+7.653*正构烷烃+0.756*总环烷烃，R^2为0.988，意味着正构烷烃、总环烷烃可以解释黏度指数的98.8%变化原因。而且模型通过F检验（F＝257.859，p＝0.000<0.05），说明模型有效。另外，针对模型的多重共线性进行检验发现，模型中有VIF值大于5，但是小于10，意味着可能存在着一定的共线性问题。对黏度指数产生显著的正向影响关系的是正构烷烃和总环烷烃。

2.4　关联模型的准确度考察

选取六种混合原油，采用GC-MS测定原油饱和烃的组分，按照文中方法测定变压器油馏分段的烃组成，通过关联模型得到倾点和黏度指数预测值，与传统原油评价测定的变压器油的低温性能，进行对比分析考察模型的准确度。

表5　分析模型预测值与原油评价测定值对比

样品	倾点/℃			黏度指数		
	测定值	预测值	偏差	测定值	预测值	偏差
10	-45	-45	0	21	20	-1
11	-39	-38	1	22	22	0
12	-34	-36	-2	23	24	1
13	-30	-31	-1	27	28	1
14	-21	-22	-1	40	40	0
15	-9	-10	-1	—	96	—

由表可见，与常规原油评价测定数据相比，对于变压器油倾点的快速预测，6组结果偏差的绝对值均<3℃（GB/T 3535重复性要求为3℃，再现性要求为6℃）；对于变压器油黏度指数的快速预测，6组结果偏差的绝对值均<3。

3　小结

（1）利用GC-MS技术，定性并定量分析原油中变压器油馏分中正构烷烃的碳数分布及含量。变压器油馏分碳数分布主要分布于C_{15}～C_{21}，在本试验设定条件下对应的保留时间约为16～31min。

（2）对原油中变压器油馏分段烃类组成进行计算时，提取变压器油馏分对应的碳数分布范围内的离子碎片，采用ASTM D0659方法得到烃组成。采用SPSS中逐步回归的方法对变压器油馏分组成和低温性能进行关联，建立了一种基于分子管理理念的快速预测变压器油馏分低温性能的分析方法，关联模型显示链烷烃中正构烷烃比例会对倾点产生显著的正向影响关系，正构烷烃和总环烷烃均会对黏度指数产生显著的正向影响关系。

（3）对于变压器油倾点的快速预测，6组结果偏差的绝对值<3℃（GB/T 3535重复性要求为3℃，再现性要求为6℃）；对于变压器油黏度指数的快速预测，6组结果偏差的绝对值均<3。

（4）基于石油组学理念的原油中变压器油馏分段低温性能预测技术，可为原油中其他馏分油的化学组成与油品的物理性质及化学性能间的关联提供新的思路，进而从分子层面高效指导生产。

参　考　文　献

[1]秦红艳，郭鉴，栾利新，等. 冷冻机油基础油正构烷烃测定及其对低温性能的影响[J]. 润滑油，2022，37(04)：13-16.

焦化原料组成调控对锂电负极石油焦微观结构及电化学性能的影响研究

田凌燕　王　华　魏　军　董跃辉　朱路新

（中石油克拉玛依石化有限责任公司）

摘　要　低硫石油焦是人造石墨的主要原料来源，但其存在石墨化难，容量低的缺点难以直接用于高端石墨负极材料，因此使得高端人造石墨负极的成本居高不下，给负极企业带来了巨大的成本压力。文中以克拉玛依石化减压渣油和脱油沥青为原料，通过对焦化原料进行组成配比的调控，考察了原料组成对石油焦的性质及结构的影响规律，探究石油焦结构性质对其石墨化及电化学性能的影响机制。结果表明：石油焦的微观结构受原料组成的影响显著，随着原料中胶质含量的增加，流线纤维结构含量减少，镶嵌结构含量增加。石油焦的石墨化难易及电性能与石油焦的微观结构密切相关，具有较规整的炭层结构可得到更优电性能的石墨负极材料，因此对石油焦的微观结构进行合理调控可得到满足不同电性能要求的石油焦，该研究可为石油焦在锂电负极产品的开发提供一定的理论指导。

关键词　延迟焦化；石油焦；微观结构；石墨化；电性能

石油焦是由原油经过蒸馏再延迟焦化后得到的产品。石油焦产量丰富，大部分石油焦可作为金属冶炼的燃料，品质好的石油焦（针状焦）还可以作为储能材料的原材料，用于制备人造石墨或者多孔碳，从而提高石油焦的附加值。

锂离子电池在电动汽车及大型储能领域具有广阔的应用前景，负极材料是决定锂离子电池性能的关键之一。目前，负极材料仍然以天然/人造石墨为主，而人造石墨在锂离子电池里的应用也比较成熟，刘盼等将沥青包覆石油焦制备了大倍率、高容量的锂离子电池，刘春洋等在石油焦中引入铁等元素提高能量密度和倍率性能，但过程复杂且成本较高。针状焦由于其硫含量低、灰分低、金属含量低和易石墨化等优点，目前成为了人造石墨的主要原料，但其生产成本较高，且对原料的要求较高；而普通石油焦与前者相比生产成本低、价格低廉，但其存在硫含量高的问题，因此，将高硫石油焦应用于锂离子电池负极材料受到一定的限制。低硫石油焦是人造石墨除针状焦外的主要原料来源，但其存在石墨化难，容量低的缺点难以直接用于高端石墨负极材料，因此使得高端人造石墨负极的成本居高不下，给负极企业带来了巨大的成本压力。

2023年虽然受到需求端去库存造成的供求环境阶段性失衡的影响，但出货量仍达到了167万吨，较2022年同比增长21.9%，扔保持了较高的增长率。根据高工产研锂电研究所（GGII）统计，尽管产能结构过剩、行业进入洗牌期，但负极材料市场仍具增长空间，预计2030年我国负极材料出货量有望达到580万吨，随着2023年国内负极材料产能逐步出清及上游原材料、石墨化加工价格止跌企稳，降本增效将成为行业内产业链企业持续不断努力的方向，未来，负极材料企业将继续围绕"低成本、高性能、连续化、一体化、产业融合、新工艺"，不断提升企业竞争力。因此，以价格低廉、产量丰富的石油焦作为锂电极材料具有更为广阔的市场前景，急需开发低硫石油焦在负极材料领域的应用研究，同时不仅为石油炼化副产物提供新的应用思路，更可以得到高附加值的电化学储能碳材料，具有广阔的商业应用前景。本文通过对焦化原料进行组成配比的调控，考察了原料组成对石油焦的性质及结构的影响规律，探究石油焦结构性质对其石墨化及电化学性能的影响机制，为石油焦在锂电负极产品的开发提供一定的理论指导。

1　实验

1.1　实验原料

实验原料来自中石油克拉玛依石化有限责任公司（以下简称克石化）的减压渣油和脱油沥青，

其基本性质及组成见表1。

表1　原料稀油减渣和脱油沥青的基本性质和组成

项目		减压渣油	脱油沥青
硫/(μg/g)		1200	2800
氮/(μg/g)		3200	8900
残炭/%		9.59	17.07
碳/%		87.14	87.78
氢/%		12.65	11.41
组成/%	饱和烃	55.51	10.80
	芳香烃	20.71	33.86
	胶质	23.68	55.21
	沥青质	0.10	0.13
金属/(μg/g)			
Fe		19.0	49.9
Ni		17.8	37.2
Ca		8.82	1190
V		0.260	0.880
Mg		0.460	5.82

1.2　延迟焦化及石油焦炭化石墨化处理

1.2.1　延迟焦化

实验在克石化延迟焦化装置上进行，装置流程图如图1所示，焦化炉出口温度501℃，循环比0.4，生焦36h。

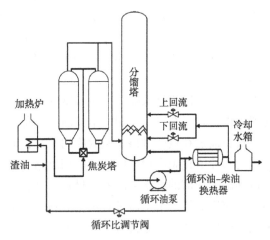

图1　克石化延迟焦化装置流程图

1.2.2　石油焦炭化、石墨化

将石油焦原料在球磨机上进行破碎，筛后分级得到粒径为10~20μm的石油焦，将延迟焦化的生焦置于刚玉坩埚中并放入气氛管式炉的炉管中，坩埚位置大致位于加热炉中心，用法兰将炉管两端密封。然后对炉管抽真空并充入高纯氩气至常压，连续操作三次以充分置换炉管中的空

气。打开加热，以2℃·min⁻¹的升温速率加热至预定煅烧温度600~1600℃，并保温2h，自然冷却后得到炭化焦。升温和冷却期间始终通入100mL·min⁻¹的高纯氩气，以防止样品氧化。将炭化后的石油焦放置在石墨坩埚中，并放入间歇式石墨化炉中，通过先抽真空后通入99.999%高纯Ar的方式置换石墨化炉中的空气；随后以5℃·min⁻¹的升温速率升至2800℃，待石墨化炉冷却至室温后取出样品即为石墨化后石油焦。

1.3　分析表征

采用石油沥青四组分测定标准 NB/SH/T 0509—2010 进行原料油的族组成分析；采用上海爱斯特电子有限公司生产的 DM1260 型 X 荧光测硫仪测定样品的 S 含量，采用江苏泰州市升拓精密仪器有限公司生产的 TEA-600N 型化学发光定氮仪测定样品的 N 含量；采用残炭测定标准 GB/T 17144—1997 测定样品的残炭值；采用金属元素测定标准 RIPP124-1990 测定样品的金属含量。

1.4　分析测试

偏光测试：取小块产物，放入磨具中，注入环氧树脂以及固化剂进行包埋，待固化后，取出样品，依次用不同目数的砂纸进行打磨，最后用抛光机抛光。在德国徕卡公司生产的 DM4P 偏光显微镜对中间相沥青的光学纹理特征进行表征。

电化学性能测试：（1）制粒：将炭化后的产物用粉碎机粉碎，过320目（45μm）筛后在真空烘箱中80℃烘干8h。（2）原料的配制：取烘干后原料3~4g，按活性物质蒸馏水：乙醇：CMC：导电剂：SBR=100.0:80.0:10.0:1.3:1.3:2.6 质量比称取。将蒸馏水、乙醇与CMC放入研钵，研磨混合均匀将导电剂加入其中混合，待三者混合均匀后加入碳粉混合，最后加入SBR混匀，将混匀的原料均匀涂在铜箔上，将涂好的铜箔在真空烘箱中120℃烘烤8h。（3）制作电池：将烘好的铜箔切割成直径8mm的小圆片，将隔膜纸切割成直径12mm的圆片，且准备电池壳等材料组装好电池静置24h，之后进行电化学性能的测试。

2　结果与讨论

2.1　焦化原料组成的调控

以克石化减压渣油和脱油沥青为原料分别以质量比10:0，8:2，5:5，及3:7进行调制，得到焦化原料 1#、2#、3# 和 4#，四种原料组成分析如下表 2。

表 2　不同比例调控后的原料组成分析

项目		1#	2#	3#	4#
硫/(μg/g)		1200	1560	2230	2460
氮/(μg/g)		3200	4300	6200	7260
残炭/%		9.59	14.85	14.02	15.69
碳/%		87.14	87.22	87.31	87.56
氢/%		12.65	12.43	12.05	11.81
组成/%	饱和烃	55.51	44.42	32.98	22.10
	芳香烃	20.71	23.35	26.65	29.17
	胶质	23.68	32.12	40.26	48.61
	沥青质	0.10	0.11	0.11	0.12

由表 2 可见，随着脱油沥青比例的提高，混合原料中硫氮含量均相应升高，残炭值增加，胶质含量升高，芳烃含量升高，因此，原料油的焦化反应活性随着脱油沥青比例的提高而增大。

2.2　原料调控对石油焦物性结构及微观结构的影响

石油渣油、沥青等重质馏分中含有大量的芳烃、胶质及沥青质，在焦化反应过程中遵循液相炭化反应机理，重油馏分体系在 350℃ 以上时，多环芳烃分子脱氢缩合反应生成片状稠环分子，这种片状稠环分子在范德华力作用下发生堆积、在表面张力作用下形成小球体，小球体间进一步发生碰撞、融并、长大、最后解体形成碳质中间相，这种碳质中间相在偏光显微镜下呈现各种不同的形态和尺寸的具有光学异性特征的微观结构，即镶嵌结构、纤维结构和广域结构等，随着反应温度的继续升高，中间相经过进一步裂解、缩合脱氢反应固化生成石油焦。若原料中的胶质、沥青质含量较高，缩合反应活性高，生焦快，在反应初期，大量中间相小球体生成，受反应体系黏度的影响，来不及长大、融并即缩合生焦，难以形成各向异性的平面广域结构，易形成细镶嵌结构的石油焦。若原料中胶质、沥青质含量较少，芳烃含量较高，缩合反应活性适中，则利于中间相的生成、长大及融并，容易得到各向异性含量高，尺寸和形态较好的石油焦。另外原料中钒、镍等金属杂质会在体系中作为晶核加速碳质中间相的形成过程，导致中间相小球来不及长大就提前融并、炭化生成镶嵌结构，原料中的硫、氮等杂原子会增加分子的偶极矩，降低渣油体系的胶体稳定性，使分子在极化作用下快速聚

集。阻碍了平面分子之间的平行堆砌，容易形成镶嵌结构，另外，有研究. 发现硫在反应中扮演脱氢剂和交联剂的角色，加速了芳烃分子的缩合反应，无法形成平面结构大芳烃分子，不利于中间相的发育，最终形成镶嵌结构。马文斌对比分析了多种石油系重质原料的焦化性能，认为降低原料中原生沥青质的含量可以提高石油焦质量。隆建等在实验室延迟焦化装置上考察了减压渣油掺炼煤焦油的焦化性能，认为掺炼煤焦油能够促进渣油的热裂解。阳光军等将催化裂化油浆掺炼于焦化装置中，发现一定比例的油浆掺入后能够提高焦炭的质量同时降低焦炭收率。杨万强等研究了延迟焦化装置上掺炼催化裂化油浆，认为掺炼油浆后轻油收率增加，总体效益提高。刘袁旭研究了三种焦化原料对石油焦微观结构的影响，发现催化裂化油浆制得的焦炭微观结构最好，乙烯焦油和减压渣油为原料制备的焦炭质量均较差，说明焦炭结构差异主要来源于原料性质不同，并且原料组分烃结构是影响焦炭结构的重要因素，其中芳烃组分的含量影响最为显著，芳烃组分对焦炭组织结构的形成非常重要，如果原料的芳烃含量较低，脂肪烃含量较高，焦化过程中裂解生成较多的轻组分，气体的逸出容易导致焦炭气孔增多 S. Eser；沥青质含量过高 J. Ayche，导致缩合反应活性增大，大量的中间相小球快速生成，使得体系的黏度快速增加，中间相球体来不及生长融并就炭化生焦，易形成大量的镶嵌结构。有研究学者对中间相小球进行结构分析发现，中间相小球主要以芳烃为骨架，通过苯基或者亚甲基相互连接成为大分子平面结构。中间相分子的结构与原料中的芳烃含量和结构具有一定的关系：焦化原料的芳烃越高，焦化过程中的中间相结构上的支链越短，得到的焦炭微观结构具有更为规整的排序和更高的平面度。

实验中得到的四种原料的石油焦基础物性分析如表 3 所示。

表 3　四种原料石油焦基础物性分析

项目	1#	2#	3#	4#
灰分/%	0.59	0.74	1.03	1.12
硫/%	0.36	0.37	0.36	0.38
金属				
Fe	85	112	202	334
Ni	119	116	125	139
Cu	0.73	1.54	0.3	6.26

续表

项目	1#	2#	3#	4#
Ca	679	1180	1590	3690
V	1.55	1.12	0.75	3.37
Mg	78.5	68	64.7	41
Na	555	697	438	624

由表3可见，随着脱油沥青掺入比例的提高，石油焦灰分由0.59%提高到1.12%，硫含量基本不变，金属中主要为钙含量的增加明显，也是灰分的主要来源。由此可见，原料中金属含量决定了石油焦的灰分。

对以上四种原料的石油焦进行偏光样品制备，采用偏光显微镜观察其微观结构，如图2-图5所示。

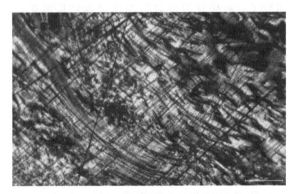

图2 1#石油焦偏光结构分析

图3 2#石油焦偏光结构分析

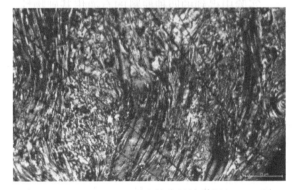

图4 3#石油焦偏光结构分析

图5 4#石油焦偏光结构分析

由图2-图5的偏光结构可见，1#石油焦中含量较多的流线纤维结构及片状广域结构，约占90%以上，较少的镶嵌类结构，这是由于原料中含有的胶质相对较少，胶质在炭化反应中加速芳烃的缩合，不利于中间相的长大，易形成镶嵌类的光学各项异性结构。2#石油焦中大部分仍以纤维流线型结构为主，约占85%，但片状广域类减少，镶嵌类结构略有增加，这是由于原料中增加了部分脱油沥青，胶质含量的增加使得石油焦的纤维结构减少，镶嵌结构增加。图4石油焦原料为50%的脱油沥青，焦炭中镶嵌结构明显增加，纤维流线结构减少，约占60%，且尺寸也相应变小，出现了部分细镶嵌结构，可见，胶质的增加使得热反应速度急速增加，中间相的发育显著受阻，难以得到大量的纤维流线结构。图5为脱油沥青比例为70%的石油焦，由于原料中胶质含量大量增加，石油焦中的细镶嵌结构含量约占80%，只有少量的细流线纤维结构。由此可见，原料组成的差异对石油焦微观结构影响显著，主要体现为胶质含量影响。

2.3 原料调控对石油焦石墨化性能及电性能的影响

石油焦之所以在碳系石墨负极领域占主导地位，与其优异的电性能是分不开的，除了常规的物性指标外其还具有独特的各向异性的微观特性，各向异性结构的存在使得石油焦具有优异的石墨化性能，从而其石墨化后能形成适合锂离子脱嵌、有序的片层结构。因此，石油焦的光学织构决定了石墨化后负极材料的内部片层晶体结构，而人造石墨负极材料的电性能与其内部晶格碳层结构的有序度密切相关，有序规整的石墨片层一般具有较高的比容量和较高的可逆容量，因为石墨微晶中更加有序的碳层排列，能够增大储锂空间，从而减小锂离子在碳层间脱嵌的阻力。

王邓军课题组对针状焦在700-2800℃热处理范围内考察了石墨微晶结构以及排布状态的变化规律及其电化学性能，发现低温炭化不利于得到较好的的炭层结构，高温石墨化处理后才能得到较高的石墨化度、规整的石墨层排列，具有较低的充放电电位及稳定的充放电平台。牛鹏星等对针状焦进行了2800℃的石墨化处理，发现石墨化后表现出了优良的电极性能，这充分说明了石墨层的排列结构影响着负极材料的电极性能。陆佳欣等对低硫石油焦碳化、石墨化前后的电化学性能进行了研究发现，石油焦本身虽然含碳量高，但由于其微观结构杂乱而无法直接应用于锂离子电池中，碳化、石墨化后得到的人造石墨在锂离子电池负极材料中有较好的表现。4种石油焦的石墨化度及容量、首效等电性能测试分析结果如下表4。

表4　4种石油焦的石墨化度及电性能测试分析

原料	石墨化度/%	容量/(mAh/g)	首效/%
1#	94.00	345.92	95.60
2#	93.64	341.35	94.42
3#	92.73	338.61	93.84
4#	92.37	332.72	92.34

由表4可见，随着脱油沥青比例的提高，石油焦的石墨化度降低，即相应的石墨化难度增加，这是因为石油焦显微结构中纤维流线结构呈长程有序，石墨片层规整度高，在同等温度下较易石墨化形成石墨片层结构，而其中的镶嵌结构呈无序态状，在同等温度下较难石墨化。其容量、首效也均随着脱油沥青比例的提高呈下降趋势，这也是由于有序规整的石墨片层能够容纳更多的锂离子，使其具有较高的克容量，由于片层规整度高，首次充放电时锂离子更容易脱出，因此具有较高的首效。由此可见，石油焦的石墨化难易及电性能与石油焦的微观结构密切相关，具有较规整的炭层结构可得到更优电性能的石墨负极材料，因此对石油焦的微观结构进行合理调控可得到满足不同电性能要求的石油焦。

3　结论

（1）通过对焦化原料的组成进行调控，得到不同焦化反应活性的焦化原料，以此四种原料进行延迟焦化得到四种石油焦，石油焦灰分变化显著，主要归因于原料中钙含量的差异。

（2）石油焦的微观结构特征受原料组成的影响显著，随着原料中胶质含量的增加，流线纤维结构含量减少，镶嵌结构含量增加。

（3）石油焦的石墨化难易及电性能与石油焦的微观结构密切相关，具有较规整的炭层结构可得到更优电性能的石墨负极材料，因此对石油焦的微观结构进行合理调控可得到满足不同电性能要求的石油焦。

参 考 文 献

[1] 吴琰. 石墨锂离子电池负极材料的改性研究[D]. 山东：山东大学，2018.

[2] 涂志强，范启明，刘自宾，等. 优质石油焦用于锂离子电池负极的研究进展[J]. 山东化工，2018，47（15）：57-59.

[3] 焦妙伦，陈明鸣，王成扬，等. 针状焦改性作为锂离子电池负极材料的研究[J]. 电源技术，2018，42（1）：3-7.

[4] KAKUTA M, KOHRIKI M, SANADA Y. Relationships between the characteristics of petroleum feedstocks and the graphitizability of the petroleum cokes[J]. Journal of Materials Science, 1980, 15(7): 1671-1679.

[5] 赵跃. 酚醛树脂热解炭包覆石墨化针状焦用于锂离子电池负极材料的研究[D]. 上海：华东理工大学，2012.

[6] ZHENG Y J, CUI L S, CUI X L, et al. High value-added advanced materials based on petroleum coke[J]. New Carbon Materials, 2006, 21(1): 90-96.

[7] 戎泽，李子坤，杨书展，等. 锂离子电池用碳负极材料综述[J]. 广东化工，2018，45（2）：117-119.

[8] 周军华，褚赓，陆浩，等. 锂离子电池负极材料标准解读[J]. 储能科学与技术，2019，8（1）：223-231.

[9] 刘盼，谢秋生，陈然，等. 人造石墨材料，复合材料及其制备方法：中国，201910467031[P]. 2019-05-31.

[10] 刘春洋，李素丽. 一种锂离子电池用的高容量快充负极材料及锂离子电池：中国，201910697241[P]. 2019-06-13.

[11] 杨小飞. 长岭石油焦用作锂离子电池负极材料的可行性研究[D]. 湖南：湖南大学，2003.

[12] 叶冉，詹亮，张秀云，等. 酚醛树脂包覆石墨化针状焦用作锂离子电池负极材料的研究[J]. 华东理工大学学报（自然科学版），2010（4）：518-522.

[13] YAO Y X, CHEN X, YAN C, et al. Regulating interfacial chemistry in lithium-ion batteries by a weakly-solvating electrolyte[J]. Angewandte Chemie (Interna-

tional edition in English), 2020, 60(8): 4090-4097.

[14] YUAN G, JIN Z, ZUO X, et al. Effect of carbonaceous precursors on the structure of mesophase pitches and their derived cokes [J]. Energy & fuels, 2018, 32 (8): 8329-8339.

[15] 钱树安. 试论可溶性中间相的分子结构本性及其形成途径[J]. 新型炭材料, 1994, 20(2): 1-3.

[16] 马文斌. FCC 油浆组成结构特征对延迟焦化及后续加工的影响[J], 炼油技术与工程, 2014, 44(1): 7-11.

[17] 隆建, 沈本贤, 刘慧, 等. 减压渣油掺炼煤焦油的共焦化性能研究[J]. 石化技术与应用, 2012, 30 (2): 119-122.

[18] 阳光军, 肖革江. 焦化装置掺炼催化裂化油浆技术的应用[J]. 石油炼制与化工, 2002, 33(5): 10-13.

[19] 杨万强. 掺炼 FCC 油浆对延迟焦化装置的影响 [J]. 石油技术与工程, 2012, 42(11): 14-17.

[20] 张金先. 延迟焦化装置掺炼催化裂化油浆概况及效益[J]. 炼油技术与工程, 2010, 40(10): 10-13.

[21] 李君龙, 龙伟灿. 催化裂化油浆进焦化掺炼流向优化及经济效益分析[J]. 当代石油石化, 2012, 20 (5): 31-33.

[22] 刘袁旭. 原料组成及焦化工艺对石油焦结构性质的影响规律研究. 中国石油大学(北京)硕士专业论文学位论文, 2023. 6

[23] KIM J H, KIM J G, LEE K B, et al. Effects of pressure-controlled reaction and blending of PFO and FCC-DO for mesophase pitch [J]. Carbon Letters, 2019, 29: 203-212.

[24] ESER S. Mesophase and pyrolytic carbon formation in aircraft fuel lines [J]. Carbon, 1996, 34 (4): 539-547.

[25] AYACHE J, OBERLIN A, INAGAKI M. Mechanism of carbonization under pressure, part II: influence of impurities[J]. Carbon, 1990, 28(2-3): 353-362.

[26] CHENG J, XIANG L, LI Z. Road asphalt prepared by high softening point de-oiled asphalt from residuum solvent deasphalting [J]. Petroleum science and technology, 2014, 32(21): 2575-2583.

[27] ZAMBRANO N P, DUARTE L J, POVEDA-JARA-MILLO J C, et al. Delayed coker coke characterization: correlation between process conditions, coke composition, and morphology[J]. Energy & Fuels, 2017, 32 (3): 2722-2732.

[28] 王邓军, 王艳莉, 詹亮, 等. 锂离子电池负极材料用针状焦的石墨化机理及其储锂行为[J]. 无机材料学报, 2011, 26(6): 619-624.

[29] 牛鹏星, 王艳莉, 詹亮, 等. 针状焦和沥青焦用作锂离子电池负极材料的电极性能[J]. 材料科学与工程学报. 2011, 29(2): 204-209.

冷切割操作在易燃易爆环境的应用

郭诗锋

（中国石化上海高桥石油化工有限公司）

摘　要　本文以某装置易燃易爆环境下的管道抢修为例，选择断管坡口机作为冷切割施工机具。在管道内易燃易爆介质是否清除干净不明的情况下，开始施工作业切割管道，为消原料库存，尽早开工运行争取了时间。从冷切割设备选择、施工流程、应用结果等方面阐述了冷切割施工技术在危化企业特定抢修、检维修情况下优势明显。

关键词　易燃易爆；管道；冷切割；安全环保；抢维修

石油化工行业一般生产链长、产品种类多。其所涉及的原料产品主要为：炼油型包括各种燃料油（汽油、煤油、柴油等）和润滑油以及液化石油气、氢气等；化工型产品包括乙烯、丙烯、丁二烯、苯、甲苯、二甲苯为代表的基本化工原料。其特性具有易燃、易爆、易挥发、易扩散、易流淌、易聚集静电、易受热膨胀、具有毒害和腐蚀性等。所以原料中间体及产品易燃易爆，生产工艺具有高温、高压，生产过程危险性相当大。

石油化工工艺管道的改建、在役管道的抢维修，与原有管线或设备碰头等施工作业，必然对原有管道实施切割、打磨坡口、拆除等施工作业。这类施工作业是在装置"双边"情形下实施的，周围是易燃易爆环境。施工前可能存在管道无法扫线或扫线不彻底，造成管内死角残存液体或积聚气体无法及时有效清除干净的情形。这些易燃易爆气体、液体物料遇到明火或静电，极易发生燃烧爆炸，造成重大人员伤亡和财产损失，严重的导致恶性环境污染和较大社会影响。所以，选择合适的切割施工技术极其重要，是保证升级改造、抢维修安全施工的重要保证。可选择冷切割施工技术，该技术为纯机械形式，无发热与火花，冷切割技术能很好地满足施工作业不允许产生火花或明火的特殊要求，并具有安全可靠，经济合理，节能环保及作业效率高等优点。

1　装置高压换热器内漏情况

2024 年 7 月某日，某公司加氢裂化装置系统压力突然下降，同时脱丁烷塔进料流量异常升高，脱丁烷塔顶回流罐顶压力、流量、吸收脱吸

塔顶流量同时异常升高，据此判断为高压换热器 E3102 内漏。E3102 为反应产物与低分油换热器，其管程裂化反应产物与壳程冷低分油换热，管程进口压力约 14.7MPa；壳程进口压力约 2.2MPa。E3102 内漏后管程的反应物料泄漏进入分馏系统，此状态无法维持正常安全生产，有可能造成高压串低压。经向公司汇报，考虑到泄漏带来的安全风险，次日上午，切断进料，装置退守稳态。用冷切割移除 E3102，完成管壳程管道碰头焊接，具备恢复生产条件，随后装置开工正常。

2　冷切割移除换热器

2.1　移除切割形式的选取

切割形式分为热切割和冷切割两种。热切割是指利用集中热能使材料熔化或者燃烧以达到管线分离的方法；例如人工氧乙炔火焰切割、激光切割、等离子弧切割和手工磨光机切割打磨坡口的方法属于热切割。冷切割采用不产生高温，不改变材料特性的手段达到管线分离的方法。例如手动割管机切割、电动爬管机切割、磨料水射流切割和外卡式管道切断坡口机（分瓣式液压割管机）切割等。

加氢裂化停工后，公司蜡油库存高，内漏换热器制造周期长。为消蜡油库存，加氢裂化需在短期内开工运行。经反复商讨并上报公司，采取移除 E3102 方案。移除 E3102，短接其管壳程进出口流程，恢复物料正常流通。移除 E3102 前，须割除其管壳程原有管道。考虑到此系统存在流程死角，可能残留可燃性物料，其他系统为方便开工没有完全退料。切割作业位于防爆区域内，

虽然管道扫线置换完成，并测爆合格，考虑可能有物料残留，切割作业全过程也不允许进行热切割。根据现场装置物料状况和抢修施工作业环境特点，避免因明火施工造成燃烧爆炸，遂选用断管坡口机切割管道。

2.2 作业要点及施工准备

施工前，需进行流程工艺处置，以保证整个施工过程安全、环保。落实编制施工方案，为后续管道恢复动火作业和开工做好准备。

（1）换热器 E3102 管壳程所在反应系统进行退油，氮气充泄压置换，反应系统三个物料采样点同时采样，其氢加烃含量均达到 2% 以下。交付设备进行 E3102 抢修。

（2）同时，为防止空气进入管道动火系统，形成可燃性环境，反应系统充入氮气保持微正压。

（3）换热器 E3102 动火点为中心，涉及到的管道都加装盲板。

（4）承包商某公司负责管道冷切割，编制施工方案并审批。冷切割机具选用在线断管坡口机。切断+坡口同步加工。

（5）施工前甲乙方召开施工会议，介绍工程作业特点以及各控制点的管理措施。装置现场生产状态，需达到的 HSE 要求。

（6）组织对施工现场勘察。施工前需要对管道断管位置进行支撑和固定。

（7）考虑管道切割断管后，管道内可能会有反应油液体介质泄漏，现场需准备吸油棉和接油盘及油桶。以备不时之需。

（8）承包商施工人员已完成作业部二级安全教育，特殊作业工种人员和特种设备作业人员持证上岗。

2.3 安全技术交底及安全措施落实

（1）本换热器抢修移除，是为尽快开工，恢复正常生产。管道切割及后续焊接是在装置防爆区域实施，其区域管道设备内部以及环境存在易燃易爆介质，类似"双边"环境，切割用电，碰头焊接时飞溅的火花，极易发生火灾及爆炸。因此施工识别装置"双边"状况，按动火作业特殊作业实施施工管理，动火点所涉管道及环境空气分析可燃气合格确认后，落实"三不动火"要求，方可施工。

（2）甲乙双方根据施工方案，现场进行安全技术交底与反交底。技术管理人员交底后，再与施工班组长进行交底。做好相关施工点醒目标识。

（3）施工现场落实安全措施。准备好防火器具，布置好蒸汽皮龙、消防水带，灭火器，安全防护措施要全面、具体，可执行，重点部位的措施要严密，可操作。摆放适当，使用方便，灭火器等确认在有效期内。

（4）施工区域落实设置安全警示，施工公告牌、安全标志，警戒线，严禁非工作人员进入。安排甲乙双方监护人员，不得擅自离开施工现场。

（5）施工前，开展安全喊话，对施工人员进行安全教育，强调风险分析要全面、安全措施落实要到位，安全员和班组专人及监护人员现场检查，查漏补缺，及时整改，消除事故隐患。

（6）施工前清除作业区域各种易燃物。保障施工现场安全通道畅通。

（7）相关设备设施的阀门、电源开关严禁随意碰触、启停。

（8）施工期间为七月份，天气炎热。落实防暑降温措施，配备大麦茶水、绿豆汤、盐汽水等消暑饮品。

2.4 冷切割过程应用

坡口机是一款轻便型切割坡口设备，具有相对重量轻、径向空间小、使用方便、维护简单等特点，可方便快速安装在介质复杂管道上进行切断管、开坡口。现场管道冷切割，根据管道规格，选取对应的环切设备，对现场需割断管线的施工工艺特点进行切削操作，全过程切削点温度控制常温。

设备切割过程

（1）根据管道尺寸选择相对应的坡口机，外卡安装在管道上，调整各个固定支撑点，使坡口机紧固在管道外圆。

（2）以管道外圆为基准，手动操作，驱动坡口机，刀架与管道外圆间隙变化在 1mm 以内为止。

（3）连接液压马达，启动液压泵站，调节刀片进给深度，开始切削加工，直至断开后停止液压泵站。断管完成后依据坡口角度调节刀具，完成后启动液压泵站进行打坡口作业。

（4）检验合格后停止液压泵站，断开液压油管，将设备拆下，移至另一处断管位置作业直至全部断管完成，清理现场。人员机具撤离，竣工验收。

3　结束语

与热切割相比，液压冷切割技术具有独特的优势。而且冷切割形式多样，技术已经比较成熟，对于易燃易爆环境或区域，以及管道、设备无法彻底清扫，或清管后测爆不满足热切割作业防爆要求的，该技术特别适用。突出的优势是作业全过程不产生火花，因此针对危化企业工艺管道的改扩建和抢修情况，冷切割优势明显。在不具备热切割情况下就可以开始施工，提高了施工效率，加快作业进度，一定程度上减轻劳动强度，应用范围广泛。

参 考 文 献

[1] 舒伯乐，花贺鑫. 冷切割技术在易燃易爆介质管道检修中的应用[J]. 安装，2017.8：14.
[2] 施兵兵. 浅谈"在用管道冷切割碰头"新工艺[J]. 化工管理，2013.4：78.

欧盟气候政策对中国可持续航空燃料产业的影响与分析

汤 华 思 齐

(中国石化上海高桥石油化工有限公司)

摘　要　在当前全球推行碳达峰、碳中和的背景下，可持续航空燃料因全生命周期碳排放量更低、原料更环保等原因，将在航空业的碳中和实践中发挥重要作用。本文从欧盟气候政策展开介绍，结合我国生物航煤产业现状，从成本、产能等角度分析可持续航空燃料的发展趋势，并提出推动可持续航空燃料产业发展的相关建议。

关键词　欧盟气候政策；可持续航空燃料；强制混掺；航空业减排；绿色低碳转型

1　前言

《"十四五"可再生能源发展规划》指出可再生能源将成为全球能源低碳转型的主导方向，并将"支持生物柴油、生物航煤等领域先进技术装备研发和推广使用"。不像陆上交通有新能源汽车等成熟技术助力减排，航空业的诸多节能降碳技术中，电力和氢动力飞机虽然有望使短途航线摆脱对化石能源的依赖，但仍处于试验阶段。所以以生物航煤为代表的可持续航空燃料(Sustainable Aviation Fuels，SAF)作为唯一经过验证的长途航线减排方案，势必将成为未来30年航空业的脱碳主力。

2　欧盟航空业相关气候政策

与我国的"3060"双碳目标相似，欧盟提出到2030年将温室气体排放较1990年减少55%；到2050年实现碳中和。但数据显示2019年欧盟温室气体排放总量较1990年仅下降24%。为了加速转型，2021年7月欧盟委员会公布了"Fit for 55"一揽了气候计划。

2.1　《欧盟航空燃料管理法规》

在欧盟委员会《欧盟航空燃料管理法规》(RefuelEU Aviatio法规)中，明确要求从欧盟机场起降的飞机必须使用SAF混合燃料。从2025年起至2050年，SAF在混合航空燃料的比重将递增，其中合成航空燃料的占比将从2030年起递增。

以2019年为参考点，当年欧盟航煤使用量为6.85×10⁴kt，假设2050年前欧洲经济增速持续放缓，航空出行煤油消费量维持2019年水平，以70%的SAF添加比例进行计算，其中35%为合成生物燃料，则2050年后欧盟对于SAF需求量将达到4.79×10⁴kt/a，其中生物航煤需求近2.4kt/a，详情见表1。

表1　欧盟2050年可持续航空燃料需求量预期

起始时间	2019年欧洲航煤使用量/kt	可持续航空燃料		合成航空燃料	
		混掺比例	需求规模(kt)	混掺比例	需求规模(kt)
2025.1.1		2%	1370.8	—	—
2030.1.1		6%	4112.4	0.7%	479.78
2035.1.1	$6.85×10^4$	20%	$1.37×10^4$	5%	3427
2040.1.1		34%	$2.33×10^4$	10%	6854
2045.1.1		42%	$2.87×10^4$	15%	$1.03×10^4$
2050.1.1		70%	$4.79×10^4$	35%	$2.39×10^4$

值得注意的是，ReFuelEU Aviation 法规将粮食基传统生物燃料排除在 SAF 的添加列表之外。这类燃料生产过程中会直接和食物消费形成竞争关系，从而影响粮食安全，所以欧盟一直在限制此类生物燃料的使用。一起被排除在 ReFuelEU Aviation 法规外的还有存在高间接土地利用变化风险（Indirect Land Use Change）的生物燃料，该类作物的种植往往会取代传统的粮食作物，发生间接的土地利用变化，甚至为了开拓耕地导致森林、湿地等高碳储量地区被毁，增加土地压力，带来额外的温室气体排放和生物多样性流失等问题。

2.2 欧盟碳边境调节机制

碳泄露概念在 2007 年首次出现，强调不同国家减排行动不一致可能带来的碳排放在国际间的转移。比如企业为降低排放成本，将碳密集型产业转移至碳政策更为宽松的地区进行生产，即逃避了缴纳碳配额，又免去了应用低碳工艺带来的成本问题。

为避免碳泄露破坏欧洲碳交易市场的有效性，也为了保护欧盟企业竞争力，欧盟委员会推出了欧盟碳边境调节机制（Carbon Border Adjustment Mechanism，CBAM），即碳关税。CBAM 已于 2023 年 10 月 1 日起进入过渡期，并将在 2026 年 1 月 1 日起正式征收碳关税，征收范围目前包括水泥、电力、氢、化肥、铁、铝等六个行业上下游。

征税的同时，欧盟将同时逐步取消 CBAM 所涵盖行业的免费碳排放量配额。如图 1 所示，CBAM 的推进速度将与免费配额的削减速度保持一致。到 2034 年完全取消免费配额前，非欧盟生产商需按比例对其排放量缴纳碳关税。同时，CBAM 的豁免机制承认进口国家的显性碳价。在生产国已缴纳的碳成本可等额抵消，与欧盟减排标准一致的国家则可享受免税待遇。

图 1　欧盟免费碳排放量配额削减时间表

对于炼油行业而言，隐含温室气体排放量无法被明确分配到具体的成品油产品中，而只能以整个炼油厂为单位进行计算。所以在欧盟的 CBAM 白皮书中，特别申明炼油产品不在该法案的范围内。有研究表明当欧盟单向对中国出口产品征收 40 美元/t 的碳关税时，中国原油行业出口量将下降 0.170%，而石油制品行业的产出量将下降 0.179%。所以当前 CBAM 政策的实施对于我国可持续航空燃料原料及成品油的出口将造成有限影响。

2.3 欧盟能源税指令

此次"Fit for 55"一揽子计划是自 2003 年欧盟颁布能源税指令（Energy Tax Directive，ETD）后首次对其进行改革。航空业、航运业的化石燃料免税政策将逐步取消，车用燃料、取暖燃料、电力和生物燃料将被设定不同的税率以推广环保能源的使用。航空燃料税的最低价格将在十年过渡期间内涨至 10.75 欧元/GJ，低碳燃料将在过渡期间免于此项征税，而先进生物燃料和非生物来源的可再生燃料将在过渡期结束后将维持 0.15 欧元/GJ 的最低税率。

3　国内生物航煤现状

尽管"十三五"期间民航打赢蓝天保卫战成效显著，但世界航空运输行动小组的《2050 路线图》显示运营和基础设施的改良仅能贡献 7% 的减排量，53% 的减排贡献仍有赖于 SAF 的普及，而欧盟的相关政策对于我国未来 SAF 的推广、应用可以起到一定的参考作用。我国用作 SAF 原料的餐厨废油（Used Cooking Oil，UCO）资源虽然十分丰富，但 SAF 产业仍在起步阶段，因为以下原因，我国作为工业大国的潜能尚未充分发掘：

3.1 原料供应难

理论上我国每年可生产 UCO 超 8000kt，2022 年全年实际收集 UCO 约 3800kt，其中出口 1580kt，国内生物柴油、油脂化工行业消耗逾 2000kt。但 UCO 生产单位多为餐饮企业和个体户，分布范围广，收集难，同时质量、定价参差不齐，导致原料供应缺乏保障。

3.2 生产成本高

UCO 的预处理需要经过食物残渣分离、吸附剂去除胶质等步骤来去除餐厨废油中的杂质，使其变得清澈并去除酸臭味。相对复杂的炼制过程导致了较高的加工成本。2022 年川渝地区 UCO 毛油的售价在 4000～5000 元/t，预处理后 UCO 售价可达 8000 元/t，达到出口欧盟标准的则为 9000 元/t，如此高昂的成本极大挤压了国内生产厂家的利润空间。

3.3 市场产能低

在生产上，镇海炼化生物航煤工业装置以餐饮废油为原料，应用油脂加氢路线（HEFA）生产生物航煤及 3 号喷气燃料，装置设计加工能力为 100kt/a 并在 2022 年 6 月已经投入生产。除了中石化，也有多家民营企业宣布进军 SAF 领域，但国内目前具备 SAF 实际产能的企业仅镇海炼化、张家港易高环保及河南君恒实业三家，整体产能在 210kt/a 左右，远没有形成规模。

4 生物航煤行业的分析

4.1 欧盟政策先行

在治理空气污染、碳中和以及寻求替代能源领域上，欧盟始终走在世界的前列。航空业在 2012 年欧盟碳交易体系（EU ETS）第三阶段实施后便被纳入其中，但减排效果不甚理想。截至 2021 年，数据显示 EU ETS 体系下 CO_2 排放量平均每年下降 2.3%，但航空业的碳排放量每年都在稳步增长。

碳交易允许企业根据减排成本和碳配额价格自行决定如何采取行动，当企业内部边际减碳成本小于外部边际购买成本时，应用减排降碳技术将能在减少碳排放的同时增加自身经济效益；但当减碳成本大于购买成本时，从外部市场购买碳配额更具经济性。在民航领域，多数减排技术尚处于研发阶段，而可以投用的 SAF 价格是传统航空煤油的 2 到 4 倍。鉴于现阶段航油成本占航司运营成本近 1/3，高昂的成本迫使欧洲航司选择了购买相对低廉的碳配额以抵消自己的排放量而非使用 SAF，碳交易作为控制欧洲航空业碳排放的市场手段已然失灵。

所以在"Fit for 55"一揽子计划中，欧盟采取了更为强硬的碳税和生物航煤强制混掺政策来推动航空业的节能减排。能源税指令通过向航空业征收燃料税来量化航空石化燃料的环境成本，间接弥补了 SAF 燃料和航空化石燃料的差价，提高了 SAF 的市场竞争力。而 RefuelEU Aviatio 法规则直接对市场进行干预，指定了 SAF 的市场份额，从而推动相关技术的投资和发展。

4.2 中国产业跟进

欧盟能源长期对外依赖性较强，农业资源层面缺乏大规模发展作物基生物燃料的基础。我国作为生物柴油成品及原料的主要出口国，欧洲市场对于我国生物燃料产业形成了直接支撑。如图 2 所示，近年来中国 UCO 出口数据呈逐年快速攀升状态，其中 2022 年共计出口 UCO1580kt，出口额 146.34 亿元，荷兰（415kt）、新加坡（317.9kt）和西班牙（321.9kt）是前三大 UCO 引进国。而随着欧盟 Refuel EU 法规的推出，其他国家也在陆续推出类似政策来实现航空业的碳中和目标。据国际航协 IATA 预计，为充分发挥 SAF 减排作用，其应用量需要从 2020 年的 50kt 提高到 2025 年近 6300kt，2050 年更是要达到 $3.58 \times 10^5 kt$，是毋庸置疑的蓝海市场。

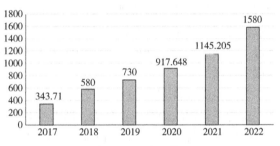

图 2 中国 UCO 出口数量（kt）

但考虑到当前我国在世界生物航煤市场上的角色偏向传统的资源出口国，对外输送大量高精尖产品的原料，而生物航煤产业的生产、认证体系尚未成型。为了将来不在航空领域受人掣肘，我国急需作出战略调整。

首先，国内 SAF 产能还有极大的发展空间。2024 年 3 月中石化宣布将与道达尔新建并运营一条 230kt/a 的 SAF 生产线，东华能源、嘉澳环保等和四川金尚环保则宣布将与霍尼韦尔合作兴建多个 100kt/a 的 SAF 生产装置。而现有的烃基生物柴油（HVO）生产商则可通过改造生产线转而生产 SAF。截至 2023 年末，国内现有河南君恒实业、张家港易高环保等 7 家获得 ISCC 认证的 HVO 厂商，如果将现有产能全部改造用于 SAF 生产，则新增产能可达到 1900kt。

其次，政府主导作用有待进一步发挥。《"十四五"民航绿色发展专项规划》规划截至 2025 年累计消耗 SAF 50kt，力争 25 年 SAF 消费量达到 20kt 以上，但未能明确支撑性制度，例如量化强制混掺比例或补贴机制。鉴于当前 SAF 生产成本和价格居高不下，炼化企业参与积极性有限，政府可以从政策角度进行调控，配套双碳背景下航空业整体规划，根据区域、机型、机龄等因素分阶段、分步骤的明确 SAF 的混掺比例，从需求端进行发力，促进供应端、需求端双向协同来带动 SAF 市场活力。

最后，及时建立生物航煤相关标准认证体系。现阶段只要 SAF 产品通过相关标准认证，便能直接与现有化石基航煤进行混掺使用。目前国内只有镇海炼化和河南君恒生物两家 SAF 产品获得了生物航煤适航许可证。现阶段我国生物燃料和原料主要销往欧洲和北美，如果未来 SAF 产业仍以出口为导向，则产品势必要满足相关国际标准。《"十四五"民航绿色发展专项规划》将制定航空燃料可持续评价标准、建成航空燃料可持续认证体系、适航审定体系及 SAF 常态化应用列为建设重点项目，若在建立相关标准标准时提前布局，与现阶段国际标准保持统一甚至领先，我国就有机会在未来 SAF 全球标准谈判中占据主动权。

5　炼油行业的影响和应对

5.1　炼油业务急需转型

《关于促进炼油行业绿色创新高质量发展的指导意见》中明确提出到 2025 年，国内原油一次加工能力控制在十亿吨以内，千万吨级炼油产能占比 55% 左右。当今中国石化行业炼油和基础化工产能过剩，汽柴油市场受电车产业冲击走势低迷，同时双碳目标节点的接近导致对企业环保要求越来越高，推进绿色低碳转型迫在眉睫。而 SAF 市场的兴起为我国石化行业提供了一个向绿色高端产品进军的转型契机。

5.2　高端产品供不应求

制造生物航煤的二代生物质原料，不论是 UCO 还是秸秆，都属于上一个产品生命周期中的废弃物，回收利用这类资源既满足了可持续性的要求，又不会威胁到粮食安全。并且产品生命周期评估显示与正常的航空燃料相比，使用 SAF 可减少 80% 甚至更多的 CO_2 排放。以上两点赋予了 SAF 绿色产品的属性，跻身 23 年十大新兴技术之一。

SAF 作为行业高端产品在市场上也有直接体现。当前 SAF 生产技术中现在只有 HEFA 技术得到工业生产应用，其生产成本为石化燃料的 2～5 倍。2022 年全球航煤均价为 1094 美元/t，

SAF 价格则维持在 2437 美元/t。而在供需端，根据国际航协 IATA 的统计，2022 年全球航空燃料产量为 2.54×10^5 kt，而 SAF 产量仅 240kt。如果要达成 2030 年使国际航空的燃料碳排放强度降低 5% 这一目标，则 SAF 需求量约为 1.4×10^4 kt，远超现存 SAF 产能。如果我国炼化企业及时跟进，一来可以填补全球市场空白，抢占行业先机；二来可以借机转换市场角色，让我国从 UCO 资源出口国转向 SAF 成品出口国。

5.3　装置改造技术可行

针对我国 SAF 产能不足的现状，除了新建 SAF 生产装置和现成 HVO 生产线改造，通过升级改造将老旧加氢装置改造生产 SAF 或是一套更可行的方案。君恒生物在 2021 年曾投资 1.8 亿元对原重蜡加氢异构装置进行技术改造，通过更换催化剂、调整工艺流程，使装置满足加工 UCO 的需求，并生产出达到出口标准的二代生物柴油。另有石化公司计划投资 668 万元，将闲置的 300kt/a 煤焦油加氢装置改造为二代生物柴油装置，预计改造后主要产品生物柴油收率约 82%，单位利润约 800～1500 元/t，具有较好的经济效益。这证明了在技术上，对老旧装置进行改造用以生产生物燃油是具有可行性的，如今恰逢炼化航业面临大规模老旧装置淘汰、改造契机，部分企业或可从优化转型角度出发，对老旧装置进行改造规划，在生物航煤生产上先行先试。同时未来国内 SAF 的技术路线、工艺流程还有待不断研究，以最大限度地降低改造成本和生产成本。

参　考　文　献

[1] 国家发展改革委等《关于印发"十四五"可再生能源发展规划的通知》（发改能源〔2021〕1445 号），2021. 10. 21.

[2] European Council, Council of the European Union. 'Fit for 55': Council adopts key pieces of legislation delivering on 2030 climate targets[EB/OL]. (2023-04-25) [2023-06-12].

[3] REGULATION (EU) 2023/2405 OF THE EUROPEAN PARLIAMENT AND OF THE COUNCIL of 18 October 2023 on ensuring a level playing field for sustainable air transport (ReFuelEU Aviation).

[4] REGULATION (EU) 2023/956 OF THE EUROPEAN PARLIAMENT AND OF THE COUNCIL of 10 May 2023 establishing a carbon border adjustment mechanism.

［5］毕胜奕，陈楠，徐诗雨，等．欧盟碳边境调节机制与中国对欧盟出口贸易的研究［J］．现代商业，2023，（21）：55-59.

［6］Proposal for a COUNCIL DIRECTIVE restructuring the Union framework for the taxation of energy products and electricity（recast）.

［7］IATA，The Net Zero Roadmaps，

［8］智研咨询，《2024－2030 年中国废油行业市场全景调查及投资潜力研究报告》，2023.

［9］德勤中国，《中国的可持续航空燃料——航空业碳中和之路》，2023.9.28.

［10］李枫．川渝地区以餐厨废油为原料生产生物航煤产业化思考［J］．中氮肥，2023，（01）：77-80.

［11］2022 China totally exported 1580000 tons of UCO, in-creased 39% than previous year，2024.3.7.

［12］IATA，提高可持续航空燃料产量 需政府激励措施-2030 年产量达 300 亿升，2022.6.21.

［13］北京大学能源研究所，《中国可持续航空燃料发展研究报告 现状与展望》，2022.10.

［14］中国民用航空局等 关于印发《"十四五"民用航空发展规划》的通知(民航发〔2021〕56 号)，2021.12.14.

［15］IATA，Chart of the week：Sustainable aviation fuel output increases，but volumes still low，2023.9.1.

［16］IATA，：2022 年 SAF 产量增 200% 需更多生产激励措施实现净零碳排放，2022.12.7.

［17］张甫，易金华，梅光军，等．利用闲置加氢装置生产二代生物柴油的改造与工业应用［J］．石油与天然气化工，2023，52(02)：35-40.

污水厂水解酸化菌和 BAF 池活性菌的筛选评价研究

穆亦欣　聂春梅　李开红

（中石油克拉玛依石化有限责任公司）

摘　要　本文通过对某车间水解酸化菌、BAF池活性菌进行筛选。从而得出结论：通过对水解酸化菌进行筛选，当原料水COD平均值为2620.8mg/L时，D公司2#菌所对应反应器出水COD最低，平均为2111.3mg/L，COD去除率可达19.5%。通过对BAF菌进行筛选，考察因素和水解酸化菌一致，当原料水COD平均值为68.5mg/L时，D公司2#反应器出水COD最低，平均为73.4mg/L。在两类菌剂的筛选过程中，均存在不同程度的污泥流失现象，且BAF反应器较水解酸化反应器严重。结合现场污泥驯化情况，建议水解酸化罐加强污泥回流和固化措施，且运行过程中污泥浓度至少保持在3776mg/L以上。

关键词　水解酸化；BAF池；污泥驯化；污泥回流

水解酸化池是一种生物反应器，通常采用封闭的容器，内部充满水和废水混合物。它提供了一个适宜的环境，利用微生物群落对有机物进行分解和降解。水解酸化池内的微生物是一种厌氧菌，可以在缺氧环境下进行代谢活动。水解酸化的原理是通过胞外酶的作用将水中的高分子有机物分解成为小分子的有机物。厌氧生物反应包括水解、酸化和甲烷化三个大的阶段，将反应控制在水解和酸化两个阶段的反应过程，可以将悬浮性有机物和大分子物质(碳水化合物、脂肪和脂类等)通过微生物胞外酶水解成小分子，小分子有机物在酸化菌作用下转化成挥发性脂肪酸的过程。

曝气生物滤池（BAF池）的最大特点是使用一种新型的球形陶粒填料，在其表面及开口内腔空间生长有微生物膜，污水由下向上流经滤料层时，微生物膜吸收污水中的有机污染物作为其自身新陈代谢的营养物质，并在滤料层下部提供曝气供氧的条件下，气、水同为上向流态，使废水中的有机物得到好氧降解，并进行硝化脱氮。它定期利用处理后的出水对滤池进行反冲洗，排除滤料表面增殖的老化微生物膜，以保证微生物膜的活性。曝气生物滤池处理污水的原理是反应器内滤料上所附生物膜中微生物氧化分解作用，滤料及微生物膜的吸附阻留作用和沿着水流方向形成的食物链分级捕食作用以及微生物膜内部微环境的反硝化作用。

1　实验部分

1.1　实验材料

实验原料：活性污泥，1000单元水解酸化罐原料水，3000单元BAF池原料水。

实验试剂：COD预制试剂14540（德国WTW），COD低量程预制试剂（浙江迪特西科技有限公司），水解酸化菌剂4种，BAF菌剂3种，除油剂、裂解剂、解毒剂、促生剂，葡萄糖、磷酸二氢钾，均为国产分析纯试剂。

1.2　实验设备与仪器

主要设备与仪器：DRB200型COD加热消解器，美国哈希公司；PhotoLab S6光电比色计，德国WTW；DX97A090型多参数水质分析检测仪，浙江迪特西科技有限公司；D60分光光度计，浙江迪特西科技有限公司；CR4200型COD加热消解器，德国WTW；ECO IC型离子色谱仪，瑞士万通公司；SG2型PH计，METTLER TOLEDO；BX53型OLYMPUS显微镜，奥林巴斯；TSF-220A型BOD测定仪，上海赛普环保科技发展有限公司；BSA223S-CW型电子天平，赛多利斯科学仪器有限公司。

1.3　实验方案

1.3.1　菌种收集

（1）水解酸化菌剂共计4种：新疆D公司菌剂2种（D公司1#、D公司2#）、天化院菌剂1种，炼化院和石油大学合作开发的混合菌剂1

种(5#+7#);

(2)BAF菌剂共计3种:新疆D公司菌剂2种(D公司1#、D公司2#)、天化院菌剂1种。

1.3.2 污泥驯化

取克石化工业水二沉池剩余活性污泥,污泥浓度为12.522g/L,沉降比SV30为95%,分别倒入8个反应器中,其中水解酸化反应器为4个,BAF反应器为4个(空白1个),按照各菌剂的特定投加使用方案,过程中添加葡萄糖、P等营养物质,从而对活性污泥进行转性和驯化。期间注意观察污泥颜色、气味,同时配合镜检。

1.3.3 原料准备

定期到工业水车间取1000单元水解酸化罐进水和3000单元BAF原料水。

1.3.4 运行阶段

投加菌剂和营养物质后在污泥转性驯化期间不进水,水解酸化反应器配合低速搅拌,BAF反应器配合曝气,直至污泥转性完成后开始进水,根据水解酸化和BAF的停留时间,确定每个反应器的进水流量,初次进水负荷设定为20%,至出水稳定后,根据水质情况逐次提高进水负荷至40%、60%、80%、100%。期间,每天取进出水样检测COD、PH,做好试验记录,阶段性进行阴离子、镜检、BOD等分析。

2 结果与讨论

2.1 装置介绍及原理

1000单元——该装置主要针对各类特性不同的高浓度污水,其主要目的是破乳除油、除悬浮物、除挥发酚、降COD,从而改善A/O生化池进水水质,为600m³/h污水处理系统的A/O生化系统的稳定运行提供保障,工艺流程见图1。水解酸化罐容积5000m³,拱顶罐,按污水在罐中停留25小时设计,罐内悬挂弹性填料,污水由罐底部进入罐内,通过污泥层,大量含微生物的污泥快速将进水中颗粒物质和胶体物质迅速截留和吸附。截留下来的物质吸附在水解污泥的表面,一部分慢慢地被微生物分解代谢,另一部分排入污泥处理系统。在大量兼性菌酶催化下实现难生物降解有机物的转化,改变分子结构(开环、断链等),使结构复杂的有机物分子转化成易生物降解的有机物,明显提高可生化性,加速了后续好氧处理的降解速率和COD的去除率。

由于现有系统中的超滤、超重力反应器功能缺失,导致含酚类物质对水解酸化罐中微生物存在一定毒害作用。

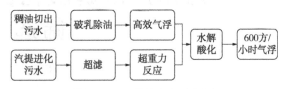

图1 1000单元流程示意图

3000单元——该装置处理能力为4800方/天,装置产品水各项主要技术指标要优于GB 31570—2015的水质排放标,工艺流程见图2。新型高效曝气生物滤池(BAF)是固定化高效微生物与曝气生物滤池有机结合发展而成的一种新型污水处理工艺,对于低浓度有机污染废水的具有较好的净化效果。其内部填装载体,生物负载量高,处理效率高,采用高效微生物菌群的固定化技术,防止了微生物的流失。曝气生物滤池在进水BOD负荷较低的情况下具有很好的硝化效果,可以把水中的氨氮降低到很低的水平。

图2 3000单元流程示意图

2.2 污泥驯化方案

按照各厂家要求称取所需微生物菌剂,将产品按照1/20(水)的比例溶解,搅拌溶解(最好采用搅拌机溶解)30min后,微生物菌剂激活后即可投加。投加后在不进水的情况下保持2周以上,水解酸化反应器维持在34~37℃,BAF反应器维持在室温20~30℃,使微生物充分生长和转性,见表1。

表1 不同厂家微生物菌剂的投加情况

菌剂名称	菌剂投加情况
D公司1#混合菌剂	投加除油剂1.249g、裂解剂1.5g、解毒剂0.125g、促生剂0.125g、葡萄糖5.9904g和磷0.4734g。按50%→25%→12.5%总量,间隔一天投加。(水解酸化)
	5#菌剂1/3斜管(约10g)、7#菌剂1/3斜管(约10g),葡萄糖14.746g和磷0.865g。初次菌剂100%投加,污泥转性后连续投加葡萄糖和磷,分四批次。(水解酸化)
天化院菌剂	菌剂2.88g、葡萄糖2.09和磷0.115g。初次菌剂100%投加,污泥转性后连续投加葡萄糖和磷,分四批次。(水解酸化)

续表

菌剂名称	菌剂投加情况
D 公司 2#	菌剂 31.65g、促生剂 15.84g、葡萄糖 10.75g 和磷 0.58g。按 30%→30%→30% 总量，连续投加三天。（水解酸化）
D 公司 1#	投加除油剂 3.0887g、裂解剂 4.4416g、解毒剂 0.144g、促生剂 0.144g、RCW3.5316g 葡萄糖 11.322g 和磷 0.4734g。50%→250%→12.5% 总量，间隔一天。（BAF）
天化院菌剂	初次菌剂 100% 投加，污泥转性后连续投加葡萄糖和磷，分四批次。（BAF）
D 公司 2#	菌剂 33.54g、促生剂 16.776g、葡萄糖 20.95g 和磷 0.615g。按 30%→30%→30% 总量，连续投加三天。（BAF）
空白	葡萄糖 20.35g 和磷 0.595g，分四批次投加。（BAF）

2.3　污泥驯化过程分析

2.3.1　COD 分析

（1）水解酸化菌

实验过程中负荷共提升 5 次，每次增加 20%，具体过程见图 3、图 4。由于负荷提升幅度较大，每次提升都会造成 COD 去除率的小幅下降。由图 3、4 可知，随着反应器的运行进程，尽管 4 个反应器的 COD 去除变化趋势相似，但反应器达到工业水 1000 单元水解酸化罐的运行负荷和停留时间时，COD 去除率各不相同。当原料水 COD 平均值为 2620.8mg/L 时，D 公司 1#反应器出水 COD 平均为 2421.8mg/L，COD 去除率为 7.6%；混合菌剂反应器出水 COD 平均为 2542.8mg/L，COD 去除率为 3%；天化院反应器出水 COD 平均为 2245.8mg/L，COD 去除率为 14.3%；D 公司 2# 反应器出水 COD 平均为 2111.3mg/L，COD 去除率为 19.5%。值得注意的是，D 公司 1#在 20%～80%进水量期间，COD 去除率为 8%～30.6%，效果仅次于 D 公司 2#，当进水量提升至 100%时，由于污泥流失严重，导致出水 COD 去除效果降低。

纵观整个实验筛选过程，由于实验室采用搅拌浆混合活性污泥和污水，无法装填填料，因此 COD 的整体降解效率较理论和工业装置实际运行低，但从 COD 去除效果来看：D 公司 2#>D 公司 1#>天化院>混合菌剂。其中，D 公司 2#、D 公司 1#和天化院菌剂所在反应器内培养的厌氧微生物具有较高的活性及稳定性，且污泥的沉降性能良好，而投加混合菌剂的反应器由于污泥沉

降性能较差，即使回流，污泥流失依然非常严重，筛选结束时的污泥沉降比 SV30 也充分证明了这一点，如图 5 所示，D 公司 1#、混合菌剂、天化院、D 公司 2#的污泥沉降比 SV30 分别由初始的 95% 降低为 10%、5%、60%、35%，而上述 4 种菌剂所对应反应器中的污泥浓度依次为 1111mg/L、40mg/L、4404mg/L 和 3776mg/L，说明水解酸化作用的有效发挥，污泥浓度至少要保持在 3776mg/L 以上。

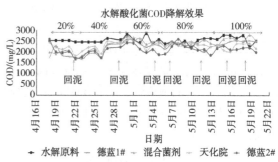

图 3　水解酸化菌对 COD 的降解效果

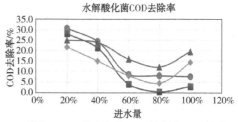

图 4　水解酸化菌对 COD 去除率的影响

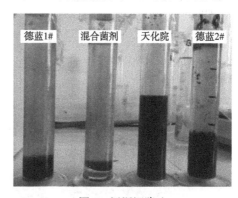

图 5　污泥沉降比

（2）BAF 菌

同水解酸化筛选过程，BAF 菌筛选实验过程中负荷同样共提升 5 次，每次增加 20%，具体过程见图 6、图 7。除了微生物，填料也是影响曝气生物滤器污水处理性能的重要因素。试验采用的填料取自工业水车间深度处理装置填充的备用悬浮球多孔填料（见图 8），内含方形海绵体块。悬浮式的填料增加了微生物的附着量，但由

于试验用的反应器容量较小，填料填充量较少，因此系统中有大量剩余污泥在试验过程中随着曝气流失严重，尽管全程中总计进行了7次回流，但排水过程中仍然存在一定程度的流失，试验结束时的污泥沉降比SV30仅为1%～3%，污泥浓度由12.522g/L大幅降低134～400mg/L。由图7可知，由于前期菌种富集投入碳源葡萄糖，短暂的水力停留时间使微生物在短时间内无法充分利用碳源，导致出水COD浓度和负荷较高，且波动加大，随着进水量不断提高，对COD的去除率亦有影响，当水量提高为60%，BAF反应器均受到不同程度的冲击，COD去除率升至跌为较高的负值，当水量提高为80%～100%时，BAF反应器有了一定的适应性，4个BAF反应系统趋于平稳。整体观察COD去除效果：D公司2#>天化院>空白>D公司1#。

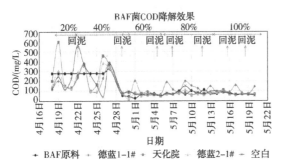

图6　BAF菌对COD的降解效果

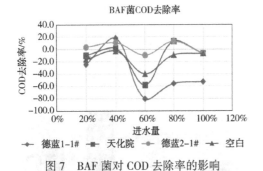

图7　BAF菌对COD去除率的影响

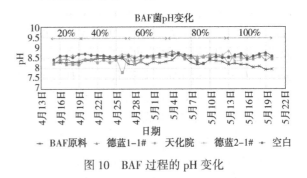

图8　BAF填料

2.3.2　pH分析

（1）水解酸化

水解酸化过程中，产生的挥发性脂肪酸VFA（乙酸等）未被及时消耗，部分VFA累积在反应器中，导致系统pH较低。如图9所示，原料水初始pH为9.01～9.63，经过水解酸化反应后，4种水解酸化菌剂对应的反应器出水pH有不同程度的降低。当进水量为20%时，由于厌氧程度深，pH降幅较大，随着进水量的增加，pH降幅有所减小；当水量稳定至100%时，pH的降低幅度变化为：D公司2#>天化院>D公司1#>混合菌剂，基本上和COD去除效果相对应。过程中的波动与回泥排水、少量跑水有关。

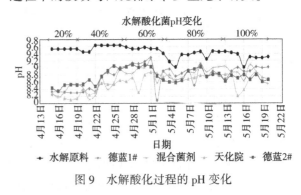

图9　水解酸化过程的pH变化

（2）BAF菌

BAF菌种筛选过程中，pH可以作为BAF法去除有机物、硝化的模糊控制参数。如图10所示，由于产生了硝化反应，和原料水的pH相比，4个BAF反应器出水的PH随着有机物去除过程均有小幅上升，从pH的变化幅度来看，D公司2#>空白>D公司1#>天化院，此规律与COD降解规律略有区别。

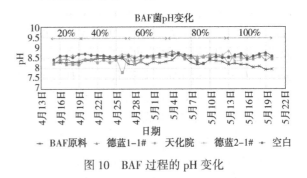

图10　BAF过程的pH变化

2.3.3　阴离子分析

如表2所示的乙酸变化可知，经过水解酸化反应，分别投加4种菌种的反应器出水中的乙酸均有不同程度增加，在20%进水量的时候，投加D公司1#、混合菌剂、天化院菌的反应器出水中乙酸是进水的 2 倍以上，乙酸数值可达 581.5-651.1mg/L，说明系统内产甲烷菌活性较低，未能及时降解 VFA。随着进水量的增加，水力停留时间缩短，乙酸在反应器中的积累有所降低，说明反应朝预期方向进行而没有受到抑制。当水量提升至 100% 时，4 个反应器出水中的乙酸均有不同程度降低，但依然高于原料水，间接说明 VFA 的积累有所降低，也说明此阶段恰好控制在乙酸水解阶段，而未达甲烷化阶段，试验操作过程安全可控。

表 2　水解酸化菌筛选过程中乙酸变化

日期	水解原料	D 公司 1#	混合菌剂	天化院	D 公司 2#	备注
4 月 20 日	280.7	581.5	651.1	650.9	420.3	20%
4 月 28 日	362.2	305.0	521.2	629.7	355.1	40%
5 月 12 日	273.0	252.7	407.1	500.7	254.3	80%
5 月 20 日	146.6	200.4	340.1	368.6	277.7	100%

如表 3 所示的 NO_3^- 变化可知，经过 BAF 反应，进水量在 20%-40% 期间，分别投加 3 种菌种的反应器出水和空白反应器出水中的 NO_3^- 均有增加，说明发生了明显的硝化反应，水中的氨氮在硝化细菌氧化分解为 NO_3^-。随着进水量的增加，BAF 对污水的硝化作用逐渐减弱。

表 3　BAF 菌筛选过程中 NO_3^- 变化

日期	BAF 原料	D 公司 1#	天化院	D 公司 2#	空白	备注
4 月 20 日	75.4	145.4	79.3	101.6	106.0	20%
4 月 28 日	73.2	134.5	81.5	58.3	95.5	40%
5 月 12 日	70.6	74.2	67.4	67.4	70.8	80%
5 月 20 日	44.8	29.8	28.6	31.8	29.8	100%

2.3.4　B/C 分析

除混合菌剂外，其他 3 个投加水解酸化菌的反应器出水，B/C 值均较原料水有小幅度增加，D 公司 1#>D 公司 2#>天化院>混合菌剂，这与 COD 的降解情况基本相对应，同时也印证了水解酸化的两个阶段：首先在水解菌、发酵菌的作用下，将复杂有机物分解为简单有机物；其次，水解发酵阶段的产物在产氢产乙酸菌的作用下进一步降解为乙酸、H2 等基质，以上小分子有机物的产生，提高了原料水的可生化性，如表 4 所示。

表 4　水解酸化过程中 B/C 情况分析（100%进水量）

名称	水解原料	D 公司 1#	混合菌剂	天化院	D 公司 2#
B/C	0.72	0.77	0.71	0.74	0.76

在好氧状态下，BAF 反应器中的活性污泥和填料载体上的微生物利用气泡转到到水中的溶解氧进一步降解 BOD，整体观察 BOD 去除效果：D 公司 1#>D 公司 2#>天化院>空白，除 D 公司 1# 的表现与在 COD 中的表现稍有区别外，其他三个反应器的 B/C 与 COD 变化情况相对应，如表 5 所示。

2.3.5　镜检分析

（1）水解酸化菌（表 6）
（2）BAF 菌（表 7）

表 5　BAF 过程中 B/C 情况分析（100%进水量）

名称	BAF 原料	D 公司 1#	天化院	D 公司 2#	空白
B/C	0.14	0.08	0.25	0.13	0.31

表6　水解酸化菌筛选前后镜检变化

项目名称	水解1	水解2	水解3	水解4
转性后	丝状菌、长、短杆菌，螺旋菌、球菌。表明DO浓度低，有机负荷低，N、P缺乏，硫化物高，PH低	丝状菌、长、短杆菌，螺旋菌、球菌。表明DO浓度低，有机负荷低，N、P缺乏，硫化物高，PH低	硫细菌，丝状菌，菌胶团，球菌，杆菌，豆形虫。表明溶解氧浓度低，活性污泥BOD负荷高	丝状菌，硫细菌，菌胶团，球菌，杆菌。表明要发生污泥膨胀，溶解氧浓度低
100%进水	丝状菌、长、短杆菌，螺旋杆菌，多菌胶团，楯纤虫，楯纤虫是表明水质处理良好的指示生物	丝状菌、长、短杆菌，螺旋杆菌、球菌、菌胶团。丝状菌过度生长，说明污泥结构松散，质量变轻，沉降性能下降，产生污泥膨胀，造成污泥出水水质下降	菌胶团，球菌，杆菌，菌胶团增多说明吸附和氧化有机物的能力增强	丝状菌，硫细菌，菌胶团，球菌，杆菌数量较多，溶解氧浓度低，说明吸附和氧化有机物的能力增强

表7　BAF菌筛选前后镜检变化

项目名称	BAF1	BAF2	BAF3	BAF4(空白)
转性后	主要微生物为表壳虫，菌胶团，丝状菌，表明活性污泥BOD负荷低，污泥停留时间长	主要微生物为丝状菌，菌胶团，表明污泥性能良好	主要微生物为球菌，杆菌，丝状菌，菌胶团。漫游虫的出现表示活性污泥系统正在恢复	主要微生物为菌胶团表明好氧活性污泥性能较好，菌胶团吸附和氧化能力强，再生能力强
100%进水	主要微生物为菌胶团，丝状菌，球菌，豆型虫，表明活性污泥BOD负荷高	主要微生物为丝状菌，球菌，短杆，菌胶团，螺旋菌，钟型虫，钟虫能促进活性污泥的絮凝作用，并能大量捕食游离细菌使出水澄清	球菌，杆菌，丝状菌，菌胶团，跳侧滴虫，表明活性污泥污泥负荷高，污泥膨胀，处理效果较好	主要微生物为菌胶团，丝状菌，球菌，杆菌，跳侧滴虫，表明污泥膨胀，处理效果较好

3　结论

（1）针对4种水解酸化细菌进行筛选实验，从COD、B/C比、PH、污泥沉降比、污泥浓度、镜检等多因素考察，D公司2#>D公司1#>天化院>混合菌剂。其中，当原料水COD平均值为2620.8mg/L时，D公司2#菌所对应反应器出水COD最低，平均为2111.3mg/L，COD去除率可达19.5%。

（2）针对3种BAF细菌进行筛选实验，考察因素和水解酸化菌一致，当原料水COD平均值为68.5mg/L时，D公司2#反应器出水COD最低，平均为73.4mg/L，由于微生物自身代谢的问题，COD去除率为负值。

（3）两类菌剂的筛选过程中，均存在不同程度的污泥流失现象，且BAF反应器较水解酸化反应器严重，结合工业水现场驯化情况，建议1000单元水解酸化罐利用检维修之际加强污泥回流和固化措施，且运行过程中污泥浓度至少保持在3776mg/L以上。

参 考 文 献

[1] 程刚，同帜，陈扬，等．水解-酸化处理制革废水的研究[J]．纺织高校基础科学学报，2000，13(2)：48-50.

[2] 蓝梅，周琪，宋乐平，等．水解酸化—好氧工艺处理混合化工废水[J]．河南化工，2013，30(2)：46-48.

[3] 杨玉香．影响BAF处理效果的因素分析[J]．环境工程设计，2016，6(1)：55-57.

[4] 李亚静，孙力平．水解酸化提高维生素B1生产废水可生化性试验研究[J]．天津城市建设学院学报，2005，11(1)：44-49.

[5] 余宗莲，李世美．序列间歇式好氧活性污泥法处理生物制药废水的研究[J]．环境工程，2017，15(6)：36-40.

[6] 张森林，刘林．水解酸化-序列活性污泥工艺处理屠宰污水[J]．湘潭大学自然科学学报，2013，14(4)：132-138.

[7] 马玉川，吴峰，王洪亮，等．不同碳源驯化活性污泥后其生物多样性的差异及对反硝化的影响的研究[J]．工业微生物，2023，12(6)：53-57.

［8］刘志远，李昱晨，王鹤立，等．柞蚕制丝废水活性污泥驯化与运行优化研究［J］．广东化工，2023，50(9)：10-15.

［9］吴昊．序批式移动床生物膜反应器处理生活污水的实验研究［D］．湖南：湖南大学，2008，6(3)：10-15.

［10］黄炎杰，郑国益，俞华勇，等．水解酸化+A2/O+AO+芬顿氧化工艺处理工业园区污水［J］．华东师范大学学报(自然科学版)，2024，1(1)：10-14.

［11］邱迪，陈卓，李茜，等．水解酸化+AAO+混凝沉淀+臭氧-BAF 工艺在综合产业园废水处理中的应用［J］．净水技术，2023，42(1)：107-114.

［12］李飞雄，谢润欣．水解酸化/改良 A2O 工艺在工业污水处理厂中的应用［J］．中国给水排水，2018，34(4)：65-67.

［13］冯亚兵，孙蓉，朱晓超，等．水解酸化-AAO-芬顿氧化工艺在某印染废水处理中的应用［J］．给水排水，2022，8(2)：42-45.

［14］赵红兵，陈黎明，詹键，等．水解酸化/改良芬顿技术在印染工业废水处理厂的设计应用［J］．净水技术，2023，42(3)：120-126.

［15］闫来洪，张振冲，郗丽君，等．不同活性污泥中菌群多样性及差异分析［J］．化学与生物工程，2016，33(8)：57-62.

"吸收+分离+吸附"治理芳烃罐顶 VOCs 技术应用与探讨

肖慧英

（中国石化九江分公司）

摘　要　本文针对炼化企业89万吨芳烃配套项目芳烃装置罐顶苯、甲苯、二甲苯、对二乙苯以及芳烃等中间罐、产品罐挥发出的苯系物及其他挥发性有机物治理技术、原理进行了探讨，阐述了"低温柴油吸收+膜分离+变压吸附"联合工艺治理芳烃装置罐顶产生的苯系物等挥发性有机物的运行效果，烃类、苯系物等挥发性有机物通过治理后达标排放；对炼化企业芳烃装置罐区产生的VOCs治理起到借鉴作用。

关键词　挥发性有机物（VOCs）收集与治理；回收技术

VOCs 是挥发性有机物的总称，包括烷烃、芳香烃类、烯烃类、卤烃类、脂类、醛类以及酮类 8 大类化合物，共 300 多种。研究发现，VOCs 是导致 PM2.5 和雾霾形成的重要原因，长期接触 VOCs 气体会导致一系列疾病；苯、甲苯、二甲苯属芳香烃类，也是炼化企业特征污染物的 VOCs 组分，三种污染物具有很强的毒性，其中苯列在一类致癌物清单中。如不加以治理，苯、甲苯、二甲苯会对周边环境造成严重污染，对周边环境中的人会造成严重危害。

某石化 89 万吨芳烃装置配套项目芳烃装置苯、甲苯、二甲苯、对二乙苯以及芳烃等中间罐、产品罐顶液面发生大小呼吸时，苯、甲苯、二甲苯、对二乙苯等芳烃类气体会大量挥发，需要对这些罐的罐顶挥发气进行回收治理。2022 年 6 月 8 日，89 万吨芳烃装置配套项目芳烃装置罐区 15 台罐 VOCs"低温柴油吸收+膜分离+变压吸附"回收治理设施同步投用，并于同年 7 月 1 日稳定运行，通过治理后，净化气 VOCs 在线仪实时监测监控，第三方监测单位多次采样分析，净化气中非甲烷总烃、苯、甲苯、二甲苯等挥发性有机物均优于《石油炼制工业污染物排放标准》（GB 31570—2015）排放限值要求。

1　89 万吨芳烃装置罐顶 VOCs 回收治理的应用和效果

1.1　89 万吨芳烃装置罐顶 VOCs 回收治理生产装置设计工艺性能

芳烃罐顶 VOCs 回收治理装置设计处理能力 700Nm^3/h，柴油吸收剂的温度不大于 30℃，吸收塔的操作压力约 0.22MPa，压缩机入口气相压力为微正压或微负压，操作温度为常温，净化气中非甲烷总烃 ≤50mg/m^3，苯 ≤2mg/m^3，甲苯 ≤8mg/m^3，二甲苯≤10mg/m^3。

1.2　VOCs 回收治理工艺原理及流程介绍

该罐区 VOCs 回收治理装置采用"低温柴油吸收+膜分离+变压吸附"组合工艺原理流程。

芳烃罐大小呼吸阀挥发出的油气/空气的混合物，以微负压力（如：-0.5mbar）经过密封管线集中并送入膜法化学品回收装置中；油气/空气的混合物经液环压缩机加压至操作压力（通常约为 2.3barg）。液环式压缩机使用柴油密封，形成非接触的密封环，可消除气体压缩产生的热量。压缩后的气体与柴油一起进入喷淋塔中部。在塔内通过切向旋流可将环液与压缩气体分离。

低温柴油吸收工艺：柴油吸收液由供液泵提供至油气回收装置界区，先由制冷机组将柴油吸收液的温度冷却并分为两股：一股柴油吸收液作为液环压缩机工作液，另一股吸收液进入吸收塔塔顶自上而下喷淋吸收塔内油气。

气态的混合油气在塔内由下向上流经填料层与自上而下的柴油吸收液对流接触，柴油会将大部分油气吸收，形成富集的柴油。富集的柴油包括吸收液体柴油和回收的油气，在泵和吸收塔压力的作用下返回储罐。剩余含有少量油气/空气混合物以较低的浓度经塔顶流出后进入膜分离器。

膜分离工艺：膜分离器由一系列并联安装于管路上的膜组件构成（数量取决于装置的设计量）。真空泵在膜的渗透侧产生真空，以提高膜分离的效率。膜分离器将混合气体分成两股：一是含有少量油气的截留物流，油气浓度一般不大于 $25g/m^3$，直接进入变压吸附单元；另一股是富集油气的渗透物流，渗透物流循环至膜法回收系统入口，与收集的油气/空气混合物及变压吸附单元解析后的气体相混合，进入吸收塔。

变压吸附工艺：变压吸附单元有两组吸附罐（Ⅰ组，Ⅱ组），Ⅰ组和Ⅱ组两组吸附罐采用并联安装。气体经过变压吸附罐时，吸附与解析过程是同时进行的，两组吸附罐吸附与解析过程交替完成，每组吸附罐先后经过增压—吸附—泄压—抽真空—反冲洗过程。从膜分离器出来的截留物流经过Ⅰ组吸附罐进行吸附过程之前首先进行增压，压力达到设定值后进入吸附过程，绝大部分油气被吸附，吸附后的气体直接排放至大气，油气浓度不大于 $50mg/m^3$；同时，Ⅱ组吸附罐进入解析过程，解析过程首先是进行泄压，Ⅱ组吸附罐压力泄压至设定值后抽真空，抽真空一定时间后引入排放空气进行反冲洗解析，解析出的油气经真空泵循环至膜法回收系统入口，与收集的油气/空气混合物及经过膜分离起的渗透物流相混合，进行上述循环。

油气的回收主要是在喷淋塔中完成的。喷淋塔是极为高效的，一是因为经过压缩后的油气混合气压力提高，二是因为渗透气再次循环造成的浓度提高。在喷淋塔内，物流分为两相流–油气混合气体和柴油。从吸收塔出来的油气混合物流经过膜分离器选择性截留，然后经过变压吸附罐选择性吸附，净化气达标后经 15 米烟囱排放大气，外排出油气浓度不大于 $50mg/m^3$。

系统利用柴油作为吸收塔吸收剂和压缩机的密封液，不会对产品质量产生影响，也不会造成二次污染。经过喷淋吸收后，富油返回罐区，挥发的油气以液体形式进行了回收。

该装置系统原则流程如图 1 所示。

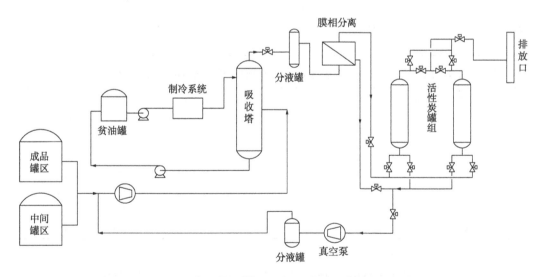

图 1   89 万吨芳烃装置罐区 VOCs 回收治理装置原则流程图

1.3 芳烃罐顶 VOCs 回收治理装置实际运行效果分析

2022 年 6 月 8 日，89 万吨芳烃装置开工生产，89 万吨芳烃装置罐区苯、甲苯、二甲苯、对二乙苯等中间罐、产品罐顶挥发性有机物治理装置同步运行；2022 年 7 月份，芳烃装置罐区 VOCs 回收治理装置运行正常。7 月份起，主管部门每月组织第三方环境监测单位对该装置进行效果监测，运行 6 个月后进行了标定监测；12 月份，环境监测单位对该治理装置进行了标定监测，2022 年 12 月 26 日～30 日，连续 5 天采样标定治理装置运行时出、入口废气浓度，标定监测数据见表 1～表 3；7 月～12 月连续六个月第三方监测单位每月监测数据见表 4，本装置出口气（净化气）VOCs 在线仪 24 小时监测数据见表 5。

表 1   芳烃装置罐顶 VOCs 回收治理装置进出口非甲烷总烃标定监测数据统计

监测时间	入口浓度/($mg \cdot m^{-3}$)	出口浓度/($mg \cdot m^{-3}$)		处理效率/%		备注
		实际值	标准排放限值	实际值	标准排放限值	
2022-12-26	4400	21.5	50	99.51	97	
2022-12-27	3380	26.8	50	99.21	97	
2022-12-28	3010	19.5	50	99.25	97	
2022-12-29	3670	22.6	50	99.38	97	
2022-12-30	3568	25.5	50	99.29	97	

表 2   芳烃装置罐顶 VOCs 回收治理装置进出口苯标定监测数据统计

监测时间	入口浓度/($mg \cdot m^{-3}$)	出口浓度/($mg \cdot m^{-3}$)		处理效率/%		备注
		实际值	标准排放限值	实际值	标准排放限值	
2022-12-26	916	0.227	2	99.98	97	
2022-12-27	351	ND	2	100	97	
2022-12-28	823	ND	2	100	97	
2022-12-29	1420	0.108	2	99.99	97	
2022-12-30	897	0.168	2	99.98	97	

表 3   芳烃装置罐顶 VOCs 回收治理装置进、出口中甲苯、二甲苯标定监测数据统计

监测时间	入口浓度/($mg \cdot m^{-3}$)		甲苯出口浓度/($mg \cdot m^{-3}$)		二甲苯出口浓度/($mg \cdot m^{-3}$)		备注
	甲苯	二甲苯	实际值	新标准指标	实际值	新标准指标	
2022-12-26	55.1	1.12	ND	8	ND	10	
2022-12-27	51.5	0.403	ND	8	ND	10	
2022-12-28	60.2	0.265	ND	8	ND	10	
2022-12-29	221	0.592	ND	8	ND	10	
2022-12-30	452	1.15	ND	8	ND	10	

表 4   7 月~12 月芳烃装置罐顶 VOCs 回收治理装置出口污染物监测数据统计

监测时间	非甲烷总烃/($mg \cdot m^{-3}$)		苯/($mg \cdot m^{-3}$)		甲苯/($mg \cdot m^{-3}$)		二甲苯/($mg \cdot m^{-3}$)		注
	实测	指标	实测	指标	实测	指标	实测	指标	
2022-07-01	38.3	50	ND	2	ND	8	ND	10	达标
2022-08-01	21.5	50	0.227	2	0.458	8	1.12	10	达标
2022-09-01	22.6	50	0.168	2	0.239	8	0.596	10	达标
2022-10-10	22.2	50	ND	2	ND	8	ND	10	达标
2022-11-01	39.4	50	ND	2	ND	8	ND	10	达标
2022-12-01	8.87	50	ND	2	ND	8	ND	10	达标

说明："ND"表示监测结果低于方法检出限。

表 5   芳烃装置罐顶 VOCs 治理装置出口在线仪 24 小时非甲烷总烃监测数据统计

监测时间	实测/($mg \cdot m^{-3}$)	监测时间	实测/($mg \cdot m^{-3}$)	监测时间	实测/($mg \cdot m^{-3}$)	备注
2022-12-30 0：00	1.12	2022-12-30 8：00	0.43	2022-12-30 16：00	2.28	1. 非甲烷总烃设计限值：50mg · m^{-3}；24 小时各点值均小于限值。
2022-12-30 1：00	0.85	2022-12-30 9：00	0.96	2022-12-30 17：00	2.07	
2022-12-30 2：00	0.78	2022-12-30 10：00	0.89	2022-12-30 18：00	1.24	
2022-12-30 3：00	0.53	2022-12-30 11：00	6.77	2022-12-30 19：00	2.36	
2022-12-30 4：00	0.93	2022-12-30 12：00	32.79	2022-12-30 20：00	3.35	2. 24 小时在线监测苯、甲苯、二甲苯均未检测出。
2022-12-30 5：00	0.77	2022-12-30 13：00	29.56	2022-12-30 21：00	1.15	
2022-12-30 6：00	0.72	2022-12-30 14：00	22.54	2022-12-30 22：00	0.69	
2022-12-30 7：00	0.54	2022-12-30 15：00	2.33	2022-12-30 23：00	1.25	

从表 1~表 5 手工及在线监测数据统计可以看出，89 万吨芳烃装置罐顶 VOCs 回收治理装置运行时出口废气中非甲烷总烃排放浓度均在 30mg/m³ 以内，小于设计 50mg/m³，去除率 99.2%~99.5%，出口废气苯、甲苯排放浓度均在 1.00mg/m³ 以内，小于设计值 2mg/m³ 和 8mg/m³，去除率大于 99.9%，完全能满足《石油炼制工业污染物排放标准》(GB 31570—2015) 标准要求；因二甲苯入口浓度很低，治理后净化气中二甲苯浓度均远小于设计值 10mg/m³，达标排放。同时，该装置自 2022 年 6 月投用运行至今，本套治理装置运行稳定，罐顶废气的处理能力满足设计要求，净化后废气苯浓度 < 2mg/m³，甲苯浓度 <8mg/m³，二甲苯浓度 < 10mg/m³，非甲烷总烃浓度 ≤50mg/m³；完全满足《石油炼制工业污染物排放标准》(GB 31570—2015)、《挥发性有机物排放标准 第 2 部分：有机化工行业》标准。

2 结论及建议

（1）89 万吨芳烃装置罐顶苯、甲苯、对二甲苯等罐顶气体 VOCs "低温柴油吸收+膜分离+变压吸附"治理装置运行平稳时，特别是增加制冷机组将柴油冷却后，提高了油气回收的效果，治理后净化气中的非甲烷总烃、苯、甲苯、二甲苯等挥发性有机物排放质量浓度及其去除率均满足并优于《石油炼制工业污染物排放标准》(GB 31570—2015)、《挥发性有机物排放标准 第 2 部分：有机化工行业》排放限值。

（2）15 台罐顶气中苯系物（苯、甲苯和二甲苯、对二乙苯）治理后，经过 VOCs 在线监测仪（监测组分非甲烷总烃，苯、甲苯和二甲苯）实时监测监控，净化气达标后通过 15 米高烟囱排放，减轻了苯系物排放，显著地改善了现场和周边的环境空气质量。

（3）89 万吨芳烃装置罐顶苯、甲苯、对二甲苯等罐顶气体 VOCs 治理装置本身为撬装设备，虽然一体化程度较高，设计为自动程序控制，但在运行过程中仍然存在一些问题。例如，工艺管线上的电磁球阀，在自动开关过程中易出现阀体卡涩，从而引起装置联锁停机；贫油管路的贫油压力控制阀无法达到调节作用，造成工况不稳；吸收液中的杂质堵塞过滤器后，贫油流量降低，运行效果和处理能力将下降。建议：需要对各类阀门设备进行定期维护保养、及时更换；对过滤器要每周更新柴油吸收液，清理过滤器，使其保持清洁；确保该装置正常稳定运行。

常减压蒸馏常压塔顶腐蚀原因分析与防护

章 兵

（中国石化九江石化分公司）

摘 要 本文围绕常减压蒸馏装置常压塔顶腐蚀问题展开，以九江石化 1#装置为例。介绍了装置情况，阐述了塔顶腐蚀状况，分析了盐酸、氯化铵等致腐原因。装置主要采用"一脱三注"和温度控制措施，提出工艺防腐为主等改进方法，包括原油掺炼等方面优化。

关键词 常减压蒸馏；腐蚀；氯化铵

近年来，随着国内各企业炼制劣质原油数量的增加，原油质量下降，原油中硫含量和酸含量正在逐年增加，部分设备管线在运行过程中出现腐蚀和泄漏的问题。另外，因为腐蚀常常造成设备损坏，修理和更换这些设备也需要投入大量的经济成本，同时，腐蚀的残留物也对产品的品质造成了负面影响。研究劣质原油加工过程中的腐蚀特征及防护技术，具有十分重要的现实意义。常减压装置中，一直备受关常压塔顶部低温区的腐蚀问题已引起广泛的重视。塔顶系统的低温腐蚀因涉及复杂过程、多个影响因素，监测和控制困难，成为普遍而突出的问题。解决低温腐蚀不能仅依靠材质升级，更需关注工艺防腐。

1 常压塔顶系统腐蚀情况

九江石化 1#常减压蒸馏装置设计规模 5×106t/a，设备及管线按原油硫含量≤1.5%(wt)、酸值≤1.0mg/g(对 KOH)进行设防，设计原油为"仪–长"管输原油，其混合比例为胜利原油：进口原油＝1∶1(其中进口原油包括阿曼原油)。

T–1002 常压塔，规格型号为 φ5600×59145×(20＋3)mm，操作介质拔头油，主体材质为20R＋0Cr13Al/20R＋316L。装检修发现塔顶封头、塔壁基体均匀麻点浅蚀坑，坑深不足0.3mm，常压塔塔顶封头及塔壁上部有较多腐蚀垢物。顶 1–4 层塔盘低温 HCl+H₂S+H₂O 腐蚀整体不严重。本次检修对焊缝热影响区着色检查发现有新裂纹产生如图 1、2 所示。

2 常压塔顶系统腐蚀原因分析

在塔顶系统，加工过程中生成的盐酸是最主要的腐蚀原因。原油中的无机氯和有机氯水解是

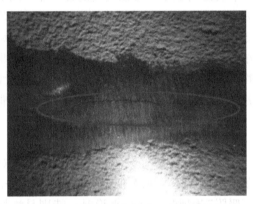

图 1 封头焊缝热影响区裂纹形貌

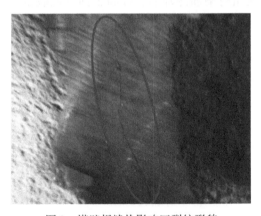

图 2 塔壁焊缝热影响区裂纹形貌

HCL 的主要来源，电脱盐可以除去原油中大部分的无机盐，但无法脱除其中的有机氯。氯化氢的标准沸点是 -84.95℃，硫化氢是 -60.2℃。110℃ 以下，加工过程中产生的氯化氢和硫化氢在常压塔顶聚集。与冷凝水反应会形成强酸性的物质，pH 值在 1~1.3 之间。研究发现，碳钢为均匀腐蚀，0Cr13 钢为点蚀，奥氏体不锈钢则为氯化物应力腐蚀开裂。

计算结果显示 T1002(常压塔)塔顶自然露点温度为 92℃。塔顶操作温度 118℃，高于自然水

露点温度23℃，塔顶内部整体环境露点腐蚀风险较低。注水后常顶的水露点温度为93.92℃，结合塔顶系统操作温度，可以判断，塔顶初凝区位于E1002A-D内部。

T1002塔顶氯化铵结盐点为142.06℃，塔顶操作温度118℃，低于氯化铵结盐点温度25.06℃，塔顶内部结盐风险较高，存在局部铵盐垢下腐蚀的风险。注水后氯化铵结盐点为142.86℃，露点部位的NH_4Cl结晶温度高于露点温度，这意味着NH_4Cl盐会在塔顶挥发线液态水凝结之前结晶。NH_4Cl盐在水露点附近腐蚀性非常强。

2.1 氯化铵的电化学腐蚀：

原理：氯化铵是一种强电解质，易溶于水后电离出铵根离子（NH_4^+）和氯离子（Cl^-）。在存在水的环境中，金属表面会形成一层薄薄的电解质溶液膜。金属中的电子可以在这层膜中传导，而氯化铵电离出的离子可以在膜中移动，从而形成了一个闭合的电路，为电化学腐蚀提供了条件。

金属作为阳极，其原子失去电子变成金属离子进入溶液，例如铁原子（Fe）失去电子变成亚铁离子（Fe^{2+}）。而氯化铵溶液中的氢离子（H^+）或其他氧化剂在阴极得到电子被还原。随着阳极的金属不断失去电子溶解到溶液中，金属表面逐渐被腐蚀，造成金属的均匀减薄、重量减轻，最终导致金属结构的破坏。这种均匀腐蚀是氯化铵生产中常见的腐蚀形态之一。

2.2 氯离子的侵蚀：

氯离子具有很强的穿透能力和吸附能力，能够吸附在金属表面，并通过金属表面的缺陷、孔隙等通道渗透到金属内部。氯离子一旦进入金属内部，会与金属离子形成可溶性的氯化物，从而破坏金属的晶格结构，使金属的强度和韧性降低。

在炼油设备中，当湿氯化铵盐产生时，碳钢会受到严重的腐蚀。这是因为氯离子与碳钢中的铁离子形成氯化亚铁（FeCl 813）等可溶性氯化物，这些氯化物会在金属表面形成疏松的腐蚀产物层，无法对金属起到保护作用，反而会加速氯离子的进一步渗透和腐蚀。

3 防腐措施

3.1 工艺防腐

1#常减压装置塔顶冷凝降温系统采用"一脱三注"工艺防腐，二级脱盐罐，塔顶挥发线注入中和剂（1%~2%氨水）、注水和微量低温缓蚀剂等方法，实现对塔顶冷凝系统防腐的有效控制。

三顶冷凝水分析数据：

（1）pH值偶有超标，均值为8左右，基本控制在7~9范围内。本装置工艺卡片pH控制指标为7~9，中国石化《炼油工艺防腐蚀管理规定》推荐pH控制指标为7~9。

（2）氯离子含量较高。频繁大幅超出中国石化《炼油工艺防腐蚀管理规定》推荐的控制指标（≤30mg/L）。

（3）铁离子偶有超标，均值0.7mg/L左右，基本控制在中国石化《炼油工艺防腐蚀管理规定》推荐的控制指标（≤3.0mg/L）内。

3.2 温度控制

露点是指空气样品中的水蒸气在恒定气压下以与蒸发相同的速率凝结成液态水的温度。与相对湿度相比，露点是对空气中水分含量更准确的测量，而相对湿度取决于温度和压力。

使用Magnus-Tetens公式计算露点。该公式考虑了温度、相对湿度和马格努斯系数，这些系数决定了水的饱和蒸汽压。公式为：

$$Td=[b×\alpha(T, RH)]/[a-\alpha(T, RH)]$$

式中，Td为露点，以摄氏度为单位；T为摄氏度的温度；RH为空气的相对湿度，以百分比表示。

a和b是马格努斯系数。根据Alduchov和Eskridge的建议，这些值为：$a=17.625$和$b=243.04$

$$\alpha(T, RH)=\ln(RH/100)+aT/(b+T)$$

气相水的分压：P水67.05（kPa绝压）

塔顶水蒸气的流量F=塔底吹汽（3.8t/h）+塔顶注水（3t/h）

塔顶压力P131.3（kPa绝压）

水的露点温度Td89.38（℃）

在实际生产中，规定$\Delta T<14℃$（25°F）存在露点腐蚀的隐患。因此，1#常减压蒸馏装置常压塔顶的温度应控制在≮103.38℃。

4 改进方法

在常减压装置，低温腐蚀以工艺防腐为主，材料防腐为辅。减少低温腐蚀的有效途径是降低原油中的酸值、含盐量和含水量。同时，选择合适的低温缓蚀剂、设备材质升级，都是抑制低温腐蚀的有效办法。对于低温腐蚀部位的防护，

"一脱三注"是最重要的防腐措施：提高电脱盐效果，调控塔顶注水、注中和剂、注缓蚀剂等参数，并实时监测塔顶冷凝水中铁离子含量和 pH 值情况，为减小塔顶腐蚀及时调整注入量。提出以下防腐措施：

4.1　原油贮存

原油在输运过程中加破乳剂效果好，能充分破坏原油中的乳化液。增加原油在罐区的沉降时间，自然沉降的方法能有效加强脱除原油中的含盐污水，降低电脱盐前原油中的盐含量，有效减轻电脱盐负担。

4.2　原油掺炼

在参照设计值的基础上，根据装置的实际运行状况，计算出装置能够承受的酸值、含硫量等参数，并以此为设防值，对原油调配和混合，确保被处理后的原油的腐蚀性能处于设防值操作窗口内，以免对设备及管道造成损害。

4.3　"一脱三注"优化

4.3.1　电脱盐

电脱盐是控制常减压装置塔顶腐蚀的重要设施，其目的是脱除原油中的水、盐（氯化物）及其他污染物。电脱盐的脱盐率是塔顶系统 HCl 腐蚀的主要影响因素。使用合适的注剂、注水能有效提高脱盐效率。中国石油化工公司规定高酸值原油的注水 pH 值应在 6~7 之间；在处理其他原油的过程中，注水 pH 值在 6~8 之间。注水的

氨氮含量通常在 20ppm 以下，最高在 50ppm 以下。电脱盐的混合强度、操作温度、停留时间、电场强度、注水量、界位控制等参数对脱盐率都有重要作用。

4.3.2　塔顶注水

常压塔顶部注水有三点作用：第一，调节初凝区的位置，第二，注水有抑制氨氮结垢、防止垢下腐蚀的作用，第三，对初凝区的酸进行稀释，提高了初凝区的 pH 值。在塔顶注水过程中，应重视注水点的部位及与油气的混合。避免在注水点附近产生露点腐蚀。

4.3.3　温度控制

塔顶温度一般设定为计算出的水露点温度至少高于 14℃。此外，研究表明，水露点一般比结盐温度高出至少 14℃。若在计算中简化假设，有时应取 28℃ 以上的较大安全裕度。

参 考 文 献

[1] 邢海澎．奥氏体不锈钢换热器应力腐蚀开裂的失效分析[J]．中国特种设备安全，2024，40（04）：77-80．

[2] 韩磊．基于 ASPEN PLUS 工艺仿真的分馏塔顶腐蚀预测．石油学报（石油加工）1-14．

[3] 马蕊，李永杰，范国渊，等．常减压装置腐蚀因素分析及防护措施[J]．石化技术，2024，31（05）：33-35．

低碳约束下涉苯废气治理技术与工业应用

唐安中

（中国石化九江石化分公司）

摘　要　介绍了膜分离技术原理、特点、回收治理涉苯废气的技术优势，膜分离法与热力焚烧、催化氧化等挥发性有机物治理技术相比，具有安全可靠、运行能耗低、回收率高、不产生二次污染等优点，是一种符合"双碳"要求的绿色技术。文章以某炼化企业芳烃罐区涉苯废气为目标污染物，采用膜分离组合工艺治理涉苯废气，通过膜分离有效回收了苯、二甲苯等物质，吸附处理后，净化气 VOC_s 浓度基本在 $30mg/m^3$ 以内，去除率 99.2%~99.5%；苯、甲苯、二甲苯排放浓度均在 $1.00mg/m^3$ 以内，去除率 99.9%，完全满足《石油化学工业污染物排放标准》（GB 31571—2015）特别限值要求，该技术在石化行业油气回收治理方面具有广泛的应用前景。

关键词　膜分离；涉苯废气；回收处理；工业应用

"十四五"以来，国家正式实施"双碳"战略，积极推进清洁安全生产和减污降碳协同增效，石油化工行业生产加工过程中污染物的达标排放、循环利用、节能减排工作尤为重要。石化行业油气回收的工艺技术发展较快，更加绿色、低碳、安全、高效，回收效率、排放指标已逐步达到世界先进水平。目前，石化行业挥发性有机物治理主要有回收法和销毁法，油气回收技术主要有冷凝法、吸收法、吸附法和膜分离法。通过技术比较和工程应用情况比较，膜分离法具有工艺先进、安全可靠、自动控制、运行能耗低、回收率高、不产生二次污染等优点，适于有价、高浓度废气的治理和回收利用。

文章以某炼化企业芳烃罐区涉苯废气为目标污染物，采用以膜分离技术为核心的组合工艺治理涉苯废气，通过膜分离有效回收了苯、二甲苯等物质，吸附处理后，废气实现稳定达标排放。"双碳"目标下，该技术已广泛应用于石化行业挥发性有机物治理。

1　挥发性有机物的主要构成与危害

1.1　挥发性有机物及主要成分

挥发性有机物（Volatile Organic Compounds，VOC_s）是在常温下，沸点50℃至260℃的各种有机化合物。VOC_s 排放到大气中会形成光化学烟雾，破坏臭氧层，引起全球变暖。按照化学结构，VOC_s 可分为：烷类、芳烃类、烯类、卤烃类、酯类、醛类、酮类及其他。主要成分：烃类、卤代烃、氧烃和氮烃，包括苯系物、有机氯化物、有机酮、胺、醇、醚、酯、酸和石油烃化合物等。其中，苯系物废气（苯、甲苯、二甲苯）是石化行业的特征污染物，对环境和人类健康具有较大危害。

1.2　涉苯废气的特征及危害

苯（Benzene，C_6H_6），在常温下为一种无色、有甜味的透明液体，具有强烈的芳香气味。是最简单的芳烃，可燃，难溶于水，易溶于有机溶剂，本身也可作为有机溶剂。甲苯的分子式：C_7H_8，分子量：92.14，易挥发、易燃。苯及甲苯具有较高毒性，可通过皮肤和呼吸道进入人体，对人体具有"三致"作用，因此三苯的排放受到严格的法律法规限制。目前，芳香烃已被国家列入高毒害的化学品名单，是重点减排、治理的目标污染物之一。

2　膜分离技术与组合工艺

2.1　膜分离技术原理

膜分离技术是一种利用有机大分子和空气小分子在聚合物薄膜的溶解率和扩散率的不同，通过施加压差，逆向选择性过滤有机大分子的技术，实现 VOC_s 在膜透过侧的富集，达到气体净化目的。

膜分离法的溶解—扩散原理：膜分离推动力是气体组分在膜两侧的分压差，利用各组分通过膜时的渗透速率的不同进行气体分离。首先让有机气体/空气的混合气与膜接触，然后在膜表面溶解，在膜两侧表面产生浓度梯度，利用不同气体分子通过膜的溶解—扩散速率不同，使混合气中的有机气体优先透过膜得以富集回收，而空气则被选择性的截留，达到分离目的，见图1。

图1　溶解-扩散模型示意图

2.2　膜分离法的技术特点与优势

膜分离法的特点：传质效率高、能耗低、回收率高、撬装设备和自控水平高等。膜分离技术是一种物理处理方法，VOCs分离过程不发生相变化，运行能耗较低；膜分离技术以压力差作为推动力，用于大分子与小分子的分离，利于高浓度（0.5%~10%）、高价值（如苯）的VOCs回收；膜分离工艺一般为常温处理过程，不涉及添加化学物质或产生危险废物，消除了安全风险，避免资源浪费和环境污染，符合"双碳"目标要求。

目前，炼化企业VOCs治理方法主要有燃烧法、冷凝法、吸附法和膜分离。其中催化氧化、蓄热燃烧（RTO）等销毁法将VOCs转化成为CO_2和H_2O等无机小分子化合物，容易形成二次污染并造成CO_2的大量产生与排放。而采用膜分离技术能够同时克服这两个缺点。适用于处理的VOCs气体浓度范围在0.1%~10%，且处理过程处于常温状态，避免了燃烧或高温反应带来的安全风险。因此，采用膜技术进行分离回收具有较大的优势。

2.3　膜分离法油气回收组合工艺

单一使用膜分离技术，无法保证满足《石油炼制企业污染物排放标准》（GB 31570—2015）《石油化工企业污染物排放标准》（GB 31571—2015）等国家标准的要求，实际应用中，膜分离技术常与其他方式联合并用，常用的组合工艺有"压缩+冷凝/吸收+膜分离+吸附"。膜法油气回收工艺实质是分离油气/氮气、油气/空气、苯/空气的过程，回收利用这部分油气能产生较大的经济效益，同时又能满足废气达标排放要求，与TO、CO等销毁法工艺相比，既回收了有价物料，减少CO_2排放，又更为安全可靠。

组合工艺主要流程：油气混合物经增压系统加压到0.1~0.4MPa，压缩后气液混合物经过吸收塔，大部分液态油质被喷淋液吸收，剩余的油气气体进入由多个膜组件并/串联组成的膜组件，通过真空泵抽吸真空，在膜组件真空管腔内制造负压，实现溶解-渗透的分离回收，富含油气的渗透气流再次返回压缩机入口进行循环。膜截留侧的气体中油气浓度降幅可达90%左右，再进入活性炭进行吸附净化后，通过排气口达标外排。

膜材料的选择非常关键，需要考虑膜的稳定性、力学性能、疏水性、经济性，若治理高温废气，还应考虑耐高温性能，见图2。

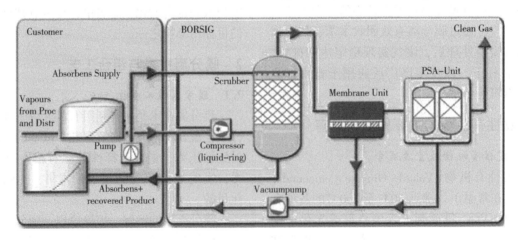

图2　膜法油气回收组合工艺示意图

3 工程案例分析

3.1 芳烃罐区VOCs回收治理工艺与运行效果

某炼化企业芳烃装置罐区有苯、甲苯、对二甲苯等15台储罐，均为内浮顶罐，罐顶设置氮气氮封+呼吸阀。为防止非甲烷总烃和苯类有毒物超标排放，芳烃罐区苯储罐需密闭回收含苯和非甲烷总烃油气至VOCs回收治理装置，该装置采用以膜分离技术为核心的"压缩+低温柴油吸收+膜分离+变压吸附"组合工艺。该装置设计处理能力700Nm³/h，压缩机入口气相压力为微正压或微负压，柴油吸收剂温度控制不大于30℃，吸收塔的操作压力约0.22MPa。涉苯废气经回收治理后，净化气中非甲烷总烃≤50mg/m³，苯≤2mg/m³，甲苯≤8mg/m³，二甲苯≤10mg/m³。

3.1.1 装置流程及主要处理单元

来自芳烃装置成品和中间罐区涉苯废气经压缩送吸收塔，利用相似相溶原理，低温柴油吸收油气，喷淋吸收后，富油返回罐区，回收75%左右的挥发性有机物；从吸收塔出来的油气混合物流经膜分离器选择性截留，油气特别是大分子的苯系物被截留，通过真空泵送废气入口循环处理，90%左右的挥发性有机物得到回收；分离后的气体最后经变压吸附罐选择性吸附，净化气达标后经15米高烟囱排放大气。

系统利用柴油作为吸收塔吸收剂和压缩机的密封液，不会造成二次污染。通过循环吸收，VOCs特别是苯系物以液体形式进行回收。工艺流程见图3。

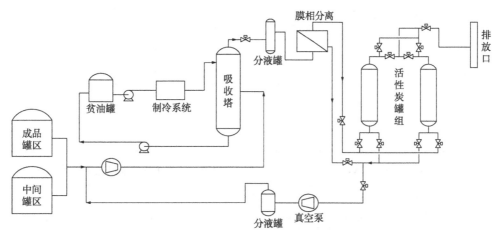

图3　涉苯罐区VOCs回收治理装置原则流程图

组合工艺主要由低温柴油吸收、膜分离器、变压吸附等单元组成。

低温柴油吸收单元：来自罐区的油气/空气的混合物经液环压缩机加压至2.3barg（操作压力）。液环式压缩机使用柴油密封，可消除气体压缩产生的热量。压缩后的气体与柴油一起进入喷淋塔中部。混合油气在塔内由下向上流经填料层与自上而下的柴油吸收液对流接触，柴油将大部分油气吸收，形成富集柴油。富集柴油包括柴油吸收液和回收的油气、苯等芳烃物质，经泵提升返回储罐。余下含少量油气/空气的混合物经塔顶流出后进入膜分离器。

膜分离单元：由并联安装于管路上的3组膜组件构成，真空泵在膜的渗透侧产生真空，以提高膜分离的效率。膜分离器将混合气体分成两股：一是含有少量油气的截留物流，设计油气浓度不大于5g/m³，直接进入变压吸附单元；另一股是富集油气、苯系物等渗透物流，与收集的油气/空气混合物及变压吸附单元解析后的气体混合，送至装置入口，再次进行处理。

变压吸附单元：有两组吸附罐（Ⅰ组，Ⅱ组），采用并联安装，罐内装有两种级配的活性炭。气体经过变压吸附罐时，吸附与解析过程同时进行，即一组吸附罐处于吸附状态而另一组吸附罐进行解析过程，两组吸附罐吸附与解析过程交替完成，每组吸附罐先后经过增压—吸附—泄压—抽真空—反冲洗过程。从膜分离器出来的截留物流经过Ⅰ组吸附罐进行吸附，绝大部分油气被吸附，净化气体达到设计指标后直接排放至大气。Ⅱ组吸附罐进入解析过程，解析出的油气经真空泵循环至膜法回收系统入口，与膜分离的渗透物流混合，进行上述循环。

3.1.2 装置运行效果分析

2022年6月初，芳烃装置罐区VOCs回收治理装置正式投入运行。12月26日~30日，第三方环境监测单位对该治理装置进行了标定监测，连续5天采样标定治理装置运行出、入口废气浓度，监测数据见表1~表3；该装置净化气VOCs在线仪24小时监测数据见表4。

表1　芳烃罐区VOCs回收治理装置进出口非甲烷总烃标定监测数据统计

监测时间	入口浓度/(mg·m⁻³)	出口浓度/(mg·m⁻³)		处理效率/%		备注
		实际值	新标准指标	实际值	新标准指标	
2022-12-26	4400	21.5	50	99.51	97	
2022-12-27	3380	26.8	50	99.21	97	
2022-12-28	3010	19.5	50	99.25	97	
2022-12-29	3670	22.6	50	99.38	97	
2022-12-30	3568	25.5	50	99.29	97	

表2　芳烃罐区VOCs回收治理装置进出口苯标定监测数据统计

监测时间	入口浓度/(mg·m⁻³)	出口浓度/(mg·m⁻³)		处理效率/%		备注
		实际值	新标准指标	实际值	新标准指标	
2022-12-26	916	0.227	2	99.98	97	
2022-12-27	351	ND	2	99.98	97	
2022-12-28	823	ND	2	99.99	97	
2022-12-29	1420	0.108	2	99.99	97	
2022-12-30	897	0.168	2	99.98	97	

表3　芳烃罐区VOCs回收治理装置进出口甲苯、二甲苯标定监测数据统计

监测时间	入口浓度/(mg·m⁻³)		甲苯出口浓度/(mg·m⁻³)		二甲苯出口浓度/(mg·m⁻³)		备注
	甲苯	二甲苯	实际值	新标准指标	实际值	新标准指标	
2022-12-26	55.1	1.12	ND	8	ND	10	
2022-12-27	51.5	0.403	ND	8	ND	10	
2022-12-28	60.2	0.265	ND	8	ND	10	
2022-12-29	221	0.592	ND	8	ND	10	
2022-12-30	452	1.15	ND	8	ND	10	

表4　芳烃罐区VOCs治理装置出口在线仪24小时非甲烷总烃监测数据统计

监测时间	实测值/(mg·m⁻³)	监测时间	实测值/(mg·m⁻³)	监测时间	实测值/(mg·m⁻³)	备注
2022-12-30 0：00	1.12	2022-12-30 8：00	0.43	2022-12-30 16：00	2.28	1. 非甲烷总烃设计限值：50mg·m⁻³；24小时各点值均小于限值。
2022-12-30 1：00	0.85	2022-12-30 9：00	0.96	2022-12-30 17：00	2.07	
2022-12-30 2：00	0.78	2022-12-30 10：00	0.89	2022-12-30 18：00	1.24	
2022-12-30 3：00	0.53	2022-12-30 11：00	6.77	2022-12-30 19：00	2.36	
2022-12-30 4：00	0.93	2022-12-30 12：00	32.79	2022-12-30 20：00	3.35	2. 24小时在线监测苯、甲苯、二甲苯均未检测出。
2022-12-30 5：00	0.77	2022-12-30 13：00	29.56	2022-12-30 21：00	1.15	
2022-12-30 6：00	0.72	2022-12-30 14：00	22.54	2022-12-30 22：00	0.69	
2022-12-30 7：00	0.54	2022-12-30 15：00	2.33	2022-12-30 23：00	1.25	

表1~表4数据显示，芳烃罐区涉苯废气回收治理装置运行时出口 VOCs 排放浓度基本在 30mg/m³ 以内，去除率 99.2%~99.5%；苯、甲苯、二甲苯排放浓度均在 1.00mg/m³ 以内，去除率 99.9% 以上，完全满足《石油化学工业污染物排放标准》（GB 31571—2015）特别限值要求。净化气达标后通过 15m 高烟囱排放。

芳烃装置罐区存储分别为 3 台 5000m³ 苯罐、4 台 20000m³ 对二甲苯等 15 台涉苯储罐顶气全部得到有效治理后，第三方监测单位月监测数据（非甲烷总烃、苯、甲苯和二甲苯）表明，苯系物排放浓度接近 0，苯物质大部分回收苯罐，作为产品出售，同时，消除大量油气排放带来的安全隐患，有效改善了现场和周边的环境空气质量，见图 4。

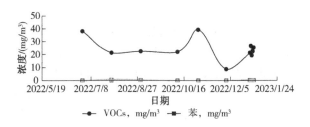

图 4　涉苯废气回收治理装置出口污染物监测数据图

3.1.3　问题与建议

（1）该装置设计处理能力 700Nm³/h，受气温或运行工况影响，当 15 台罐同时运行操作时，装置入口流量偶尔会超过 700Nm³/h，甚至达到 1000Nm³/h，装置长时间超负荷运行，净化气中非甲烷总烃、苯存在超标风险。建议：一是高温期间，罐区利用夜间作业，减少油气挥发；二是将压缩机变频控制与入口气相压力关联，控制进气量，确保装置稳定运行，净化气达标排放；三是对于罐区废气治理装置设计处理能力，应考虑高温等多种因素影响，增加 10%-15% 的富裕量。

（2）组合工艺的核心是膜分离技术，该装置采用了国外膜产品，具有优异的分离性能和较长的使用寿命。建议加快国产膜的研发、制造、替代和工程应用。

（3）该装置在运行过程中常出现吸收液中的杂质堵塞过滤器，造成贫油流量降低，运行效果和处理能力下降，因此，吸收液的洁净程度对油气吸收效率具有较大的影响。建议每周更新柴油吸收液，定期清理过滤器，确保装置稳定运行。

4　结语

（1）膜对芳烃类气体分离具有高选择性、高透过性，以膜分离技术为核心的组合工艺已逐步成为涉苯罐区废气治理的主流工艺。

（2）膜分离作为一种常温处理技术，与热力焚烧、催化氧化等破坏法技术相比，具有安全性高、回收资源的优势，适用于涉油品罐区、装车等高浓度挥发性有机物的治理，既规避安全距离要求，又可回收汽油、苯等资源。

（3）膜分离组合工艺在挥发性有机物治理过程中运行能耗低、不产生二次污染、几乎不增加 CO_2 的排放，是典型的减污降碳协同增效的绿色工艺，在"双碳"背景下，膜分离技术在挥发性有机物特别是涉苯废气治理上具有广泛的应用前景。

参　考　文　献

[1] 郑飞，牛宇虹，储广峰，等. 膜分离技术在油气回收上的应用研究[J]. 现代工业经济和信息化，2022，222（12）：128-130.

[2] 陈翠仙，郭红霞，秦培勇，等. 膜分离[J]. 化学工业出版社，2017，6-13.

[3] 韩依飓. 浅析膜分离技术的发展与挑战[J]. 天津化工，2023（01），37（1）5-8.

[4] 唐安中，徐琪珂. 化工园区挥发性有机物污染防治及对策分析[J]. 化工环保，2021（06）：768-773.

[5] 顾松园，吴长江，陈俊，等. 炼油化工行业水污染治理技术进展与实践[M]. 北京，中国石化出版社，2021：起止页码 286-315.

[6] 魏昕，栾金义，郦和生，等. 膜法油气回收技术工业应用[J]. 石油化工，2019，48（4）：405-410.

[7] 贾琼庆. 油气回收膜分离法动力学影响因素分析[J]. 辽宁化工，2022（03）：417-419

[8] 朱梦琦，邓宏波，黄晓宇. 油气回收技术的研究进展[J]. 化工管理，2023（01）：97-99.

[9] 周鑫，李少朋. 膜分离法油气回收的应用[J]. 山东化工，2014，43（3）：113-117.

[10] 王帆，邹兵，朱胜杰，等. 苯系物吸附材料的研究进展及发展趋势[J]. 安全与环境工程，2018，25（9）：80-89.

降低加氢裂化重石脑油氮含量

干　宇　史长友

（中国石化九江石化分公司）

摘　要　介绍了某炼化企业加氢裂化装置的主要技术特点和基本运行情况。2022 年以来公司连续重整装置板式换热器压降时有升高的情况，针对此类情况，需要持续降低加氢裂化装置重石脑油氮含量。通过分析影响加氢裂化装置重石脑油氮含量的因素，包括脱丁烷塔工况与注缓蚀剂，并采取有效措施，达到降低重石脑油氮含量的目的，同时减少下游重整装置运行成本，延长装置运行周期。

关键词　加氢裂化；重石脑油；氮含量；缓蚀剂

1　装置简介

某炼化企业加氢裂化装置是公司 800 万吨/年油品质量升级改造工程项目中的一套重要装置，设计处理量为 240 万吨/年，设计主工况为一段串联全循环流程，以直馏轻蜡油为原料，生产重石脑油、航煤和柴油，副产干气，低分气、液化气和轻石脑油；兼顾一次通过流程，以直馏轻蜡油和焦化蜡油为原料，生产重石脑油、航煤、柴油和尾油，副产干气、低分气、液化气和轻石脑油。其中重石脑油芳烃潜含量高，是催化重整装置的优良原料。

1.1　装置主要技术特点

（1）反应部分采用热高分工艺流程，提高反应流出物热能利用率，降低能耗，节省操作费用，同时避免稠环芳烃在空冷器管束中的沉积和堵塞。

（2）分馏部分采用"先汽提后分馏"流程，分馏部分第一个塔为脱硫化氢汽提塔，塔底用水蒸汽汽提。

（3）油品分馏采用常压塔方案，由常压塔侧线抽出航煤及柴油，塔底为尾油。为降低塔底温度防止油品热裂解，常压塔采用进料加热炉加塔底水蒸汽汽提方式。不设减压塔，在常压塔完成柴油与蜡油的分割，流程简单，节省投资和占地。

（4）热低分油和换热后的冷低分油分别进入脱硫化氢汽提塔的不同塔板；原料油至分馏部分换热；脱丁烷塔、石脑油分馏塔和航煤侧线汽提塔重沸热源分别由柴油、中段回流和尾油产品提供，充分回收热量，降低能耗。

（5）脱硫化氢汽提塔塔顶产物去往脱丁烷塔，塔顶分离粗液化气，塔底产物为轻石脑油，进入石脑油分馏塔（图 1）。

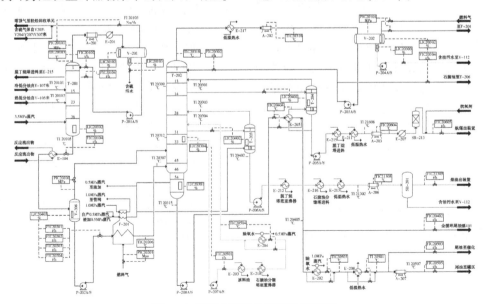

图 1　加氢裂化装置分馏部分流程图

1.2　装置现状

针对 2022 年以来连续重整装置板式换热器压降时有升高的情况，公司要求降低加氢裂化装置重石脑油氮含量，控制指标为<0.5mg/kg。

2022 年 1 月～2019 年 5 月加裂装置重石脑油氮含量均值为 0.7mg/kg。此段时间虽然加氢裂化装置重石脑油产品质量合格，氮含量未超标（氮含量 ≯ 5mg/kg），但重石脑油氮含量 ≤ 0.5mg/kg 的点只有 11 个，占总点数的 7.7%，超过 0.5mg/kg 的点多达 140 个，占总点数的 92.3%（图 2）。

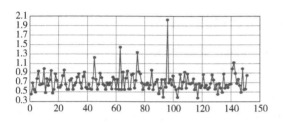

图 2　2022 年 1 月～5 月加氢裂化装置重石氮含量统计

1.3　流程介绍

装置设计重石脑油为塔底产物，经过脱硫罐后送至下游重整装置。

脱硫化氢汽提塔（T201）塔顶气相经过顶回流罐（V201）三相分离后随液相进入脱丁烷塔（T205），脱丁烷塔塔底组分为石脑油分馏塔（T206）两股进料中的一股，另一股进料来自主分馏塔（T202）塔顶抽出三相分离。石脑油分馏塔（T206）塔底设置重沸器（E210），热源是中段抽出物，塔底产物为重石脑油，经由重石脑油泵（P211）增压，流经重石脱硫罐（V212）后，直供连续重整装置（重石水冷器 E206 切除）（图 3）。

鉴于除重石脑油产品氮含量偏高外，其余航煤、柴油等产品未出现异常情况，因此判断反应部分对重石脑油氮含量的影响有限，首先排除；从工艺角度分析，影响重石脑油氮含量的主要相关因素有：脱丁烷塔工况及塔顶注缓蚀剂。逐项分析，得出相应降低重石脑油氮含量的措施。

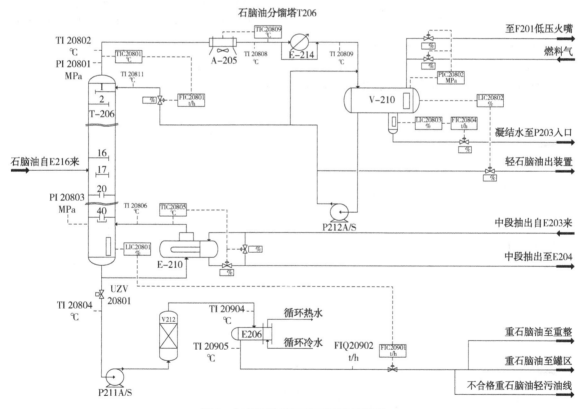

图 3　加氢裂化装置重石脑油流程图

2　原因分析

2.1　脱丁烷塔工况

石脑油分馏塔 T206 进料为两股，其中一股来自脱丁烷塔 T205 塔底流出物。T205 塔顶设计温度为 72℃，设计压力为 1.2MPa。正常生产中，T205 实际顶温为 65～70℃ 之间，顶压在 0.95MPa 左右，而上游流程的脱硫化氢汽提塔 T201 与分馏塔 T202 塔底均为蒸汽汽提，不可避免会携带一些微量水至 T205 中，此工况下物料中微量水分就会伴随塔顶回流返回至塔内，久而久之，在塔盘上聚集，影响到塔内分离效果，同时导致微量水中的 NH_4^+ 进入石脑油组分中。

2.2 塔顶注缓蚀剂

装置所用缓蚀剂是一种针对抑制炼油厂汽柴油加氢精制及改质装置设备防腐防护，采用先进的防腐技术研制生产的新型水溶性缓蚀剂。主要以有机胺、醇胺为原料，添加多种预膜腐蚀抑制剂、抗乳化剂和其他助剂，是控制汽柴油加氢精制及改质装置 H_2S 汽提塔、分馏塔及循环氢脱硫系统等部位 $H_2S + H_2O$ 腐蚀的一种新型复合型高效缓蚀剂。缓蚀剂技术指标如表1所示：

表1　缓蚀剂技术指标

项目	指标
外观	无色至棕红色液体
密度（20℃）/（g/cm³）	0.95～1.05
pH 值	≥7.0
凝点/℃	根据季节或客户要求
溶解性	与水任一比例互溶无相分离
运动黏度（40℃，mm²/s）	≤20

实际生产中，若脱硫化氢汽提塔 T201 及脱丁烷塔 T205 工况有所波动引起塔顶注入的缓蚀

剂发泡，则会导致氮元素随塔底产物进入后续流程，最终进入到重石脑油产品中，从而对重石脑油氮含量造成影响。

通过对装置缓蚀剂纯剂和配剂中的氮含量进行分析，质管中心分析数据结果显示纯剂氮含量 5260ppm、配剂（1∶4 兑水）氮含量 1495ppm。以加氢裂化装置 2019 年 1 月份为例，缓蚀剂耗量 2.05t，重石脑油产量 30772t，则大约产生氮元素为缓蚀剂耗量＊纯剂氮含量/重石脑油产量，代入实物量及分析数据，得出结果：2.05 × 0.5260%/30772＝0.35ppm。

3　解决措施与效果

3.1　T205"蒸塔"带水

安排对脱丁烷塔 T205 进行"蒸塔"操作，即逐步减小塔顶回流至 0t/h，待塔顶温度上升至 100℃以上、持续一段时间，恢复回流，恢复塔的液位，观察发现塔顶回流罐 V203 界位由 40% 上升至 70%，上升明显。证明装置长时间运行，脱丁烷塔 T205 塔内确实存在死角带水情况（图4）。

"蒸塔"操作重复两次，确保蒸出塔内绝大部分存水，观察一段时间重石脑油氮含量分析数据。

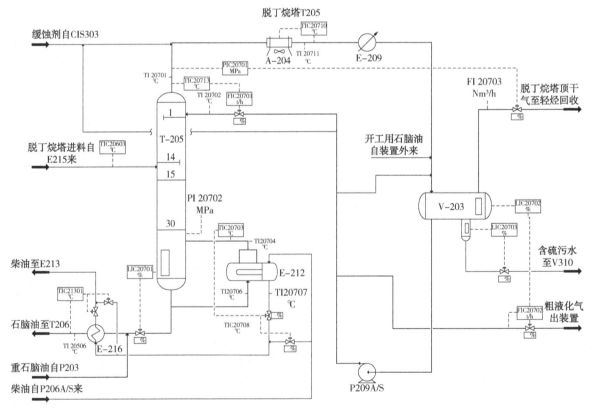

图4　脱丁烷塔 T205 流程图

3.2　调整塔顶缓蚀剂注入量

将缓蚀剂 1：4 兑水配剂，通过隔膜泵注入脱硫化氢汽提塔 T201 及脱丁烷塔 T205 塔顶，一天后停注，观察注入前后几天的重石脑油氮含量分析数据（图 5）。

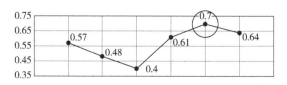

图 5　调整缓蚀剂期间重石脑油氮含量分析数据

由上图可知，注入缓蚀剂后重石脑油氮含量结果明显升高，估算缓蚀剂提供的氮元素占比 (0.7~0.61)/0.61×100% = 15%。

由于管线工艺防腐需求，脱丁烷塔塔顶管线须注入缓蚀剂，为减少缓蚀剂对重石脑油氮含量的影响，装置上采取以下措施：

① 适当降低缓蚀剂注入量，按照缓蚀剂说明书中的最低要求（10~15ppm）注入，增加缓蚀剂配剂时的兑水量，由 1：4 兑水提至 1：20 兑水，且要求配剂人员严格控制兑水量；

② 要求岗位操作人员加强监控缓蚀剂注入量，根据装置进料量及时调整注剂泵行程。

3.3　效果验证

针对 2023 年 2 月重石脑油氮含量进行统计，如图 6 所示：

由折线图可知，2023 年 2 月重石脑油氮含量均值为 0.44mg/kg，加氢裂化重石脑油氮含量 ≤0.5mg/kg 的点数占比为 90%，总体效果良好，采取的降低重石脑油氮含量措施有效。

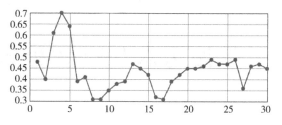

图 6　2022 年 2 月重石脑油氮含量折线图

4　结论

针对脱丁烷塔 T205 回流带水情况，持续监控脱丁烷塔 T205 工况，发现塔压或回流温度波动的情况及时调整，定期对 T205 进行"扰动"，即"蒸塔"操作，保证回流不带水。装置内缓蚀剂注入情况需加强监控，从配剂到注剂泵行程，做到前后统一，避免注剂量对重石脑油氮含量产生影响。

参　考　文　献

[1] 李大东 . 加氢处理工艺与工程 [M]. 北京：中国石化出版社，2004：1107-1130.

[2] 孙建怀，王敬东，周能冬 . 加氢裂化装置技术问答 [M]. 北京：中国石化出版社，2014：112-114.

[3] 张飞，李斌 . 加氢裂化装置重石脑油氮含量超标原因及对策 [J]. 炼油技术与工程 . 2015(02).

[4] 杨杰，李保良，王晨 . 加氢裂化重石脑油氮含量超标分析与对策 [J]. 炼油技术与工程 . 2020(02).

[5] 张晓明 . 加氢裂化重石脑油氮化物超标原因与解决 [J]. 天津化工 . 2014(06).

炼油污水"三泥"处置后路存在的问题及改进

徐　辉　龚兴阳

（中国石化九江石化分公司）

摘　要　炼油污水处理过程中产生的固体废物产量大、种类多、成分复杂，本文针对污水处理场"三泥"产生量与处理量不平衡的问题进行了技术分析，确认了含油污泥中油/胶质、沥青质成分组成是其主要影响因素，通过煤制氢气化炉协同处置、CFB锅炉燃料耦合掺烧进行固体废物资源化利用，可以实现污水处理场"三泥"自行利用处置率100%。

关键词　浮渣/油泥；活性污泥；油泥破乳；污泥干化；资源化利用

随着十四五绿色低碳发展理念的提出，环境保护的制度和要求日益严格完善，面对高标准、高要求的环保新常态，"三泥"处置技术也成为绿色、低碳、可持续发展道路上必不可少的组成部分。同时油泥已被列入《国家危险废物名录》，必须委托有资质的单位进行处置，每年的处置费用超千万元，运行成本居高不下。实现"三泥"的减量化、资源化、无害化治理，已经成为石油化工生产企业亟需解决的重大难题。

1　装置概况

某石化企业污水处理场设计处理能力1000m³/h，采用西门子引进的粉末活性碳处理工艺及湿式氧化再生全套设备技术（PACT-WAR）。在处理工业污水的同时，也产生有害污泥，主要为：浮渣/油泥、活性污泥（简称"三泥"）。

浮渣/油泥的主要来源：调节罐、隔油池、气浮池排出的浮渣、油泥。浮渣/油泥组成大致可分为水、乳化油或吸附油、固体异物、无机盐、少量烃类化合物、硫化物、酚类等，并伴随恶臭。

活性污泥的主要来源：生化曝气池排出的活性污泥。生化单元采用粉末活性碳处理及湿式氧化再生技术，其排出的活性污泥为湿式氧化排出的污泥灰分以及废活性碳，其组成主要为水、废碳、生化污泥及其代谢产物。

该污水处理场三泥处理工艺流程包括污泥浓缩、油泥破乳、污泥干化。

装置采用了酸化破乳脱油专利技术，含油污泥经过油泥调节罐沉降后，油泥进入油泥分离装置进行破乳除油，除油后的油泥进入污泥调理器调整pH值至中性，然后进入泥水分离器；活性污泥经过活性污泥调节罐沉降后直接进入泥水分离器。经泥水分离器浓缩后的三泥通过给料泵送入离心脱水机，离心脱水处理后的污泥在重力作用下排入污泥罐中暂存，然后用泵将脱水后的三泥送入"双向剪切楔形扇面叶片式污泥干燥机"进行干化处理，干化污泥储存于干泥仓，使用专用车转运外委处置。流程简图如图1所示。

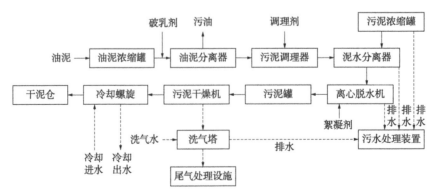

图1　三泥处理装置流程简图

2　存在问题及原因分析

2.1　油泥破乳单元除油效果差

含油污泥经油泥浓缩罐重力浓缩后，通过投加破乳剂（浓硫酸）控制 pH 值在 1.5~2.0 范围内（图 2），使含油污泥实现油、水、泥的分离，原设计油泥破乳出料油含量在 1% 以下。对实际运行过程中油泥破乳 pH 值控制及进出物料油含量进行跟踪，具体统计数据如表 1 所示。

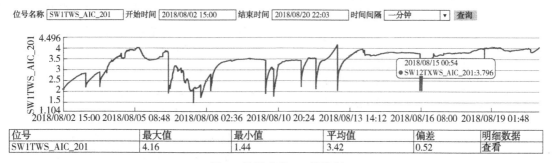

图 2　油泥破乳 pH 值控制

表 1　油泥破乳进出物料油含量

项目	油泥破乳单元	
	进料油含量/%	出料油含量/%
8 月 14 日	4.39	4.72
8 月 17 日	9.80	2.51
8 月 26 日	7.30	5.78
平均值	7.16	4.34

由表 1、图 2 数据可知，在实际运行过程中，油泥破乳 pH 值波动范围大，仪表失真现象频发；油泥破乳出料油含量平均值为 4.34%，远高于设计值 1%，除油效果差。主要原因为含油污泥中成分复杂、流动性能不稳定，容易将 pH 计电极包裹，pH 计无法准确测量，致使破乳剂投加不到位，导致油泥破乳单元出料油含量偏高。

2.2　污泥干化进料负荷低

对该污水处理场"三泥"每日产生量进行统计，具体数据如表 2 所示。

表 2　污水处理场"三泥"每日产生量统计

含油污泥	产生量/（吨/天）	含水率/%
调节罐排泥	40	97
隔油池排泥	10	97
气浮机排泥	10	97
气浮机刮渣	10	98
合计	70	/
活性污泥	产生量/（吨/天）	含水率/%
WAR 单元排灰	49	97
生化池刮渣	10	97
合计	59	/

由表 2 统计数据可知，该污水处理场预处理单元调节罐、隔油池、气浮池产生含油污泥 70 吨/天，WAR 单元排灰及生化池刮渣产生活性污泥 59 吨/天，则"三泥"产生总量为 129 吨/天。

对 2017 年至 2021 年污泥干化处理量及运行情况进行统计，具体数据如表 3 所示。

表 3　2017 年至 2021 年污泥干化处理量统计

项目	进料负荷/%	运行天数/天	产干灰量/吨	"三泥"处理总量/（吨/天）
2017 年	12	330	342	28.11
2018 年	15	188	357.58	29.39
2019 年	18	179	300	24.66
2020 年	20	335	535.08	43.98
2021 年	22	320	524.03	46.93
平均值	17.4	270.4	411.74	34.61

注：污泥干化后干灰含水率按 10% 计，脱水前"三泥"含水率按 97% 计。

由表 3 统计数据可知，该污水处理场"三泥"处理总量平均值为 34.61 吨/天，最小值仅为 24.66 吨/天，远小于"三泥"产生总量 129 吨/天，无法满足污水处理场正常生产过程排泥需求。

由表 4 统计数据可知，2017 年至 2021 年，污泥干化运行过程中出现问题主要有：干燥机尾气横管堵塞、干燥机加热蒸汽软管泄漏、干燥机内部物料抱团。

根据含油污泥的塑性变化示意图及干燥机干燥原理可知，油/胶质、沥青质使含油污泥塑性变大，塑性范围变宽，导致污泥干化设备故障率升高、内部物料堵塞频繁、水份的蒸发速率降低。

致污水处理场"三泥"处理量远小于产生量，无法满足正常排泥需求。

表4   2017年至2021年污泥干化运行异常统计

操作参数	偏离程度	导致结果
干燥机进料负荷	负荷过大	干燥机内部物料抱团
	进料过快	干燥机内部物料抱团
干燥机温度	温度过低	干燥机内部物料抱团
	升温过快	加热蒸汽软管泄漏
尾气风机入口真空度	真空度过大	干燥机尾气横管堵塞
	真空度过小	干燥机内部物料抱团

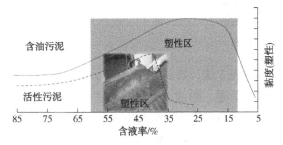

图3   含油污泥的塑性变化示意图

综上可知，含油污泥中油/胶质、沥青质成分组成是制约污泥干化进料负荷的主要因素，导

3   优化措施

3.1   利用煤制氢气化炉进行协同处置

将含油污泥与活性污泥送至煤制氢装置气化炉掺烧，利用水煤浆气化炉还原气氛、高温熔融、快速激冷的技术特点，将废物中的有机物转化成为以 CO 和 H_2 为主的合成原料气，可实现含油污泥与活性污泥的资源化利用。

工艺流程简述如下：来自污水处理场油泥浓缩罐的浮渣/油泥(含水量97%左右)，经新增浮渣泵加压至1.0MPa左右，通过管道(DN50)输送至煤制氢装置磨煤机下料管处；来自污水处理场污泥浓缩罐的活性污泥(含水率97%)，经新增活性污泥泵加压至1.0MPa左右，通过管道(DN50)输送至煤制氢装置磨煤机下料管处。含油污泥、活性污泥按一定比例通入磨煤机中，与原料煤按5%~12%质量比制取水煤浆，并通过高压料浆泵加压后送至气化炉掺烧，如图4所示。

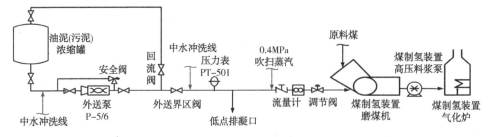

图4   煤制氢气化炉协同处置流程简图

3.2   利用CFB锅炉进行燃料耦合掺烧

活性污泥在经过第三方检测公司鉴定后，判断其属于一般固废，考虑该活性污泥经干化后具有一定热值，可与燃煤按照一定的比例进行充分掺混，混合后可作为CFB锅炉燃料，可实现活性污泥的资源化利用。

工艺流程简述如下：来自污水处理场干燥机干化后的活性污泥和燃煤制成煤粉送入CFB锅炉掺烧，将水加热成高温高压蒸汽，推动汽轮机转动，带动发电机，经升压后输入电网，如图5所示。

该污水处理场含油污泥流量按3t/h、活性污泥流量按2t/h连续稳定外送至气化炉掺烧，有效规避了油/胶质、沥青质成分组成复杂、油泥破乳效果差等技术难题；同时含油污泥与活性污

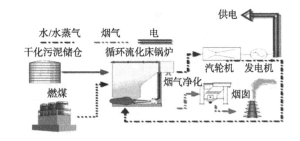

图5   CFB锅炉燃料耦合掺烧流程简图

泥分开处理后，干燥机进料污泥中油/胶质、沥青质成分明显减少，使得污泥塑性变小、塑性范围变窄，污泥干化进料负荷由22%提高至35%，活性污泥后路得到了保障。

对该污水处理场"三泥"每日处理量进行统计，具体数据如表5、6所示。

表5　污水处理场"三泥"每日处理量统计

含油污泥	处理量/(吨/天)	含水率/%
煤制氢气化炉协同处置	72	97
合计	72	/

活性污泥	处理量/(吨/天)	含水率/%
煤制氢气化炉协同处置	48	97
CFB锅炉燃料耦合掺烧	1.2(36)	10(97)
合计	84	/

注：污泥干化后干灰含水率按10%计，脱水前"三泥"含水率按97%计。

表6　污水处理场"三泥"平衡统计

工段/节点	产生量/(吨/天)	含水率/%
调节罐排泥	40	97
隔油池排泥	10	97
气浮机排泥	10	97
气浮机刮渣	10	98
WAR单元排灰	49	97
生化池刮渣	10	97
合计	129	/

工段/节点	处理量/(吨/天)	含水率/%
煤制氢气化炉协同处置含油污泥	72	97
煤制氢气化炉协同处置活性污泥	48	97
CFB锅炉燃料耦合掺烧活性污泥	36	97
合计	156	/

由表5、表6统计数据可知，该污水处理场通过煤制氢气化炉协同处置含油污泥72吨/天，通过煤制氢气化炉协同处置活性污泥48吨/天，CFB锅炉燃料耦合掺烧处理干燥机干化后干灰1.2吨/天（折算脱水前97%的活性污泥为36吨/天），则"三泥"处理总量为156吨/天，大于"三泥"产生总量129吨/天，能够满足污水处理场正常生产过程排泥需求。

此外，含油污泥、活性污泥产生总量按129吨/天计，则每年产生量为47085吨。现有设施条件下处置前油泥含水率为97%，干化处理后含水率为10%，则每年减少外委处置油泥量为(47085×(1-97%))/(1-10%) = 1569.5吨。危废处置单价为1500元/吨，则每年产生的直接经济效益为1569.5×1500 = 235.4万元。

对该污水处理场外排水水质情况进行统计，具体数据如图6所示。

由图6统计数据可知，优化措施实施后该污水处理场外排水COD、氨氮浓度下降明显，外排水COD降低至20mg/L以内、氨氮降低至0.2mg/L以内。

4　结论

通过以上分析可知，油泥破乳出料油含量远超设计值，运行效果差；含油污泥中油/胶质、沥青质成分组成是制约炼油污水"三泥"处置后路主要因素，采样创新性思维方法，通过煤制氢气化炉协同处置、CFB锅炉燃料耦合掺烧进行固体废物资源化利用，有效规避了油/胶质、沥青质成分组成复杂、油泥破乳效果差等技术难题。该技术符合环保政策、产业政策要求，可实现危险废物的无害化处理和资源化利用。

图6　外排水水质指标变化趋势图

① 污水处理场无清罐任务、WAR单元稳定运行的条件下，按照含油污泥流量3t/h、活性污泥流量2t/h的运行模式进行掺烧，可以实现污水处理场"三泥"自行利用处置率100%。

② 含油污泥、活性污泥产生总量按129吨/天计，每年可以减少外委处置费用235.4万元，经济效益明显。

③ 污水处理场实现高效稳定运行，外排水

COD 降低至 20mg/L 以内、氨氮降低至 0.2mg/L 以内，水质处于行业内领先水平，创造了良好的社会效益和环境效益。

参 考 文 献

[1] 曲天煜. 炼油厂含油污泥干化技术进展 [C]. 环境工程，2017 (S2)：230-232+275.

[2] 米鹏涛. 油泥干化技术在炼油厂污水处理场中的应用 [J]. 石油石化绿色低碳，2020，5 (06)：36-39+68.

[3] 曹文亮，李晓金，侯波，等. 630MW 煤粉锅炉协同处理污泥对燃烧稳定性的影响 [J]. 洁净煤技术，2023，29 (S2)：245-253.

[4] Trevor Bridle. 污泥的热处理技术：迈向新世纪的有机废弃物管理与利用策略. 有机废弃物管理与利用国际学术研讨会论文集，2000. 南京.

全流程计划优化软件在压减柴油上的
预测和应用

王 伟

（中国石化九江石化分公司）

摘 要 受新冠疫情及全球低碳转型等因素的影响，我国柴油产量在 2020 年至 2024 年间经历了先升后降的趋势。未来五年，随着经济结构调整及新能源技术的应用，炼油产能将出现阶段性过剩，预计国内市场将出现柴油供应过剩的现象。炼油企业需要调整生产策略，减少柴油产量，并转向生产航煤或石脑油等产品，进行加工路线的调整。某炼油企业通过采用 Sinopec-Global Resource Optimization Modeling System (S-GROMS) 工业软件模拟生产流程，优化柴油生产。主要措施有提升加氢裂化装置负荷、优化催化裂化装置的产品分布、调整燃料油出厂量以及将柴油加氢装置改造航煤加氢装置。这些措施使得柴油产量从 21 万吨减少到 17.2 万吨，同时增加了汽油和航煤的产量。同时结合市场价格分析各措施对整体经济效益的影响，实际生产过程中仅落实对整体效益有积极贡献的措施。

关键词 柴油；加工效益；流程模拟；计划优化；s-groms

1 市场情况

随着国内经济的发展，成品油市场需求呈现出持续增长的状态。柴油作为国民经济重要的生产资料，广泛应用于制造业、采掘业、建筑业等多个传统行业。然而，在 2020 至 2024 年，受新冠肺炎疫情爆发及消退、全球低碳减排政策的实施以及新能源汽车的普及等多方面因素的影响，我国柴油产量总体上呈现先升后降的态势。

未来五年，考虑到国内经济结构进入调整期，国内油品消费市场发生变化，炼油加工能力达峰，将会出现柴油供应能力相对过剩。新能源技术的进一步深化应用，这一趋势在国内局部地区变化更加明显。炼油企业如何提前适应市场需求，调整自身产品结构，减产柴油，转产航煤或石脑油等产品需要做好相关应对。因此，柴油产品在结构中的比例将是炼油企业的重要技术经济指标，用来衡量炼油厂的产品是否能满足市场需求结构，如何压减柴油产量将是未来几年炼厂的重点工作之一。

2 现场概况

某公司原油一次加工能力 1000 万吨/年、综合配套能力 800 万吨/年。公司主要装置有两套 500 万吨/年常减压装置、两套 120 万吨/年催化裂化装置、120 万吨/年连续重整装置、240 万吨/年加氢裂化装置、170 万吨/年渣油加氢装置、100 万吨/年延迟焦化装置、以及多套配套柴油加氢（1#加氢、2#加氢、4#加氢）和航煤加氢等装置及相关配套环保装置。

原油经过常减压蒸馏装置切割为干气、石脑油组分、航煤组分油（常一线）、柴油组分油、蜡油馏分及渣油馏分。柴油的主要加工流程如图 1 所示：首先直馏柴油组分油经过加氢精制后进入柴油池；蜡油馏分大部分作为加氢裂化装置原料，其余部分作为催化裂化装置进料，加氢裂化装置生产的柴油可直接作为柴油产品，催化裂化装置生产的催化柴油则进入加氢裂化、渣油加氢、柴油加氢等装置进行精制；渣油作为渣油加氢及延迟焦化装置原料，延迟焦化装置生产的焦化柴油和渣油加氢生产的渣加柴油分别进入柴油加氢装置进行精制。另外航煤组分油（常一线）经过加氢精制生产航煤，当航煤市场不景气时，航煤组分油（常一线）也可与其他直馏柴油混合经过加氢精制进入柴油池。

目前与柴油加工有关的装置主要有两套 120 万吨/年催化裂化装置（1#催化和 2#催化）、240 万吨/年加氢裂化装置、170 万吨/年渣油加氢装置、100 万吨/年延迟焦化装置、60 万吨/年柴油加氢装置（1#加氢）、120 万吨/年汽柴油加氢装置(2#加氢)、150 万吨/年液相柴油加氢装置(4#加氢)。根据柴油加工流向可以划分为二次加工柴油和柴油产品两类。加氢裂化柴油和柴油加氢

精制柴油为柴油产品，可直接进入柴油池进行调和出厂，见表1。

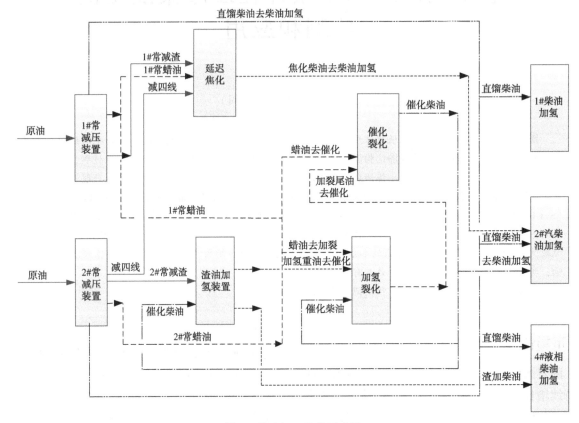

图 1　柴油加工流程示意图

表 1　装置生产柴油数据汇总

装置	负荷率/%	柴油收率/%	装置	负荷率/%	柴油收率/%
1#催化	100	20.2	1#加氢	82	95.7
2#催化	100	23.22	2#加氢	76.4	79.94
渣油加氢	100	11.3	4#加氢	85.3	88.9
延迟焦化	98	18.9	加氢裂化	85.1	27.4

二次加工柴油的特点含有较多的杂质，不能直接进入柴油池进行调和。需要继续进入加氢装置进行精制反应，脱除杂质才能符合国Ⅵ柴油标准，见表2。

表 2　二次柴油性质一览表

项目	单位	常一线	常二线	常三线	减一线	焦柴	渣加柴油	1#催柴	2#催柴
初馏点	℃	146	199	246	255	198	204	193	190
10%回收温度	℃	178	235	295	290	238	215	226	224
50%回收温度	℃	196	258	330	321	291	265	267	268
90%回收温度	℃	215	283	353	349	345	320	340	342
95%回收温度	℃	235	300	360	358	354	347	351	352
密度(20℃)	kg/m³	800	839	865	888	860	872	908	910
闪点	℃	43	82	110	118	62	70	78	75
硫含量	%(m/m)	0.09	0.27	0.59	0.79	0.83	0.05	0.38	0.37

3 优化软件

全局资源优化模型系统（S-GROMS）全称 Sinopec-Global Resource Optimization Modeling System，是通过建立流程工业模型模拟炼化企业的生产经营过程实现生产计划编制及优化的工业软件，由中石化（大连）石油化工研究院有限公司（FRIPP，简称"大连院"）研究开发，可为企业生产经营提供决策辅助，并为企业通过智能优化技术提升经济效益提供有效的解决方案。

S-GROMS 采用数据库模型体系，按照物流关系建模，模型采用模型级、企业级、计划期级、子模型级、装置级、装置方案级、侧线级、去向级的层级结构。其中，子模型级结构包括资源采购、一次加工、二次加工、成品流向、成品调和、约束汇总、公用工程、期初库存、期末库存、流程报表等 10 个子模型。

4 测算比较

4.1 优化措施

结合装置加工负荷和整体流程，可通过以下相关措施优化压减柴油：

措施 1：从装置负荷上看，二次加工装置中仅加氢裂化装置有空间继续提升加工量。根据柴装置柴油收率情况，改变中间物料方向，做大加裂负荷，将两套常减压装置直馏常三线由加氢原料改进加氢裂化。优化后，需做大加氢裂化装置负荷（由 251t/h 提高至 285t/h），降低直馏常三线柴油进入柴油加氢装置负荷，达到降低柴油产品的目的。

措施 2：优化产品分布。针对催化裂化装置，可以通过优化原料，保持两套催化装置催化剂高活性和高反应苛刻度运行，提高催化汽油收率，降低催化柴油收率。针对加氢裂化装置，提

高反应苛刻度运行，提高重石脑油和航煤收率，降低加裂柴油收率。针对柴油加氢装置，提高分馏塔分馏精度，提高柴油初馏点和石脑油终馏点，降低柴油加氢装置柴油产品收率，达到降至柴油的目的。

措施 3：灵活调整燃料油出厂，通过做大重质燃料油出厂量，压减中间物料组分，达到减少涉及柴油加工装置负荷的目的，达到压减柴油的目的。

措施 4：对部分装置进行适当改造，将装置最终的目标产品改为航煤，减少柴油产品，达到压减柴油的目的。

4.2 模拟建设

基于全局资源优化模型系统（S-GROMS）搭建全厂加工流程模型。根据不同的优化措施，在模型中进行修改。

首先，在子模型级的一次加工结构中，调整直馏常三线的流向，实现措施 1。在子模型级的二次加工结构中，修改催化裂化、加氢裂化、加氢精制等相关装置的产品分布，实现措施 2。在子模型级的成品流向结构中，修改重质燃料油产品的出厂数量，实现措施 3。在装置级的结构中，增加 1#加氢装置的航煤加氢生产模型，实现措施 4。

4.3 模型测算

以案例公司 2024 年上半年加工情况为基准，基准加工方案情况：原油加工量 64.0 万吨，产品中成品油分布情况，汽油产量 20.50 万吨，航煤产量 5.30 万吨，柴油产量 21.00 万吨，柴汽比为 1.02。

基于相同的加工原料，套用 2024 年上半年平均的产品价格，在相同的基础上，通过运行修改后的模型，得到实施措施后的生产情况，见表 3。

表 3　优化后模型中柴油生产数据汇总

装置	负荷率/%	柴油收率/%	装置	负荷率/%	柴油收率/%
1#催化	100	19.5	2#加氢	58.6	77.94
2#催化	100	22.84	4#加氢	69.2	93.9
渣油加氢	100	11.3	加氢裂化	96.6	25.4
延迟焦化	98	18.9			

优化措施落实后，从装置负荷上看，2#加氢装置负荷由 110t/h 降至 83t/h，4#加氢装置负荷

由 152t/h 降至 123t/h，加氢裂化装置负荷由 255t/h 提高至 285t/h。直馏常三线柴油在原加

工流程中前往 2#加氢和 4#加氢装置,转化为柴油的收率在 80%~88%,优化后,直馏常三线柴油送至加氢裂化装置加工,加氢裂化负荷提高至 285t/h 时,直馏常三线柴油在其中转化的柴油收率在 25%~30%。虽然加氢裂化装置经优化后,柴油增加了 0.18 万吨,但有效地降低了两套柴油加氢装置负荷,从整体流程上看,柴油收率下降。

优化措施落实后,从产品分布上看,两套催化装置负荷整体不变,月产催化柴油为 4.66 万吨;经优化后,月产催化柴油降至 4.37 万吨,

下降 0.29 万吨,对应汽油增加 0.45 万吨。另外适当提高 2#加氢石脑油终馏点,由 181℃提至 200℃,石脑油收率可上升 3%,柴油收率下降 3%,柴油产品月下降 0.22 万吨。

优化措施落实后,从装置加工上看,1#加氢装置退出柴油加工序列,成为航煤加工装置,将航煤组分油(常一线)全部转化为航煤产品。同时为确保 1#加氢装置负荷,适当拓宽航煤组分油(常一线)的馏程,减少了石脑油组分和直馏常二线柴油的产量,见表 4。

表 4　优化前后成品油产品数据情况

项目	基础方案(64 万吨)	优化综合方案(64 万吨)
原料油加工量/万吨	73.92	73.89
1. 原油加工量/万吨	64.00	64.00
2. 外购原料油/万吨	9.92	9.89
汽煤柴合计/万吨	46.8	47.62
汽油/万吨	20.5	20.92
煤油/万吨	5.30	9.5
柴油/万吨	21.0	17.2
石脑油/万吨	2.90	2.40
商品燃料油/万吨	1.00	0.90
其中船用燃料油/万吨	1.00	0
低硫重质船燃/万吨	0.00	0.90
柴汽比	1.02	0.83
成品油对原油收率/%	73.12%	74.4%

由上述可知,产品有以下变化。通过优化措施,柴油产品量由 21 万吨下降至 17.2 万吨,下降了 3.8 万吨,石脑油下降 0.5 万吨,轻质燃料油下降 1 万吨;主要产品中增加汽油 0.42 万吨,航煤 4.2 万吨,重质燃料油 0.9 万吨。经优化

后,柴汽比由 1.02 下降至 0.83。落实相关措施后,柴油产量得到明显压减。

4.4　效益比较

套用 2024 年上半年平均的产品价格,具体数据见表 5,得到优化后的效益情况。

表 5　优化前后变动产品价格情况

产品品名	不含税价格/(元/吨)	产品品名	不含税价格/(元/吨)
92#汽油	6163	航煤	5849
92#汽油(增量价)	5280	石脑油	4715
0#柴油	5547	轻质燃料油	4742
0#柴油(增量价)	4920	重质燃料油	4188

通过优化软件,将以上措施单独优化运行时,可以得到单项措施对全加工流程对效益的影响情况,见表 6。结合价格体系,得到以下结论:措施 1 和措施 4 由于增产价格较高的航煤产品,在整体效益上看,落实后效益为正;措施 2 中,调整催化产品结构,由于汽油价格较柴油价格偏高,落实该措施对效益影响为正,调整加氢精制装置增产石脑油产品,则对效益影响为负;

措施 3 中，由于增产了价格较低的重质船用燃料油，在整体效益上看，落实后效益为负。因此，

在实际操作中，主要落实措施 1 和措施 4，另外结合原料情况，装置结合措施 2 优化产品分布。

表 6　优化前后变动产品价格情况

	基础方案	方案 2	方案 3	方案 4	方案 5	方案 6
落实措施		措施 1 加裂加工常三线	措施 2 催化优化产品分布	措施 2 加氢精制优化产品分布	措施 3 增产重质船燃	措施 4 1#加氢生产航煤
效益情况(万元/月)	3880	4537	3992	3814	3536	7568
与基础方案效益差 (万元/月)		657	112	-66	-344	3688

5　结论

公司为克服柴油市场萎缩带来的挑战，为未来的可持续发展奠定基础，选择应用数字化手段全流程计划优化软件辅助指导进行加工优化。通过该软件，实现了以下工作内容：通过收集全流程加工数据，结合现场情况实现加工流程建模；通过模拟优化工具，逐项实现提出的压减柴油优化措施；通过模拟优化工具，可以比较各项措施实施后对产品分布的影响，以及实施后对整体效益的影响。

在实际生产中，经过模拟优化工具的筛选，通过优化加氢裂化加工负荷以及改变 1#加氢生产工艺，积极应对市场变化，减少柴油产量，提升企业整体经济效益。应用结果表明，全局资源优化模型系统(S-GROMS)能够满足炼化一体化企业的测算要求，通过对加工负荷、物料流向、装置加工方案等进行对比测算和效益分析，为企业经营优化决策提供了数据支撑，提升企业经济效益。

参 考 文 献

[1] 曹正凯，孙洪江，牟帅，等.掺炼催化裂化柴油对蜡油加氢裂化反应的影响[J].石油炼制与化工，2018，49(11)：33-39.

[2] 张成，钟湘生.降低柴汽比潜力分析与措施[J].炼油技术与工程，2013，43(06)：22-25.

[3] 曹正凯.劣质柴油加氢转化催化剂的开发及应用[D].中国石油大学(北京)，2021.

[4] 孙若琳，房鞞，王鑫磊.炼化企业生产计划优化软件现状分析及展望[J].当代石油石化，2024，32(01)：47-51.

停歧化反应进料对 PX 生产的影响与对策

汪晓雯　张加书　付小苏

（中国石化九江石化分公司）

摘　要　当汽油利润高于苯利润时，以效益最大化推进炼油芳烃一体化优化，本着"宜芳则芳，宜油则油"的原则，停歧化反应进料，多产高价值的汽油组分。二甲苯单元围绕少送 54t/h 歧化 C8+组分调整（其中 C8 约 33.5t/h），二甲苯单元需要增加外购混合二甲苯维持装置负荷。外购 C8 组成与歧化 C8 组成不同，停歧化进料会影响芳烃装置对二甲苯的质量和收率。本文分析停歧化进料对 PX 生产的影响，提出切实有效对策。

关键词　芳烃装置；对二甲苯；汽油组分；对策

某石化公司以市场需求为导向、以效益为中心，发挥炼化一体化优势，让炼化产品结构更优，助力绿色低碳高质量发展。按"宜油则油、宜芳则芳"原则，滚动开展"炼油+芳烃"一体化优化，实现效益最大化。当汽油利润高于苯利润时，需要多产汽油，由于歧化反应伴有副反应，汽油组分有损耗，停歧化反应可少产 6-7t/h 苯，多产约 10t/h 的甲苯 C7A 和 8t/h 重芳烃 C9+A 组分调和汽油，每月增效千余万元。

1　芳烃联合装置工艺流程

1.1　芳烃联合装置主要流程

某芳烃联合装置规模为 89 万吨/年，包含 90 万吨/年芳烃抽提、572 万吨/年二甲苯分馏、131 万吨/年歧化、511 万吨/年吸附分离、409 万吨/年异构化 5 套主体装置，5 套装置分为制苯单元和二甲苯单元。制苯单元由芳烃抽提装置、歧化装置组成，二甲苯单元由二甲苯分馏装置、异构化和吸附分离装置组成，其工艺流程图如图 1 和图 2 所示。

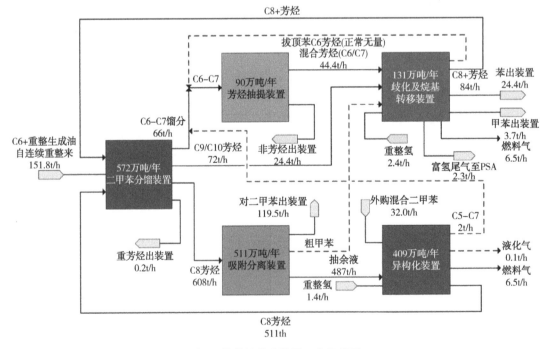

图 1　某芳烃联合装置工艺流程图

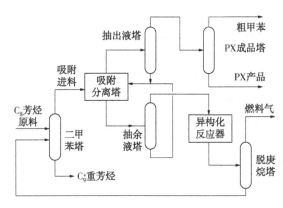

图 2　某芳烃联合装置二甲苯单元简图

2　停歧化对二甲苯单元的影响

2.1　吸附进料组成变化分析

根据吸附塔内吸附剂对进料中芳烃吸附的选择性分析（水＞苯 B＞对二甲苯 PX＞对二乙苯 PDEB＞甲苯 T＞乙苯 EB＞邻二甲苯 OX＞间二甲苯 MX＞非芳），吸附剂对乙苯的吸附性仅次于对二甲苯和对二乙苯，乙苯与对二甲苯进行吸附分离难度最大，直接影响到 PX 产品的提纯和回收，也降低了芳烃联合装置中异构化装置生产能力，对企业效益造成一定影响。歧化反应进料时，吸附分离装置进料中 EB 含量约为 9%，停歧化装置后，二甲苯单元少 54t/h 歧化 C8+组分（其中二甲苯 C8A 33.5t/h），需要补入外购混合二甲苯 C8A 维持装置负荷。外购 C8A 组成与歧化 C8A 组成相差较大，增加外购 C8A 会造成吸附分离装置进料组成较大变化，EB 含量上升较多。典型吸附分离装置各原料来源 C8A 组成情况见下表：

表 1　吸附各进料来源 C8A 组成

物料来源	EB/%	PX/%	MX/%	OX/%
重整来料 C8A	15.63	18.13	40.02	26.22
歧化来料 C8A	1.71	24.54	51.73	22.02
异构化来料 C8A	9.66	20.38	47.9	22.06
外购 C8A 物料	15.77	19.51	41.14	23.07

根据各物料 C8A 组成情况，对停歧化来料，外购 C8A 增加至 40t/h，吸附进料不循环 PX 情况下，按收率 92%、异构化芳烃损失 2.5%，吸附负荷在 60% 左右（异构化负荷 61%），吸附进料中 EB 含量约为 13.27%，如表 2 所示。

表 2　吸附停歧化补外购料进料组成及负荷测算

物料来源	流量/(t/h)	EB/%	PX/%	MX/%	OX/%
重整来料 C8A	33.84	15.63	18.13	40.02	26.22
异构化来料 C8A	290.69	12.65	22.82	52.99	23.96
外购 C8A 物料	39.82	15.77	19.51	41.14	23.07
吸附进料	364.35	13.27	22.02	50.49	24.07
新鲜 C8A 总计/(t/h)	73.7				
吸附负荷/%	60.09				
异构化负荷/%	61.17				

2.2　异构化反应影响

异构化装置加工高乙苯原料后，为保证 PX 产品纯度，异构化反应采用提高反应苛刻度的方法，会造成 C8A 损失进一步加大。C8A 损失大，影响装置运行经济性，不利于提升效益，反应苛刻度提高对催化剂使用寿命也有一定影响。加工高乙苯原料前后 C8A 损失如表 3 所示。

表 3　加工高乙苯原料前后 C8A 损失

时间	C8A 损失/%	保证值/%	期望值/%
加工高乙苯原料前	2.38	≤2.5	2
加工高乙苯原料后	2.95		

加工高乙苯原料前，C8A 损失均值 2.38%，达到保证值的要求，但未达期望值，超期望值 0.38%。加工高乙苯原料后，C8A 损失均值 2.95%，C8A 损失率过大。异构化反应进料组分

发生变化时，需调节异构化反应参数，提升乙苯转化率，同时控制 C8A 损失。

2.3 二甲苯分馏装置影响

二甲苯分馏装置少了约 54t/h 歧化来料，进料量和组分发生变化，需调节加热炉热源和回流，保证塔顶 C9 组分不超标。

由于停歧化少产 4t/h 左右燃料气，需及时补充丙烷或者天然气量，因此燃料气组分发生变化，燃料气热值也随之发生改变，影响炉子的燃烧情况，需要调节加热炉瓦斯量，保证二甲苯分馏系统稳定。

3 二甲苯单元操作调整

3.1 吸附分离参数调整

当吸附分离装置进料中的 EB 含量逐渐上升时，原有的吸附系统参数就可能无法保证产品质量，通过提高二区回流比来加强 PX 提纯效果。进料乙苯含量最高 10.77%，与测算含量相差 2.5%，期间吸附参数为：筛油比 4.0、脱附区回流比 0.256、提纯区回流比 0.134、缓冲器回流比 - 0.075，产品纯度为 99.737%，收率为 91%。

如原料 EB 上升至 13.27%，吸附装置具备通过增加二区回流比，降低 EB 含量提升 PX 精制效果，亦可通过 PX 循环泵将 PX 循环至原料中，以提高原料 PX 浓度而降低 EB 浓度等手段来保证吸附分离装置 PX 产品纯度稳定合格，但 PX 收率降低，异构化、吸附负荷相应会增加。

3.2 异构化装置优化调整

从物料平衡来说，歧化产二甲苯 33t/h，缺少歧化装置来料的二甲苯时，异构化装置必须补充外购二甲苯来满足负荷，维持反应进料负荷不低于 60%。

反应原料中乙苯含量将增加，需提高异构化反应反应苛刻度，提高乙苯转化率，同时关注异构化 C8A 损失。由于反应温度是影响 C8A 损失的要因，提升反应温度对 C8A 损失的影响更大，而反应压力是影响 C8A 损失的次要因，提高反应苛刻度可适当加大反应压力的调整幅度，从而控制好异构化乙苯转化率与 C8A 损失的平衡。

3.3 二甲苯分馏装置优化措施

二甲苯单元围绕停 54t/h 歧化来料（其中二甲苯 33.5t/h）调整，可增加外购 C8A 和 PX 循环量。

（1）二甲苯塔塔底泵冲洗油切换来源，维持机泵冲洗及塔底重组分。

（2）二甲苯塔缺少歧化来料，需保证异构化装置进料量，塔底适当降低热负荷和回流量，保证塔顶 C8A 合格。

（3）重芳烃塔顶改退油外送罐区降负荷运行。

3.4 公用工程调整

（1）调整蒸汽升压机负荷平衡 1.8MPa 蒸汽管网压力。

（2）停歧化少产 4t/h 左右燃料气，需补充丙烷或者天然气量，维持瓦斯系统稳定。

（3）调整去发电机组 0.45MPa 蒸汽量，平衡 0.45MPa 蒸汽管网压力。

4 结论

（1）停歧化进料，歧化高品质 C8+物料中断，需外购混合二甲苯来维持 PX 产量，而外购混合二甲苯中乙苯偏高，严重影响 PX 收率和纯度，根据吸附进料组成的变化，吸附塔调整合适的参数，必要时开 PX 循环泵，通过 PX 循环提高原料 PX 浓度，有利于提升 PX 产品纯度，保证产品合格。

（2）异构化反应进料中乙苯含量上升，需提高异构化反应反应苛刻度，控制好异构化乙苯转率与芳环损失的平衡，是芳烃联合装置优化增效关键点。

参 考 文 献

[1] 徐欧官. 芳烃联合装置芳烃转化过程建模与应用研究[D]. 浙江：浙江大学，2007.

[2] 李强. 二甲苯塔顶 C_9+ 重芳烃对 PX 装置能耗的影响[J]. 炼油技术与工程 2016，(46)05，1-5.

[3] 胡明涛，王德胜. 浅谈芳烃联合装置原料变化对芳烃产品产率的影响[J]. 化工管理，2020，(09)：182-183.

[4] 宣根海，张英，厉勇，等. 芳烃联合装置低温热回收技术研究[J]. 石油炼制与化工，2018，49(7)：85-89.

[5] 葛玉林，沈胜强. 芳烃产品整体节能方案探讨[J]. 节能，2006(2)：11-12，2.

[6] 李文辉. 炼油装置加热炉节能途径与制约因素[J]. 中外能源，2009，14(10)：84-91.

[7] 白云川. 芳烃加热炉节能减排技术的应用[J]. 工业炉，2009，31(2)：38-40.

[8] 彭勇，王芙庆，张绍良．提高空气入炉温度对芳烃加热炉能耗的影响[J]．炼油技术与工程，2013，43(11)：31-34.

[9] 韩文华．吸附分离装置 PX 收率低的原因浅析及对策[J]．广东化工，2019，46(14)：244-246.

[10] 陈亮．对二甲苯悬浮结晶分离技术进展[J]．现代化工，2020，40(02)：57-61.

[11] 孙晓娟．两种对二甲苯装置新技术能耗分析[J]．炼油技术与工程，2020，50(10)：13-15.

[12] 冯志武．PX 生产工艺及研究进展[J]．现代化工，2019，39(09)：58-62.

[13] 钟杰，刘晓晖，杨帆，等．Pt/ZSM-5 催化苯与合成气烷基化反应及工艺条件研究[J]．石油炼制与化工，2016，47(05)：62-66.

炼厂市政中水回用替代新鲜水技术研究与应用

韩会亮　袁　亮　衡永宏　王新勇

（中国石化塔河炼化分公司）

摘　要　石油和化工生产过程中对水资源的依懒性较高，主要表现在电脱盐注水、循环冷却水、制取除盐水和生产蒸汽等方面，水资源短缺已成为影响企业发展的制约因素之一。要推行石化行业循环经济、产业化发展就要优先考虑水资源的综合利用。市政中水被公认为"第二水源"，相对其他非常规水资源，具有水量大、相对集中、分布区域广阔、水质较为稳定的特点，因此，通过对市政中水连续取样分析，确定水中污染物浓度和水质稳定性后，将市政中水经预处理、超滤、反渗透深度处理后用于循环水、化学水等企业高耗水装置，减少新鲜水用量；开发了市政中水直接回用于循环水新型阻垢缓蚀剂，在保证水处理效果的同时，直接降低补水新鲜水量。市政中水回用替代新鲜水技术这一创新实践，有效解决了企业取新鲜水量大、用水量大的现状，大大提高水资源利用效率，促进了水资源可持续利用。

关键词　市政中水；深度处理；回用；水处理技术；成效

水是生命之源、生产之要、生态之基。水资源严重短缺，人多水少、水资源分布不均是我国的基本水情。当前，供需矛盾突出，全社会节水意识不强、用水粗放、浪费严重，水资源利用效率与国际先进水平存在较大差距，水资源短缺已经成为生态文明建设和经济社会可持续发展的瓶颈制约。

我国工业取水量占全社会总取水量的四分之一左右，其中石油化工、火电、钢铁、纺织、造纸等高用水行业取水量占工业取水量的 50% 左右。与此同时，我国污水再生利用水平却不高，大多数污水处理厂的出水水质已处理到常见鱼类稳定生长的程度，却没有得到有效利用，十分可惜。企业作为推进再生水循环利用的生力军，应当充分发挥积极性、主动性和创造性，推进污水资源化循环利用，利用好再生水这种宝贵资源，让再生水成为城市第二水源，不仅可以优化供水结构、解决水资源短缺问题；还节约了宝贵的新鲜水资源，有利于减轻对水环境的不良影响，实现水生态的良性循环，保障水资源的可持续利用，促进人类与自然协调发展。

1　市政中水概述

水资源分为常规水源和非常规水源两种类型。常规水源是指可直接利用或便于开发利用的水；非常规水源则指经处理后，可以利用或在一定条件下可直接利用的再生中水、集蓄雨水、海水及海水淡化水、矿坑（井）水、微咸水等。再生水是污水经净化处理后达到国家标准、能在一定范围内使用的非饮用水。城市污水再生利用具有水量大且来源稳定，不受气候等外界条件的限制、生产成本低等诸多优势。同时，再生水作为一种非常规水源，其所具备的"一水多用、重复利用"的特性能够有效提高水资源利用效率，优化水资源整体配置结构，有助于构建常规水源与非常规水源互补共济的分质供水新模式，促进降碳增效，为打造地区绿色循环经济注入活力。

2020 年年底，库车市工业园污水处理厂建成运行，采用"进水泵房+沉砂+调节+气浮+初沉+水解+改良 A2O"工艺，出水水质为一级 A 类标准，相配套的市政中水回用管道 2020 年 6 月开始建设，铺设至塔河炼化公司生产厂区北侧（预留接口），管道建成后可供应 300 立方米/小时市政中水。工业园区污水处理厂水源、处理工艺等与公司内部污水处理场进水水质、处理工艺等存在较大差异，水质分析数据见表 1。

表 1　市政中水水质

项目	单位	市政中水
pH	—	7.27
COD	mg/L	34.46
BOD5	mg/L	5.86
氨氮	mg/L	2.47
悬浮物	mg/L	7.3

续表

项目	单位	市政中水
浊度	NTU	4.76
硫离子	mg/L	0.34
石油类	mg/L	1.198
挥发酚	mg/L	0.001
钙硬度(以 CaCO$_3$ 计)	mg/L	261.25
总碱度(以 CaCO$_3$ 计)	mg/L	168.17
氯离子	mg/L	608.7
硫酸根离子	mg/L	28.6
总铁	mg/L	0.3032
电导率	uS/cm	2836.9

塔河炼化公司生产厂区每年生产取新鲜水量约 200 万 m³，主要用于厂内生产、消防、生活、绿化等，其中化学水制水、循环水补水用新鲜水量占总取水量 80% 左右。为了解决公司取用新鲜水较大的问题，通过论证，规划在厂内新增市政中水回用管道，引入市政中水作为水源替代部

分新鲜水，有效降低全厂取新鲜水量。

2　市政中水深度处理后回用

2.1　研究思路

市政中水具有诸多优点，但也存在水质波动大、水质复杂的问题。因此，根据市政中水中各污染物浓度，结合用水装置生产特点，应将中水原水进行深度处理和协调使用，保证水质和水量完全稳定地回用至循环水和化学水系统，以实现水资源利用最大化。

通过对市政中水跟踪分析，虽然 COD、氨氮、电导率、浊度和石油类等指标波动较大，但总体优于公司污水处理后砂滤出水，满足深度回用进水要求，水质分析见表 2。因此，规划在厂内新增市政中水至 1#污水深度回用管网，将市政中水引至 1#污水深度回用装置，与厂内污水场处理后出水混合经过全膜法(UF+RO)工艺深度处理后，用于化学水原料水和循环水补水。

表 2　污水处理各水质运行控制指标

项目	单位	砂滤出水	深度进水要求	深度产水
pH		7.344	6.0 8l 9.0	6.566
COD	mg/L	51	≤60	0.82
BOD5	mg/L	/	≤20	/
氨氮	mg/L	2	≤15	0.054
悬浮物	mg/L	5.8	/	/
浊度	NTU	5.182	/	/
硫离子	mg/L	/	/	/
石油类	mg/L	1.316	≤5.0	0.47
挥发酚	mg/L	/	/	/
钙硬度(以 CaCO$_3$ 计)	mg/L	/	/	16.9
总碱度(以 CaCO$_3$ 计)	mg/L	/	81.55	18.3
氯离子	mg/L	2372	/	46
硫酸根离子	mg/L	/	/	81.8
总铁	mg/L	/	/	/
电导率	uS/cm	11190	≤5000	250.7

2.2　解决方案

建立市政中水引入运行监控机制，将市政中水引至 1#污水深度回用装置，与污水场处理后砂滤出水进行混合，经多介质过滤器—臭氧接触塔—活性炭过滤器—超滤—反渗透—纯水池—泵加压后，送至循环水塔池、化学水原水罐，工艺流程见图 1。

技术特点：采用多介质和活性炭过滤+臭氧消毒工艺预处理手段，对来水的适应性强，可去除水中的悬浮固体、胶体物质及有机物等污染物；采用跨膜压差小，膜通量大，能耗低的超滤膜截留水中胶体、颗粒和分子量相对较高的物质；反渗透采用宽流道抗污染膜，产水稳定性好。

39A43

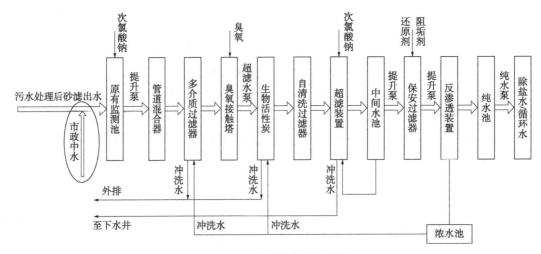

图 1   1#深度回用装置流程图

2.3 取得成效

（1）市政中水电导在 3000μS/cm 左右，COD<30mg/L，将市政中水引入深度回用装置后，极大地改善了深度回用系统进水水质，缓解双膜系统运行压力，提高了深度产水水质和水量，延长了双膜运行周期和膜组件使用寿命。

（2）经深度回用处理后产中水水质优于新鲜水水质，深度产水用于化学水原水，降低新鲜水比例，原水总进水电导率下降 50~80μS/cm，延长了离子交换器运行周期，降低再生酸、碱耗量各 80 多吨/年，制水比由 1.11 降至 1.085。

（3）深度产水用于循环水补水，调整各补水比例，对改善循环水水质，减缓循环水结垢，降低循环水补新水率（2021 年 9.3‰，2022 年 8.8‰，2023 年 7.5‰）等方面起到了积极作用。

3 市政中水回用于循环水技术研究

3.1 研究思路

1#循环水系统补充水源由新鲜水、深度回用中水、锅炉定连排水和凝结水组成。补充水水质应满足 Q/SH 0628.2—2014《水务管理技术要求 第 2 部分：循环水》中补充水水质要求，水质状况见表 3。

表 3   补充水水质

项目	控制指标	新鲜水	深度回用中水	定连排水	凝结水
浊度（NTU）	≤10	1.13	1.61	2.12	1.25
pH	6.5~9.0	7.96	7.56	8.97	9.18
电导（μS/cm）	≤1200	696.8	474.7	133	7.56
Cl^-（mg/L）	≤200	73.5	93.4	12.51	59.2
K^+（mg/L）	/	3.71	2.78	0.35	0.21
Ca^{2+}（以 $CaCO_3$ 计）（mg/L）	50~300	141.65	63.3	20	/
总碱度（mg/L）	50~300	126.53	47.14	20	/
硬度（以 $CaCO_3$ 计）（mg/L）	50~300	196.8	78.9	/	1.0
总铁/（mg/L）	≤0.5	0.184	0.2	/	22.5
COD_{Cr}（mg/L）	≤60	0.7	0.76	/	/

市政中水氯离子、硫离子和电导率等指标超出了循环水补水水质要求，但混合水可以满足要求。

3.2 解决方案

根据循环水水质边界条件见表 4（钙硬度+总碱度≤1100mg/L，氯离子≤700mg/L）、适当的浓缩倍数（4.2~5.5），确定不同补充水的最佳补水比例，降低新鲜水补入量。考虑到杀生剂中含有的氯，氯离子的质量浓度按照（700-50）/N 计算；考虑自然 pH 运行时钙硬度和总碱度沉积，钙硬度+总碱度按照 1100/90%/N 计算，见下表 5。

表 4 循环水水质控制指标

项目	单位	要求和使用条件	控制指标
浊度	NTU	—	≤20
pH	—	—	6.5~9.0
钙硬度+总碱度（以 $CaCO_3$ 计）	mg/L	碳酸钙稳定指数 RSI≥3.3	≤1100
Cl^-	mg/L	不锈钢换热设备，水走壳程	≤700
硫酸根离子+氯离子	mg/L	—	≤2500
硅酸（以 SiO_2 计）	mg/L	—	≤175
石油类	mg/L	炼油	≤10
总铁	mg/L	—	≤1.0
生物黏泥	mL/m^2	炼油	≤3.0
异养菌总数	个/mL	炼油	≤$1.0×10^5$
浓缩倍数	—	炼油	≥3.5
腐蚀速率	mm/a	20#钢	≤0.1
黏附速率	mg/cm^2·月	20#钢	≤20

表 5 不同浓缩倍数时补充水水质要求

浓缩倍数	4.2	5	5.5
$\rho(Cl^-)$/(mg/L)	155	130	118
钙硬度+总碱度/(mg/L)	291	244	222

通过核算，市政中水的氯离子是决定回用比例的控制因素，在保证循环水系统安全运行前提下，市政中水最高占比为 20%。市政中水直补循环水时，市政中水与污水深度回用产水的水量比例为 1:2~1:3.5。

考虑到市政中水直补对循环水系统影响，我们开展了低磷阻垢缓蚀剂及处理技术研发。为了强化腐蚀试验条件，以市政中水与污水回用水 1:1 作为试验水，以石科院多功能无磷聚合物为关键组分，与不同类型、不同质量浓度的缓蚀剂、阻垢剂、锌盐等复配，得到优化的低磷阻垢缓释剂配方。按照 GB/T 16632、GB/T 22626、GB/T 18175、HG/T 2160 等规定的试验方法进行静态阻垢性能评价试验、稳锌性能评价试验、旋转挂片缓蚀性能评价试验和动态模拟试验，筛选适宜的阻垢缓蚀药剂配方，经三方认证后开展现场试验，试验结果见表 6。2023 年 10 月份，开展工业试用，观察运行效果，根据工业试验效果切换为正常生产。

表 6 动模试验控制条件及结果

项目	动模试验	第三方动模试验
ρ(总磷)/(mg/L)	1.8~2.3	3.0~3.5
浓缩倍数(以 K+计)/倍	7.8~8.2	4.8~5.2
流速/(m/s)	1.0	1.0
入口温度/℃	32	32
出口温度/℃	40~42	40~42
试管腐蚀速率/(mm/a)	0.024	0.024
试管黏附速率/(mg/(cm^2·月))	2.49	7.10

通过上表 5 可以看出，碳钢试管腐蚀速率、黏附速率处理效果优异。并且，达到浓缩倍数后各水质指标较为稳定，表明水质控制良好。

3.3 取得成效

市政中水直补循环水场，开发了适用的新型阻垢缓释剂，在 1#循环水系统开展了 5 个月的工业试验，试用期间处理效果良好，满足生产装置的运行要求；试验期间，平均浓缩倍数为 5.7 倍，市政中水直补水量占总补水量的 11.7%，每年减少新鲜水补水约 2.5 万 m^3。试片腐蚀速率平均值为 0.00676mm/a，试管腐蚀速率平均值为 0.0344mm/a，试管黏附速率平均值为 10.3986mg/(cm^2·月)，满足要求，循环水水处理效果得分同比进步 13.2%，如图 2 所示。

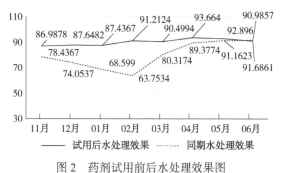

图 2 药剂试用前后水处理效果图

4 结论

通过对市政中水水质进行持续跟踪分析，结合用水装置特点及中国石化化学水、循环水补水水质标准，将市政中水引至 1#深度回用装置处理，改善了深度回用进水水质，每年深度回用系统可增产纯水约 30 万 m^3，深度产水用于化学水，制水比由 1.11 降至 1.085，大幅节省了再生酸、碱耗量；深度产水用于循环水补水改善循环水水质，减缓循环水结垢，降低了循环水补新水率。开展了市政中水直补循环水试验研究，开发了新型阻垢缓蚀剂配方，不仅循环水水处理效果得分同比进步 13.2%，而且可直接减少新鲜水补水 2.5 万 m³/a。市政中水回用替代新鲜水技术实施后，降低吨油取水约 0.07，有效解决企业取用水量大的现状，具有良好的社会、生态和经济效益。

参 考 文 献

［1］国家发改委、水利部国家节水行动方案（发改环资规〔2019〕695 号），2019.

［2］李本高，纪轩，王辉，等.炼化企业非常规水资源利用技术与实践［M］.中国石化出版社，2020：96-98.

［3］李志华，俞晓阳.中水回用在垃圾焚烧发电厂循环冷却水系统的应用［J］.环境卫生工程，2019，27（05）：69-71.

［4］杨海燕，江臣，宋宇辉.中水回用循环水现状分析及建议［J］.全面腐蚀控制，2020，34(08)：9-14.

［5］程丹.天津石化公司节水潜力分析及评价［D］.天津理工大学，2008：12.

［6］韩强，张久志，李萍.市政中水回用电厂循环水系统药剂开发与应用［J］.山东化工，2018，47(04)：75-76.

中小型锅炉烟气再循环改造及试验研究

朱江辉

(中国石化塔河炼化责任有限公司)

摘　要　本文阐述了某炼厂 90t/h 中小型锅炉进行烟气再循环技术改造，改造后试验表明随烟气再循环率从 a 增大到 30%，锅炉辐射区、对流区温度分别下降 202℃和 102℃，NO_x 排放量由原来的 326mg/m³ 降至 145mg/m³ 降氮效率为 55.5% 尾部烟道出口排烟温度逐渐升高氧含量逐渐下降但趋势相对平缓，但一氧化碳在再循环率增大到 20% 以后时成倍增长，本试验验证了中小型锅炉采用烟气再循环技术降低氮氧化物排放是切实可行的。

关键词　自然循环锅炉；烟气在循环；氮氧化物；实验改造

目前国内外锅炉降低 NO_x 排放的两种主流技术是：一是优化燃烧工艺达到减少 NO_x 生成即燃烧中脱硝技术。二是对尾部烟气中 NO_x 进行脱除燃烧后脱硝技术但根据相关要求单台处理 65t/h 以上除层燃抛煤炉外的燃煤、燃油、燃气锅炉无论其是否发电均应执行《火电大气污染物排放标准》(GB/T 13223—2018)。该标准要求以气体为燃料的锅炉的尾部烟气中 $NO_x \not> 200$mg/m³，$SO_2 \not> 100$mg/m³，颗粒物 $\not> 10$mg/m³。对于同类中小型锅炉袁亮等人研究了锅炉污染物的生成特性，以及在日常调节中烟气再循环锅炉存在的问题。程强等人先后研究了烟气再循环锅炉改造后应用的可靠性，不同负荷运行下的状态以及其排放特性。基于此本文主要研究中小型锅炉在烟气再循环改造后的运行状态。

1　设备简介及存在问题

某炼厂锅炉原型号为 TH75-3.82/450-Y.Q 由江苏太湖锅炉有限公司制造 2010 年 5 月投产 2014 年 9 月由上海众一石化工程有限公司完成增容改造由 75t/h 扩容至 90t/h 改造后锅炉型号为 TH90-3.82/450-Y.Q 锅炉采用四角切圆燃烧最大连续蒸发量 90t/h 锅炉以 90t/h 蒸发量运行时排放烟气中氮氧化物在 350~380mg/m³ 之间不能满足《火电大气污染物排放标准(GB/T 13223—2018)》中以气体为燃料的锅炉尾部烟气中 $NO_x \not> 200$mg/m³ 的要求。为满足烟气排放要求，2018 年对此锅炉进行了烟气再循环改造。为了确保改造后烟气排放 NO_x 浓度满足《火电大气污染物排放标准(GB/T 13223—2018)》中以气

体为燃料的锅炉尾部烟气中 $NO_x \not> 200$mg/m³ 的要求。改造以 $NO_x \not> 200$mg/m³ 进行设计现有燃烧器改为超低氮燃烧器增加烟气再循环系统以降低燃烧区平均温度再循环烟气量取为 30% 左右即新增烟气循环管道将相当于总燃烧空气量 30% 左右的烟气抽吸送至燃烧器、再引入炉膛、烟气再循环与燃料种类和燃烧温度有关。燃烧温度越高烟气再循环率对 NO_x 降低率的影响越大。

(1) 新增烟气再循环风机及管道满足烟气再循环技术的设计要求并能够实现锅炉负荷变化时空气量，再循环风量与燃气量成比例自动调节在低氮燃烧器基础之上进一步降低燃料燃烧后尾部烟气中的氮氧化物排放浓度。

(2) 采用烟气再循环技术再循环烟气与一次风和燃料气在炉内混合既降低燃烧温度又降低氧气浓度因而有效降低 NO_x 生成。

(3) 在烟气进引风机入口前烟道增加烟气分布组件分流部分烟气(约占空气量的 20%~30%) 用再循环风机送至炉膛烟道直径约 1.2m，再循环风机风量 50000m³/h 风压 6000pa。

(4) 再循环烟道上设置挡板和压力监视系统。具体流程如图 1 所示通过上述改造后可以有效控制 NO_x 排放浓度至要求的范围之内。

2　试验方法

再循环烟气从引风机入口前烟道抽出由再循环风机加压送至炉膛。试验炉主要设计参数如图表 1 所示。所用燃气特性参数如图表 2 所示。本次主要探究不同烟气再循环率 a 对于锅炉燃烧及

氮氧化物排放的影响 a 定义如下：　　　　　　　a ＝再循环烟气量／（总烟气量－再循环烟量）

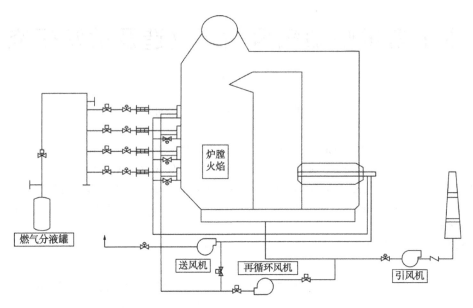

图 1　改造后锅炉烟气再循环工艺流程图

表 1　锅炉主要设计参数

参数	数值
额定蒸发量／（t/h）	90
主蒸汽温度／℃	450
主蒸汽压力／MPa	35－38
给水温度／℃	101－104
排烟温度／℃	150
燃气量／（t/h）	575

表 2　燃气特性参数

燃料气分析(体积分数)/%					发热值/Qnet
CH₄	C₂Hₙ	C₃Hₙ	H₂	N₂	kJ/Nm³
5281	2136	328	1836	21	47055

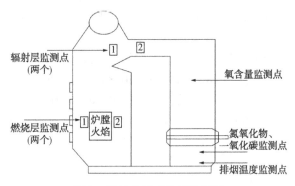

图 2　锅炉各测点位置指示图

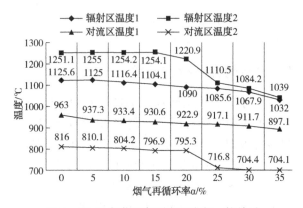

图 3　75t/h 负荷下各测点温度与 a 的关系

3　实验结果与分析研究

3.1　a 对炉膛内温度的影响

采取烟气再循环后循环烟气替代部分一次风炉膛内各温度测点位置如图 2 所示，图 3 为 75t/h 荷下 a 与炉膛内各测点的温度的关系。如图 3 所示，随着 a 从 0 逐步增加到 30%辐射区 1 温度从 1125.6℃降至 1032℃，对流区 1 温度从 963℃降至 897.3℃。辐射区 2 温度从 1251.1℃降至 1039℃，对流区 2 温度从 816℃降至 704.1℃，由此可见对流区 1 温度变化较小，辐射区 1 温度略有下降当 a 大于 20%后辐射区 2 温度及对流区 2 温度下降速度加快。

产生风量的变化关系为：引入烟气再循环后风量不变氧含量降低使炉膛下部辐射区及对流区氧含量降低燃烧速度减慢此层燃烧温度降低。

3.2　a 对 NO_x 的影响

NO_x 排放浓度与 a 的关系如图 4 所示。a 增大至 30% NO_x 排放浓度由原来的 326mg/m³ 降至

145mg/m³降氮效率为55.5%。通过研究表明，燃烧过程中产生的氮氧化物主要包括三种类型：燃料型、热力型和快速型其中热力型NO_x。主要为燃料燃烧产生的高温环境将空气中的氮氧化为NO_x其产生受燃烧温度、氧气浓度和停留时间影响；快速型NO_x在混合气中碳氢化合物燃料过浓时燃烧产生通常情况下只在不含氮的碳氢燃料低温燃烧时才重点考虑燃料型NO_x主要为燃料中的N在燃烧过程中氧化生成NO_x它的产生主要与燃料燃烧的气氛环境有重要关系，对于燃气锅炉由于燃料的热值高，致使燃烧形成的火焰温度较高而且燃气中含氮量非常少。因此热力型NO_x是试验炉NO_x主要来源。

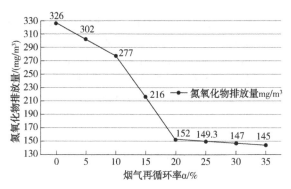

图4　氮氧化物排放量与a的关系

3.3　a对排烟温度、一氧化碳含量及氧含量的影响

a对排烟温度的影响如图5所示。

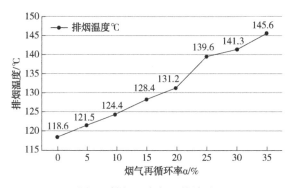

图5　排烟温度与a的关系

由图5可见，随a的增加排烟温度由118.6℃上升至145.6℃。分析认为由于排烟温度高于环境温度随a的增加一次风入口温度排烟温度与a的关系逐渐上升，导致一次风空气预热器的冷热源温差减小，空气预热器对流换热效果变差。同时烟气再循环使得总烟气量增大因此排烟温度高。

不同烟气再循环率下锅炉尾部烟气氧含量与一氧化碳含量如图6所示。

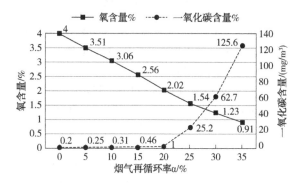

图6　烟气一氧化碳含量、氧含量与a的关系

由图6可见，烟气氧含量随着a的增大而降低但其下降趋势逐步趋于平缓但也可以看出一氧化碳随着a的增大而增大，a超过20%时一氧化碳呈指数增长。实验结果证明，烟气再循环可以解决中小型锅炉在实际运行过程中存在的氧含量控制困难的问题，有效降低烟气氧含量，但对一氧化碳的生成有巨大的影响在运行时需要选出最优运行点。

4　结论

（1）锅炉负荷75t/h时，氧含量在2.1%～4.0%，尾部烟气中NO_x在160mg/m³以内，氧含量低于2.1%时，烟气中CO量快速增加，出现不完全燃烧现象。负荷大于75t/h时，氧含量在2.1%～3.2%尾部烟气中NO_x在180mg/m³以内满足改造要求。

（2）随烟气再循环率a的增加，辐射区温度和对流区温度降略有下降，氧含量也出现下降趋势，炉膛出口温度略有下降。当a大于20%后，辐射区温度和对流区温度下降明显，氧含量下降趋势较快，因此过大的a不利于锅炉的稳定运行。

（3）通过烟气再循环能有效降低锅炉的NO_x排放量a增大至30%时，尾部烟气中NO_x排放浓度145mg/m³降氮效率为55.5%。降氮率增长速率随a增大呈先增后减的趋势。

（4）随a增大尾部烟道出口烟气氧含量下降排烟温度升高锅炉排烟热损失增加，因此在选择烟气再循环率时需综合考虑锅炉的热效率。

（5）通过本次试验总结出改造后最佳运行方式：炉膛氧含量控制在2.1%～3.2%之间，即过量空气系数控制在1.11～1.18之间，可兼顾NO_x、CO量，为最佳运行方式。

参 考 文 献

[1] 吴艳艳, 张光学, 王进卿, 等. SNCR 在中温分离器型循环流化床锅炉中的应用[J]. 电站系统工程, 2014, 30(01): 27-29+32.

[2] 火电大气污染物排放标准(GB/T 13223—2018)[S].

[3] 袁亮, 朱江辉, 韩会亮, 等. 90t/h 四角切圆燃气锅炉的优化调整与研究[J]. 石油石化绿色低碳, 2023, 8(02): 68-73.

[4] 袁亮, 韩会亮, 衡永宏, 等. 90t/h 四角切圆燃烧锅炉优化调整及试验研究[J]. 炼油技术与工程, 2022, 52(03): 32-36.

[5] 程强, 刘传旺, 段胜君. 燃气锅炉低氮排放改造后优化设计及应用[J]. 工业锅炉, 2023, (04): 24-27.

[6] 元泽民, 柯希玮, 黄中, 等. 烟气再循环对大型循环流化床锅炉低负荷运行特性的影响研究[J]. 热力发电, 2023, 52(09): 58-64.

[7] 张中林. 1000MW 超临界锅炉一次风烟气再循环特性研究[J]. 锅炉技术, 2023, 54(02): 26-31.

[8] 董凌霄, 姚峤鹏, 靳晓灵, 等. 烟气再循环对660MW 二次再热塔式锅炉燃烧和传热特性影响的数值模拟研究[J]. 中国电机工程学报, 2023, 43(18): 7150-7160.

[9] 邴长江, 关风一, 王博, 等. 锅炉深度调峰运行 NO_x 排放偏高原因及应对措施[J]. 东北电力技术, 2022, 43(07): 55-59.

[10] 厉彦民, 严谨, 孙荣岳, 等. 新型烟气再循环在流化床中的行为特性及 NO_x 排放分析[J]. 洁净煤技术, 2022, 28(07): 71-80.

[11] 陈镇南, 陈湘清, 张希旺, 等. 燃气锅炉低氮改造技术方案与应用效果分析[J]. 工业锅炉, 2022, (02): 37-41.

[12] 卢秋旭. 低氮燃烧技术在燃气锅炉烟气达标排放中的应用[J]. 石油石化绿色低碳, 2018, 3(05): 28-31+58.

[13] 钟英飞. 焦炉加热燃烧时氮氧化物的形成机理及控制[J]. 燃料与化工, 2009, 40(06): 5-8+12.

[14] 郭佳明, 张光学, 池作和, 等. 75t/h 循环流化床锅炉烟气再循环改造及试验研究[J]. 热能动力工程, 2017, 32(11): 73-77+132-133.

阻火器的结构原理及应用探讨

刘　巍　姜　姝

（中国石油大连石化公司）

摘　要　阻火器是石油化工行业中常用的设备，是用来阻止易燃气体和易燃液体蒸汽的火焰蔓延的安全装置，在石油工业中，阻火器被广泛应用在石油及石油产品的设备设施上。本文通过对阻火器分类、结构、选型等方面的研究，结合现场使用的实际案例，提出气相线上使用的阻火器的建议和相关注意事项，可有效指导实际生产工作，达到安全生产的目的。

关键词　阻火器；化工行业；安全装置；气相线；安全生产

1　引言

火灾爆炸产生后，会沿着管道蔓延开来，阻火器作为石化行业一种常见的安全装置，安装在输送可燃气体管道中，阻止传播火焰（爆燃或爆轰）通过的装置。由阻火芯、阻火器外壳及附件构成，既允许气相介质通过，又可以阻止因可燃气体爆炸导致的火灾蔓延情况的产生，目前已广泛应用于储罐、燃烧系统、油气回收系统等。根据 SH/T 3413—2019《石油化工石油气管道阻火器选用、检验及验收标准》"6.2.12 储罐顶部的油气集合管道系统、装卸设施的油气排放（或回收）系统的总管及分支管道应选用稳定爆轰型阻火器，阻火器宜靠近罐、容器或设备安装。"要求，仅 2017 年铁路装车台气相线改造，就增上了气相线阻火器 37 台，但阻火器的选型、安装位置等如果出现的错误，将会导致阻火器起不到应有的作用。

2　阻火器的分类

2.1　按阻火器安装位置

可分为：管端型阻火器、管道型阻火器。

2.2　按阻火器阻火性能

可分为：阻爆燃型阻火器、阻爆轰型阻火器、耐烧型阻火器。

耐烧型阻火器：经过一定时间燃烧之后能阻止火焰传播。从严格意义上讲，耐烧型不应称为一种类型，其只是对阻火器在抗烧时间上的一种要求。

阻爆燃型阻火器：用于阻止亚音速火焰传播。

阻爆轰型阻火器：用于阻止超音速火焰传播。阻爆轰型阻火器又可以分为：稳定爆轰型、非稳定爆轰型。稳定阻爆轰型阻火器可以阻止爆燃和稳定爆轰火焰；非稳定阻爆轰型阻火器可以阻止爆燃、稳定爆轰和非稳定爆轰火焰。

2.3　按阻火器阻火元件类型

可分为：湿式和干湿。湿式常用的为液封或水封。

2.4　按阻火器阻火芯的结构

可分为：波纹板式、平行板式、多孔板式、金属丝网式、充填式（填料式）。

波纹板型阻火器，阻火层由波纹板和平板交替重叠而成，利用板间形成的三角空隙阻止火焰传播，波纹板型阻火器阻火性能相对最为稳定，因而应用最为广泛。

2.5　按阻火器适用气体介质

（最大试验安全间隙测（MESG）试气体爆炸组级别）分为 7 种，见表 1。

表 1　最大试验安全间隙测（MESG）试气体爆炸组级别

级别	混合气体 MESG
ⅡA1 级：	MESG≥1.14mm 气体阻火器
ⅡA 级：	MESG>0.9mm 气体阻火器
ⅡB1 级：	MESG≥0.85mm 气体阻火器
ⅡB2 级：	MESG≥0.75mm 气体阻火器
ⅡB3 级：	MESG≥0.65mm 气体阻火器
ⅡB 级：	MESG≥0.5mm 气体阻火器
ⅡC 级：	MESG<0.5mm 气体阻火器

3　阻火器的原理

阻火器原理主要包括传热作用和器壁效应，如图 1 所示。

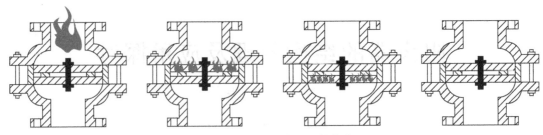

图 1　火焰经过阻火器后的变化

3.1　传热作用

阻火器内部的通道或孔隙的传热面积大，火焰通过通道壁进行热交换后，温度下降，到一定程度时火焰即被熄灭。

3.2　器壁作用

燃烧现象不是分子间直接作用的结果，而是在外来能源的激发下，使分子分裂为十分活泼而寿命短促的自由基。随着阻火器通道尺寸的减小，自由基与反应分子之间碰撞几率随之减少，而自由基与通道壁的碰撞几率反而增加，这样就促使自由基反应降低。当通道尺寸减少到某一数值时，这种器壁效应就造成了火焰不能继续传播的条件，火焰即被阻止。因此器壁效应是防止火焰的主要机理。

4　阻火器的选用原则

4.1　依据爆燃与爆轰的特性选择

爆燃与爆轰的根本区别是火焰与前驱冲击波位置的区域，燃料燃烧形成燃烧波，在火焰前方还有未反应气体受热膨胀产生的前驱冲击波，前驱冲击波与火焰之间有一个间距，因此形成了"两波三区"，这是爆燃。而爆轰的定义是，带有化学反应区的冲击波，即火焰与冲击波波阵面同处一个平面，耦合传播。简而言之，爆轰过程中，燃料化学反应释放的能量绝大部分用来支持冲击波传播，而爆燃并不能达到这种效率，因此爆燃的速度、压力是远低于爆轰的。根据以上理论，阻爆燃型阻火器可以被设计成适合在管线或者管线终端用途，而阻爆轰型阻火器总是在管线中的位置安装。

火焰传播速度不仅与介质的温度和压力有关，还与阻火器与火源之间的距离有关，阻火器与火源的距离越远，火焰的传播速度越大，反之火焰的传播速度越小。根据火焰在受限空间中的传播特性，当可燃气体被点燃后，火焰在系统管道中传播的过程，如图 2 所示。

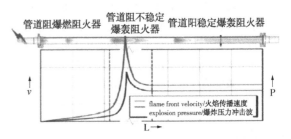

图 2　火焰在管道中的传播过程

根据火焰在管道中传播的特性，在设计阻火器的安装位置时，应该优先考虑将阻火器设置在火焰发生爆燃的位置。由于火焰爆燃和爆轰的特性不同，需在火焰发展成为爆轰之前将其熄灭，才可确保整个系统具有更高的安全性和更小的压力损失。若由于系统设计无法在火焰的爆燃阶段设计阻火器将其熄灭，应考虑将阻火器设计在尽量远离点燃位置，让火焰形成稳定爆轰后将其熄灭，也可以避免给整个系统带来更大压力损失。

4.2　依据 MESG 选择

选用阻火器的原则是要求介质在操作工况下的 MESG 值大于阻火器鉴定书上标明的 MESG 值。MESG 是可燃性气体的一种重要反应动力学特征，是通过试验得出的数据，属于介质的固有属性。简单理解为刚好使火焰不能通过的狭窄缝隙的宽度。但我们实际生产中，常常遇到的不是单一其他，而是混合气体，那么对于由多种可燃性气体组成的混合气，应根据混合气体的具体组成来确定 MESG 值。对于实际混合气体通常需要进行试验以确定其 MESG 值，若没有试验条件，工业上常根据经验按混合气各组分中最小的 MESG 值来确定。

5　阻火器的安装及使用注意事项

（1）阻火器的安装方向

我们在清理气相线的阻火器时，常常考虑怎么拆下来就怎么装上，方向不要安装反了，其实规范中已有明确要求，SH/T 3413—2019《石油化工石油气管道阻火器选用、检验及验收标准》中"6.2.19 下列管道上使用的阻火器应具有双向阻火功能：b）装卸设施的油气排放或回收管道的分支管道。"因此，设计阶段就应该提出，气相线选用的阻火器要有双向阻火功能。

（2）阻火器的压降

阻火器因其内部结构，导致其自身会产生一定的压降，若压降过大，则会影响介质流通性。

① SH/T 3413—2019《石油化工石油气管道阻火器选用、检验及验收标准》中"6.2.18 阻火器正常工况下的压降不应大于 10kPa"。当我们在采购阻火器时，应明确提出阻火器压降的要求，但在实际运行的案例中，"不应大于 10kPa"的要求过于宽泛。

② GB/T 50759—2022《油气回收处理设施技术标准》中"3.0.9 阻火器的形式应根据油气组成及其安装位置等综合确定，设计流量下的压降不宜大于 0.3kPa。"该标准只是一个推荐条款，并非强制条款。

以某阻火器"流量-压力降曲线"为例，如图 3 所示，横坐标为压力降，左侧纵坐标为流量，右侧纵坐标为阻火盘尺寸/管径。

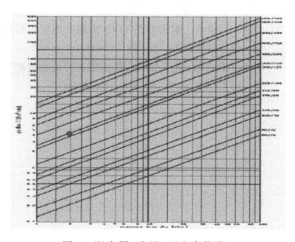

图 3　阻火器"流量-压力降曲线"

气体在管道中的流动是因为存在差压，差压越大，气体流速越大，在气量充足的情况下，气体流量越大。在设计阶段，对于阻火器的选型上，设计往往参照《油气回收处理设施技术标准》给出结论，这种说法是不严谨的，确定压降应该同时考虑管径、流量与压力，因此不同的阻火器应用与不同的工况下，其差压表的报警值是不一样的。

（3）阻火器的安装位置

铁路轻质油品装车，采用顶部液下密闭鹤管，气相线上装有阻火器，具体流程图，如图 4 所示。

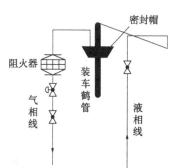

图 4　铁路装车鹤位流程图

投用后运行一段时间后，阻火器出现频繁报警的情况，尤其是在初始装车、结束装车以及切换装车引起流量大幅变化时，频繁报警的情况尤为严重。组织对阻火器拆除并进行清理，发现阻火器上部波纹板内有大量杂质，杂质中大多为管线锈渣和油泥，考虑管线投用后，阻火器首次进行清理，杂质为新管线夹带，清理后恢复使用。但后来仍然偶尔会出现差压表报警的情况，打开检查，无杂质，但使用氮气吹扫阻火器波纹板时，发现夹带大量油雾。经分析，第一，垂直安装阻火器，杂质会堆积在阻火器上部波纹板上，导致阻火器堵塞。第二，装车采用密闭的形式，所有油气全部需要通过气相线排出槽车罐体，由于阻火器位置距离密封帽过近且阻火器前没有设置过滤器或凝液装置，装车过程中，势必会夹带一小部分凝液进入气相线，波纹板间隙较小，液相无法及时通过，导致阻火器形成差压，外排不畅。

（4）阻火器的安装环境

码头装船采用密闭形式，油品通过输油臂进入船舱，同时船舱油气通过法兰连接的气相线进入码头油气回收装置。船舱设有安全阀，每次装船时，码头均要求船方关闭安全阀，保证装船油气全部引入到油气回收装置，因此必须保证装船气相线畅通，现场流程，如图 5 所示。

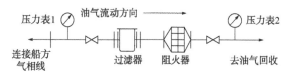

图 5　码头气相线流程图

在对码头阻火器进行清理过程中发现，阻火器内部的波纹板上残存大量油泥和铁锈的混合物，如图6所示，一方面该杂质是船方气相管线夹带，另一方面，码头或船舶长时间处于潮湿环境，管内壁无防腐措施，容易形成铁锈，当气相经过，夹带铁锈形成杂质进入阻火器，由于阻火器内的波纹板孔隙非常小，导致阻火器堵塞。

图6　阻火器内杂质

6　建议及结语

（1）考虑阻火器安装位置，应分别选用管端型或是管道型。选择管端型阻火器时，建议选用阻爆燃型阻火器。

（2）阻火器尽可能水平安装。

（3）对于ⅡA1、ⅡA、ⅡB1、ⅡB2、ⅡB3类介质的阻火器，当L/D≤50h或ⅡB、ⅡC类介质的阻火器，当L/D≤30h，可以选择阻爆燃型阻火器(L为火焰点燃位置距离阻火器法兰面的距离，D为阻火器口径)。

（4）相对于爆燃型，爆轰型适用的场合较为宽泛，在没有对火焰传播速度进行有效验证的情况下，建议采用爆轰型。

（5）选择爆轰型时，要考虑安装位置，要尽可能避开火焰产生的不稳定爆轰区域，选择稳定区域安装，即尽可能远离点火源的位置，推荐将阻火器安装于L/D>120的位置。

（6）阻火器产品资料中有"流量-压力降曲线"，根据工艺要求选择匹配的阻火器，若压降超过工艺指标要求，就需要增大阻火器直径或改变形式。同时要根据该曲线图确定阻火器的前后压差报警值。

（7）阻火器前端管线直径不得大于阻火器直径，后端管线直径不得小于阻火器直径。

（8）如果阻火器有方向性，例如带有爆轰波吸收器，则爆轰波吸收器应朝向有可能产生爆轰的方向。

（9）阻火器虽然阻火，但要注意的是它不能阻止敞口燃烧的易燃气体和液体的明火燃烧。

（10）如果气相中可能夹带大量油雾或水汽，则阻火器前管线应做好内防腐，同时应增加凝液装置，防止阻火器产生经常性堵塞情况。

参 考 文 献

[1] 李鹏辉，独宇党．石油化工装置阻火器的选用．山东化工 2021，50(14)：140-141.

[2] 王萌，冯建东．阻火器在VOCs治理上的应用和选型．化肥设计 2020，58(4)：42-45.

[3] 李光，季成祥．化工装置中管道阻火器的选型和安装．山东化工 2017，46(11)：143-144.

陶瓷纳米保温新材料在 P&P 湿法废酸再生装置的应用

毕才平

（中国石油大连石化公司）

摘　要　针对在运行 P&P 湿法废酸再生装置存在系统热损较大，导致焚烧炉超负荷运行，高温过滤器运行温度达不到工艺要求影响运行和吹灰，系统运行温度不能完全满足工艺要求而发生腐蚀泄漏，结合该工艺特点，采用陶瓷纳米新材料升级改造，根据设备结构和工艺需要选定合适的保温厚度、恰当的保温方案及明确的施工技术要求，对高温过滤器等实施了保温升级，达到了有效的保温和工艺防腐效果。

关键词　保温升级；陶瓷纳米保温新材料；工艺防腐；运行稳定；节能高效

1　引言

工艺需求

大连石化公司废硫酸再生装置设计规模为2.5 万吨/年，是 35 万吨/年烷基化配套装置。设计操作弹性 60%～110%，年运转时数 8400h。2.5 万吨/年废硫酸再生装置以下简称废酸再生装置。

装置采用奥地利 P&P Industrietechnik GmbH（简称 P&P）公司湿法废酸再生工艺技术，由中国石油华东设计院有限公司完成详细设计。废酸再生（SAR）广泛用于处理含有硫酸和有机杂质的废气、废液。由于工艺气中含有水蒸汽，也被称为湿法制酸工艺。

废酸再生装置工艺部分主要为废硫酸焚烧分解、工艺气氧化反应、硫酸冷凝浓缩、浓硫酸循环冷却。原料为废硫酸，浓度约为 90%～92% 的废硫酸，其中含的杂质为：6%～8.5% 质量分数的酸溶性油（ASO）、1.5%～2% 质量分数的水、0.5% 的硫酸盐、含尘量 500mg/kg、少量 SO_2 及不稳定轻烃。废硫酸通过高温焚烧使酸性组分分解成 SO_2、O_2 和 H_2O，通过催化剂使 SO_2 氧化为 SO_3，再由 SO_3 与 H_2O 发生水合反应，生成 H_2SO_4（湿硫酸），最后经过浓缩、冷凝后转化生成浓度为 96% 以上的浓硫酸。

焚烧炉内反应：

$$S+O_2 =\!=\!= SO_2$$

$$2H_2SO_4 \longrightarrow 2SO_2+2H_2O+O_2$$

$$C_xH_y+(x+y)/2O_2 \longrightarrow xCO_2+yH_2O$$

废硫酸在恒温约为 1000℃ 的温度下分解成 SO_2、O_2 和 H_2O。硫酸分解属于吸热反应，通过燃烧燃料气为硫酸分解提供足够热量，保证反应温度。

一级、二级反应器内反应：

$$2SO_2+O_2 \xrightarrow{\text{催化剂}} 2SO_3$$

$$SO_3+H_2O \longrightarrow H_2SO_4$$

$$4NO+4NH_3+O_2 \longrightarrow 4N_2+6H_2O$$

$$2NO_2+4NH_3+O_2 \longrightarrow 3N_2+6H_2O$$

含有 SO_2 的工艺气先后经过两台反应器和两台冷凝器，在一定温度下，在硫酸催化剂（铂基和钒基）的作用下，SO_2 氧化生成 SO_3，因反应产物中产生水，所以 SO_3 与水进一步发生反应生成 H_2SO_4。整个反应过程是一个放热的过程。

废酸再生装置主要体现的就是热态运行，需要通过燃烧燃料气为系统提供充足的热量；由于硫酸介质的存在，也需要充分考虑硫酸的露点腐蚀；根据废酸湿法再生的工艺特点，一些部位需要保持良好的温位有利于工艺运行；受本体结构和环境的影响，设备和管道在运行中也存在较大的热量散失。

基于湿法废酸再生装置与生俱来的与其他炼油化工装置的不同，总结下来，做好"保温"是关键。如何做好保温是需要认真考虑的，通过采取有效的保温措施，才能减少或避免热量的损耗，才能降低焚烧炉的运行负荷，才能杜绝腐蚀泄漏的发生，才能实现装置的稳定运行。

2 保温升级措施

2.1 确定保温升级改造部位

依据废酸再生装置的工艺特点和运行工况，并通过对运行中的废酸装置的调研，结合部分装置已经发生或暴露的问题，确定需要保温升级以减少温损的部位。具体部位如下：

（1）高温过滤器本体及其入口、出口管道。

通过保温升级减少温损，使高温过滤器内温度达到 500℃ 以上，将高温过滤器的出入口温差控制在 ⩾95℃，减少温降，以满足滤芯的吹灰效果和延长使用寿命，还可以降低外部电加热的负荷而减少电的消耗。

（2）一级反应器和二级反应器的本体。

通过保温升级减少两级反应器的热量损失，既保证反应正常进行所需要的温度，提高转化率，同时能够将多余的反应放热有效回收。

（3）一级冷凝器和二级冷凝器底部的蓄热段。

通过保温升级使蓄热段保持好良好的温度，将温度控制在 265℃ 以上，不但利于蓄热体对硫酸的提浓，提供充足的热量，而且更利于腐蚀防控，保持温度始终处于硫酸露点以上。

（4）一二级反应器与一二级冷凝器间的两段变径管。

变径管的规格：φ1200 1.7m，φ1050 1.6m，φ900 1.6m；通过保温升级减少管段的散热损失，减少反应器至冷凝器的变径管温差，控制在 ⩾15℃，保持管道内介质的温度和冷凝器底部的温度始终在 265℃ 以上，避免腐蚀的发生，也为酸提浓提供热量。

（5）导热盐热量回收系统的换热器和管道。

导热盐系统是将焚烧炉和反应器剩余的热量进行有效回收，通过保温升级减少回收热量的损失，使回盐温度在 265℃ 以上，避免腐蚀的发生，利于系统热量平衡和优化运行，也可以实现多发汽。

（6）一二级静电除雾器的绝缘子。

绝缘子外部敷设电伴热，通过保温升级减少伴热的热量跑损，保证其外壁温度在 260℃ 以上，避免酸的露点腐蚀的发生。

2.2 保温升级改造选用材料

2.2.1 技术要求

保温材料应满足 GB 50264—2013《工业设备及管道绝热工程设计规范》中的要求。

2.2.2 陶瓷纳米纤维毯

陶瓷纳米纤维毯是保温升级改造的主要应用材料，其具有极大的比表面积和孔隙度，具有轻质、柔软、抗压强度高、绝热性好、低热导率、化学惰性等特点，是隔热保温的重要材料，是实现保温性能改善的关键因素，见表 1。

表 1   陶瓷纳米纤维毯理化性能表

序号	检测项目	检测条件	标准值	检测标准
1	体积密度/(kg/m³)	烧后 24h 常温	≤200	GB/T 17911—2018
2	加热线收缩率/%	850℃ ×24h	≤3.5	GB/T 17911—2018
3	回弹性/%	常温	≥80	GB/T 17911—2018
4	抗拉强度/kPa	常温	≥75	GB/T 17911—2018
5	导热系数/(W/m·K)	热面温度 600℃	≤0.055	YB/T 4130—2005
6	导热系数/(W/m·K)	常温	≤0.021	GB/T 10294—2008
7	氯离子含量/ppm		≤15	JC/T 618—2005
8	燃烧性		A1	GB/T 5424—2010 GB/T 14402—2007 GB 8624—2012

检验遵循下列标准：

（1）氯离子等含量按 JC/T 618—2005《绝热材料中可溶出氯化物的化学分析方法》执行。

（2）体积吸水率按 GB/T 16401—1996《矿物棉制品吸水性试验方法》执行。

（3）导热系数按 YB/T 4130—2005《耐火材料导热系数试验方法（水流量平板法）》执行。

2.2.3 硅酸铝棉针刺毯

硅酸铝棉针刺毯是保温升级改造的辅助材料，由于考虑经济性和实用性，没有必要全部使用陶瓷纳米纤维毯，根据废酸再生设施的特殊结构和工艺运行温度，选择硅酸铝棉针刺毯作为填充材料或复合层，既达到节省材料费用，还能实现保温效果，见表2。

表2　硅酸铝棉针刺毯理化性能表

序号	检测项目	检测条件	标准值	检测标准
1	体积密度/（kg/m³）	烧后24h常温	128	GB/T 17911—2018
2	加热线收缩率/%	1000℃×24h	≤3.5	GB/T 17911—2018
3	抗拉强度/kPa	常温	≥75	GB/T 17911—2018
4	导热系数/（W/m·K）	热面温度600℃	≤0.10	YB/T 4130—2005
5	导热系数/（W/m·K）	常温	≤0.040	GB/T 10294—2008
6	燃烧性		A1	GB/T 5424—2010 GB/T 14402—2007 GB 8624—2012
7	化学成分/%	Al_2O_3	≥45.0	GB/T 21114—2007
		$Al_2O_3+SiO_2$	≥98.0	GB/T 21114—2007

2.2.4　锚固件

锚固件是保证保温致密性的主要部件，包括锚固钉、快速卡子等，是保温实现结构稳定的关键手段，是施工程序有效进行的强力支撑。锚固件的材质要与被保温设施保持相对一致，其结构形式和安装方式也要根据现场具体情况进行调整，见表3。

2.3　保温升级改造实施方案

2.3.1　保温的结构设计

根据介质温度和要达到的预期效果进行热量衡算，结合废酸再生装置的设备及管道外部的形貌，完成保温层的结构设计，见表4。

表3　锚固件化学成分表

序号	指标项	检测条件	标准值	检测标准
1	C		≤0.08	
2	Si		≤1.00	
3	Mn		≤2.00	
4	P		≤0.045	GB 1221—2007
5	S		≤0.030	
6	Ni		8.00~11.00	
7	Cr		18.00~21.00	

表4　保温结构设计表

序号	装置名称	介质温度/℃	外层陶瓷纳米纤维毯厚度/mm	中间层陶瓷纳米纤维喷涂层厚度/mm	内层陶瓷纳米纤维毯厚度/mm
1	一级反应器	700	60	155	40
		550	60	165	30
		350	60	195	/
2	二级反应器	450	60	175	20
		350			
3	高温过滤器	509	60	165	30
4	高温管道	525	50	设计厚度-50	/
5	导热盐系统	460	50	设计厚度-50	/

2.3.2　保温的结构实施和工序安排

严格按照保温的结构设计进行工序安排，编制工序实施方案，明确工序内容及节点要求。

以高温过滤器为例：

保温结构：20mm 陶瓷纳米纤维毯+165mm 硅酸铝棉针刺毯+60mm 陶瓷纳米纤维毯，见表5。

表5　高温过滤器保温结构和工序

序号	保温结构和工序
1	焊接 280mm 锚固钉
2	30mm 陶瓷纳米纤维毯+快速卡子
3	50mm 硅酸铝棉针刺毯+快速卡子压缩至45mm
4	50mm 硅酸铝棉针刺毯+快速卡子压缩至45mm
5	50mm 硅酸铝棉针刺毯+快速卡子压缩至45mm
6	35mm 硅酸铝棉针刺毯+快速卡子压缩至30mm
7	30mm 陶瓷纳米纤维毯+快速卡子
8	30mm 陶瓷纳米纤维毯+快速卡子+拧紧螺母+20＊5mm 不锈钢钢带
9	磨平锚固钉头
10	安装防锈铝皮

2.3.3　保温施工组织

保温的施工组织严格按照编制的工序执行，每道工序均进行检查确认，保持工序的有效衔接，层层填实压紧，保持保温结构的致密性，最终形成致密稳固的保温一体化结构。施工的效果如图1、图2所示。

图1　按工序执行进程中的设备保温

图2　保温完成后的外部成型

3　保温效果评价

3.1　主要设备保温效果评价

根据 Q/SY 193—2013《石油化工绝热工程节能监测与评价》和 GB/T 8174《设备及管道绝热效果的测试与评价》标准，正常工况下，依据设备在介质温度下最大允许热损失量标准进行节能效果评价。评价结果见表6。

表6　废酸再生主要设备保温效果评价表

装置名称	介质温度/℃	环境温度/℃	允许表面温度/℃	实测表面温度/℃	最大允许热损失量/（W/m²）	经济允许热损失量/（W/m²）	实际热损失量/（W/m²）
一级反应器	700	25	55	35	297.0	212.0	104.5
	550	25	51	33	251.0	173.0	78.1
	350	25	44	32	188.0	121.0	69.2
二级反应器	450	25	46	34	220.0	139.0	90.7
	350	25	44	32	188.0	121.0	69.2
高温过滤器	509	25	49	32	238.7	166.4	67.7

通过评价结果看，实测的表面温度低于允许值，实际热损失量也远远低于允许值，采用陶瓷纳米保温新材料进行保温升级改造是成功的，节能效果是十分明显的。

3.2　工艺实际应用效果评价

3.2.1　高温过滤器

保温升级后，高温过滤器内温度达到515℃以上，高温过滤器的出入口最大温差72℃，平均温差62℃，大大降低了温降。由于温度的保障，滤芯吹灰效果很好，滤芯使用时间已经超过3年，运行中只出现过1根滤芯破损。节能的效果亦十分明显。运行情况如图3所示。

3.2.2　一二级反应器

保温升级后，反应器系统均保持较高的温

位，各层催化剂均能有效进行反应，一反的转化率在 95% 以上，系统内多余的反应放热也得到了有效回收。运行情况如图 4 所示。

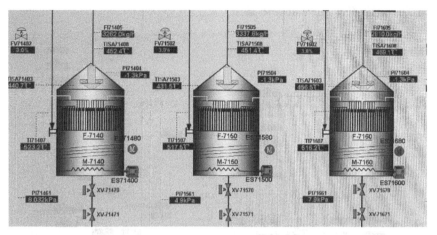

图 3　高温过滤器工艺运行工况

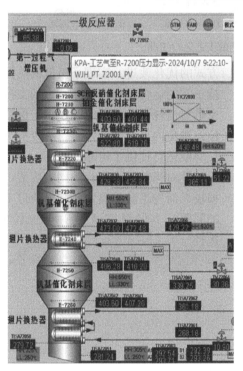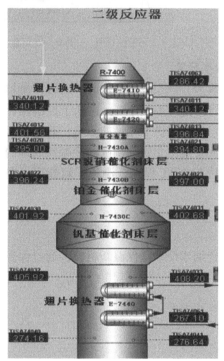

图 4　一二级反应器工艺运行工况

3.2.3　一二级冷凝器的蓄热体和绝缘子

保温升级后，蓄热体的温度达到 266℃ 以上，保证了硫酸提浓所需热量，绝缘子的温度也达到 261℃ 以上，均高于 260℃ 硫酸的露点，很好地控制了腐蚀风险。运行情况如图 5 所示。

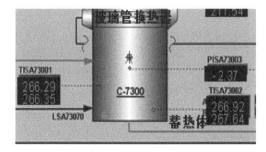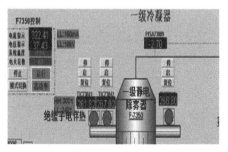

图 5　蓄热体和绝缘子的工艺运行工况

3.2.4　导热盐系统

保温升级后，导热盐系统回盐温度达到将近268℃，既避免了腐蚀的发生，也为系统热量平衡和优化运行创造了良好的条件。运行情况如图6所示。

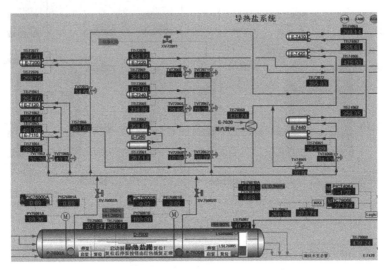

图6　导热盐系统的工艺运行工况

3.2.5　两段变径管

保温升级后，一二级反应器与一二级冷凝器之间的变径管的温降不足5℃，远低于控制指标15℃，既为蓄热体提供了充足的热量，有利于酸的提浓，也使管道内介质的温度和冷凝器底部的温度始终保持在260℃以上，避免了硫酸露点腐蚀的发生。

4　结论

采用陶瓷纳米纤维毯保温新材料，通过保温方式的优化改进，实现了极低的热损，为系统保持正常的运行温度提供强有力的支持，既达到减少燃料消耗和节能节电，还由于保持了较高的温位而避免内外腐蚀的发生，为废酸再生装置实现长周期运行提供了可靠的保证。

针对当前国内运行的同类废酸再生装置因热损较大而发生各类腐蚀泄漏导致停工或运行异常的问题，本保温方式是一个比较实用的解决途径。

加工不同类型原料渣油加氢装置运转后催化剂的失活研究

崔瑞利¹　宋俊男¹　梁世杰²　程　涛¹　张　涛¹　葛少辉¹　王路海¹

（1. 中国石油石油化工研究院；2. 中国石油华北石化公司）

摘　要　利用 ICP、元素分析仪、BET、SEM-EDX 等技术手段分别对加工高硫高金属中间基渣油和低硫高氮低金属石蜡基渣油的失活催化剂进行了分析研究。结果表明，与加工高硫高金属中间基渣油的失活催化剂相比，加工低硫高氮低金属石蜡基渣油的失活催化剂上 Ni+V 金属沉积量非常低，孔容损失率较低，活性未充分发挥；保护剂上 Fe 沉积量较高；催化剂积炭量相对较高；加工低硫高氮低金属石蜡基渣油的脱残炭剂床层板结主要是由积炭造成。需针对低硫高氮低金属石蜡基渣油性质和反应特点，对催化剂和级配进行适应性调整，提高脱金属剂利用率，降低催化剂积炭，从而延长催化剂运行周期。

关键词　不同类型原料；渣油加氢；催化剂；失活

随着炼厂加工处理劣质原油比重逐年增加、环保法规的日益严苛，固定床渣油加氢处理技术凭借其技术成熟、操作简单安全、目标产品收率高等优势得到了越来越多的应用。目前，中国大陆地区已建成投产 29 套固定床渣油加氢装置，总加工能力超过 7500 万吨/年。中国石油现有渣油加氢装置 9 套，总加工能力达到了 230 万吨/年。

固定床渣油加氢处理装置加工原料油密度大、残炭值高、易生焦前驱物含量高、且含有大量的金属、硫、氮、胶质、沥青质等有害元素和非理想组分，加工难度较大。尽管采用催化剂级配技术，固定床渣油加氢装置催化剂使用周期一般为 1.5~2.0 年。频繁的停工换剂，为全厂的清洁油品生产和重油平衡带来困难。

受炼厂所处地理位置限制，不同炼厂渣油加工渣油性质差异巨大。处于沿海位置炼厂较多加工进口的高硫高金属中间基渣油，而部分地处内陆的炼厂较多加工低硫高氮低金属的石蜡基渣油。由于加工原料性质的差异，在装置运行过程中催化剂作用发挥和失活机理存在较大差异。相关研究机构对加工高硫高金属中间基渣油的催化剂失活机理已进行了大量的研究，但对加工低硫高氮低金属石蜡基渣油和加工高硫高金属中间基渣油催化剂的失活机理差异研究较少。

为揭示加工两种不同类型渣油的催化剂失活机理差异，探明催化剂失活原因，为加工不同类型渣油定制化催化剂设计开发、级配优化提供借鉴，本文利用多种技术手段对两套加工不同类型原料的工业渣油加氢装置运转后催化剂的杂质沉积、孔结构变化、床层板结等进行了研究。

1　实验部分

1.1　样品获取

加工高硫高金属中间基渣油的失活渣油加氢催化剂样品采自国内 A 炼厂渣油加氢装置，其中保护剂（HG-I）、（HDM1-I）采自保护反应器，脱金属剂（HDM2-I）采自脱金属反应器，脱硫剂（HDS1-I）、（HDS2-I）采自脱硫反应器，脱残炭催化剂（HDCCR-I）采自脱残炭反应器。该装置加工原料油 S 含量为 2.6w%，MCR 为 13.5w%，N 含量为 0.28w%，Ni+V 含量为 65.5mg/kg，Fe 含量为 5.9mg/kg；反应压力大于 16MPa，装置连续运行超过 10000 小时。

加工低硫高氮低金属石蜡基渣油的失活渣油加氢催化剂样品采自国内 B 炼厂渣油加氢装置，其中保护剂（HG-P）、（HDM1-P）采自保护反应器，脱金属剂（HDM2-P）采自脱金属反应器，脱硫剂（HDS1-P）、（HDS2-P）采自脱硫反应器，脱残炭催化剂（HDCCR-P）采自脱残炭反应器。该装置加工渣油 S 含量为 0.78w%，MCR 为 10.7w%，N 含量为 0.41w%，Ni+V 含量为 29.7mg/kg，Fe 含量为 20.5mg/kg；反应压力大于 16MPa，装置连续运行超过 10000 小时。

1.2 样品处理

为避免运转后催化剂上携带的大量油品给分析仪器带来干扰，分析前需对采集的运转后催化剂样品进行脱油处理，具体方法为：首先在索氏抽提器中用体积比为1:1的甲苯和乙醇混合溶液进行50h以上的抽提处理，除去可溶性油分；然后将抽提后的样品放入真空干燥箱中，在120℃下干燥10h，干燥结束后，将催化剂样品放入真空干燥器中备用。

1.3 样品分析方法

采用康塔公司的Autosorb-6B型全自动比表面积和孔径分布仪测定催化剂的孔结构；采用Elementar公司的Vario Micro cube型元素分析仪测定催化剂的积炭量；采用PE公司的Optima 5300V型电感耦合等离子体发射光谱仪测定催化剂上的金属沉积量；采用日本JEOL公司JSM-7610F PLUS型扫描电镜（SEM）进行样品沉积分布及微观形貌的表征。

2 结果与讨论

2.1 催化剂金属沉积量

渣油加氢装置主要功能之一是有效脱除渣油中的金属，以满足下游催化裂化装置进料要求。根据催化剂功能设计，保护剂、脱金属催化剂是脱除、容纳渣油中金属的主要催化剂。利用电感耦合等离子体发射光谱仪对运转后催化剂上的Ni、V、Fe、Ca等金属沉积量进行了分析，分析结果见表1。从表1可以看出，加工高硫高金属中间基渣油的脱金属剂Ni+V沉积量较大，最大值达到了38.60g/100mL，而加工低硫高氮低金属石蜡基渣油的脱金属剂Ni+V沉积量较小，最大值仅有了7.50g/100mL。金属Ni+V沉积数据表明，由于高硫高金属中间基渣油中金属Ni+V含量较高，Ni+V大量沉积是造成加工高硫高金属中间基渣油的脱金属剂失活的主要原因；低硫高氮低金属石蜡基渣油中金属Ni+V含量较低，催化剂上Ni+V沉积量较小。

从表2可以看出，无论是加工高硫高金属渣油的催化剂还是加工低硫高氮低金属渣油的催化剂，Ni+V在脱硫剂、脱残炭剂上的沉积量均相对较小。这表明脱金属剂在渣油中Ni、V脱除反应中起到了关键作用，对后端孔径较小的脱硫、脱残炭催化剂起到了很好的保护作用，避免了因金属大量沉积而导致催化剂快速失活。

渣油中的Fe、Ca以硫化物的形式沉积在催化剂外表面及颗粒间，会导致固定床渣油加氢催化剂床层板结，造成床层压力降升高，严重时可使装置被迫停工。为避免床层压降升高速度过快，一般让Fe、Ca定向沉积在大空隙率的保护剂上。通过表1可以看出，加工高硫高金属渣油的催化剂上Fe沉积量较小，而加工低硫高氮低金属渣油的保护剂上Fe沉积量较大。加工低硫高氮低金属渣油的保护剂上Fe沉积量高和加工原料油中Fe含量较高有关。两个系列催化剂Ca沉积量均较低。

表1 催化剂金属沉积量

样品	金属沉积量/(g/100mL)		
	Ni+V	Fe	Ca
保护剂（HG-I）	17.43	1.57	<0.5
保护剂（HG-P）	1.35	8.30	0.35
脱金属剂（HDM1-I）	38.60	0.56	0.25
脱金属剂（HDM1-P）	7.50	0.83	<0.5
脱金属剂（HDM2-I）	32.62	0.36	<0.5
脱金属剂（HDM2-P）	5.13	0.85	<0.5
脱硫剂（HDS1-I）	10.94	<0.5	<0.5
脱硫剂（HDS1-P）	3.58	<0.5	<0.5
脱硫剂（HDS2-I）	4.11	<0.5	<0.5
脱硫剂（HDS2-P）	1.42	<0.5	<0.5
脱残炭剂（HDCCR-I）	2.63	<0.5	<0.5
脱残炭剂（HDCCR-P）	1.01	<0.5	<0.5

2.2 催化剂积炭量

催化剂积炭是渣油加氢催化剂失活的重要原因之一。两列催化剂积炭量见表2。从表2可以看出，加工低硫高氮低金属渣油的催化剂积炭量显著高于加工高硫高金属渣油的催化剂，不同位置、不同牌号催化剂上积炭量分别高出1.7到5.83个百分。结合1.1部分可知，低硫高氮高金属渣油中氮质量约是高硫高金属渣油的3倍。渣油中氮绝大部分存在于芳杂环结构中，这些氮杂环化合物又大多富集在胶质、沥青质中。在加氢反应过程中，这些氮化物（尤其是碱性氮化物）优先吸附在催化剂表面，受到芳环加氢饱和及C-N键断裂反应速率的限制，加氢转化为小分子的难度较大，易发生脱氢缩合反应形成积炭，从而使加工低硫高氮渣油的催化剂上沉积了更多的积炭。

从分布规律来看，两列催化剂均是在最后

端的脱残炭催化剂上积炭量最高，这个规律两列催化剂是一致的。这是和最后端催化剂酸性较强、反应温度较高、氢分压较低等多种元素有关。

表 2　催化剂积炭量

A 装置失活催化剂	积炭量/(g/100mL)	B 装置失活催化剂	积炭量/(g/100mL)
脱金属剂(HDM1-I)	10.74	脱金属剂(HDM1-P)	12.44
脱金属剂(HDM2-1)	12.11	脱金属剂(HDM2-P)	13.68
脱硫剂(HDS1-I)	9.83	脱硫剂(HDS1-P)	15.66
脱硫剂(HDS2-I)	11.05	脱硫剂(HDS2-P)	16.08
脱残炭剂(HDCCR-I)	15.65	脱残炭剂(HDCCR-P)	19.17

3　催化剂孔结构变化

脱除的金属、生产的积炭沉积在催化剂上，会造成催化剂孔道减小和堵塞，当催化剂孔道减小到一定程度、无法为渣油大分子反应提供足够的扩散、反应空间时，催化剂就达到了失活状态。分析运转后催化剂的孔容损失情况，可以了解掌握催化剂的活性发挥利用情况。利用 BET 对两列运转后催化剂的孔容进行了分析，催化剂孔容损失率见表 3。从表 3 可以看出，加工高硫高金属渣油的脱金属剂孔容损失率较高，其中保护反应器内的脱金属剂(HDM1-I)孔容损失率达到了 87.6v%，催化剂孔容利用比较充分；而加工低硫高氮低金属渣油的脱金属剂孔容损失率较低，孔容损失率小于 30%，催化剂孔容还有较

大剩余，脱金属剂未同步失活。结合表 1、表 2 可以知道，加工高硫高金属中间基渣油的脱金属剂孔容损失率较高主要是因为催化剂上沉积了大量的金属 Ni、V，而加工低硫高氮低金属石蜡基渣油的脱金属剂上 Ni、V 沉积量较小，所以孔容损失率较低。

从表 3 可知，与加工高硫高金属中间基渣油的催化剂相比，加工低硫高氮低金属石蜡基渣油的后端催化剂孔容损失率相对较高。结合表 1、表 2 可知，加工低硫高氮低金属石蜡基渣油的后端脱硫、脱残炭积炭量较高、金属沉积量相对较小，所以孔容损失率较高主要是由催化剂积炭造成，积炭是造成加工低硫高氮低金属石蜡基渣油后端催化剂失活的主要原因。

表 3　催化剂孔容损失率

A 装置失活催化剂	单位体积损失率/%	B 装置失活催化剂	单位体积损失率/%
脱金属剂(HDM1-I)	87.6	脱金属剂(HDM1-P)	25.09
脱金属剂(HDM2-1)	65.2	脱金属剂(HDM2-P)	29.48
脱硫剂(HDS1-I)	33.7	脱硫剂(HDS1-P)	32.77
脱硫剂(HDS2-I)	29.9	脱硫剂(HDS2-P)	47.29
脱残炭剂(HDCCR-I)	37.4	脱残炭剂(HDCCR-P)	45.58

4　板结脱残炭催化剂 SEM-EDX Mapping 分析

对于加工高硫高金属中间基渣油的装置而言，在装置运行过程中，一般床层压降上升、床层板结出现在一反内。在 B 装置运行末期，最末端脱残炭反应器出现了床层大面积板结和床层压降快速上升。利用 SEM-EDX Mapping 方法对 B 装置最末端反应器内板结脱残炭催化剂进行了分析表征，分析结果见图 1。从图 1 可知，催化

剂颗粒之间主要为积炭，中间只有少量的铁。与文献中报道的保护反应器中板结催化剂相比，B 装置板结脱残炭催化剂颗粒之间铁、钙含量较小。从这个分析结果可知，该催化剂床层板结主要是由积炭造成。这可能是和低硫高氮低金属渣油在加氢过程中出现了一定程度的胶体稳定性被破坏、沥青质出现了析出有关。石蜡基渣油中芳香分相对较少，在渣油加氢反应进行过程中，随着加氢过程的进行，渣油中沥青质逐渐被加氢，支链被加氢脱除，留下芳香度更高的芳核，而溶

解沥青质的胶质、芳香分逐渐被加氢，饱和分增加，芳香度进一步降低，沥青质溶解平衡被打破，使得沥青质的溶解度降低、析出并沉积在催化剂上。

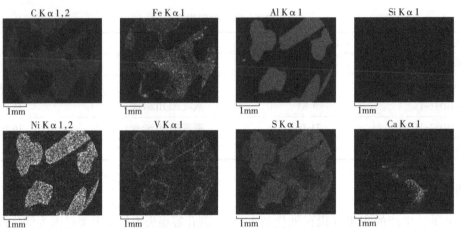

图1　板结脱残炭催化剂 SEM-EDX Mapping 图像

3　结论

（1）与加工高硫高金属渣油的失活催化剂相比，加工低硫高氮低金属渣油的失活催化剂上 Ni+V 金属沉积量非常低，保护剂上 Fe 沉积量较高，催化剂积炭量相对较高，特别是在反应末端。加工高硫高金属中间基渣油的失活脱金属剂孔容损失率较高，达到了 87%，催化剂活性发挥较充分，加工低硫高氮低金属石蜡基渣油的脱金属剂孔容损失率小于 30%，孔容还有较大剩余，未实现同步失活；加工低硫高氮低金属石蜡基渣油的脱残炭剂孔容损失率相对较大。

（2）与加工高硫高金属中间基渣油的保护反应器内床层板结形成原因不同的是，加工低硫高氮低金属石蜡基渣油的脱残炭剂床层板结主要是由积炭造成。

（3）针对低硫高氮低金属石蜡基渣油性质和反应特点，应适应性调整催化剂性质和级配，提高前部脱金属剂利用率，平衡各部分反应，减少后端反应器内催化剂积炭量，从而延长催化剂运行周期。

参 考 文 献

［1］Li Dadong. Hydrotreatment Process and Engineering［M］. Beijing：China Petrochemical Press. 2011：62-68.

［2］MohanS. Rana, VicenteSamano, JorgeAncheyta, et al. A review of recent advance on process technologies for upgrading of heavy oils and residua［J］. Fuel, 2007（86）：1216-1231.

［3］Fang Xiangchen. Development of residuum hydroprocessing technologies［J］. Chemical Industry And Engineering Progress, 2011, 30(1)：95-104.

［4］Shao Zhicai, Deng Zhonghuo, Liu Tao, et al. Selection of fixed-bed residue hydrotreating technology tailored for refinery structure transformation［J］. Petroleum processing and petrochemicals, 2023, 54(01)：63-68.

［5］Cui Ruili, Chengtao, Song Junnan, et al. Regeneration characterization and performance evaluation of the fixed-bed residue hydrotreating catalyst for microcarbon reduction［J］. Chemical Industry And Engineering Progress, 2023, 42(10)：5200-5204.

［6］Bas M. Vogelaar, etc. Hydroprocessing catalyst deactivation in commercial practice［J］. Catalysis Today, 2010, doi：10. 1016/j. cattod. 2010. 03. 039.

［7］Sun Suhua, Wang Yonglin. Metal deposition and distribution on residue hydrotreating catalyst［J］. Petroleum refinery engineering , 2005, 35(10)：52-54.

［8］An Sheng, Wang Zhiwu, Wang Xin. Study on deactivation of residue hydrotreating catalyst［J］. Contemporary Chemical Industry, 39(1)：49-54.

［9］Chen Shifeng, Chen Hai, Yang Zhaohe. Characterization of coked catalyst for residualhydroconversion process［J］. Acta petrolei sinica（Petroleum processing section）, 2002, 18(6)：8-12.

［10］Cui Ruili, Zhao Yusheng, Xu Peng, et al. Analysis of Coke at Spent Catalysts Used for Fixed-bed Residue Hydrotreating Process［J］. Petroleum processing and petrochemicals, 2012, 43(1)：45-47.

［11］Song Yu, Xin Jing, Wei Linlin, et al. Study of coke and metallic impurities deposition on spent residue hydrotreating catalysts in industrial plant［J］. Petroleum processing and petrochemicals, 2021, 52 （4）：

33-44.

[12] Cui Ruili, Zhao Yusheng, Nie Shixin, et al. Regeneration of catalysts for hydrotreating of residual oil [J]. Petrochemical Technology, 2017, 46 (2): 237-240.

[13] Lin Jianfei, Hu Dawei, Yang Qinghe, et al. Analysis of coke on fixed bed residue hydrotreating catalysts[J]. Petroleum processing and petrochemicals, 2016, 47 (10): 1-5.

[14] Guo Daguang, Dai Lishun. Discussion on agglomeration of commercial residue HDM catalyst [J]. Petroleum processing and petrochemicals, 2003, 34 (4): 47-49.

[15] Han Kunpeng, Dai Lishun, Nie Hong. Study on the initial deactivation of hydrodemetallization catalyst in hydrotreating process with two kinds of typical residue feedstocks [J]. Acta petrolei sinica (Petroleum processing section), 2019, 35 (04): 621-627.

[16] Cheng Tao, Cui Ruili, Song Junnan, et al. Analysis of impurity deposition and pressure drop increase mechanismsin residue hydrotreating unit[J]. Chemical Industry And Engineering Progress, 2023, 42 (10): 4616-4627.

[17] Zhao Yusheng, Cui Ruili, Niu Guifeng, et al. Development and commercial application of Russian residue hydrotreating technology[J]. Chemical Industry And Engineering Progress, 2022, 41(07): 3582-3588.

[18] Chen Dayue, Tu Bin. Application of the third generation RHT series catalysts for hydrotreating VR with high N, low S and high Fe and Ca content[J]. Petroleum processing and petrochemicals, 2015, 46(06): 46-51.

[19] Nie Xinpeng, Deng Zhonghuo, Dai Lishun, et al. Study of hydrogenation performance of residues with different hydrocarbon structures [J]. Petroleum processing and petrochemicals, 2021, 52(7): 6-12.

[20] Wu Rui, Jiang Lijing, Han Zhaoming, et al. Cause analysis and Countermeasures for Fouling in Fixed-bed Residue Hydrotreating Reactor [J]. Contemporary Chemical Industry, 2012, 41(04): 366-369.

基于单宁酸的三元络合物改性 PVDF 膜的制备及其油水分离性能

郑怡健　焦飞鹏

（中南大学化学化工学院）

摘　要　本研究通过单宁酸和3-氨基丙基三乙氧基硅烷对聚偏二氟乙烯膜进行表面改性，进一步与Fe 8 1 和柠檬酸钠形成三元络合物3 制备出具有水下超疏油性和光芬顿自清洁性能的油水分离膜。改性后的膜表现出特殊润湿性，水接触角低至0°，水下油接触角高达155.75°。结果表明，改性膜分离多种水包油乳液的效率超过99.7%，且在光芬顿实验中表现出优异的自清洁性能。这项研究为开发高效、可重复使用的油水分离膜提供了新的方法和思路。

关键词　油水分离；光芬顿自清洁；聚偏二氟乙烯膜；单宁酸；水下超疏油性

1 引言

随着我国主要油田的开发进入或即将进入中后期，原油采出液的含水量逐年增加，给石化行业来了严峻的挑战，需要高效可靠的油水分离方法。此外，每年有大量的含油废水被排放到环境中，造成了严重的资源浪费和环境污染。传统的油水分离方法，如重力分离、气浮法和离心法等，在处理大颗粒油滴时效果显著，但面对浓度高、粒径微小的复杂油水混合物时，其分离性能大打折扣。膜分离技术因其效率高、能耗低等特点，逐渐成为油水分离领域的重要研究方向。然而，现有的膜材料在实际应用中面临着易污染、易堵塞、寿命短等问题，这严重限制了其在工业中的应用。因此，油水分离膜的选用至关重要。

聚偏二氟乙烯（PVDF）因其出色的机械性能、化学稳定性和耐热性，被广泛用于膜分离领域。然而，PVDF 膜本身的亲水性不强导致其在油水分离中的表现不尽如人意，抗污染性能亟待提升。近年来，通过表面改性来增强 PVDF 膜的亲水性和疏油性成为研究热点。Wang 等人提出的利用单宁酸和 3-氨基丙基三乙氧基硅烷（APTES）进行表面改性的方法因其低廉的成本和广泛的适用性显示出广阔的应用前景。然而，该改性方式虽能引入酚羟基和氨基两种极性基团，但同时也带来了苯环和碳链等非极性成分，因此对亲水性和抗污染性能的提升有限。要制备性能更加优异的油水分离膜，需要更加注重提高亲水性。

本研究首先通过单宁酸和 APTES 对 PVDF 进行表面改性，再生成单宁酸、Fe^{3+} 及柠檬酸跟的三元络合物以进一步增加亲水基团并提高粗糙度，制备出具有水下超疏油性和光芬顿自清洁性能的油水分离膜。通过测量接触角、分析红外光谱等方式，系统研究了改性前后膜的性质和组成变化，并测定了油水分离性能和光芬顿自清洁性能。

2 实验部分

2.1 药品与仪器设备

实验所用的 PVDF 膜孔径为 $0.45\mu m$，采购自海宁市科威过滤设备有限公司。实验中所用的化学试剂均为分析纯。单宁酸、盐酸、九水合硝酸铁柠檬酸钠、氢氧化钠及煤油采购自麦克林试剂有限公司。三羟甲基氨基甲烷盐酸盐（Tris）、无水乙醇、APTES、十二烷基磺酸钠、二氯甲烷、环己烷及过氧化氢采购自国药化学试剂有限公司。真空泵油 SV-68 采购自北京四方特种油品有限公司。去离子水为实验室自制。实验所用到的主要仪器设备见表1。

表1　实验仪器

仪器名称	型号	生产厂家
接触角测试仪	JC 2000D1	中辰数码设备有限公司
智能真空泵	ANJ2005	成都新为诚有限公司
光化学反映仪	YM-GHX-V	上海豫明有限公司

续表

仪器名称	型号	生产厂家
扫描电子显微镜	MIRA3 LMU	泰斯肯(中国)有限公司
紫外可见分光光度计	UV-9600	北京莱伯泰科有限公司
傅里叶变换红外光谱仪	Avatar 360	美国尼高力仪器公司
红外测油仪	HX-OIL-10	青岛华熙有限公司
光学显微镜	XSP-BM-30 AD	上海彼爱姆光学仪器制造有限公司
激光粒度仪	Nano ZS90	英国马尔文公司

2.2　油水分离膜的制备

将 0.05mg 单宁酸溶解在 pH = 8.5 的 Tris–HCl 缓冲溶液中, 向其中加入 5mL APTES 乙醇溶液(10g·L^{-1})。将乙醇预浸润的 PVDF 在室温下浸入上述溶液中。12h 后将膜取出, 用去离子水冲去表面残留的液体, 得到的膜命名为 PVDF/TA-APTES。再将该膜先后在 2g·L^{-1} 的 Fe(NO$_3$)$_3$ 溶液和 10g·L^{-1} 的柠檬酸钠溶液(pH = 6, 7, 8, 9 和 10)中浸渍 5min。得到的膜命名为 PVDF/TAFS。

2.3　油水分离膜的润湿性测试

使用接触角测量仪测量膜的水接触角和水下油接触角, 以评价改性前后的润湿性变化, 所有测量均使用 5μL 的液滴。对于动态接触过程, 每 0.05s 截取一帧照片。

2.4　油水分离性能评价

将油与水按 1∶99 比例混合, 加入 0.1g·L^{-1} 的十二烷基磺酸钠, 先后在 4000rpm 和 2500rpm 下机械搅拌 5min, 得到稳定的水包油乳液。用于测试油水分离膜性能的油水混合物为环己烷、煤油及泵油的水包油乳液。经红外测油仪检测, 三种乳液的含油量分别为 760.12mg·L^{-1}、2097.25mg·L^{-1} 及 4030.58mg·L^{-1}。分离过程在死端过滤装置上进行, 由智能真空泵提供恒定的跨膜压力。分离通量 F 通过公式(1)计算。

$$F = \frac{\Delta V}{A \Delta t \Delta p} \qquad (1)$$

其中, ΔV 为通过膜的液体体积, A 为有效分离面积, 设定为 0.0045m^2, Δt 为分离时间, Δp 为跨膜压力, 设定为 0.1bar。分离效率 E 通过公式(2)计算。

$$E = \frac{C_0 - C_1}{C_0} \times 100\% \qquad (2)$$

其中, C_0 为水包油乳液的含油量, C_1 为滤液的含油量, 其数值均通过红外测油仪测得。将每个分离循环定义为分离 100mL 乳液的过程, 每个循环结束时用流水冲洗膜以去除表面的油污。

2.5　光致自清洁性能评价

光致自清洁实验使用的光源为 350W 的氙灯。将受到污染的膜浸入含 10mmol·L^{-1} 的 H$_2$O$_2$ 溶液的烧杯中。将烧杯置于 100rpm 的摇床上震荡, 打开光源, 5min 后将膜取出。

3　结果与讨论

3.1　润湿性测定结果

实验所用基底膜为市售亲水化 PVDF, 其亲水性不足以进行高效油水分离, 需进行改性。在本工作中, 表面改性包括两个方面: 其一是在 PVDF 的表面添加亲水基团。单宁酸和柠檬酸钠具有丰富的羟基和羧基, 可以作为亲水基团的来源。其二是提高膜表面的粗糙度。根据 Wenzel 模型, 提升膜表面的粗糙度可以使膜的亲液或疏液性增强。单宁酸与 APTES 反应生成的亚微米级 SiO$_2$ 能显著提高粗糙度, 进而放大亲水性。将水滴分别滴加到 PVDF 和 PVDF-TAFS 上, 观测其润湿状况, 通过测定水接触角评价改性前后亲水性的变化, 结果如图 1 所示。在发生接触的 3.3s 后水滴将 PVDF-TAFS 完全浸润, 接触角降低到 0°, 表明该膜达到超亲水状态。经过相同时间后, PVDF 未能被水完全浸润, 水接触角约为 45°。由此可知, 改性显著提升了 PVDF 的亲水性。

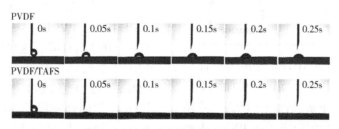

图 1　改性前后膜被水浸润的过程

实验过程中发现，PVDF/TA-APTES 浸入不同 pH 的柠檬酸钠溶液时制得的 PVDF/TAFS 的疏油性差异较大。这可能是由于单宁酸、Fe^{3+} 及柠檬酸跟离子在不同 pH 中的络合程度和羧基数量存在差异。为了研究制备 pH 对疏油性的影响，进行了水下油接触角测试，结果如图 2 所示。

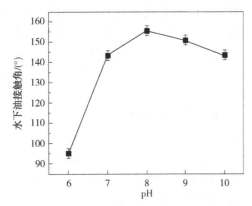

图 2 制备 pH 对 PVDF/TAFS 水下油接触角的影响

有结果可知，随着 pH 的上升，水下油接触角呈现先增大再减小的趋势。当 pH = 8 时，PVDF-TAFS 的水下油接触角高达 155.75°，高于其他膜，达到水下超疏油状态。因此，本实验选用 pH = 8 为较优制备条件，之后所有膜的制备均在此条件下进行。为了确定两步改性过程对膜疏油性的影响，分别测量三种膜的二氯甲烷水下接触角，结果如表 2 所示。

表 2 PVDF、PVDF/TA-APTES 和
PVDF/TAFS 的水下油接触角

膜名称	水下油接触角/(°)	接触角图像
PVDF	121.25	
PVDF/TA-APTES	115.00	
PVDF/TAFS	155.75	

结果表明，单宁酸和 APTES 的初步改性对水下疏油性的影响幅度不大。而进一步加入 Fe^{3+} 和柠檬酸跟离子则使水下疏油性显著增强。这是由于单宁酸、Fe^{3+} 和柠檬酸跟离子在 PVDF 表面形成了三元络合物，含有丰富的羟基和羧基，被

水浸润后可以通过氢键吸附水，形成包裹膜的水化层。由于水和油的极性差异大，该水化层能保护改性膜，阻止油污染的发生。此外，涂层中还存在由单宁酸和 APTES 反应生成的纳米 SiO_2 颗粒，这些颗粒使涂层更加粗糙，提高了水化层的稳定性。在上述因素的作用下，改性膜达到水下超疏油状态，这是高效分离油水混合物的必要条件。在此状态下，油滴在 PVDF-TAFS 上显示出超低的黏附力。如图 3 所示，油滴随着针头上升并与膜接触，直到发生形变。随后，使油滴下降，此时油滴可以轻易离开膜表面，其形状未显示出与膜黏附导致的拉长。

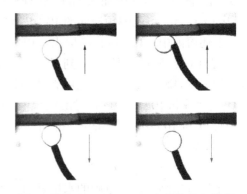

图 3 油滴在 PVDF/TAFS 上的接触与脱离

3.2 油水分离膜的表征

用扫描电子显微镜观察三种膜的表面形貌，结果如图 4 所示。PVDF 为多孔的聚合物，表面较为平整。PVDF/TA-APTES 与 PVDF 相似，但有更多的起伏，表面分布着亚微米级的颗粒。这种变化是由于单宁酸与 APTES 发生迈克尔加成、席夫碱反应及氢键相互作用，在膜表面形成涂层，同时沉积了 SiO_2。相比之下，PVDF/TASF 的起伏明显增多，可以归因于单宁酸、Fe^{3+} 及柠檬酸跟离子形成的三元络合物打破了原有的涂层结构，使涂层发生卷曲。由此可知，两步改性过程均导致粗糙度提升。

通过红外光谱分析膜的官能团变化。如图 5 所示，由于 PVDF 的量远大于涂层的量，因此三种膜的吸收峰均以 PVDF 的特征峰为基础。与 PVDF 相比，PVDF/TA-APTES 在 $1710cm^{-1}$ 产生了一个新的特征峰，这可以归因于单宁酸中 C=O 的伸缩振动。在此基础上，PVDF/TAFC 在 $3300cm^{-1}$ 处的宽峰显著增强，这是由于柠檬酸跟中 O-H 键的伸缩振动。此外，$1583cm^{-1}$ 处出现了一个新峰，推测为部分单宁酸被 Fe^{3+} 氧化生成醌，存在 C=C 伸缩振动所致。

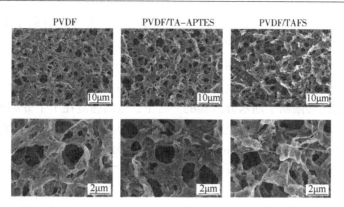

图 4   PVDF、PVDF/TA-APTES 及 PVDF/TAFS 的表面形貌

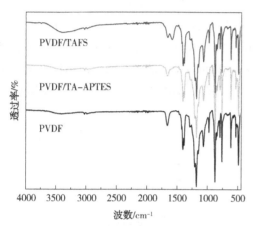

图 5   PVDF、PVDF/TA-APTES 及
PVDF/TAFS 的红外光谱

3.3 油水分离性能

图 6a 列出了三种膜在分离煤油乳液时的分离通量和滤液含油量。PVDF 的疏油性较差，因此油水分离性能较差，通量为 954.20L·m^{-2}·h^{-1}·bar^{-1}，滤液含油量为 18.54mg·L^{-1}。PVDF/TA-APTES 相较于 PVDF，疏油性未发生改善，通量为 846.48L·m^{-2}·h^{-1}·bar^{-1}，滤液含油量为 10.77mg·L^{-1}。而 PVDF/TAFS 具有水下超疏油性，通量为 6186.15L·m^{-2}·h^{-1}·bar^{-1}，滤液含油量为 2.73mg·L^{-1}，相较于改性前提升显著。使用马尔文粒径仪测定了煤油乳液和 PVDF/TAFS 分离后滤液的粒径分布，并使用光学显微镜进行观察，结果如图 6b 和 6c 所示。结果表明，该煤油乳液为乳白色液体，油滴大小不一，粒径在 30-3000nm 内均有分布。滤液未观察到明显油滴，粒径大多低于 100nm，表明分离比较彻底。除煤油乳液外，PVDF/TAFS 对环己烷乳液和泵油乳液同样显示出良好的分离性能，结果如图 6d 所示，分离效率均大于 99.7%。

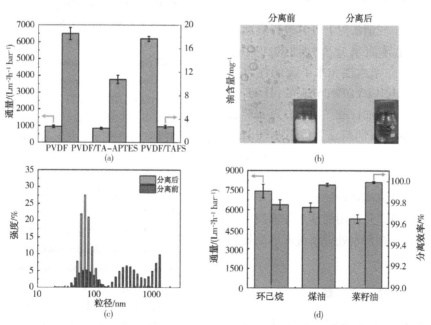

图 6 （a）PVDF、PVDF/TA-APTES 及 PVDF/TAFS 的分离性能；（b）分离前后的显微镜照片；
（c）分离前后的粒径分布；（d）PVDF/TAFS 对三种乳液的分离性能

3.4 光芬顿自清洁性能

油在分离过程中会不可避免地透过水化层，堵塞膜孔，造成分离性能下降。大部分油可以通过清洗去除，但仍有部分油污难以通过常规方法去除。这种不可逆的油污染限制了油水分离膜的应用。光芬顿反应被认为是最有效的有机污染物去除方法之一，其原理为在体系中有 Fe^{2+}/Fe^{3+} 的情况下，光照活化过氧化氢生成羟基自由基，使污染物降解。其过程为

(a) $Fe^{3+}+H_2O+h\nu \longrightarrow Fe^{2+}+HO\cdot+OH^-$

(b) $Fe^{2+}+H_2O_2 \longrightarrow Fe^{3+}+HO\cdot+OH^-$

(c) $H_2O_2+h\nu \longrightarrow 2HO\cdot$

(d) $HO\cdot+R \longrightarrow CO_2+H_2O$

PVDF/TAFS 中的配位铁赋予了其光芬顿自清洁性能，有利于提高膜的重复使用次数。如图

7a 所示，在每次分离结束后进行水洗，尽可能除去残留油污的情况下，分离通量呈现出连续下降的趋势，十个分离循环后通量已低于初始通量的 60%。而使用光芬顿自清洁去除油污的情况下，分离通量在十个分离循环中较为稳定，无下降趋势。图 7b 为 PVDF 和 PVDF/TAFS 的紫外-可见漫反射光谱图，由图可知，相比于改性前，PVDF/TAFS 在紫外和可见光区域均有更强的光吸收能力。为了考察 PVDF/TAFS 光芬顿降解有机物的能力，进行了亚甲基蓝降解实验，结果如图 7c 所示。在持续 40min 的光芬顿反应后，PVDF/TAFS 使溶液中的亚甲基蓝含量下降了约 93%，而相同条件下用于对照的 PVDF 仅能使其下降约 18%。PVDF/TAFS 的光芬顿自清洁性能赋予了其去除顽固油污的能力，有利于解决膜污染问题。

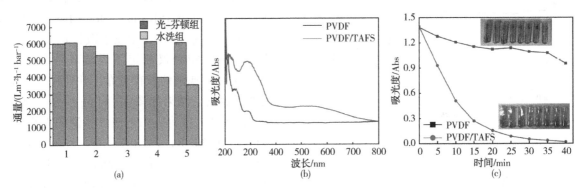

图 7 （a）光芬顿自清洁和水洗的重复分离通量；（b）改性前后的紫外-可见漫反射光谱；（c）改性前后的膜降解性能

4 结论

本研究通过两步浸渍法对 PVDF 进行表面改性，制备了具有优异油水分离性能的 PVDF/TAFS。改性后的膜在亲水性和水下疏油性方面表现出显著优势，其中 PVDF/TAFS 在 pH=8 时表现出最佳的水下超疏油性能。油水分离实验表明，PVDF/TAFS 的分离性能显著优于改性前的膜，分离效率均大于 99.7%。此外，PVDF/TAFS 还展现出优异的光芬顿自清洁性能，能够有效降解油污，维持分离通量的稳定。这项研究成果为开发高效、可重复使用的油水分离膜提供了新的思路和方法，在污水处理新技术方面提供了新的见解。

参 考 文 献

[1] 柳英明. 含水乳化原油流动改性与分离研究[D]；中国石油大学(北京)，2023.

[2] 魏林伟. 高含水原油脱水工艺的优选与设计[J]. 化工技术与开发，2022，51(07)：83-85.

[3] 陈明功，周鑫，赵彬彬，等. 油水分离技术的研究进展[J]. 现代化工，2024，44(01)：63-67.

[4] Saleem S, Hu G, Li J, et al. Evaluation of offshore oil spill response waste management strategies：A lifecycle assessment-based framework[J]. Journal of Hazardous Materials，2022，432：128659.

[5] 袁瑞霞，牛俊，王良，等. 重力驱动下乳液分离材料的研究进展[J]. 化工新型材料，2022，50(10)：21-26.

[6] 潘亿勇，张健. 浅层沉降技术强化立式气浮油水分离性能研究[J]. 工业水处理，2023，43(07)：185-193.

[7] Wang C, Lu Y, Ye T, et al. Investigation on the mechanism of air/condensate bubble flotation of emulsified oil droplet[J]. Process Safety and Environmental Protection，2023，180：554-565.

[8] 罗刚. 餐饮业油水分离过程数值模拟及分离效率研究[D]；昆明理工大学，2024.

[9] 郭强. 油田采出乳状液破乳工艺的发展和应用[J]. 精细与专用化学品，2023，31(09)：33-36.

［10］ Li B F, Qi B, Guo Z Y, et al. Recent developments in the application of membrane separation technology and its challenges in oil-water separation：A review ［J］. Chemosphere, 2023, 327：138528.

［11］ Long X, Xu J J, Li C L, et al. Long-lived superhydrophobic fabric-based films via Fenton reaction for efficient oil/water separation［J］. Separation and Purification Technology, 2023, 324：124523.

［12］ Zheng Y, Long X, Han K, et al. Dual oil-resistant membranes based on metal-polyphenol networks and NiFe layered double hydroxides for sustainable oil-in-water emulsion separation［J］. Chemical Engineering Science, 2024, 285：119580.

［13］ Zeng Q Q, Zhou X L, Shen L G, et al. Exceptional self-cleaning MXene-based membrane for highly efficient oil/water separation［J］. Journal of Membrane Science, 2024, 700：122691.

［14］ Xiao Y W, Xiao F, Ji W, et al. Bioinspired Janus membrane of polyacrylonitrile/poly（vinylidene fluoride）@ poly（vinylidene fluoride）-methyltriethoxysilane for oil-water separation［J］. Journal of Membrane Science, 2023, 687：122090.

［15］ 于思伟, 李新冬, 钟招煌, 等. 基于 PVDF 膜的光催化改性及水处理研究进展［J］. 塑料工业, 2023, 51（11）：7-14.

［16］ Wu Z M, He J, Zhao G Y, et al. Superhydrophilic PANI/Ag/TA@ PVDF Composite Membrane with Antifouling Property for Oil-Water Separation［J］. Langmuir, 2024, 40（21）：11329-11339.

［17］ 刘耀威, 黄坤, 张博君, 等. PVDF 基超滤膜的制备及其切削液废水分离性能［J］. 材料工程, 2024, 52（02）：227-234.

［18］ Zheng Y J, Wang L J, Zhao G Q, et al. Photo-Fenton Antifouling Membrane Based on Hydrophilized MIL-88A for Sustainable Treatment of Colored Emulsions［J］. Industrial & Engineering Chemistry Research, 2022, 61（50）：18503-18513.

［19］ Zhou Y Y, Wu X C, Zhang J, et al. In situ formation of tannic（TA）-aminopropyltriethoxysilane（APTES）nanospheres on inner and outer surface of polypropylene membrane toward enhanced dye removal capacity［J］. Chemical Engineering Journal, 2022, 433：133843.

［20］ 古文泉, 张丽英, 曾连连, 等. 光催化耦合原位芬顿体系的研究进展［J］. 化学与生物工程, 2024, 41（03）：1-6.

酸性咪唑类离子液体催化强化胺溶液捕获 CO_2 性能研究

张晓文　彭　懿　游奎一　罗和安

(湘潭大学化工学院)

摘　要　为促进胺法 CO_2 捕集技术的工业应用,有效降低富碳胺溶剂再生能耗至关重要。本文采用了12种酸性咪唑类离子液体(IL)催化强化富 CO_2 的单乙醇胺(MEA)溶液解吸 CO_2 性能。研究结果表明,大部分 IL 催化剂均能促进 CO_2 解吸过程,其中,HOOCMIMCl 催化性能最高。与非催化解吸过程相比,HOOC-MIMCl 可使 CO_2 解吸速率提高36.7%,溶剂再生相对热负荷降低38.4%。经过10次 CO_2 吸收-解吸循环测试后,HOOCMIMCl 仍能保持较高的稳定性。此外,HOOCMIMCl 还可轻微促进 MEA 溶液吸收 CO_2 性能。催化剂构效关系研究表明,HOOCMIMCl 优异的催化活性在于其高酸性位点和低粘度性质。根据 FT-IR 和 ^{13}C NMR 表征结果,提出了可能的 IL 催化 CO_2 解吸机理。由于酸性 IL 催化剂可直接用于现有的 CO_2 捕集系统,无需对设备进行改造,因此其有望用于工业 CO_2 捕获过程。

关键词　CO_2 捕获;MEA 溶液;IL 催化剂;热负荷;催化 CO_2 解吸

由于二氧化碳(CO_2)排放增加会导致全球变暖,因此 CO_2 捕集技术的发展变得至关重要。一种被称为碳捕集、利用和封存(CCUS)的技术被认为是实现碳中和的可行选择。迄今为止,最可行的 CCUS 技术是使用胺水溶液的化学吸收法,它比其他方法更有优势,如理想的吸收率/容量和长期可重复使用性。然而,这种方法受到大量富含 CO_2 的溶剂再生能源需求的限制。要实现有效的富胺溶液再生,需要很高的温度(120~140℃),这导致了大量的能源消耗。例如,基准胺溶剂 5M 单乙醇胺(MEA)水溶液的再生热耗为 3.6~4.0GJ/t CO_2 ,约占 CO_2 捕集所需总能耗的60%以上。因此,鉴于减少 CO_2 排放的目的,进一步开发高效、低能耗的胺基 CO_2 捕集技术至关重要。

研究表明,将固体酸催化剂耦合到富含 CO_2 的 MEA 系统中,可加强 CO_2 解吸过程,并促进溶剂在低于100℃实现下再生。然而,固体酸催化再生技术仍处于起步阶段,使用固体酸催化剂颗粒会阻塞填料,阻碍传统解吸塔的使用。因此,设计和开发用于催化 CO_2 解吸过程的均相、绿色和高效酸性催化剂具有重要意义。离子液体(ILs)是完全由阳离子和阴离子组成的低熔点盐类。离子液体具有特殊的物理和化学特性,可用于分离和催化等不同领域。特别是酸性离子液体(AILs)可以在许多酸催化反应中取代固体酸催化剂。AILs 具有以下优点:含有强酸性位点、产物易于分离、可重复使用。酸性离子液体有两类,即布朗斯特酸离子液体(BAILs)和路易斯酸离子液体(LAILs)。研究表明,功能化的 ILs 是用于酸催化过程的创新型绿色催化剂。咪唑基酸性离子液体是目前研究最为广泛的离子液体之一。因此,BAILs 催化剂有可能在降低胺溶液再生热负荷的同时显著提高 CO_2 解吸率。然而,目前利用 AILs 作为催化剂加速胺溶液中 CO_2 解吸的研究非常有限。

为此,本文利用12种不同的咪唑类 IL 催化剂(包括 BAIL 和 LAIL 催化剂)催化富含 CO_2 的 5M MEA 溶液解吸 CO_2 。在90℃下,考察了这些 IL 催化剂在 CO_2 解吸率、CO_2 解吸量和相对热负荷方面催化 CO_2 解吸性能。在获得了 IL 催化剂的理化特性(如粘度和酸性位点)后,揭示了 IL 催化剂的结构和催化解吸性能关系,并利用 FT-IR 和 ^{13}C NMR 对催化机理进行了研究。

1　实验内容

1.1　IL 催化剂组成

图1列出了所有 IL 催化剂的结构式。

1.2　催化性能测试

吸收实验。CO_2 吸收实验装置如图2(a)所

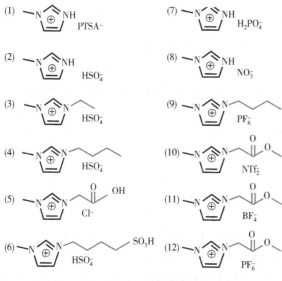

图 1　所用 IL 的化学结构式

示。该装置主要包括恒温水浴锅、质量流量计、CO_2 分析仪和干燥管。CO_2 吸收实验开始前，通过质量流量计调节混合气体（50vol% N_2 +50vol% CO_2，总流量为 500mL/min）的流量。混合气体

经气瓶均匀混合后，通过砂芯管引入 100mL 5M 新鲜 MEA 溶液。胺溶液在水浴中恒温至 40℃，转速调至 500rpm，吸收过程持续 4000s。与此同时，未被吸收的 CO_2 通过顶部的冷凝管，并用硅胶和硫酸进行干燥。最后，当逸散的气体进入 CO_2 分析仪时，计算机就会进行识别。根据测量到的 CO_2 浓度，可以计算出 CO_2 的吸收速率。

解吸实验。CO_2 解吸试验的实验装置如图 2（b）所示。该装置主要由电热套、质量流量计、CO_2 分析仪、干燥管和功率计组成。本实验的一级反应过程简述如下：首先，通过调节流量计控制 N_2 的流量，将反应体系中残留的 CO_2 清除干净。然后，使用电热套将反应溶液从室温加热至 90℃。在加热过程中，CO_2 从反应液中释放出来，生成的 CO_2 被 N_2 带出。用硫酸和硅胶干燥后，用 CO_2 分析仪监测出口处的 CO_2 浓度。在 CO_2 解吸过程中，用功率计记录消耗的电能，然后进行计算，得出溶剂再生的热负荷。根据记录的 CO_2 浓度，可以得到 CO_2 解吸速率和 CO_2 解吸量。

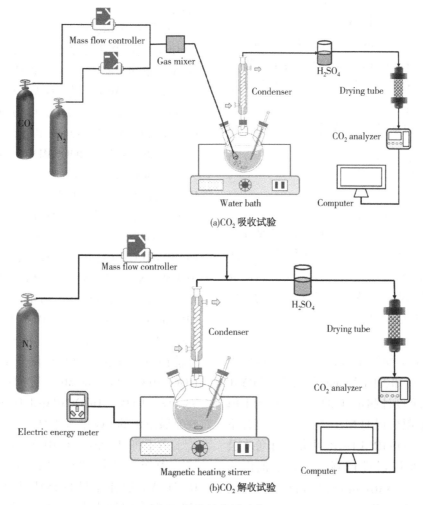

(a)CO_2 吸收试验

(b)CO_2 解收试验

图 2　催化性能测试装置

1.3 性能评估参数

CO_2 吸收速率（r_a, mmol/s）用公式（1）计算。

$$r_a = \frac{1}{22.4} \times \frac{1}{60} \times \left(v_{CO_2}^{in} - \frac{X_{CO_2}^{out}}{1 - X_{CO_2}^{out}} v_{N_2}^{in} \right) \times \frac{273.15}{273.15 + T} \quad (1)$$

其中，$X_{CO_2}^{out}$ 表示出口气体中 CO_2 的体积分数，%；$v_{N_2}^{in}$ 和 $v_{CO_2}^{in}$ 分别表示入口 N_2 和 CO_2 的体积流量，mL/min，T 表示室温，℃。

CO_2 解吸速率（r_d, mmol/s）由公式（2）得出。

$$r_d = \frac{1}{22.4} \times \frac{1}{60} \times \left(v_{N_2}^{in} \times \frac{X_{CO_2}^{out}}{1 - X_{CO_2}^{out}} \right) \times \left(\frac{273.15}{273.15 + T} \right) \quad (2)$$

其中，$v_{N_2}^{in}$ 表示载气的流速，mL/min；$X_{CO_2}^{out}$ 表示出口气体中 CO_2 的体积分数；T 表示室温，℃。

解吸的 CO_2 量（n_d, mmol）可通过气相法（公式（3））和液相法（公式（4））计算得出。

$$n_{dg}(t) = \int_0^t r_d dt \quad (3)$$

$$n_{dl}(t) = C \times V \times (\alpha_{rich} - \alpha_{lean}) \quad (4)$$

其中，$n_d(t)$ 是使用气相法计算的 t（s）时刻的 CO_2 解吸量；C 是指 MEA 溶液的浓度，mol/L；α_{rich} 和 α_{lean}（mol CO_2/mol amine）分别表示富胺溶液和贫胺液中的 CO_2 负载量。其中，CO_2 负载量通过用酸碱滴定法进行测量。

相对热负荷可通过公式（5）和公式（6）得出。

$$H = \frac{E}{n_d} \quad (5)$$

$$RH = \frac{H_i}{H_{baseline}} \times 100\% \quad (6)$$

其中，H 是再生热负荷，kJ/mol；E 是能量表记录的电能值，kJ。RH 是相对热负荷，%；用于评估不同催化剂的催化 CO_2 解吸性能。H_i 和 $H_{baseline}$ 分别为使用催化剂和不使用催化剂的富胺溶液再生时的 H（kJ/mol）。

1.4 表征方法

分别在 25℃ 下使用上海仪电科学仪器股份有限公司的 pH 计和美国 Agilent 公司的 CARY10 紫外-可见分光光度计测定 IL 的酸度，使用上海邦西仪器科技有限公司的 NDJ-5S 数显粘度计下测定 IL 的粘度。FT-IR（FT-IR）由德国布鲁克公司的 TENSOR II 仪器进行测试，测量范围为 400-5000cm^{-1}。^{13}C NMR 由德国布鲁克公司的 AVANCE III 仪器进行测试。

2 结果和讨论

2.1 催化 CO_2 解吸性能

在 90℃ 下研究了 12 种不同咪唑基酸性 IL 催化剂对富含 CO_2 的 5MEA 溶液中 CO_2 解吸的影响，结果如图 3 所示。这些 IL 包括：［Mim］HSO_4、［Mim］NO_3、［Mim］H_2PO_4、［Mim］PTSA、［Emim］HSO_4、［Bmim］HSO_4、［HSO_3-Bmim］HSO_4、［Bmim］PF_6、HOOCMIMCl、AOEMIMPF$_6$、AOEMIMMBF$_4$、AOEMIMNTF$_2$。从 CO_2 解吸速率、CO_2 解吸量可以看出，本实验研究的大多数 IL 催化剂都能加速 CO_2 的解吸。HOOCMIMCl、［Mim］H_2PO_4、［Mim］HSO_4 和 AOEMIMNTF$_2$ 催化剂的催化效果较为明显，其中 HOOCMIMCl 对催化 CO_2 解吸性能最好。空白实验（无催化剂）的 CO_2 解吸速率在 1130s 达到最大值，而具有催化促进作用的 IL 催化剂比空白实验更早达到峰值。因此，以 1130s 下的空白解吸实验为基线来评估 IL 催化剂的催化 CO_2 解吸性能。

如图 3 所示，咪唑系列 IL 催化剂不仅提高了 CO_2 的解吸速率和解吸量，而且降低了富 MEA 溶剂再生的热负荷。此外，与空白运行相比，HOOCMIMCl 催化 CO_2 解吸过程达到最高解吸速率的时间提前了 110s（1130-1020s）。从图 3（b）可以看出，在不同的 IL 催化剂中，当解吸时间为 3600s 时，HOOCMIMCl 对 CO_2 解吸量最大，达到 19.1%；当解吸时间提前到 1020s 时，HOOCMIMCl 对 CO_2 解吸速率提高了 36.7%图 3（a）。图 3（c）给出了 IL 催化剂催化富 MEA 溶剂再生过程的相对热负荷。相对热负荷的顺序如下 HOOCMIMCl（61.4%）< AOEMIMBF$_4$（73.1%）< AOEMIMNTF$_2$（77.4%）<［Mim］HSO_4（75.3%）< AOEMIMPF$_6$（85.6%）<［Emim］HSO_4（87.1%）<［Bmim］HSO_4（92.9%）<［Mim］H_2PO_4（97.3%）< MEA（100%）。研究表明，HOOCMIMCl 的催化性能最好，其相对热负荷降至 61.4%，即引入 HOOCMIMCl 可将富 MEA 溶剂再生的能耗降低 38.6%。因此，HOOCMIMCl 作为 BAIL 催化剂在富胺溶液的 CO_2 解吸中具有显著的催化性能。

由于将 IL 从胺溶液中分离出来具有挑战性，这一操作也会增加运营成本。因此，需要对 IL-MEA 溶液体系进行整体处理，以评估其对 CO_2 吸收和解吸活性。此外，稳定性也是评估催

化剂工业应用的关键因素。因此，我们对
HOOCMIMCl 进行了 10 次 CO_2 吸收-解吸实验，
以验证其稳定性，实验结果如图 4 所示。当出口
处的 CO_2 浓度接近 50% 时，吸收反应停止。然后
进行解吸实验，解吸温度为 90℃，N_2 流量为
250mL/min，IL 催化剂负用量为 1wt%，解吸时
间为 4500s。结果如图 5 所示。在 10 个循环中，

二氧化碳解吸量的变化极小，10 个循环的平均值
为 38.8mmol。与平均值相比，第 10 次循环的 CO_2
解吸量仅减少 1.8%。结果证明，HOOCMIMCl 具
有很高的稳定性。上述研究结果还表明，利用整
个 IL-MEA 溶液体系来捕获 CO_2 是可行的，可以
避免在催化 CO_2 解吸过程结束后从贫胺溶液中提
取 IL 催化剂的问题。

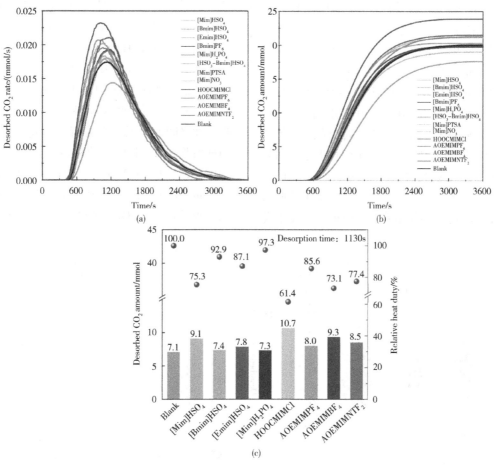

图 3　不同 IL 催化剂对富胺溶液解吸 CO_2 的影响

(a) CO_2 解吸速率；(b) CO_2 解吸量。解吸条件：100mL 5M MEA 溶液，CO_2 负载为 0.525(±0.01)mol CO_2/mol 胺，

解吸温度：90℃，催化剂用量：1g(1wt%)：1g(1wt%)，N_2 流速：250mL/min，解吸时间：3600s

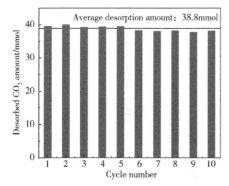

图 4　HOOCMIMCl 在 MEA 溶液
解吸 CO_2 过程中的稳定性

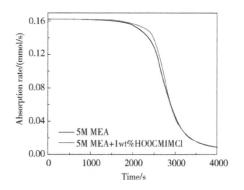

图 5　HOOCMIMCl 对新鲜 5MEA 溶液
中 CO_2 吸收速率的影响

这些结果证实了 IL 催化剂作为均相催化剂在催化富胺溶液解吸 CO_2 方面的巨大潜力。因此，酸性 IL 催化剂在基于胺基 CO_2 工业捕集应用中展现出了极好的前景，因为它们可以直接用于当前的 CO_2 捕集装置，而且无需对设备进行改造，这可以进一步降低 CO_2 捕集的成本。

2.2　IL 催化剂对 CO_2 吸收的影响

作为 CO_2 解吸的逆过程，CO_2 吸收过程是胺基 CO_2 捕集技术的重要环节之一。此外，IL 催化剂一旦用于催化 CO_2 解吸，就很难从胺溶液中提取出来。因此，有必要评估在 MEA 溶液中添加或不添加 HOOCMIMCl 对 IL 催化剂吸收 CO_2 性能的影响。吸收实验在 40℃ 的恒温水浴中进行，以 5M 的新鲜 MEA 溶液为底物，混合气体为 50vol% CO_2 和 50vol% N_2，反应时间为 4000s。如图 5 所示，在吸收过程中，两条曲线高度重合，无明显差异，引入 IL 催化剂时，CO_2 的吸收速率略增加。这一结果表明，HOOCMIMCl 催化

剂的存在对新鲜 MEA 溶液中 CO_2 的吸收有轻微的积极作用。

2.3　IL 催化剂的结构-活性关系

如前所述，本实验研究的大多数 IL 催化剂都对富含 MEA 溶液中的 CO_2 解吸具有良好的效果。据推测，IL 催化剂的几个特性，如酸性位点和黏度，可能与其催化 CO_2 解吸能力密切相关。这是因为 IL 的酸性位点可能会影响酸性质子的提供，以促进氨基甲酸酯的分解，而黏度则会影响 IL-MEA-H_2O-CO_2 反应体系的传质性能。因此，为了充分理解 IL 催化 CO_2 解吸的机理为开发用于催化 CO_2 解吸的改进型 IL 催化剂提供依据，研究 IL 催化剂的酸度和黏度与其催化 CO_2 解吸活性之间的关系势在必行。因此，我们测定了四种典型的 IL 催化剂的酸度和黏度，包括 AO-EMIMBF$_4$、HOOCMIMCl、[HSO$_3$ - Bmim] HSO$_4$、[Emim] HSO$_4$。图 6 显示了这些理化特征与其催化解吸活性(以 CO_2 解吸量计) 之间的相关性。

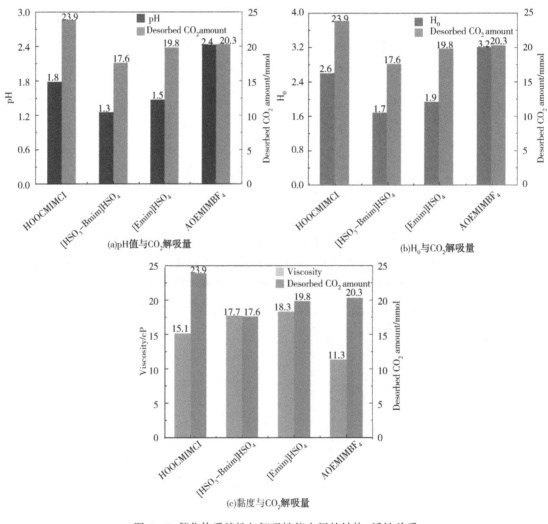

图 6　IL 催化体系特性与解吸性能之间的结构-活性关系

图 6(a) 和(b) 描述了 IL 催化剂的 pH 和 H₀ 与其催化 CO₂ 解吸性能之间的关系。可以看出，酸度按以下顺序排列：AOEMIMBF₄＜HOOCMIMCl＜［Emim］HSO₄＜［HSO₃－Bmim］HSO₄。理论上，IL 催化剂的酸性越强，促进 CO₂ 解吸的效果越明显。这是由于酸性位点能够为氨基甲酸酯分解提供酸性质子，而无需完全依赖质子化胺的去质子化反应。四种 IL 催化剂的催化效率如下：［HSO₃－Bmim］HSO₄＜［Emim］HSO₄＜AOEMIMBF₄＜HOOCMIMCl。因此，HOOCMIMCl 和 AOEMIMBF₄ 的酸度与其催化解吸性能呈正相关。值得注意的是，其他两种 IL 催化剂，尤其是酸性最强的离子液体［HSO₃－Bmim］HSO₄，对 CO₂ 的解吸有抑制作用，这表明酸性并不是影响 IL 催化剂催化 CO₂ 解吸能力的唯一因素。因此，为了全面了解影响催化解吸反应的因素，并为日后合理构建高效催化剂提供参考，我们对催化体系溶液的粘度进行了进一步研究。

图 6(c) 显示了不同 IL 催化体系的粘度与催化 CO₂ 解吸能力之间的联系。四种 IL 催化剂在富胺的溶液中的粘度排序如下：AOEMIMBF₄＜HOOCMIMCl＜［HSO₃－Bmim］HSO₄＜［Emim］HSO₄。总体而言，随着 IL 催化富胺溶液体系粘度的增加，CO₂ 解吸性能会降低，这可能是限制传质特性和降低反应动力学的原因。由于在催化解吸体系中具有强酸性和中等粘度，HOOCMIMCl 的 CO₂ 解吸效果最好。尽管 AOEMIMBF₄ 具有中等粘度，但它的酸性低于其他 IL 催化剂，因此对 CO₂ 解吸的促进作用并不明显。虽然［HSO₃－Bmim］HSO₄ 是四种 IL 中酸性最强的，但它加入反应体系后的粘度也是最高的，这就抑制了催化剂在解吸反应中的作用。因此，这些研究结果表明，IL 催化剂除了要具有优异的酸性位点外，其加入后的催化体系还必须具有较低的粘度，才能有效催化 CO₂ 解吸过程。

2.4　催化二氧化碳解吸机理

2.4.1　FT-IR 测量

在不同解吸时间下，对使用和不使用 HOOCMIMCl 催化剂的 CO₂ 解吸后的贫胺溶液以及 IL 水溶液进行了 FT-IR 测量，结果如图 7 所示。1559、1488 和 1319cm⁻¹ 处的峰归因于 MEACOO⁻。1559cm⁻¹ 处的峰与 COO– 的不对称伸展有关，1488cm⁻¹ 处的峰是 COO– 的对称伸展，1319cm⁻¹ 处的带是 N–COO– 的伸展振动。1630

和 1381cm⁻¹ 处的频带分别与 CO₃²⁻ 和 HCO₃⁻ 有关。值得注意的是，在使用和不使 HOOCMIMCl 催化剂的情况下，从富胺的溶液中解吸 CO₂ 时产生了相同的物种。这一结果表明，在富 MEA 溶液中，与非催化解吸相比，IL 催化的 CO₂ 解吸不会产生额外的产物，两性离子机理仍然可以解释这一催化 CO₂ 解吸过程。

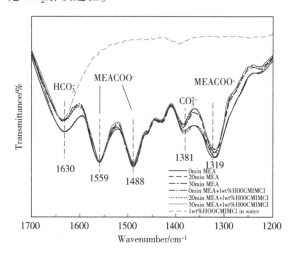

图 7　在 CO₂ 解吸后不同时间取样的含和不含 HOOCMIMC 催化剂的 MEA 溶液以及 IL 水溶液的 FT-IR

2.4.2　¹³C NMR 光谱测量

图 8 显示了富胺溶液和添加 HOOOCMIMCl 催化剂的富胺溶液在解吸时间为 20min 条件下的 ¹³C NMR 光谱。从图 8 中可以看出，解吸前在富胺溶液中，57.88ppm（C1）和 41.25ppm（C2）处的峰归属于 MEAH⁺ 中的碳原子，164.50ppm（C5），61.26ppm（C3）和 43.17ppm（C4）处的峰与 MEACOO⁻ 中的碳原子有关。随着温度的升高，MEACOO⁻ 和 HCO₃⁻/CO₃²⁻ 分解产生的 CO₂ 会逐渐释放出来，这可能会导致 HCO₃⁻/CO₃²⁻ 信号减弱。信号强度与溶液中 MEACOO⁻、MEA 与 HCO₃⁻/CO₃²⁻ 的相对含量呈正相关，解吸 20min 时，溶液中的 HCO₃⁻/CO₃²⁻ 和 MEACOO⁻ 的信号强度均有所下降，说明 HOOCMIMCl 催化剂的加入能够促进 MEACOO⁻ 的分解，且有助于 HCO₃⁻/CO₃²⁻ 释放出 CO₂。

富胺溶液中的 CO₂ 解吸过程可以用齐聚物机理来阐明，该机理主要包括氨基甲酸酯（MEACOO⁻）的分解和 MEAH⁺ 的去质子化［式（7）-（9）］。这两个步骤会产生大量的内热，这意味着需要输入大量的能量。此外，为了产生 MEACOO⁻ 分解所需的质子，还需要 MEAH⁺ 的去质子化。然而，在一般情况下，MEAH⁺ 的去质子化途径具有挑战性。因此，解吸步骤的强内热性质和自由质子的缺乏导致了富胺溶剂再生过程的高能耗。

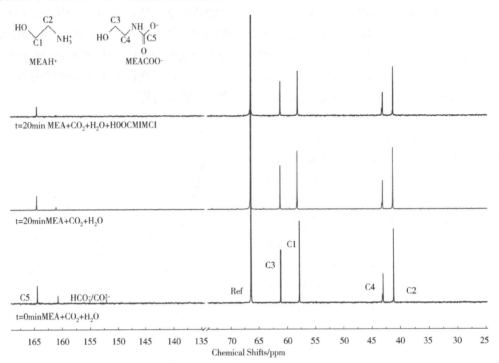

图8　在 CO_2 解吸 20min 后含和不含 HOOCMIMC 催化剂的 MEA 溶液的 13C NMR 谱图

$$MEA-COO^- + H_3O^+ \rightleftharpoons Zwitterion \rightleftharpoons MEA + CO_2 \qquad (7)$$

$$MEAH^+ + H_2O \rightleftharpoons MEA + H_3O^+ \qquad (8)$$

$$MEAH^+ + HCO_3^- \rightleftharpoons MEA + H_2CO_3 \qquad (9)$$

根据 FT-IR 和 ^{13}C NMR 的表征结果，推测 HOOCMIMCl 催化 CO_2 解吸机理如图9所示。由于 HOOCMIMCl 是一种布朗斯特酸性催化剂，因此可加快 CO_2 解吸速率，降低相对热负荷。由于咪唑阳离子亲电特性，$[MIMCH_2COOH]^+$ 中 -COOH 的酸性在诱导效应的作用下会增加。HOOCMIMCl 的 B 酸位点（$[MIMCH_2COOH]^+$）可为 MEACOO$^-$ 的分解提供自由质子，MEACOO$^-$ 在获得质子后最终转化为 MEA，并释放出 CO_2［式 (10)］。此外，B 酸位点可提供质子与 HCO_3^-/CO_3^{2-} 反应生成 CO_2 和 H_2O［式 (12)］。B 酸位点的共轭碱（$[MIMCH_2COO^-]^+$）以质子载体的形式参与 MEAH$^+$ 的去质子化，从而导致 IL 催化剂的再生［式 (11)］。

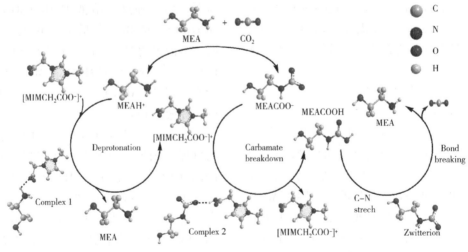

图9　HOOCMIMCl 催化剂在富胺溶液中的潜在催化解吸机理

$$[MIMCH_2COOH]^+ + MEACOO^- \longrightarrow [MIMCH_2COO^-]^+ + MEA + CO_2 \tag{10}$$

$$[MIMCH_2COO^-]^+ + MEAH^+ \longrightarrow [MIMCH_2COOH]^+ + MEA \tag{11}$$

$$[MIMCH_2COOH]^+ + HCO_3^- \longrightarrow [MIMCH_2COO^-]^+ + CO_2 + H_2O \tag{12}$$

3　结论及展望

本文研究了 12 种酸性咪唑类 IL 催化促进 CO_2 解吸性能。研究表明，大多数 IL 催化剂都能促进 CO_2 解吸反应，其中 HOOCMIMCl 的催化效率最高，可提升 CO_2 解吸速率 36.7%，降低相对再生能耗 38.4%。HOOCMIMCl 经过 10 次循环测试，仍能保持优异稳定性。HOOCMIMCl 还可稍微提高 CO_2 吸收速率。此外，IL 催化剂的适度酸性位点和低粘度是影响催化活性的重要因素。根据实验和表征结果，提出了 HOOCMIMCl 催化 CO_2 解吸的可能机理。总之，IL 是一种绿色环保催化剂，可直接用于 CO_2 捕集装置。它有利于防止 MEA 降解和高温解吸过程中造成的设备腐蚀，还能减少再生热负荷，最终降低 CO_2 捕获成本。

参 考 文 献

[1] S. Zhang, Y. Shen, L. Wang, J. Chen, Y. Lu, Phase change solvents for post-combustion CO_2 capture: Principle, advances, and challenges, Applied energy 239 (2019) 876-897.

[2] B. Dziejarski, R. Krzyżyńska, K. Andersson, Current status of carbon capture, utilization, and storage technologies in the global economy: A survey of technical assessment, Fuel 342 (2023) 127776.

[3] C. Song, Q. Liu, S. Deng, H. Li, Y. Kitamura, Cryogenic-based CO_2 capture technologies: State-of-the-art developments and current challenges, Renewable and sustainable energy reviews 101 (2019) 265-278.

[4] C. Wang, Y. Xie, W. Li, Q. Ren, B. Lv, G. Jing, Z. Zhou, Performance and mechanism of the functional ionic liquid absorbent with the self-extraction property for CO_2 capture, Chemical Engineering Journal 473 (2023) 145266.

[5] R. Zhang, Q. Yang, Z. Liang, G. Puxty, R. J. Mulder, J. E. Cosgriff, H. Yu, X. Yang, Y. Xue, Toward efficient CO_2 capture solvent design by analyzing the effect of chain lengths and amino types to the absorption capacity, bicarbonate/carbamate, and cyclic capacity, Energy & Fuels 31(10) (2017) 11099-11108.

[6] X. Zhang, Z. Zhu, X. Sun, J. Yang, H. Gao, Y. Huang, X. Luo, Z. Liang, P. Tontiwachwuthikul, Reducing energy penalty of CO_2 capture using Fe promoted $SO_4^{2-}/$ ZrO_2/MCM-41 catalyst, Environmental science & technology 53(10) (2019) 6094-6102.

[7] J. Li, Y. Zhao, G. Zhan, L. Xing, Z. Huang, Z. Chen, Y. Deng, J. Li, Integration of physical solution and ionic liquid toward efficient phase splitting for energy-saving CO_2 capture, Separation and Purification Technology (2024) 127096.

[8] L. Zhang, Corrosion in CO_2 Capture, Transportation, Geological Utilization and Storage: Causes and Mitigation Strategies, Springer Nature, 2023.

[9] K. Dong, X. Liu, H. Dong, X. Zhang, S. Zhang, Multiscale studies on ionic liquids, Chemical reviews 117 (10) (2017) 6636-6695.

[10] A. S. Amarasekara, Acidic ionic liquids, Chemical reviews 116(10) (2016) 6133-6183.

[11] H. C. Ong, Y. W. Tiong, B. H. H. Goh, Y. Y. Gan, M. Mofijur, I. R. Fattah, C. T. Chong, M. A. Alam, H. V. Lee, A. S. Silitonga, Recent advances in biodiesel production from agricultural products and microalgae using ionic liquids: Opportunities and challenges, Energy Conversion and Management 228 (2021) 113647.

[12] A. Sandugash Orynbaevna, B. Gulnar Ospanakunovna, K. Laila Mautenovna, A. Amanbol Namatzhanovish, K. Asilbek, Y. Salamat Sabitovna, Recent Updates of Ionic Liquids as a Green and Eco-friendly Catalyst in the Synthesis of Heterocyclic Compounds: A Mini-Review, Iranian Journal of Catalysis 13 (4) (2023) 387-436.

[13] Q. Sun, H. Gao, Y. Mao, T. Sema, S. Liu, Z. Liang, Efficient nickel-based catalysts for amine regeneration of CO_2 capture: From experimental to calculations verifications, AIChE Journal 68(8) (2022) e17706.

[14] X. He, Y. Gao, Y. Shi, X. Zhang, Z. Liang, R. Zhang, X. Song, Q. Lai, H. Adidharma, A. G. Russell, [EMmim][NTf2]-a Novel Ionic Liquid (IL) in Catalytic CO_2 Capture and ILs' Applications, Advanced Science 10(3) (2023) 2205352.

[15] X. Zhang, X. Zhang, H. Liu, W. Li, M. Xiao, H. Gao, Z. Liang, Reduction of energy requirement of CO_2 desorption from a rich CO_2-loaded MEA solution by using solid acid catalysts, Applied Energy 202 (2017) 673-684.

[16] P. Jackson, K. Robinson, G. Puxty, M. Attalla, In situ Fourier Transform-Infrared (FT-IR) analysis of

carbon dioxide absorption and desorption in amine solutions, Energy Procedia 1(1) (2009) 985-994.

[17] G. Richner, G. Puxty, Assessing the chemical speciation during CO_2 absorption by aqueous amines using in situ FTIR, Industrial & Engineering Chemistry Research 51(44) (2012) 14317-14324.

[18] H. Shi, A. Naami, R. Idem, P. Tontiwachwuthikul, 1D NMR analysis of a quaternary MEA-DEAB-CO_2-H_2O amine system: liquid phase speciation and vapor-liquid equilibria at CO_2 absorption and solvent regeneration conditions, Industrial & engineering chemistry research 53(20) (2014) 8577-8591.

[19] G. -j. Fan, A. G. Wee, R. Idem, P. Tontiwachwuthikul, NMR studies of amine species in MEA 8 1 6.0 CO_2 H_2O 31 system: Modification of the model of vapor-liquid equilibrium (VLE), Industrial & engineering chemistry research 48(5) (2009) 2717-2720.

[20] L. Xing, K. Wei, Y. Li, Z. Fang, Q. Li, T. Qi, S. An, S. Zhang, L. Wang, TiO2 coating strategy for robust catalysis of the metal-organic framework toward energy-efficient CO_2 capture, Environmental Science & Technology 55(16) (2021) 11216-11224.